食品科学前沿研究丛书

食品包装传质传热与保质

卢立新 等 著

科 学 出 版 社

北 京

内 容 简 介

本书包括三个部分。第一部分为包装传质过程及理论方法，主要包括包装膜气体传质基础及包装内外气体交换理论、包装膜光阻隔理论、果蔬气调包装理论与设计、活性包装系统中活性物质释放与调控、包装材料迁移与物质吸附等。第二部分为包装传热过程及理论方法，包括潜热型控温包装理论与设计方法、差压预冷果品包装等。第三部分为食品保质包装及货架期预测，阐述食品包装货架期预测基础、食品水分活度/氧化/微生物生长控制的包装货架期预测。

本书将理论、方法及工程应用相结合，围绕包装传质与传热、保质两个包装工程专业领域重要的基础科学问题，论述近年来的相关研究成果。本书可为包装传质传热、食品包装、活性包装材料等研究与开发应用提供参考，也可作为高校相关专业高年级本科生和研究生教学参考书。

图书在版编目（CIP）数据

食品包装传质传热与保质/卢立新等著. —北京：科学出版社，2021.3

（食品科学前沿研究丛书）

ISBN 978-7-03-066656-7

Ⅰ. ①食… Ⅱ. ①卢… Ⅲ. ①食品包装-研究 Ⅳ. ①TS206

中国版本图书馆 CIP 数据核字（2020）第 214987 号

责任编辑：贾 超 侯亚薇/责任校对：樊雅琼

责任印制：肖 兴/封面设计：东方人华

科学出版社 出版

北京东黄城根北街 16 号

邮政编码：100717

http://www.sciencep.com

三河市春园印刷有限公司 印刷

科学出版社发行 各地新华书店经销

*

2021 年 3 月第 一 版 开本：720 × 1000 1/16

2021 年 3 月第一次印刷 印张：27 1/2

字数：550 000

定价：198.00 元

（如有印装质量问题，我社负责调换）

丛书编委会

前　言

包装是保障产品物流销售、质量与安全的重要技术环节，其中传质与传热、保质是包装工程专业领域最为基础的科学与技术问题。包装系统中的传质、传热是导致产品包装质量变化的来源，而包装保质的基础是如何调控包装传质、传热的作用，其工程关键是产品包装货架期的试验、预测及设计，故两种作用机制相互关联交叉。在过去的几十年里，这个领域的研究甚为活跃。尽管如此，该领域的研究文献相当分散，一些新方向的研究较多注重实际产品包装应用，涉及其包装机理、包装理论方法等的研究则显得薄弱，致使其工程应用的指导性有限。在本书中，作者试图聚焦近年国内外研究重点与热点方向内容，围绕食品包装传质传热与保质的机理、理论和方法展开论述。

本书内容包括三个部分。

（1）包装传质基础理论与应用。以本领域最为关注的包装膜内外气体扩散及光渗透、包装材料中活性物质释放与调控、包装材料内有害物迁移、包装吸附等为重点，解析其传质过程及机理，建立相应的传质理论模型，表征传质规律及其特征参数，论述传质控制基本方法。

（2）包装传热及设计评价。重点论述潜热型控温包装、差压预冷果品包装等，研究建立控温包装相变传热模型，提出控温包装可靠边界及设计方法；针对包装果品差压预冷传热，建立预冷系统中果品和包装固体域、冷空气流体域及二者耦合面的传热模型，模拟包装箱内三维非稳态温度场，开展包装箱开孔结构优化设计。

（3）包装保质及货架期预测。不同属性的产品，包装防护保质的要求不尽相同。食品作为人们赖以生存的必需品，其健康营养及安全等要求不断提高，包装传质与保质研究甚为关键，是目前包装领域研究最为关注的热点之一。为此，本部分主要论述食品包装保质及货架期预测基础，针对基于水分活度、脂质氧化、微生物生长等控制的食品包装保质问题，开展基于包装因子的包装货架期预测研究，并开发了计算程序。

本书以典型的包装传质传热过程、包装货架期预测等为研究对象，立足于机理的解析、基础理论模型与设计方法等的建立，涉及包装工程不同应用领域，体现了多学科的综合性与交叉性，其内容构成了食品包装技术的重要理论基础，对包装传质传热、食品包装及活性包装材料等研究开发及实际应用均具有较强的指导作用。

本书由卢立新负责组织撰写和审定。潘嘹负责第 7 章撰写，路婉秋、陈曦、卢莉璟参与第 4 章撰写，董占华参与第 5 章撰写，孙彬青参与第 6 章撰写，郝发义参与第 10 章撰写。感谢董占华、潘嘹、郝发义、陈曦、路婉秋、孙彬青、孙莉楠等博士研究生以及多位硕士研究生在读期间所做的研究工作，同时感谢课题组多位在读研究生参与了本书的文字整理工作。

感谢浙江大学奚德昌教授、暨南大学王志伟教授对本书编写工作给予的热情鼓励。同时，本书相关内容参考了国内外相关论著、期刊论文等内容，谨向其作者表示谢意！

本书的出版得到江南大学学术专著出版基金的支持，在此表示衷心感谢！

食品包装中的传质传热过程与保质研究涉及内容广，现象极其复杂。对于一些复杂现象的认识，在许多方面学术界尚有不同见解，其学科方向正处于不断发展的阶段，另外受作者研究工作与认识的局限，书中疏漏不妥之处在所难免，欢迎读者不吝指正。

2021 年 3 月于无锡

目　　录

第1章

绪　论

包装是工业化食品进入流通销售的基本前提，是食品加工和供应链中不可或缺的一部分，是保护食品不受外来生物、化学和物理因素的破坏及维持食品质量稳定的关键之一。随着食品生产、储运和零售方式等发生变化，以及消费者对改善食品品质与安全性、不用或少用添加剂和防腐剂、减少包装对环境影响等要求的不断提高，对包装食品的保藏性、安全性及货架期等要求也不断提高。在当今食品工业中，包装的作用尤为突出，包装已成为食品的重要组成部分。

近年来，食品包装技术取得了显著的进步，主要表现在食品品质与安全、货架期、经济环保及使用便利性等方面。食品包装从被动式防护向主动式保质发展，活性包装、智能包装成为今后食品包装发展的主要方向。但无论如何变化，保质仍然是食品包装最为基础、最重要的功能。从总体上看，包装保质通过包装材料及制品、实施不同包装工艺来抑制减缓储运环境对所包装食品的影响，因而基于包装内外的传质传热研究在现代包装工业中具有极为重要的理论意义和工程价值。在食品包装体系中，分子间的相互作用从食品生产过程中与包装材料接触时刻开始，贯穿整个包装过程，同时直接影响食品货架期。

1.1　食品-包装-环境之间的相互作用

包装材料与食品、环境的相互作用对被包装食品的质量、安全及包装的完整性起着重要作用。其中，储运环境、包装及食品三者之间的质量与能量交换是食品包装体系中各成分间相互作用关注的重点。

储运环境、包装、被包装物（食品等）三者之间的相互作用关系如图1-1所示。包装材料与制品借助自身的阻隔、密封、选择性渗透等减缓、调节储运环境元素（如温度、相对湿度、光、气体等）对包装食品、包装顶空环境的作用；同时通过自身吸附、材料中相关物质迁移或内置吸附/释放系统等对包装食品及包装顶空环境产生影响。储运环境影响整个包装体系，例如，储运温度可改变食品性能变化速率，影响包装材料及吸附/释放系统的性能等。此外，活性包装物或者体系内两者或三者相互作用产生的附产物（如溶解物）也会反作用于体系内的相关变量。体系中相关因素的综合作用将影响食品包装货架期。与此同时，包装内相关物质也会通过包装材料向外界环境中转移，但通常这种影响可以忽略不计，因此不予考虑。

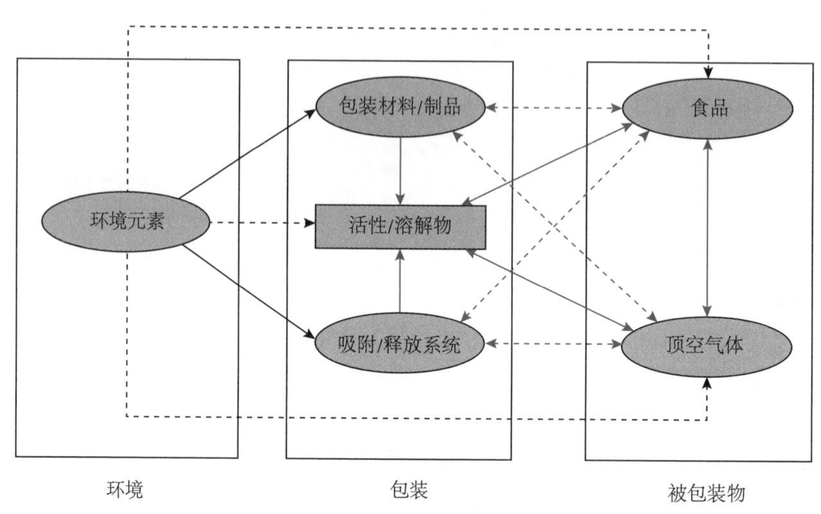

图 1-1 环境、包装、被包装物三者之间的相互作用关系

1.2 食品包装传质

1.2.1 概述

传质是体系中由于物质浓度不均匀而发生的质量转移过程，物质通过相界面（或一相内）的转移过程称质量传递（传质）。传质是自然界的一种普遍现象。

1. 传质形式

总体上，传质形式包括分子传质、对流传质两种。

（1）分子传质：分子的随机运动而引起的质量转移行为的主要形式是分子扩散。分子扩散是在一相内部有浓度差异的条件下，依靠分子的微观热运动从高浓度处向低浓度处扩散转移的过程。

（2）对流传质：在运动流体和固体壁面之间，或两种不相溶的流体之间发生的质量传递。

食品包装系统传质包含了被包装食品、包装材料（制品）与外部环境三者间的质量交换。有组分穿过相界面进入另一相中，形成两相间的质量传递，也有单相内的传质。分子传质（如包装内外气体交换、被动气调包装、包装内活性物质释放等)、对流传质(如真空包装、主动气调包装、无菌包装过程等)这两种传质形式在不同食品包装系统中呈现。

2. 食品包装传质的影响

食品包装传质的直接影响主要包括以下三个方面。

(1)包装内外物质的交换。主要表现为使包装顶空或食品组分增加或减少、包装内水和二氧化碳的损失、食品水分活度的变化;外界环境中的污染物和挥发性组分进入气味敏感性食物中,可能产生异味,继而影响食品质量等。

(2)与包装产品产生反应。包括渗透物与食品发生化学、生化反应;对氧敏感食品的氧化将影响食品的组分、品质及安全等。

(3)包装性能变化。例如,包装材料对气体、光、液体等产生渗透性变化;包装材料内活性物质、添加剂等扩散行为的变化;包装材料老化、材料强度等机械性能的变化等。

1.2.2 塑料薄膜包装内外气体传质

对于大部分食品而言,选择包装体系的一个重要因素就是包装材料的阻隔性能。阻隔性能包括对气体(如氧气、二氧化碳、氮气、乙烯、水蒸气)、香气化合物和光的阻隔等,这些因素对于保持食品的质量及延长货架期至关重要。

1. 包装膜气体渗透

渗透是指渗透物通过包装材料(不含裂缝、空穴、其他缺陷)的分子扩散,主要包括来自/进入内部/外部气体环境的吸收/解吸两个基本机制。特征是渗透物须穿过包装材料的两个界面,同时在食品、包装和外界环境中进行扩散。渗透物质主要包括气体、液体等,其中气体对包装材料的渗透是所关注的重点。

食品包装材料类型较多,其中塑料薄膜具有柔性、热稳定性、阻隔性和高速热封等特点,在工业上得以广泛应用。通常气体、水、风味化合物等因软塑膜的渗透作用,在被包装食品、包装及储运环境三者之间进行传递。这些渗透物的渗透速率、渗透量等直接影响包装食品质量与货架期,为此开展薄膜包装内外质量传递机理、理论模型研究等是长期以来食品包装传质的重点。目前的工程研究大部分是基于各向同性惰性薄膜的渗透,应用 Fick 第一定律描述分子扩散与传质速率的关系。其应用前提是在气相中溶质在整个膜界面材料中的溶解被假定为迅速达到平衡。表征特定聚合物/渗透物体系所特有性质的两个重要参数是扩散系数和溶解度系数,工程中采用扩散系数和溶解度系数的乘积即渗透系数进行综合表征。相关内容在第 2 章讨论。

2. 塑料薄膜包装密封泄漏

密封性是保证包装食品质量与安全的基础条件。对于无菌包装食品等对包装密封性、整体性要求高的产品，密封性是产品包装的关键质量属性。无菌食品包装的微生物屏障通常基于包装完整性测试评估。如果包装制品存在泄漏，微生物可能由通道进入包装内，从而影响产品的安全性[1]。多年来不同包装产品围绕包装泄漏与食品质量及安全的关系开展研究[2]。研究发现，无菌包装袋上直径约10μm 的泄漏孔洞即可导致包装产品微生物污染，直径 30μm、55μm 的泄漏将导致包装的畜产品、生鲜虹鳟及比萨饼等品质加速下降。因此需了解不同类型包装和不同产品所需的密封性要求，包括包装货架期内产品不发生微生物或化学破坏所允许的最大泄漏量，以及泄漏检测方法能检测到的最小泄漏量。

作为包装的主要形式，软包装袋热封过程中产生的问题不容忽略。包装袋在热封过程中易出现虚封和漏封，造成孔道泄漏。在孔道处的气体交换会导致食品发生物理或化学变化，进而加速食品腐败、油脂氧化等，缩短包装货架期。目前软塑膜包装袋微孔泄漏研究大部分都聚焦于包装原膜微孔，对于热封处的微孔孔道气体交换的研究甚少。建立基于热封微孔孔道的内外气体交换模型，对于评估封合泄漏及其对产品包装货架期的影响等具有重要的作用。一些研究针对几十微米孔径条件建立基于 Hagen-Poiseuille 定律的热封微孔孔道内外气体交换模型，以此估算热封微孔孔道半径。同时，微孔直径、孔长、孔数及孔道形状等均会影响微孔通道气体交换量。热封微孔孔道内外气体交换模型及其测试方法、理论与试验验证等相关内容在第 2 章讨论。

3. 果蔬气调包装内外气体交换

对于采后仍具有生命活动的产品如新鲜果蔬的包装系统具有特殊性，由于果蔬受到呼吸、蒸腾和成熟现象引起的生理降解，该类产品包装系统传质更为复杂，对其包装保鲜、保质要求更高。作为果蔬产品保鲜包装的主要技术之一，气调包装特别是自发调节气体包装（modified atmosphere packaging，MAP）得到了越来越广泛的应用。MAP 的效果和质量主要取决于包装容器内气体成分、相对湿度的调节。而包装内气体成分、相对湿度调节是一个动态过程，MAP 理论模型建立是对该动态包装系统的理解及对具体问题的有效解决方案，也是实现理想气调包装的基础。多年来，围绕果蔬 MAP 内外气体交换模型的建立及应用开展了一系列研究。

1）原膜 MAP 内外气体交换

MAP 内外气体交换是因浓度和热量梯度而产生的包装内外气体的自然对流和扩散过程。MAP 内气体成分、相对湿度的调节受多种因素的影响，主要包括产品呼吸特性（呼吸速率等）、包装膜特性（气体渗透性、厚度、表面积等）、产品质量、包装内的自由体积、原始气体组成、释放/吸收能力及其动力学等。基于 Fick 定律，结合果蔬呼吸速率、包装膜气体渗透特性等建立了已得到普遍认可的果蔬 MAP 内外气体交换模型。为保证气调质量效果，工程中要求在包装内外气调交换平衡（稳定）状态时，包装内气氛处于最佳（理想）气体水平；同时，环境温度对 MAP 效果的影响显著，随着温度的递增，产品的氧气消耗速率加快，包装内稳定状态时氧气水平将随着温度的递增而减少，此时如何避免包装内气氛处于发酵阈值范围则需要得到高度关注。由此可见，如何开展 MAP 科学设计涉及多方面因素，是一个复杂的工程问题，而研究建立 MAP 内外气体交换模型为 MAP 设计提供了科学依据与指导。

2）微孔（微穿孔）膜 MAP 内外气体交换

大量研究证明包装膜渗透性能是决定能否达到或维持 MAP 中理想的气氛、相对湿度的关键。但目前大多数商用薄膜的水蒸气透过率极低，致使 MAP 内部极易形成超过预期的高湿环境，同时二氧化碳与氧气的渗透率比不能满足高呼吸速率产品的需求，为此微孔膜、气体高选择性渗透膜的研究得以推动。

微孔膜在其结构中整合无机填料以改变聚合物结构中产生的空间，从而提高膜的渗透性，其中填料的浓度、粒度、膜加工拉伸取向等影响膜气体渗透率。该类型微孔膜微孔孔径一般为 2～100nm。对于几微米至几百微米孔，通常采用激光、机械等技术直接加工原膜而得到微穿孔（针孔）。

微孔膜包装内外气体交换过程更为复杂，结合相关基础理论建立微孔膜 MAP 模型取得进展[3-5]。微孔膜的气体扩散可分为两个部分，即通过聚合膜（原膜）的扩散和通过微孔的扩散。对于微穿孔膜包装，气体交换主要将通过微穿孔进行；此外，环境温度对于气体通过微孔孔洞扩散的影响，比其对通过原膜扩散的影响要小得多。

3）平衡调湿 MAP 内外气体交换

控制包装果蔬水分过多或过快损失也是保鲜包装的基本要求，它涉及产品总的质量损失、硬度降低和枯萎等。水分蒸发受果蔬内部与外部水蒸气分压差的驱动。若 MAP 薄膜的水蒸气透过率较低，包装中将形成接近于饱和的高湿环境，高湿环境能防止产品过多的水分流失，但是却为微生物繁殖创造了有利条件。为此考虑建立果蔬蒸腾作用的包装内相对湿度预测模型、进行基于包装内相对湿度调控的平衡调湿包装[4-6]研究，为 MAP 内相对湿度的调控提供指导。

另外，储运过程中振动冲击、温湿度变化对果蔬生理活动影响显著，振动冲击加剧、温度升高，均会导致果蔬呼吸速率和蒸腾速率加快，储运过程中温度的变化也极易产生冷凝现象，从而导致产品的腐败变质，同时水蒸气被薄膜吸收也将影响薄膜对其他气体的渗透性。为此，本书作者开展了基于环境相对湿度和温度变化而激发包装膜的透湿性和透气性随之调节的自相应包装研究，建立不同温度下相对湿度与材料透气系数的关系、调湿微孔膜包装内外气体交换模型等[7]。今后应进一步开展相对湿度和冷凝对薄膜透气性的影响研究，从而更加完善地建立平衡调湿 MAP 内外气体交换模型,以有效指导高呼吸速率果蔬 MAP 包装设计。相应研究工作在第 3 章论述。

1.2.3 食品包装迁移

原本存在于包装材料中的物质传递至所包装物中的过程就是迁移，出现传递的组分称为迁移物。理论上一旦采用包装材料与制品实施食品包装后即存在迁移现象。其中包装材料中添加剂或污染物向被包装食品中的迁移最早引起人们的关注，这是因为其涉及食品安全问题。近年来，随着活性包装研究的兴起与不断深入，人们开始利用这一传质过程，将活性物质添加到包装材料中，利用活性物质向食品中扩散对食品实施主动保质包装。

1. 包装材料中的有害物迁移

食品包装添加剂或污染物的迁移是从接触食品的高分子材料向食品的亚微观的传质过程。总体上，整个迁移过程包括三个相互联系的阶段：迁移物在包装材料内部扩散到达食品-包装材料交界处，迁移物被包装材料解吸，最终迁移物被分散到食物中或被食品吸收。

研究表明，总体上包装材料的有害物迁移过程受扩散和吸附的控制。扩散过程通过扩散系数、吸附通过分配系数定量描述。扩散系数决定了迁移的动力学过程，扩散系数越大，达到平衡的时间越短；分配系数表征迁移物在包装材料和食品中平衡浓度的比值。

1）扩散系数和扩散过程

影响包装材料中物质扩散的因素较多，一些研究工作将材料内部结构与迁移物结构联系起来，以预测迁移物的扩散过程。但由于系统的复杂性，预测食品包装系统迁移物扩散行为的研究比较有限，目前可行的方法是建模。基于试验条件工况及相应假设，建立动力学模型，预测包装材料中迁移物向食品中的迁移速度、迁移量等。对迁移现象进行数学建模能减少烦琐、昂贵的试验测试，可以确定控制迁移过程的相关参数，已被国内外广泛采用。

在大多数情况下，工程中用到的各种模型能预测相对较小的分子如气体或水的扩散系数。在一个给定包装系统如聚合物体系里对迁移物扩散系数的估计是非常困难的。因此，很多经验模型已被用来估计在特定的包装系统中各种迁移物的扩散系数。科学研究已经证明，塑料包装材料尤其是聚烯烃材料内小分子化学物向食品（模拟物）的迁移常常符合 Fick 扩散定律，可通过建立迁移数学模型来进行预测模拟。但是，从大量试验数据中分析发现，分子单体从聚合物包装材料扩散到食品中时，经常会发生与 Fick 扩散行为不一致的非 Fick 扩散现象，如包装材料与模拟食品的溶剂间的相互扩散、迁移物微溶或不溶于模拟食品的溶剂、溶剂处于高黏稠状态等，都会导致非 Fick 扩散现象的出现，从而使得评估模型变得更为复杂。

近年来，基于经典力学的原子级的分子动力学模拟技术得到应用，已成为研究聚合物材料的分子结构和渗透分子在其中的吸附与扩散机理的主要工具。这些研究一方面对小分子的扩散机理和主要影响因素进行了很好的理论分析，另一方面对于小分子在聚合物中的扩散系数可给出定性和定量的结果，为进一步阐明迁移微观动力学过程与机制提供途径。

2）分配系数

分配系数主要取决于该物质的极性和所涉及的两相的极性。分配系数可通过试验确定，但试验过程繁复且易产生误差。因此，对于给定的包装材料（如聚合物）-迁移物-食品系统，研究并提出经验方法来估计分配系数是有价值的。

总体上看，塑料包装材料的迁移一直是最受关注的食品安全性问题之一，其中聚合物包装材料（如单体、低聚物、溶剂）、添加剂（如增塑剂、色素、UV 稳定剂、抗氧化剂）、材料复合用黏结剂、外表面印刷油墨的渗滤溶解物等物质均会向所包装的食品迁移。长期以来，对包装材料有害物的迁移规律与迁移模型研究主要集中于塑料包装材料、金属罐表面涂料中的有害物质等。近年来纸质包装材料中防油剂、黏合剂、荧光增白剂及表面印刷油墨中污染物的迁移也引起人们的关注，从文献检索角度来看，国内外陶瓷食品包装材料重金属迁移的相关研究甚少。

陶瓷材料是主体由玻璃相和晶相组成的无机硅酸盐材料。陶瓷包装制品是由黏土类、长石类、石英类矿物及其他金属氧化物或化合物等原料，经粉碎细化后与水以相应比例混匀，成型干燥后在高温的各种气氛下烧制而成的。然而，在制作陶瓷包装制品时，为降低其气孔率、提高阻隔性、增加其强度及环境腐蚀耐性，同时为了方便陶瓷制品的烧制及增加美观效果，会在陶瓷制品表面施一层包含多种重金属（如铅、镉、铬、锑、钴、镍、锌、铜、钡等）氧化物的釉。如果釉的配方比例不合适，或者烧结的温度不足，釉中的重金属元素就不能完全熔融并被氧化硅所构成的玻璃网络结构所包裹，在陶瓷包装材料表面就会有不同程度的金属元素残留。陶瓷食品包装容器在与食品接触过程中，由于扩散动力学等因素的作用，其中的金属元素（包括重金属）就会溶出并迁移到与其接触的食品中，从而影响食品的卫生与安全。目前国内外通过法令法规及标准，对陶瓷包装容器中铅和镉等的溶出进行了限量，重金属向食品迁移溶出的规律研究甚少。相关内容将在第 5 章讨论。

2. 包装材料中活性物质的释放与调控

活性包装技术可通过调节包装内的环境条件来延长食品货架期或改善其安全

性和感官特性。而控释型食品活性包装是以包装材料为传送载体，以连续、缓慢、一定动力学规律将活性物质从包装膜中释放到包装食品中，针对不同食品成分不同时间所需的活性物质浓度调控活性物质的释放速率，以获得更好的食品品质、更长的货架期。

自从将控释的概念引入食品活性包装领域[8]以来，围绕如何有效实施活性物质的缓释、控释等展开了广泛的研究。其控释机理可总述为通过改变膜制备过程中膜组分（基材、活性物质及各种添加剂）的种类和含量、膜组分间的结合方式、膜的制备方法与工艺参数等因素，使膜在接触不同的食品释放环境时膜中活性物质的释放状态发生改变。其中，释放状态的改变有两层含义，其一为释放激发，即活性物质从不释放到开始释放；其二为释放调控，即活性物质已开始释放，但释放的速率发生改变。

1）释放激发机制

释放激发是所有控释包装系统运作中必不可少的第一步，研究的是在包装保护食品的过程中，如何通过环境的改变激发活性物质使其开始释放。其中，环境的改变既可以是外部环境，如温度、相对湿度、光照等，也可以是内部环境，如食品的 pH、食品中水分的变化等。由于激发控制释放发生的时间相对于调速控释的时间非常短暂，可认为瞬间发生，因此在对控释机理建立数学模型时一般不考虑激发方式对模型的影响，即模型不含激发因子。另外，有些激发因子如温度、相对湿度、pH 等还可作为调速控释的控制因子。

2）释放调控机制

控释包装中活性物质释放的速率由膜制备过程中的一系列因素和食品的释放环境共同决定。如果从微观的角度对调速控释机理进行更深一步的解释，即膜制备过程中一系列因素（膜组分——基材、活性物质及各种添加剂的种类和含量、膜组分间的结合方式、膜的制备方法与工艺参数等）或食品释放环境（食品的种类、水分含量、pH、环境温湿度等）的改变，导致膜内结构（厚度、孔隙率、结晶度等）、膜组分与活性物质间的相互作用（静电相互作用、化学键相互作用等）发生了改变，使活性物质释放路径的曲折程度、释放过程中受到的阻碍发生了相应改变，从而改变了活性物质的释放速率。

3）活性物质扩散模型

在国内外近几十年对高分子包装薄膜中扩散质的扩散研究中发现，扩散大多数属于“一类扩散”，符合 Fick 扩散定律，还有少部分属于“反常扩散”。同样，迁移过程包括扩散和分配两个过程，从宏观角度可以说是这两个重要参数决定了活性物质在包装体系中的迁移过程。国内外许多研究围绕控释因子、控释工艺技术等开展食品模拟物、真实食品等试验研究，基于 Fick 扩散模型表征活性物质的扩散系数与分配系数。

大量研究表明，将抗氧化剂加入常用的包装基材低密度聚乙烯（LDPE）、聚丙烯（PP）、乙烯-乙烯醇-共聚物（EVOH）、乙烯-乙酸乙烯酯共聚物（EVA）单膜或复合膜中，并不能达到大幅度降低释放速率从而延长活性物质在包装体系中作用时间的效果，为此近年来开始研究将其他缓/控释方法与包装基材相结合，如微胶囊缓释技术、分子筛搭载控释技术等。虽然控释型活性包装以其相较于传统包装的独特优势正受到研究人员的广泛关注，但其发展仍有诸多不足。目前开发的包装在实际应用上大多存在释放过快或过慢的问题，释放调控有效性与包装食品品质变化的匹配性严重不足，同时大部分的结论是通过采用食品模拟系统得到的，并没有考虑真实食品中潜在的会对释放行为产生影响的因素等。

本书作者近年来围绕缓释/控释抗菌、抗氧化包装膜的制备及抗菌、抗氧化释放控制开展研究，制备了新型海藻酸钠/钙生物质食品控释抗菌包装膜，通过对膜的一系列微观结构和膜中精油释放规律的表征研究其控释机理并建立相关模型；借鉴药物缓/控释系统中采用介孔分子筛搭载药物的方法，选择采用介孔分子筛搭载抗氧化剂（α-生育酚），组装体通过熔融共混挤出造粒的方式被加入包装基材（LDPE）中，并通过改变分子筛材料的孔径大小、表面性质等方式探讨抗氧化剂释放速率调控；同时，研究特殊加工处理对包装材料中功能性物质扩散的影响，试验与分子模拟相结合，研究超高压处理对抗氧化剂在聚乙烯膜中扩散的影响机制及模型表征。相关内容在第 4 章中论述。

1.2.4 食品包装系统的吸附

包装材料对食品组分（如香料与着色剂的混合物）会产生吸收作用，这个过程称为吸附，这些组分称为吸收物。

食品的风味是食品的重要质量特征，它是由食品中挥发性化合物体现出来的，决定着食品的品质。包装材料从食品中吸附风味物质，风味物质量的变化将导致食品质量变化，从而缩短食品包装货架期。自 20 世纪 80 年代针对果汁包装尤其是多层复合薄膜无菌果汁包装吸附问题开始，研究发现 LDPE 膜能吸收大量的风味化合物，继而导致在储存过程中产品感官质量下降。另外，风味物质的吸附会引起包装膜渗透性能与机械性能、多层包装膜中的层间复合性能等发生变化，进而直接影响食品的品质甚至安全。

食品风味物质的吸附过程，总体上仍然是受食品、包装材料和环境等三类因素的影响。风味物质的特性、浓度、化学成分、分子结构、食品基材成分及风味物质与食品其他成分的关系等，在很大程度上决定了吸附行为的特性；同时，风味物质的吸附还取决于包装材料的阻隔性、化合物组成、密度、聚合物薄膜的分子链刚性、极性和结晶度等因素；此外，存储温度、时间、相对湿度等外部因素也可能影响被包装食品风味物质的溶解性、吸附速率及总量等。

近年来，包装材料对食品风味物质的吸附问题越来越得到关注，研究对象主要是聚合物软包装膜、生物降解材料等，分析 LDPE、流延聚乙烯（CPP）等包装膜对不同食品风味物质的吸附[9,10]、高温与超高压[11,12]等加工条件对吸附的影响、食品用可降解材料对风味物质的吸附能力[13]。同时针对不同食品包装工艺，进一步分析不同条件下包装材料对风味物质的吸附规律等。研究过程中主要关注基于试验分析风味物质种类、包装材料、储存温度、加工工艺等单因素对风味物质在包装材料吸附扩散中的影响，而系统分析多因素对吸附扩散的影响研究较少。目前在食品-包装材料体系的吸附模型建立、基于分子动力学模拟方法对食品-包装材料体系中吸附扩散[14]、吸附扩散的理论分析等方面的研究还很缺乏，无法为选择保持食品风味的合适包装材料提供理论依据。了解风味化合物在非挥发性食品组分中的溶解性及它们之间的键合行为和不同相间的分离行为，对于评价聚合物对食品的吸收速率和吸收量至关重要。相关问题将在第 6 章讨论。

1.3 包装系统传热

传热是自然界和工程技术领域中极为普遍的一种传递现象。从本质上来说，只要一个介质内或者两个介质之间存在温度差，就会发生传热。现代工程技术进步在不同程度上有赖于应用传热研究的最新成果，并涌现出相变与多相流传热、（超）低温传热、微尺度传热、生物传热等一些交叉分支学科。

包装工程中存在大量与传热相关的技术过程。例如，材料与制品加工过程中的制品热加工成型、材料热复合、表面涂覆等，产品包装过程中的热成型封合、热杀菌、特种加工作业等，产品包装使用过程中的微波处理、蒸煮等。本书作者结合包装工程中两个典型的包装系统传热问题，即潜热型控温包装、果品包装差压预冷传热展开论述。

1.3.1 潜热型控温包装理论与设计方法

近年来，以控温包装为基础的无源冷链物流运输技术，因其小巧灵活、稳定可靠的特点，而得到广泛的应用。典型的潜热型控温包装由保温容器、潜热型储能材料（蓄冷剂）、产品及其他附件组成。它主要是通过保温容器来减少外界环境与包装件之间的热传递，并由蓄冷剂吸收传递到包装内部的热量，从而实现控温的目的。影响控温效果的主要因素有保温容器的隔热性能、蓄冷剂的吸热性能和包装结构等。为科学实施控温包装设计，需开展保温容器系统热阻估算模型、蓄冷剂的性能表征及建模、相变传热基础理论及相变材料相变传热模型等基础理论及方法的深入研究，建立有效的控温包装系统模型。

控温包装包含保温容器、蓄冷剂及产品，是一个复杂的多维、多相、非线性系统，此外产品的多样性也增加了控温包装系统建模的难度。Choi[15]以考虑包装内空气间隙的保温容器模型为基础，建立控温包装系统模型，但模型不包含蓄冷剂。Matsunaga 等[16]将保温容器、蓄冷剂、产品三者结合，针对潜热型和显热型两种蓄冷剂提出蓄冷剂用量计算方法。上述两种方法均无法计算包装内部的温度场分布，而准确获得包装内部的温度场分布有助于分析控温包装相变传热过程及各参数对传热过程的影响。Mehling 和 Cabeza[17]通过将包装内温度近似为线性分布，建立控温包装一维相变传热模型，该模型能快速准确地求解任意时刻相变材料内部固-液界面的位置，进而根据温度线性分布的假设求解区域内的温度场分布。但模型计算是建立在表面传热系数已知的条件下的，但大多数情况下表面传热系数是未知的，且难以通过试验测量，故该模型的应用受到了限制。

为此，本书作者研究建立控温包装一维相变传热模型[18]，分析模型参数对控温包装相变过程的影响，提出了适用于工程运用的控温包装控温时间预测的近似算法，并建立了预测模型、控温包装可靠边界，在此基础上提出了控温包装设计方法[19]。相关内容在第 7 章中论述。

1.3.2 果品包装差压预冷传热分析及其结构优化

预冷是果蔬冷链的首要环节，它可迅速去除采后田间热，有效抑制呼吸和蒸腾作用等，增强产品的低温抗性，从而延长储存期限。差压预冷（强制空冷）降温快、冷却均匀、成本低、操作简单，是目前商业应用中最广泛的预冷方法。

果品的差压预冷属于非稳态传热过程，往往是导热、对流和辐射多种热传递方式同时存在，且果品自身仍然进行着生命代谢活动，呼吸作用产生热量，蒸腾作用带走热量；而包装箱上的开孔结构、内部衬垫及果品的排列方式变化又会形成不同的气流通路，使得预冷果品的温度响应更加复杂多变；此外产品的预冷效果还受传热载体的物性参数影响。为此国内外围绕差压送风工艺、包装结构优化、果品预冷数学模型等开展了卓有成效的研究。

温度是整个预冷控制过程的核心，包装果品的保鲜质量取决于包装内空气流场和温度场的分布。在差压预冷过程中，预冷系统中的气流组织复杂，目前还没有高效的测试技术能精准地测定流场的速度，包装内部温度的分析因而与实际情况有一定的偏差。随着计算机技术的发展，应用精度较高的数值模拟方法来研究包装果品的预冷过程，为预冷工艺、包装结构设计优化提供重要支撑。

本书作者考虑呼吸和蒸腾作用潜热，建立预冷系统中球形果品和包装固体域、冷空气流体域及二者耦合面的传热模型，模拟了包装箱内散装和层装果品的三维非稳态温度场，进行不同开孔结构尺寸下苹果的差压预冷温度分析及试验验证。具体内容见第 8 章。

1.4 食品包装保质及货架期

保质是食品包装的基本功能，其中保证食品货架期是保质最重要的要素。目前在世界范围内，关于食品货架期的定义还未有统一的表述，通常认为食品货架期是指食品经过加工、包装后，通过各流通环节直到到达消费者手中，所能保持食品营养指标与包装标签相一致的时间段。为了保证食品被消费时保持合格的质量，在新产品开发、产品的市场表现监测及在配方、加工、包装和储运方面出现任何变化时，货架期评估是必不可少的，许多国家也强制规定必须进行食品货架期评估。食品生产商应充分认识到包装对于食品货架期的影响及重要性，如果只注重产品的开发而忽视包装研发的同步性，产品将很难成功。

影响食品包装货架期的因素有很多，总体上可分为内在因素和外在因素。内在因素是产品本身的属性，受原材料类型和质量、产品的组分和结构的影响；外在因素包括包装工艺及性能、包装食品储运环境。内在因素和外在因素的相互作用或者延长或者缩短货架期。

1.4.1 食品包装货架期试验与预测方法

食品包装货架期测试需在受控环境条件下连续监测食品储存过程中质量指标的变化，然后模拟储存过程中质量指标演变的相关数据，得到描述或预测品质变化动力学的参数或模型。食品货架期预期可采取两种试验策略，一是根据商品实际储存条件直接测定其货架期；二是在加速储存条件下的货架期试验。

加速试验的基本前提是通过改变存储条件，加速导致食品品质变化、腐败的化学或物理过程，预测货架期与周围环境的关系。货架期加速试验有多种方法，但基本都是关注于如何在短期内获得可靠的恶化数据，采用什么模型，以及最终怎样预测获得食品实际货架期。只有在验证了存储环境条件下的存储特性与加速试验条件下的储存特性之后才能采用加速试验方法。食品包装货架期的评估流程、加速试验方法等相关内容在第 9 章中论述。

目前货架期加速试验方法得到了较为广泛的应用。其中，基于食品水分活度控制货架期的预测应用最广；基于食品油脂氧化控制货架期的预测研究最为活跃，相关研究成果成功应用于食用油、高油脂食品货架期估算；基于食品微生物生长控制货架期的预测得到了业界的高度关注，已有多种重要的食源性病原菌的生长、失活、残存等的预报模型，预报模型包括温度、pH、食品水分活度、添加剂等影响因子；对产品感官评价、色泽控制的货架期预测研究进展较为缓慢。

1.4.2 基于水分活度控制的食品包装货架期

基于水分活度（含水量）控制的食品包装主要是为了阻止、减缓外界水蒸气渗透进入包装内对食品产生影响，或保证包装内部处于适当相对湿度环境，使食品品质在货架期内保持最佳品质。作为很多食品包装最为基本的保质要求，水分活度控制对食品化学反应、微生物生长腐败等具有重要影响。一些食品品质退化的途径（化学、生物和物理）都是依赖产品中水分含量及其变化速度的影响。研究确定食品水分吸附行为是决定微生物、氧化、酶或非酶过程是否发生降解的关键，长期以来人们在试验测定食品的水分吸附等温线基础上建立了一系列等温吸附模型，为货架期预测提供可能条件。

多年来单组分食品水分活度（含水量）控制货架期、包装货架期预测是研究的重点，主要以食品水分活度或临界含水率为质量指标，基于一确定的包装条件，或考虑包装材料的透湿性能及环境温湿度的影响。近年来新型多组分食品的不断推出使得多组分食品包装货架期预测越来越重要。相比于单组分食品仅考虑包装内外水分透过包装对产品的影响，多组分食品的水分扩散还需考虑食品多组分之间发生的水分扩散。此外，食品组分、结构及环境温度都会对水分扩散产生显著的影响，致使多组分食品包装货架期预测更为复杂。相关研究内容在第 10 章中详细论述。

1.4.3 基于脂质氧化控制的食品包装货架期

作为人体所需的三大营养素之一，油脂是众多食品的重要组成成分，它除了具有特殊的口感与风味、能够提供极好的热能以外，同时也是人体组织不可或缺的组成成分，在维持细胞结构、功能中起着重要作用。但是，油脂受氧、水、光、热、微生物及与金属接触等因素的影响极易氧化降解，导致异味的产生、风味和营养物质的损失及色泽的改变，使产品失去食用价值；此外，部分氧化酸败产物甚至具有致癌作用，严重危害人体健康。因此，抗油脂氧化技术与措施一直是相关行业研究的重点。

长期以来人们一直关注油脂氧化原理的研究，油脂食品的氧化途经主要是自动氧化和光氧化，在此基础上提出油脂氧化的动力学模型，这为油脂食品货架期研究预测奠定了基础。初期研究主要围绕加工处理、储存条件对食品油脂氧化的影响，提出基于温度、光照等影响、以油脂氧化为控制指标的货架期模型。后续开始关注包装对氧化的作用，围绕提高包装材料阻氧性能与光阻隔性、调节包装顶空气体、采用活性材料（活性除氧膜、脱氧剂、含抗氧化剂包装材料）等方法，如何有效地提高食品包装货架期；针对不同包装因子（主要为材料阻隔性、包装过程中渗透与顶空氧等）建立了加速试验条件参量与相关氧化物之间的动力学方程，估算在加速试验条件下的氧化反应常数，以此建立相应条件下的货架期预测模型。目前所建的模型以单因素控制为主，两个及多因素联合模型甚少。此外，关注加速试验条件（温湿度、光照）对包装材料（制品）性能的影响，一些研究结合包装食品储运销售环境特点，为包装货架期预测提供更为有效的方案。

鉴于油脂的氧化酸败是自然氧化，因此，该氧化过程无法通过维持低温条件而加以阻止，也不能通过排除光照进行预防。为此，包装是抑制加工食品油脂氧化最为可行有效的手段，建立多因素控制、适应储运销售综合环境的油脂氧化加速试验方法和包装货架期预测模型还有很多研究工作需深入进行。相关内容在第11 章讨论。

1.4.4 基于微生物生长控制的食品包装货架期

微生物的生长或变质与食品的腐败和安全有着密切的关系，被认为是大多数易腐食品货架期测定的最重要的质量标准。根据产品、工艺和储存条件，基于微生物影响的食品货架期由腐败菌的生长或病原微生物的生长决定。

控制微生物腐败通常基于控制微生物生长所需要的环境条件，从而减少或终止食品中微生物的生长繁殖。其中储运温度、相对湿度、氧气、pH 等是控制微生物生长繁殖的重要因素。基于微生物生长控制的货架期预测，其核心是确定食品特定腐败菌并建立相应的生长模型。食品的内在特性、储存温度、包装内环境条件决定了微生物种群的生长、食品上的优势微生物种类，基于长期研究人们已找出了一些典型易腐食品及其相应的特征腐败菌和腐败特征。而特征微生物生长预测动力学模型一直是研究的重点和热点，目前分为一级模型、二级模型及三级模型。但总体来看，在预测微生物学模型建立的过程中，围绕储存环境影响因素的研究较多，考虑相关包装因素特别是考虑包装系统储运过程动态传质影响的研究不多，这在一定程度上限制了所建立预测模型的使用范围和预测的准确性。考虑包装因子、基于微生物生长控制的食品包装货架期研究内容在第 12 章论述。

参考文献

[1] Yoon S Y, Sagi H, Goldhammer C, et al. Mass extraction container closure integrity physical testing method development for parenteral container closure systems[J]. PDA Journal of Pharmaceutical Science and Technology, 2012, 66(5): 403-419.

[2] Nastaran M, Hemi S, Su-il P. Leakage analysis of flexible packaging: establishment of a correlation between mass extraction leakage test and microbial ingress[J]. Food Packaging and

Shelf Life, 2018, 16: 225-231.
[3] Dong S L. Using pinholes as tools to attain optimum modified atmospheres in packages of fresh produce[J]. Packaging Technology and Science, 1998, 11: 119-130.
[4] Rennie T J. Perforation-mediated modified atmosphere packaging: Part Ⅰ. Development of a mathematical model[J]. Postharvest Biology & Technology, 2009, 51 (1) : 1-9.
[5] 李方. 微孔气调包装理论及其在高呼吸速率果蔬包装中的应用研究[D]. 无锡: 江南大学, 2009.
[6] Lu L X, Tang Y L, Lu S Y. A kinetic model for predicting the relative humidity in modified atmosphere packaging and its application in *Lentinula edodes* packages[J]. Mathematical Problems in Engineering, 2013, (7): 1256-1271.
[7] 聂恒威. 基于温湿度变化的果蔬气调包装研究[D]. 无锡: 江南大学, 2019.
[8] Han J H, Floros J D. Simulating diffusion model and determining diffusivity of potassium sorbate through plastics to develop antimicrobial packaging films[J]. Journal of Food Processing and Preservation, 1998, 22(2): 107-122 .
[9] Licciardello F, Nobile M A D, Spagna G, et al. Scalping of ethyloctanoate and linalool from a model wine into plastic films[J]. LWT Food Science & Technology, 2009, 42(6): 1065-1069.
[10] 孙彬青. 软塑膜包装液体食品特征风味物质吸附规律的研究[D]. 无锡: 江南大学, 2019.
[11] Mauricio-Iglesias M, Peyron S, Chalier P, et al. Scalping of four aroma compounds by one common (LDPE) and one biosourced (PLA) packaging materials during high pressure treatments[J]. Journal of Food Engineering, 2011, 102(1): 9-15.
[12] Caner C, Hernandez R J, Pascall M, et al. The effect of high-pressure food processing on the sorption behavior of selected packaging materials[J]. Packaging Technology and Science, 2004, 17(3): 139-153.
[13] Balaguer M P, Gavara R, Hernández-Muñoz P. Food aroma mass transport properties in renewable hydrophilic polymers[J]. Food Chemistry, 2012, 130(4): 814-820.
[14] Sun B Q, Lu L X, Zhu Y. Molecular dynamics simulation un the diffusion of flavor, O_2 and H_2O molecules in LDPE film[J]. Materials, 2019, 12: 3515.
[15] Choi S. Mathematical models of predict the performance of insulating packages and their practical uses[D]. USA: Michigan State University, 2004.
[16] Matsunaga K, Burgess G, Lockhart H. Two methods for calculating the amount of refrigerant required for cyclic temperature testing of insulated packages[J]. Packaging Technology and Science, 2007, 20(2): 113-123.
[17] Mehling H, Cabeza L. Heat and Cold Storage with PCM[M]. Springer-Verlag Berlin Heidelberg, 2008.
[18] Pan L, Chen X, Lu L X, et al. A prediction model of surface heat transfer coefficient in insulating packaging with phase change materials[J]. Food Packaging and Shelf Life, 2020, 24: 100474.
[19] Pan L, Wang J, Lu L X. Evaluation boundary and design method for insulating packages[J]. Journal of Applied Packaging Research, 2017, 9(2): 61-72.

第2章

塑料薄膜包装气体渗透与光阻隔

包装系统中物质传递是引起包装产品质量变化、安全问题的重要原因，其中渗透是主要传质类型之一。包装产品在储存与流通过程中均易受到空气中水蒸气、氧气、光等渗透影响，通常将导致内装产品品质降低，甚至完全失去使用价值。塑料包装特别是塑料薄膜包装产品所占市场份额大，在包装材料渗透传质研究中，塑料薄膜的研究最为受关注，塑料薄膜对气体、光的渗透特性一直是食品包装关注重点。

本章首先基于原膜、微孔孔道气体渗透扩散相关理论，建立微孔（微穿孔）膜包装内外气体交换的数学模型。其次，围绕薄膜包装袋热封加工过程中易出现的虚封和漏封现象，研究建立热封微孔孔道内外气体交换模型及其测定方法。

储运、销售过程中的光照会对包装产品特别是包装食品品质与安全产生影响，引发并加速产品品质变化，破坏包装膜结构等。不同波长的光照射到包装产品表面会发生多种光学现象，本章将讨论包装膜基底系统的光学特性、包装膜阻光基本原理、光阻隔包装膜应用研究等。

2.1 塑料薄膜气体渗透理论

塑料薄膜无论是多孔的还是致密的，均会影响小分子物质在包装膜中的传质机理。当微孔孔径小于2nm，通常认为薄膜是致密的，符合溶液扩散机理的流动传质。本节讨论的是致密均质薄膜的气体渗透理论。

2.1.1 塑料薄膜气体渗透基础

气体在塑料薄膜中的渗透是由气体分子的随机运动引起的，而化学势是推动气体分子在塑料薄膜中渗透的基本驱动力。渗透过程会使塑料薄膜内外气体分子的化学势均衡，气体分子趋向从化学势较高的一侧转移到化学势较低的一侧。

气体渗透是一个复杂的过程，当包装膜两侧存在着某种气体的浓度差时，活化的气体分子先在分压高的一侧溶解于薄膜，在由浓度差不同而引起的自分压差的驱动下，气体分子不断地抢占膜内大分子链段剧烈运动出现的“瞬间空穴”，以此作为通道逐步通过，最后通过的气体分子在膜的低压一侧解吸。在传统的研究方法中，空气中气体分子和溶解在整个膜界面材料中气体分子的平衡被假定为迅速达到，且表面吸附的热力学抵抗可以忽略。因此，塑料薄膜气体渗透机理一般简化为溶解和扩散两个过程。

气体分子在塑料薄膜中的溶解及解吸主要取决于它在塑料薄膜中的溶解度。溶解度的大小通常由溶解度系数来衡量，它是一个由所用塑料薄膜和溶解介质即气体分子共同决定的常数。气体分子在塑料薄膜中的扩散主要取决于两方面因素，一是气体分子尺寸相对于塑料薄膜中自由空间尺寸的大小；二是气体分子在塑料薄膜分子网链中的可迁移性。工程中一般用扩散系数来表示气体分子在材料中扩散速率的大小，它也是一个由塑料薄膜和气体分子共同决定的常数。

单一的溶解、扩散过程并不能全面反映渗透过程，且溶解度系数难以测定，为了综合反映渗透过程，通常采用渗透系数作为气体分子在塑料薄膜中渗透的指标，其综合了溶解度系数和扩散系数的作用。

渗透系数由气体渗透物分子在薄膜中的溶解度系数和气体分子在薄膜中的扩散系数决定。薄膜渗透系数可表示为

$$P = D \cdot S \tag{2-1}$$

式中，P——气体在薄膜中的渗透系数；

D——气体在薄膜中的扩散系数；

S——气体在薄膜中的溶解度系数。

渗透系数是表征材料渗透能力的主要参数，它随着气体渗透物、材料及环境条件的变化而变化。

2.1.2　塑料薄膜气体渗透扩散理论

气体分子在塑料薄膜中以一定浓度梯度扩散的过程中，通常将经历一个短暂的非稳态时期再进入稳态时期。对于初期非稳态状态，扩散物质的浓度将会随时间发生变化。扩散过程可用 Fick 第二定律表示为

$$\frac{\partial C}{\partial t} = \frac{\partial}{\partial X}\left(D_e \frac{\partial C}{\partial X}\right) \tag{2-2}$$

式中，D_e——扩散系数；

C——扩散物质的浓度；

t——时间；

X——气体扩散路径的单位长度。

在无反应条件下，塑料薄膜的瞬态扩散发生在非常短的时间内。短暂的非稳态状态后，会再进入稳态。对于稳态，材料厚度方向上任意时刻的浓度梯度趋于稳定。假设扩散在各向均匀的介质中进行并且扩散的浓度不随时间而变化，则扩散过程可用 Fick 第一定律表示为

$$\phi = -D_e \frac{\partial C}{\partial X} \tag{2-4}$$

式中，ϕ——扩散通量。

2.2 微孔膜包装内外气体交换理论

对于塑料薄膜，其中微孔孔径微小到分子量级可忽略不计的薄膜称为原膜；为了增加薄膜的渗透性，需制备带微孔的膜，一般定义真正意义的微孔膜的孔径在 0.01～10μm。近年来随着气调包装工程化应用扩大，采用激光、机械等方式实施原膜打孔（称为微穿孔或针孔），孔径范围通常为几十到几百微米。本节将讨论含微孔、微穿孔的包装膜内外气体交换理论，针对对象为渗透性气体。

2.2.1 原膜部分气体扩散

通常原膜部分的气体扩散都遵循 Fick 定律，即

$$\phi_{fi} = D_{fi} \frac{\partial C}{\partial X} \tag{2-4}$$

式中，ϕ_{fi}——气体组分 i 通过薄膜的总量；

D_{fi}——气体组分 i 在薄膜中的扩散系数。

2.2.2 微孔孔道部分气体扩散

微孔的直径和孔长是决定微孔的主要参数，气体通过微孔的扩散模式主要取决于孔径与分子平均自由程的关系，通常选择气体分子平均自由程与孔径的比值即 Knudsen 数 K_n 作为气体在微孔中扩散方式的判断依据。扩散方式通常分为分子扩散、Knudsen 扩散及介于其中的过渡扩散等。

（1）当 $K_n \geqslant 1$ 时，微孔直径较小，气体分子平均自由程大于孔径，此时气体分子的碰撞主要发生在分子与孔壁之间，自由分子碰撞的机会较少，此类扩散遵循 Knudsen 扩散定理，即

$$\phi_{\mathrm{h}i} = D_{\mathrm{h}i}^{\mathrm{K}} \frac{\partial C}{\partial X} \tag{2-5a}$$

$$D_{\mathrm{h}i}^{\mathrm{K}} = \frac{d}{3}\sqrt{\frac{8RT}{\pi M_i}} \tag{2-5b}$$

式中，$D_{\mathrm{h}i}^{\mathrm{K}}$——Knudsen 扩散系数；

M_i——气体组分 i 的摩尔质量；

d——微孔直径；

R——摩尔气体常量；

T——热力学温度。

（2）当 $K_{\mathrm{n}} \leqslant 0.01$ 时，微孔直径远大于气体分子平均自由程，此时气体分子的碰撞主要发生在自由气体分子之间，分子与孔壁碰撞的机会较少，此类扩散即为分子扩散，遵循 Fick 定律：

$$\phi_{\mathrm{h}i} = \frac{D_{\mathrm{h}i}^{\mathrm{F}}}{RT} \frac{\partial p}{\partial X} \tag{2-6}$$

式中，p——气体压力；

$D_{\mathrm{h}i}^{\mathrm{F}}$——Fick 扩散系数。

（3）当 $0.01 < K_{\mathrm{n}} < 1$ 时，微孔直径与气体分子平均自由程相当，此时气体分子的碰撞主要发生在分子与孔壁之间和自由分子之间，此类扩散称为过渡扩散。扩散方程为

$$\phi_{\mathrm{h}i} = D_{\mathrm{h}i}^{\mathrm{g}} \frac{\partial C}{\partial X} \tag{2-7a}$$

一般其扩散系数为

$$D_{\mathrm{h}i}^{\mathrm{g}} = \frac{D_{\mathrm{h}i}^{\mathrm{F}} \cdot D_{\mathrm{h}i}^{\mathrm{K}}}{D_{\mathrm{h}i}^{\mathrm{F}} + D_{\mathrm{h}i}^{\mathrm{K}}} \tag{2-7b}$$

式中，$D_{\mathrm{h}i}^{\mathrm{g}}$——过渡扩散系数。

2.2.3　微孔边缘与微孔间相互作用

1. 微孔边缘的扩散

通过微孔边缘的扩散，在入口处分子密度大；出口处分子向四周逃逸，分子密度小。所以孔道边缘末端的扩散呈扇形，与通过孔道部分的扩散不同。借鉴叶孔扩散理论[1]，根据 Stephen 定律可计算孔道末端的 Stephen 扩散的扩散系数为

$$D_{hi}^{S}=K_{S}S=\frac{8D_{hi}^{g}}{\pi r_{m}} \tag{2-8}$$

式中，K_S——传质系数；

S——微孔周长；

r_m——微孔有效孔半径。

2. 微孔与微孔之间的相互作用

除了微孔末端产生的影响，还需要考虑微孔之间的相互影响，目前对微孔膜中微孔之间的相互影响研究甚少。引用叶孔扩散时的研究结果，将孔边缘扩散和孔与孔之间的相互作用的影响综合作为总的传质阻力。研究表明，总传质阻力与孔尺寸有关，同时表面孔隙率也是一个影响因素。对于微孔均匀分布的情况，总传质系数为

$$K_{S}'=\frac{3\pi D_{hi}^{g}}{8r_{m}}\left(1+\frac{9}{64}\pi^{2}\varepsilon^{\frac{1}{2}}+\wedge\right) \tag{2-9}$$

式中，K_S'——总传质系数；

ε——表面孔隙率；

$\wedge$——常数。

若微孔分布不均匀，则总传质系数可表达为

$$K_{S}'=\frac{\varepsilon D_{hi}^{g}}{r_{m}}\left(1-\frac{1}{2}\varepsilon\ln\varepsilon+\wedge\right) \tag{2-10}$$

2.2.4 微孔（微穿孔）膜包装内外气体交换模型

为便于分析，作以下必要的假设。

（1）包装内外气体组成均匀分布，混合气体为理想气体。

（2）薄膜对气体的渗透率保持恒定不变。

（3）通过微孔的气体质量传递只由扩散引起。

（4）通过微孔膜的各种气体交换相互独立，互不干涉。

（5）包装系统气体交换过程为恒温过程。

（6）不考虑包装膜热封泄漏。

1. 基于 Knudsen 扩散的数学模型

由于微孔孔径极小，故需考虑微孔末端及孔与孔之间的影响。将孔边缘扩散和孔与孔之间的相互作用的影响综合作为一个总的传质阻力处理，包装内外气体

交换总量ϕ可表示为

$$\phi=\left(D_{\mathrm{f}i}+D_{\mathrm{h}i}^{\mathrm{K}}+K_{\mathrm{S}}'S\right)\frac{\partial C}{\partial X}$$

对于微孔均匀分布的情况，气体交换总量为

$$\phi_{\mathrm{u}}=\left(D_{\mathrm{f}i}+D_{\mathrm{h}i}^{\mathrm{K}}+\frac{3\pi S}{8r_{\mathrm{m}}}\left(1+\frac{9}{64}\pi\varepsilon^{\frac{1}{2}}+\wedge\right)\left(\frac{D_{\mathrm{h}i}^{\mathrm{F}}D_{\mathrm{h}i}^{\mathrm{K}}}{D_{\mathrm{h}i}^{\mathrm{F}}+D_{\mathrm{h}i}^{\mathrm{K}}}\right)\right)\frac{\partial C}{\partial X} \tag{2-11}$$

对于微孔不均匀分布的情况，气体交换总量为

$$\phi_{\mathrm{nu}}=\left(D_{\mathrm{f}i}+D_{\mathrm{h}i}^{\mathrm{K}}+\frac{\varepsilon S}{r_{\mathrm{m}}}\left(1-\frac{1}{2}\varepsilon\ln\varepsilon+\wedge\right)\left(\frac{D_{\mathrm{h}i}^{\mathrm{F}}D_{\mathrm{h}i}^{\mathrm{K}}}{D_{\mathrm{h}i}^{\mathrm{F}}+D_{\mathrm{h}i}^{\mathrm{K}}}\right)\right)\frac{\partial C}{\partial X} \tag{2-12}$$

转化为分压力的关系式，可得到气体通过微孔膜的通量为

$$\phi_{\mathrm{u}}=D_{\mathrm{f}i}\cdot\frac{\left(p_{\mathrm{out},i}-p_{\mathrm{in},i}\right)}{RTL}+\left(D_{\mathrm{h}i}^{\mathrm{K}}+\frac{3\pi S}{8r_{\mathrm{m}}}\left(1+\frac{9}{64}\pi\varepsilon^{\frac{1}{2}}+\wedge\right)\left(\frac{D_{\mathrm{h}i}^{\mathrm{F}}D_{\mathrm{h}i}^{\mathrm{K}}}{D_{\mathrm{h}i}^{\mathrm{F}}+D_{\mathrm{h}i}^{\mathrm{K}}}\right)\right)\cdot\frac{\left(p_{\mathrm{out},i}-p_{\mathrm{in},i}\right)}{RTl} \tag{2-13}$$

$$\phi_{\mathrm{nu}}=D_{\mathrm{f}i}\cdot\frac{\left(p_{\mathrm{out},i}-p_{\mathrm{in},i}\right)}{RTL}+\left(D_{\mathrm{h}i}^{\mathrm{K}}+\frac{\varepsilon S}{r_{\mathrm{m}}}\left(1-\frac{1}{2}\varepsilon\ln\varepsilon+\wedge\right)\left(\frac{D_{\mathrm{h}i}^{\mathrm{F}}D_{\mathrm{h}i}^{\mathrm{K}}}{D_{\mathrm{h}i}^{\mathrm{F}}+D_{\mathrm{h}i}^{\mathrm{K}}}\right)\right)\cdot\frac{\left(p_{\mathrm{out},i}-p_{\mathrm{in},i}\right)}{RTl} \tag{2-14}$$

式中，$p_{\mathrm{out},i}$、$p_{\mathrm{in},i}$——包装外、包装内气体i压力；
　　L、l——原膜厚度、微孔长度。

2. 基于过渡扩散的数学模型

考虑孔边缘、孔间的影响，包装内外交换气体总量可表示为

$$\phi=\left(D_{\mathrm{f}i}+D_{\mathrm{h}i}^{\mathrm{g}}+K_{\mathrm{S}}'\,S\right)\frac{\partial C}{\partial X} \tag{2-15}$$

对于微孔均匀分布的情况，气体交换总量为

$$\phi_{\mathrm{u}}=\left(D_{\mathrm{f}i}+\frac{D_{\mathrm{h}i}^{\mathrm{F}}D_{\mathrm{h}i}^{\mathrm{K}}}{D_{\mathrm{h}i}^{\mathrm{F}}+D_{\mathrm{h}i}^{\mathrm{K}}}+\frac{3\pi S}{8r_{\mathrm{m}}}\left(1+\frac{9}{64}\pi\varepsilon^{\frac{1}{2}}+\wedge\right)\left(\frac{D_{\mathrm{h}i}^{\mathrm{F}}D_{\mathrm{h}i}^{\mathrm{K}}}{D_{\mathrm{h}i}^{\mathrm{F}}+D_{\mathrm{h}i}^{\mathrm{K}}}\right)\right)\frac{\partial C}{\partial X} \tag{2-16}$$

对于微孔不均匀分布的情况，气体交换总量为

$$\phi_{\rm nu}=\left(D_{\rm fi}+\frac{D_{\rm hi}^{\rm F}D_{\rm hi}^{\rm K}}{D_{\rm hi}^{\rm F}+D_{\rm hi}^{\rm K}}+\frac{\varepsilon S}{r_{\rm m}}\left(1-\frac{1}{2}\varepsilon\ln\varepsilon+\wedge\right)\left(\frac{D_{\rm hi}^{\rm F}D_{\rm hi}^{\rm K}}{D_{\rm hi}^{\rm F}+D_{\rm hi}^{\rm K}}\right)\right)\frac{\partial C}{\partial X} \tag{2-17}$$

针对薄膜包装袋、硬质容器（薄膜封合），结合包装条件及气体状态方程，可获得相应的不同气体内外交换方向。

例如，针对孔均匀分布的情况，O_2、H_2O 气体的变化总量为

$$\phi_{\rm n,O_2}=D_{\rm f,O_2}\cdot\frac{\left(p_{\rm out,O_2}-p_{\rm in,O_2}\right)}{RTL}+ \\ +\left(\frac{D_{\rm h,O_2}^{\rm F}D_{\rm h,O_2}^{\rm K}}{D_{\rm h,O_2}^{\rm F}+D_{\rm h,O_2}^{\rm K}}+\frac{3\pi S}{8r_{\rm m}}\left(1+\frac{9}{64}\pi\varepsilon^{\frac{1}{2}}+\wedge\right)\left(\frac{D_{\rm h,O_2}^{\rm F}D_{\rm h,O_2}^{\rm K}}{D_{\rm h,O_2}^{\rm F}+D_{\rm h,O_2}^{\rm K}}\right)\right)\cdot\frac{\left(p_{\rm out,O_2}-p_{\rm in,O_2}\right)}{RTl} \tag{2-18}$$

$$\phi_{\rm n,H_2O}=D_{\rm f,H_2O}\cdot\frac{\left(p_{\rm out,H_2O}-p_{\rm in,H_2O}\right)}{RTL} \\ +\left(\frac{D_{\rm h,H_2O}^{\rm F}D_{\rm h,H_2O}^{\rm K}}{D_{\rm h,H_2O}^{\rm F}+D_{\rm h,H_2O}^{\rm K}}+\frac{3\pi S}{8r_{\rm m}}\left(1+\frac{9}{64}\pi\varepsilon^{\frac{1}{2}}+\wedge\right)\left(\frac{D_{\rm h,H_2O}^{\rm F}D_{\rm h,H_2O}^{\rm K}}{D_{\rm h,H_2O}^{\rm F}+D_{\rm h,H_2O}^{\rm K}}\right)\right)\cdot\frac{\left(p_{\rm out,H_2O}-p_{\rm in,H_2O}\right)}{RTl} \tag{2-19}$$

3. 微穿孔膜包装内外气体交换的数学模型

通常微穿孔膜中的微孔孔径在几十微米至几百微米，气体通过微孔的气体扩散为 Fick 扩散。由于孔径较大，气体交换主要集中在薄膜和孔道部分，孔边缘及孔间的影响很小，即可忽略不计。

基于 Fick 扩散的硬质容器包装内外气体交换数学模型为

$$\phi=\left(D_{\rm fi}+D_{\rm hi}^{\rm F}\right)\cdot\frac{\partial C}{\partial X} \tag{2-20}$$

气体组分 i 在单位时间通过微穿孔膜的通量为

$$\phi=D_{\rm fi}\frac{\left(p_{{\rm out},i}-p_{{\rm in},i}\right)}{RTL}+D_{\rm hi}^{\rm F}\cdot\frac{\left(p_{{\rm out},i}-p_{{\rm in},i}\right)}{RTl} \tag{2-21}$$

2.2.5 微穿孔膜包装内外气体交换模型验证

采用自制密封罐（容积 1050mL），上部开一个直径为 50mm 的圆口并用聚乙烯（PE）膜[O_2 渗透系数 2.05×10^{-12} mol·m/(m^2·h·Pa)，CO_2 渗透系数 8.38×10^{-12} mol·m/(m^2·h·Pa)，厚 0.04mm]封口。密封罐内充入 5% O_2、15% CO_2 和 80% N_2

作为初始气体。采用激光对 PE 膜打孔，试验条件为温度 25℃、50% RH，在规定时间内测量包装内气体组分浓度，比较试验值与数学模型预测值，结果如图 2-1 所示。

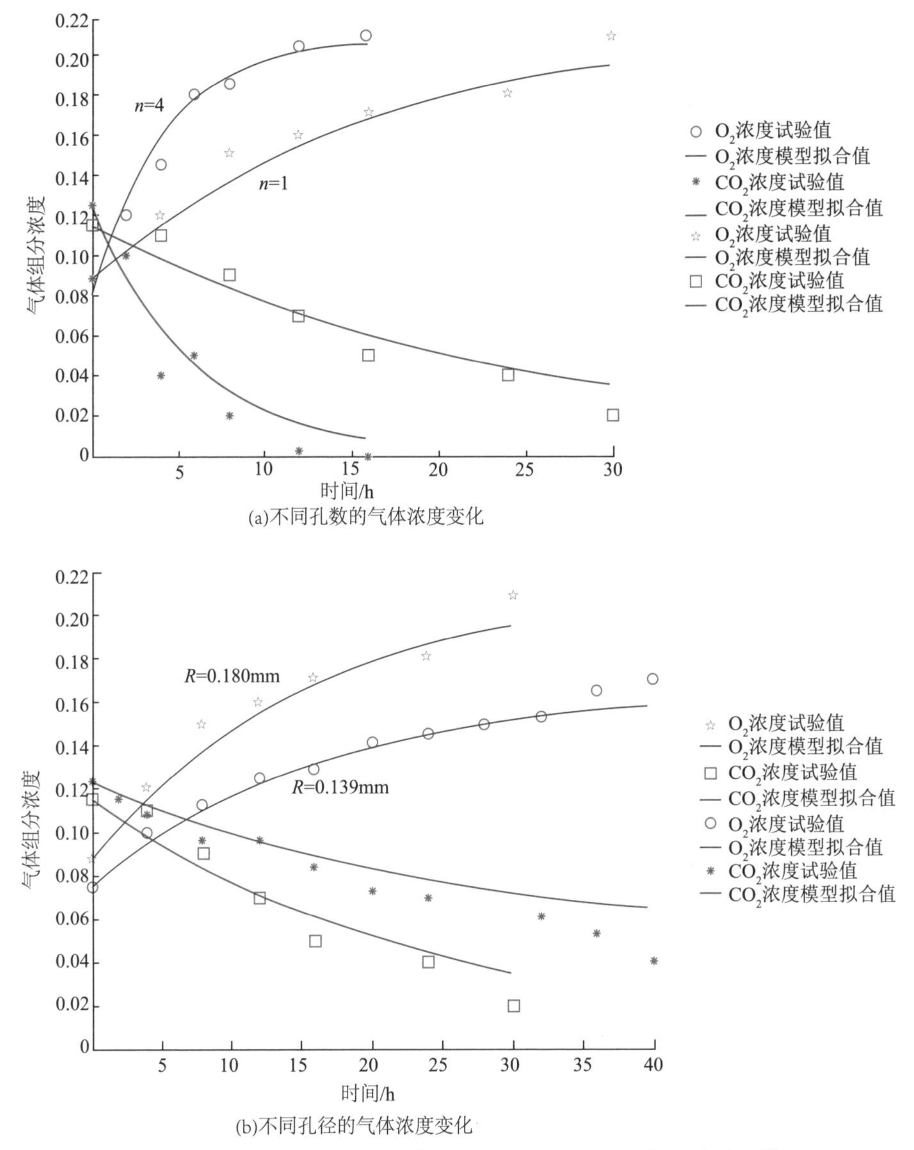

图 2-1　微穿孔膜包装内气体浓度变化的理论预测与试验对比[2]

结果表明，建立的数学模型能有效预测在不同孔数、孔径下包装内气体浓度的变化，两者的相关系数均高于 0.95。在孔径、孔长相同的情况下[图 2-1（a）]，4 个孔（孔径 0.20mm）的密封罐仅需要 16h 即可达到 21%的 O_2 浓度和接近于 0%的 CO_2 浓度；而 1 个孔达到大气平衡状态时所需的时间远远长于 4 个孔的。在孔数、孔长相同的情况下[图 2-1（b）]，0.180mm 孔径的微孔膜密封罐只需 30h 左右即可达到约 21%的 O_2 浓度和接近于 0%的 CO_2 浓度，0.139mm 孔径的微孔膜密封罐在 40h 后达到约 17%的 O_2 浓度和 6%的 CO_2 浓度。

2.3 塑料薄膜袋热封微孔孔道内外气体交换

塑料薄膜制袋通常采用热封成型方式。所谓热封，即两层薄膜热熔并通过对其施加一定的压力，使两层薄膜紧密连接在一起的过程。在封口处保持其密封性和完整性是封合的基本要求。热封时由于多种原因，会对封口的完整性及质量造成不同程度的影响，如热封温度不当会引起不均衡收缩；热封时间过长会使膜表面起皱变形，密封性能下降；热封压力不足易造成虚封、漏封，导致热封处存在微孔，继而加快包装内外气体等传质。由于热封部位具有一定的宽度，其微孔通道与原膜微孔存在显著差异，因此有必要对包装袋热封微孔孔道内外气体交换机理进行研究。

2.3.1 基于热封微孔孔道的包装内外气体交换模型

针对塑料薄膜包装热封微孔孔道的工程应用研究工况，通常其微孔孔道直径（通常为几微米至几百微米）远大于气体分子平均自由程。应用 Hagen-Poiseuille 定律，结合压强及理想气体状态方程，得到单位时间包装内外气体交换量为

$$\frac{\mathrm{d}n_{ie}}{\mathrm{d}t}=\frac{\pi r^4 p_{\mathrm{out}}}{8\eta lRT}\left(p_{\mathrm{in},0}-\frac{n_{ie}RT}{V_0}-p_{\mathrm{out}}\right) \tag{2-22}$$

式中，$p_{\mathrm{in},0}$ —— 包装袋内部初始气体压强；

n_{ie} —— 气体交换的物质的量；

r —— 孔道半径；

V_0 —— 包装袋初始体积。

对式（2-22）积分，得到基于孔径、孔长和内外压差的气体内外交换数学模型：

$$n_{ie}=\int_0^t \frac{\pi r^4 p_{\mathrm{out}}}{8\eta lRT}\left(p_{\mathrm{in},0}-\frac{n_{ie}RT}{V_0}-p_{\mathrm{out}}\right)\mathrm{d}t \tag{2-23}$$

2.3.2 塑料薄膜袋热封微孔孔径的估算及其有效性[3]

在薄膜包装袋中，包装热封封口质量直接影响产品的运输、保质情况，了解热封封口处的质量对于包装袋内气体交换、产品品质具有深刻的意义，因此热封

封口质量的检测非常重要。目前检测方法分为有损检测与无损检测，但两种检测方法均存在不足。有损检测会对包装产生破坏，并且不能测定孔道泄漏量，局限性较大。无损检测包含多种检测手法，如光学法、压差法、红外检测法等，存在效率低、精度低、费用高等问题。为此研发能高效、准确测定薄膜包装袋泄漏孔径的检测方法具有工程价值。

压差检测法是一种根据被测件内部压力的变化得到被测件泄漏的无损检测方法。包装泄漏量压差法通过选定初始压差，对包装袋内部充气使其压差高于外界，即内外压差达到一定值；保压一段时间，气体会通过微孔孔道向外泄漏，记录包装袋内部压强的变化，将包装内部气体压差的变化转化为气体交换量，从而得到等效泄漏孔径估算值。

1）不同直径微孔孔道的制备

选取聚对苯二甲酸乙二酯/镀铝流延聚丙烯（PET/VMCPP）包装膜，选定直径为 60μm、100μm、140μm、180μm、220μm 的钨丝，分别将其置入未热封封口处薄膜之间，通过连续热封机封合，待样品冷却后抽出钨丝，得到一个微孔直径通道缺陷的热封样品（图 2-2）。通过光学显微镜验证，微孔孔道直径与钨丝直径误差很小，因此可直接将钨丝直径作为微孔孔道直径进行试验。

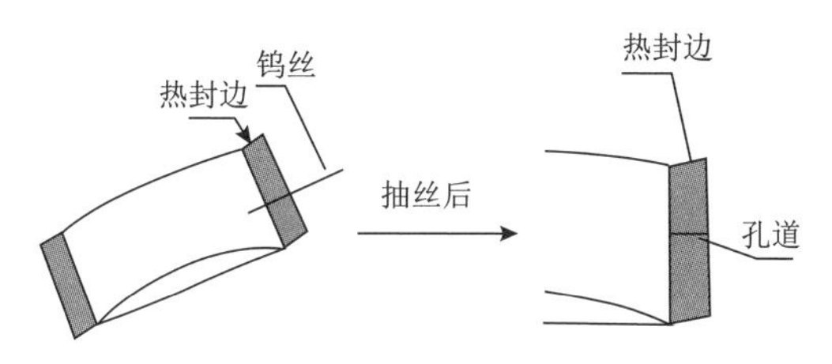

图 2-2　微孔孔道制备原理图

热封边长度 10mm 即为制备微孔孔道的长度。利用 Lippke 4500 包装测试系统中的爆破测试模块在测得薄膜 PET/VMCPP 的爆破强度后设置初始压差。样品参数及测试条件见表 2-1。同时，设置空白对照组，得到无孔情况下的气体交换数据，以减少系统误差。

表 2-1　样品参数及测试条件

编号	直径/μm	孔长/mm	压差/kPa
1	0	10	5
2	60	10	5
3	100	10	5
4	140	10	5

续表

编号	直径/μm	孔长/mm	压差/kPa
5	180	10	5
6	220	10	5

2）基于孔径的微孔气体交换试验

采用不同微孔孔道直径的样品进行气体交换试验（图 2-3）。测试系统将对包装袋内部充气使其压差高于外界 5kPa，即内外压差达到 5kPa。保压 2min，记录包装袋内部压强的变化。图 2-4 为微孔孔径为 220μm、初始内外压差为 5kPa 时包装袋内部压强随时间的变化情况。

图 2-3　热封微孔孔道测试图

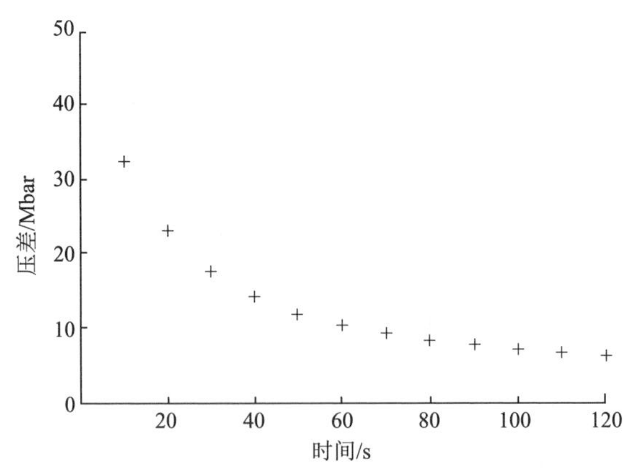

图 2-4　包装袋内部压强随时间的变化

1bar=10^5Pa

微孔直径的模型估算与实际值比较见表 2-2。基于 Hagen-Poiseuille 定律所建立模型预估微孔孔道的半径与实际微孔半径偏差值基本维持在 5%以内，因此可以认为所建立的基于热封微孔孔道的包装袋内外气体交换模型对于该类包装气体交换计算适用。在微孔孔径较大的情况下模型估算值的偏差较大，这和测试过程中微孔孔道受到较强冲击后遭到破坏有关。

表 2-2　微孔直径的模型估算与实际值比较

实际微孔半径/μm	估算微孔半径/μm	R^2
30	29.59	0.9962
50	51.11	0.9953
70	69.96	0.9918
90	88.35	0.9931
110	116.00	0.9216

2.3.3　孔道特征因素对包装内外气体交换的影响

由于热封微孔孔道的特殊性，进一步研究基于不同孔径、孔长、内外压强差、孔数及孔道形状，验证所建模型并分析相关参数对气体交换量的影响[3]。

分析热封边多个微孔的影响时，为便于分析，将多个微孔情况转化为等效单孔，为此作以下假设：①气体通过单个微孔不受其他微孔的影响；②微孔的相对位置不影响气体的交换；③假设每个孔的体积流率按照孔径比例计算。

（1）当存在 n 个孔径相同的微孔 1、微孔 2、…、微孔 n 时，即孔数为 n，且 $r_1 = r_2 = \cdots = r_n$ 时，体积流率变为原来的 $\frac{1}{n}$，得到对应单孔半径为

$$r = r_1\sqrt[4]{n} = r_2\sqrt[4]{n} = \cdots = r_n\sqrt[4]{n} \tag{2-24}$$

（2）当存在两个孔径不同的微孔 1、微孔 2 时，即孔数 $n = 2$，且 $r_1 \neq r_2$ 时，半径关系可表示为

$$r_1 = br_2 \tag{2-25}$$

可得两个孔径不同的微孔所对应单孔等效半径：

$$r = \frac{r_1\sqrt{b^4+1}}{b} = r_2\sqrt{b^4+1} \tag{2-26}$$

1. 微孔孔径对气体内外交换数学模型估算结果的影响

对于具有不同孔径的微孔孔道包装的气体交换量，模型预测与试验值比较的结果如图 2-5 所示，不同孔径的试验值与模型值的误差见图 2-6。随着孔道直径的增加，微孔孔道气体交换量增加，且变化显著。当微孔直径为 60μm、100μm、140μm、

180μm 时，气体交换的试验值与模型值拟合度高。而对于 220μm 的微孔孔道，其气体交换前期不稳定，误差值较大，后期趋于平稳。

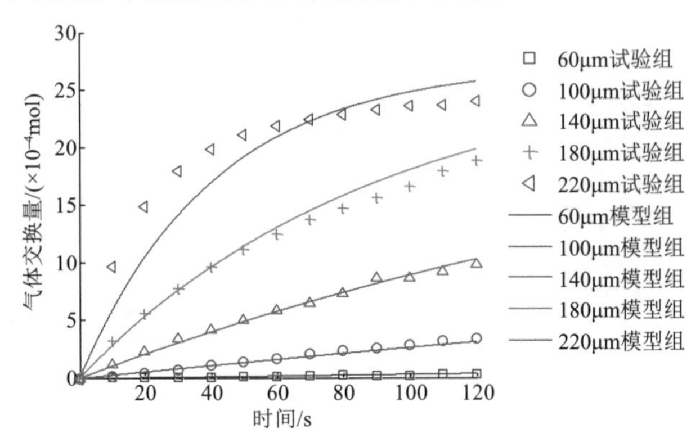

图 2-5　基于不同微孔孔径的包装内外气体交换的试验与模型结果比较（孔长 10mm）

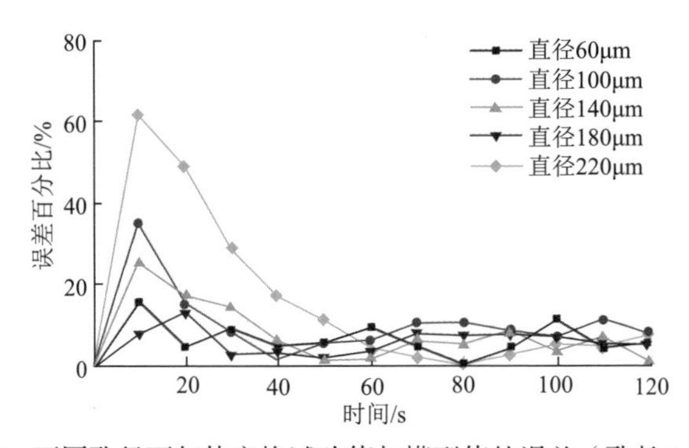

图 2-6　不同孔径下气体交换试验值与模型值的误差（孔长 10mm）

不同孔径的试验值与模型值的误差百分比均呈现先上升后下降的总体趋势。对于孔径较小的 60μm、100μm、140μm、180μm 的样品来说，气体交换的试验值与模型值的总体误差值在 8%以内，且波动较小。当孔径为 220μm 时，前期测得的试验值与模型值的误差高达 20%以上，存在较大的波动。这可能是由于孔径较大，其热封孔道处受到压差的冲击易产生破坏，因而其气体交换受到影响。

结果表明，所建立的热封微孔孔道内外气体交换模型能够对孔径为 60～180μm 的微孔孔道的内外气体交换进行较准确的预测。而对于微孔孔径较大的情况，前期预测结果与实际值有较大的出入，在实际应用中应当注意。同时，由于孔径过大，气体在较短时间内的波动很大，研究气体交换模型的适用范围受到一定的限制。

2. 孔长对气体内外交换数学模型估算结果的影响

采用直径为180μm微孔孔道的样品计算不同孔长的微孔孔道包装的气体交换

量，基于不同孔长的试验测定与模型分析的气体交换结果如图 2-7 所示。结果发现改变微孔孔长对气体交换有一定的影响，且随着孔长的增大，气体交换量逐渐减少，微孔长度为 10mm、15mm 及 20mm 的试验值基本与模型拟合度高。值得注意的是，在孔长较短时，试验值与模型值差异明显。这可能是孔长较短时，孔道内侧端受内外压差影响更为显著，导致实际中出现随机误差的情况增加。

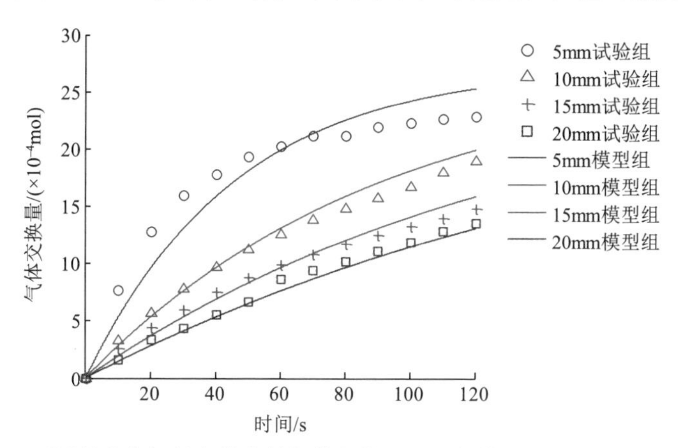

图 2-7　基于不同微孔孔长的包装内外气体交换的试验与模型结果比较（孔径 180μm）

3. 内外压强差对气体内外交换数学模型估算结果的影响

选定孔道直径均为 180μm，孔长为 10mm 的样品，分别在 5kPa、10kPa、15kPa 的初始压差下进行测试，不同压差下，试验组与模型组的气体交换测试结果见图 2-8。在 3 组不同的压差下，试验值与模型的预测值重合度高，且随着压差的增加，气体的交换量增加，即改变内外初始压强差对热封微孔孔道气体交换具有较大的影响。随着初始内外压强差的增加，内外气体交换量增加，试验值与模型预测值重合度高。

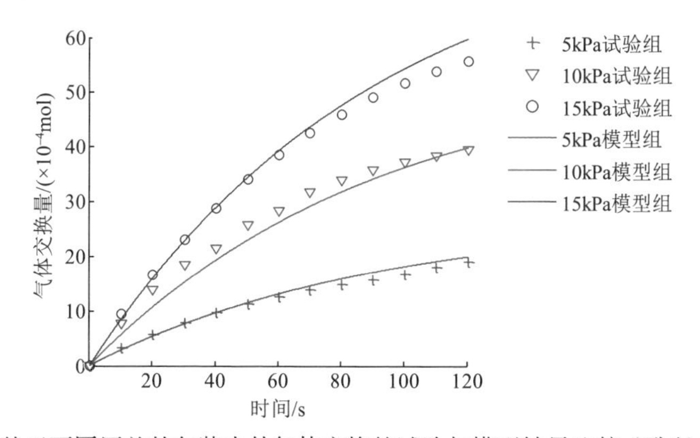

图 2-8　基于不同压差的包装内外气体交换的试验与模型结果比较（孔径 180μm）

4. 孔数对气体内外交换数学模型估算结果的影响

对多个微孔的包装袋热封微孔孔道进行测试，不同孔数下，试验组与模型组的气体交换结果见图 2-9。随着孔数的增加，通过微孔孔道的气体交换量也增加。当孔数大于 1 时，试验值在开始时比模型值略高，随着时间的增加试验值小于模型值。孔数的增加会给气体交换造成相应的影响，热封处缺陷加大，在气体交换过程中会互相受到牵制。试验与模型结果误差控制在 8%以内，总体上看试验测得气体交换量变化趋势与模型值相符。

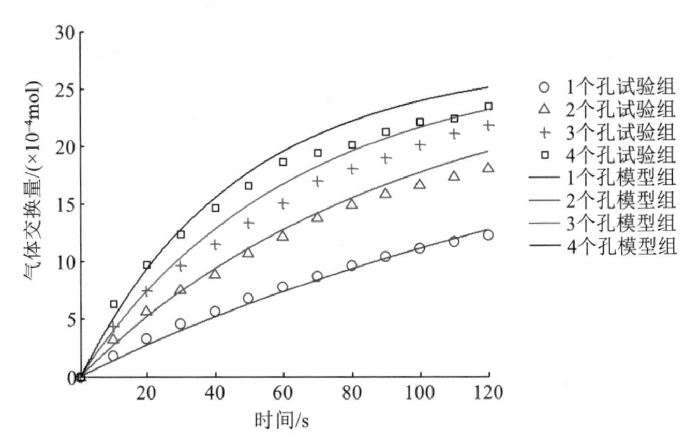

图 2-9 基于微孔数量的包装内外气体交换的试验与模型结果比较

5. 孔道形状对气体内外交换数学模型的影响

对孔道形状的探讨主要是围绕孔道中的转弯角度及孔的倾斜与否（图 2-10）。针对不同孔道形状，试验组与模型组的气体交换结果如图 2-11 所示。对应微孔孔

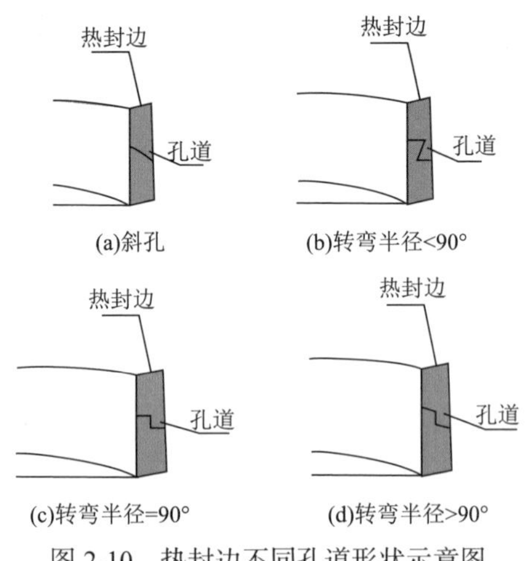

图 2-10 热封边不同孔道形状示意图

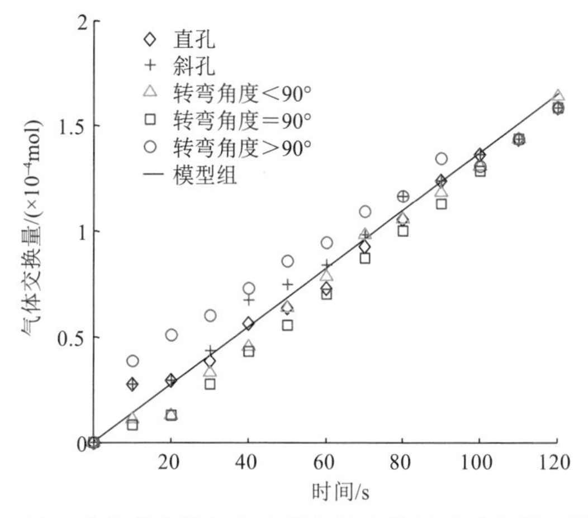

图 2-11　基于孔道形状的包装内外气体交换的试验与模型结果比较

道长度为 20mm、直径为 100μm 的样品，不同孔道形状对气体交换的影响主要体现在前期，转弯角度大于 90°的微孔样品气体交换量在前 90s 均大于模型值，而转弯角度等于 90°及小于 90°的微孔样品气体交换量在前 40s 与模型值有较大的偏差且普遍小于模型的预测值。斜孔和直孔的气体交换量与模型值具有较好的吻合度。目前微孔孔道形状对孔道气体交换的影响研究，还未有相应的理论支持。

2.4　塑料薄膜的光阻隔特性及应用

储运、销售过程中的光照会对包装产品特别是包装食品品质与安全产生影响，引发并加速产品品质变化，破坏包装膜结构等。具有阻光性能的包装膜可有效降低光对产品品质和包装膜的危害，减少产品损坏，实现保护产品的目的。不同波长的光照射到包装产品表面会发生多种光学现象，本节将讨论包装膜基底系统的光学特性，以及光对包装膜性能及产品品质的影响、包装膜阻光原理、光阻隔包装膜应用研究。

2.4.1　基底系统的光学特性

太阳辐射到地球外空气层的光是一种连续光谱，这些光在到达地面之前，许多波长的光被水蒸气和二氧化碳、臭氧层所吸收，影响包装食品的光主要是可见光、紫外光。可见光照射在包装膜上存在入射、反射、散射、折射、透射现象（图 2-12），通常只发生物理反应。

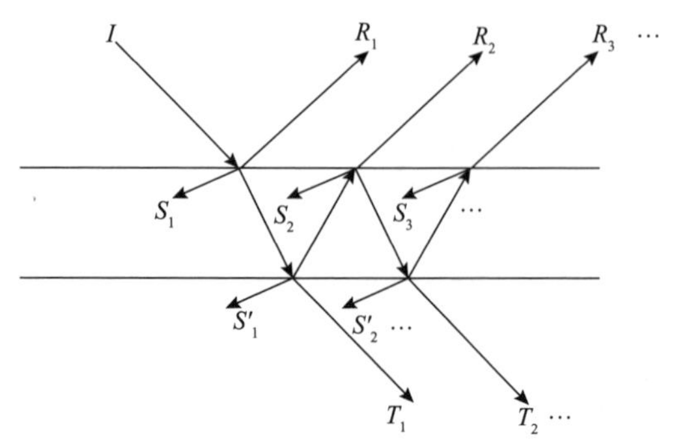

图 2-12 包装膜光学线路图

包装膜反射率、透射率和散射率三者之和等于 1，即

$$T+R+S=1 \tag{2-27}$$

式中，T——透射率（%），$T=T_1+T_2+T_3+\cdots+T_n$；

R——反射率（%），$R=R_1+R_2+R_3+\cdots+R_n$；

S——散射率（%），$S=S_1+S_2+S_3+\cdots+S_n+S_1'+S_2'+S_3'+\cdots+S_n'$。

紫外光的能量高于可见光，紫外光照射在包装膜上，包装膜会发生化学反应，破坏包装膜的化学键，影响包装膜内部变化。

1. 包装膜光反射特性

光照射在包装膜上发生反射，根据包装膜表面粗糙度不同分为镜面反射和漫反射两种方式，单层膜和多层膜反射率也存在差异。

针对单层膜，反射率与入射介质光学导纳和膜系的输入光学导纳有关，反射率为

$$R=\left(\frac{\eta_0-\gamma}{\eta_0+\gamma}\right)\left(\frac{\eta_0-\gamma}{\eta_0+\gamma}\right)^* \tag{2-28}$$

式中，R——单一界面的反射率；

η_0——入射介质光学导纳；

γ——膜系的输入光学导纳。

针对多层膜，反射率是每层单膜的光学矩阵顺次相乘。多层膜中入射光倾斜入射，在界面上分为两部分，一部分光被反射，另一部分光被透射。膜表面的反射光束具有不同的振幅和相位，在实际分析中，假定入射光与电磁矢量平行（p-极化）或垂直（s-极化）入射平面，建立多层堆叠反射率模型推导总反射率[4]。

2. 包装膜光透过特性

光穿过包装膜发生透射现象，强度降低，当包装膜内部有裂纹、杂质或少量结晶时，光线产生不同程度的反射或散射，产生光雾，减少光的透过量，使膜的透明度降低。影响光透过性的因素主要有包装膜分子结构、包装膜凝聚态结构、材料复合工艺等。

1）包装膜分子结构影响

包装膜的透光性与分子结构密切相关，包装膜在光照下会发生原子分子间的相互反应，在紫外-可见光范围内由于电子跃迁及在红外光谱区的振动存在光学吸收，影响包装膜透光性。

具有苯环结构的包装膜，如聚碳酸酯、聚苯乙烯，光学吸收较高；具有双键结构的包装膜，易发生 π-π'跃迁或 π-π^*跃迁产生光学吸收；没有光学吸收的包装膜，如聚甲基丙烯酸甲酯，透光性几乎不受电子跃迁的影响。

2）包装膜凝聚态结构影响

包装膜不同的凝聚态结构影响透光性，当光通过包装膜传播时，由于凝聚态结构不同会发生双折射现象，同时，包装膜晶区和非晶区密度不同，折射率不同，发生漫反射，包装膜呈现乳白色，透光性较好。

对于结晶性包装膜，当晶体尺寸小于可见光波长时，光的散射和折射减少，膜的透光性减弱。对于非结晶性包装膜，没有晶核和晶粒，可见光可透过分子链间隙，包装膜透光性较好。

3）复合工艺影响

由于复合工艺不同，形成包装膜的结构存在差异，导致透过性不同。采用共挤、挤出、涂布等复合方式形成的包装膜，如聚乙烯/聚酰胺/聚乙烯（PE/PA/PE）等，这一类多成分包装膜具有类似折射与反射的性质。

3. 包装膜光散射特性

入射光通过包装膜射向各个方向发生光散射。光照射到包装膜上后一部分光发生了透射，另一部分光因包装膜的特性在内部发生散射。散射强度主要取决于包装膜内部折射指数的变化和不均匀程度，当散射中心的尺寸与光的波长相似时出现最大有效散射。

影响包装膜散射的因素主要有包装膜的种类、包装膜的表面状态、包装膜树脂间相容性和加工工艺，加工工艺参数包括包装膜的制膜方式、包装膜厚度、熔体温度等。

4. 包装膜光吸收特性

光吸收与包装膜的化学结构和光的波长有关。包装膜在可见光区域一般无特征吸收，在红外、紫外区存在特殊吸收峰。包装膜的种类不同，吸收峰也不同，光吸收特性遵循朗伯-比尔定律。

5. 包装膜光折射特性

斜射的光束由包装膜进入产品中，由于光在两种介质中的传播速度不同，发生光路变化，产生光折射。

包装膜的折射率主要受包装膜结构、光线波长及单位体积分子极化度影响。对于包装膜结构而言，具有芳环结构的包装膜，折射率较高；具有甲基结构的包装膜，折射率较低。对于光线波长影响而言，光线波长越长，折射率越小。对于单位体积分子极化度而言，发现含 C—C 链较多的包装膜折射率在 1.5 左右；含易诱导极化基团的包装膜折射率在 1.7 左右；含不易诱导极化基团的包装膜折射率在 1.3 左右。

除上述常见的光学现象外，在包装膜光学系统中，还存在包装膜相干，相干性是波与自己波、波与其他波之间对于某种内秉物理量的关联性质。相干性大致分为时间相干性与空间相干性。时间相干性与波的线宽有关；空间相干性与波源的有限尺寸有关。一束光波照射在包装膜上，由于折射率不同，光波会被包装膜的上界面与下界面分别反射，相互干涉形成新的光波。

2.4.2 包装膜的光阻隔性能

光照射在包装产品上，包装膜和产品受到影响产生性能变化，降低包装产品品质。因此，可阻光的包装膜逐渐被应用。

1. 光照射对包装膜性能的影响

包装膜在储运过程中会因光的作用发生内部结构的变化，引发自动氧化反应，导致降解或交联，性能变差，逐渐失去应用价值。包装膜的变化主要体现在两个方面，一方面是外观变化，表现为包装膜表面发暗、变色、发黏、变形、出现斑点、裂纹、脆化、长霉等。另一方面是内部变化，表现为：①物理及化学性能变化，如溶解性、熔体指数、流变性、耐热性、耐寒性、折射率、相对密度等的变化；②机械及电性能变化，如抗张强度、抗压强度、抗冲击强度、抗疲劳强度、模量、硬度常数、击穿电压等的变化。

包装膜受到光影响产生光氧化反应，其过程分为链引发、链增长、链终止三个阶段。第一阶段包装膜产生游离基或激发态，大分子游离基易与氧分子作用，生成过氧化游离基。第二阶段过氧化游离基从包装膜的另一分子上夺取一个氢原子，形成氢过氧化物，氢过氧化物在光辐射下分解产生大分子游离基。第三阶段两游离基相互结合，产生不活泼产物终止反应。

2. 光照射对包装产品品质的影响

光照射在产品表面导致产品品质下降，对于产品（食品）包装而言，产品、包装膜、光和包装内氧之间的相互作用复杂，产品光氧化的程度主要依赖于包装膜对光线的阻隔能力。当入射光通过包装膜传输到包装顶空时，一部分光被产品反射或吸收，另一部分光被传输或由包装膜内壁反射。

当单色光的光束照射在包装膜上时，部分光线被反射，部分被吸收，部分被传输。

照射在包装膜上的入射光遵循朗伯-比尔定律：

$$I = I_0 e^{-kL_p} \tag{2-29}$$

式中，I——光的强度；

I_0——入射光强度；

k——特征常数；

L_p——包装膜厚度。

假定总透射光强（光强度与入射光强度比值）被吸收或由产品反射没有射入包装膜内壁，包装产品的光吸收总量为

$$I_{pf} = I_0 T_p \frac{1 - R_f}{(1 - R_f) R_p} \tag{2-30}$$

式中，I_{pf}——产品吸收的光强度；

T_p——由包装膜分步传输的部分；

R_p——由包装膜反射的部分；

R_f——由产品反射的部分。

若光在包装膜和产品上的反射可忽略，式（2-30）可简化为

$$I_{pf} = I_0 T_p \tag{2-31}$$

针对给定波长的入射光，产品表面及产品内任一平面的光强度可表示为

$$I_i = I_0 e^{-k_p L_p} \tag{2-32}$$

$$I_x = I_0 e^{-k_f L_f} \tag{2-33}$$

式中，I_i——产品表面的光强度；

I_x——产品内给定平面吸收的光强度；

k_p——包装膜的任一波长的吸光度；

L_p——包装膜厚度；

k_f——产品的任一波长的吸光度；

L_f——从产品表面传递给产品内部一特定平面的距离。

3. 包装膜阻光原理

阻光包装膜能有效阻隔高能量紫外光线直接照射包装内产品，起到保护包装内产品的作用。减少或阻断光线对产品品质影响的方式通常有两种，一种是物理方式，即直接遮挡光，避免光射入包装膜而破坏产品品质；另一种是化学方式，即在包装膜中添加特定物质，使包装膜具有抵制或吸收光的性能，阻断或减少照射在包装膜上的光。

1）物理方式

物理阻光方式主要原理是阻断光传播或改变光传播方向，使光不再穿过包装膜进入产品内部，对产品造成影响。

物理阻光的主要方式有复合包装膜、包装膜表面印刷、包装膜着色、涂层和层压等。

复合包装膜。常见的单层包装膜在紫外和可见光波段透过率通常为80%左右，单层包装膜阻光性能存在限制，复合包装膜可有效解决包装膜阻光不足的问题，在单层包装膜上复合铝箔、纸张等材料，达到阻光目的。阻光效果根据复合包装膜种类不同而不同。

包装膜表面印刷。印刷有阻挡光线的功能，是目前普遍使用的一种阻光方法，既美化产品促进销售，又能减少光线对产品品质的影响。光线照射在印刷包装膜上与未印刷包装膜上，对产品品质的影响存在差异，研究表明包装膜上的印刷油墨可改变光线的传播途径，减弱光对包装膜及包装内产品的影响。光在半色调包装膜中的传播路径如图 2-13 所示。包装膜表面油墨的颜色对包装膜阻光也有影响，

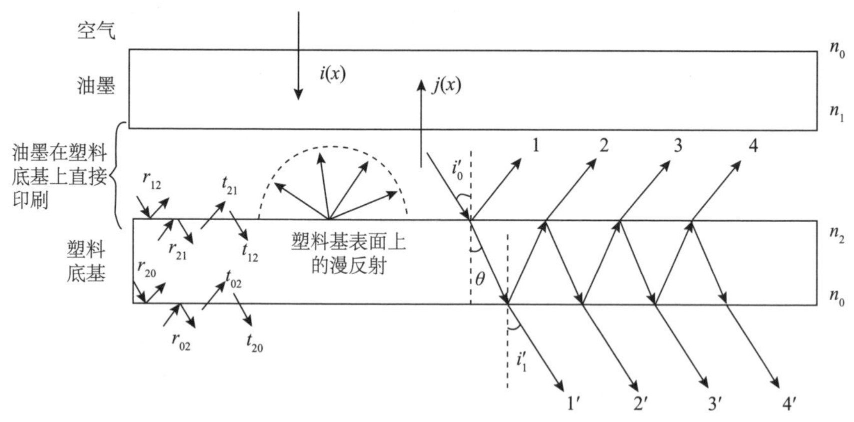

图 2-13 光在半色调塑料包装膜中的传播路径[5]

油墨颜色的影响遵循相关色环理论。研究表明[5]，红色油墨能有效减少波长小于550nm的光的透射，不同油墨降低光透过性的程度为：黄色<绿色<棕色<黑色。

包装膜着色。有颜色的包装膜可选择性阻挡包装内产品敏感光线。用于包装膜着色的颜料有无机颜料、有机颜料、染料、效果着色剂等。同时，天然化合物（如叶绿素）也可用作包装膜的颜料，添加颜料的包装膜的透光率降低，可阻挡特定有害波长。不同颜色的包装膜对光的防护能力不同：黑色>棕色>绿色>蓝色>红色>黄色>无色。例如，琥珀色PET饮料瓶包装对紫外线和波长小于450nm的可见光阻挡作用强于透明PET瓶，同时，掺有少量聚萘二甲酸乙二醇酯（PEN）的PET瓶阻挡作用更强。与PET相比，PEN中的稠合芳环具有更好的抗紫外线性。

涂层和层压。利用黏合剂层压、挤出涂覆、共挤出、共注入和真空沉积等方式，将阻隔层添加到包装膜中进行阻光，改善包装膜阻隔性，减少包装膜透光率，也可将遮光的彩色油墨印刷在阻隔层上，多层阻隔层层压，达到阻隔光的目的。

2）化学方式

包装膜中添加光稳定剂可实现光阻隔，通过修饰吸收可见光的化学基团，改变包装膜的透光特性，同时，发色团会降低包装膜紫外线透过率。近年来光稳定剂的需求增加迅速，已成为塑料助剂的重要类别。光稳定剂按作用机理可分为四类，即紫外吸收剂、猝灭剂、自由基捕获剂、光屏蔽剂。其作用机理如图2-14所示。

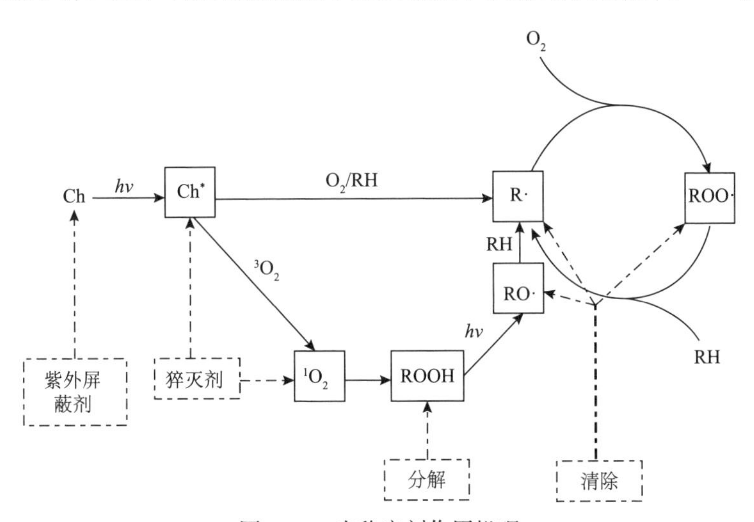

图2-14　光稳定剂作用机理

紫外吸收剂是一类具有光稳定性的有机化合物，其能强烈吸收自然光中的特定谱段紫外光，并将能量转变成无害的热能形式放出。其紫外线吸收机理为反应基团（如—N═N—、═C═N—、═C═O、—N═O等）吸收波长100～400nm的紫外光而实现光稳定功能。按化学结构分，紫外吸收剂主要有二苯甲酮类、苯并三唑类、水杨酸酯类、三嗪类、取代丙烯腈类等。紫外吸收剂在使用时要考虑各种聚合物的敏感波长与其有效吸收波长范围一致性。大多数紫外吸收剂可以防止材料基体老化，但可能无法为包装食品提供足够的保护。

猝灭剂能转移包装膜中分子因吸收紫外线产生的激发态能，防止分子因吸收紫外线而产生游离基。激发态猝灭剂又称消光剂，通过分子间作用转移能量，可迅速有效地消除受激分子上的激发能量，使之回到基态，防止包装膜光老化。猝灭剂消除能量有两种方式，第一种方式为包装膜中受激分子将能量传递给猝灭剂分子，使猝灭剂分子处于一个非反应性的激发态，即

$$P^*+Q \longrightarrow P+Q^* \longrightarrow Q$$

第二种方式为包装膜中受激分子与猝灭剂形成一个激发态络合物，络合物通过其他物理过程消散能量：

$$P^*+Q \longrightarrow [P \cdots Q]^* \longrightarrow \text{光物理过程（荧光、内部转换等）}$$

式中，P^*——激发态分子或基团；

Q——猝灭剂。

猝灭剂主要是二价有机镍螯合物，主要类型有二硫代氨基甲酸镍盐、硫代双酚型或磷酸单脂镍型化合物等。有机镍猝灭剂能较好保持包装膜的稳定性，与二苯甲酮类、苯并三唑类等紫外线吸收剂并用，有较好的协同效应。

自由基捕获剂能捕获包装膜中高分子所生成的活性自由基，抑制光氧化过程，达到光稳定目的，主要为受阻胺类，即具有空间位阻的 2,2,6,6-四甲基哌啶衍生物。受阻胺光稳定剂可被包装膜中聚合物基体因光氧化而产生的氧化性物质氧化为氮氧自由基，自由基捕获剂清除自由基，切断自动氧化链反应以实现光稳定，受阻胺光稳定剂会在猝灭激发态分子时钝化金属离子，但要控制使用的量，同时，分子量直接影响受阻胺光稳定剂在包装膜中的迁移及包装膜光稳定效果。

光屏蔽剂是指能够吸收或反射紫外线的物质，通常多为无机颜料或填料，主要有二氧化钛、氧化锌、锌钡等。它的作用就像在聚合物和光辐射之间设置了一道屏障，使光不能直接辐射到聚合物的内部，令聚合物内部不受紫外线的危害。

2.4.3 光阻隔包装膜制备及性能

近年来化学式的阻光包装膜研制较为活跃，表现为向包装膜中加入有机紫外吸收剂、无机纳米粒子以实现包装膜阻光性能。

1. 有机紫外吸收剂

在包装膜中添加紫外吸收剂，可吸收或屏蔽掉部分波段的紫外光，提高包装膜阻光性能。紫外吸收剂种类、浓度及复配对包装膜紫外屏蔽能力有影响，不同

紫外吸收剂在不同紫外波段有不同的紫外吸收率，包装膜中添加多组分紫外吸收剂的阻光效果比添加单组分紫外吸收剂阻光效果好。

徐雯等[6]研究了包装膜中光敏剂核黄素不同添加量对 LDPE 包装膜阻光性能的影响，光敏剂在光的照射下吸收能量，改善包装膜在光敏剂对应波段的光透过性，减缓光对包装产品的破坏。采用核黄素添加质量比为 0%、0.1%和 0.5%的 LDPE 包装膜（厚度 350μm），3 种包装膜在可见光波段的透光率如图 2-15 所示。结果表明核黄素的添加可提高 LDPE 包装膜在可见光波段的阻光性能。

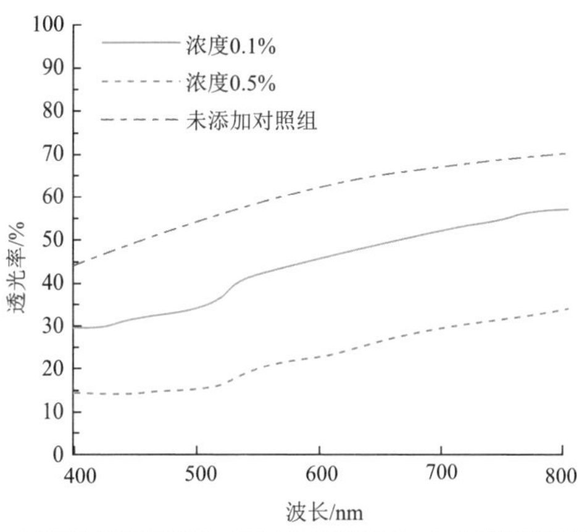

图 2-15 不同核黄素添加质量比所制 LDPE 包装膜的透光率[6]

吴宇涛[7]研究了不同紫外吸收剂改性 LDPE 包装膜阻光效果，不同紫外吸收剂改性 LDPE 包装膜紫外光透过率如图 2-16 所示。4 种改性 LDPE 包装膜对紫外线均有部分屏蔽作用，但不同紫外吸收剂在不同的紫外波段的吸收率存在差异。UV-531 在近 380nm 波段具有较好的紫外吸收效果；UV-327 在全谱波段具有较好的紫外吸收效果；UV-P 在 240～340nm 紫外波段具有较好的紫外吸收效果；UV-329 在 240～340nm 紫外波段具有紫外吸收效果，但紫外吸收效果较差。

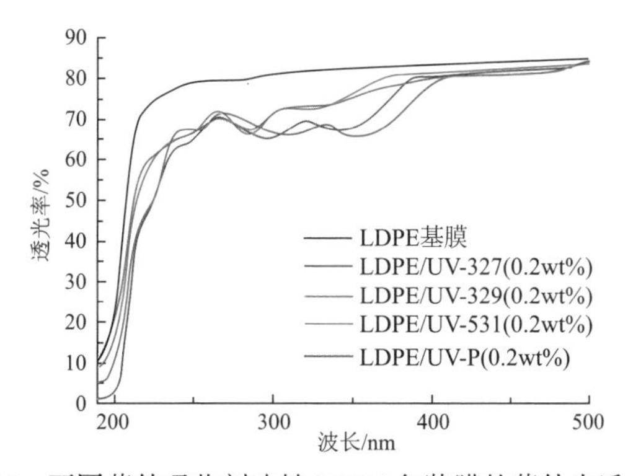

图 2-16 不同紫外吸收剂改性 LDPE 包装膜的紫外光透过率[7]

同时研究不同浓度紫外吸收剂改性 LDPE 包装膜的阻光效果，结果如图 2-17 所示。两种紫外吸收剂改性 LDPE 包装膜对紫外波段光线的吸收能力随浓度的增加逐渐增强，紫外吸收剂的浓度对紫外吸收效果影响显著。UV-327 改性 LDPE 包装膜在 280 nm 附近紫外线吸收能力较弱，300～380 nm 附近紫外吸收效果较优；UV-531 改性 LDPE 包装膜在短波段（220～300 nm）附近紫外吸收性能明显优于 UV-327 改性 LDPE 包装膜，较长波段附近（380 nm）紫外吸收性能较 UV-327 改性 LDPE 包装膜弱。

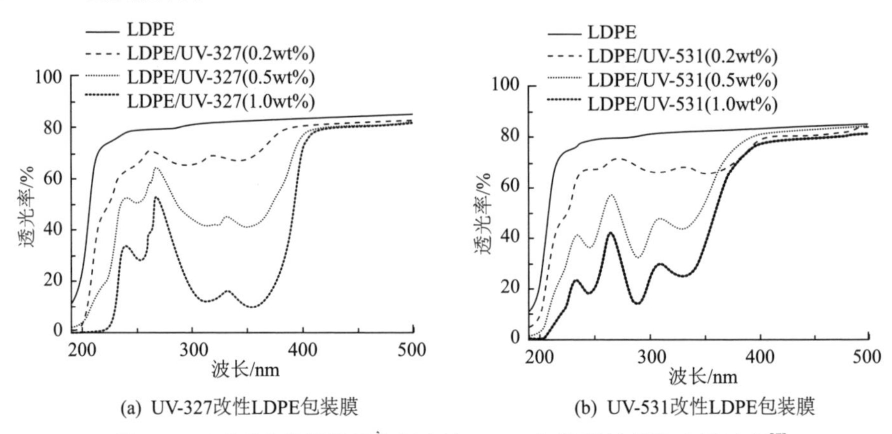

图 2-17　不同浓度紫外吸收剂改性 LDPE 包装膜的紫外光透过率[7]

不同紫外吸收剂的有效紫外吸收波段差异明显，通过紫外吸收剂的复配并用，结合各自紫外吸收特点，可提高改性 LDPE 包装膜紫外屏蔽能力。紫外吸收剂复配对改性 LDPE 包装膜紫外屏蔽性能的影响如图 2-18 所示。紫外吸收剂复配充分利用了不同紫外吸收剂的紫外吸收性能，得到的复配紫外吸收剂具有 UV-531 与 UV-327 共同的吸收特点，在全谱段都具有良好的紫外吸收性能，与单一组分紫外吸收剂相比，有显著的改善效果。

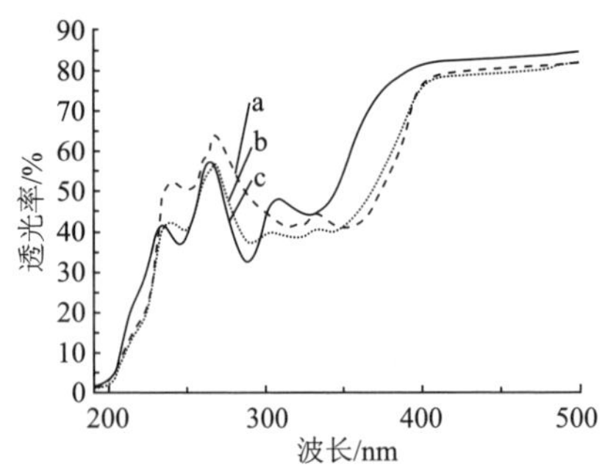

图 2-18　复配紫外吸收剂改性 LDPE 膜紫外光透过率[7]

a. UV-327（0.5 wt%）改性 LDPE 膜；b. UV-327 : UV-531（1 : 0.5 wt%）改性 LDPE 膜；c. UV-531（0.5 wt%）改性 LDPE 膜

2. 无机纳米粒子

无机纳米粒子作为功能性填料，常在流延、吹塑阶段通过机械共混的方式将纳米粉末添加至包装膜基材中，运用纳米粒子高比表面积的特性，反射、折射紫外线，以减少紫外线对包装膜的光氧化效应，降低包装膜的紫外透过率。

TiO_2、ZnO 等金属氧化物粉末，常在包装膜中发挥着填料、成核剂、颜料、灭菌剂等的作用。研究发现，纳米级和亚微米级的 TiO_2 均有紫外吸收特性。与非纳米粒径 TiO_2、ZnO 粉末相比，纳米 TiO_2、ZnO 粉体比表面积大，折光率高，对紫外光的吸收能力强，具有全谱段的紫外屏蔽效果。

无机纳米粒子晶型及粒径大小对紫外屏蔽能力的影响较大，有研究筛选了不同晶型及粒径大小的纳米金属氧化物粒子，利用不同粒径和浓度的 TiO_2、ZnO 改性 LDPE 包装膜，其在全谱段下的紫外光透过率见图 2-19 和图 2-20。

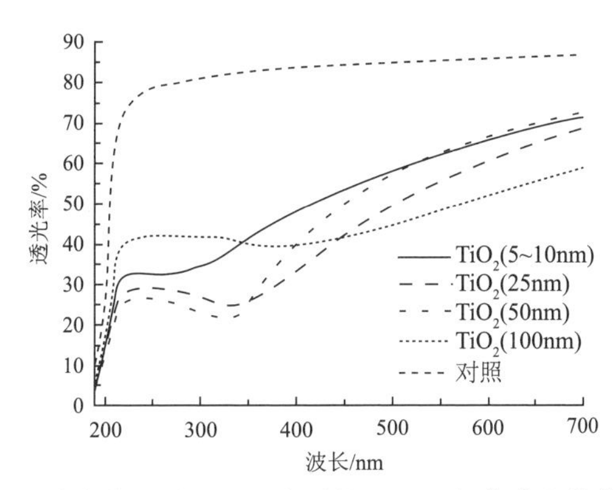

图 2-19　TiO_2 纳米粒子（0.5wt%）改性 LDPE 包装膜的紫外光透过率[7]

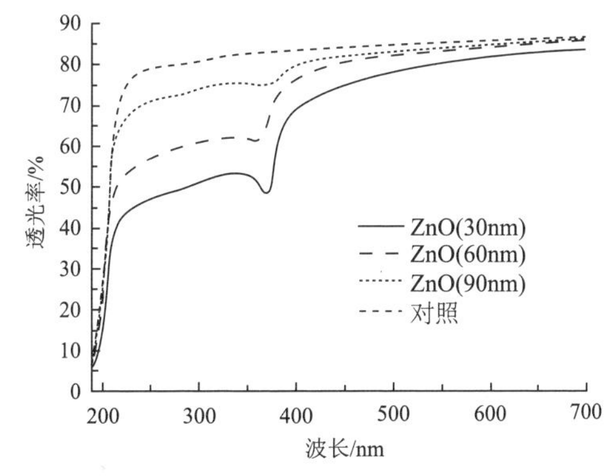

图 2-20　ZnO 纳米粒子（0.5wt%）改性 LDPE 包装膜的紫外光透过率[7]

根据紫外分光光度计测定的紫外光透过率，对包装膜的紫外屏蔽性能进行评价，计算得到各种包装膜的紫外光透射比，结果见表 2-3。

表 2-3　不同粒径无机纳米粒子改性 LDPE 包装膜的紫外光透射比

材料	纳米粒子粒径/nm	紫外光透射比/%	
		280～380nm	190～490nm
LDPE	—	81.89	77.79
	5～10	38.45	40.10
LDPE/TiO_2（0.5wt%）	25	26.88	30.79
	50	25.11	32.11
	100	40.88	39.23
LDPE/ZnO（0.5wt%）	30	51.88	55.70
	60	62.69	64.24
	90	74.66	72.35

在添加相同质量分数的 TiO_2 和 ZnO 情况下，不同粉体改性 LDPE 包装膜的紫外屏蔽性能差异较大，纳米粒子对紫外光的反射、散射和吸收作用共同影响了改性包装膜的紫外屏蔽能力。

相同粉体、不同粒径纳米粒子改性 LDPE 包装膜具有不同的紫外屏蔽能力，50nm 粒径 TiO_2 纳米粒子改性 LDPE 包装膜具有最好的紫外屏蔽效果；5～10 nm 超小粒径的纳米 TiO_2 使紫外吸收蓝移，降低了对长波紫外线的吸收率；而较大粒径的纳米 TiO_2 粒子团聚严重，失去其优异的紫外吸收效果，依靠反射、折射屏蔽紫外辐射。ZnO 纳米粉末粒径越小，紫外屏蔽效果越好。随纳米粒子粒径的减小，纳米粒子比表面积增大，ZnO 粉末的活性增大，界面极化和多重散射成为重要的吸收机制。同时，晶体周期的边界条件更易被破坏，纳米粒子的电子能级发生更多的分裂，导致新的光吸收效应，提高 ZnO 纳米粒子紫外吸收性能，改性 LDPE 包装膜的紫外屏蔽效果更好。

不同浓度 TiO_2、ZnO 纳米粒子改性 LDPE 包装膜紫外屏蔽效果见图 2-21。对不同浓度纳米粒子改性 LDPE 包装膜的全谱紫外屏蔽性能进行评价，结果见表 2-4。无机纳米粒子浓度对改性 LDPE 包装膜的紫外屏蔽性能的影响较大。随着无机纳米粒子浓度的提高，改性 LDPE 包装膜紫外屏蔽效果显著提高。当 TiO_2 纳米粒子浓度达到 0.5wt%时，改性 LDPE 包装膜紫外光透射比降至 21.4%，具有良好的紫外屏蔽效果。

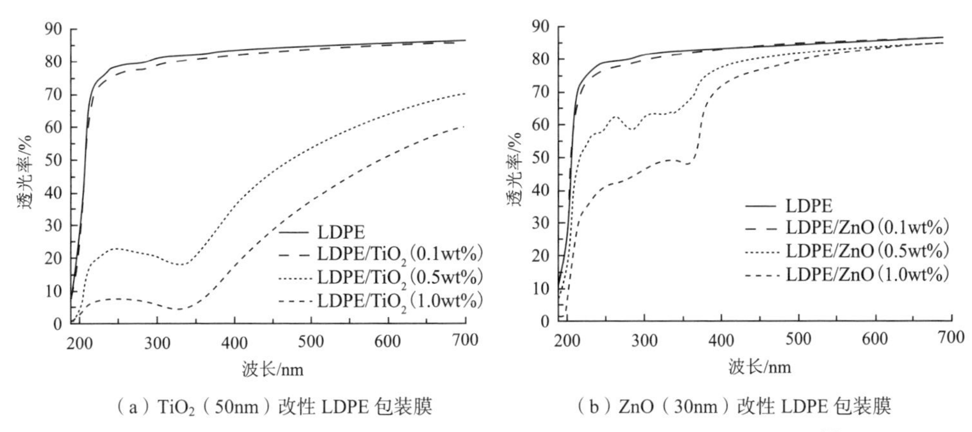

（a）TiO_2（50nm）改性 LDPE 包装膜　　（b）ZnO（30nm）改性 LDPE 包装膜

图 2-21　不同浓度无机纳米粒子改性 LDPE 包装膜的紫外光透过率[7]

表 2-4　不同浓度无机纳米粒子改性 LDPE 包装膜的紫外光透射比

材料	纳米粒子浓度/wt%	紫外光透射比/%	
		280～380nm	190～490nm
LDPE	—	81.89	77.79
$LDPE/TiO_2$（50nm）	0.1	80.11	76.05
	0.5	21.40	28.18
	1.0	6.65	13.55
LDPE/ZnO（30nm）	0.1	80.57	76.74
	0.5	64.34	64.71
	1.0	48.42	52.54

不同浓度无机纳米粒子改性 LDPE 包装膜的紫外光透射比如图 2-22 所示，

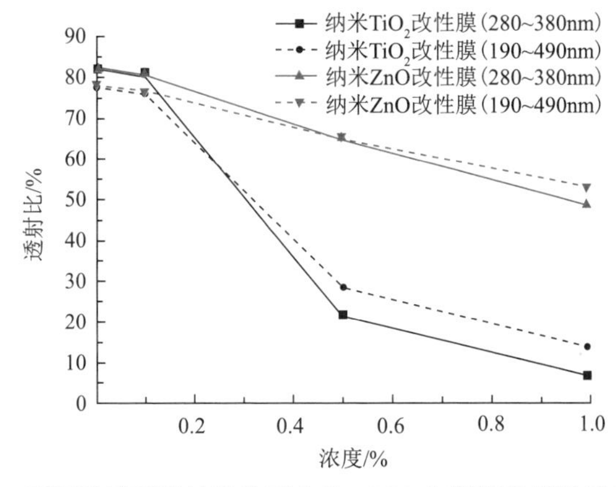

图 2-22　不同浓度无机纳米粒子改性 LDPE 包装膜的紫外光透射比[7]

TiO_2纳米粒子改性 LDPE 包装膜的紫外屏蔽效果与纳米粒子浓度线性关系较差，纳米 TiO_2粒子在包装膜中分散不均匀，没有形成规模的紫外反射、折射防护机制，紫外屏蔽效果较差。随 TiO_2纳米粒子浓度的提高，纳米粒子在包装膜中的分散逐渐均匀，紫外屏蔽效果逐渐提高。

参考文献

[1] Wakeham W A, Mason E A. Diffusion through multiperforate laminae[J]. Industrial & Engineering Chemistry Fundamentals, 1979, 18(4): 301-305.

[2] 李方. 微孔气调包装理论及其在高呼吸速率果蔬包装中的应用研究[D]. 无锡: 江南大学, 2009.

[3] 冯冰霞, 卢立新. 包装热封微孔孔道气体交换模型的建立及验证[J]. 包装工程, 2017, 38(5): 88-91.

[4] Massoudi I, Rebey A. Analysis of *in situ* thin films epitaxy by reflectance spectroscopy: effect of growth parameters[J]. Superlattices and Microstructures, 2019, 131: 66-85.

[5] 陈杰, 田东文. 塑料薄膜的光学性质对印刷品色彩的影响[J]. 包装工程, 2013, 34(19): 90-94.

[6] 徐雯, 卢立新. 不同波段的光照对无菌牛奶中光敏剂降解的影响[J]. 食品工业科技, 2012(11): 117-119.

[7] 吴宇涛. 一种聚合物基抗紫外透明包装薄膜研发[D]. 无锡: 江南大学, 2019.

第3章

果蔬气调包装系统传质理论与设计

果蔬采后依然存在生命活动，消耗氧气产生二氧化碳，吸收或排出水分，并释放一定的能量。果蔬的呼吸反应、氧化作用及微生物的生长繁殖都与所处环境中的氧气含量密切相关。大量研究表明，果蔬的呼吸作用是决定其耐储性的重要因素，且产品的呼吸速率大多与保鲜储存期呈负相关关系。为此，有效调控采后果蔬的呼吸作用、包装内相对湿度是保证其质量的重要手段。

自发调节气体包装（MAP）是目前最有效的果蔬保鲜包装技术之一，利用自然气氛或二三种气体组成的混合气氛置换包装容器中的空气，通过选择性气体渗透薄膜调节控制储存过程中包装内的气体组分，使果蔬产品在动态稳定的理想气氛环境中得以保鲜。

果蔬 MAP 包装系统的传质过程较为复杂，涉及果蔬呼吸作用、包装膜内外气体渗透与热量交换，同时受到储运环境条件的影响，致使包装内的气体成分、相对湿度调节处于动态过程，如何在储运过程中调节并保持产品处于动态稳定的理想气氛、相对湿度中，需依托 MAP 理论模型建立科学的 MAP 设计方法得以实现。

本章在介绍基于原膜的果蔬气调包装内外传质理论上，论述针孔膜 MAP 内外气体交换、平衡调湿 MAP 内外气体交换模型及相对湿度预测、果蔬气调包装设计方法等。

3.1 果蔬呼吸特性及其表征

果蔬在采获后进入储运期间依然进行呼吸作用，同时释放一定的能量。影响果蔬保鲜效果的因素较多，其中，呼吸速率是确定果蔬储存最佳温湿度和选择包装薄膜的重要因素，降低果蔬的呼吸速率以延长保鲜期是气调包装的主要目的。因此，在准确测定果蔬呼吸速率的基础上建立精确的数学模型是进行气调包装系统设计的关键。

3.1.1 果蔬呼吸的特性

果蔬采收后将依然保持较强烈的呼吸活动，不断消耗 O_2 和产生 CO_2、水蒸气、热量等。有氧呼吸是果蔬进行呼吸的主要形式，而实际上果蔬总是同时进行有氧呼吸和无氧呼吸。这是由于部分果蔬某些内层组织的气体交换较为困难，常处于缺氧条件，往往须进行无氧呼吸以适应环境，但这部分呼吸作用占比很小。如果 O_2 不足，将发生厌氧呼吸，果蔬将会失去风味香味且产生一定生理损伤。如果长期缺氧，将导致植物组织的死亡。因此，呼吸速率是果蔬新陈代谢活动快慢的一个反映指标。

3.1.2 果蔬呼吸速率的测定方法

呼吸速率的精确测定是保证呼吸速率模型精度的基础，总体上可分为静态封闭系统、流动系统、渗透系统呼吸速率测定方法等。

1. 静态封闭系统呼吸速率测定方法

静态封闭系统呼吸速率测定方法是指将测试果蔬放入一个容积确定的非渗透密闭容器内，容器内充入已知气体浓度的气氛，间隔特定的时间测量容器中 O_2 或 CO_2 浓度的变化来计算相应的呼吸速率。呼吸速率计算方程为

$$R_{O_2}=\frac{\left(C_{O_2}^{t_i}-C_{O_2}^{t_f}\right)\times V}{100\times W\times\left(t_f-t_i\right)} \tag{3-1}$$

$$R_{CO_2}=\frac{\left(C_{CO_2}^{t_f}-C_{CO_2}^{t_i}\right)\times V}{100\times W\times\left(t_f-t_i\right)} \tag{3-2}$$

式中，t_i、t_f——测量起始、终止时间（h）；

$C_{O_2}^{t_i}$、$C_{O_2}^{t_f}$——测试时前一阶段和后一阶段 O_2 的浓度（%）；

$C_{CO_2}^{t_i}$、$C_{CO_2}^{t_f}$——测试时前一阶段和后一阶段 CO_2 的浓度（%）；

V——密封容器的自由体积（mL）；

W——产品质量（kg）。

静态封闭系统呼吸速率测定方法适合测定呼吸速率随气体浓度变化而改变的果蔬，并忽略了 O_2 的损耗和 CO_2 的产生对呼吸速率的影响。同时，该法需保证足够的密封容器自由体积，否则易出现果蔬消耗完 O_2 后的无氧呼吸状态。

2. 流动系统呼吸速率测定方法

流动系统呼吸速率测定方法是指将产品置于密封容器中，将已知比例的各组分混合气体以一定的流速充入密封容器中，通过计算包装体系达到稳态时内外气

体的浓度差得到呼吸速率：

$$R_{O_2}=\frac{C_{O_2}^{in}-C_{O_2}^{out}\times F}{100\times W} \tag{3-3}$$

$$R_{CO_2}=\frac{C_{CO_2}^{in}-C_{CO_2}^{out}\times F}{100\times W} \tag{3-4}$$

式中，$C_{O_2}^{in}$、$C_{CO_2}^{in}$——稳态时注入 O_2、CO_2浓度（%）；

$C_{O_2}^{out}$、$C_{CO_2}^{out}$——稳态时流出 O_2、CO_2浓度（%）；

F——气体流速（mL/h）。

流动系统呼吸速率测定方法模拟了果蔬呼吸时所处的实际环境状态，使用该法测量可避免对果蔬造成损伤。但需用仪器检测进出口气体的浓度差值，不适合测定低温储存条件或低呼吸速率果蔬的呼吸速率，且此法的试验设计和实际操作较为复杂。

3. 渗透系统呼吸速率测定方法

渗透系统呼吸速率测定方法是指将果蔬装入由渗透性包装膜封合的密闭容器中，待达到稳定状态后，测定包装内的 O_2、CO_2浓度，并计算果蔬的呼吸速率。

$$R_{O_2}=\frac{P_{M,O_2}\times A}{100\times L\times W}\left(p_{in,O_2}-p_{out,O_2}\right) \tag{3-5}$$

$$R_{CO_2}=\frac{P_{M,CO_2}\times A}{100\times L\times W}\left(p_{out,CO_2}-p_{in,CO_2}\right) \tag{3-6}$$

式中，P_{M,O_2}、P_{M,CO_2}——包装薄膜 O_2、CO_2渗透系数[mL/(m·h·kPa)]；

A——渗透包装膜有效面积（m^2）；

p_{in,O_2}、p_{out,O_2}——包装内、包装外 O_2分压（kPa）；

p_{in,CO_2}、p_{out,CO_2}——包装内、包装外 CO_2分压（kPa）；

L——包装薄膜厚度（m）。

渗透系统呼吸速率测定方法是基于果蔬呼吸作用达到动态平衡时的状态进行的估算，测定值在理论上可更为客观地表明果蔬呼吸速率和气调参数之间的关系。但该法需测定的参数较多，同时包装系统达到呼吸动态平衡的时间一般较长，因而限制了该法的应用。

3.1.3 果蔬呼吸速率模型

自 20 世纪 60 年代起，国外开始通过建立模型来表征气调包装中的气氛动力过程。但由于果蔬呼吸过程的复杂性、试验误差及试验所需的时长等因素，限制了理论模型的精确建立。20 世纪 80 年代后期人们开始应用酶动力理论来建立果蔬的呼吸速率模型，并得到了很多学者的认同与验证。

国外学者首先提出动力酶原理可适用于模拟果蔬呼吸的构想，应用 Michaelis-Menten 式方程表征果蔬的呼吸过程，此后经诸多学者研究提出相应拓展模型。

仅考虑依赖 O_2 的呼吸速率为

$$R_P = \frac{V_m[O_2]}{K_m + [O_2]} \tag{3-7}$$

CO_2 作为 O_2 浓度的非竞争性抑制剂的米氏方程为

$$R_P = \frac{V_m[O_2]}{K_m + (1 + [CO_2]/K_i)[O_2]} \tag{3-8}$$

CO_2 作为 O_2 浓度的竞争抑制剂的米氏方程为

$$R_P = \frac{V_m[O_2]}{[O_2] + K_m + (1 + [CO_2]/K_c)} \tag{3-9}$$

CO_2 作为 O_2 浓度的反竞争性抑制剂的米氏方程为

$$R_P = \frac{V_m[O_2]}{K_m + [O_2](1 + [CO_2]/K_u)} \tag{3-10}$$

CO_2 作为 O_2 浓度的竞争与反竞争性抑制剂的米氏方程为

$$R_P = \frac{V_m[O_2]}{K_m(1 + [CO_2]/K_c) + [O_2](1 + [CO_2]/K_u)} \tag{3-11}$$

式中，R_P——O_2（CO_2）的消耗（生成）速率[mol/(kg · h)]；

$[O_2]$、$[CO_2]$——包装内 O_2、CO_2 的浓度（%）；

V_m——O_2（CO_2）的消耗（生成）的最大速率[mol/(kg · h)]；

K_m——米氏常数；

K_i、K_c、K_u——CO_2 作为 O_2 浓度的非竞争、竞争、反竞争性抑制剂的米氏常数。

3.1.4 储运条件对果蔬呼吸速率的影响

影响果蔬呼吸速率的因素可分为内因和外因。内因主要包括果蔬的种类、品种，以及产品的发育时间、成熟度等；外因主要包括外界环境因素，如环境温度、相对湿度、运输振动、气体组分、化学因素和储运过程中造成的机械损伤等。

1. 温度对果蔬呼吸速率的影响

温度是影响果蔬呼吸最主要的环境因素。在 0～35℃生理温度范围内，温度与呼吸速率强度的关系可用温度系数来表示。

$$Q_{10} = \left(R_1/R_2\right)^{10/(T_2-T_1)} \tag{3-12}$$

式中，Q_{10}——温度每上升 10℃呼吸速率强度增加的倍数；

T_1、T_2——低温点、高温点温度（℃）；

R_1、R_2——T_1、T_2 的果蔬呼吸速率[mL/(kg·h)]。

聂恒威等[1]选用香菇作为目标果蔬，研究温度对其呼吸速率的影响，结果如图 3-1 所示。香菇在密封罐中 O_2 的消耗速率与 CO_2 生成速率皆与储存温度有关，在开始阶段，香菇在 25℃下 O_2 的消耗速率约为在 5℃下的 3 倍，CO_2 的生成速率约为在 5℃下的 4 倍以上，随着储存时间的延长，香菇的呼吸速率呈现下降趋势，且温度越高，呼吸速率下降得越快。

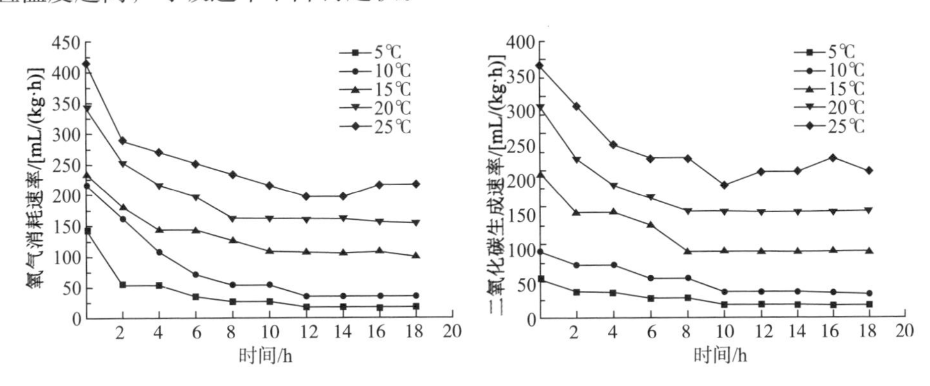

图 3-1　不同温度条件下 O_2、CO_2 消耗和生成速率随时间的变化

2. 相对湿度对果蔬呼吸速率的影响

对于果蔬呼吸代谢而言，储存环境的相对湿度增大，会导致微生物滋生而引起果蔬腐烂。同时，储存环境相对湿度会影响果蔬的水分蒸发，改变细胞组织的含水量，进而影响储存效果。

聂恒威等[1]选用香菇作为目标果蔬，研究相对湿度对其呼吸速率的影响（图 3-2）。相对湿度对香菇呼吸速率也有显著影响。相对湿度 95%RH 时，香菇的初始 O_2 的消耗速率约为在 35%RH 时的 1.4 倍，初始 CO_2 的生成速率约为在 5℃下的 1.3 倍。这是由于温度和相对湿度会对香菇的酶活性造成一定的影响，进而影响香菇的呼吸速率。

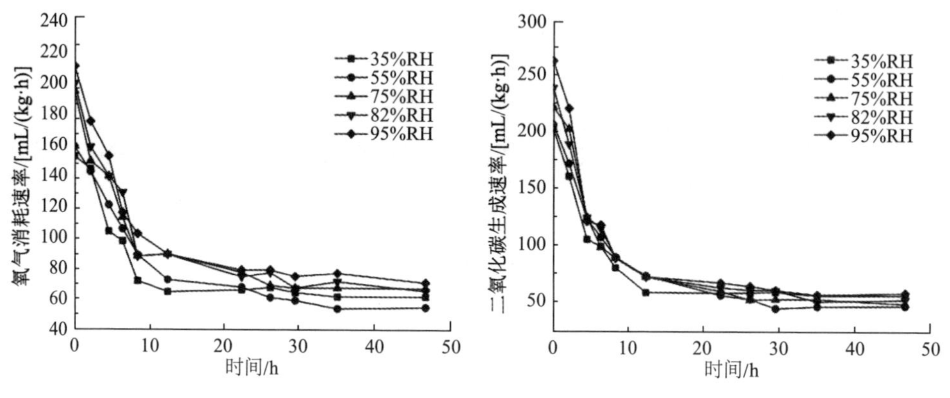

图 3-2　不同相对湿度条件下 O_2、CO_2 消耗和生成速率随时间的变化

3. 运输振动对果蔬呼吸速率的影响

物流运输过程中产生的振动会使果蔬呼吸作用增加，同时，振动强度过大或时间过长会对果蔬造成机械损伤，继而加剧果蔬软组织的呼吸作用。

进一步研究振动强度、振动频率及振动时间对小番茄呼吸速率的影响[2]。其中，振动频率选择我国高速公路汽车运输和铁路运输中最常出现的频率值 4Hz 和最恶劣工况下的频率值 10Hz。其结果如图 3-3～图 3-5 所示。小番茄的呼吸速率随着振动强度的增强而增加。振动强度越大，小番茄的呼吸速率越趋于一致。但随着振动时间的延长，振动强度对小番茄呼吸速率影响的差异逐渐减小。在同一

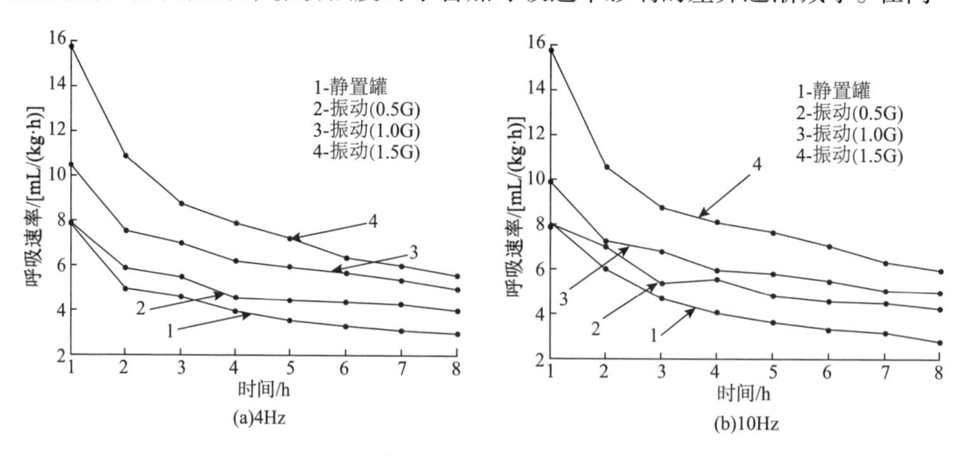

图 3-3　振动加速度对小番茄呼吸速率的影响

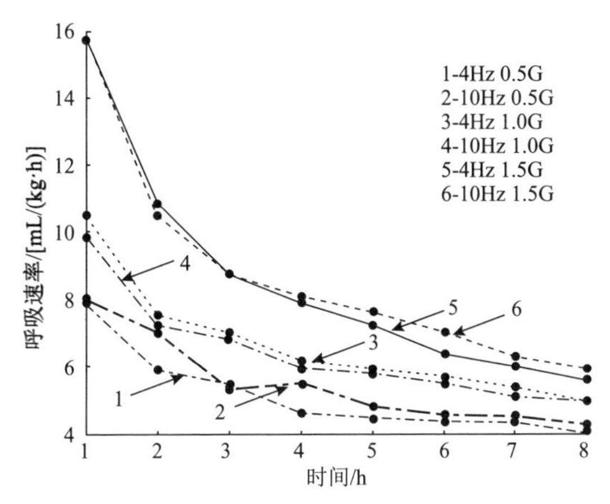

图 3-4　振动频率对小番茄呼吸速率的影响

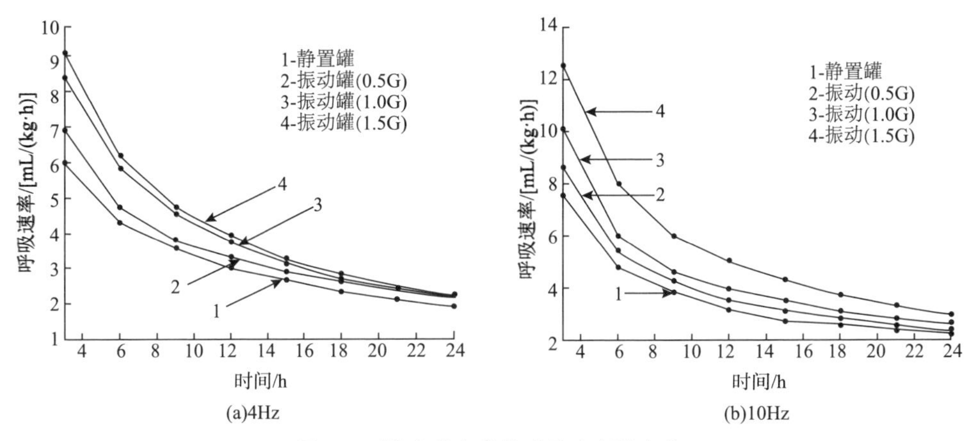

图 3-5　振动后小番茄呼吸速率的变化

振动强度条件下，振动频率增大，果蔬呼吸作用增强。这是由于在同一振动时间内，振动频率增大导致果品所受振动次数增多，所承受的外界刺激增多，为降低自身受伤水平，因此其呼吸作用增强。

在振动起始阶段时，振动与静置状态下小番茄在呼吸速率上的差值较大，而随着时间的延长，振动强度不同所带来的呼吸速率的差异则逐渐减小。

3.2　果蔬气调包装内外气体交换模型

新鲜果蔬包装后，由于自身呼吸作用不断消耗包装内的 O_2 并产生 CO_2，随着时间的延长会形成包装内外的气体浓度差，继而导致包装内外气体通过包装进行渗透交换。气调包装的效果和质量主要取决于包装容器内气体成分、温湿度的调节，为此进一步建立包装内气体交换的数学模型以表征、预测包装内气体浓度（压力）的变化。

3.2.1 基于原膜的果蔬气调包装内外气体交换模型

基于原膜的果蔬气调包装内外气体交换包括两个过程：内外气体交换渗透和产品呼吸。当符合一定条件时，呼吸量和渗透量达到平衡，包装内气氛将形成稳定状态。气调过程就是气体分子以包装膜为媒介在外界环境和气调包装容器内部进行交换的过程。

目前原膜包装内外气体交换模型都是基于 Fick 定律展开的。其基本依据为包装内 i 组分气体增量等于产品吸收/放出 i 组分气体的增量与通过包装材料进入/透出 i 组分气体量之和，即

$$\begin{cases} \dfrac{\mathrm{d}n_{O_2}}{\mathrm{d}t} = \left[\dfrac{P_{M,O_2} A\left(p_{out,O_2} - p_{in,O_2}\right)}{L} - R_{O_2} W \right] \Big/ V \\ \dfrac{\mathrm{d}n_{CO_2}}{\mathrm{d}t} = \left[\dfrac{P_{M,CO_2} A\left(p_{out,CO_2} - p_{in,CO_2}\right)}{L} + R_{CO_2} W \right] \Big/ V \end{cases} \tag{3-13}$$

式中，n_{O_2}、n_{CO_2}——包装内 O_2、CO_2 的物质的量（mol）；

R_{O_2}、R_{CO_2}——果蔬产品 O_2、CO_2 呼吸速率[mL/(kg·h)]。

3.2.2 基于微穿孔膜的果蔬气调包装内外气体交换模型

微穿孔膜（微孔直径为几十微米至几百微米）果蔬气调的动态过程与渗透性原膜不同的是，其内外气体交换渗透包括两个部分：气体基于包装原膜部分和气体通过微穿孔（已在第 2 章分析说明）[3]部分的交换。

在建立微穿孔膜果蔬包装内外气体交换数学模型时，作如下假设。

（1）各种气体通过微穿孔的交换相互独立、互不干涉。

（2）混合气体为理想混合气体。

（3）微穿孔孔型为圆孔，且直径相同。

分别针对薄膜袋、硬质盒（薄膜封口）两种常用的果蔬气调包装形式，考虑果蔬呼吸速率，构建微穿孔膜果蔬气调包装内外气体交换数学模型。

当包装形式采用薄膜袋装时，简化包装袋内外气体交换数学模型及果蔬呼吸模型，可得到包装系统内气体的变化量为

$$
\begin{cases}
\dfrac{\mathrm{d}n_{O_2}}{\mathrm{d}t}=\dfrac{P_{\mathrm{M},O_2}\left(p_{\mathrm{out},O_2}-[O_2]_{\mathrm{in}}\,p_{\mathrm{in}}^{\mathrm{total}}\right)}{L}A \\
\qquad+\dfrac{\varepsilon Adp_{\mathrm{in}}^{\mathrm{total}}}{3lRT}\sqrt{\dfrac{8RT}{\pi M_{O_2}}}\left([O_2]_{\mathrm{out}}-[O_2]_{\mathrm{in}}\right)-R_{O_2}W \\
\dfrac{\mathrm{d}n_{CO_2}}{\mathrm{d}t}=\dfrac{P_{\mathrm{M},CO_2}\left(p_{\mathrm{out},CO_2}-[CO_2]_{\mathrm{in}}\,p_{\mathrm{in}}^{\mathrm{total}}\right)}{L}A \\
\qquad+\dfrac{\varepsilon Adp_{\mathrm{in}}^{\mathrm{total}}}{3lRT}\sqrt{\dfrac{8RT}{\pi M_{CO_2}}}\left([CO_2]_{\mathrm{out}}-[CO_2]_{\mathrm{in}}\right)+R_{CO_2}W \\
\dfrac{\mathrm{d}n_{N_2}}{\mathrm{d}t}=\dfrac{P_{\mathrm{M},N_2}\left(p_{\mathrm{out},N_2}-[N_2]_{\mathrm{in}}\,p_{\mathrm{in}}^{\mathrm{total}}\right)}{L}A \\
\qquad+\dfrac{\varepsilon Adp_{\mathrm{in}}^{\mathrm{total}}}{3lRT}\sqrt{\dfrac{8RT}{\pi M_{N_2}}}\left([N_2]_{\mathrm{out}}-[N_2]_{\mathrm{in}}\right)
\end{cases}
\tag{3-14}
$$

当包装形式采用硬质容器（薄膜封口）时，得到包装系统内气体的变化量为

$$
\begin{cases}
\dfrac{\mathrm{d}n_{O_2}}{\mathrm{d}t}=\dfrac{P_{\mathrm{M},O_2}\left(p_{\mathrm{out},O_2}-n_{O_2}RT/V\right)}{L}A \\
\qquad+\dfrac{d\varepsilon A\left(p_{\mathrm{out},O_2}-n_{O_2}RT/V\right)}{3l}\sqrt{\dfrac{8}{\pi M_{O_2}RT}}-R_{O_2}W \\
\dfrac{\mathrm{d}n_{CO_2}}{\mathrm{d}t}=\dfrac{P_{\mathrm{M},CO_2}\left(p_{\mathrm{out},CO_2}-n_{CO_2}RT/V\right)}{L}A \\
\qquad+\dfrac{\mathrm{d}\varepsilon A\left(p_{\mathrm{out},CO_2}-n_{CO_2}RT/V\right)}{3l}\sqrt{\dfrac{8}{\pi M_{CO_2}RT}}+R_{CO_2}W \\
\dfrac{\mathrm{d}n_{N_2}}{\mathrm{d}t}=\dfrac{P_{\mathrm{M},N_2}\left(p_{\mathrm{out},N_2}-n_{N_2}RT/V\right)}{L}A \\
\qquad+\dfrac{\mathrm{d}\varepsilon A\left(p_{\mathrm{out},N_2}-n_{N_2}RT/V\right)}{3l}\sqrt{\dfrac{8}{\pi M_{N_2}RT}}
\end{cases}
\tag{3-15}
$$

3.2.3 果蔬气调包装内外气体交换模型验证

陶瑛等[4]采用硬质容器原膜封合对番茄进行自然气调包装，研究包装内气体浓度的变化，验证渗透性原膜包装内外气体交换模型，结果如图 3-6 所示。番茄原膜包装内气体浓度变化与渗透性原膜包装内外气体交换模型吻合度较高。在开始阶段由于包装内外浓度差的存在，O_2浓度有所上升。随着储存时间的延长，呼

吸作用使得 CO_2 浓度上升，O_2 浓度下降，大约 80h 后番茄包装内气体浓度的变化趋于平缓。

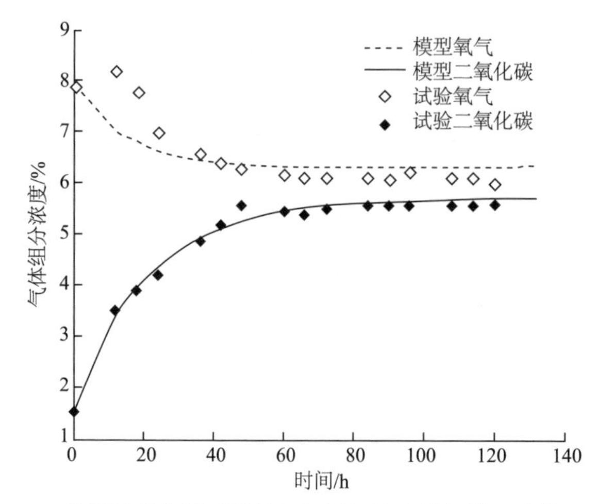

图 3-6　番茄硬质容器原膜封合气调包装内外气体交换模型验证

李方等[5]对香菇采用硬质容器（微穿孔膜封口）进行自然气调包装，微孔个数 N 为 1（等效面积 A_h 为 0.036mm^2，R^2=0.98）和 4（等效面积 A_h=0.138mm^2，R^2=0.96），研究包装内气体浓度变化，验证硬质微穿孔膜包装内外气体交换模型，结果如图 3-7 所示。结果表明试验结果与理论模型吻合度较高。在开始阶段，香菇的呼吸较为旺盛，包装内 O_2 减少，CO_2 增加，由于包装内外气体浓度差及微孔膜微孔的存在，O_2 减少速度及 CO_2 增加速度减慢，最终基本达到一种稳态。此外，微孔数为 4 时，微孔面积增大，包装内外气体交换速率显著增高。

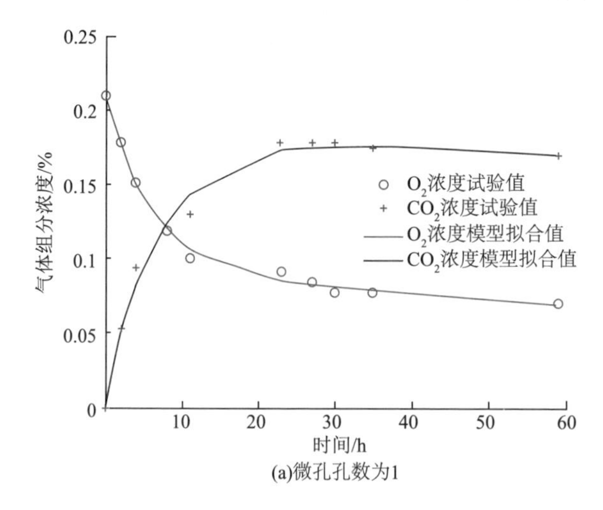

(a)微孔孔数为1

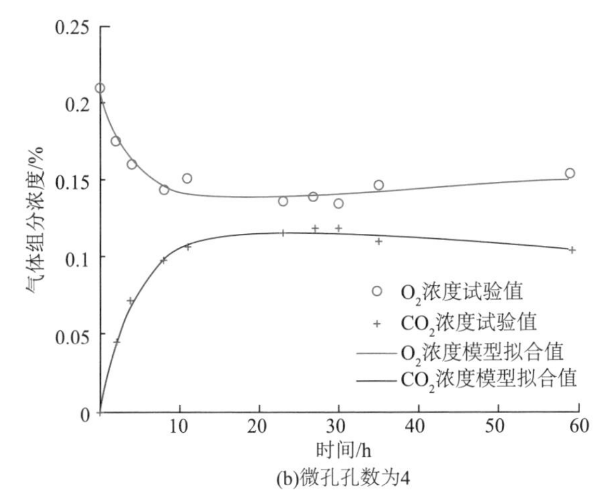

(b)微孔孔数为4

图 3-7　香菇硬质容器（微孔膜封口）气调包装内外气体交换模型验证

3.3　果蔬气调包装内相对湿度的预测

温度和相对湿度是影响果蔬保鲜的两个主要因素。本节基于温度和相对湿度对果蔬呼吸速率和蒸发速率的影响，同时考虑产品吸热、包装容器吸热、包装内气体吸热及打孔膜包装内外气体渗透热量交换，研究在不同温湿度条件下果蔬气调包装内水蒸气交换规律，预测果蔬气调包装内的相对湿度。

3.3.1　果蔬呼吸与蒸腾作用

果蔬蒸腾作用是指当果蔬组织表面的水蒸气压力超过其在储存条件中水蒸气压力时，果蔬中的水分以水蒸气的形式向外部扩散的现象。果蔬在生长过程中进行蒸腾作用可通过根系从土壤中获取水分，而采摘后的果蔬仍进行蒸腾作用却无水分供应，从而导致果蔬失水失鲜、组织萎蔫。因此，储存环境的相对湿度变化对果蔬品质有重要影响。

果蔬的呼吸作用与蒸腾作用之间存在联系。水分是呼吸作用发生的要素之一，同时，呼吸作用释放的热量增加了果蔬周围气氛的温度，从而增大了水蒸气压强，进而促进了蒸腾作用的产生，加速水分蒸发。即呼吸产生的热量进一步促进了水分的蒸发，而果蔬蒸发速率过快产生的水蒸气也将进一步加速呼吸作用。

果蔬气调包装是集合产品、包装内气体、包装和外部环境为一体的包装系统，需将此系统看作一个整体来研究包装内外能量交换。包装内果蔬仍进行呼吸作用和蒸腾作用，其中呼吸作用会产生热量，呼吸热一部分以化学能形式储存，另一部分会在产品周围释放，从而造成产品吸热、产品周围气体吸热及包装吸热的过程。同时，蒸腾作用会将果蔬中的水分蒸发成液态，这也是一个吸热过程。最后，包装内外的热量交换主要是由包装内外温度差、压力差导致的，对于软塑膜包装而言，还应考虑包装膜部分造成的能量交换[6]。

3.3.2 气调包装果蔬呼吸-蒸发模型[7]

果蔬在呼吸过程中产生并释放呼吸能。释放时，呼吸热部分被果蔬吸收，导致自身温度升高，另一部分被果蔬的自由水吸收，生成水蒸气，同时，其余的呼吸热被释放到包装内。因此，根据热量守恒定律，包装内热量平衡的关系可表示为

$$Q_r = Q_w + Q_p + Q_g + Q_e + Q_f \tag{3-16}$$

式中，Q_r——产品呼吸热；

Q_w——蒸发吸热；

Q_p——产品吸热；

Q_g——包装容器内气体的吸热；

Q_e——包装内外气体渗透的热交换量；

Q_f——包装体吸热。

1. 果蔬呼吸热

呼吸作用是指生命体在一系列复杂酶系统的参与下，将复杂的物质如糖类、蛋白质等分解为简单的产物，同时释放能量的过程。呼吸作用可分为有氧呼吸和无氧呼吸。研究表明，当果蔬储存环境中的 O_2 大于零时，通常进行有氧呼吸。有氧呼吸是指果蔬细胞在 O_2 参与下将有机物彻底分解成水和 CO_2 并释放热量（Q）的反应过程：

$$C_6H_{12}O_6 + 6O_2 \longrightarrow 6CO_2 + 6H_2O + Q \tag{3-17}$$

果蔬呼吸作用的强弱常以 O_2 消耗和 CO_2 生成速率表示。根据呼吸速率模型，在计算包装内外能量交换的过程中，可采用两者的平均值计算果蔬呼吸速率：

$$R_M = \frac{R_{O_2} + R_{CO_2}}{2} \tag{3-18}$$

可得单位时间内由呼吸产生的热量为：

$$Q_r = R_M W \frac{Q}{6} \tag{3-19}$$

式中，W——产品质量。

2. 果蔬蒸发吸热

蒸腾作用是果蔬除呼吸作用外，受环境温湿度影响最大的生理活动，建立果蔬蒸发吸热模型首先需建立其蒸腾速率模型。

果蔬的蒸腾作用可分为两个阶段，第一阶段为从果蔬进入包装到包装内外相对湿度平衡时，包装内部相对湿度初始值通常为环境相对湿度，果蔬不断进行蒸腾作用，包装内部相对湿度也随之增加，因此内部相对湿度为动态变化过程，建立此阶段模型可预测相对湿度达到平衡的时间；第二阶段为果蔬蒸腾作用所产生水蒸气含量等于包装渗透的水蒸气含量，此时包装内外水蒸气交换达到平衡状态，根据此阶段可设计薄膜包装性质。

1）第一阶段蒸发吸热 Q_{w1}

根据热量平衡建立第一阶段蒸发模型。已有研究可表明，在确定的温度和压强条件下，单位质量水由液态蒸发至气态所需的能量是定值，该值称为蒸发吸热系数。则可得到在单位时间内液态水蒸发为气态水所吸收的能量为

$$Q_{w1} = L_m \lambda \tag{3-20}$$

式中，L_m——果蔬单位时间失水速率；

λ——蒸发吸热系数。

2）第二阶段蒸发吸热 Q_{w2}

单位时间内水蒸气的蒸发吸收热量：

$$Q_{w2} = \lambda L_{TR} \tag{3-21}$$

$$\lambda = 1000\left[3151.37 + \left(1.805T_s\right) - \left(4.186T_s\right)\right] \tag{3-22}$$

式中，L_{TR} ——产品蒸腾速率；

T_s ——产品表面周围气体温度。

基于水分蒸腾作用的定义，可得到果蔬蒸腾速率：

$$L_{TR} = K_t\left(p_c - p_{H_2O}^{in}\right)A_c \tag{3-23}$$

式中，K_t——蒸腾系数，对于一定条件下的特定果蔬，其蒸腾系数为常数；

p_c——产品表面的水蒸气压；

$p_{H_2O}^{in}$——包装内的水蒸气压；

A_c——产品蒸腾表面积。

蒸腾系数 K_t 与果蔬自身性质 K_s 及其储存环境中的空气条件 K_a 有关：

$$\begin{cases} K_t = \dfrac{1}{\dfrac{1}{K_s} + \dfrac{1}{K_a}} \\ K_a = 2D_{H_2O} \dfrac{M_{H_2O}}{d_c RT} \end{cases} \quad (3\text{-}24)$$

式中，K_s ——产品表面传质系数；

K_a ——空气质量传递系数；

M_{H_2O} ——水蒸气摩尔质量；

D_{H_2O} ——水蒸气扩散系数；

d_c ——果蔬等效直径；

R——理想气体常数。

果蔬表面水蒸气压 p_c 与蒸气压降低效应有关：

$$\begin{cases} p_c = p_s \text{VPL} \\ p_{H_2O}^{in} = p_s \text{RH}_{out} \end{cases} \quad (3\text{-}25)$$

式中，VPL——由细胞液中含有溶解的可溶性物质而导致的蒸气压降低效应[8]；

p_s——一定温度下的饱和水蒸气压（Pa）。

因此，式（3-23）可变为

$$L_{TR} = 1/\left(\frac{1}{K_s} + \frac{1}{K_a}\right) p_s \left(\text{VPL} - \text{RH}_{out}\right) A_c \quad (3\text{-}26)$$

式中，RH_{out} ——储存环境相对湿度；

RH——包装内相对湿度

3. 果蔬吸热

果蔬在储存过程中的呼吸作用会放出热量，由于吸热，本身温度会有所上升。考虑果蔬质量随时间的变化，则从初始状态到 t 时刻果蔬的吸热为

$$Q_p = c_t C_p \left(W - L_{TR} t\right) \Delta T \quad (3\text{-}27)$$

式中，C_p——产品比热；

ΔT ——产品的温度增量；

c_t——产品的转换系数[9]。

4. 包装容器内气体的吸热

包装内气体吸热有两种：包装容器内气体的吸热（Q_{g1}）和包装内气体对流换热（Q_{g2}），分别用两种方法进行求解，前者使用理想气体物态方程，后者使用气体对流交换理论。

1） 包装容器内果蔬产品周围气体吸热 Q_{g1}

以理想气体物态方程计算时，为简化计算，作如下假设。

（1）包装膜外部由渗透作用引起的质量交换不对该方程造成影响。

（2）气体交换过程为准静态过程，且储存环境的各气体状态参数与空气一致。

根据以上假设，以混合气体的总体性质分析，得到单位时间内包装内产品周围气体吸收的热量为

$$Q_{g1} = nc_v \mathrm{d}t = \frac{p_1 V}{R_h T_s} c_v \mathrm{d}T_s \tag{3-28}$$

式中，R_h——混合气体的气体通用常数；

p_1 ——混合气体各状态参量压强；

c_v ——定容比热；

T_s ——产品周围气体温度；

n ——包装内气体总变化量。

包装内气体总变化量为

$$n = n_{O_2} + n_{CO_2} + n_{N_2} + n_{H_2O} \tag{3-29}$$

2） 包装内气体对流换热 Q_{g2}

对流换热是指流体流经固体时，流体和固体之间的热量传递现象。包装内部的混合气体处于容积一定的密闭空间内，由于果蔬呼吸会产生热量，从而导致果蔬本身温度高于外界环境温度，由果蔬表面的气体与包装顶部空间气体之间的温差产生对流换热现象。故包装内的热量交换是由一定空间内自然对流放热现象造成的。单位时间内，包装容器内气体的吸热为

$$Q_{g2} = H_c A\left(T_s - T_h\right) \tag{3-30}$$

对流放热现象可用努赛尔-格拉晓夫准则表征。在工程应用时，无论气体是处于层流状态还是湍流状态，对于形状简单的容器而言，三个参数之间的关系为

$$\begin{cases} Nu = H_c L_d / k = C\left(Gr_{L_d} Pr\right)^m \\ H_c = \dfrac{Ck\left(Gr_{L_d} Pr\right)^m}{L_d} \end{cases} \tag{3-31}$$

式中，Nu——努塞尔数；

Gr——格拉晓夫数；

Pr——普朗特数；

H_c——对流换热常数；

L_d——密闭容器内的定性长度，可取产品表面与顶空容器壁的长度；

C——比例常数；

T_h——包装顶空气体温度；

k——流体的导热系数；

m——指数，依据经验取值。一般层流流动取 1/4，湍流流动取 1/2。

5. 包装内外气体渗透的热交换量

此部分热量变化是根据薄膜气体进出之间的能量差计算所得的。气体所含有的能量是气体的分子热力学能与压力位能之和。理想气体的热力学能只与温度有关，由分子热运动而产生。则单位时间内通过包装膜产生的热增量为

$$Q_e = E_{in} - E_{out} \tag{3-32}$$

式中，E_{in}——单位时间内通过薄膜渗透进入的气体所含能量；

E_{out}——单位时间内经薄膜渗透到外界环境中的气体所含能量。

研究表明，单个气体分子平均移动动能与热力学温度存在正比关系。结合 H_2O、CO_2、O_2 的分子自由度，可得

$$\begin{cases} E_{in} = \dfrac{7}{2} n_{O_2}^{p} RT_h \\ E_{out} = \left(3n_{CO_2}^{p} + 6n_{H_2O}^{p}\right) RT_h + \left(n_{CO_2}^{p} + n_{H_2O}^{p}\right) RT_h \\ \quad = \left(4n_{CO_2}^{p} + 7n_{H_2O}^{p}\right) RT_h \end{cases} \tag{3-33}$$

6. 包装内水蒸气变化模型的建立

主要考虑温湿度对呼吸作用及蒸腾作用的影响，结合试验中的实际情况，得到包装内外蒸发模型。忽略包装本身在储存过程中的温度变化、薄膜内外气体交换所产生的质量变化，包装内外蒸发模型可表示为

$$\begin{aligned} R_M W \frac{Q}{6} \Delta t &= L_m \lambda \Delta t + 4.184 W C_p \Delta t + \frac{\left(CkGr_{L_d} Pr\right)^m}{L_d} A\left(T_s - T_h\right) \Delta t \\ &\quad - \left(4n_{CO_2}^{p} + 7n_{H_2O}^{p}\right) R\left(T_h + \Delta T\right) + \frac{7}{2} n_{O_2}^{p} RT_h \end{aligned} \tag{3-34}$$

3.3.3　果蔬包装内相对湿度预测模型

包装内水蒸气含量取决于以下因素。

（1）包装内初始水蒸气质量。

（2）果蔬蒸腾作用产生的水蒸气质量。

（3）包装膜（含微孔）渗透和微孔处扩散的水蒸气质量。

包装内初始状态下的水蒸气含量为

$$m_0 = \mathrm{RH}_0 \mathrm{VH}_0 \tag{3-35}$$

式中，RH_0、VH_0——初始条件下的相对湿度、绝对湿度。

经过一段时间 t，透过包装膜的水蒸气渗透质量可表示为

$$m_{\mathrm{H_2O}}^{p} = P_{\mathrm{M,H_2O}} A' t \tag{3-36}$$

式中，$P_{\mathrm{M,H_2O}}$——包装膜水蒸气渗透率[g/ (m^2·h)]；

A'——包装膜渗透计算面积。

包装内相对湿度预测模型为

$$\mathrm{RH}_t = \frac{m_0 + L_{\mathrm{m}} t - m_{\mathrm{H_2O}}^{p}}{\mathrm{VH}_t} \tag{3-37}$$

3.3.4　果蔬气调包装内相对湿度预测模型的验证

采用 LDPE 膜作为原膜，制作针孔膜（孔径 d 为 0.2mm、0.5mm），进行硬质罐（LDPE 膜封口）包装，研究无产品原膜及针孔膜气调包装内相对湿度的变化，验证相对湿度预测模型，结果如图 3-8 所示。总体上，无产品原膜及针孔膜气调

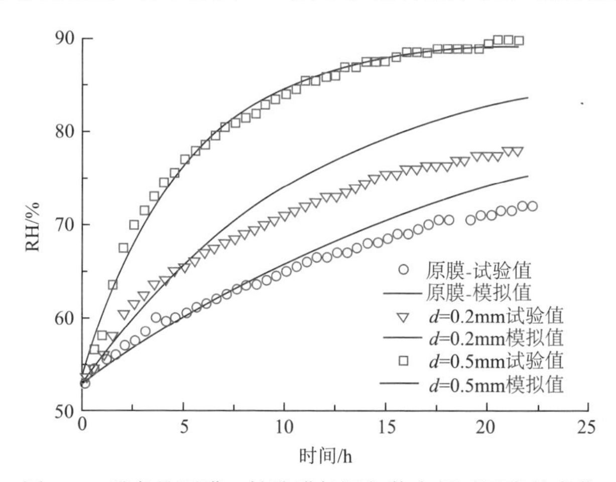

图 3-8　无产品原膜、针孔膜气调包装内相对湿度的变化

包装内相对湿度试验与理论预测模型较为吻合。当针孔孔径 d 为 0.2mm 时，预测值与模拟值相差较大，这可能是由于针孔较小时，不利于水蒸气的内外交换。在温度、相对湿度相同的条件下，原膜和两种针孔膜包装在 25h 后包装内相对湿度均未达到外界环境的相对湿度。

采用同样的容器对香菇进行包装，研究薄膜针孔、储存温度和相对湿度对香菇原膜及针孔膜气调包装内相对湿度的影响，验证相对湿度预测模型，结果见图 3-9。香菇原膜及针孔膜气调包装内相对湿度试验与理论预测模型吻合度较高，所建立的模型在预测不同储存温湿度条件下的原膜和针孔膜包装内相对湿度变化时拟合度均较好，相关系数均大于 0.95。

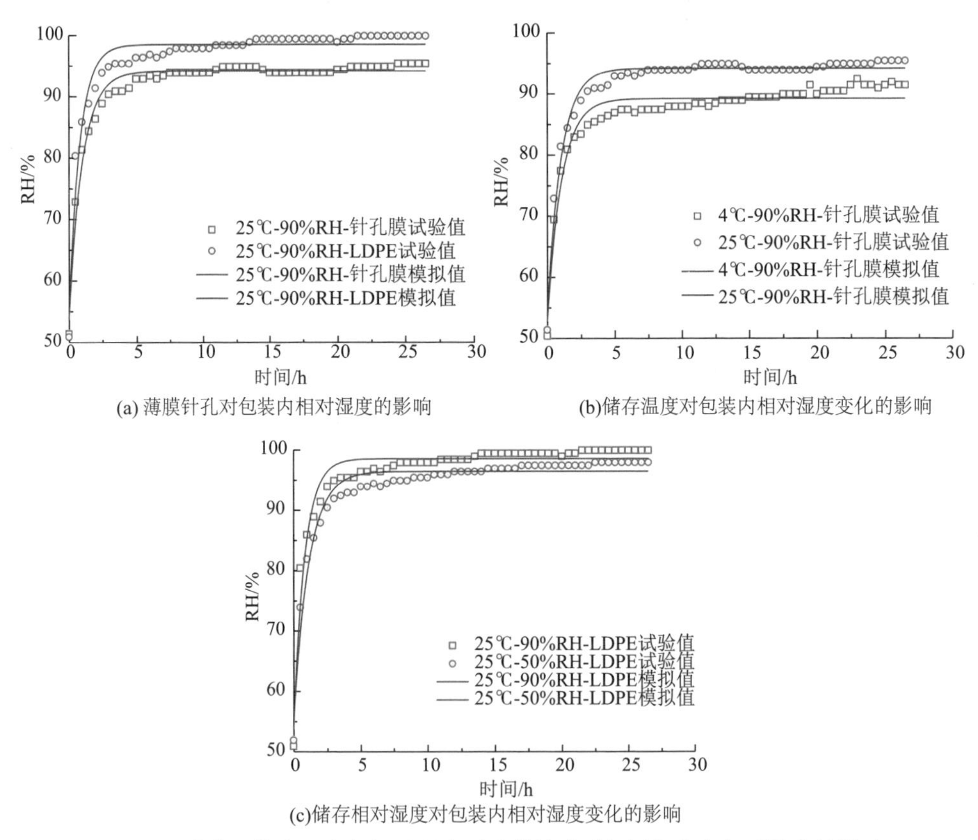

(a) 薄膜针孔对包装内相对湿度的影响

(b)储存温度对包装内相对湿度变化的影响

(c)储存相对湿度对包装内相对湿度变化的影响

图 3-9 微孔、储存温度与相对湿度对香菇针孔膜气调包装内相对湿度的影响

在温度、相对湿度相同的条件下，包装内相对湿度在 5h 后基本达到平衡状态，其中，原膜包装内部相对湿度可经达到 100%，这表明原膜的水蒸气渗透速率低于香菇呼吸速率，包装内水蒸气无法及时排除，导致出现冷凝水，而针孔膜包装在约 5h 后相对湿度达到 95%，且在 30h 内保持平衡状态。在针孔参数、相对湿度相

同的条件下，温度对针孔膜内外气体交换速率的影响显著。4℃条件下，5h 后包装内相对湿度稳定在 88%RH 左右，而 25℃的针孔膜包装内相对湿度已达到 95%RH。在针孔参数、温度相同的条件下，相对湿度对针孔膜内外气体交换速率有一定的影响，外部环境相对湿度降低，包装的平衡相对湿度也降低。

3.4　果蔬气调包装设计

果蔬气调包装设计需综合考虑的变量很多，如果蔬的类别、成熟度、呼吸速率，以及包装膜的类型、厚度、透气性和外界环境温湿度等。因此，采用适合的果蔬气调包装设计方法，寻找这些参数之间最合理的组合，科学设计相关参数，就能达到延长果蔬保鲜期的目的。

3.4.1　果蔬气调包装的基本形式

气调包装分为主动气调和被动气调两种形式。主动气调是根据果蔬的生理特性，充入理想气体，置换包装容器内原有气体。其优点是可根据果蔬的呼吸特性充入最适合的 O_2 和 CO_2 浓度的混合气体，快速建立起有利于果蔬储存保鲜的气调平衡环境。被动气调是根据果蔬的生理特性，通过果蔬自身呼吸作用及薄膜对不同气体的选择性透过，自动在包装容器内建立起低 O_2 和高 CO_2 浓度的理想环境，从而达到抑制呼吸作用的目的。

3.4.2　基于包装内气体组分控制的原膜气调包装设计

1. 基于果蔬发酵阈值的气调包装设计

发酵阈值是指果蔬发酵时的临界 O_2 浓度水平，即果蔬发生厌氧反应的最低 O_2 浓度值。目前果蔬气调包装对 O_2 浓度的研究大多数是针对最佳 O_2 浓度的研究，而对于大多数果蔬而言，O_2 浓度最佳值较难控制且不具普遍性。对于气调包装而言，根据果蔬最佳气氛设计得到的包装对果蔬包装的预期效果可能难以实现。因此，果蔬阈值的研究对于正确进行包装设计具有重要的工程应用价值。

当包装内外气体交换达到动态平衡时：

$$\begin{cases} \dfrac{P_{M,O_2} A\left([O_2]_{out} - [O_2]_{in}\right)}{L} - R_{O_2} W = 0 \\ \dfrac{P_{M,CO_2} A\left([CO_2]_{in} - [CO_2]_{out}\right)}{L} - R_{CO_2} W = 0 \end{cases} \tag{3-38}$$

在平衡状态下进一步简化得

$$\begin{cases}[O_2]_{eq}=[O_2]_{out}+\dfrac{R_{O_2}^{eq}LM}{P_{M,O_2}A}\\[CO_2]_{eq}=[CO_2]_{out}+\dfrac{R_{CO_2}^{eq}LM}{P_{M,CO_2}A}\end{cases} \tag{3-39}$$

式中，$[O_2]_{eq}$、$[CO_2]_{eq}$——包装内 O_2、CO_2 平衡浓度。

由此可得

$$[CO_2]_{eq}=[CO_2]_{out}+\frac{RQ}{\beta}\left([O_2]_{out}-[O_2]_{eq}\right) \tag{3-40}$$

果蔬气调包装设计即为选择合适的包装材料，设计相关的参数，使包装内能够达到预期的气体氛围。

（1）当果蔬最佳气氛 O_2 与 CO_2 为一个范围时，由呼吸熵与所需包装薄膜渗透系数之间的关系得

$$\beta=RQ\left([O_2]_{out}-[O_2]_{eq}\right)/\left([CO_2]_{eq}-[CO_2]_{out}\right) \tag{3-41}$$

式中，RQ——呼吸熵；

β——包装薄膜对 CO_2 和 O_2 渗透系数。

平衡时的 O_2 浓度为一个范围，存在一个 O_2 的最低值和最高值，在这个浓度范围内果蔬的保鲜效果处于最佳。上述等式表明，在平衡时 O_2 与 CO_2 的浓度存在着某种线性关系，通常认为 CO_2 空气中的浓度接近于 0，认为 O_2 是 0.21（摩尔分数）。因此，CO_2 和 O_2 的浓度如图 3-10 所示，过 0 点（0.21，0），斜率为 $-RQ/\beta$。

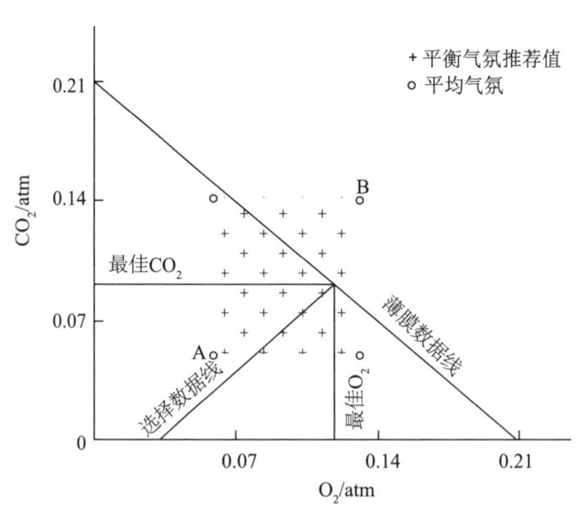

图 3-10　基于包装平衡气氛的包装膜渗透系数选择

1atm=1.01325×10^5Pa

为确保所设计的气调包装能够达到所推荐的气体浓度，根据最佳平衡气氛给出的范围计算出所选择果蔬包装的最高的和最低的 β 值：

$$\begin{cases} \beta_{\max} = \dfrac{R_{CO_2}^{B}}{R_{O_2}^{B}}\left(\dfrac{[O_2]_{out} - [O_2]_{\max}}{[CO_2]_{\max} - [CO_2]_{out}}\right) \\ \beta_{\min} = \dfrac{R_{CO_2}^{A}}{R_{O_2}^{A}}\left(\dfrac{[O_2]_{out} - [O_2]_{\min}}{[CO_2]_{\min} - [CO_2]_{out}}\right) \end{cases} \tag{3-42}$$

其中，下标最小值和最大值分别代表果蔬可供选择的O_2和CO_2的最高浓度和最低浓度。

包装材料与渗透率比值要避免接近 β_{max} 或者 β_{min}，选择的包装材料的透气率应接近平均的值。

（2）果蔬的最佳气氛为一个固定值时，一般分为以下两种情况。

一种是果蔬的发酵阈值与要处于的最佳气氛一致，可直接求出渗透系数 β。需注意，这个最佳气氛是一个极限值，气调包装内的果蔬 O_2 含量为最低值，CO_2 含量为最高值，因此求出的渗透系数为最大值，实际选择材料时，应选择包装材料的渗透系数不高于计算所得的渗透系数 β。即式中的 O_2 含量为最低，CO_2 含量为最高，故计算的 β 值为最小值，当 O_2 含量变高，CO_2 含量变低时，其渗透系数值可变大。因此实际选择的值需偏低。

另一种是果蔬的发酵阈值与要处于的最佳气氛不一致。当 O_2 平衡气氛小于果蔬 O_2 阈值时，果蔬将发生厌氧反应，可得出实际的渗透系数需比按照阈值计算出的渗透参数值要大，否则果蔬易发生一系列的生理反应，影响果蔬的品质。若 O_2 平衡气氛大于果蔬 O_2 阈值，产品达到平衡气氛时果蔬不能达到最佳保护状态，不能最有效地抑制果蔬的呼吸作用，因此根据阈值和平衡气氛计算薄膜的渗透系数会有两个值，即 $\beta_{阈值} < \beta_{平衡}$，处于两者渗透系数之间的包装薄膜均能满足果蔬气氛的要求。其选择的薄膜渗透性系数不能低于根据阈值所计算得出的薄膜渗透性系数。

2. 基于果蔬最佳气体平衡组分的气调包装设计

气调包装内部适宜的气氛是延长果蔬保鲜期的根本。保证气调包装内有适宜的气氛，可使果蔬的呼吸速率保持较低的状态，且不会引起厌氧反应。

低氧气调包装通过调节包装内气体浓度，使包装内气氛处于一个低 O_2 高 CO_2 的比例。国内外很多学者着重研究低氧的不同气氛配比使果蔬处于较好的气氛内，延长其保鲜期。目前对于低氧气调包装一般推荐的 O_2 浓度为 3%～8%，但对于不同果蔬品种来说最合适的低氧浓度是不同的，因此要找出最合适的低氧气氛配比比较困难。

高氧气调包装相对低氧气调包装克服了其存在的一些缺陷，能够阻止发酵反应和水分流失，且能有效抑制厌氧菌的生长。高氧气调包装同样适用于新鲜果蔬，但其关键是找到合适的高阻氧材料，同时高氧气调对抑制微生物方面存在一定缺陷。

3.4.3 基于包装内气体组分控制的微穿孔膜气调包装设计

1. 微穿孔膜果蔬气调包装设计流程[5]

（1）确定被包装的果蔬，即具体对象。

（2）确定果蔬相关参数。

（3）确定果蔬储存的最优气调条件。

（4）确定包装材料（气体渗透率）。

（5）根据包装内外气体交换平衡方程确定微孔参数。

（6）根据试验或者实际工艺条件确定最终设计方案。

2. 微穿孔膜果蔬气调包装设计主要内容

1）确定初始条件

初始条件包括很多因素，其主要包含以下几项条件的确定。

（1）确定目标果蔬。根据实际条件确定果蔬的质量、密度、最佳平衡 O_2 浓度和 CO_2 浓度、果蔬的呼吸强度。

（2）确定包装参数。明确包装材料的面积和包装体积。

（3）选择包装材料。可不考虑原膜的透气量，根据其价格及性能选择。需要确定原膜的渗透系数和厚度。

（4）确定温度。由于在实际情况中温度条件的复杂多变，为此通常将储存温度视为定值，并考虑果蔬呼吸速率与储存温度的对应性。

（5）确定包装内初始气体浓度。

2）设计选择合适的微穿孔膜特征参数

基于微穿孔膜的袋式气调包装设计理论依据为

$$\begin{cases}\dfrac{P_{\mathrm{M,O_2}}\left(p_{\mathrm{out,O_2}}-[\mathrm{O_2}]_{\mathrm{in}}\,p_{\mathrm{in}}^{\mathrm{total}}\right)}{L}A+\dfrac{\varepsilon Adp_{\mathrm{in}}^{\mathrm{total}}}{3lRT}\sqrt{\dfrac{8RT}{\pi M_{\mathrm{O_2}}}}\left([\mathrm{O_2}]_{\mathrm{out}}-[\mathrm{O_2}]_{\mathrm{in}}\right)=R_{\mathrm{O_2}}W\\ \dfrac{P_{\mathrm{M,CO_2}}\left([\mathrm{CO_2}]_{\mathrm{in}}\,p_{\mathrm{in}}^{\mathrm{total}}-p_{\mathrm{out,CO_2}}\right)}{L}A+\dfrac{\varepsilon Adp_{\mathrm{in}}^{\mathrm{total}}}{3lRT}\sqrt{\dfrac{8RT}{\pi M_{\mathrm{CO_2}}}}\left([\mathrm{CO_2}]_{\mathrm{in}}-[\mathrm{CO_2}]_{\mathrm{out}}\right)=R_{\mathrm{CO_2}}W\end{cases} \tag{3-43}$$

在设计时可将薄膜厚度 l 视作孔长 L，即 $l=L$；微孔孔径 d 大小与孔隙率 ε 存在关系，即 $\varepsilon=\pi Nd^3/(4A)$，可得孔数 N 和孔径之间的乘积为

$$Nd^3 = \left[12RT \frac{V_{\mathrm{m,O_2}} [O_2]_{\mathrm{opt}}}{K_{\mathrm{m,O_2}} + [O_2]_{\mathrm{opt}} \left(1 + \frac{[CO_2]_{\mathrm{opt}}}{K_{\mathrm{m,O_2}}} \right)} WL - 12RTP_{\mathrm{M,O_2}} \left(p_{\mathrm{out,O_2}} - [O_2]_{\mathrm{opt}} p_{\mathrm{in}}^{\mathrm{total}} \right) A \right] \Big/ \left([O_2]_{\mathrm{out}} - [O_2]_{\mathrm{opt}} \right) p_{\mathrm{in}}^{\mathrm{total}} \sqrt{\frac{8\pi RT}{M_{O_2}}} \tag{3-44}$$

$$Nd^3 = \left[12RT \frac{V_{\mathrm{m,CO_2}} [O_2]_{\mathrm{opt}}}{K_{\mathrm{m,CO_2}} + [O_2]_{\mathrm{opt}} \left(1 + \frac{[CO_2]_{\mathrm{opt}}}{K_{\mathrm{m,CO_2}}} \right)} WL - 12RTP_{\mathrm{M,CO_2}} \left(p_{\mathrm{out,CO_2}} - [CO_2]_{\mathrm{opt}} p_{\mathrm{in}}^{\mathrm{total}} \right) A \right] \Big/ \left([CO_2]_{\mathrm{out}} - [CO_2]_{\mathrm{opt}} \right) p_{\mathrm{in}}^{\mathrm{total}} \sqrt{\frac{8\pi RT}{M_{CO_2}}} \tag{3-45}$$

式中，$[O_2]_{\mathrm{opt}}$、$[CO_2]_{\mathrm{opt}}$——最佳 O_2 浓度、CO_2 浓度。

基于微穿孔膜封合的硬质容器气调包装设计依据为

$$\begin{cases} \dfrac{P_{\mathrm{M,O_2}} \left(p_{\mathrm{out,O_2}} - n_{O_2} RT / V \right)}{L} A + \dfrac{d\varepsilon A \left(p_{\mathrm{out,O_2}} - n_{O_2} RT / V \right)}{3l} \sqrt{\dfrac{8}{\pi M_{O_2} RT}} = R_{O_2} W \\ \dfrac{P_{\mathrm{M,CO_2}} \left(n_{CO_2} RT / V - p_{\mathrm{out,CO_2}} \right)}{L} A + \dfrac{d\varepsilon A \left(n_{CO_2} RT / V - p_{\mathrm{out,CO_2}} \right)}{3l} \sqrt{\dfrac{8}{\pi M_{CO_2} RT}} = R_{CO_2} W \end{cases} \tag{3-46}$$

在设计时将最佳 O_2 浓度和 CO_2 浓度视为包装内气体变化达到平衡时的浓度。由于 N_2 压强的内外初始值相同，硬质包装中没有压力差引起 N_2 的内外气体交换。由此可得包装内气体达到平衡时包装内 O_2 和 CO_2 的分压为

$$\begin{cases} p_{\mathrm{in,O_2}} = \dfrac{p_{\mathrm{in,N_2}}}{1 - [O_2]_{\mathrm{opt}} - [CO_2]_{\mathrm{opt}}} [O_2]_{\mathrm{opt}} \\ p_{\mathrm{in,CO_2}} = \dfrac{p_{\mathrm{in,N_2}}}{1 - [O_2]_{\mathrm{opt}} - [CO_2]_{\mathrm{opt}}} [CO_2]_{\mathrm{opt}} \end{cases} \tag{3-47}$$

可得微孔孔数和孔径之间的乘积为

$$
\begin{aligned}
Nd^3 = & 12\frac{V_{\mathrm{m,O_2}}[\mathrm{O_2}]_{\mathrm{opt}}}{K_{\mathrm{m,O_2}}+[\mathrm{O_2}]_{\mathrm{opt}}\left(1+\dfrac{[\mathrm{CO_2}]_{\mathrm{opt}}}{K_{\mathrm{m,O_2}}}\right)}LW \\
& -12P_{\mathrm{M,O_2}}\left(p_{\mathrm{out,O_2}}-\frac{p_{\mathrm{in,N_2}}}{1-[\mathrm{O_2}]_{\mathrm{opt}}-[\mathrm{CO_2}]_{\mathrm{opt}}}[\mathrm{O_2}]_{\mathrm{opt}}\right)A \\
& \Bigg/ \pi A\left(p_{\mathrm{out,O_2}}-\frac{p_{\mathrm{in,N_2}}}{1-[\mathrm{O_2}]_{\mathrm{opt}}-[\mathrm{CO_2}]_{\mathrm{opt}}}[\mathrm{O_2}]_{\mathrm{opt}}\right)\sqrt{\frac{8}{\pi M_{\mathrm{O_2}}RT}}
\end{aligned}
\tag{3-48}
$$

$$
\begin{aligned}
Nd^3 = & -12\frac{V_{\mathrm{m,CO_2}}[\mathrm{O_2}]_{\mathrm{opt}}}{K_{\mathrm{m,CO_2}}+[\mathrm{O_2}]_{\mathrm{opt}}\left(1+\dfrac{[\mathrm{CO_2}]_{\mathrm{opt}}}{K_{\mathrm{m,CO_2}}}\right)}LW \\
& -12P_{\mathrm{M,CO_2}}\left(p_{\mathrm{out,CO_2}}-\frac{p_{\mathrm{in,N_2}}}{1-[\mathrm{O_2}]_{\mathrm{opt}}-[\mathrm{CO_2}]_{\mathrm{opt}}}[\mathrm{CO_2}]_{\mathrm{opt}}\right)A \\
& \Bigg/ \pi A\left(p_{\mathrm{out,CO_2}}-\frac{p_{\mathrm{in,N_2}}}{1-[\mathrm{O_2}]_{\mathrm{opt}}-[\mathrm{CO_2}]_{\mathrm{opt}}}[\mathrm{CO_2}]_{\mathrm{opt}}\right)\sqrt{\frac{8}{\pi M_{\mathrm{CO_2}}RT}}
\end{aligned}
\tag{3-49}
$$

3.4.4 基于包装内相对湿度控制的气调包装设计

一般而言，气调包装储存于低温条件下，包装内气压和气体流速都相对稳定，因此调节包装内的相对湿度成为控制果蔬蒸腾速率的主要手段。若包装薄膜的水蒸气渗透率过大，果蔬蒸发的水分全部扩散至外部环境中，包装内部水蒸气压力较小，则会加速产品的蒸腾速率，导致果蔬失水失鲜，丧失其商品价值；反之，若包装薄膜的水蒸气渗透率过小，则果蔬蒸发的水蒸气聚集于包装顶空环境，当水蒸气压力大于饱和水蒸气压力时，则会产生冷凝现象，加速产品的变质与腐败。

然而，目前常用的商用薄膜透湿性较低，对于高呼吸速率的果蔬而言，将导致包装内相对湿度很快趋于饱和。为了维持包装内部适宜的相对湿度，理想的气调包装应可适宜地调节包装内的相对湿度，为此需进一步研究基于湿度控制的气调包装，以适应储运过程中的温湿度变化。

1. LDPE-PVA 微穿孔膜平衡调湿气调包装设计理论基础[6]

聚乙烯醇（PVA）是湿敏性材料，薄膜极性大、气体阻隔性高、透明度和光泽性优良且印刷性优异，在包装领域中应用广泛。但其热封性和加工适应性较差，无法直接作为包装材料进行加工和热封。为此，以 LDPE 为基膜，设计 LDPE-PVA 微穿孔膜，研究其调湿包装设计，所制备的 LDPE-PVA 微穿孔膜示意图见图 3-11。

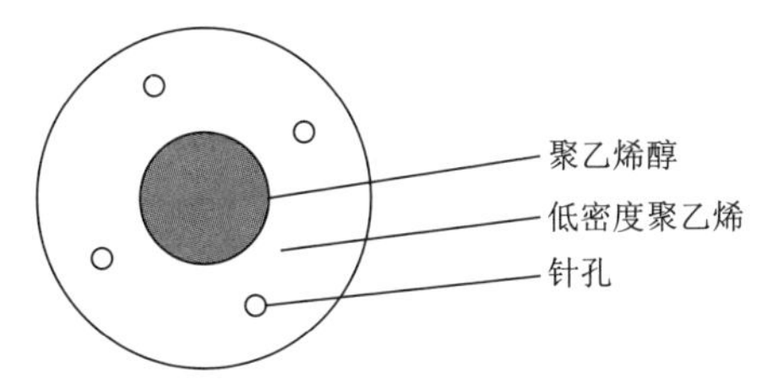

图 3-11　LDPE-PVA 微穿孔膜结构示意图

包装内水蒸气变化率模型为

$$\frac{Vd\left(p_{\text{in,H}_2\text{O}}\right)}{\text{d}t}=\frac{P_{\text{M,H}_2\text{O}}}{L}A\left(p_{\text{out,H}_2\text{O}}-p_{\text{in,H}_2\text{O}}\right)+L_{\text{m}}W \tag{3-50}$$

考虑 PVA 薄膜的气体渗透性和水蒸气渗透性，平衡时 LDPE-PVA 微穿孔膜包装内外气体交换模型和水蒸气交换方程为

$$\left[\frac{A_{\text{L}}P_{\text{M,O}_2}^{\text{LDPE}}}{L_{\text{L}}}+\frac{A_{\text{P}}P_{\text{M,O}_2}^{\text{PVA}}}{L_{\text{P}}}+\frac{A_{\text{h}}D_{\text{O}_2}}{lRT}\right]\left(p_{\text{out,O}_2}-p_{\text{in,O}_2}\right)=WR_{\text{O}_2} \tag{3-51a}$$

$$\left[\frac{A_{\text{L}}P_{\text{M,CO}_2}^{\text{LDPE}}}{L_{\text{L}}}+\frac{A_{\text{P}}P_{\text{M,CO}_2}^{\text{PVA}}}{L_{\text{P}}}+\frac{A_{\text{h}}D_{\text{CO}_2}}{lRT}\right]\left(p_{\text{out,CO}_2}-p_{\text{in,CO}_2}\right)=WR_{\text{CO}_2} \tag{3-51b}$$

$$\left(A_{\text{L}}P_{\text{M,H}_2\text{O}}^{\text{LDPE}}+A_{\text{P}}P_{\text{M,H}_2\text{O}}^{\text{PVA}}\right)\frac{p_{\text{in,H}_2\text{O}}-p_{\text{out,H}_2\text{O}}}{L}+\frac{p_{\text{in}}^{\text{total}}D_{\text{H}_2\text{O}}}{lRT}\ln\frac{\left(p_{\text{in}}^{\text{total}}-p_{\text{out,H}_2\text{O}}\right)}{\left(p_{\text{in}}^{\text{total}}-p_{\text{in,H}_2\text{O}}\right)}WA_{\text{h}}=L_{\text{TR}} \tag{3-51c}$$

式中，A_{L}、A_{P}——LDPE、PVA 薄膜面积；

A_{h}——微孔面积；

L_{L}、L_{P}——LDPE、PVA 薄膜厚度。

为此可得到包装内相对湿度控制所需的薄膜微孔面积为

$$A_{\text{h,O}_2}=\left[\frac{WR_{\text{O}_2}}{\left(p_{\text{out,O}_2}-p_{\text{in,O}_2}\right)}-\frac{A_{\text{L}}P_{\text{M,O}_2}^{\text{LDPE}}}{L_{\text{L}}}-\frac{A_{\text{P}}P_{\text{M,O}_2}^{\text{PVA}}}{L_{\text{P}}}\right]\frac{lRT}{D_{\text{O}_2}} \tag{3-52a}$$

$$A_{h,CO_2}=\left[\frac{WR_{CO_2}}{\left(p_{out,CO_2}-p_{in,CO_2}\right)}-\frac{A_L P_{M,CO_2}^{LDPE}}{L_L}-\frac{A_P P_{M,CO_2}^{PVA}}{L_P}\right]\frac{lRT}{D_{CO_2}} \tag{3-52b}$$

$$A_{h,H_2O}=\frac{\left[L_{TR}-\left(A_L P_{M,H_2O}^{LDPE}+A_P P_{M,H_2O}^{PVA}\right)\frac{p_{in,H_2O}-p_{out,H_2O}}{L}\right]lRT}{D_{H_2O}Wp_{in}^{total}\ln\frac{\left(p_{in}^{total}-p_{out,H_2O}\right)}{\left(p_{in}^{total}-p_{in,H_2O}\right)}} \tag{3-52c}$$

2. 平衡调湿微穿孔膜气调包装效果验证

聂恒威[6]对香菇分别采用 LDPE-PVA 微穿孔膜与 LDPE 微穿孔膜气调包装进行包装，比较两种薄膜在温度升高后包装内气体浓度和相对湿度的变化，验证平衡调湿气调包装理论设计的可行性。

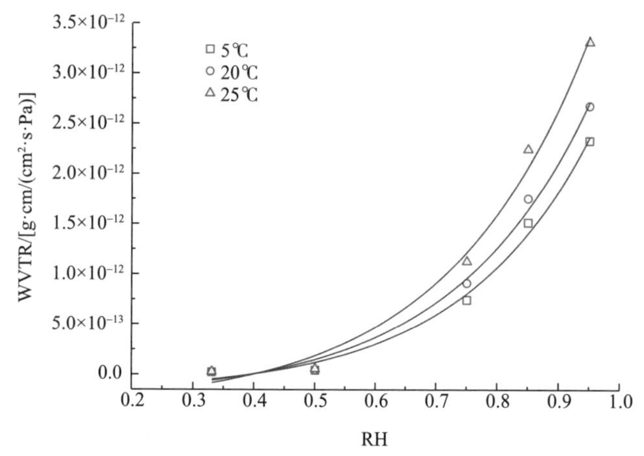

图 3-12　不同温度下相对湿度对 PVA 薄膜透湿系数的影响

PVA 薄膜在不同温湿度下的水蒸气透过率（WVTR）如图 3-12 所示。随着温度提高，PVA 膜 WVTR 增大。在 5℃和 25℃下 LDPE 和 LDPE-PVA 微穿孔膜包装内气体浓度变化如图 3-13 所示。在 5℃储存时，LDPE 微穿孔膜包装内气体浓度下降速率高于 LDPE-PVA 微穿孔膜包装；平衡状态下，LDPE 微穿孔膜内 O_2 约为 3%，CO_2 约为 17%，LDPE-PVA 微穿孔膜内 O_2 约 6%，CO_2 约 14%，接近试验设置的 5% O_2、15% CO_2 平衡状态。

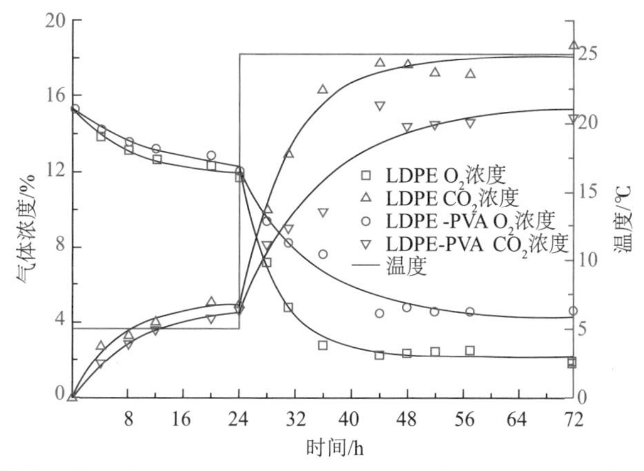

图 3-13　储存温度变化下 LDPE 和 LDPE-PVA 微穿孔膜包装内气体浓度的变化

在 5℃和 25℃下 LDPE 和 LDPE-PVA 微孔膜包装内 RH 变化如图 3-14 所示。在 5℃条件下储存 0～24h，在 25℃条件下储存 24～72h。5℃储存时，在 0～3h 内，两种薄膜封合罐内相对湿度变化基本相同，3h 后，两种包装内相对湿度迅速提高，且 LDPE-PVA 包装内的相对湿度约为 90%，LDPE 罐内相对湿度约为 94%，这是因为随着罐内相对湿度的增加，PVA 的透湿性能逐渐增大，故 LDPE-PVA 包装内的水蒸气可以及时排出。在 24h 时，储存温度由 5℃突变为 25℃时，产品蒸发速率加快，空气中的水蒸气遇冷液化，增加了相对湿度，而包装的透湿性短时间内无法与之匹配，故两种包装内部相对湿度都快速增加。其中，LDPE 包装由于透湿性较低，包装内水蒸气趋于饱和，相对湿度上升至 100%，顶空出现冷凝水，而 LDPE-PVA 薄膜的透湿性在高湿的影响下增大，包装内部的水蒸气得以排出，相对湿度稳定在 95%～96%。

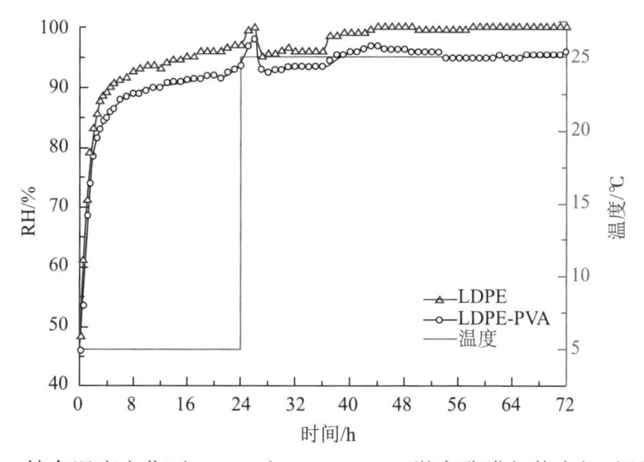

图 3-14　储存温度变化下 LDPE 和 LDPE-PVA 微穿孔膜包装内相对湿度变化

3.4.5 果蔬气调包装用高选择性渗透膜制备与验证

1. 选择性渗透膜研究现状

目前常用的选择性渗透膜是以压力差、浓度差为推动力，使得气体分子从高位向低位渗透的一类材料。气体的选择性分离主要是通过与膜结构中特定的物质相互作用来实现的。因此选择性渗透膜可根据膜材料的差异分为三大类：无机类、混合基质类和有机类。

1）无机选择性渗透膜制备与性能

无机选择性渗透膜是指将无机氧化物经过特殊工艺制备的多孔膜。无机填料利用孔径界面及孔内部表面性质差异，可与特定气体之间相互作用，因此可表现出对特定气体的分离效果。常见的无机选择性渗透膜有非对称陶瓷膜（主要成分为氧化铝、氧化锆）、高硅氧玻璃膜（主要成分为二氧化硅）、多孔金属膜（如多孔钛膜）、分子筛膜等。可通过控制条件不同或者通过调节组分差异制备出孔径为 1～100nm 的无机多孔膜。

无机分离膜不仅耐高温、腐蚀，而且孔径分散性低，因此可提供良好的选择性和透过性。然而无机膜的制备成本较高、控制条件严苛、材料质地脆及安装复杂，限制了其应用。且商业化的无机分离膜与食品包装用膜的差异较大，不适合应用于食品包装。

2）混合基质选择性渗透膜制备与性能

目前应用较多的商业气体选择性渗透膜主要为有机选择性渗透膜，这类膜虽然易于加工、分离系数高，但透过速率低、不耐腐蚀和易于增塑化。通过将无机纳米粒子（尺寸通常为 2～100nm）作为分散相均匀填充到高聚物基体中得到混合基质分离膜，这类膜材料不仅保留了无机填料优异的分离性能，同时保留了高分子优异的机械和制备性能。有机分离膜材料和无机材料在各方面能力上的互补使得混合基质膜成为气体分离膜研究的热点领域。常用的无机粒子包括分子筛（碳分子、沸石分子为主）、纳米粒子（二氧化硅、二氧化钛为主）及骨架材料（金属有机骨架、沸石咪唑酯为主）等。其因具有孔隙率高、尺寸可控、化学稳定性高及相容性高等优势，故常被作为新型无机分散相用于制备混合基质膜。

不同的无机填料无论是内部孔道还是外部表面孔道形态都存在很大差异，其孔道主要有两类：一类是无机填料物表面微孔，另一类是无机填料结构内部贯穿的孔道及孔隙。因此，孔道类型的不同，会导致混合基质膜的渗透性能有所差异。无论是内部的孔结构还是表面的微孔，无机填料主要是通过多孔结构的表面扩散和分子筛原理等对气体分子进行选择性分离的。另外，无机填料作为添加剂或增塑剂添加到高分子中，能够提高薄膜对气体分子的渗透。但是，无机填料分子和高分子材料之间往往难以获得好的界面效果，直接添加可能会出现相分离。气体渗透性会因为无机填料的团聚堵塞分子链，造成其渗透系数的下降。因此无机材料通常需经改性后添加，常见的改性方法包括硅烷表面处理、矿物干法表面改性、加入低分子量的材料等。

上述方法所制备的混合基质膜，对于气体分子的渗透率有很大的提高，但是提高气体的选择性作用并不明显，因为其作用原理是通过简单的物理方式来进行分离的，即利用气体分子之间物理或化学性质的差异，将其分离。然而 O_2 和 CO_2 分子动力学直径差异较小，而且均是非极性分子，差别不显著，造成气体分离难度增加，从而制约了选择性渗透膜在果蔬包装中的应用。

3） 有机选择性渗透膜制备与性能

无机选择性渗透膜具有良好的热稳定性和化学稳定性，且能够同时实现高选择性和高渗透性，但由于其机械性能较差、制造成本较高，应用受到限制。混合基质分离膜结合了无机分离膜和有机分离膜的优点，表现出很好的选择性和渗透性，越来越多的研究致力于发展更加高效的多孔材料，但是相分离现象依旧限制了选择性渗透膜在果蔬包装的应用。有机分离膜由于加工方便、材料方便易得而且改性方法多样，受到了持续的研究和关注。目前常用的高分子选择性渗透膜可根据其分离原理分为两类：一类是物理分离膜，比较成熟的高分子材料有聚酰亚胺、聚醚、含硅聚合物等；另一类是化学分离促进的传递膜，这类膜以胺基或钴化合物分子作为载体单体或者聚合物。

相比于移动载体促进传递膜，固定载体促进传递膜稳定性不仅提升显著，也并未发生选择性降低的现象。但是为了适应工业分离膜的条件，现在较多的研究并不是只关注选择分离性，同时开始研制更薄的活性层，以及提升固定载体膜在高温条件下的化学稳定性和热稳定性。而且几乎所有的研究试验都证实了其在较低的压力条件下表现出更高的选择性。同时由于固定载体膜易于加工，效果显著，对于研制新型包装用选择性渗透膜具有很好的指导作用。

2. 胺基载体选择性渗透膜的制备[10]

以 LDPE 树脂为基材，以硅藻土为无机添加物，通过熔融共混造粒制备出渗透量高的基膜；以 PVA 为涂布液的基质，以 PSA96 为表面活性剂，通过溶液共混制备稳定、易于涂布的涂布液。添加不同比例的二乙醇胺和交联剂戊二醛，制备含有胺基的载体涂布液，通过旋转涂覆的方式制备稳定胺基载体选择性渗透膜，具体工艺过程如图 3-15 所示[11]。

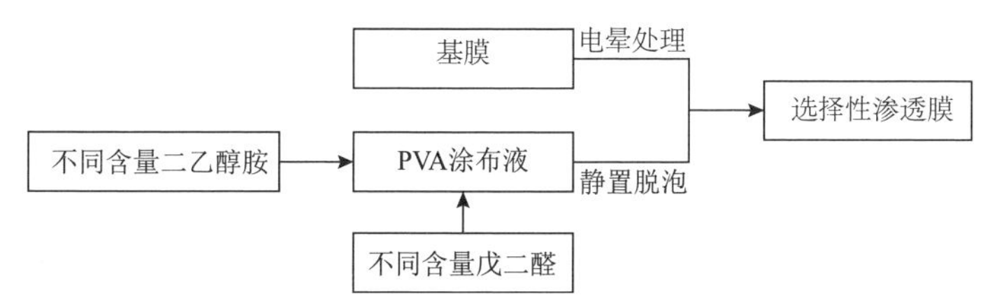

图 3-15 胺基载体选择性渗透膜制备工艺

研究二乙醇胺、戊二醛和硅藻土添加量对选择性渗透膜 CO_2/O_2 渗透性能的影响。结果如图 3-16～图 3-18 所示。

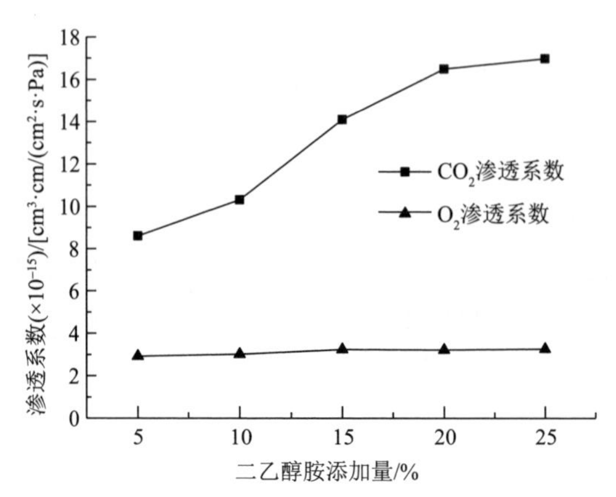

图 3-16　二乙醇胺添加量对选择性渗透膜 CO_2/O_2 渗透性能的影响（干燥条件，48h）

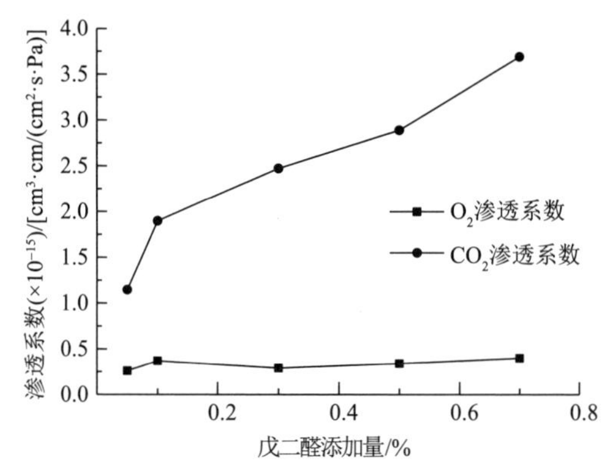

图 3-17　戊二醛添加量对选择性渗透膜 CO_2/O_2 渗透性能的影响（干燥条件，48h）

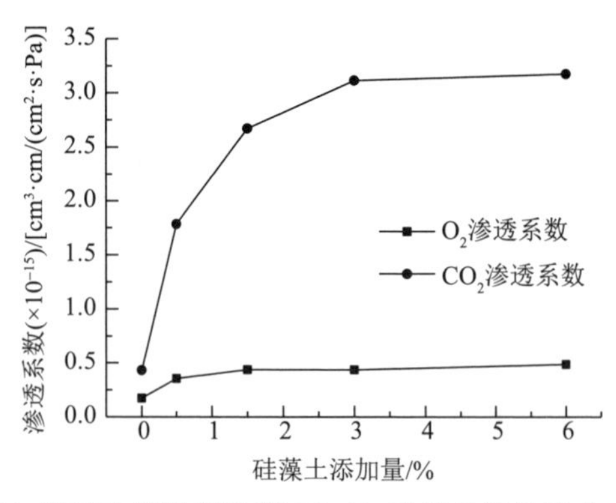

图 3-18　硅藻土添加量对选择性渗透膜 CO_2/O_2 渗透性能的影响（干燥条件，48h）

二乙醇胺的添加量在 5%～25%时，选择性渗透膜 O_2 渗透系数变化不显著，最大值与最小值之间的变化率不超过 11.89%。选择性渗透膜 O_2 渗透系数远低于基膜的 O_2 渗透系数。CO_2 渗透系数随着二乙醇胺的增加呈现先上升后趋于平稳的趋势，上升百分比达到 97.35%。最大的 CO_2 渗透系数远低于基膜的渗透系数，但是接近纯 LDPE 膜的 CO_2 渗透系数。因此选择性渗透膜的 CO_2/O_2 选择性系数，同样表现出先增大后趋于平稳的趋势。最高 CO_2/O_2 选择性系数可达 5.13，远高于基膜 CO_2/O_2 选择性系数 2.17。

戊二醛的添加量在 0.05%～0.7%时，CO_2 渗透系数随着戊二醛的增加逐渐增大，增加百分比达到 221.99%。戊二醛的添加量在 0.05%～0.7%时，选择性渗透膜 O_2 渗透系数随着戊二醛的增加而增加，相比 CO_2 渗透系数的变化幅度小很多，增加百分比为 53.85%。因此选择性渗透膜的 CO_2/O_2 选择性系数，表现出逐渐增大的趋势。CO_2/O_2 选择性系数从 4.41 增加至 9.23，远高于基膜 CO_2/O_2 选择性系数 2.17。

硅藻土的添加量在 0%～6%时，选择性渗透膜 O_2 渗透系数随着硅藻土含量的增加呈现逐渐增大的趋势，增加百分比达到 179.31%。当硅藻土含量从 0%增加至 0.5%时，O_2 渗透系数变化率达到 103.45%；但硅藻土含量从 3%增加至 6%时，O_2 渗透系数变化率仅为 16.87%。硅藻土的添加量在 0%～6%时，选择性渗透膜 CO_2 渗透系数随着硅藻土含量的增加呈现逐渐增大的趋势，增加百分比高达到 640.19%，与 O_2 渗透系数变化趋势一致。硅藻土含量从 0%增加至 0.5%时，CO_2 渗透系数变化率达到 313.92%；但硅藻土含量从 3%增加至 6%时，O_2 渗透系数变化率仅为 1.30%。因此基膜的渗透性直接影响选择性渗透膜的 CO_2/O_2 选择性渗透，其 CO_2/O_2 选择性系数表现出先增大后趋于稳定的趋势。CO_2/O_2 选择性系数从 2.48 增加至 7.16。

参 考 文 献

[1] 聂恒威，卢立新，潘嘹，等. 基于温湿度影响的香菇呼吸速率测定与模型表征[J]. 食品工业科技，2019(16): 223-228.
[2] 刘迎雪，卢立新. 振动对小番茄生理特性的影响[J]. 包装工程，2007, 28(6): 20-21.
[3] 胡红艳，卢立新，韩正宏. 微孔膜包装内外气体交换的理论研究[J]. 包装工程，2006(6): 13-15.
[4] 陶瑛. 番茄与青豌豆气调包装工艺的试验与理论研究[D]. 无锡：江南大学，2005.
[5] 李方，卢立新. 果蔬微孔膜气调包装模型与试验验证[J]. 农业工程学报，2010(4): 383 -387.
[6] 聂恒威. 基于温湿度变化的果蔬气调包装研究[D]. 无锡：江南大学，2019.
[7] Lu L X, Tang Y L, Lu S Y. A kinetic model for predicting the relative humidity in modified atmosphere packaging and its application in *Lentinula eddoes* packages[J]. Mathematical Problems in

Engineering, 2013, 2013: 1-8.
[8] Becker B, Misra A, Fricke B. Bulk refrigeration of fruits and vegetables part Ⅱ: computer algorithm for heat loads and moisture loss[J]. HVAC&R Research, 1996, 2(3): 16-23.
[9] Rennie T, Tavoularis S. Perforation-mediated modified atmosphere packaging: part Ⅰ. Development of a mathematical model[J]. Postharvest Biology and Technology, 2009, 51(1): 1-9.
[10] Lu L X, Wan Z, Lu W Q, et al. Preparation and properties of permselective film coated with glutaraldehyde crosslinked polyvinyl alcohol/diethanolamine[J]. Polymer Composites, 2019, 1061-1067.
[11] 万哲. 基于聚乙烯醇/二乙醇胺的 LDPE 选择性渗透膜制备与性能研究[D]. 无锡: 江南大学, 2017.

第4章

活性包装系统中活性物质的释放调控

食品活性包装系统是指包装材料及活性物质在货架期内与系统内食品不断地发生相互作用，通过优化调节包装系统内的环境使其更适宜食品保质的包装系统。活性包装系统中，控释型食品活性包装以其优越的食品保护性能成为研究的热点，其可以使用更少的活性物质提供更好、更持久的食品保护，获得更好的食品品质、更长的包装货架期，其中活性包装材料中活性物质释放与调控是实现活性包装的关键。本章主要从控释型食品活性包装的关键技术、活性物质释放速率的表征、特殊处理对包装材料传质的影响及今后发展趋势等方面进行论述。

4.1 控释型食品活性包装及关键技术

控释型食品活性包装指的是以包装材料为传送载体，释放抗菌剂、抗氧化剂、酶类、香料和营养物质等活性物质，从而达到维持或改善食品品质的目的。该包装通过活性因子的缓慢和持续的释放可补充食品中消耗或损失的那部分活性物质，而且可以将作用范围定位于最易发生腐败变质反应的食品表面，通过调控释放速率使食品表面的活性物质维持在能抑制微生物生长或氧化腐败的临界浓度。通过这种技术，活性物质的浓度能在较长时间内保持在有效的范围内，延长了作用时间，提高作用效果。

4.1.1 概述

食品是一个复杂的综合体系，不仅含有多种组分且不同食品所含的成分大不相同。一方面，食品中含有蛋白质、糖类、脂质等，这些物质用于供给人体营养，另一方面，体系中的色素、风味元素等还可使食品色香味俱全。蛋白质、糖类、脂肪是食品中典型的有效组分，除具备营养特性外，还可作为胶凝剂、增稠剂及乳化稳定剂，在很大程度上对食品的质地、口感及其他一些理化性质起到很大的影响作用。由食品中微生物腐败及油脂氧化等导致的食品变质问题所引发的大量食品安全和经济损失问题已引起消费者、食品行业人员及政府组织的高度关注。传统方法是直接将活性物质（如抗菌剂、抗氧化剂等）添加到食品中。该方法虽然简便易行且成本低，但同时也带来了两大弊端，一是食品的风味、口感会发生改变；二是由于活性物质的释放不能够针对食品表面，而绝大多数的腐坏是从食品表面开始的，为保证货架期内保鲜效果，极易出现活性物质加入过量的现象，不利于食用者的健康。为消除传统方法的弊端，满足消费者对食品品质、健康更高的要求，研究者们引入控释技术以期建立食品控释活性包装体系。

控制释放是指存在一个特定的系统，该系统内的活性物质可按预先设定的速度释放，从而在某段时间内、在特定的区域，活性物质的浓度可保持在某个事先设定的范围内。控制释放技术较早主要应用在药物释放系统中，早在 20 世纪 60 年代，现代意义上的药物释放系统研究兴起，这种释放系统能够实现靶向释放并控制释放时间，相较于传统的药物释放系统在一定程度上延长了药物以某一可控浓度作用于特定位置的时间，从而提高了药物的有效性。控释技术直到 21 世纪初才被引入食品活性包装系统中。

食品控释活性包装体系可连续、缓慢、以一定动力学规律将活性物质从包装膜中释放到包装食品中，针对不同食品成分不同时间所需的活性物质浓度调控活性物质的释放速率，获得更好的食品品质、更长的货架期。为检验控制释放技术与食品活性包装系统相结合的可行性及优越性，Balasubramanian 等[1]设计试验，通过试验模拟乳酸链球菌素类似包装膜中的释放并检验其对目标微生物藤黄微球菌生长的抑制作用，结果表明控释包装与直接将活性物质添加到食品中相比，可提供更好、更持久的食品保护，并且使用更少的活性物质，其控释保质机理分析可能为初期乳酸链球菌素的快速释放产生了即时致命的压力，杀死或使细菌细胞受损，后期乳酸链球菌素的缓慢释放抑制了受损细胞的恢复和生长。因此为达到更佳的食品保质效果，深入了解食品控释包装的关键技术及控释机理尤为重要。

4.1.2 控释型食品活性包装的关键技术

通常食品活性包装中添加的活性物质的数量是有限的，如果活性物质释放速率过快，在短时间内迅速消耗，就不能在食品表面维持活性物质起作用的最小浓度；另外，如果活性物质释放速率过慢，则不能达到相应效果。目前活性包装控释技术重点是以聚合物为基础，主要关注对象如聚合物基质掺杂活性因子，使材料具备持留或释放有益物质的能力，其中材料对活性物质的可控释放技术是该研究的关键技术之一。

1. 改性控释技术

无论是合成高分子材料还是天然高分子材料，任何一种材料对活性物质的释放速率都无法满足所有食品的要求。通常采用共聚、共混或者引入无机物等来调节聚合物的释放性能。聚合物分子间的共混能综合多种材料的优良性能，满足不同食品包装的需要，同时能有效改善膜的控释性能，无机物的引入也能有效改善膜的释放性能。例如，丝素蛋白及丝素蛋白/二氧化硅纳米杂化材料两种膜对茶多酚具有较好的释放性能；层状硅酸盐如蒙脱土添加到小麦蛋白、甲基纤维素、羧甲基壳聚糖中，都能有效地改善膜对活性物质的释放性能。智能共混技术基于混沌对流的原理，制得微观结构可控的薄膜，使其具备控释性能。

聚合物的交联度、分子的取向、塑化程度等对其释放特性也有影响。Iconomopoulou 和 Voyiatzi[2]通过不同的拉伸速率制得具有不同分子取向的高密度聚乙烯（HDPE）抗菌膜，结果显示，随着分子取向增强，活性物质从薄膜释放到模拟液中含量会减少。同时分析认为，活性物质的释放也可能与聚合物在拉伸过程中出现结晶的协同作用有关。

2. 多层复合控释技术

为了达到活性物质的控释效果，具有控释效果的多层膜结构得以提出，其由控制释放层、膜基质层和阻隔层组成。内部控制释放层用于控制活性物质扩散到食品表面的速率，中间膜基质层包含活性物质，而最外层阻隔层则防止活性物质外渗扩散到环境中而造成损失。目前研究已证明多层结构能够有效地控制抗菌剂的释放，同时通过流延共挤技术生产的聚乙烯、乙烯/乙烯醇共聚物多层高阻隔纳米抗菌包装膜具有较好的抗菌性及高阻隔性。

3. 纳米复合控释技术

在基材中添加纳米材料，使得水分及氧气的渗透通道曲折而降低基材膜的渗透性，可用于对活性物质的控释。纳米材料的加入，不仅起到控释作用，还可有效提升复合材料的力学、耐热性能等。按材料的材质分类，纳米材料可分为：碳纳米材料、金属纳米材料、半导体纳米材料、稀土纳米材料、陶瓷纳米材料、有机聚合物纳米材料。Shemesh 等[3]通过超声使香芹酚进入蒙脱土后，再将其与 PE 树脂共混获得抗菌保鲜膜，蒙脱土纳米材料的加入不仅能够有效地提高香芹酚的热稳定性，而且延长了抗菌时间。由于两种或多种纳米材料之间有相互的耦合或者协同作用，能够互补乃至增强彼此的材料特性，为了满足实际应用的需求，将多种纳米材料在同一个结构单元中组合，于是复合纳米材料应运而生。

4. 微囊化控释技术

微胶囊技术是利用天然或合成的高分子材料，将固体、液体甚至是气体等核心物质包囊成一种具有半透性或密封囊膜的微小囊状物的技术。所制成的微小囊状物称为微胶囊，通常把内部被包裹的核心物质称为“芯材”，外部的外壳材料称为“壁材”。20 世纪 30 年代，大西洋海岸渔业公司提出了用明胶作为壁材，在液体石蜡中制备鱼肝油-明胶微胶囊的方法，微胶囊技术至此起源。1954 年，美国的 NCR 公司以明胶-阿拉伯树胶为原料制成微胶囊无碳复写纸，并且投入市场销售使用，微胶囊技术实现首次商品化，开创了微胶囊技术的时代。

微胶囊的制备方法通常分为物理法、物理化学法、化学法等三大类。微胶囊释放机制主要包括：扩散-控制释放、溶解-控制释放、降解-控制释放和刺激-控制释放。其作用机理是芯材通过微胶囊壁材本身所具有或通过反应产生的微孔、裂缝或半透膜进行扩散，从而释放出芯材物质。微胶囊与包装基材结合的方法主要有：将微胶囊与包装原材料混合后通过制膜的常规方法（如挤出吹塑、流延等）制备而成，将微胶囊涂覆于包装材料表面等。当微胶囊与包装基材结合后，芯材物质先从微胶囊中缓慢释放，再从包装材料中迁移，从而到达被包装物表面，发挥其功能性作用。

4.2 食品控释活性包装膜的控释机理

总体上，食品控释活性包装膜的控制释放过程为：通过改变膜的制备过程中膜组分（基材、活性物质及各种添加剂）的种类和含量、膜组分间的结合方式、膜的制备方法与工艺参数等因素，使膜在接触不同的食品释放环境时，膜中活性物质的释放状态发生改变。其中，释放状态的改变经历两个阶段，一是激发控制释放，即活性物质从不释放到开始释放；二是调速控制释放，即活性物质已开始释放，但释放的速率发生改变。

4.2.1 激发控释机理

激发控释是食品控释包装系统运作的第一步，研究的是在包装保护食品的过程中，如何通过环境的改变激发活性物质使其开始释放。其中，环境的改变既可以是外部环境，如温度、相对湿度、光照等，又可以是内部环境，如食品的 pH、食品中水分等的变化。最常用的激发机理为食品中的溶剂（如水分）使包装材料发生松弛（如溶胀），从而使其中的活性物质开始释放，这是大部分生物质控释包装的激发机理。另外，水果新陈代谢产生的水汽及被细菌侵蚀产生的有机酸（pH

发生变化），可激发膜中抗菌剂二氧化硫的释放；聚乙烯醇膜遇水后自动产生微孔或微缝隙，会激发其中活性物质的释放；环糊精包埋活性物质后环外亲水、环内疏水的湿度敏感性，可激发其中活性物质的释放[4]。

4.2.2　调速控释机理

虽然激发控释是整个控释环节重要且必需的第一步，但由于其发生时间短暂、机理相对单一，因而控释包装的研究主要针对的是第二阶段的调速控制释放。

控释包装中活性物质的释放机理与包装无定形聚合物中小分子的扩散机理相同。为阐明这一机理，学者们历经了从唯象的“经典（微观）”模型到“第一原理”出发的“原子”模型（计算机模拟）近一个世纪的研究。

在“经典（微观）”模型的研究历程中，Barrer 等[5,6]于 20 世纪 30 年代末 40 年代初提出的“活化区”模型、Meares[7]的“空穴”模型和 Brandt[8]的“能量分流”模型从扩散质小分子的角度出发，认为扩散质小分子的扩散能是由该分子的活化能提供的，且部分用于产生聚合物中的跃迁通道、部分用于其自身的跃迁。其后，Dibenedetto[9,10]的“单元格”模型、Pace 和 Datyner[11-13]的“通道”模型也从扩散质小分子的角度出发，但认为扩散质小分子的扩散活化能全部用于产生聚合物中的跃迁通道、自身的跃迁不需要活化能。

与以上模型的研究思路不同，Fujita [14]、Cohen[15]和 Vrentas 等[16,17]从聚合物的角度出发，建立了“自由体积”理论与模型，认为聚合物链段和扩散质分子的运动都主要是由扩散质-聚合物系统中可用的自由体积来决定的，扩散的发生并不是激发过程的结果，而是聚合物链段运动引发的自由体积的再分布。

20 世纪 80 年代末发展起来的“原子”模型（MD 模拟）的结果验证了“经典（微观）”模型中的一些唯象假说：①小分子在非晶结构中的扩散是以跳跃运动的方式进行的；②构成橡胶态聚合物自由体积的空穴是明显隔开的，在较长的时间内（典型为几百皮秒），扩散质分子在一定小区域的受限空间即空穴中运动，但不能超出所在的受限空间，每隔几皮秒就会被聚合物基体反弹；当相邻空穴间形成通道时，这种准静态期被扩散质分子的迅速跃迁打断，与在空穴中的停留时间相比，跃迁过程很短，且跃迁过程不需要活化能。

综上，控释包装中活性物质的释放速率主要由聚合物中能使活性物质跃迁的通道打开频率或者说自由体积再分布的难易程度决定。影响引发自由体积再分布的聚合物链段运动的因素主要有：①聚合物自身的结构；②聚合物与添加物质（如活性物质、增塑交联添加剂等）、食品成分（接触并渗入聚合物中的）三者间的两两相互作用；③聚合物所处环境（如温度、相对湿度等）。

1. 聚合物结构

聚合物自身的结构可通过改变聚合物与添加剂的种类和含量、组分间的结合方式、制备工艺而发生改变。

1）聚合物与添加剂的种类和含量

向聚合物薄膜中添加不同种类的抗菌剂（纳他霉素、山梨酸钾），由于抗菌剂的分子体积不同，可改变聚合物自身的结构[18]；添加乳化剂棕榈酸可调节壳聚糖分子链间距[19]；添加儿茶酚可改变玉米醇溶蛋白膜的孔隙率[20]；控制乙烯-乙酸乙烯共聚物（EVA）膜中乙酸乙烯酯（VA）的含量，可改变膜的结晶度及膜内的自由体积[21]；控制玉米醇溶蛋白膜中添加的小麦麸皮的含量，以改变膜中微通道的数量[22]；控制醋酸纤维素（CA）膜制备过程中CA水溶液的浓度，可改变膜的孔隙率[23]。膜内自由体积越大、孔隙率越大、聚合物链间距越大、微通道数越多，则越有利于聚合物链段的运动，越容易实现自由体积的再分布，即活性物质跃迁通道产生的频率越高，从而提高活性物质的释放速率。

2）组分间的结合方式

膜组分间的结合方式从相对位置的角度可以分为以下四种。

（1）活性物质直接共混或经包裹后共混在包装基材内[图 4-1（a）]。将抗菌剂茶多酚经壳聚糖包裹为纳米微球后加入明胶膜中，利用壳聚糖包裹层增加茶多酚释放路径的曲折程度及明胶膜结构的紧密程度[24]；用埃洛石纳米管搭载抗菌剂迷迭香精油后加入果胶膜中，利用埃洛石纳米管增加迷迭香精油释放路径的曲折程度[25]。释放路径曲折程度的升高意味着活性物质跃迁频率的增加，因而降低了活性物质的释放速率。

（2）含活性物质的单层包装基材与一层或多层、同种或不同种类包装基材的组合[图 4-1（b）]。如醋酸纤维素多层膜[26]、玉米醇溶蛋白多层膜[12]，增加了膜中抗菌剂的释放路径长度。增加的释放路径长度增加了活性物质在聚合物中的跃迁频率，从而降低了抗菌剂的释放速率。

（3）活性物质分布在包装基材内表面的涂层内[图 4-1（c）]。将牛至精油、肉桂精油、罗勒精油、迷迭香精油和PVA、玉米淀粉、乳化剂、水共混制备的抗菌涂层涂布在电晕处理后的聚乙烯膜表面，通过调节PVA涂层厚度改变膜的结构，实现抗菌剂的控释，其控释机理分析为PVA涂层厚度增加使其吸收水果、蔬菜中水蒸气受到溶胀破坏的速率降低，降低了涂层内精油的释放速率[27]。

（4）活性物质直接固定在包装基材内表面[图 4-1（d）]。将葡萄糖氧化酶（GOX）经化学键合作用分别固定在聚酰胺膜和离子膜表面，改变膜的结构，同时由于GOX和聚酰胺膜间更强的化学键相互作用，肽连接处的共价键更难断裂，因而与离子膜相比聚氨酯膜内的GOX释放量更小，达到了控释的效果[28]。

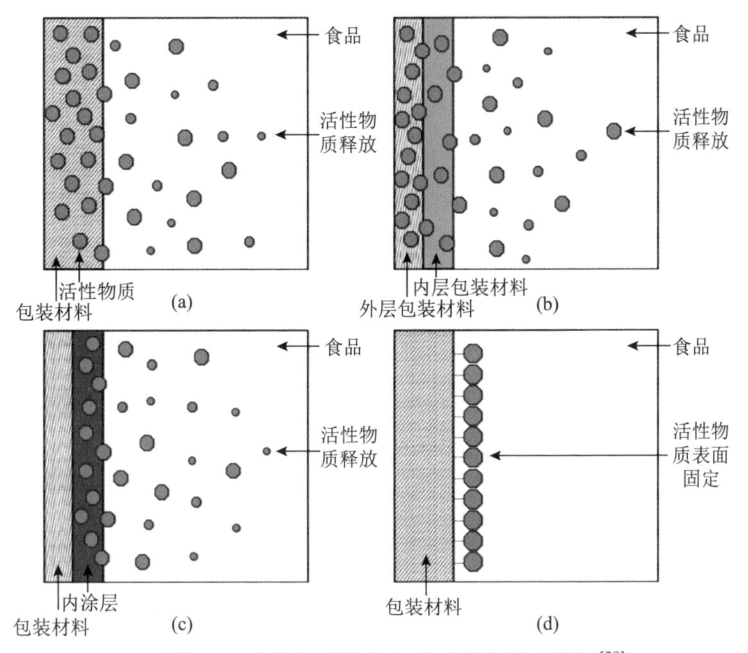

图 4-1　食品活性控释包装系统分类示意图[29]

（a）活性物质共混在包装材料内；（b）多层包装；（c）活性物质分布在包装涂层内；（d）活性物质固定在包装材料表面

3）制备工艺

热压法制备的聚乳酸（PLA）/银沸石共混膜比溶液流延/溶剂蒸发法具有更紧实、规则的微观结构[30]；超临界辅助相转化技术可以增加 CO_2 密度，使醋酸纤维素膜中的孔变小[31]；当乳清分离蛋白膜制备过程的 pH 降至接近蛋白等电点时，可获得结构更紧密的蛋白膜[8]。紧密的膜结构使聚合物链段运动变得困难，自由体积再分布、活性物质跃迁通道的产生变得困难，从而降低了活性物质的释放速率。

2. 组分间相互作用

聚合物中添加物（如活性物质、增塑交联添加剂等）、接触并渗入聚合物中的食品成分与聚合物间的相互作用可以通过改变聚合物与添加剂的种类和含量、组分间的结合方式而发生改变。

通过不同种类聚合物的亲水亲油性及带电性不同，使其与抗菌剂乳酸链球菌素间的相互作用及静电作用不同[32]；通过控制添加剂的种类（油酸、亚油酸、月桂酸），利用有机脂肪酸链长的不同改变其对抗菌剂溶菌酶的包裹力[33]；通过控制低甲氧基果胶/羧甲基纤维素（CMC）膜中二者的组分比，改变膜的溶胀率[34]；

通过控制聚乙烯醇膜中交联剂乙二醛的含量，改变膜的交联度和溶胀率，从而改变膜组分间的相互作用[35]。将抗菌剂溶菌酶先包裹到聚丙烯酸中，再加入乳清分离蛋白膜中，通过增加聚丙烯酸含量、分子量，使其对溶菌酶的包裹性更好，与溶菌酶间的结合力更强[36]；将抗菌剂肉桂精油经混合乳化剂组合（明胶、阿拉伯胶、羧甲基纤维素钠）包裹为微球后加入海藻酸钠膜中，利用不同乳化剂组合间静电结合力的不同实现对肉桂精油的控释[37-39]。组分间更大的相互作用力使聚合物链段运动更困难，聚合物内自由体积的再分布更困难，聚合物内活性物质跃迁通道的产生频率升高，从而降低活性物质的释放速率。

3. 聚合物所处环境

温度越高，玉米醇溶蛋白膜中月桂酰精氨酸的释放速率越高，食品模拟液（水、3%乙酸溶液、10%乙醇）的影响不显著[40]。根据分子热运动原理，温度越高，聚合物链段的运动越剧烈，则聚合物内自由体积的再分布越容易，聚合物内抗菌剂跃迁通道的产生频率越高，从而活性物质的释放速率越大。

食品控释包装的调速控释机理从微观的角度可阐述为：膜制备过程中一系列因素（膜组分——膜基材、活性物质及各种添加剂的种类和含量、膜组分间的结合方式、膜的制备方法与工艺参数等）或释放环境（食品的种类、水分含量、pH、环境温湿度等）的改变，导致膜内结构（厚度、孔隙率、结晶度等）、膜组分即聚合物与添加剂、渗入的食品成分间的相互作用（静电相互作用、化学键相互作用等）、膜所处环境发生改变，使聚合物的链段运动、自由体积的再分布、聚合物内活性物质释放跃迁通道的产生频率发生改变，从而改变活性物质的释放速率。

综上所述，食品控释包装的控释激发机理主要为食品中溶剂引起聚合物基膜松弛后激发活性物质开始释放。控释的调速机理主要为通过控制聚合物基膜的微观结构、包装膜内各组分之间的相互作用及包装膜所处的环境，使聚合物的链段运动、自由体积的再分布、聚合物内活性物质跃迁通道的产生频率发生改变，从而调控活性物质的释放速率。由于受到试验表征手段的限制，目前研究对控释机理的阐述仍较多局限于定性描述，无法对其中涉及的一些微观参数进行量化表征，需要开发新的测试方法或引入新的科学技术对其控释机理进行更深入的研究，推进食品控释包装的发展。

4.3 食品包装膜中活性物质的释放与控制

活性物质从聚合物包装膜中释放包括三个步骤：①分子从膜内向膜/食物界面

的扩散；②通过界面的质量传递；③分散到食物中或解吸到包装顶空中。数学模型可用于总结释放动力学数据，预测释放行为，并提供机制见解。扩散系数和分配系数通常是用于描述活性化合物从聚合物膜到食品或食品模拟物的释放行为的两个模型参数。扩散系数表示活性化合物在膜内移动的速度，分配系数表示活性化合物在平衡时从膜中释放到食物中的程度。

描述释放行为的数学模型来源于 Fick 扩散微分方程，模型通常需作以下假设。

（1）在释放过程中聚合物薄膜没有结构变化。

（2）在释放过程中活性化合物可以很容易地从薄膜进入食品。

（3）薄膜中的活性化合物最初是均匀分布的。

（4）食品中活性化合物的初始浓度为零。

（5）食品中不存在活性化合物的浓度梯度。

（6）分配系数和扩散系数在给定温度下是恒定的。

（7）食品模拟物和薄膜之间的相互作用不存在或可忽略不计。

（8）未发生活性化合物的降解。

4.3.1　活性抗氧化剂的缓释及其性能表征

1. 槲皮素

韩甜甜[41]以 HDPE/EVA 为高聚物共混基材，以槲皮素为活性抗氧化剂，以改性前后的膨润土、高岭土、硅藻土为缓释剂，制备出具有缓释抗氧化剂性能的缓释抗氧化膜。通过抗氧化剂向食品模拟液中的缓释试验，评估不同试样中槲皮素向外释放的扩散系数和分配系数，评估填料种类、填料改性、填料添加量、加工工艺、基体树脂比例对薄膜中抗氧化剂释放性能的影响，得到各种因素对槲皮素释放性能的影响规律。

选用 95%乙醇溶液作为脂类食品模拟液，50%乙醇溶液作为高乙醇含量食品或者牛乳制品模拟液进行释放试验。

（1）选用膨润土、高岭土、硅藻土三种无机填料作为减缓 HDPE/EVA 共混抗氧化薄膜中槲皮素释放的缓释剂，在 95%乙醇和 50%乙醇两种食品模拟液中，槲皮素的释放形态都呈现“指数增加至最大”的特征。与不添加缓释剂的对照组相比，添加缓释剂后，槲皮素从薄膜中释放出来的速度都有了不同程度的降低。不添加缓释剂对照组的槲皮素的释放速率最快，添加硅藻土作为缓释剂的槲皮素的释放速率最慢，而添加膨润土的槲皮素的释放速率大于添加高岭土（图 4-2）。

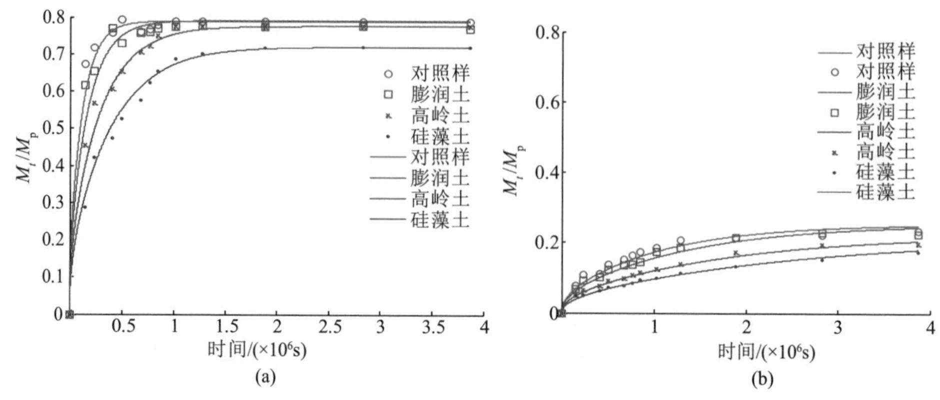

图 4-2　含不同填料的共混缓释抗氧化薄膜中槲皮素的释放规律

散点代表试验值，实线代表拟合值；填料质量分数为 4.8%，HDPE/EVA=50/50

（a）模拟液为 95%乙醇；（b）模拟液为 50%乙醇

在 95%乙醇和 50%乙醇两种食品模拟液中，对照样、膨润土组、高岭土组、硅藻土组的扩散系数（*D*）依次逐渐变小，分配系数（*K*）依次逐渐增大（表 4-1）。扩散系数的减小说明槲皮素的释放速率变慢，随着时间的延长缓慢释放到模拟液中，而不是在短时间内就达到释放峰值；分配系数的增大表明槲皮素的平衡释放量向低水平靠近，在 95%的乙醇模拟液中，各组样的分配系数的数值都小于 100，说明槲皮素已经达到了比较完全的释放。

表 4-1　槲皮素在不同缓释抗氧化薄膜中的扩散系数和分配系数

样品组	$D/（m^2/s）$	K
对照样-95%乙醇	8.02×10^{-11}	35.1
膨润土-95%乙醇	5.78×10^{-11}	40.9
高岭土-95%乙醇	3.69×10^{-11}	50.2
硅藻土-95%乙醇	2.74×10^{-11}	65.2
对照样-50%乙醇	9.96×10^{-12}	920.0
膨润土-50%乙醇	7.81×10^{-12}	1160.0
高岭土-50%乙醇	5.94×10^{-12}	1400.0
硅藻土-50%乙醇	3.75×10^{-12}	1580.0

添加填料缓释剂后，槲皮素的释放速率减慢，这与填料的吸附性能和层间距有关。填料表面对槲皮素的吸附能力和保持能力较强，且填料层间对槲皮素具有一定的锁定功能，使槲皮素不那么轻易地流失。添加不同填料作为缓释剂的抗氧

化薄膜中，槲皮素释放特征的不同，与填料缓释剂的化学成分及其晶体结构有关。由于膨润土的层间距最大，当槲皮素从薄膜内部迁移进入缓释溶液中时，对于槲皮素来说其路径运动空间最大、阻力最小，因此在同样的时间内膨润土薄膜组向模拟液中迁移的量最多；高岭土层间距小、比表面积大、吸附能力强，因此槲皮素的迁移较膨润土组要稍显复杂和艰难；硅藻土的层间距小，且其表面吸附能力强、表面能高，槲皮素易吸附在硅藻土表面而不易迁移到模拟液中，其对槲皮素具有良好的缓释性能。

（2）若直接将未改性填料添加到聚合物基材中，会导致薄膜的物理性能变差，因此需要研究含改性填料的缓释薄膜中槲皮素的缓释性能。添加了改性填料后，薄膜的扩散有明显减慢的趋势，与对照组和未改性组相比，改性组的平衡时间分别延长 258.6%和 136.8%（图 4-3）；扩散系数也由 $8.02\times10^{-11}m^2/s$ 变为 $5.78\times10^{-11}m^2/s$ 和 $1.89\times10^{-11}m^2/s$，分别降低了 27.9%和 76.4%；分配系数依次增大，分别增大了 16.5%和 65.5%（表 4-2）。

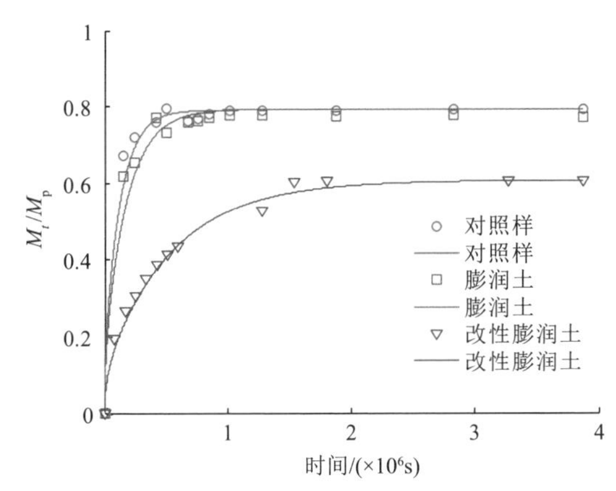

图 4-3　含未改性和改性填料的共混缓释抗氧化薄膜中槲皮素的释放规律

模拟液为 95%乙醇；散点代表试验值，彩色实线代表拟合值；填料质量分数为 4.8%，HDPE/EVA=50/50

表 4-2　槲皮素在未改性和改性缓释抗氧化薄膜中的扩散系数和分配系数

样品组	$D/(m^2/s)$	K
对照样-95%乙醇	8.02×10^{-11}	35.1
膨润土-95%乙醇	5.78×10^{-11}	40.9
改性膨润土-95%乙醇	1.89×10^{-11}	58.1

扩散系数的降低和分配系数的增大与填料的表面改性有关。改性使无机填料与基体树脂之间的相容性增强，材料内部结构更加密实，对槲皮素的吸附能力增

强，槲皮素从材料中向模拟物的扩散需要更多的能量和时间，导致扩散系数降低，而由于材料结构的密实化，更多的槲皮素被紧紧地包围束缚在高聚物分子链和填料缓释剂内部分子中，使得槲皮素的分配系数增大。

（3）在不同的填料添加量下薄膜会有不同的物理性能，填料添加量（以硅藻土为例）对共混缓释抗氧化薄膜中槲皮素释放性能的影响如图 4-4 所示。随着薄膜中硅藻土含量的增加，槲皮素的释放速率逐渐变慢，且最终平衡释放百分比降低，由初始的 66.7%变为最后的 38.2%，下降比例达 42.7%。随着硅藻土含量的增大，槲皮素的扩散系数不断减小，分配系数不断增大，当硅藻土含量达到 8.3%和 11.1%时，槲皮素的分配系数已接近 100，说明其释放程度趋向于不完全（表 4-3）。

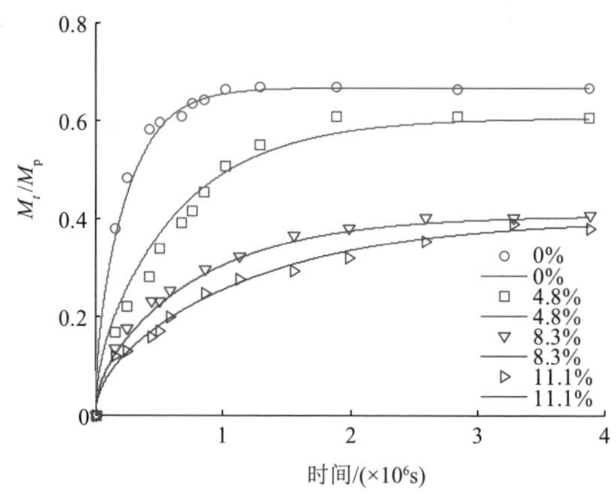

图 4-4　含不同添加量填料的共混缓释抗氧化薄膜中槲皮素的释放规律

填料为硅藻土；模拟液为 95%乙醇；散点代表试验值，彩色实线代表拟合值；HDPE/EVA=65/35

表 4-3　槲皮素在不同添加量填料填充的缓释抗氧化薄膜中的扩散系数和分配系数

样品组	D/（m^2/s）	K
硅藻土-0%	3.90×10^{-11}	43.5
硅藻土-4.8%	1.51×10^{-11}	52.5
硅藻土-8.3%	1.02×10^{-11}	93.3
硅藻土-11.1%	8.62×10^{-12}	96.1

随着硅藻土含量的增加，吸附槲皮素的硅藻土分子数目相对增多，从而对槲皮素的吸附能力增强，更多的槲皮素被硅藻土分子所吸附或包覆，当薄膜浸泡在含乙醇的溶液中时，由于槲皮素在乙醇中具有良好的溶解性，因此一部分槲皮素会脱离硅藻土分子和聚合物基材分子链的束缚，进入溶液中，但是由于硅藻土的增多，束缚力和吸附力增大，从而降低了槲皮素的释放速率。并且最终保留在薄

膜中的槲皮素增多，从而增大了其分配系数。

（4）在制膜的过程中使用双辊筒炼塑机共混各种原料，共混的一般过程是将树脂炼塑均匀之后，再分别添加填料和槲皮素，填料和槲皮素之间有添加的先后顺序。槲皮素在不同填料添加量和加工工艺下的释放曲线如图 4-5 所示，表 4-4 列出了其扩散系数和分配系数。在填料添加量为 8.3%和 11.1%两种情况下，加工工艺对薄膜缓释性能的影响是一致的，即槲皮素的释放速率是先添加硅藻土的薄膜快于先加槲皮素的薄膜；扩散系数是先添加硅藻土的薄膜大于先添加槲皮素的薄膜，分配系数是先添加硅藻土的薄膜小于先添加槲皮素的薄膜。并且从分配系数中可以看出，先添加槲皮素的两个填料含量的薄膜组中其分配系数已经超过了 100，说明其中的槲皮素在达到释放平衡时其释放处于不完全状态。

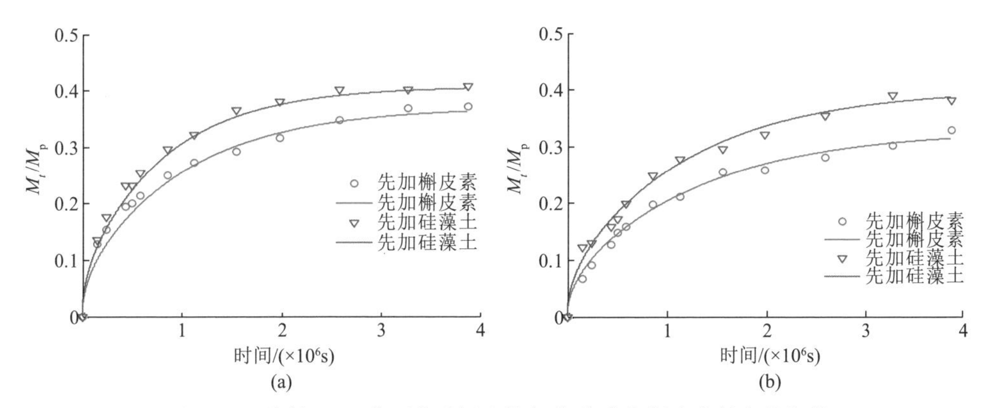

图 4-5　不同加工工艺下共混缓释抗氧化薄膜中槲皮素的释放规律

（a）填料质量分数为 8.3%；（b）填料质量分数为 11.1%

填料为硅藻土；模拟液为 95%乙醇；散点代表试验值，实线代表拟合值；HDPE/EVA=65/35

表 4-4　不同加工工艺的缓释抗氧化薄膜中槲皮素的扩散系数和分配系数

样品组	D/（m^2/s）	K
4.8%-先加硅藻土	1.02×10^{-11}	93.3
4.8%-先加槲皮素	9.32×10^{-12}	109.5
11.1%-先加硅藻土	8.62×10^{-12}	96.1
11.1%-先加槲皮素	7.85×10^{-12}	124.2

在共混各种原料时，先添加硅藻土，硅藻土首先与高聚物基材混合，高聚物基材的分子链可能会进入硅藻土的分子层间距中或者其空隙结构中，当槲皮素添加到其中后，硅藻土和高聚物树脂基材对槲皮素的吸附能力就会减弱，因此槲皮素的向外迁移就变得相对容易；而当先添加槲皮素时，槲皮素首先与高分子树脂混合，从而将槲皮素包覆在高分子链内部，继续添加硅藻土，硅藻土会对槲皮素产生较强

的吸附作用，因此槲皮素的迁移过程相对困难，从而扩散系数变小。由于前者对槲皮素的束缚力小于后者，因此最终达到平衡时，先加硅藻土薄膜组中的槲皮素基本上达到了完全释放，但是先添加槲皮素薄膜组中的槲皮素没有达到完全释放。

（5）HDPE 对槲皮素的保持能力和束缚能力强，槲皮素从 HDPE 分子链中挣脱出来向外释放的过程比较困难；而 EVA 对槲皮素的束缚能力弱于 HDPE，槲皮素从 EVA 中挣脱就相对容易，将这两种树脂以不同的比例进行共混，就可以得到具有不同缓释特性的抗氧化薄膜。随着薄膜中 HDPE 含量的增多，槲皮素的释放速率减慢，而且其达到平衡时的释放程度也在降低，用扩散系数和分配系数来表征显示，扩散系数不断减小，分配系数不断增大。当 HDPE/EVA 树脂比例为 80/20 时，槲皮素的分配系数已达到 10^2 的数量级，释放平衡时未达到完全释放的程度，而当二者的比例分别为 50/50 和 65/35 时，分配系数均小于 100，释放平衡时达到了完全释放的程度。图 4-6 和表 4-5 显示了不同 HDPE 和 EVA 树脂混合比例下槲皮素的释放形态图及其扩散系数和分配系数。

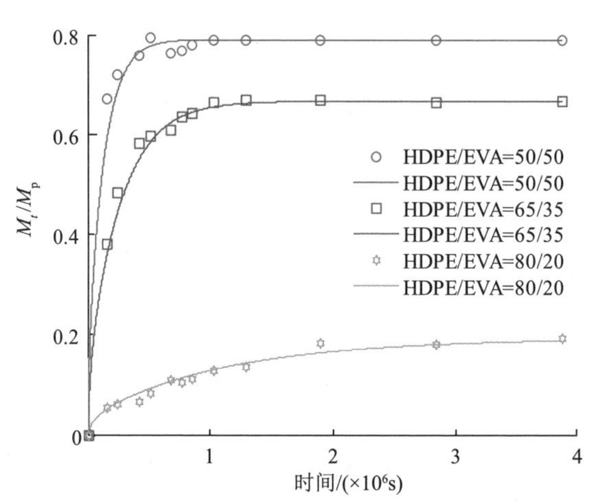

图 4-6　不同树脂比例下共混缓释抗氧化薄膜中槲皮素的释放规律

无填料；模拟液为 95%乙醇；散点代表试验值，彩色实线代表拟合值

表 4-5　不同树脂比例缓释抗氧化薄膜中槲皮素的扩散系数和分配系数

样品组	D/（m^2/s）	K
HDPE/EVA=50/50	8.0×10^{-11}	35.1
HDPE/EVA=65/35	3.9×10^{-11}	43.5
HDPE/EVA=80/20	8.76×10^{-12}	514

2. α-生育酚

Sun 等[42]将抗氧化剂 α-生育酚搭载到无毒的 MCM-41 介孔分子筛中，利用

MCM-41 介孔分子筛孔径可调和表面可修饰的性质，实现对孔径在一定范围内的抗氧化剂的搭载，进而控制抗氧化剂在包装材料中的释放。一方面保证了包装膜本身的绿色安全，另一方面，由于受到孔道结构的限制，能够实现抗氧化剂的相对较长时间递送，可最大程度延长油脂类食品的货架期。并且，MCM-41 具有较高的热稳定性，能够广泛用于 PP、PE 等聚合物包装薄膜材料。

该研究中，α-生育酚在从 LA（LDPE/α-生育酚）和 LMA（LDPE/ MCM-41 搭载 α-生育酚）膜中释放到 95%乙醇的释放曲线如图 4-7 所示。LMA 膜中，α-生育酚从释放开始到达到平衡共经过了 22h，与 LA 膜中的释放时间相比，延长了 8h。两条释放曲线的模型吻合度分别达到了 0.9974（LA）和 0.9676（LMA），其中，在分子筛上的负载可能是导致活性物质释放行为偏差的原因。由于负载在分子筛孔道中，计算所得的活性物质扩散速率从 $4.706\times10^{-13}m^2/s$ 降低到了 $2.208\times10^{-13}m^2/s$。α-生育酚被负载到分子筛孔道中以后，活性物质占据了孔道中的位置，导致分子筛孔道变得狭窄，因此活性物质的释放受到了限制，从而导致活性物质在整个薄膜中释放时间的延长。与负载在未进行表面改性的 SBA-15 中相比，MCM-41 分子筛的缓释效果显著，这是因为 MCM-41 的孔道大小与 α-生育酚的分子尺寸更加配合，所以活性物质的释放速率更加缓慢。

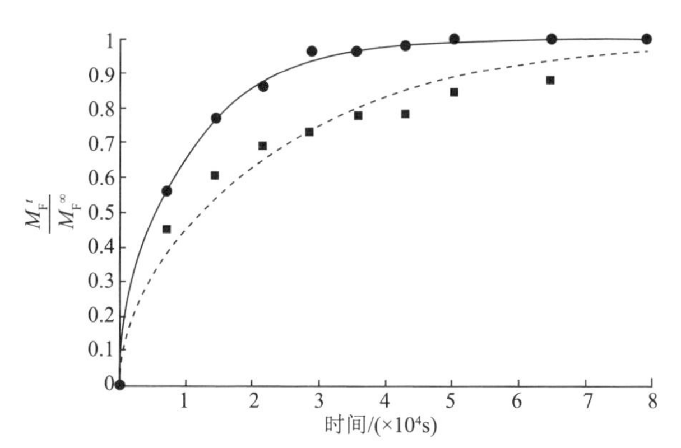

图 4-7　α-生育酚从 LA（•，——）和 LMA（▪，------）膜中释放到 95%乙醇的释放试验值和拟合曲线

4.3.2　抗菌剂的缓释及其性能表征

陈曦[43]制备了一种新型海藻酸钠/钙生物质食品控释抗菌包装膜，将肉桂精油包裹在复合高分子乳化剂微球中，再嵌入海藻酸钠基材中，通过对膜的一系列微观结构、膜组分间相互作用和膜中精油释放规律的表征，研究其控释机理并建立适用于生物质膜的扩散系数模型，通过对膜的物理、机械和抗菌性能的表征及模型的验证，表明该膜和模型在食品保鲜包装领域的应用前景。

（1）通过对海藻酸钠食品控释抗菌包装膜的制膜液和膜的微观形貌、分子结构的表征，研究不同乳化/共混工艺、乳化剂组合对膜中肉桂精油的控释机理。

乳化/共混工艺控释因子的研究结果表明，肉桂精油从膜的上表面释放出来达到平衡的周期分别为约 1 天（膜 Z）、约 2 天（膜 GT）、少于半天（膜 G1）、大于半天少于 1 天（膜 G）及大约 2 周（膜 G2），膜的编号与配方对照如表 4-6 所示。

表 4-6　海藻酸钠基抗菌控释包装膜的配方

编号	乳化剂组合	乳化/共混工艺	海藻酸钠含量/g
Z	明胶+吐温 80	机械搅拌	0.6
GT	明胶+吐温 80	高速剪切	0.6
G	明胶	高速剪切	0.6
G1	明胶	高速剪切	0.4
G2	明胶	高速剪切	0.8
GA	明胶+阿拉伯胶	高速剪切	0.6
GAT	明胶+阿拉伯胶+吐温 80	高速剪切	0.6
GC	明胶+羧甲基纤维素钠	高速剪切	0.6
GAC	明胶+阿拉伯胶+羧甲基纤维素钠	高速剪切	0.6

膜的微观形貌结果（图 4-8）表明，不同的乳化/共混工艺制备的膜的微观结构差异显著：①高速剪切乳化/共混工艺制备的膜中肉桂精油的粒径分布显著小于机械搅拌乳化/共混工艺制备的膜（$P<0.05$）；②机械搅拌乳化/共混工艺制备的膜的截面微观形貌为肉桂精油均匀分布在膜中的对称结构，高速剪切乳化/共混工艺制备的膜的截面微观形貌为上半部分致密（聚合物富集）、下半部分多孔（精油富集）的不对称结构。由膜的微观形貌结果可推测高速剪切乳化/共混工艺制备的膜内形成了对肉桂精油的双层包裹保护结构，优于机械搅拌乳化/共混工艺制备的膜内对肉桂精油的单层包裹保护结构。另外，高速剪切乳化/共混工艺制备的膜中致密部分（聚合物富集）的比例随着海藻酸钠含量的增加而增加。

不同的乳化/共混工艺制备的膜微观结构差异显著，膜的机械性能和控释性能也显著不同。高速剪切乳化/共混工艺制备的膜的机械性能显著优于机械搅拌乳化/共混工艺制备的膜（$P<0.05$），高速剪切乳化/共混工艺制备的膜的抗张强度随海藻酸钠含量的增加而增加，断裂伸长率随海藻酸钠含量的增加而降低。肉桂精油

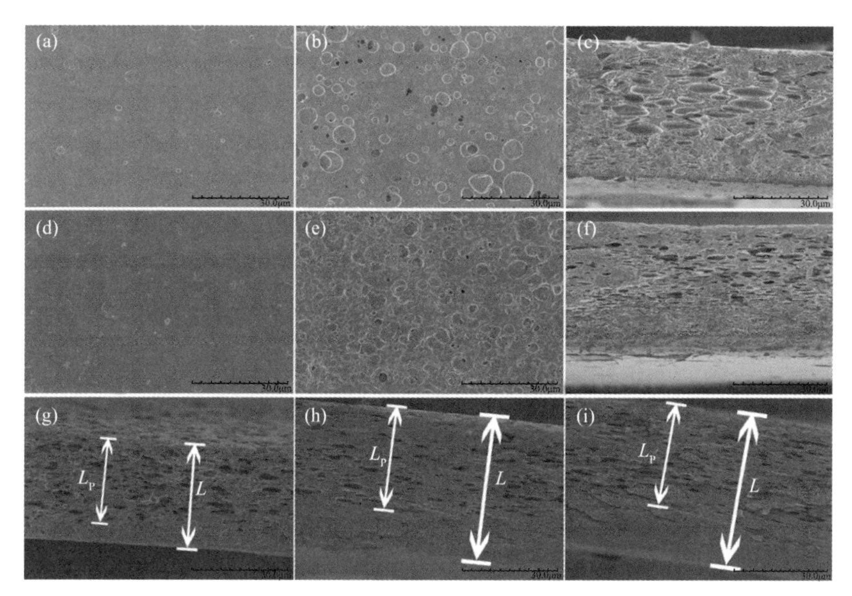

图 4-8　海藻酸钠食品控释抗菌包装膜的扫描电子显微镜图

（a）、（d）分别为膜 Z、GT 的上表面扫描电镜图；（b）、（e）分别为膜 Z、GT 的下表面扫描电镜图；（c）、（f）、（g）～（i）分别为膜 Z、GT、G1、G、G2 的截面扫描电镜图

从膜中释放的速率由扩散系数表征（表 4-7）。肉桂精油从机械搅拌乳化/共混工艺制备的膜 Z 上表面释放的速率与肉桂精油从该膜下表面释放的速率无显著差异，但肉桂精油从高速剪切乳化/共混工艺制备的膜 GT 上表面释放的速率显著低于肉桂精油从该膜下表面释放的速率（$P<0.05$）。肉桂精油从高速剪切乳化/共混工艺制备的膜GT 上表面释放的速率显著低于从机械搅拌乳化/共混工艺制备的膜 Z 上表面释放的速率（$P<0.05$），肉桂精油从膜 G1、G、G2 中释放的速率随着海藻酸钠含量的增加而显著降低（$P<0.05$）。

表 4-7　膜中肉桂精油 4℃时向模拟液无水乙醇中单侧释放的扩散系数

编号	D/（m^2/s）	RMSE	编号	D/（m^2/s）	RMSE
Z-A	$1.061\times10^{-13\,a}$	0.04885	G-A	$1.990\times10^{-13\,a}$	0.06464
Z-B	$1.102\times10^{-13\,a}$	0.04368	G1-A	$6.218\times10^{-13\,b}$	0.05539
GT-A	$5.064\times10^{-14\,b}$	0.05346	G2-A	$2.900\times10^{-15\,c}$	0.06056
GT-B	$1.900\times10^{-13\,c}$	0.08815			

注：膜 Z、GT、G、G1、G2 的标注见表 4-6。A 表示膜的上表面，即制膜过程中接触空气的表面；B 表示膜的下表面，即制膜过程中接触玻璃板的表面。同列上标不同字母表示差异性显著，$P<0.05$。RMSE 表示均方根误差。

乳化剂组合控释因子的研究结果表明，肉桂精油从膜的上表面释放出来达到平衡的周期分别为小于 1 天（膜 G）、大于 1 天小于 2 天（膜 GA）及大约 2 周（膜 GC、GAC）。

肉桂精油从各个共混膜的释放速率结果（表 4-8）表明，混合乳化剂（GA、GC、GAC、GT、GAT）与单一乳化剂（G）相比显著降低了海藻酸钠膜中肉桂精油的释放速率，且不同混合乳化剂组合对膜中肉桂精油的释放有显著的控释效果。肉桂精油从膜 GC 中释放的速率显著低于膜 GA（$P<0.05$），而肉桂精油从膜 GC 中释放的速率与膜 GAC 没有显著差异。其中，肉桂精油从膜 GA 上表面中释放的扩散系数与膜 G 上表面的扩散系数相比减少了 66.6%，肉桂精油从膜 GC 上表面中释放的扩散系数与膜 GA 上表面的扩散系数相比减少了 93.8%。肉桂精油从膜上表面释放的速率显著低于从膜下表面释放的速率（$P<0.05$）。这可能是由于被延长的扩散路径——肉桂精油从膜上表面迁移出来需要多经过一个富含海藻酸钠的致密层，致密的微观结构使膜中聚合物链段运动的难度、聚合物内自由体积的再分布的难度升高，肉桂精油跃迁通道的产生频率降低，从而降低了肉桂精油的释放速率。另外，混合乳化剂组合包裹肉桂精油成微球后嵌入海藻酸钠膜中所得的膜比单一乳化剂对照膜 G 具有更好的物理、机械性能。

表 4-8　膜中肉桂精油 4℃时向模拟液无水乙醇中单侧释放的扩散系数

编号	D/（m^2/s）	RMSE	编号	D/（m^2/s）	RMSE
G-A	$2.000\times10^{-13\ \mathrm{a}}$	0.06433	G-B	$8.064\times10^{-13\ \mathrm{a}}$	0.07038
GA-A	$6.680\times10^{-14\ \mathrm{b}}$	0.04104	GA-B	$2.950\times10^{-13\ \mathrm{b}}$	0.04269
GC-A	$4.137\times10^{-15\ \mathrm{c}}$	0.04608	GC-B	$1.760\times10^{-14\ \mathrm{c}}$	0.05076
GAC-A	$2.612\times10^{-15\ \mathrm{c}}$	0.05481	GAC-B	$1.120\times10^{-14\ \mathrm{c}}$	0.06648
GT-A	$4.900\times10^{-14\ \mathrm{b}}$	0.05332			
GAT-A	$1.040\times10^{-14\ \mathrm{c}}$	0.02439			

膜的红外光谱（图 4-9）揭示了混合乳化剂控制肉桂精油释放速率的机理在于不同乳化剂分子间的静电相互作用及分子间作用力不同。随着膜内混合乳化剂之间相互作用力的增加 G<GT、GA<GC、GAC、GAT，肉桂精油的释放速率以同样的顺序显著降低。

另外，肉桂精油的释放路径长度也是控释的关键因素。海藻酸钠食品控释抗菌包装膜的微观形貌结果（图 4-10）表明，该膜具有上半部分致密、下半部分多孔的不对称截面结构，因而肉桂精油从上表面释放的速率显著低于从下表面释放的速率，且当路径长度差异相同时，不同混合乳化剂组合膜中肉桂精油释放速率间的关系也相同。

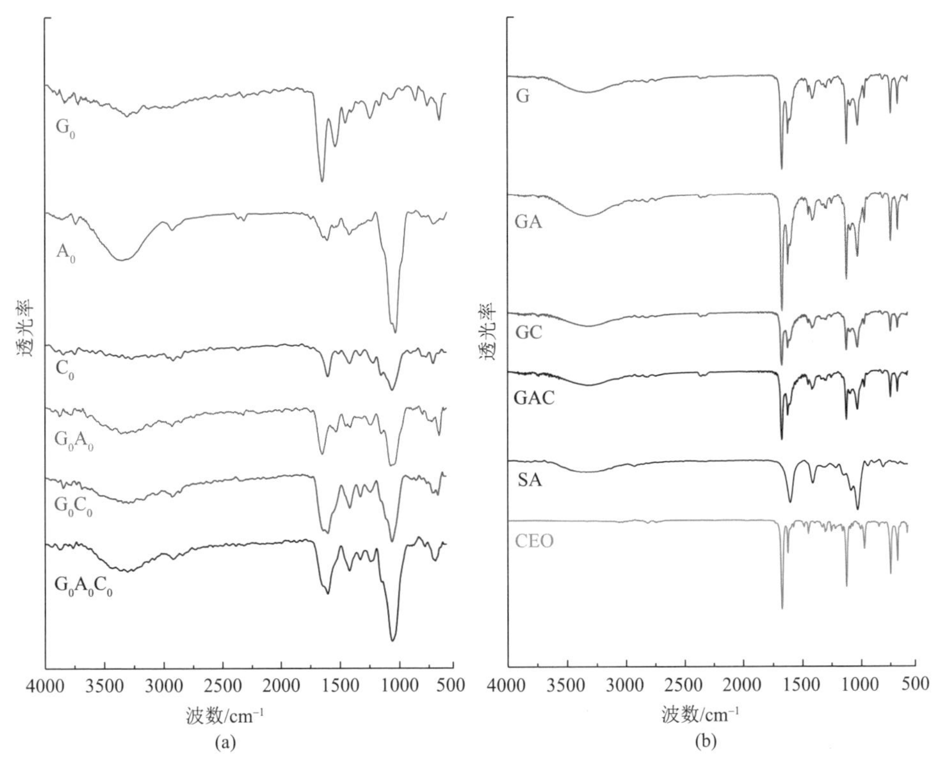

图 4-9　膜及膜中组分的红外光谱图

（a）膜 G_0、A_0、C_0、G_0A_0、G_0C_0、$G_0A_0C_0$（下标 0 表示不含肉桂精油的空白膜）；
（b）膜 G、GA、GC、GAC 和膜中组分 SA、CEO；SA：海藻酸钠；CEO：肉桂精油

（2）海藻酸钙食品控释抗菌包装膜的控释机理研究及其物理、机械、抗菌性能表征。

为改善海藻酸钠包装膜溶于水的特性，对其进行钙离子交联，使其不溶于水，并提高其机械性能、拓宽应用范围，制得海藻酸钙食品控释抗菌包装膜。通过对海藻酸钙食品控释抗菌包装膜的微观形貌、分子结构和膜中精油释放规律的表征，研究不同乳化剂组合、增塑剂含量、交联方式、模拟液和温度对膜中肉桂精油的控释机理。

释放试验结果表明，不同乳化剂组合膜内肉桂精油向无水乙醇释放的扩散系数的数量级为 10^{-16}～10^{-12} m^2/s（表 4-9）。膜中肉桂精油向模拟液无水乙醇中释放的速率都随着增塑剂甘油含量的增加显著升高；膜内乳化剂组合间的静电作用越强，肉桂精油向模拟液无水乙醇中释放的速率越低；交联后膜中肉桂精油向模拟液无水乙醇中释放的速率显著低于未交联的膜。

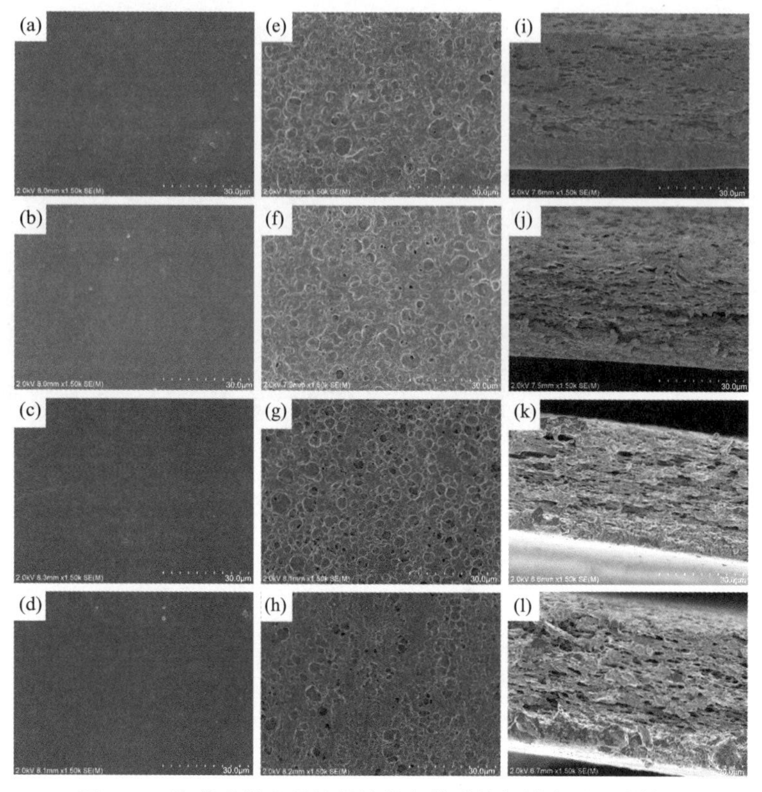

图 4-10　海藻酸钠食品控释抗菌包装膜的扫描电子显微镜图

（a）～（d）分别为膜 G、GA、GC、GAC 的上表面扫描电镜图；（e）～（h）分别为膜 G、GA、GC、GAC 的下表面扫描电镜图；（i）～（l）分别为膜 G、GA、GC、GAC 的截面扫描电镜图

表 4-9　4℃时不同甘油含量膜中肉桂精油向无水乙醇单侧释放的扩散系数

编号	D / （$\times10^{-14}m^2/s$）	RMSE	编号	D / （$\times10^{-14}m^2/s$）	RMSE
OG1	5.8^{ac}	0.03248	IOGA2	2.523^{a}	0.02038
IOG1	1.65^{a}	0.04115	OGA3	82.16^{g}	0.09958
OG2	34.34^{b}	0.03328	IOGA3	41.89^{b}	0.03465
IOG2	16.7^{c}	0.09837	OGA4	99^{i}	0.1029
OG3	112.7^{d}	0.08408	IOGA4	73.54^{g}	0.06268
IOG3	51.46^{e}	0.07429	OGC1	0.08751^{a}	0.0783
OG4	160.2^{f}	0.071	IOGC1	0.09552^{a}	0.08551
IOG4	85.45^{g}	0.07061	OGC2	0.4509^{b}	0.04025
OGA1	0.42^{h}	0.05192	IOGC2	0.5761^{b}	0.05499
IOGA1	0.3219^{h}	0.0452	OGC3	34.24^{c}	0.07519
OGA2	7^{ac}	0.069	IOGC3	28.92^{c}	0.08527

续表

编号	D / ($\times 10^{-14} m^2/s$)	RMSE	编号	D / ($\times 10^{-14} m^2/s$)	RMSE
OGC4	58.55^{d}	0.09675	IOGAC2	0.335^{b}	0.04846
IOGC4	48.26^{e}	0.06598	OGAC3	52.53^{d}	0.07792
OGAC1	0.08343^{a}	0.06389	IOGAC3	33.79^{c}	0.09877
IOGAC1	0.04783^{a}	0.07003	OGAC4	75.79^{e}	0.07395
OGAC2	0.503^{b}	0.03791	IOGAC4	60.53^{d}	0.0921

注：表中膜的编号 G、GA、GC、GAC 配方见表 4-6，前缀 O 表示交联方式为外交联，前缀 IO 表示交联方式为内、外交联，后缀的数字 1、2、3、4 表示添加的甘油含量分别为 0.3g、0.6g、0.9g、1.2 g。

当模拟液为水时，由于海藻酸钙包装膜的亲水溶胀性和肉桂精油难溶于水，乳化剂组合、增塑剂甘油含量、交联方式对膜中肉桂精油释放速率的影响都不显著，扩散系数值都在 10^{-14} m^2/s 这一数量级上（表 4-10）。

表 4-10　4℃时膜中肉桂精油向水中单侧释放的扩散系数

编号	D / ($\times 10^{-14} m^2/s$)	RMSE	编号	D / ($\times 10^{-14} m^2/s$)	RMSE
OG11	4.05^{a}	0.05661	IOG11	2.556^{a}	0.04232
OG21	5.1^{a}	0.03139	IOG21	4.3^{a}	0.03254
OG31	6.354^{a}	0.04163	IOG31	4.8^{a}	0.03941
OGA11	4.5^{a}	0.0186	IOGA11	3.2^{a}	0.03055
OGA21	5.085^{a}	0.02774	IOGA21	10.85^{a}	0.09151
OGA31	8.5^{a}	0.04937	IOGA31	12.21^{a}	0.04922
OGC11	2.53^{a}	0.04682	IOGC11	2.38^{a}	0.06158
OGC21	4.4^{a}	0.0403	IOGC21	3.6^{a}	0.08391
OGC31	9.988^{a}	0.04996	IOGC31	4.4^{a}	0.09541

注：表中膜的编号注释同表 4-9，后缀中第二位数字 1 表示模拟液为水。

以上海藻酸钙包装膜的控释机理都可总结为通过改变乳化剂组合、增塑剂含量、交联方式、模拟液等控制因素改变膜内结构和膜内分子间相互作用力、膜与模拟液间的相互作用、精油与模拟液的相互作用，使膜中聚合物链段运动的难度、聚合物内自由体积的再分布的难度、肉桂精油跃迁通道的产生频率发生改变，从而改变、调节膜内肉桂精油释放的速率。

（3）生物质食品包装膜扩散系数模型的建立。

在 Brandsch 模型的基础上，建立适用于生物质食品包装膜的 Brandsch-Bio 扩散系数模型。定义生物质包装膜的聚集态影响因子 B_P，由包装膜的聚集态因子 A_P 和接触液体对生物质包装膜聚集态因子的影响权重 w 共同决定。当接触液体和生物质包装膜间的相互作用对扩散系数的影响显著高于聚集态因子时，权重值 w=0，

即 $B_P=0$；当接触液体对生物质包装膜的聚集态无显著影响时，权重值 $w=1$，即 $B_P=A_P$；当接触液体对生物质膜的影响，即聚集态因子对扩散系数的影响介于两种情况之间时，权重值 w 为 0～1。将控释因子融入模型，通过改变聚集态因子改变扩散系数，量化表征生物质控释包装膜的微观控释机理。根据扩散系数试验值，计算获得增塑剂含量、乳化剂组合、交联、模拟液和温度控释因子的 Brandsch-Bio 扩散系数模型参数，建立 Brandsch-Bio 扩散系数预测模型，经验证该预测模型具有较好的预测效果。

4.4　特殊加工处理对包装材料中活性物质扩散的影响

在现代食品工业中，对食品进行杀菌处理可有效杀灭食品中的致病菌、腐败菌等微生物，是用于保证食品的质量安全、延长食品货架期的重要方法。传统的热杀菌方法包括巴氏杀菌、高温杀菌、超高温瞬时杀菌等，这些方法不但易破坏食品中一些对温度敏感的风味物质和营养成分，而且能耗大。因此，一些食品加工的特殊处理技术，如超高压处理（ultrahigh pressure processing，HPP）技术、微波处理（microwave treatment）技术、辐照处理（irradiation treatment）技术等，因其具有对食品品质和营养价值影响较小、杀菌效率高、能量消耗低的特点，在食品工业中得到了广泛的研究与应用。为防止食品在加工处理后进行包装时再次被微生物污染，提高生产效率，一般将食品预包装后再进行特殊加工处理。

聚合物包装材料在加工、改性过程中，常常为了改善树脂的某些特性而添加各类功能性添加剂，如抗氧化剂、增塑剂、光稳定剂、热稳定剂等。一些添加剂会从包装材料中迁移至食品中而威胁人类健康。包装伴随着食品从加工一直到达消费者手中，食品加工处理对包装材料中添加剂扩散的影响，将直接影响着食品的品质、安全及其保质期。因此，在食品加工过程中，包装材料必须保持完整、稳定，并在后续运输和储存过程中保证食品的品质与安全。

4.4.1　食品特殊处理技术及对包装材料传质的影响

1. 超高压处理技术

超高压处理技术是一种重要的非热处理食品杀菌技术，通常采用水作为传压介质，对置于高强度、密封的超高压容器中的食品施加 100～800MPa 的等静压力，并在该压力下保持一定的时间，使食品达到杀菌要求。

与传统热杀菌技术相比，超高压处理技术拥有独特的优势，即对食品杀菌、钝酶的同时可以较好地保持食品风味和营养物质，并且其杀菌高效、能耗低、灭菌均匀、操作安全，在食品工业领域的应用前景十分广阔。同时，一些超高压联合处理技术如温度辅助超高压处理技术、二氧化碳协同超高压杀菌技术、气调包装协同超高压处理栅栏技术等也逐渐发展起来。

目前用于超高压食品的包装材料主要为聚合物单层膜及其复合膜、金属镀覆膜、氧化物镀覆膜。然而有研究者发现在超高压处理后，以金属或氧化物镀层作为阻隔层的复合材料容易出现裂纹、分层，不适用于超高压食品的包装。但是在关于超高压是否影响聚合物单层膜及复合膜传质性能的研究上仍存在很大的分歧。包装材料-食品-环境间的传质存在着扩散现象，包括包装膜中的塑料添加剂等成分向食品中迁移、食品中的成分被包装材料吸附、气体或低分子量物质等透过包装材料的双向渗透。

1）超高压对包装膜中添加剂迁移的影响

欧洲标准委员会颁布的食品接触材料的迁移试验标准主要分为两类：全迁移试验和特定物质迁移试验。

超高压处理对包装膜的全迁移的影响的研究见表 4-11[44]。一些研究表明包装材料的全迁移不会受到超高压的影响，且与薄膜厚度、材料的特性和生产过程无关。也有研究发现，超高压会显著影响包装材料的全迁移，迁移量不仅与处理压力、温度、时间有关，还与食品模拟物的种类有关。Galotto 等[45]认为，超高压处理后，包装材料中分子链的排列更加规整，材料的结晶度升高，迁移物的扩散受到限制，因此包装材料在水中的全迁移量下降；而橄榄油对薄膜具有增塑作用，在超高压过程中薄膜受到破坏，出现分层现象，加剧了薄膜中的成分向橄榄油中迁移，PE/EVOH/PE 受超高压的影响最显著。经 400MPa、60℃处理后，包装材料向油中的全迁移量低于 400MPa、20℃处理后包装材料的迁移量，Galotto 等表示，在压力结合较高温度的条件下，包装材料发生重结晶，更加紧实的分子链结构导致迁移物的运动路径更加扭曲，因此包装材料的全迁移量下降。

表 4-11　超高压对包装材料全迁移的影响

包装材料	HPP 处理条件			食品模拟物	方法	结论	参考文献
	压力/MPa	温度/℃	时间/min				
PA/MDPE、PA/PE、PA/PP/PE、PET/PVDC/PE、PA/Ionomer/PE	200、350、500	室温	30	蒸馏水、3%乙酸、15%乙醇、橄榄油	AFNOR XP ENV 条例、EEC 指令	HPP 后，全迁移量未显著增加，且与材料厚度、特性、生产过程无关	Lambert 等[46,47]
PET/PE、$PPSiO_x$、PE/EVOH/PE、metPET/PE	400	20、60	30	蒸馏水、3%乙酸、15%乙醇、橄榄油	EN 1186 法规	HPP 后，水/橄榄油中的全迁移量降低/增加，且除 $PPSiO_x$ 外，全迁移量均超过欧盟法规规定的限额	Galotto 等[45]

续表

包装材料	HPP 处理条件			食品模拟物	方法	结论	参考文献
	压力/MPa	温度/℃	时间/min				
PE 2686、PE、PP、CPP、BOPP、Surlyn 1605/8140、PA/PE（100μm、90μm、80 μm）、PET/PE/EVOH/PE、PE/PA/EVOH/PE、LDPE/PA/LDPE、LDPE/EVOH/LDPE/APET/Exp.PET/APET	600	室温	60	95%乙醇、异辛烷	浸泡并称重	薄膜向乙醇和异辛烷中的全迁移量变化显著，但均不超过欧盟法规规定的限额	Dobias 等[48]
层合 PA/PE、共挤 PA/PE	400、500	20	15	蒸馏水、3%乙酸、10%乙醇、异辛烷	欧洲法规（NO. 85/572 等）	全迁移均无明显变化	Largeteau 等[49]

关于超高压对包装材料中特定物质迁移影响的研究较少，有研究表明超高压处理可限制包装材料中有害物迁出。Schauwecker 等[50]研究表明经超高压处理后，PG 通过 PA/EVOH/PE 向食品模拟物中迁移的量显著降低，且压力越高，迁移的程度越小；压力相同时，温度越高，PG 迁移量越高。研究认为高压力可以诱导 EVOH 结晶，降低材料中有害物质迁移的程度；另外高压力可抵消温度对聚合物中有害物迁移的影响。

也有研究表明，HPP 对包装材料中有害物的迁移无显著影响。Caner 和 Harte[51]研究了 HPP 下，初始抗氧化剂浓度、压力、温度、食品模拟物及接触时间等因素对聚丙烯中 Irganox 1076 向食品中迁移的影响。研究发现，超高压对 Irganox 1076 的迁移量没有显著影响；储存时间、初始抗氧化剂浓度对迁移程度有显著影响；PP 中 Irganox 1076 向 95%乙醇中的迁移量高于 10%乙醇；随着 HPP 温度增加，迁移量增加。

此外有研究表明，HPP 加剧了包装材料中有害物质的迁移。在 HPP 对纳米材料迁移影响的研究中，Mauricio 发现 Si 的迁移量在超高压处理后增加。Yoo 等[52]发现压力、温度越高，LDPE 中 Irganox 1076 越容易向 95%乙醇中迁出，而不易迁移到 10%乙醇中。然而此结论与 Caner 等报道的 HPP 对 Irganox 1076 迁移没有显著影响的结论矛盾，Yoo 解释为此研究中应用的 HPP 的处理温度（75℃）高于 Caner 等研究中所使用的温度（60℃）。Yoo 等曾指出 HPP 增加了 LDPE 薄膜的结晶度，但无定形区的空隙减小而降低了容纳添加物的能力，因此 HPP 增强了聚合物中 Irganox 1076 的迁出。

2）超高压对包装膜吸附作用的影响

食品的风味物质容易被包装材料吸附，从而影响食品的品质及货架期。目前国内外对 HPP 影响吸附的研究非常有限。Caner 等[53]研究了 HPP 下 PE/PA/EVOH/PE、PP、metPET/EVA/LLDPE 对 *D*-柠檬烯的吸附性。结果表明 HPP 后，metPET/EVA/LLDPE 对 *D*-柠檬烯的吸附显著减少，而 PP 和 PE/PA/EVOH/PE 的吸附性能没有明显变化。外界影响因素中，压力不影响食品模拟液中 *D*-柠檬烯的浓度；温度可以影响 *D*-柠檬烯的吸附量和吸附平衡时间；食品模拟液的 pH 也可以影响吸附，如乙酸改变了 *D*-柠檬烯在材料中的溶解度，进而影响了吸附。HPP 可能会对含金属涂层的复合膜产生较大影响。Mauricio-Iglesias 等[54]研究了超高压辅助热处理后，LDPE 和 PLA 对四种不同极性的芳香物质（2-己酮、丁酸乙酯、己酸乙酯、*D*-柠檬烯）吸附的影响，发现处理压力、温度、聚合物材料及芳香物质的性质对吸附影响巨大。高压低温（high pressure low temperature，HPLT）处理后，LDPE 对 3%乙酸和蒸馏水中芳香物的吸附显著提高，对 15%乙醇中芳香物的吸附无明显变化；PLA 的吸附性显著降低，食品模拟物对其吸附程度无影响。高压高温（high pressure high temperature，HPHT）处理后，LDPE 的吸附能力增强，且受食品模拟物的极性影响；PLA 对芳香物质的吸附量明显增加。

3）超高压处理对气体在包装膜中渗透的影响

关于超高压处理对气体在包装材料中渗透的研究较多，但是研究结果不尽一致。有研究表明 HPP 对气体向食品包装材料渗透的影响不显著。López-Rubio 报道 HPP 对 PP/EVOH48/PP（数字代表乙烯含量）透氧性影响不显著；而 PP/EVOH26/PP 经 HPP 后，结晶度提高导致其透氧性略微增强。Le-Bail 等在 200MPa、400MPa、600MPa，10℃条件下处理 PA/PE、BB4L、PET/BOA/PE、PET/PVDC/PE、PA/SY、LDPE、EVA/PE 薄膜 10min，所有选用材料的水蒸气透过率变化不显著，LDPE 的透湿率略微下降。Halim 等研究表明 HPP 对 PA、PA/EVOH 和 PA/纳米复合材料阻隔性能的影响不显著。

也有研究表明包装材料的渗透性受 HPP 条件如压力、温度、保压时间、食品模拟物类型的影响显著。当复合包装材料含有金属或无机镀层时，在经过 HPP 处理后，由于镀层的压缩率低而容易出现损伤如分层、针孔、裂缝，导致包装材料的渗透性显著增加，如 PPSiO$_x$、metPET/PE、PET/SiO$_x$/LDPE、metPET/EVA/LLDPE 等。Galotto 等[45]研究发现 HPP 后 PE/EVOH/PE 的透湿率显著增大，这是由于 EVOH 具有亲水性而导致 PE/EVOH/PE 发生溶胀。对单层包装材料的研究中，Yoo 等[55]发现随着压力增加，LDPE 的氧气透过率下降；另外，当食品模拟物为 95%乙醇时，LDPE 材料的渗透率低于包装蒸馏水的 LDPE 的渗透率。

此外，关于 HPP 与其他食品杀菌方法协同处理对包装材料影响的研究也逐渐增多。经研究，高温高压处理后，PLA 严重水解，metPET/PE 分层、透氧透湿率显著提高，PET-SiO_x/PA/PP 和 PET-AlO_x/PA/PP 在 600MPa、110℃下处理 5min 后，其透氧透湿性被严重破坏，因此以上所列材料不适宜作高温高压处理食品的包装材料。关于含 EVOH 阻隔层的包装材料在高温高压处理下的研究，结果不尽一致。PA、PA/EVOH 和 PA/纳米复合包装材料在 800MPa、70℃处理 10min 后，透湿率没有明显变化。然而，Dhawan 等[56]的研究表明高温高压处理显著提高了 PET/PP/PA/EVOH/PA/PP 和 PET/EVOH/PP 的渗透性，但在储存期内其透氧率逐渐下降。Koutchma 研究表明在 HPHT 的预热过程中 PA/EVOH 的阻氧性变差。

在气调协同超高压处理对包装材料影响的研究中，Richter 等[57]发现 PET/LDPE、PET/LDPE/EVOH/LDPE、AlO_x/PET/OPA/LDPE 出现了可见损伤，气体、水蒸气的渗透性提高，产品的品质也必然受到影响。材料破损是由于快速卸压时溶解在聚合物中的气体来不及溢出，LDPE 的渗透和溶解性较高，因此更易损伤。

4）超高压处理对芳香化合物在包装膜中渗透的影响

芳香化合物的分子量比气体大，因此超高压处理下其在材料中的渗透与气体渗透不同，关于此方面的研究较少，研究发现芳香化合物在一些包装材料中的渗透能力随着压力的增加而降低，随温度的增加而增加，而释放压力后，这些包装材料的渗透性会逐渐恢复至其在常压下的渗透性。Kubel 等[58]通过原地测量法、袋中袋法研究了超高压处理下对伞花烃和乙酰苯在复合薄膜 PET/Al/LDPE 和 LDPE/HDPE/LDPE 中渗透性的变化。研究表明，500MPa、25℃处理后，对伞花烃的渗透量低于常压下的渗透量，且 PET/Al/LDPE 的阻隔性优于 LDPE/HDPE/LDPE。此现象被认为是在压力下聚合物向玻璃态转变，因此限制了芳香物质在薄膜中的渗透。Schmerder 等[59]研究了超高压对覆盆子酮向 PA6 薄膜中渗透的影响。结果表明，在不同温度下，覆盆子酮的渗透随着压力的增加而降低，并且压力与温度存在反作用，压力升高 200MPa 相当于温度降低 20℃。压力释放后，渗透系数恢复，意味着压力的作用是可逆的。王淑娟等[60]发现经超高压处理后，对伞花烃在 LDPE 和 PA6 薄膜中的渗透率随着储存时间的延长逐渐恢复至其在常压下的渗透率。

2. 微波处理技术

微波处理技术自 20 世纪 80 年代初便广泛用于食品工业中，因其具有加工迅速省时、节能经济、保证食物风味及营养成分等优点而备受青睐。塑料材料质轻价廉、透明度高、综合性能好、使用量巨大，常用作微波食品的包装材料。但微波处理技术具有升温速度快、加热温度较高的特点，对包装材料中添加剂向食品中的迁移有促进作用，各国纷纷开展了对微波处理下包装材料传质特性的研究，并颁布实施了具体的法令及法规。

微波处理对包装中添加剂的迁移的研究表明，微波加热时间及功率是影响添加剂迁移的主要因素。Alin 和 Hakkarainen[61]研究了微波处理对三种聚丙烯（PP、PPR、PPC）中抗氧化剂迁移的影响，发现聚丙烯的种类对迁移的影响显著，均聚 PP 中的抗氧化剂迁出量最少。Johns 等[62]研究了微波加热后纸板/PE 复合材料中的 UV 油墨中的光引发剂二甲苯酮的迁移，发现温度明显影响二苯甲酮的迁移量。Badeka 研究了微波加热条件对 PVC 膜中增塑剂 DEHA 和 P（VDC/VC）膜中增塑剂乙酰柠檬酸三正丁酯迁移的影响，结果表明 PVC 膜不可作为食品接触材料用于微波处理，且 P（VDC/VC）不适于与食品直接接触。Lau 在微波加热过程中包装膜中增塑剂迁移的研究中发现随着食物中脂肪含量的增加，增塑剂的迁移量呈指数增长。刘志刚等[63]研究了微波条件下聚乙烯中抗氧化剂的迁移，结果表明微波功率相同时，迁移量随着微波加热时间的增长而增大，当微波加热时间相同时，迁移量随着微波加热功率的增大而增大。

3. 辐照处理技术

辐照处理技术是利用放射性同位素 ^{60}Co 或 ^{137}Cs 发出的 γ 射线、电子加速器产生的高能电子束或 X 射线等，通过调节辐射剂量，对食品杀菌、延长保质期的处理技术。在辐照食品加工中，常用透明度较高的塑料材料将食品预包装后再进行辐照杀菌，防止食物的二次污染。但在辐照过程中，塑料内部会同时发生降解和交联两种反应，产生挥发性辐解产物，从而改变材料的传质性能，影响食品的品质和消费者的健康。

辐照处理对包装膜的迁移的影响主要体现在两方面：随着辐照剂量增加，高分子聚合物严重降解而促进迁移的发生；耐辐照材料则随着辐照剂量增加而交联度提升，抑制了迁移。Goulas 等[64]研究了电离辐射对常用包装膜的全迁移的影响，当辐射剂量较小，在 10kGy 以下时，包装膜的全迁移量不受影响，辐照剂量在 30kGy 时，PP 中的全迁移量增加了 33%，而 PVC/HDPE 降低了 28%；在 60kGy 的辐照剂量下时，PP、PVC/HDPE 和 HDPE 的全迁移量分别增加了 57%、降低了 44%和降低了 29%，然而所选材料的最大全迁移量均符合欧盟法规中的规定。Riganakos 等[65]研究了 γ 辐照对 8 种尼龙（PA6）薄膜中己内酰胺迁移的影响，发现不同配方、组成的 PA6 薄膜对辐照剂量的响应不同，辐照剂量增加，部分 PA6 降解越严重，己内酰胺的迁移量越大，而随着辐照剂量增加，部分 PA6 的分子链交联增加时，迁移量降低。此外，也有研究表明辐照不影响包装材料的迁移。Buchalla 等研究了 10 种材料在辐照后的全迁移，没有发现显著变化。

辐照处理对包装膜中小分子物质渗透的影响主要体现在辐照影响了聚合物的结晶度。Georgea 等[66]研究了 γ 辐照对 PP 透氧率的影响，发现辐照剂量在 10kGy

时，PP 的结晶度降低 10.45%，透氧率变化较小。Jipa 研究发现 γ 辐照对 PVA 的水蒸气透过率的影响不明显。

4. 其他特殊加工处理技术

臭氧和紫外线处理（ozone and UV-light treatment）技术是对食品和包装材料进行灭菌的有效方法之一。臭氧和紫外线可以修饰聚合物的表面特性，显著增加 PE、PP 和 PET 等聚合物的表面张力、亲水性及黏附特性。研究表明，聚合物暴露在臭氧环境下，其阻隔性能会受到影响。Shanbhag 和 Sirkar[67]发现臭氧处理后硅树脂的透氧性增加。然而 Ozen 和 Floros[68]发现经臭氧处理后，LDPE 的透氧性下降了 50%。

臭氧和紫外线处理技术对包装材料传质性能的影响主要是由聚合物或聚合物中添加剂分解而形成的副产物引起的。有研究指出，由于 PET 极性较大，紫外线处理后会加速其表面氧化，结晶度提高，与之相比，LDPE 的结构变化较小。

4.4.2 超高压处理对包装内活性物质扩散的影响

在包装膜的迁移、吸附、渗透三种传质特性中，都存在添加剂在包装膜内扩散这一重要过程。扩散系数是描述包装膜内添加剂扩散过程的一个重要参数，也是包装膜迁移预测模型中的关键参数。相关研究表明，超高压处理可改变小分子在包装材料中的扩散行为，可以引起包装材料微观结构的变化；超高压处理条件、包装材料组成、扩散物质的性质及食品种类等是影响超高压下小分子在包装材料中扩散的因素。因此，深入研究超高压处理下添加剂在包装膜中的扩散行为及超高压影响机理，不但具有重要的科学价值，而且可以为超高压下包装膜的选用与设计提供理论依据和指导。

1. 活性物质在包装膜中的扩散系数

活性添加剂在聚合物中的扩散系数受多种因素影响，主要包括聚合物和添加剂的结构与性质、聚合物与接触相（如食品或溶剂）间的相互作用及外在因素如体系所处的温度、相对湿度、压力等。

1）聚合物的特性

添加剂在聚合物中的扩散与聚合物链段的运动特性和聚合物的自由体积有关。聚合物链段的运动特性取决于聚合物链段的柔顺性，这与聚合物的分子链结构有关，如聚合物主链的不饱和度、取代基的性质、交联度等。主链不饱和度高的聚合物，其链段的运动能力强。主链上取代基的极性、分布位置及体积等影响着聚合物分子链间的相互作用力，进而对聚合物的柔顺性产生影响。聚合物的交联程度越高，交联点附近的分子越难以旋转，因而其分子链的柔顺性很低。对聚合物链段运动的一项表征是玻璃化转变温度（T_g），在此温度以上，聚合物链自由运动，处于橡胶态，在此温度以下，聚合物链被冻结，处于玻璃态。因此，聚合物的 T_g 越低，其链段的活动性越高，添加剂越容易在聚合物中扩散。

聚合物的自由体积主要与聚合物的聚集态结构有关，包括晶态和无定形态。结晶聚合物是结晶区域与无定形区域的结合体。结晶聚合物的缨状微束模型和无定形聚合物的无规线团模型示意图如图 4-11 所示。聚合物分子链在晶区规则堆砌，添加剂在其中的扩散速度比在非晶区慢几个数量级，因此一般认为扩散发生在聚合物的非晶区。聚合物的自由体积与 T_g 关系密切，当聚合物处于其 T_g 以上的温度时，自由体积较大，为链段及添加剂的运动提供空间，当聚合物处于其 T_g 以下的温度时，自由体积减小到链段不足以运动而被冻结。

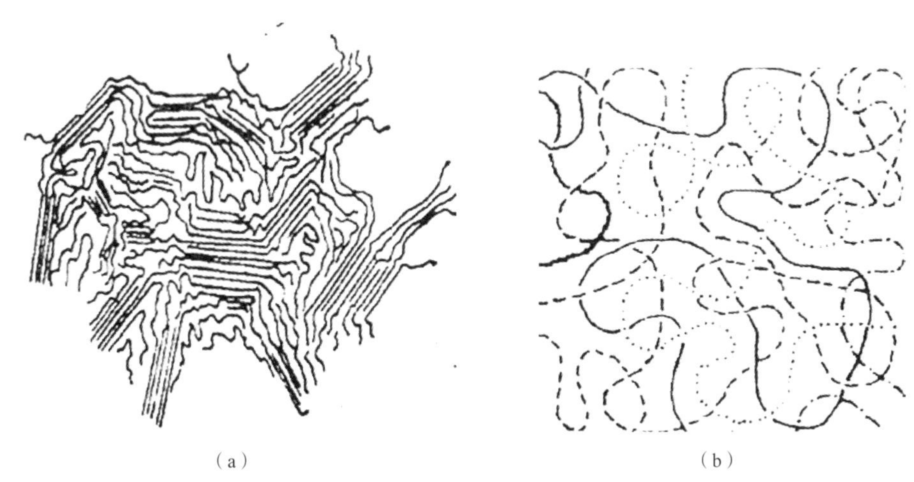

图 4-11　聚合物结构示意图

（a）缨状微束模型；（b）无规线团模型

2）添加剂的结构和性质

添加剂的分子量、尺寸和形状会影响其在聚合物基体中的扩散。添加剂的尺寸越大，其扩散能力越弱；当添加剂体积相同时，扁平状或线形分子的扩散系数要高于球形分子的扩散系数；相比于橡胶态聚合物，添加剂在玻璃态聚合物中受其尺寸和形状的影响更显著。Reynier 研究了迁移物分子的形状对其在聚丙烯中的扩散系数的影响，提出“质量分数体积”的概念，将分子结构划分为线形和球形，研究发现迁移物分子的对数扩散系数与其质量分数体积的线性关系良好，且线形分子的扩散系数最大，球形分子的扩散系数最小。

3）聚合物和食品的相互作用

聚合物直接与食品或溶剂接触时，可能会吸附食品中某些成分或溶剂分子，这些小分子进入聚合物中引起聚合物溶胀，不仅增加了聚合物的自由体积，也增强了聚合物链段的运动能力，从而促进了添加剂的扩散。Helmroth 等[69]研究了LDPE 对溶剂的吸附及其对抗氧化剂 Irganox1076 在 LDPE 中扩散的影响，结果表明，Irganox1076 的扩散取决于 LDPE 接触的溶剂，溶剂的分子量较小时，Irganox1076 的扩散系数随溶剂吸附量增加而增大。Reynier 等研究表明聚丙烯溶胀后，添加剂在聚丙烯中的扩散系数增加。溶胀对聚合物的作用与温度相似，即增加聚合物基体自由体积，促进聚合物链段松弛运动。

4）环境因素

温度是影响添加剂在聚合物中扩散的主要因素。温度越高，聚合物分子链活动性增加，聚合物自由体积膨胀，导致添加剂越容易发生扩散，在聚合物中的扩散系数增加。温度在 T_g 以上时，扩散系数对温度的依赖性可由 Arrhenius 方程表示：

$$D(T) = D_0 \exp(-E/RT) \tag{4-1}$$

式中，D_0——指前因子；

E——扩散活化能（kJ/mol）；

R——摩尔气体常量[8.314 J/(K·mol)]；

T——热力学温度（K）。

Arrhenius 公式中的指前因子和扩散活化能通过拟合试验数据获得。扩散活化能一般依赖于聚合物基体的特性及添加剂的分子量。Dole 建立了添加剂在一些聚合物中的扩散系数与活化能的参考值，以期预测聚合物的阻隔性，同时发现，低分子量的添加剂（气体）在不同聚合物中的扩散活化能基本相同，对于高分子量的添加剂，聚合物的阻隔性越好，渗透质的扩散活化能越高。

此外，当环境中的相对湿度较大时，亲水性聚合物吸收水分后，水作为塑化剂降低了聚合物分子链间的内聚能，同时，限制聚合物分子链运动的氢键的数量也会减少，导致聚合物链段的活动性增强。

气体在聚合物中的扩散受压力的影响较大，Nilsson 等[70]预测了气压高达700bar 时聚合物中气体的扩散系数，结果发现，在压力较低时，扩散系数随压力的增加而增大，至最大值后，扩散系数随压力持续增加而减小，这是因为气压较低时，聚合物被气体溶胀，自由体积增加，当压力继续增加时，气压对聚合物的压缩作用起主要作用。关于超高压处理下聚合物中的扩散，Yoo 研究了 600MPa 和 800MPa 下抗氧化剂 Irganox1076 在 LDPE 中的扩散系数，结果表明，扩散系数随着压力的增加而增大，在高压过程中施加高温时，扩散系数会进一步增大。

5）扩散系数的研究方法

为了描述聚合物内的扩散过程，国内外学者建立了许多理论传质模型，这些模型主要有基于自由体积理论的模型、基于 Fick 定律的扩散模型和预测扩散系数的半经验模型。不同模型基于不同的假设、根据不同的原理描述了聚合物内的扩散行为，适用于不同的体系，应用时需视具体情况具体分析。

试验测定聚合物中扩散系数的方法主要有质量吸附/解吸平衡法、核磁共振波谱法（NMR）、反相气相色谱法（IGC）、激光全息技术、傅里叶变换红外-衰减全反射法（FTIR-ATR）、溶剂接触迁移试验法、无溶剂接触测试法等。获得超高压下扩散系数的试验方法一般采用溶剂接触的迁移试验法，参考欧盟、美国及我国对食品接触材料中受限物质向食品（模拟物）中迁移的法规，结合超高压处理的实际操作条件，确立适当的迁移试验条件，检测迁移物从包装材料中向食品模拟物中的迁移量后计算扩散系数。

此外，分子动力学（MD）模拟经过近 20 年来的不断发展，已经成为研究、设计高分子材料的结构及添加剂在聚合物中的扩散的重要方法，可以从原子尺度上分析扩散的机理及影响因素、解释材料微观结构与性能的关系。

关于添加剂在聚合物膜中扩散的机理，大量 MD 模拟的结果表明聚合物膜中的气体小分子是以跳跃的方式进行扩散的。Mozaffari 等[71]研究了气体小分子在聚苯乙烯中的扩散和渗透，确认了小分子在聚合物中发生跳跃的扩散机制。Wang 等[72]研究发现柠烯长时间地在聚丙烯中缓慢蠕动，提出其扩散机理属于缓慢蠕动式扩散，而不是跳跃式。Zhao 通过研究药物分子在聚合物中的扩散，发现当药物分子较大时，其扩散能力是由聚合物分子链的蠕动性控制的，当聚合物链段的蠕动程度相同时，自由体积才是控制扩散的主要因素。

关于添加剂在聚合物膜中扩散的影响因素，国内外学者主要从聚合物的性质、添加剂的性质、环境因素如温度、湿度、压力等及聚合物-添加剂-环境间的相互作用等方面进行 MD 模拟研究。Wang 研究了聚丙烯分子链的构型对迁移物扩散的影响，发现了无规共聚聚乙烯基体中的自由体积大于均聚聚丙烯和嵌段共聚聚丙烯基体中的自由体积，揭示了迁移物在无规共聚聚乙烯中的扩散最快的原因。Sacristan 和 Mijangos[73]研究了聚氯乙烯分子链结构、自由体积对气体小分子扩散的影响，研究发现将聚氯乙烯接枝改性后其分子链柔顺性降低、难以整齐堆积，基体的自由体积增大导致气体的扩散系数增加。Long 等[74]通过 MD 模拟发现添加剂分子的构型和极性影响其在聚丙烯中的扩散，添加剂中存在极性基团时形成了环形或螺旋结构，通过改变分子的体积而影响其在聚合物中的扩散。荣丽萍[75]研究了温度、压强、湿度对 O_2 和 H_2O 在几种常用聚烯烃包装材料中的扩散，发现扩散系数随温度的升高而增大，压强对不同的聚烯烃中气体的扩散系数影响不同。Wang 等[76]构建了聚丙烯-液体两相模型，模拟了塑料添加剂从材料向食品模拟液中迁移的过程，考虑了聚合物、添加剂与液体的相互作用，与聚合物单相模型相比，在此模型下计算的添加剂的扩散系数更接近试验值。Kucukpinar 研究了 EVOH 中含水量对氧气的扩散过程的影响，结果表明随着水分的增加，EVOH 基体内氢键减少、空腔尺寸增大，因此氧气的扩散系数也增加。

2. 超高压处理对包装膜中活性物质扩散的影响

1）压力对功能性物质扩散的影响

压力是超高压处理中的重要参数。压力是很重要的热力学参数之一，对材料的作用主要体现在压缩材料的体积。根据自由体积理论，高分子材料是由分子链段占据的占有体积（occupied volume）和未被占据的自由体积（free volume）两部分构成。自由体积是材料内部不均匀的空穴，高分子的分子链端、链折叠、链缠结等都会影响高分子链的堆砌，形成自由体积。通常静水压力具有三维同向性，当聚合物膜受到超高压力时，宏观上表现为体积均匀收缩，微观上则体现为聚合物基体内部自由体积的压缩。有研究发现，对聚氯乙烯施加 100MPa 压力后利用正电子寿命谱仪测试发现自由体积减小且在 90h 内仍未恢复，表明压力有排出聚合物自由体积的作用。自由体积不仅是高分子分子链移动和构象重排的场所，也为高分子中气体、溶剂等小分子物质的运动提供了空间。已有广泛研究表明高分子的自由体积对小分子在聚合物基体中的扩散起着关键的作用。因此，当聚合物的自由体积受压力作用而减小时，小分子的运动空间受到限制，其扩散速率降低。

图 4-12 显示了超高压处理 30min 后，抗氧化剂 2,6-二叔丁基对甲酚（BHT）在 PE 膜中扩散的试验测定值和理论估算值曲线[77]。BHT 的迁出量随着时间的延长而增加，直到在膜中与模拟物间的浓度达到平衡为止。在 0.1MPa 处理条件下，BHT 的迁出速率较快，达到平衡的时间较短；随着压力增加，BHT 的迁出逐渐变缓慢，与 0.1MPa 条件相比，较迟地达到扩散平衡。PE 材料是典型的半结晶型聚合物，即基体内同时存在结晶区和非结晶区，而自由体积主要存在于 PE 基体的

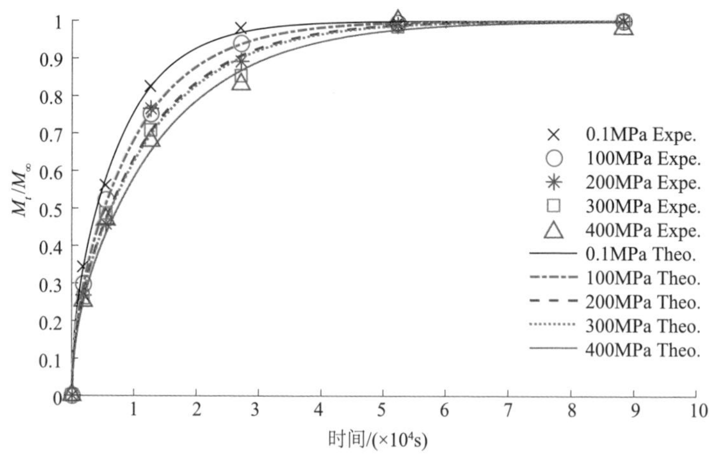

图 4-12　不同压力条件下处理 30min 时 BHT 从 PE 膜内向 95%乙醇中扩散的试验测定值（Expe.）和理论估算值（Theo.）曲线

非结晶区，因此，当压力增加时，PE 基体内的自由体积受到不同程度的收缩，添加剂小分子的运动空间受到限制，其扩散速率降低。

通过分子动力学模拟，获取 PE 元胞在 0.1MPa、100MPa、300MPa、500MPa 时的自由体积，见图 4-13[77]中的蓝色区域。在 0.1MPa 下 PE 元胞中的自由体积尺寸稍大，且较密集，距离较近的自由体积间联结成较大的孔道。压力从 0.1MPa 升高至 500MPa 时，自由体积的尺寸、数量都显著减少。

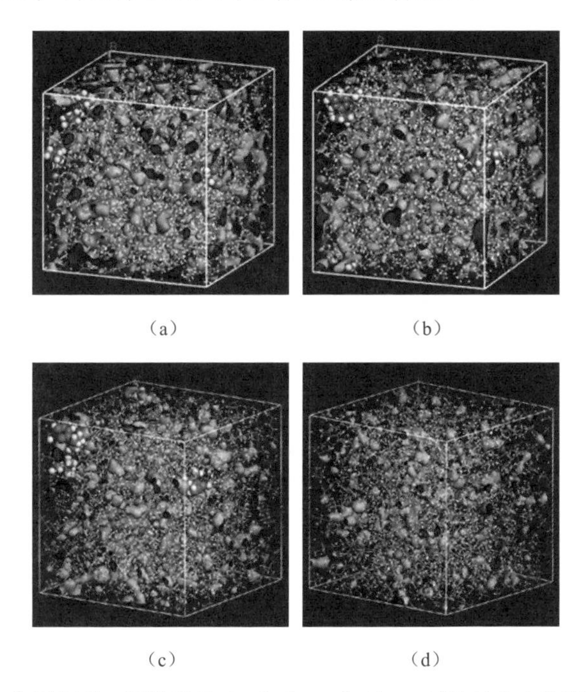

图 4-13　在一定压力下，探针半径（r_p）为 1.2Å 时 PE 元胞的自由体积（蓝色区域）
（a）0.1MPa；（b）100MPa；（c）300MPa；（d）500MPa

2）超高压处理的保压时间对活性物质扩散的影响

保压时间是超高压处理工艺中的另一个重要参数。在超高压下，不同的保压时间对食品中不同种类的细菌的杀灭程度不同，因此保压时间对食品的杀菌效果影响较显著，但保压时间对聚乙烯中添加剂的扩散影响并不显著[77]。分析其原因有二，一是聚乙烯高分子链的特性，二是所研究的保压时间尺度。首先，高分子聚合物是由众多长链结构的大分子链构成的，聚乙烯的玻璃化转变温度较低，为−70℃左右，因此在常温下聚乙烯分子链的柔顺性较好，链段运动相对容易。依据勒夏特列（Le Chatelier）原理，当聚合物受到超高压力的作用时，当前平衡状态被外在压力影响，系统会向减小此影响的方向移动，压力会增强聚合物体积减小的任何变化，因此聚乙烯分子链通过链段运动、调整构象等，能在短时间内从受压的非平衡态过渡至平衡态。其次，所研究的施加超高压力的时间尺度在分钟的数量级以内，已经大大超出聚合物分子链段在外力作用下运动的松弛时间，且还未达到聚合物在长时间受恒定应力而发生蠕变现象的时间尺度，因此，当受到压力的持续时间在分钟的数量级以内时，聚合物的传质特性不会随着受压时间的延长而发生变化。

图 4-14～图 4-16[77]显示了在超高压处理 15min、30min、60min 后，PE 膜中添加的抗氧化剂 BHT 扩散的试验测定值和理论估算值曲线。

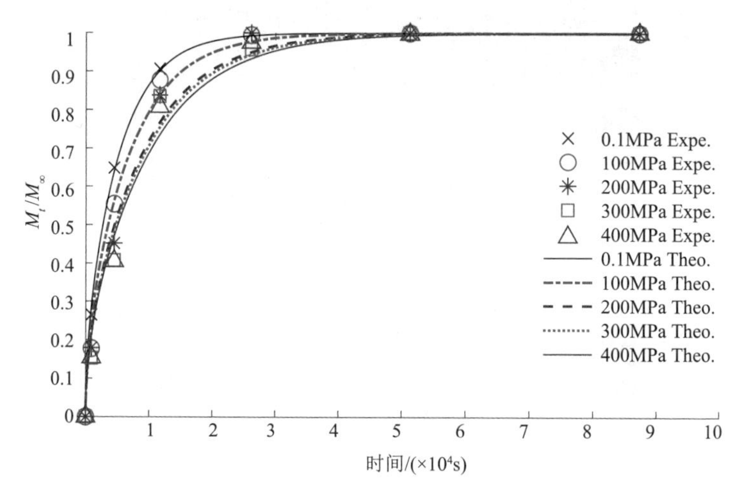

图 4-14　不同压力条件下处理 15min 时 BHT 从 PE 膜内向 95%乙醇中扩散的试验测定值（Expe.）和理论估算值（Theo.）曲线

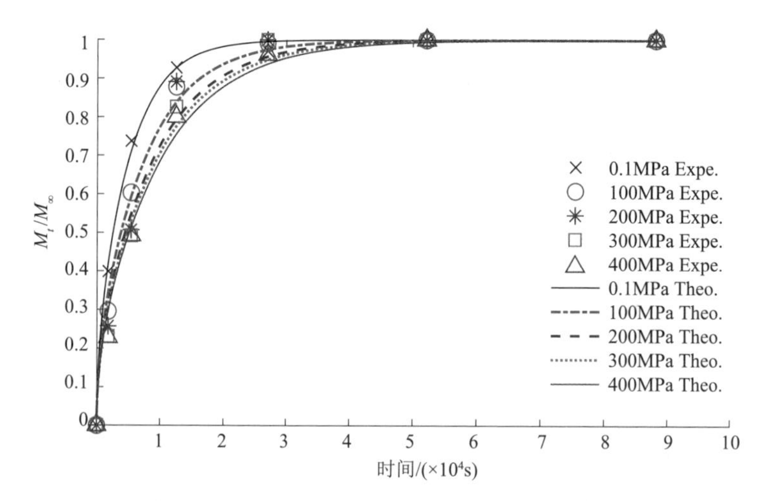

图 4-15　不同压力条件下处理 30min 时 BHT 从 PE 膜内向 95%乙醇中扩散的试验测定值（Expe.）和理论估算值（Theo.）曲线

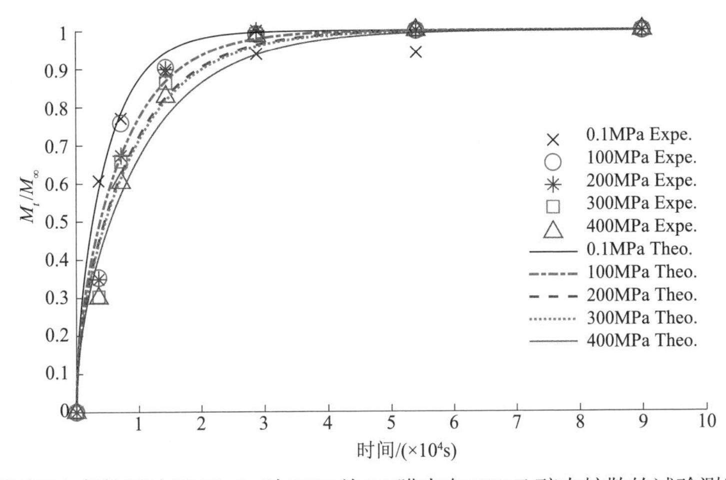

图 4-16　不同压力条件下处理 60min 时 BHT 从 PE 膜内向 95%乙醇中扩散的试验测定值(Expe. ）和理论估算值（ Theo. ）曲线

根据 Fick 第二定律的解析方程计算的扩散系数值见表 4-12，超高压处理的保压时间对 BHT 的扩散影响并不显著。

表 4-12　不同压力、保压时间下 PE 膜中 BHT 向模拟液 95%乙醇中扩散的扩散系数

压力/MPa	保压时间/min	D/（m^2/s）	RMSE	压力/MPa	保压时间/min	D/（m^2/s）	RMSE
100	15	1.05×10^{-11}	0.03365	200	15	8.14×10^{-12}	0.05188
	30	9.77×10^{-12}	0.02581		30	8.28×10^{-12}	0.04944
	60	9.60×10^{-12}	0.06120		60	8.13×10^{-12}	0.05189
300	15	7.78×10^{-12}	0.04995	400	15	7.28×10^{-12}	0.04611
	30	7.76×10^{-12}	0.04312		30	7.24×10^{-12}	0.03397
	60	7.90×10^{-12}	0.05831		60	6.78×10^{-12}	0.05043

3 ）超高压处理下聚乙烯分子量对活性物质扩散的影响

聚合物的种类繁多、性质各异，不同聚合物的传质特性不同，主要与聚合物的交联度、结晶度、结构特征、分子量等因素有关。聚合物的分子量是影响薄膜传质性能的重要因素。分子量大，聚合物链段重排运动的阻力就大。Nogales 等[78]发现树脂的分子量较高时其分子链较长，链之间的缠结较多。吕静等[79]发现聚乳酸分子量的增加有利于提高肥料的缓释能力。

对于超高压下聚合物分子量对其传质特性的影响，需要结合与聚合物分子量相关的聚合物的缠结度和黏度来分析。聚合物的分子量高于其临界缠结分子量时，分子量越大，其本体内分子链的缠结度越大。经过试验与计算证明，高分子本体中的每一条分子链都与十根或数十根其他分子链相互穿透与缠结，相互穿透的分子链数正比于高分子分子量的开方。由于聚合物本体内部分子链的缠结点随着聚合物的分子量的增大而增多，相当于聚合物的分子链相互间通过物理的方式交联起来，因此分子链段的活动受影响，其活动空间被其他分子链所限制，既无法为小分子扩散提供额外的自由体积，也较难携带小分子一起做蠕动运动。

当有外部压力作用于体系时，分子量较大的聚合物也较难做出快速的响应，宏观表现为压力下体积收缩率较小。温度为 140℃时，四种不同重均分子量的聚乙烯的压力-体积-温度（*PVT*）关系如图 4-17[77]所示。随着压力的增加，四种 PE 的体积呈线性下降，在压力小于 70MPa 时，四种聚乙烯的压缩率差别不大，这可能是压力仍然较小的原因，当压力高于 70 MPa 时，随着压力的增加，不同分子量的聚乙烯的压力-体积关系开始表现出明显不同，聚乙烯的分子量较小时，其体积压缩率较大；分子量较大时，其体积压缩率较小，即在相同的压力条件下，聚乙烯的分子量越小，其体积的被压缩量越大。这是因为分子量较小的聚乙烯基体中，链端的数量较多且基体中有较多的未被占据的自由体积，在压力条件下，聚合物的占有体积难以被压缩，其体积的减少主要是未被占据的自由体积被压缩，因此可以断定，至少在 100MPa 压力下，聚乙烯的分子量对其在压力下的体积变化率的影响较大。Han 等[80]在研究聚烯烃的 *PVT* 的关系时也发现，当聚合物中短支链较多时，聚合物中自由体积较多而容易被压缩。因此，在超高压下，聚合物分子量越高，聚合物基体的响应越慢，变形越小，小分子在其基体内的扩散越慢。

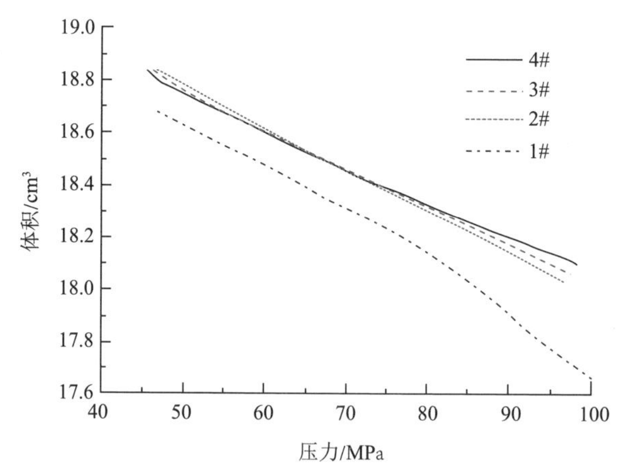

图 4-17　140℃时不同分子量的 PE 的等温压缩曲线

另外，聚合物的分子量与其熔体黏度成正比，聚合物的分子量越大，其本体的黏度越大，则链段运动时需要克服的内摩擦越大、耗能越大，链段运动越不容易发生。当外部施加超高压作用力时，较多的能量被链段运动的内阻消耗掉，而形变量较小。聚合物中的分子链是相互缠结的，de Gennes 的蠕动理论描述了浓厚

体系缠结高分子的蠕动运动特性，高分子链的扩散系数与其分子量的关系为

$$\begin{cases} D=\left[(4/15)M_0 M_e k_B T/\zeta\right]M^{-2} \\ D_0=\left[(4/15)M_0 M_e k_B T/\zeta\right] \end{cases} \tag{4-2}$$

式中，M——聚合物的分子量；

M_0——链上单体的分子量；

M_e——缠结点间的分子量；

k_B——玻尔兹曼常量；

ζ——摩擦系数。

分子动力学模拟得到四种不同分子量的 PE 分子链在超高压下的扩散系数，如图 4-18[77]所示。根据式（4-2）拟合超高压处理下四种 PE 的分子链的扩散系数对分子量的依赖关系（表 4-13）。结果表明蠕动模型很好地描述了各压力下 PE 链的扩散系数与分子量的关系；随着压力的增加，D_0 减小，则摩擦系数 ζ 增加，表明在外部压力的作用下，PE 分子链在蠕动过程中的分子链间内摩擦力增大，PE 链的运动受到限制。

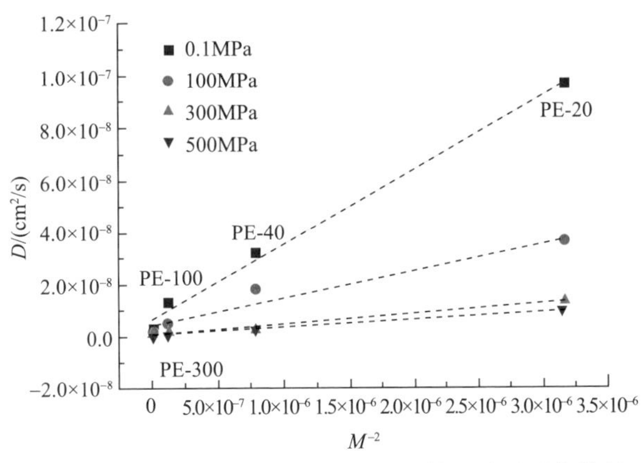

图 4-18　压力下 PE 分子链的扩散系数的分子量依赖性

表 4-13　高分子链的扩散系数与其分子量的关系拟合结果

压力/MPa	D_0	R^2
0.1	0.02855	0.9924
100	0.01044	0.9135
300	0.00406	0.9549
500	0.00314	0.9979

综合以上两方面的原因，聚合物的分子量影响了其分子链段的运动特性及自由体积的再分布，而超高压又同时压缩了聚合物的自由体积并限制其链段的运动，难以为小分子提供扩散通道，因此，包装材料中添加剂的扩散系数随着聚合物分子量的增加而减小。

4）超高压处理对不同活性物质在聚乙烯中扩散的影响

添加剂在聚合物中扩散的扩散系数的影响因素除了聚合物本身特性外，还与添加剂自身的特性有关，如尺寸、形状、分子量等。众多研究表明，随着添加剂尺寸的增大，其扩散系数减小；当添加剂体积相同时，扁平状或线形分子的扩散系数要高于球形分子的扩散系数；添加剂的分子量越高，其扩散系数越小。Silva 等[81]在研究聚乙烯材料中二苯基丁二烯、二氯苯氧氯酚和二叔丁基对甲酚向大米和小麦粉等干燥食品中的迁移时，发现聚乙烯中添加剂的迁移率随着其分子量的增大而减小，添加剂的分子量越大，扩散能力越小。

由于聚乙烯材料耐热性不高，容易发生老化，因此通常在加工生产包装膜时加入复配的抗氧化剂和光稳定剂，以提高聚乙烯包装薄膜的抗老化性能，防止 PE 发生光、热、氧降解。光稳定剂可分为二苯甲酮类、水杨酸类、苯并三唑类等。抗氧化剂 BHT 和光稳定剂 2-(2-羟基-5-甲基苯基)苯并三唑（UV-P）、2-(3,5-二叔丁基-2-羟苯基)-5-氯苯并三唑（UV-327）和 2-羟基-4-正辛氧基二苯甲酮（UV-531）是加工生产聚乙烯包装膜时常加入的复配添加剂，以提高 PE 的耐热性和抗老化性，表 4-14 列出了添加剂的性质。

表 4-14　四种添加剂 BHT、UV-P、UV-327 和 UV-531 的性质

	BHT	UV-P	UV-327	UV-531
中文化学名	2,6-二叔丁基对甲酚	2-(2-羟基-5-甲基苯基)苯并三唑	2-(3,5-二叔丁基-2-羟苯基)-5-氯苯并三唑	2-羟基-4-正辛氧基二苯甲酮
英文化学名	2,6-di-*tert*-butyl-*p*-cresol	2-(2-hydroxy-5-methylphenyl) benzotriazole	2-(3,5-di-*tert*-butyl-2-hydroxyphenyl)-5-chlorobenzotriazole	2-hydroxy-4-(octyloxy) benzophenone
化学式	$C_{15}H_{24}O$	$C_{13}H_{11}N_3O$	$C_{20}H_{24}ClN_3O$	$C_{21}H_{26}O_3$
CAS 号	128-37-0	2440-22-4	3864-99-1	1843-05-6
分子量	220.4	225.25	357.88	326.43
熔点/℃	69～70	130～131	150～153	47～49

经研究发现（表 4-15），在 0.1MPa 时，UV-P 的扩散系数最高，BHT 的扩散系数次之，均高于 UV-531 的扩散系数，而 UV-327 的扩散系数值最低，且四种添加剂的扩散系数随着压力的增加而降低。在常压（0.1MPa）时，BHT 和 UV-P 的

扩散系数明显高于 UV-327 和 UV-531 的扩散系数，即相比 UV-327 和 UV-531，BHT 和 UV-P 更容易从聚乙烯膜中迁出，这可能与 BHT 和 UV-P 的分子量较低有关，UV-327 和 UV-531 的分子量明显大于 BHT 和 UV-P。

表 4-15　不同压力下处理 30min 时 PE 膜中 4 种添加剂向模拟液 95%乙醇中扩散的扩散系数

添加剂	压力/MPa	D/（m^2/s）	RMSE	添加剂	压力/MPa	D/（m^2/s）	RMSE
BHT	0.1	1.50×10^{-11}	0.01472	UV-P	0.1	7.84×10^{-11}	0.01007
	100	1.16×10^{-11}	0.08928		100	4.36×10^{-11}	0.01092
	200	1.03×10^{-11}	0.04709		200	3.83×10^{-11}	0.02712
	300	8.13×10^{-12}	0.06512		300	3.23×10^{-11}	0.02210
	400	7.99×10^{-12}	0.07840		400	3.18×10^{-11}	0.01960
UV-327	0.1	7.84×10^{-12}	0.04824	UV-531	0.1	1.00×10^{-11}	0.04136
	100	4.99×10^{-12}	0.02036		100	7.69×10^{-12}	0.01261
	200	4.72×10^{-12}	0.02712		200	6.85×10^{-12}	0.03114
	300	4.43×10^{-12}	0.02210		300	5.93×10^{-12}	0.02887
	400	4.31×10^{-12}	0.01960		400	5.40×10^{-12}	0.03662

在超高压处理下，四种添加剂的扩散系数均下降，并且其扩散系数的大小规律与常压条件下一致，即 UV-P 的扩散系数最高，UV-327 的扩散系数最小，这表明压力会限制添加剂的运动，降低其扩散系数，但是添加剂的分子量仍然对其扩散的快慢有影响。但压力在 100MPa 时，UV-P 的扩散系数降低程度最大，说明在超高压处理中压力水平较低时，对于分子量越小的添加剂，其扩散系数降低越明显，因为在压力下，聚合物基体中的自由体积减小，分子量较小的添加剂的活动范围迅速缩小，而对于运动能力较弱、分子量较高的添加剂，其活动范围本来就小，因而受压力的影响较小。当压力高达 400MPa 时，四种添加剂的扩散系数值均下降 50%左右，说明当压力较高时，随着聚合物基体内部自由体积进一步减小，压力对不同分子量添加剂在聚合物内扩散的影响程度一致。

通过分子动力学模拟，可以从分子层面研究超高压下不同功能性物质扩散的影响因素。使用不同探针半径 r_{p} 得到 0.1MPa、500MPa 下 PE 元胞中的自由体积分布图（图 4-19 和图 4-20）[82]。图中直观显示，无论在常压还是高压条件下，随着探针半径的增加，PE 元胞内自由体积的数量和尺寸都明显减小，这表明当添加剂小分子的尺寸增加时，聚合物内部可以供其扩散的自由体积就越小且少，添加剂就越难在元胞内发生扩散。添加剂 BHT、UV-P、UV-327、UV-531 的回转半径分别为 2.88Å[①]、3.51Å、4.36Å、5.23Å，与以上添加剂的扩散系数结果的大小趋势一致，即 UV-327 和 UV-531 的扩散系数要小于 BHT 和 UV-P 的扩散系数。

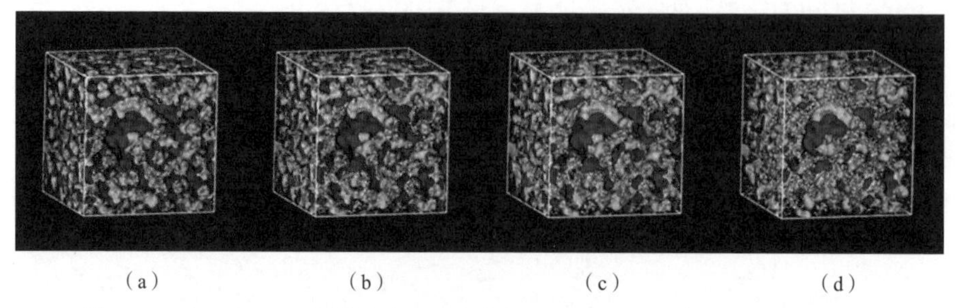

（a）　（b）　（c）　（d）

图 4-19　在 0.1MPa，探针半径 r_p 不同时 PE 元胞的自由体积（蓝色区域）

（a）r_p=0.2Å；（b）r_p=0.6Å；（c）r_p=0.8Å；（d）r_p=1.2Å

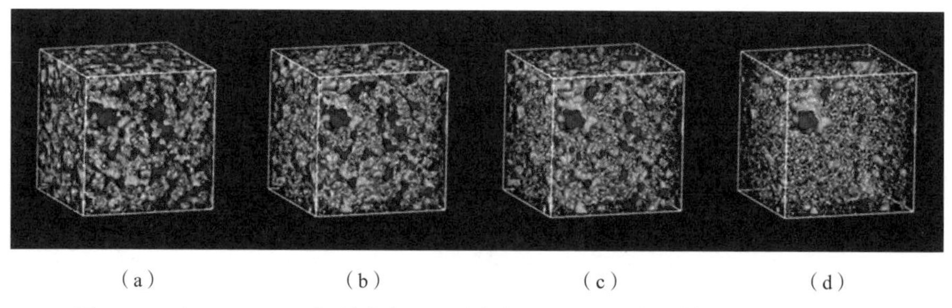

（a）　（b）　（c）　（d）

图 4-20　在 500MPa，探针半径 r_p 不同时 PE 元胞的自由体积（蓝色区域）

（a）r_p=0.2Å；（b）r_p=0.6Å；（c）r_p=0.8Å；（d）r_p=1.2Å

添加剂与聚合物基体的相互作用对其在聚合物中的扩散过程有较大的影响。而在超高压下，聚合物的体积被压缩，缩短了元胞内部原子间的间距，因此各原子间的相互作用会更加显著，可能会对添加剂在聚合物中的扩散产生影响。聚乙烯与添加剂之间的相互作用由相互作用能表示，其绝对值越大，表明相互作用力越强，添加剂越难以扩散。相互作用能的计算公式为

$$\Delta E = \left(E_{\text{polymer}} + E_{\text{additive}}\right) - E_{\text{total}} \tag{4-3}$$

式中，E_{polymer}——聚合物的单点能（kcal/mol）；

E_{additive}——添加剂的单点能（kcal/mol）；

E_{total}——聚合物和添加剂的总能量（kcal/mol）。

超高压下聚乙烯与四种添加剂的相互作用能如表 4-16 所示，在 0.1MPa 时，聚乙烯与 BHT、UV-P、UV-327 和 UV-531 的相互作用能依次增加，与常压下四

① 1Å=1×10^{-10}m。

种添加剂的扩散系数的大小顺序相一致，证明了聚合物与添加剂的相互作用越强烈，添加剂扩散时需要摆脱聚合物的束缚所需要的能量就越高，因此其扩散越困难。随着压力的增加，聚乙烯和添加剂的相互作用有所增加但是不明显，其大小顺序与常压条件下保持一致，其原因可能是高压虽然缩短了元胞中原子间的距离，增加了原子间的相互作用力，但是添加剂和聚合物所增加的单点能的程度相差无几，因此二者间的差值，即相互作用能增加有限。因此可以认为在超高压下，聚合物与添加剂之间的相互作用能不是影响添加剂扩散系数减小的主要原因。

表 4-16　聚乙烯与添加剂间的相互作用能

压力/MPa	相互作用能/（kcal/mol）			
	PE/BHT	PE/UV-P	PE/UV-327	PE/UV-531
0.1	67.88	70.68	100.34	101.00
100	69.45	68.73	93.81	98.83
300	72.47	70.91	100.72	100.44
500	71.68	77.68	98.34	106.28

添加剂的分子量是影响其扩散系数的重要原因，但是并不能完全体现添加剂在聚合物中的扩散特性，添加剂的其他结构特征，如分子的形状、尺寸等因素对其扩散系数的影响也不容忽视，尤其是在添加剂的分子量相差不大的情况下。中等尺寸的添加剂分子，即分子量（M）在 50～1000 时，其结构特征可以由范德瓦耳斯体积（van der Waals volume，V_{WdV}）、回转半径（radius of gyration，R_g）和形状因子（$I_{z/x}$）这三个拓扑参数表示，进而研究其结构特征与扩散速率的关系。

表 4-17 列出了 BHT、UV-P、UV-327、UV-531 的分子量及拓扑结构参数值。BHT 和 UV-P 的 M、V_{WdV} 和 $I_{z/x}$ 均低于 UV-327 和 UV-531，在常压下，BHT 和 UV-P 在 PE 元胞中的扩散系数也低于 UV-327 和 UV-531。除了添加剂的分子量这一较明显的影响因素外，由于 BHT 和 UV-P 具有较小的 V_{WdV}，其在 PE 元胞中找到与之体积相等或更大的自由体积的概率更大，因此具有较大的扩散系数。虽然 BHT 和 UV-P 的分子量比较接近，但是 UV-P 的形状因子大于 1，更近似于线形分子，由于线形分子的扩散要高于球形分子，因此 UV-P 的扩散系数较 BHT 高。

表 4-17　BHT、UV-P、UV-327、UV-531 的分子量及拓扑结构参数

	BHT	UV-P	UV-327	UV-531
分子量 M	220	225	358	326
范德瓦耳斯体积 V_{WdV}/Å^3	241	201	330	325
回转半径 R_g/Å	2.88	3.51	4.36	5.23
形状因子 $I_{z/x}$	3.9	15.6	4.63	3.04

然而在超高压处理下，UV-P 的扩散系数显著高于 BHT 的扩散系数，而 UV-531 的扩散系数显著高于 UV-327 的扩散系数，虽然 Vitrac 等认为添加剂的 V_{WdV} 是主导聚乙烯中添加剂的扩散行为的主要因素，但是在超高压处理下，添加剂扩散时可以利用的聚合物基体内的自由体积减小，相比于常压下，可能是由于回转半径和形状因子对其扩散发挥着较为显著的作用。

3. 超高压处理对包装内活性物质扩散影响的机理及模型表征

1）超高压处理对包装内活性物质扩散影响的机理

在超高压下，包装中功能性物质扩散受限的机理是压力和聚合物的分子量改变了聚合物的自由体积和链段的运动能力。聚合物的自由体积分数（fractional free volume，FFV）为聚合物的自由体积占自由体积与占有体积之和的百分数。通过分子动力学模拟获得超高压下四种不同分子量的 PE 模型的 FFV（表 4-18），四种 PE 元胞的 FFV 随压力的增加而降低，与 PE 元胞中 BHT 的扩散系数的变化趋势一致（图 4-21），表明高压可以压缩 PE 元胞的自由体积而限制小分子扩散[83]。

表 4-18　不同压力下四种 PE 元胞中的自由体积分数

压力/MPa	自由体积分数			
	PE-20	PE-40	PE-100	PE-300
0.1	12.77	12.70	12.31	11.82
100	8.89	8.88	8.49	9.13
300	5.09	5.00	5.08	4.66
500	3.11	3.39	3.36	3.31

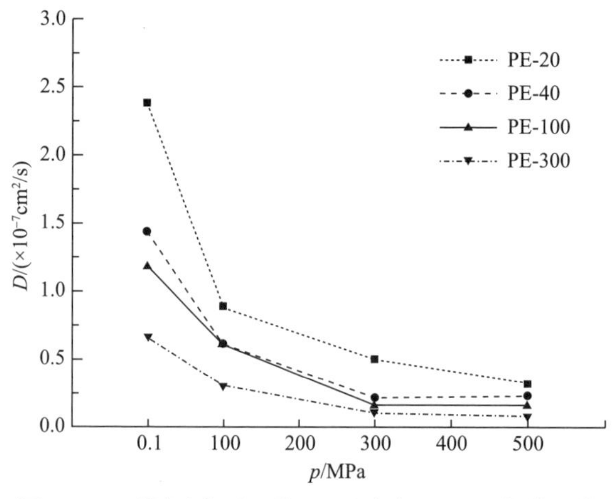

图 4-21　不同压力下四种 PE 元胞中 BHT 的扩散系数

此外，在常压下，FFV 随着 PE 元胞的分子量的增加而逐渐降低，这是因为 PE 的分子量较大时，其分子链的聚合度也大，因此 PE 的分子链较长并且链端数量少，则链端之间连接较为紧密、存在的空穴少，因而自由体积较少，因此 BHT 在较高分子量的 PE 元胞中扩散得更缓慢；当压力增加到 100MPa 时，PE-20 中的 FFV 比 PE-300 中的 FFV 受到压力的影响更大，下降较多。这可能是因为 PE-300 的分子量较高，有助于提高 PE 的抗压缩性。有研究表明，PE 的分子量较高时，其模量随着压力的增加而增加。因此，可以推断具有高分子量的 PE 在较低压力下受到的影响较小。然而随着压力、元胞中 PE 分子量的增加，自由体积和扩散系数之间的相关性不显著。100MPa 下 PE-300 的 FFV 最大，但 BHT 的扩散系数最小；500MPa 下 PE-20 的自由体积很小，但 BHT 的扩散系数很大。这些现象意味着在 HPP 下 PE 基质中 BHT 的扩散不仅仅受自由体积的控制。

在超高压下，随着压力的增加，四种分子量的 PE 中 PE 链的扩散系数均降低（图 4-22），这是因为压力增加导致了 PE 元胞内自由体积的减小而引起两方面的结果，其一是导致 PE 链可以活动的空间受到限制，其二是导致材料的玻璃化转变温度提高，PE 链间相互作用、规整度、刚度等增强，在压力下 PE 链段的运动需要跨越更高的能垒，因此其扩散系数降低。同时，PE 链的扩散系数随着元胞中 PE 分子量的增加而减小，且随着压力增加，PE 分子量越大，PE 链的扩散系数下降得越缓慢。这是因为分子量高的 PE 的聚合度、链长度也大，导致 PE 链之间的缠结百分比较高，缠结点起到物理交联的作用，因此具有高分子链的 PE 链活动性降低、扩散系数减小。此外，分子量较低的 PE 元胞中的链段较多，链端的活动性比中间链段更大，因此低分子量的 PE 链运动得更快。当压力和 PE 的分子量增加时，BHT 和 PE 元胞中 PE 链的扩散系数均降低，这说明 PE 链的活动也控制 BHT 在 PE 元胞中的扩散。因此，超高压条件和聚合物的分子量是改变聚合物的自由体积分数和聚合物链的活动性的因素，进而影响了 HPP 处理下小分子在聚合物中的扩散。

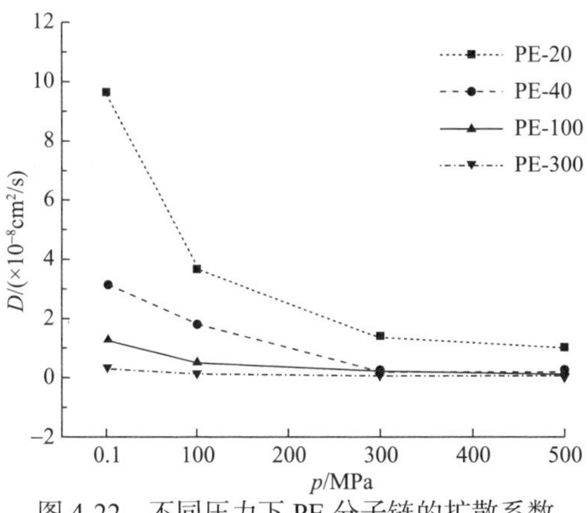

图 4-22　不同压力下 PE 分子链的扩散系数

比较 0.1MPa 和 500MPa 条件下 BHT 在四种不同分子量的 PE 元胞中的扩散轨迹及各时刻在元胞中 *XY*、*YZ*、*XZ* 平面的投影（图 4-23 和图 4-24），在 0.1MPa 下，BHT 的扩散轨迹呈狭长状，在元胞 *XY*、*YZ*、*XZ* 平面的投影比较分散，说明常压下 BHT 的扩散范围较宽、路径重叠较少；随着 PE 分子量的增加，BHT 的扩散范围逐渐减小、扩散路径多有重叠，由于具有较高分子量的 PE 元胞中 PE 分子链的缠结程度高、活动性差，难以形成输运通道及大小适合 BHT 进入的空腔；另外，PE 基体内的自由体积随着 PE 分子量的增加而减小，也导致了 BHT 分子运动受到限制。

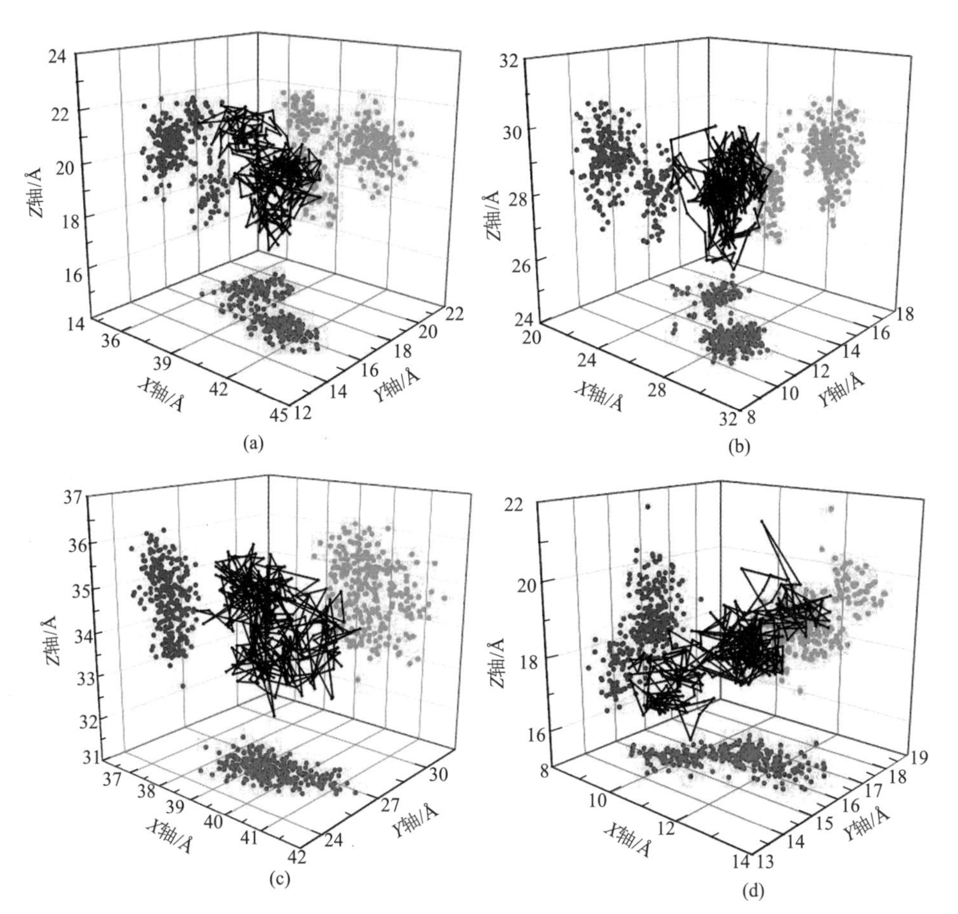

图 4-23　在 0.1MPa 时 PE 元胞中 BHT 的扩散轨迹（黑线）和投影（红、蓝、绿点分别是 BHT 在 *XY*、*YZ*、*XZ* 平面的投影）

（a）PE-20；（b）PE-40；（c）PE-100；（d）PE-300

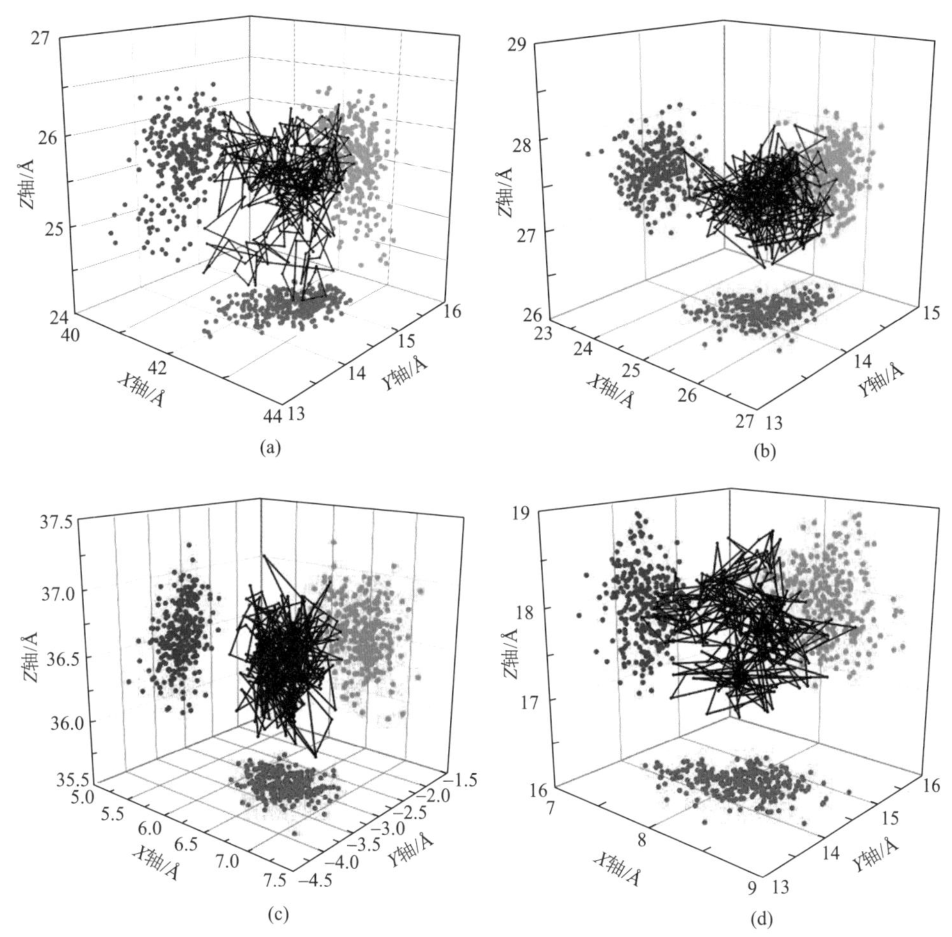

图 4-24　在 500MPa 时 PE 元胞中 BHT 的扩散轨迹（黑线）和投影（红、蓝、绿点分别是 BHT 在 *XY*、*YZ*、*XZ* 平面的投影）

（a） PE-20；（b） PE-40；（c） PE-100；（d） PE-300

当压力从 0.1MPa 增加到 500MPa 时，BHT 的运动轨迹近似呈球形，且轨迹重叠较多、在元胞各方向上的投影更密集，随着 PE 分子量的增加，这一趋势更加明显，这表明在高压下，BHT 分子受限于 PE 基体内，需要在基体内反复振动更长的时间，直到基体中出现适当的输运通道才得以进入相邻的空腔内完成扩散。在高压下，PE 的分子量越大，分子链的运动也就越困难，同时 BHT 分子排开其分子链所需要的能量也就越大，因此，随着压力的增加，PE 的分子量越大，BHT 在其基体内的运动越困难。

大量关于聚合物中气体小分子扩散的分子动力学模拟研究表明，气体小分子在聚合物中的扩散遵循“跃迁机制”，即小分子受限在聚合物基体的“空腔”内运动较长的时间，当基体内的空腔间形成了输运通道时，拥有合适动量的小分子迅速通过通道而跃入相邻空腔中。然而在超高压下，BHT 的扩散似乎不太符合跃迁机制。PE-20 和 PE-300 元胞在 0.1MPa 和 500MPa 下运动过程中各时刻距原点坐标的位移如图 4-25 和图 4-26 所示，在 0.1MPa 时，BHT 在元胞中有明显的跃迁行为，在 PE-300 元胞中跃迁的距离较在 PE-20 中小；当压力升高到 500MPa 时，BHT 分子受限于基体的空腔内，反复振动的时间更长，且跃迁的距离缩短，更近似于在 PE 基体内进行更缓慢的“蠕动式”运动，然后随 PE 链运动进入随机形成的第二个空腔，完成蠕动式扩散。

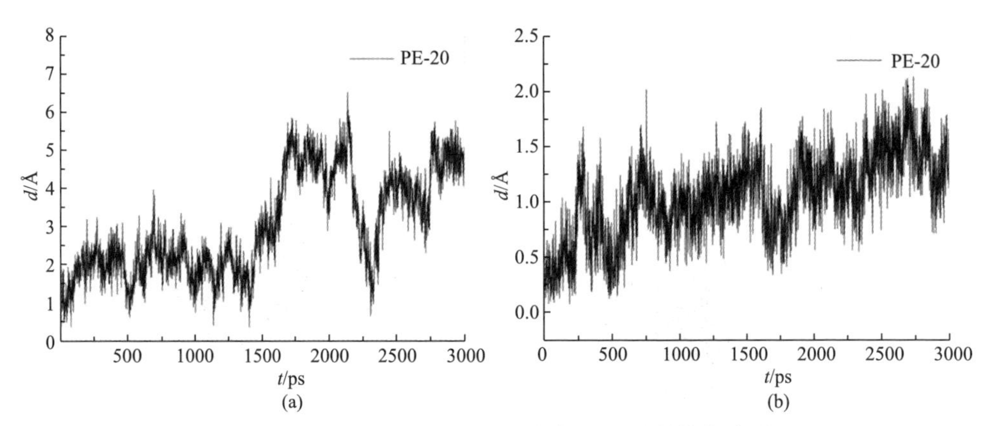

图 4-25　不同压力下 PE-20 元胞中 BHT 的扩散位移图

（a）0.1MPa；（b）500MPa

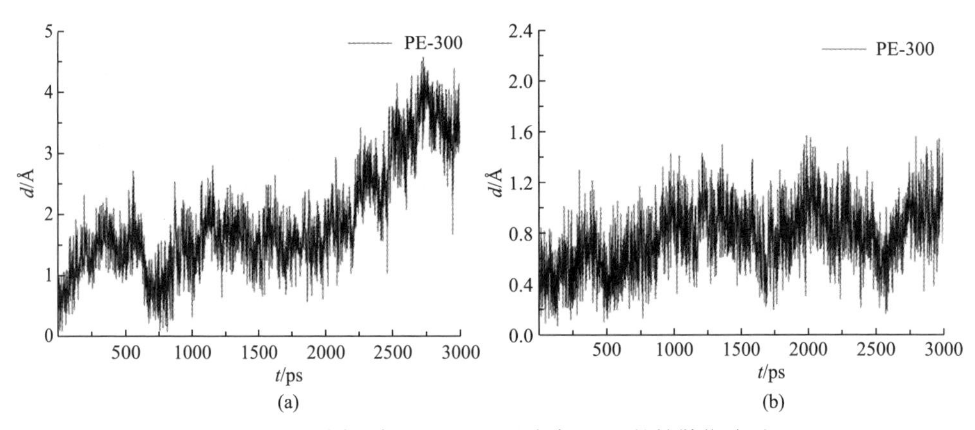

图 4-26　不同压力下 PE-300 元胞中 BHT 的扩散位移图

（a）0.1MPa；（b）500MPa

2）超高压处理对包装内活性物质扩散影响的模型表征

在食品包装领域常用的预测包装膜中塑料添加剂的扩散系数模型是 Brandsch

和 Piringer 提出的通用模型，即

$$D = D_u \exp\left(A_P - 0.1351M^{2/3} - \frac{10454}{T}\right) \quad (4\text{-}4)$$

式中，D_u——理想状态下扩散系数的单位值（$1m^2/s$）；

A_P——聚合物的结构特征参数；

M——添加剂的分子量。

但是该模型只能预测聚合物在常压（0.1MPa）状态下添加剂的扩散系数。与常压状态相比，包装膜在超高压下的状态变化是体积收缩。对于单层包装膜而言，静水压力的作用在宏观上主要是压缩聚合物的体积，在微观上主要是压缩聚合物的自由体积，改变聚合物基体内微观结构和分子链间的相互作用。而聚合物有千万种，不但结构、特性各异，而且不同微观结构的聚合物在超高压力下表现出的传质性能也不同。因此，为了预测超高压下包装膜的传质性能，在 Piringer 扩散模型的基础上，建立表征超高压力及聚乙烯的分子量参数的 PE 膜中添加剂的扩散系数模型——Piringer-HP 模型[77]。

$$D = D_u \exp\left[A_P\left(M_w, p\right) - 0.1351M^{2/3} - \frac{10454}{T}\right] \quad (4\text{-}5)$$

式中，M_w——聚合物的重均分子量；

p——体系的压力（MPa）。

Piringer-HP 模型的最大特点是将压力作用因子及聚合物分子量因子引入模型中的聚合物的特征参数项，二者共同决定了包装膜在超高压作用下的结构特征，同时在模型中保留添加剂的特征参数——分子量项、与温度相关的扩散活化能项，根据试验测得的扩散系数值可以计算得到 Piringer-HP 模型的系数值为

$$\begin{cases} D = D_u \exp\left(ax + b/y + b' - 0.1351M^{2/3} - \dfrac{10454}{T}\right) \\ A_P = ax + b/y + b' \end{cases} \quad (4\text{-}6)$$

式中，x——聚乙烯的重均分子量；

y——施加给体系的压力；

a——聚乙烯重均分子量的模型系数；

b、b'——超高压处理中压力的去量纲模型系数。

超高压范围在 100～400MPa，聚乙烯的重均分子量在 125557～459057 之间，保压时间分别为 15min、30min、60min 时的 Piringer-HP 扩散系数预测模型系数值见表 4-19，三组保压时间的模型系数较为接近，反映了当超高压处理的保压时间

在分钟的量级时，保压时间对 PE 膜中添加剂的扩散没有显著影响。

表 4-19　压力、聚乙烯分子量的 Piringer-HP 模型系数值

压力范围 /MPa	PE 分子量范围	保压时间 /min	系数值		
			a	b	Δb
100～400	125557～459057	15	-5.463×10^{-7}	41.69	−21.03
		30	-6.272×10^{-7}	41.63	−21.05
		60	-6.49×10^{-7}	42.81	−21.08

参考文献

[1] Balasubramanian A, Lee D S, Chikindas M L, et al. Effect of nisin's controlled release on microbial growth as modeled for micrococcus luteus[J]. Probiotics & Antimicrobial Proteins, 2011, 3(2): 113-120.

[2] Iconomopoulou S M, Voyiatzi G A. The effect of the molecular orientation on the release of antimicrobial substances from uniaxially drawn polymer matrixes[J]. Journal of Controlled Release, 2005(103): 451-464.

[3] Shemesh R, Goldman D, Krepker M, et al. LDPE/clay/carvacrol nanocomposites with prolonged antimicrobial activity[J]. Journal of Applied Polymer Science, 2015, 132(2): 1-8.

[4] 钱亮亮，金征宇，邓力. 密封控温法制备控释材料肉桂醛-β-环糊精包合物[J]. 食品与发酵工业, 2007, 33(12): 13-16.

[5] Barrer R M, Rideal E K. Activated diffusion in membranes[J]. Transactions of the Faraday Society, 1939, 35(1): 644-656.

[6] Barrer R M. Permeability in relation to viscosity and structure of rubber[J]. Transactions of the Faraday Society, 1942, 38(3): 322-330.

[7] Meares P. The diffusion of gases through polyvinyl acetate[J]. Journal of the American Chemical Society, 1954, 76(13): 3415-3422.

[8] Brandt W W. Model calculation of the temperature dependence of small molecule diffusion in high polymers[J]. Journal of Physical Chemistry, 1959, 63(7): 1080-1084.

[9] Dibenedetto A T. Molecular properties of amorphous high polymers. Ⅰ. A cell theory for amorphous high polymers[J]. Journal of Polymer Science Part A: General Papers, 1963, 1(11): 3459-3476.

[10] Dibenedetto A T. Molecular properties of amorphous high polymers. Ⅱ. An interpretation of gaseous diffusion through polymers[J]. Journal of Polymer Science Part A: General Papers, 1963, 1(11): 3477-3487.

[11] Pace R J, Datyner A. Statistical mechanical model for diffusion of simple penetrants in polymers. Ⅰ. Theory[J]. Journal of Polymer Science Part B: Polymer Physics, 1979, 17(3): 437-451.

[12] Pace R J, Datyner A. Statistical mechanical model for diffusion of simple penetrants in polymers.

Ⅱ. Applications-nonvinyl polymers[J]. Journal of Polymer Science Part B: Polymer Physics, 1979, 17(3): 453-464.

[13] Pace R J, Datyner A. Statistical mechanical model for diffusion of simple penetrants in polymers. Ⅲ. Applications-vinyl and related polymers[J]. Journal of Polymer Science Part B: Polymer Physics, 1979, 17(3): 465-476.

[14] Fujita H. Diffusion in polymer-diluent systems[J]. Advances in Polymer Science, 1961, 3(1): 1-47.

[15] Cohen M H, Turnbull D. Molecular transport in liquids and glasses[J]. Journal of Chemical Physics, 1959, 31(5): 1164-1169.

[16] Vrentas J S, Duda J L, Huang W J. Regions of Fickian diffusion in polymer-solvent systems[J]. Macromolecules, 1986, 19(6): 1718-1724.

[17] Vrentas J S, Vrentas C M. Determination of free-volume parameters for solvent self-diffusion in polymer-solvent systems[J]. Macromolecules, 1995, 28(13): 4740-4741.

[18] Moditsi M, Lazaridou A, Moschakis T, et al. Modifying the physical properties of dairy protein films for controlled release of antifungal agents[J]. Food Hydrocolloids, 2014, 39(2): 195-203.

[19] Yoshida C M P, Bastos C E N, Franco T T. Modeling of potassium sorbate diffusion through chitosan films[J]. LWT - Food Science and Technology, 2010, 43(4): 584-589.

[20] Arcan I, Yemenicioğlu A. Development of flexible zein-wax composite and zein-fatty acid blend films for controlled release of lysozyme[J]. Food Research International, 2013, 51(1): 208-216.

[21] Boonnattakorn R, Chonhenchob V, Siddiq M, et al. Controlled release of mangiferin using ethylene vinyl acetate matrix for antioxidant packaging[J]. Packaging Technology & Science, 2015, 28(3): 241-252.

[22] Mastromatteo M, Barbuzzi G, Conte A, et al. Controlled release of thymol from zein based film[J]. Innovative Food Science & Emerging Technologies, 2009, 10(2): 222-227.

[23] Gemili S, Yemenicioğlu A, Altınkaya S A. Development of cellulose acetate based antimicrobial food packaging materials for controlled release of lysozyme[J]. Journal of Food Engineering, 2009, 90(4): 453-462.

[24] Liu F, Avena-Bustillos R J, Chiou B S, et al. Controlled-release of tea polyphenol from gelatin films incorporated with different ratios of free/nanoencapsulated tea polyphenols into fatty food simulants[J]. Food Hydrocolloids, 2017, 62: 212-221.

[25] Gorrasi G. Dispersion of halloysite loaded with natural antimicrobials into pectins: characterization and controlled release analysis[J]. Carbohydrate Polymers, 2015, 127: 47.

[26] Uz M, Altınkaya S A. Development of mono and multilayer antimicrobial food packaging materials for controlled release of potassium sorbate[J]. LWT - Food Science and Technology, 2011, 44(10): 2302-2309.

[27] 王建清, 刘光发, 张洪军. 一种湿敏性可控释放抗菌保鲜包装薄膜及其制备方法[P]. CN104945646A. 2015.

[28] Hanušová K, Vápenka L, Dobiáš J, et al. Development of antimicrobial packaging materials with immobilized glucose oxidase and lysozyme[J]. Central European Journal of Chemistry, 2013, 11(7): 1066-1078.

[29] Bastarrachea L, Dhawan S, Sablani S S. Engineering properties of polymeric-based antimicrobial films for food packaging: a review[J]. Food Engineering Reviews, 2011, 3(2): 79-93.

[30] Fernández A, Soriano E, Hernández-Muñoz P, et al. Migration of antimicrobial silver from composites of polylactide with silver zeolites[J]. Journal of Food Science, 2010, 75(3): 186-193.

[31] Baldino L, Cardea S, Reverchon E. Supercritical assisted enzymatic membranes preparation, for active packaging applications[J]. Journal of Membrane Science, 2014, 453: 409-418.

[32] Imran M, Klouj A, Revol-Junelles A M, et al. Controlled release of nisin from HPMC, sodium caseinate, poly-lactic acid and chitosan for active packaging applications[J]. Journal of Food Engineering, 2014, 143(6): 178-185.

[33] Arcan I, Yemenicioğlu A. Controlled release properties of zein-fatty acid blend films for multiple bioactive compounds[J]. Journal of Agricultural & Food Chemistry, 2014, 62(32): 8238-8246.

[34] Yu W X, Hu C Y, Wang Z W. Release of potassium sorbate from pectin-carboxymethyl cellulose films into food simulant[J]. Journal of Food Processing & Preservation, 2017, 41(2): e12860.

[35] Buonocore G G, Nobile M A D, Panizza A, et al. A general approach to describe the antimicrobial agent release from highly swellable films intended for food packaging applications[J]. Journal of Controlled Release, 2003, 90(1): 97-107.

[36] Ozer B B P, Uz M, Oymaci P, et al. Development of a novel strategy for controlled release of lysozyme from whey protein isolate based active food packaging films[J]. Food Hydrocolloids, 2016, 61: 877-886.

[37] Chen X, Lu L X, Qiu X L, et al. Controlled release mechanism of complex bio-polymeric emulsifiers made microspheres embedded in sodium alginate based films[J]. Food Control, 2017, 73: 1275-1284.

[38] Chen X, Lu L X, Qiu X L, et al. Blending technique-determined distinct structured sodium alginate-based films for cinnamon essential oils controlled release[J]. Journal of Food Process Engineering, 2018, 41(2): e12905.

[39] 陈曦, 卢立新, 丘晓琳, 等. 内嵌混合乳化剂微球的海藻酸钠食品抗菌包装膜的机械和释放性能研究[J]. 中国食品学报, 2019, 19(8): 166-172.

[40] Kashiri M, Cerisuelo J P, Domínguez I, et al. Novel antimicrobial zein film for controlled release of lauroylarginate (LAE) [J]. Food Hydrocolloids, 2016, 61: 547-554.

[41] 韩甜甜. 新型缓释型食品抗氧化包装膜的研发[D]. 无锡: 江南大学, 2014.

[42] Sun L N, Lu L X, Qiu X L, et al. Development of low-density polyethylene antioxidant active films containing α-tocopherol loaded with MCM-41(Mobil Composition of Matter No. 41) mesoporous silica[J]. Food Control, 2017, 71: 193-199.

[43] 陈曦. 新型海藻酸钠/钙食品控释抗菌包装膜的制备及其控释机理研究[D]. 无锡: 江南大学, 2018.

[44] 路婉秋, 卢立新, 唐亚丽, 等. 超高压下食品包装的传质与微观结构的研究进展[J]. 食品与发酵工业, 2019, 45(13): 242-249.

[45] Galotto M J, Ulloa P, Escobar R, et al. Effect of high-pressure food processing on the mass transfer properties of selected packaging materials[J]. Packaging Technology and Science, 2010,

23(5): 253-266.
[46] Lambert Y, Demazeau G, Largeteau A, et al. Packaging for high-pressure treatments in the food industry[J]. Packaging Technology and Science, 2000, 13(2): 63-71.
[47] Lambert Y, Demazeau G, Largeteau A, et al. New packaging solutions for high pressure treatments of food[J]. International Journal of High Pressure Research, 2000, 19(1-6): 207-212.
[48] Dobias J, Voldrich M, Marek M, et al. Changes of properties of polymer packaging films during high pressure treatment[J]. Journal of Food Engineering, 2004, 61(4): 545-549.
[49] Largeteau A, Angulo I, Coulet J, et al. Evaluation of films for packaging applications in high pressure processing[J]. Journal of Physics: Conference Series, 2010, 215(1): 012172.
[50] Schauwecker A, Balasubramaniam V M, Sadler G, et al. Influence of high-pressure processing on selected polymeric materials and on the migration of a pressure-transmitting fluid[J]. Packaging Technology and Science, 2002, 15(5): 255-262.
[51] Caner C, Harte B. Effect of high-pressure processing on the migration of antioxidant Irganox 1076 from polypropylene film into a food stimulant[J]. Journal of the Science of Food and Agriculture, 2005, 85(1): 39-46.
[52] Yoo S, Sigua G, Min D, et al. The influence of high-pressure processing on the migration of Irganox 1076 from polyethylene films[J]. Packaging Technology and Science, 2014, 27(4): 255-263.
[53] Caner C, Hernandez R J, Pascall M, et al. The effect of high-pressure food processing on the sorption behaviour of selected packaging materials[J]. Packaging Technology and Science, 2004, 17(3): 139-153.
[54] Mauricio-Iglesias M, Peyron S, Chalier P, et al. Scalping of four aroma compounds by one common (LDPE) and one biosourced (PLA) packaging materials during high pressure treatments[J]. Journal of Food Engineering, 2011, 102(1): 9-15.
[55] Yoo S, Lee J, Holloman C, et al. The effect of high pressure processing on the morphology of polyethylene films tested by differential scanning calorimetry and X-ray diffraction and its influence on the permeability of the polymer[J]. Journal of Applied Polymer Science, 2009, 112(1): 107-113.
[56] Dhawan S, Varney C, Barbosa-Cnovas G V, et al. Pressure-assisted thermal sterilization effects on gas barrier, morphological, and free volume properties of multilayer EVOH films[J]. Journal of Food Engineering, 2014, 128(4): 40-45.
[57] Richter T, Sterr J, Jost V, et al. High pressure-induced structural effects in plastic packaging[J]. High Pressure Research, 2010, 30(4): 555-566.
[58] Kubel J, Ludwigt H, Marx H, et al. Diffusion of aroma compounds into packging films under high-pressure[J]. Packaging Technology and Science, 1996, 9(3): 143-152.
[59] Schmerder A, Richter T, Langowski H C, et al. Effect of high hydrostatic pressure on the barrier properties of polyamide-6 films[J]. Brazilian Journal of Medical and Biological Research, 2005, 38(8): 1279-1283.
[60] 王淑娟, 程欣, 唐亚丽. 超高压处理对LDPE、PA6食品包装材料包装性能可逆性的研究[J]. 现代食品科技, 2015, (6): 164-171.

[61] Alin J, Hakkarainen M. Type of polypropylene material significantly influences the migration of antioxidants from polymer packaging to food simulants during microwave heating[J]. Journal of Applied Polymer Science, 2010, 118(2): 1084-1093.
[62] Johns S M, Jickells S M, Read W A, et al. Studies on functional barriers to migration. 3. Migration of benzophenone and model ink components from carton board to food during frozen storage and microwave heating[J]. Packaging Technology & Science, 2015, 13(3): 99-104.
[63] 刘志刚，胡长鹰，王雷，等. 微波条件下聚烯烃抗氧剂向脂肪食品模拟物的迁移研究[J]. 包装工程, 2007, 28(8): 22-24.
[64] Goulas A E, Riganakos K A, Kontominas M G. Effect of ionizing radiation on physicochemical and mechanical properties of commercial monolayer and multilayer semirigid plastics packaging materials[J]. Food Additives & Contaminants, 2002, 19(12): 1190-1199.
[65] Riganakos K A, Koller W D, Ehlermann D A E, et al. Effects of ionizing radiation on properties of monolayer and multilayer flexible food packaging materials[J]. Developments in Food Science, 1999, 40(5): 767-781.
[66] George J, Kumar R, Sajeevkumar V, et al. Effect of γ-irradiation on commercial polypropylene based mono and multi-layered retortable food packaging materials[J]. Radiation Physics and Chemistry, 2007, 76(7): 1205-1212.
[67] Shanbhag P V, Sirkar K K. Ozone and oxygen permeation behavior of silicone capillary membranes employed in membrane ozonators[J]. Journal of Applied Polymer Science, 2015, 69(7): 1263-1273.
[68] Ozen B F, Floros J D. Effects of emerging food processing techniques on the packaging materials[J]. Trends in Food Science & Technology, 2001, 12(2): 60-67.
[69] Helmroth I E, Dekker M, Hankemeier T. Influence of solvent absorption on the migration of Irganox 1076 from LDPE[J]. Food Additives & Contaminants, 2002, 19(2): 176-183.
[70] Nilsson F, Hallstensson K, Johansson K, et al. Predicting solubility and diffusivity of gases in polymers under high pressure: N-2 in polycarbonate and poly(ether-ether-ketone) [J]. Industrial and Engineering Chemistry Research, 2013, 52(26): 8655-8663.
[71] Mozaffari F, Eslami H, Moghadasi J. Molecular dynamics simulation of diffusion and permeation of gases in polystyrene[J]. Polymer, 2010, 51(1): 300-307.
[72] Wang Z W, Wang P L, Hu C Y. Investigation in influence of types of polypropylene material on diffusion by using molecular dynamics simulation[J]. Packaging Technology and Science, 2012, 25(6): 329-339.
[73] Sacristan J, Mijangos C. Free volume analysis and transport mechanisms of PVC modified with fluorothiophenol compounds. A Molecular Simulation Study[J]. Macromolecules, 2010, 43(17): 7357-7367.
[74] Long L, Yang Y, Qiu F. All-atom molecular dynamics simulation of structure and diffusion of hydrophilic antistatic agents in polypropylene[J]. Chinese Journal of Chemistry, 2014, 32(3): 248-256.
[75] 荣丽萍. 分子模拟研究小分子气体在常用包装聚合膜中的扩散行为[D]. 山东: 山东大学, 2011.
[76] Wang Z W, Li B, Lin Q B, et al. Two-phase molecular dynamics model to simulate the

migration of additives from polypropylene material to food[J]. International Journal of Heat and Mass Transfer, 2018, 122: 694-706.
[77] 路婉秋. 超高压处理对 PE 膜中功能性添加剂扩散的影响[D]. 无锡: 江南大学, 2019.
[78] Nogales A, Hsiao B S, Somani R H, et al. Shear-induced crystallization of isotactic polypropylene with different molecular weight distributions: *in situ* small- and wide-angle X-ray scattering studies[J]. Polymer, 2001, 42(12): 5247-5256.
[79] 吕静, 李丹, 孙建兵, 等. 低分子量聚乳酸包膜尿素的缓释特性及其减少氨挥发的作用[J]. 中国农业科学, 2012, 45(2): 283-291.
[80] Han S J, Lohse D J, Condo P D. Pressure-volume-temperature properties of polyolefin liquids and their melt miscibility[J]. Journal of Polymer Science Part B Polymer Physics, 1999, 37(20): 2835-2844.
[81] Silva A S, Freire J M C, Franz R, et al. Mass transport studies of model migrants within dry foodstuffs[J]. Journal of Cereal Science, 2008, 48(3): 662-669.
[82] Lu W Q, Lu L X, Tang Y L, et al. Impact of high-pressure processing on diffusion in polyethylene based on molecular dynamics simulation[J]. Molecular Simulation, 2017, 43(7): 548-557.
[83] 路婉秋, 潘嘹, 卢立新, 等. 超高压处理下 BHT 在不同分子量聚乙烯中扩散的分子动力学模拟[J]. 塑料工业, 2019, 47(6): 98-103.

第5章

陶瓷食品包装材料中的重金属迁移

日用陶瓷作为一种重要的食品接触材料，由于具有硬度高、耐腐蚀及特殊的光学和电学性能，在食品包装工业中应用广泛。与塑料、金属及复合包装材料制作的包装容器相比，陶瓷食品包装容器更能保持食品的风味。

陶瓷制品基材是由玻璃相和晶相组成的无机硅酸盐材料，在制作陶瓷包装制品时，为提高阻隔性、强度及环境腐蚀耐性，同时为了方便烧制及增加美观效果，会在陶瓷制品表面施一层包含各种重金属（如铅、镉、铬、锑、钴、镍、锌、铜、钡等）氧化物的釉。如果釉的配方比例不合适，或者烧结的温度不适当，那么釉中的重金属元素就不能完全熔融并被氧化硅所构成的玻璃网络结构所包裹，致使其在陶瓷包装材料表面有不同程度的残留。陶瓷包装容器在与食品接触过程中，其中的重金属就会溶出并迁移到与其接触的食品中，从而影响食品的卫生与安全。

重金属中，汞、镉、铅、铬等具有显著的生物毒性。目前，国内外日用陶瓷检验的主要有害物质是铅和镉，但陶瓷包装材料中所含有的显然不只有铅和镉。除这两种重金属元素之外，有些国家也有针对性地选择对其他元素进行检测，美国食品与药品监督管理局（FDA）还检测锌、锑、钡等元素，芬兰还检测铬、镍元素，韩国、新西兰还检测砷、锑等元素。

目前在关于陶瓷制品有害重金属向食品中迁移的报道中，研究最多的重金属是铅和镉。也有些文献涉及铬、锌等元素。陶瓷釉层中重金属的溶出受多种因素的影响，现在已经证实的有：溶液的类型（如溶液的 pH、酒精度等）、接触温度、接触时间、表面积体积比、釉中重金属的含量及釉的化学组成等。也有研究发现，超过 90%的陶瓷釉层腐蚀仅与三个主要的参数有关，即时间、温度和溶液的 pH。

多年来对食品接触材料的迁移预测模型的研究主要集中在聚烯烃单膜，近年复合膜、纸质包装材料中有害物迁移模型陆续得以发展与构建，但陶瓷食品接触材料中重金属的溶出迁移模型研究基础薄弱。长期以来，重金属溶出迁移模型研究只是局限于玻璃中铅的溶出迁移，对于陶瓷中重金属的迁移模型研究报道甚少。

5.1 陶瓷釉层中重金属有害物迁移机理

截至目前，国内外关于陶瓷釉层中重金属溶出迁移机理的研究报道甚少，已有研究主要围绕相似物玻璃中铅的溶出迁移。当玻璃与水溶液接触时，对于反应机理的认识至今没有完全达成一致，但基本认同玻璃中铅的溶出迁移存在以下两个主要反应过程。

1. 离子交换过程

该反应过程是在含铅的硅酸盐玻璃与水或酸性溶液接触的研究中所普遍认同的观点。当玻璃与水或酸性溶液接触时，水分子扩散至玻璃表面，玻璃二氧化硅网络骨骼层空穴中的铅离子与水或酸性接触溶液中的氢离子发生离子交换反应，然后铅离子进入溶液。

$$\equiv \text{Si—O—Pb—O—Si} \equiv +2\text{H}^{+} \longrightarrow 2(\equiv \text{Si—OH}) + \text{Pb}^{2+} \qquad (5\text{-}1)$$

此反应通常为扩散控制过程，溶液中铅的迁移量与接触反应时间的平方根呈线性关系。在反应过程中，由于酸溶液或水中的氢离子或水合氢离子的作用，作为玻璃调节剂离子的铅离子从玻璃表面被溶解进入溶液。同时该反应使溶液 pH 升高并使玻璃表面的二氧化硅含量相对增高，随着铅离子扩散进入溶液中，将在玻璃表面形成富硅层，进而进一步影响迁移过程，而该富硅层的厚度及紧密程度与玻璃组分、接触时间、温度和溶液 pH 有关。该富硅层与原来的玻璃基体性质不同，会发生膨胀，对进一步反应来说犹如一个阻隔层，从而降低了相互扩散的速率，抑制了进一步迁移。

离子交换机理的观点主要是基于玻璃烧成后铅离子以立方体的六配位结构处于硅氧四面体的网络空隙之中，即以网络改变剂形式存在于玻璃之中[1,2]。当玻璃与水或酸性溶液接触时，铅离子从玻璃中溶出到溶液中。玻璃之中的硅与铅的比值远远大于溶液中二者的比值，因此发生的是铅的选择性浸出，硅酸盐的基体网络结构并没有遭到破坏。然而也有研究发现，铅在玻璃中并不完全是以网络改变剂形式存在的。Leventha 和 Bray[3]研究发现即使玻璃组成中铅组分很低，铅离子也会有网络形成剂——PbO_4锥体的形式存在；Wood 和 Blachere[4]则认为铅在玻璃中以网络形成剂、网络改变剂形式同时存在；Mizuno 等[5]研究发现即使是低铅玻璃，铅离子也不完全以网络改变剂形式存在，但并不能完全确定在铅硅酸盐玻璃中所有铅离子是以网络形成剂形式存在的。

如果铅离子是以网络形成剂的形式存在于玻璃中，那么从玻璃中迁移进入溶液中的铅离子则并不完全来自离子交换反应，它也会伴随着二氧化硅网络结构的水解而迁移至溶液中，这一过程也称为玻璃基体溶解。

2. 玻璃基体溶解过程

玻璃表面富硅层受到水和羟基的侵蚀，使≡Si—O—Si≡键断裂并形成大量的≡Si—OH 基团和非桥接的氧≡Si—O^-；非桥接的氧与 H_2O 反应，形成另外的 Si—OH 基团和 OH^-离子。随着反应不断进行，表面富硅层中部分 SiO_2 以可溶性硅溶胶 $Si(OH)_4$ 形式逐渐溶解于溶液中，导致玻璃的质量损失及溶液 Si^{4+}浓度增高，同时形成大量的表面侵蚀缺陷。

$$
\begin{aligned}
&\equiv \mathrm{Si—O—Si} \equiv + \mathrm{H_2O} \longrightarrow 2(\equiv \mathrm{Si—OH}) \\
&\equiv \mathrm{Si—O—Si} \equiv + \mathrm{OH^-} \longrightarrow \ \equiv \mathrm{Si—OH} + \equiv \mathrm{Si—O^-} \\
&\equiv \mathrm{Si—O^-} + \mathrm{H_2O} \longrightarrow \ \equiv \mathrm{Si—OH} + \mathrm{OH^-} \\
&\equiv \mathrm{Si—O—Si(OH)_3} + \mathrm{OH^-} \longrightarrow \mathrm{Si(OH)_4} + \equiv \mathrm{Si—O^-}
\end{aligned}
\tag{5-2}
$$

通常玻璃基体溶解过程由界面反应控制，溶液中铅的迁移量与时间成正比。而且通过分析会发现，溶解到溶液中的所有组分比例与玻璃中的组成相同。这一过程也称为协同性溶解或均匀溶解。

此外，有学者基于不同时期的迁移规律分析，认为玻璃中铅离子溶出迁移存在离子交换反应和基体溶解之间的竞争。玻璃与水或酸性溶液接触初期，铅离子的迁移以离子交换为主要机理，随着迁移的进行，基体溶解机理占主导。这一观点主要是从迁移规律导出的，开始溶液中的铅离子迁移量与时间的平方根成正比，一段时间之后，铅离子迁移量转为与时间呈线性关系。在耐久性很好的碱性硅酸盐玻璃中，从由离子交换为主要机理到羟基侵蚀机理的过渡是缓慢的。而且转换的 pH 一般在 9～10[6]。也有研究认为在 $pH<5$ 时，以离子交换为主要机理；$pH>9$ 时以基体溶解为主；而在 $5<pH<9$ 时，腐蚀最轻[7]。

需要指出的是，虽然陶瓷釉层是熔融在陶瓷制品表面上一层很薄的玻璃质层，具有与玻璃相似的某些物理化学性质。但是，釉层并不单纯是硅酸盐，有时还含有硼酸盐或磷酸盐；而且在高温烧制时，釉与坯体接触面发生一系列反应，会形成中间层，仅坯体外的薄层保持着玻璃结构；同时，釉的均匀程度与玻璃有区别，玻璃可以认为是一种均质体，而釉的熔化受到坯体烧成工艺及制品成分的限制，使釉层不能达到像玻璃一样的均一组织，会含有气体包裹物、未起反应的石英结晶和新形成的矿物晶体，其晶相和气相的存在将直接影响釉的结构，进而会影响釉面与溶液接触时的耐腐蚀性；此外，陶瓷釉层中铅、镉、铬等重金属元素是以何种形式存在于陶瓷中并不可知。因此，陶瓷容器釉层中重金属向食品的迁移并不能完全用玻璃中铅的迁移机理来解释。

5.2　陶瓷生产工艺对陶瓷釉层中重金属迁移的影响

陶瓷生产工艺包括釉料配方、釉层厚度、装饰方式、装窑方法、烧成时间、烧成温度、通风条件等。通过试验发现对于含有某种确定元素及比例的釉料配方来说，釉层厚度、烧成温度和烧成时间是三个较为重要的因素。陶瓷产品釉层的厚度与釉的比重和施釉的时间成正比，可以通过控制施釉的时间来控制釉层的厚度。而且烧成温度和烧成时间是分不开的，因此，将烧成时间也列入烧成温度的范畴中。将釉层厚度、烧成温度作为不同陶瓷生产工艺的指标参数。以两种釉料配方经过不同的生产工艺制成的陶瓷容器为例。其中，施釉时间为 10s 和 20s，烧成温度为 1150℃和 1190℃。

陶瓷釉料配方见表 5-1。

表 5-1　陶瓷釉料配方

釉料配方	釉料组成
A1	铅熔块 15g，氧化锌 6g，长石 42g，苏州土 10g，方解石 7g，硼熔块 5g，石英 8g
A2	铅熔块 15g，氧化锌 5g，长石 25g，苏州土 5g，方解石 7g，白土 25g，土骨 10g

注：釉 A1、釉 A2 中均含有重金属铅和锌。

表 5-2 为不同陶瓷生产工艺下铅、锌的溶出量。根据两种釉彩配方的不同釉层厚度和烧制温度下的铅和锌的溶出量发现，陶瓷包装容器中的重金属溶出量随着釉层厚度的增加而增加，随着烧制温度的升高而减少。配方相同的条件下，烧制温度对陶瓷包装中重金属溶出量的影响比釉层厚度更为显著。

表 5-2　不同陶瓷生产工艺下铅、锌的溶出量

配方编号	施釉时间/ s	烧制温度/℃	铅 /（μg/mL）	锌/（μg/mL）
A1	10	1150	0.078	0.049
		1190	0.048	0.022
	20	1150	0.104	0.065
		1190	0.060	0.043
A2	10	1150	0.245	0.445
		1190	0.120	0.182
	20	1150	0.259	0.582
		1190	0.143	0.225

5.3 陶瓷包装材料内重金属向食品模拟物迁移溶出规律

以釉料配方Ⅰ、Ⅱ、Ⅲ分别制成的陶瓷容器为例（表 5-3），其中 3 种釉料配方中各氧化物的组成参见文献[8]。陶瓷样品分别在 3 个温度（20℃、40℃和 60℃）条件下与 4 种食品模拟液（4%乙酸、10%乙酸、1%柠檬酸、1%乳酸）接触一定时间，通过迁移结果，分析陶瓷包装材料中的重金属向酸性食品的迁移溶出规律。

表 5-3 陶瓷釉料配方

釉料配方	釉料组成
Ⅰ	铅丹 60g，石英 20g，长石 5g，苏州土 8g，方解石 7g
Ⅱ	铅丹 60g，石英 20g，长石 5g，苏州土 8g，方解石 7g，氧化镉 15g
Ⅲ	铅丹 42g，石英 18g，长石 18g，苏州土 8g，氧化钴 4g，氧化镍 4g，氧化锌 6g

注：釉Ⅰ中含有重金属铅，釉Ⅱ中含有重金属铅和镉，釉Ⅲ中含有重金属铅、钴、镍、锌。

迁移结果如图 5-1～图 5-7 所示，其中，图中符号点是迁移试验结果，曲线则是用经验公式拟合的结果。

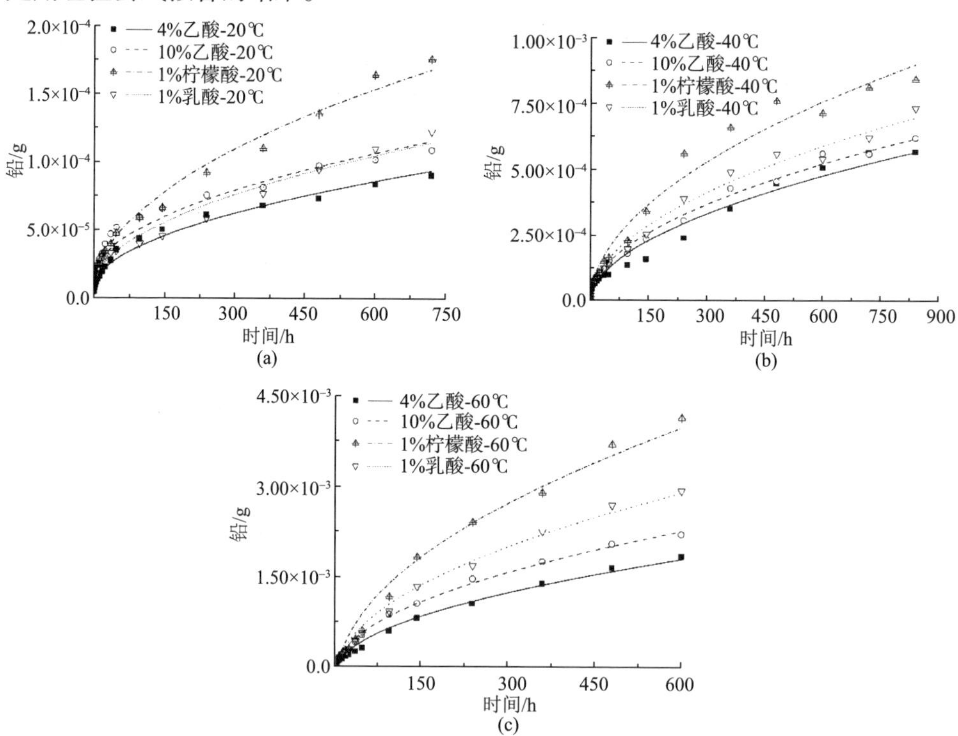

图 5-1 釉Ⅰ配方陶瓷制品中铅向 4%乙酸、10%乙酸、1%柠檬酸和 1%乳酸中迁移的量
（a）20℃；（b）40℃；（c）60℃

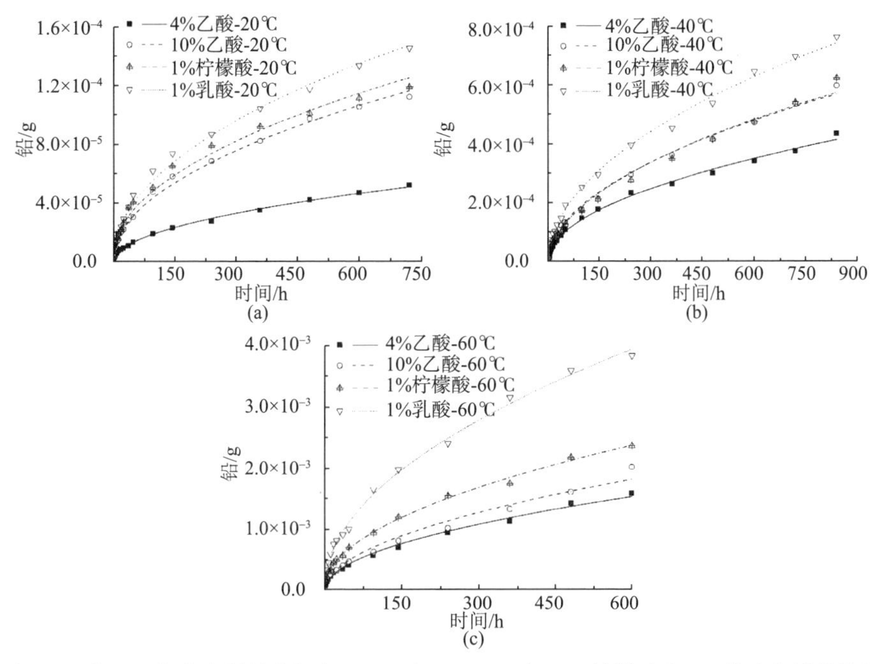

图 5-2　釉Ⅱ配方陶瓷制品中铅向 4%乙酸、10%乙酸、1%柠檬酸和 1%乳酸中迁移的量

（a）20℃；（b）40℃；（c）60℃

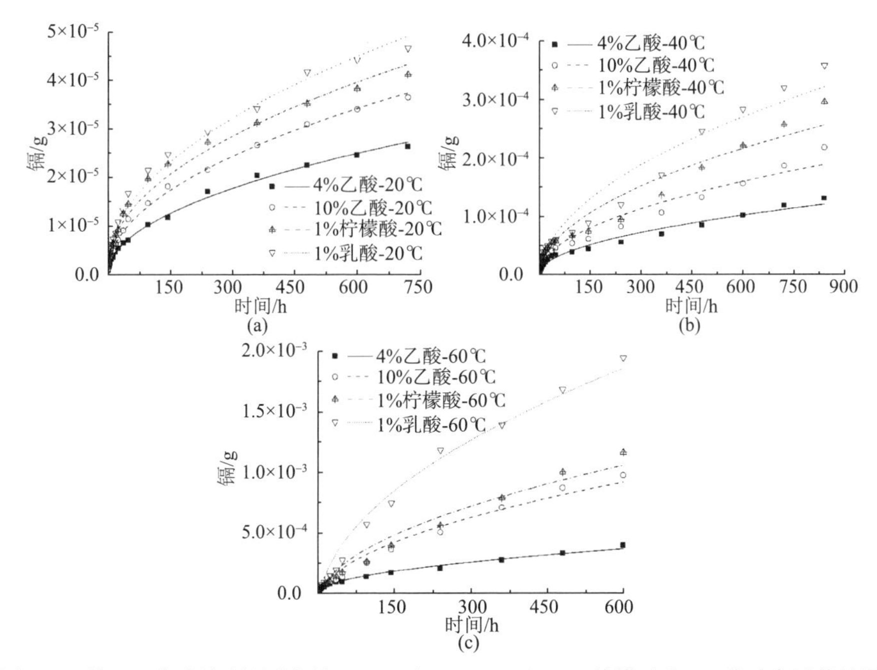

图 5-3　釉Ⅱ配方陶瓷制品中镉向 4%乙酸、10%乙酸、1%柠檬酸和 1%乳酸中迁移的量

（a）20℃；（b）40℃；（c）60℃

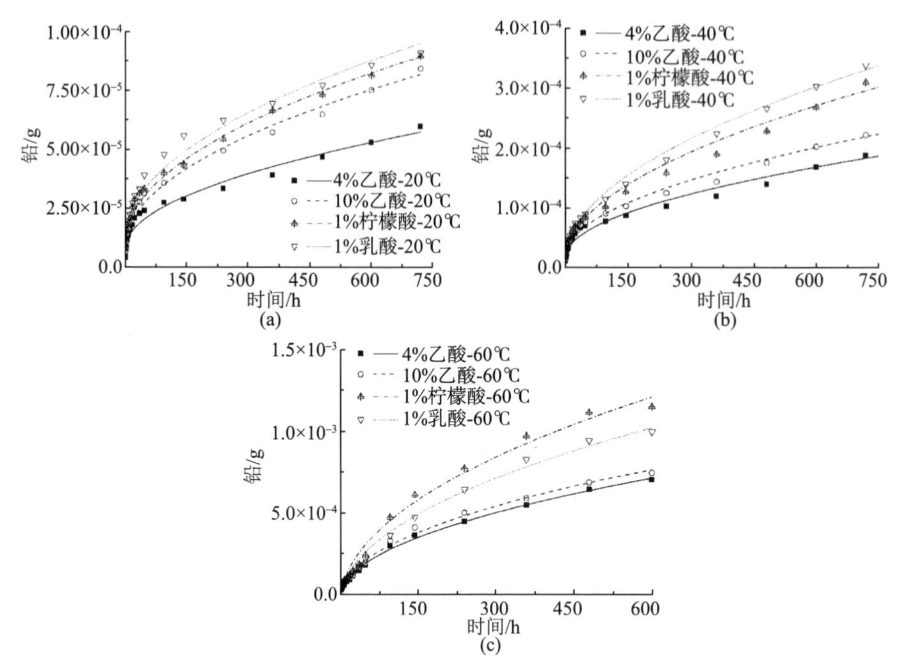

图 5-4 釉Ⅲ配方陶瓷制品中铅在不同温度下向 4%乙酸、10%乙酸、1%柠檬酸和 1%乳酸中迁移的量

（a）20℃；（b）40℃；（c）60℃

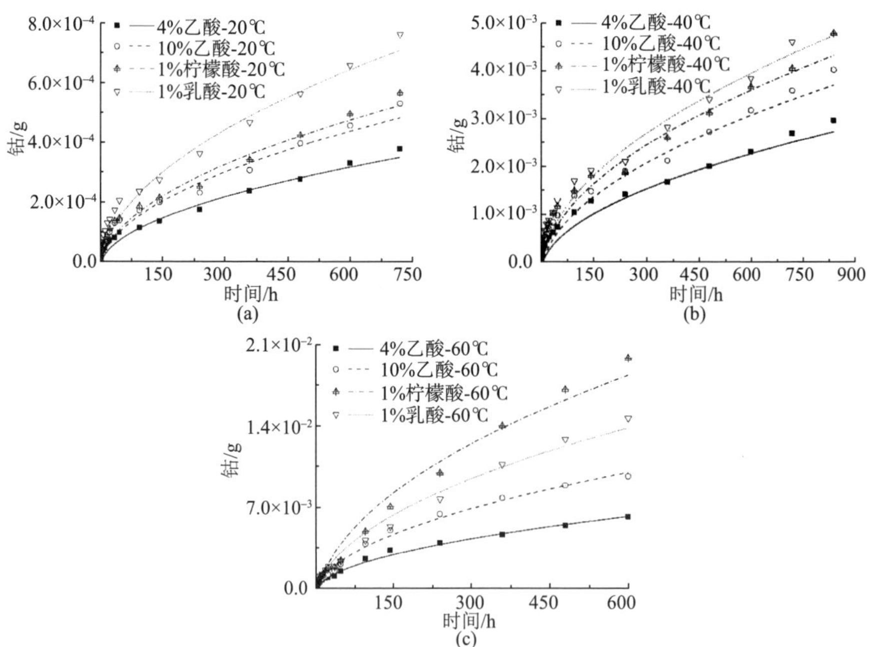

图 5-5 釉Ⅲ配方陶瓷制品中钴在不同温度下向 4%乙酸、10%乙酸、1%柠檬酸和 1%乳酸中迁移的量

（a）20℃；（b）40℃；（c）60℃

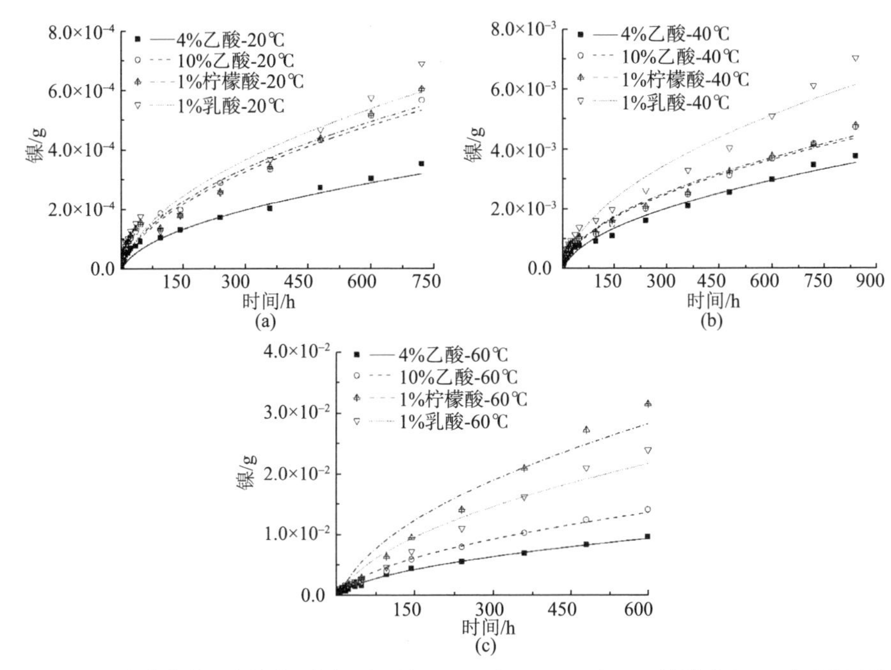

图 5-6　釉Ⅲ配方陶瓷制品中镍在不同温度下向 4%乙酸、10%乙酸、1%柠檬酸和 1%乳酸中迁移的量

（a）20℃；（b）40℃；（c）60℃

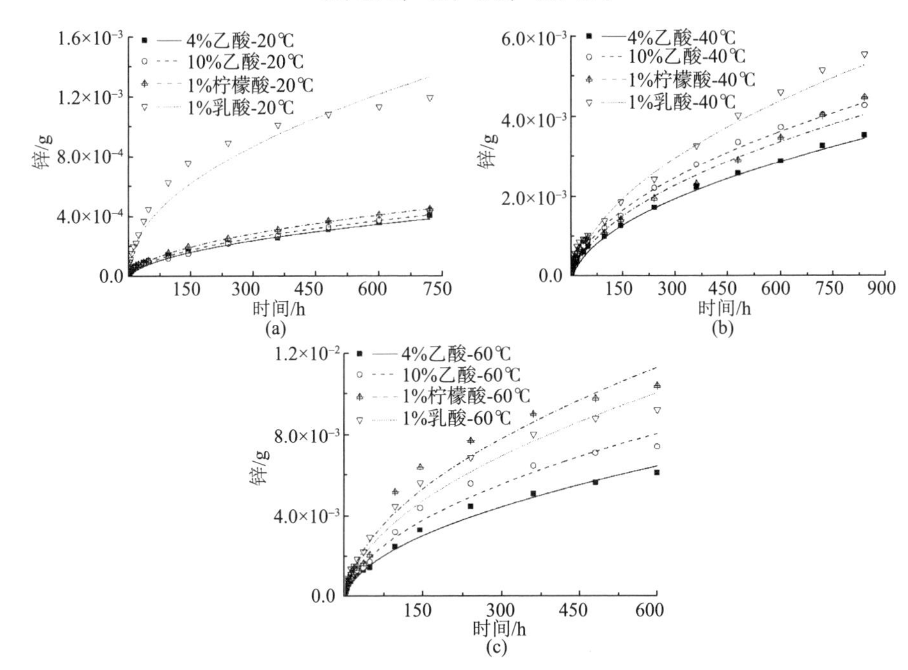

图 5-7　釉Ⅲ配方陶瓷制品中锌在不同温度下向 4%乙酸、10%乙酸、1%柠檬酸和 1%乳酸中迁移的量

（a）20℃；（b）40℃；（c）60℃

5.3.1 陶瓷釉层中重金属迁移动力学

基于迁移测定发现，在相同浸泡温度条件下，3 种釉料配方的陶瓷制品在与 4 种食品模拟液接触时，均表现为初始阶段重金属元素迅速溶出，溶出量急剧增加，然后随着浸泡时间的推移，重金属溶出量增加得越来越缓慢，逐渐趋于平缓。

对试验结果应用式（5-3）进行拟合：

$$M_{i,t} = a + b \times \sqrt{t} \tag{5-3}$$

式中，$M_{i,t}$——重金属元素 i 在 t 时刻的溶出量。

参数 a 和 b 通过对试验数据拟合产生。参数 a 主要取决于接触表面的质量，参数 b 则取决于釉的化学组成及所采用的溶液。

拟合得到各温度（20℃、40℃和 60℃）下重金属的迁移溶出量与时间的关系，结果表明拟合相关系数的平方（R^2）均在 0.94 以上，说明重金属铅、镉、钴、镍、锌的溶出量与时间的平方根成正比，同时表明重金属向食品模拟液的迁移主体是由扩散控制的离子交换反应过程。

5.3.2 重金属迁移量与其在釉中比例的关系

含有铅、镉、钴、镍、锌等重金属元素的陶瓷制品在 20℃、40℃、60℃下与 4%（V/V）乙酸、10%（V/V）乙酸、1%（W/V）柠檬酸、1%（V/V）乳酸 4 种食品模拟物接触一段时间后，其中所含的 4 种重金属元素均有不同程度的溶出。从釉料配方Ⅱ的陶瓷制品的铅、镉迁移结果（图 5-2 和图 5-3）来看，同温度同种模拟液中，铅的溶出量比镉的溶出量要多。从釉料配方Ⅲ的陶瓷制品中重金属元素的迁移结果（图 5-4～图 5-7）来看，铅的溶出量最少，镍的溶出量最多，钴和锌的溶出量相差不多，但比镍的溶出量要少。

以釉Ⅱ、釉Ⅲ两种釉料配方制成的陶瓷容器为例，表 5-4 给出了两种釉料配方的重金属溶出量之比及它们在釉中的比例。

表 5-4 重金属溶出量之比及在釉料配方中的比例

食品模拟物	温度/℃	铅镉溶出量之比（釉Ⅱ配方）	釉Ⅱ配方中铅、镉比例	铅、钴、镍、锌溶出量之比（釉Ⅲ配方）	釉Ⅲ配方中铅、钴、镍、锌比例
4%乙酸	20	1：0.551993	1：0.2535	1：5.140：5.543：4.152	1：0.097：0.097：0.146
	40	1：0.297628		1：10.15：11.596：10.934	
	60	1：0.239123		1：9.271：12.887：8.745	

釉Ⅱ配方中，铅镉溶出量之比随着温度升高而逐渐增大，即随着温度升高，

铅越来越容易溶出。铅镉的比例比较接近于 60℃时 4%乙酸中的铅镉溶出量之比，说明在 60℃时，铅和镉是协同性溶出的。而在 20℃和 40℃下，镉在浸出液中的比例比在釉中的高，说明低温或常温下，陶瓷中的镉元素比铅元素更容易向 4%乙酸中溶出。比较 4 种重金属在 4%乙酸中溶出量之比及在釉中的比例（釉III中铅、钴、镍、锌比例为 1∶0.097∶0.097∶0.146），发现镍是最容易迁移的，其次是钴和锌，最不容易迁移的是铅。

因此，陶瓷制品在与酸性食品模拟物接触时，釉中的金属元素并不是协同地溶出，而是存在优先选择。

5.3.3　陶瓷包装材料中重金属的溶出机理

玻璃溶解主要经历的三个过程为[9]：①水分子扩散与离子交换；②基体网络溶解；③表面层的生成。在不同的环境条件及反应阶段，可能是某一个过程控制整个反应的速率，也有可能是共同控速。很多研究者认为在初始阶段，玻璃溶解主要是水分子扩散与离子交换反应，而在较长时间内，玻璃溶解则以基体网络溶解为主要特征。结合重金属的溶出规律也发现，在浸出初始阶段，重金属溶出量与时间的平方根成正比（即扩散控制）；但随着反应进行，重金属溶出量增加渐缓，机理有可能会转变成以基体网络溶解为主。试验发现重金属的溶出量是与时间的平方根成正比的，但是要确认反应机理，则需要通过判断浸出液中网络改变剂及重金属离子的浓度与硅的浓度的比值和釉层中的比值的大小关系来确定[10]。

如果 $\frac{c(\mathrm{M})}{c(\mathrm{Si})}\Big|_{浸出液} > \frac{c(\mathrm{M})}{c(\mathrm{Si})}\Big|_{釉层}$，则说明是选择性浸出，即是由扩散控制的离子交换反应控速。

如果 $\frac{c(\mathrm{M})}{c(\mathrm{Si})}\Big|_{浸出液} = \frac{c(\mathrm{M})}{c(\mathrm{Si})}\Big|_{釉层}$，则说明是协同性溶解，即二氧化硅溶解形成硅酸，导致玻璃体结构网络的溶解，从而使玻璃中的元素以相同的比例溶解到溶液中。

以 3 种釉料配方制成的陶瓷容器为例。表 5-5 给出了釉层及在 40℃下浸泡 24h、240h 和 840h 后的浸出液中各重金属元素与硅的比值。可以看出，釉层中铅、镉、钴、镍、锌与硅的比值都比浸出液中的比值低，满足 $\frac{c(\mathrm{M})}{c(\mathrm{Si})}\Big|_{浸出液} > \frac{c(\mathrm{M})}{c(\mathrm{Si})}\Big|_{釉层}$ 这一条件，说明陶瓷容器中的重金属的溶出是选择性溶出，是以由扩散控制的离子交换反应为机理的。

表 5-5　浸出液中重金属元素与硅的比值

	重金属/硅	釉层比值	食品模拟物	浸出液中的比值		
				24h	240h	840h
釉 I 配方	铅/硅	0.005634	4%乙酸	4.792079	0.564636	—

续表

	重金属/硅	釉层比值	食品模拟物	浸出液中的比值		
				24h	240h	840h
釉Ⅱ配方	铅/硅	0.004985	4%乙酸	3.518919	0.864566	0.726961
	镉/硅	0.001263	4%乙酸	1.308108	0.381601	0.323414
釉Ⅲ配方	铅/硅	0.003795	4%乙酸	0.017199	0.027501	0.047681
	钴/硅	0.000511	4%乙酸	0.758345	0.306696	0.559682
	镍/硅	0.000513	4%乙酸	0.617925	0.319649	0.618391
	锌/硅	0.00055	4%乙酸	0.336357	0.492826	0.746837

注：釉Ⅰ配方浸出液中 840h 的铅/硅比值未检测。

5.3.4 温度对重金属向食品模拟物迁移溶出的影响

图 5-8～图 5-10 给出了 20℃、40℃、60℃条件下 3 种釉料配方中重金属元素在迁移试验时间内（分别是 720h、840h、600h）的平均迁移速率。3 种釉彩配方的釉层中重金属元素铅、铅和镉，以及铅、钴、镍、锌的溶出量都是随着温度的升高而增加的，并且平均迁移溶出速率也随着温度的增加而加快。这是由于温度升高，一方面釉层中重金属离子动能增加，具有扩散活化能的重金属离子数增加，从而加快了重金属离子在釉层中的扩散速率；另一方面，溶液中分子的无规则热运动加快，向与釉层接触的界面上迁移的活性分子增多，从而使氢离子（或水合氢离子）与釉层中重金属离子的离子交换反应加速，进而加快了重金属元素的迁移速率。

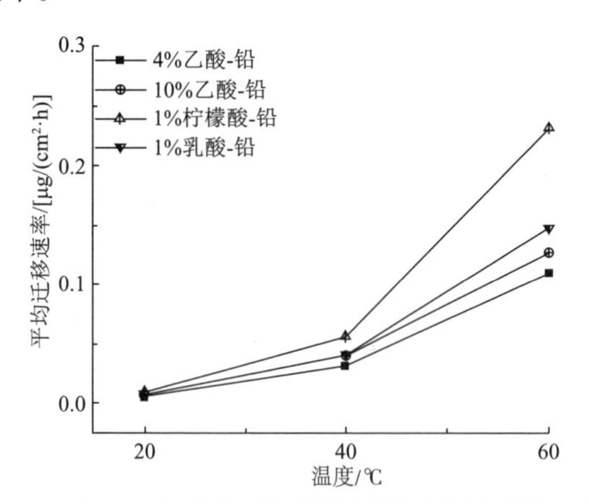

图 5-8　20℃、40℃、60℃条件下釉Ⅰ配方陶瓷制品中铅的平均迁移速率

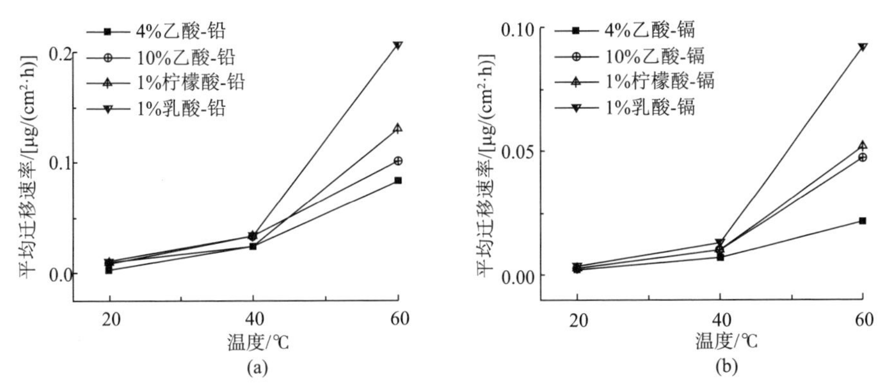

图 5-9　20℃、40℃、60℃条件下釉Ⅱ配方陶瓷制品中铅和镉的平均迁移速率

（a）铅；（b）镉

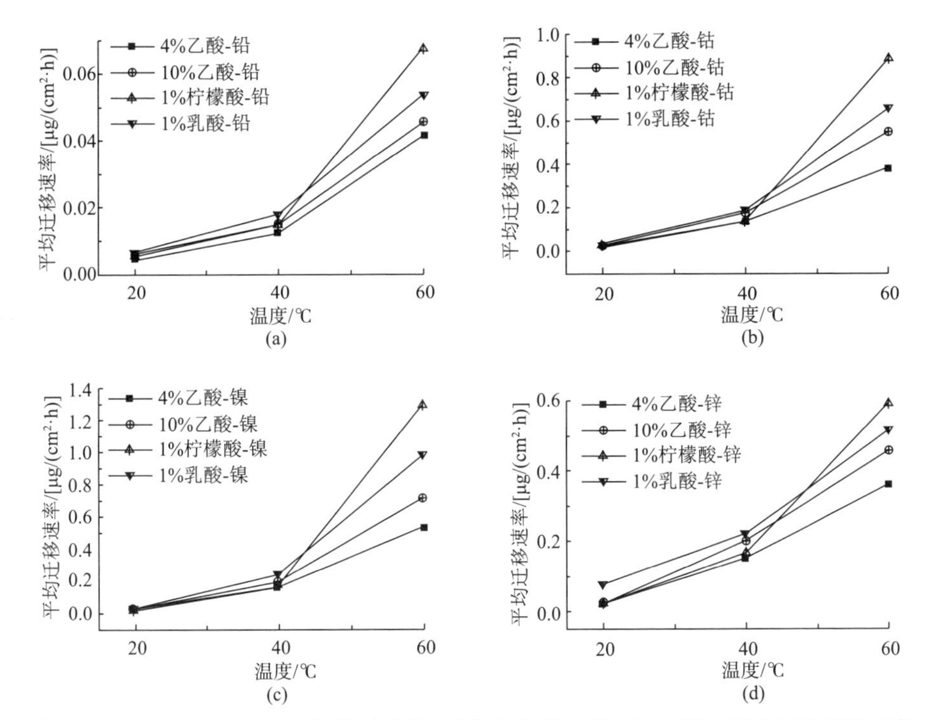

图 5-10　20℃、40℃、60℃条件下釉Ⅲ配方陶瓷制品中铅、钴、镍、锌的平均迁移速率

（a）铅；（b）钴；（c）镍；（d）锌

5.3.5　pH 对重金属向食品模拟物迁移溶出的影响

以釉料配方Ⅰ、Ⅱ、Ⅲ分别制成的陶瓷制品为例。其中，陶瓷样品分别在 3 个温度条件下（20℃、40℃和 60℃）在两种食品模拟液（4%乙酸、10%乙酸）浸泡 24h，通过迁移结果，分析陶瓷包装材料中 pH 对重金属迁移溶出的影响[11-13]。

表 5-6 给出了同种溶液两种 pH 下各重金属的溶出量。无论是 20℃、40℃还是 60℃，10%乙酸中各种重金属的溶出量均比 4%乙酸中的要高。4%乙酸的 pH 为 2.45，10%乙酸的 pH 为 2.2，由此可知重金属的溶出量受 pH 的影响，在酸性条件下，重金属溶出量随 pH 的下降而增多。

表 5-6　不同 pH 下重金属的溶出量

元素	温度/℃	溶出量（4%乙酸）/g	溶出量（10%乙酸）/g
釉Ⅰ配方铅	20	2.23×10^{-5}	3.92×10^{-5}
	40	8.52×10^{-5}	1.06×10^{-4}
	60	1.93×10^{-4}	2.75×10^{-4}
釉Ⅱ配方铅	20	9.10×10^{-6}	2.18×10^{-5}
	40	6.99×10^{-5}	9.52×10^{-5}
	60	3.14×10^{-4}	3.21×10^{-4}
釉Ⅱ配方镉	20	5.32×10^{-6}	7.08×10^{-6}
	40	2.56×10^{-5}	3.67×10^{-5}
	60	7.82×10^{-5}	8.97×10^{-5}
釉Ⅲ配方铅	20	2.07×10^{-5}	2.52×10^{-5}
	40	5.61×10^{-5}	6.34×10^{-5}
	60	1.11×10^{-4}	1.14×10^{-4}
釉Ⅲ配方钴	20	3.64×10^{-5}	5.20×10^{-5}
	40	1.54×10^{-4}	2.10×10^{-4}
	60	6.13×10^{-4}	9.21×10^{-4}
釉Ⅲ配方镍	20	3.06×10^{-5}	4.31×10^{-5}
	40	3.28×10^{-4}	5.02×10^{-4}
	60	8.49×10^{-4}	1.03×10^{-3}
釉Ⅲ配方锌	20	4.01×10^{-5}	5.47×10^{-5}
	40	2.02×10^{-4}	3.40×10^{-4}
	60	6.81×10^{-4}	7.45×10^{-4}

5.4　陶瓷包装材料与真实食品接触时重金属的迁移溶出

以釉料配方Ⅱ、Ⅲ分别制成的陶瓷容器为例。其中，陶瓷样品分别在 20℃、40℃条件下，选择白酒、黄酒、醋、酸豆角汁 4 种真实食品作为典型食品浸泡液[14]。

图 5-11～图 5-16 给出了不同重金属在 20℃和 40℃下向白酒、黄酒、醋、酸豆角汁中迁移的量，由迁移结果可以看出 pH、酒精度、温度对重金属迁移的影响。

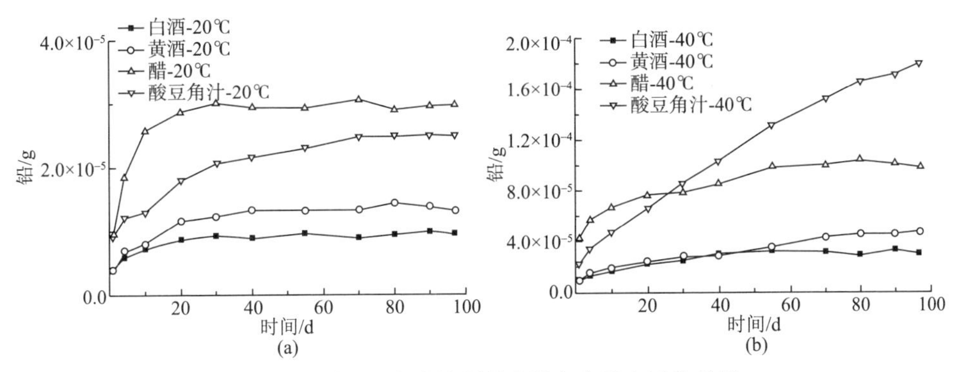

图 5-11　釉Ⅱ配方陶瓷制品中铅向食品中迁移的量

（a）20℃；（b）40℃

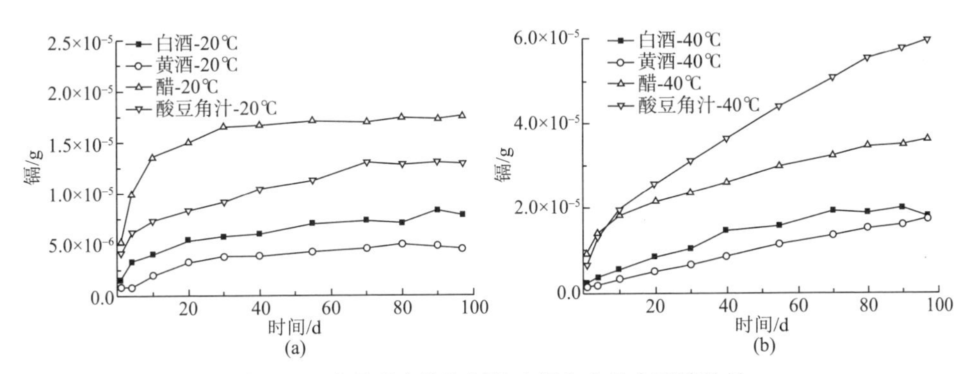

图 5-12　釉Ⅱ配方陶瓷制品中镉向食品中迁移的量

（a）20℃；（b）40℃

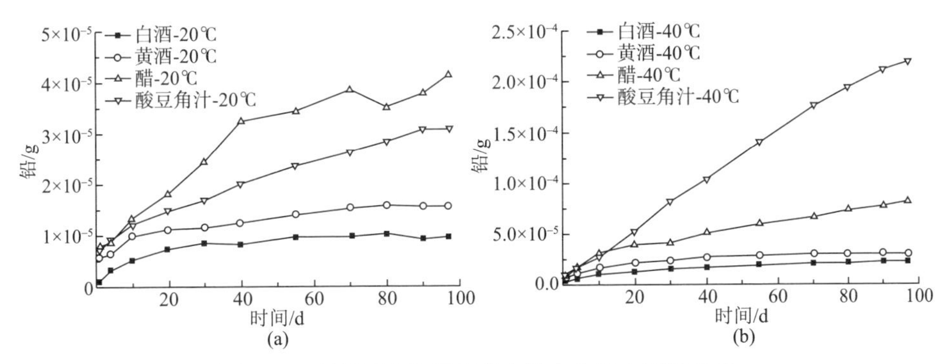

图 5-13　釉Ⅲ配方陶瓷制品中铅向食品中迁移的量

（a）20℃；（b）40℃

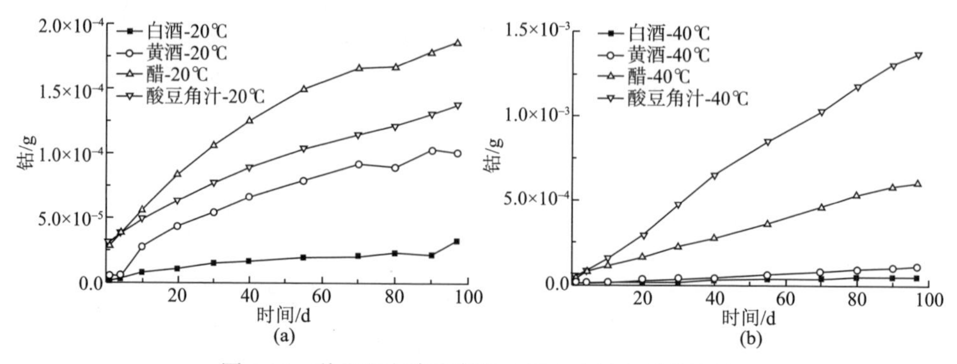

图 5-14 釉Ⅲ配方陶瓷制品中钴向食品中迁移的量

（a）20℃；（b）40℃

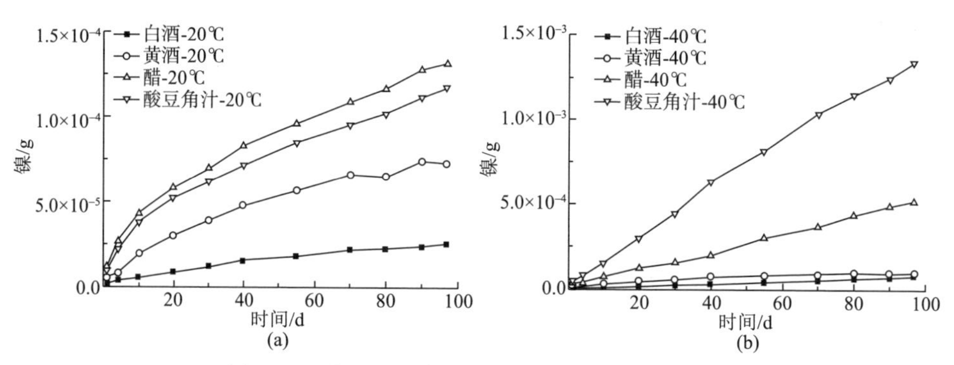

图 5-15 釉Ⅲ配方陶瓷制品中镍向食品迁移的量

（a）20℃；（b）40℃

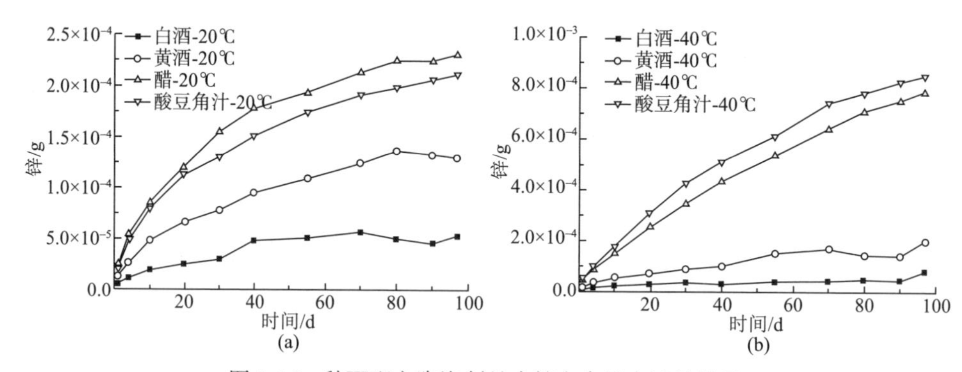

图 5-16 釉Ⅲ配方陶瓷制品中锌向食品中迁移的量

（a）20℃；（b）40℃

5.4.1 pH 对重金属溶出的影响

重金属元素铅和镉，以及钴、镍、锌向醋和酸豆角汁的迁移量比向白酒和黄酒中的迁移量高。醋和酸豆角汁的 pH 分别是 3.8（24.0℃）和 3.7（22.7℃），而白酒和黄酒的 pH 则在 4.3～6.0。显然，陶瓷中的重金属铅和镉的迁移溶出与食品的 pH 相关，食品的 pH 越低，则重金属越容易迁移。

5.4.2 酒精度对铅、镉迁移的影响

对于铅而言，铅在黄酒中比在白酒中的迁移量要高。对于重金属元素钴、镍、锌而言，其在黄酒中的迁移量比在白酒中的迁移量要高。这主要是由于一方面黄酒的 pH 比白酒的要低，另一方面它们的乙醇浓度不同，黄酒的酒精度为（11±1）%，而白酒的酒精度为 52%。有研究发现溶液含有乙醇时，会形成低溶解度的盐类沉淀并沉积在釉（玻璃）表面，从而会降低玻璃的腐蚀，进而降低铅的溶出[15]。

对于镉的溶出，情况则有所不同。镉向黄酒的迁移量比向白酒的迁移量要少。由于釉中的镉存在玻璃相和晶相，其玻璃相的迁移机理与铅相似，而晶相中镉的迁移则不仅受 pH 和酒精度的影响，而是与光照及氧含量等因素相关。

5.4.3 温度对重金属溶出的影响

图 5-17 和图 5-18 给出了 20℃、40℃条件下釉Ⅱ和釉Ⅲ配方制成的陶瓷制品中重金属在白酒、黄酒、醋、酸豆角汁中的平均迁移速率。平均迁移速率随着温度的升高而增加，尤其是浸泡液为醋和酸豆角汁时这一现象更加显著。这从侧面说明重金属的迁移量随着食品的 pH 的降低而增加。

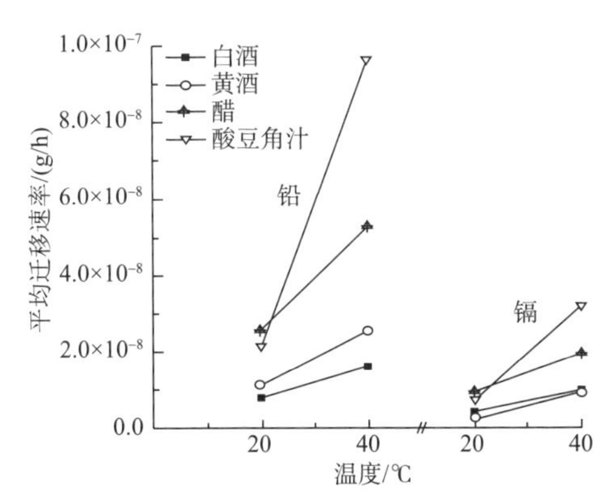

图 5-17 釉Ⅱ配方陶瓷制品中两种重金属在 20℃和 40℃下向白酒、黄酒、醋、酸豆角汁中迁移的量

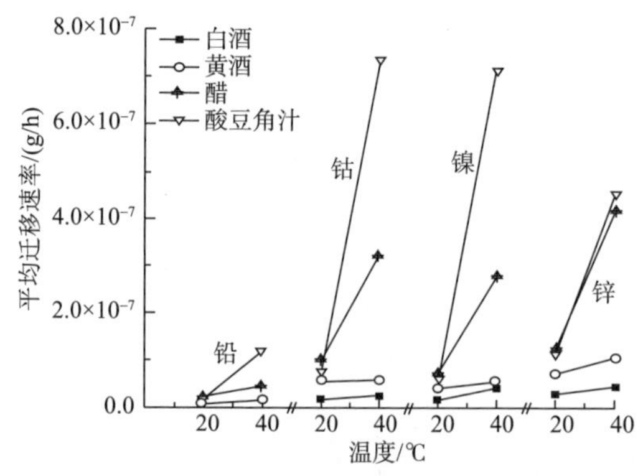

图 5-18　釉Ⅲ配方陶瓷制品中四种重金属在 20℃和 40℃下向白酒、黄酒、醋、酸豆角汁中迁移的量

5.5　陶瓷食品包装材料中重金属迁移预测

5.5.1　重金属迁移数学模型

陶瓷中的重金属主要集中在色釉或花纸中，而釉和花纸都为很薄的一层，厚度为几微米到一百多微米。这样食品的体积就远远大于包装材料的体积，因此，可认为食品的体积无限大，即包装材料与食品的模型为有限包装-无限食品的模型。为了简化问题，作如下假设。

（1）初始条件下，重金属均匀分布在陶瓷釉层中，食品中的重金属浓度为零。

（2）重金属经由陶瓷釉层与食品接触的一侧进入食品，另一侧不发生传质，并且釉层与食品的接触面处传质系数非常大，远远大于扩散系数，不考虑传质阻力。

（3）食品为充分搅拌理想混合状态，任意时刻食品中的重金属均匀分布，不存在浓度梯度。

（4）在整个迁移过程中，陶瓷釉层中的重金属扩散系数 D 为常数。

（5）整个迁移过程中，陶瓷釉层和食品的接触面上的迁移时刻处于平衡状态。

（6）忽略陶瓷釉层边界效应及釉层与食品的相互作用。

陶瓷釉层中重金属迁移模型如图 5-19 所示。灰色部分代表包装材料中含有重金属的釉层。L 处代表包装材料与食品接触的界面，左边代表釉层，右边即为食品。

根据 Fick 第二定律，得到一维半无限介质的扩散方程为

$$\frac{\partial C(x,t)}{\partial t}=\frac{\partial}{\partial x}\left[D\frac{\partial C(x,t)}{\partial x}\right] \tag{5-4}$$

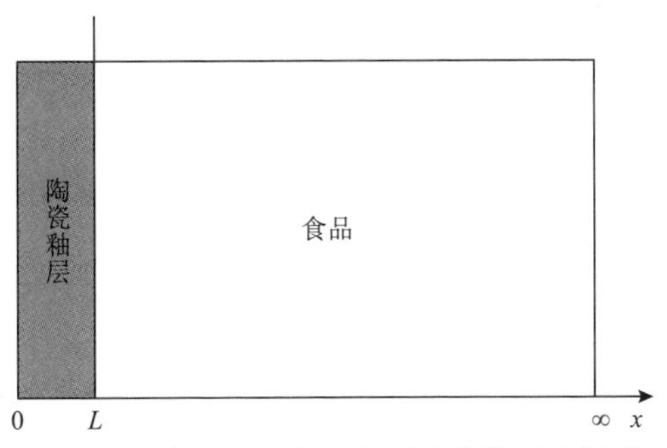

图 5-19 陶瓷釉层中重金属迁移模型示意图

根据上述假设，得到初始条件和边界条件：

初始条件，

$$t=0,\ C(x,t)=C_{\text{in}} \tag{5-5}$$

边界条件，

$$t>0, \frac{\partial C(x,t)}{\partial x}=0\ (x=0) \tag{5-6}$$

$$C(x,t)=0\ (x=L) \tag{5-7}$$

式中，D——扩散系数（cm^2/s）；

C_{in}——陶瓷釉层中重金属的初始浓度（g/cm^3）；

L——陶瓷釉层厚度（cm）。

由此，可得到短时间内，即 t 较小时釉层中重金属的浓度分布为

$$C(x,t)=C_{\text{in}}-\left\{C_{\text{in}}\sum_{n=0}^{\infty}(-1)^n \operatorname{erfc}\left[\frac{(2n+1)L-x}{2\sqrt{Dt}}\right]+C_{\text{in}}\sum_{n=0}^{\infty}(-1)^n \operatorname{erfc}\left[\frac{(2n+1)L+x}{2\sqrt{Dt}}\right]\right\} \tag{5-8}$$

式中，$\operatorname{erfc}(x)$ 为余补误差函数，定义为

$$\operatorname{erfc}(x)=\frac{2}{\sqrt{\pi}}\int_x^{\infty} e^{-q^2}\,dq$$

t 时刻从陶瓷釉层一侧进入食品中的迁移物的量为

$$M_{\text{F},t}=\int_0^t AJ\big|_{x=L}\,dt=2A\cdot C_{\text{in}}\cdot\sqrt{Dt}\left[\frac{1}{\sqrt{\pi}}+2\sum_{n=1}^{\infty}(-1)^n\cdot \operatorname{ierfc}\left(\frac{nL}{Dt}\right)\right] \tag{5-9}$$

式中，$\mathrm{ierfc}(x)=\frac{1}{\sqrt{\pi}}\mathrm{e}^{-x^2}-x\cdot\mathrm{erfc}(x)$，为余补误差函数 $\mathrm{erfc}(x)$ 的一次积分。

长时间，即 t 较大时的浓度分布为

$$C(x,t)=\frac{4C_{\mathrm{in}}}{\pi}\sum_{n=0}^{\infty}\frac{(-1)^n}{2n+1}\exp\left[\frac{-Dt(2n+1)^2\pi^2}{4L^2}\right]\cdot\cos\left[\frac{(2n+1)\pi x}{2L}\right] \quad (5\text{-}10)$$

从而得到长时间，即 t 较大时的迁移量为

$$M_{\mathrm{F},t}=\int_0^t AJ\big|_{x=L}\,\mathrm{d}t=ALC_{\mathrm{in}}-\frac{8AC_{\mathrm{in}}L}{\pi^2}\sum_{n=0}^{\infty}\frac{1}{(2n+1)^2}\exp\left[-\frac{Dt(2n+1)^2\pi^2}{4L^2}\right] \quad (5\text{-}11)$$

式中，$M_{\mathrm{F},t}$——食品内重金属的量（g）；

A——陶瓷材料与食品接触的面积（cm^2）。

5.5.2　模型参量对重金属元素迁移量的影响[8]

1. 初始浓度对迁移量的影响

陶瓷食品包装材料中重金属元素的存在是迁移发生的根源，而重金属元素在陶瓷釉层与食品中的浓度差则是扩散发生的驱动力。迁移至食品中的重金属元素的含量与陶瓷食品包装材料中重金属元素的初始浓度大小有着必然的联系。图 5-20 显示了初始浓度大小与食品内重金属迁移量高低的关系。随着重金属初始浓度由 $0.05\mathrm{g/cm^3}$ 升高到 $0.7\mathrm{g/cm^3}$，迁移平衡时食品内的重金属元素的迁移量增加。

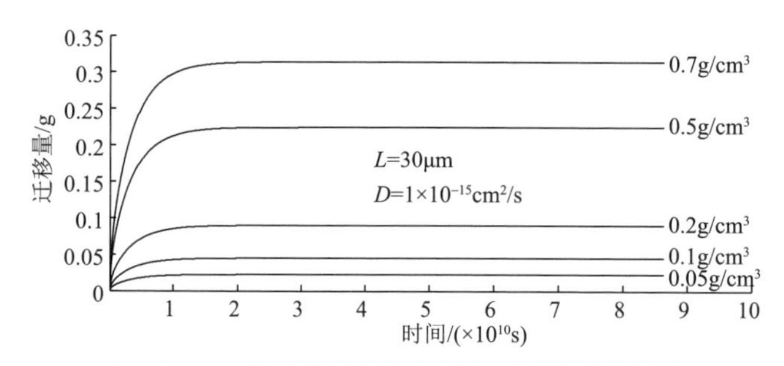

图 5-20　初始浓度对食品内重金属迁移量的影响

2. 扩散系数对迁移量的影响

在釉层厚度和初始浓度都保持不变的情况下，随着扩散系数的增大，迁移至食品内的重金属元素的量也越多（图 5-21）。而且，随着扩散系数的增大，迁移至平衡所需要的时间缩短。

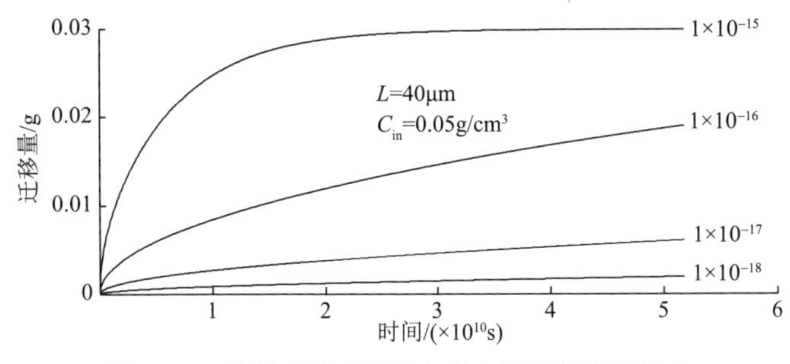

图 5-21　扩散系数对食品内重金属迁移量的影响

3. 釉层厚度对迁移量的影响

图 5-22 描述了釉层厚度与食品内重金属迁移量的关系。当其他条件一定时，釉层厚度由 30μm 到 40μm 再增加到 50μm，迁移至食品中的重金属元素的含量也几乎是以相同的比例增加。这主要是由于初始浓度一定的情况下，釉层厚度越大，釉层中的重金属元素含量越多，达到平衡时迁移至食品内的重金属元素就会越多。同时，迁移平衡所需要的时间是随着釉层厚度的增加而增加的，但在迁移的初期，约为 0.35×10^{10}s 之前，此时迁移未达到平衡，3 条曲线是重合的，这说明在这一期间釉层厚度对食品内的迁移量的影响可以忽略。

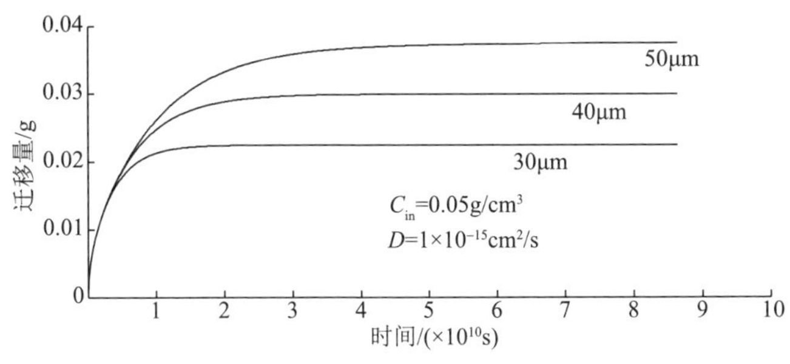

图 5-22　釉层厚度对食品内重金属迁移量的影响

5.5.3　模型预测

国内外针对陶瓷中重金属溶出量的法规中的检测方法都是以 24h 的溶出量为依据的[16-18]，因此可通过将迁移预测模型的解与短时间内的迁移试验结果进行拟合，得到扩散系数值，然后将扩散系数代入迁移预测模型中计算长期的迁移结果，再与长期迁移试验结果进行对比，从而能够确认模型的有效性[19]。

1. 模型参数

通过将短期迁移试验数据与所建立的迁移预测模型计算值拟合，得到模型参数——扩散系数的值。温度对扩散系数的影响应用 Arrhenius 定律表征。

$$\ln D = \ln D_0 - \frac{E}{RT} \quad (5\text{-}12)$$

式中，D_0——指前因子（cm/s^2）；

E——扩散活化能（J/mol）；

R——摩尔气体常量，R=8.314[J/（mol·K）]。

图 5-23～图 5-25 为 3 种釉料配方中重金属的扩散系数与温度的关系图。

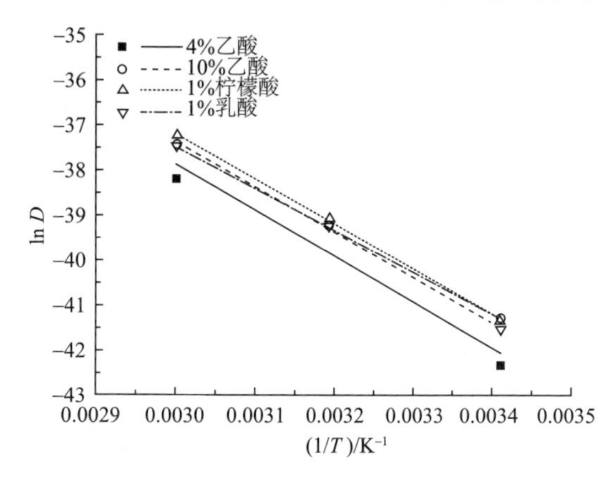

图 5-23　釉Ⅰ配方铅的扩散系数与温度的关系图

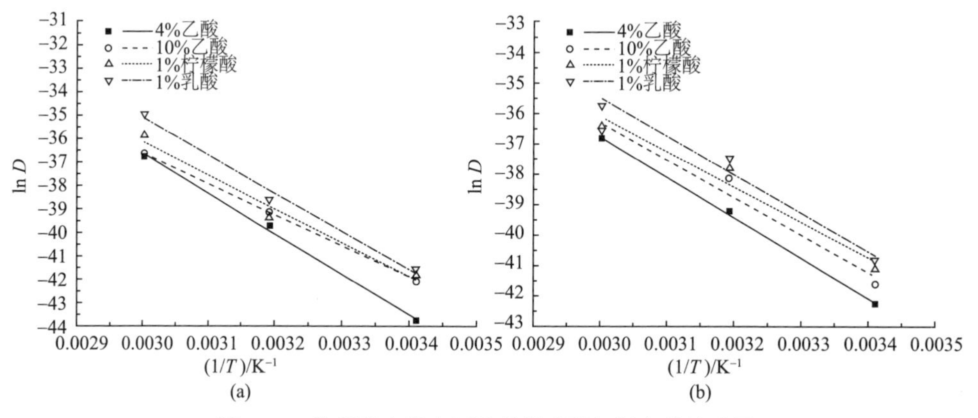

图 5-24　釉Ⅱ配方铅和镉的扩散系数与温度的关系图

（a）铅；（b）镉

2. 模型预测结果

将扩散系数值分别代入迁移预测模型中，计算得到中期（20℃下 720h，40℃下 840h，60℃下 600h）和长期（20℃和 40℃下共 130d）的迁移预测值，与实际的迁移试验结果进行拟合，从而对迁移预测模型的有效性进行评价。

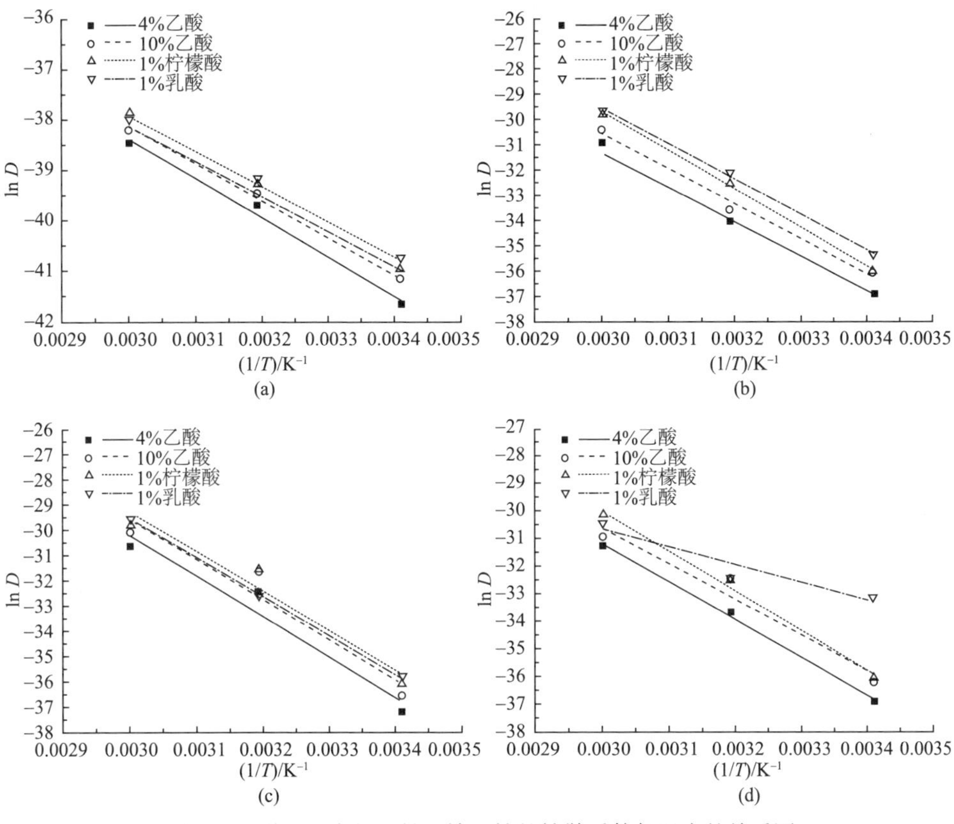

图 5-25　釉Ⅲ配方铅、钴、镍、锌的扩散系数与温度的关系图

（a）铅；（b）钴；（c）镍；（d）锌

1）食品模拟物

对重金属向食品模拟液的迁移进行预测。用模型预测值对釉III配方的陶瓷制品中的重金属在20℃、40℃和60℃三种温度下4%乙酸、10%乙酸、1%柠檬酸和1%乳酸的迁移试验结果进行拟合。拟合结果如图5-26～图5-33所示。

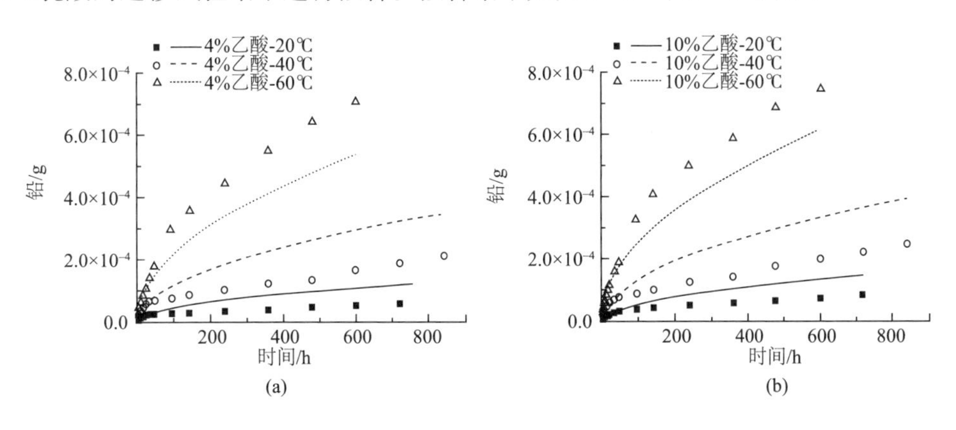

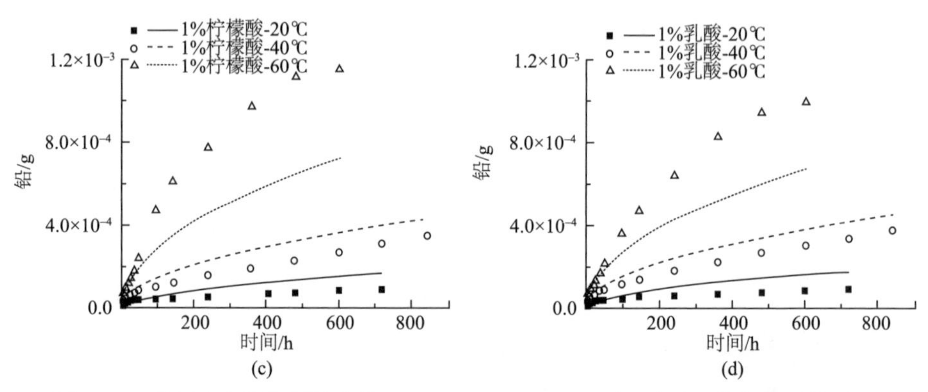

图 5-26　釉Ⅲ配方陶瓷制品中铅在 20℃、40℃、60℃下迁移试验值与预测值对比

（a）4%乙酸；（b）10%乙酸；（c）1%柠檬酸；（d）1%乳酸

a. 中期迁移预测

图 5-26～图 5-29 为釉III配方陶瓷制品中铅、钴、镍、锌 4 种重金属迁移模型中期迁移预测结果。

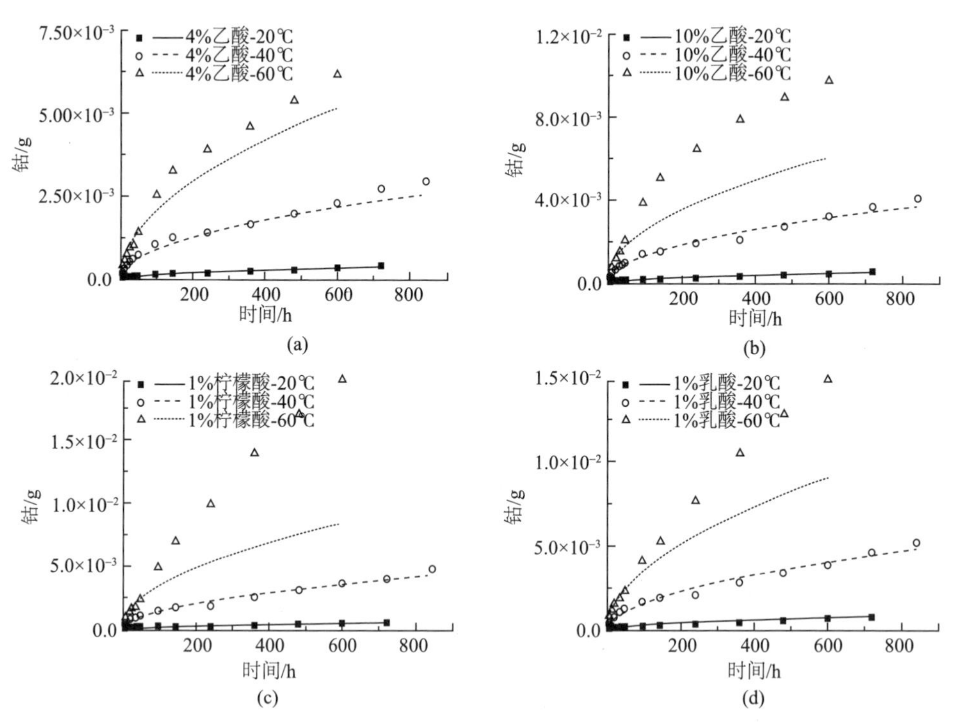

图 5-27　釉Ⅲ配方陶瓷制品中钴在 20℃、40℃、60℃下迁移试验值与预测值对比

（a）4%乙酸；（b）10%乙酸；（c）1%柠檬酸；（d）1%乳酸

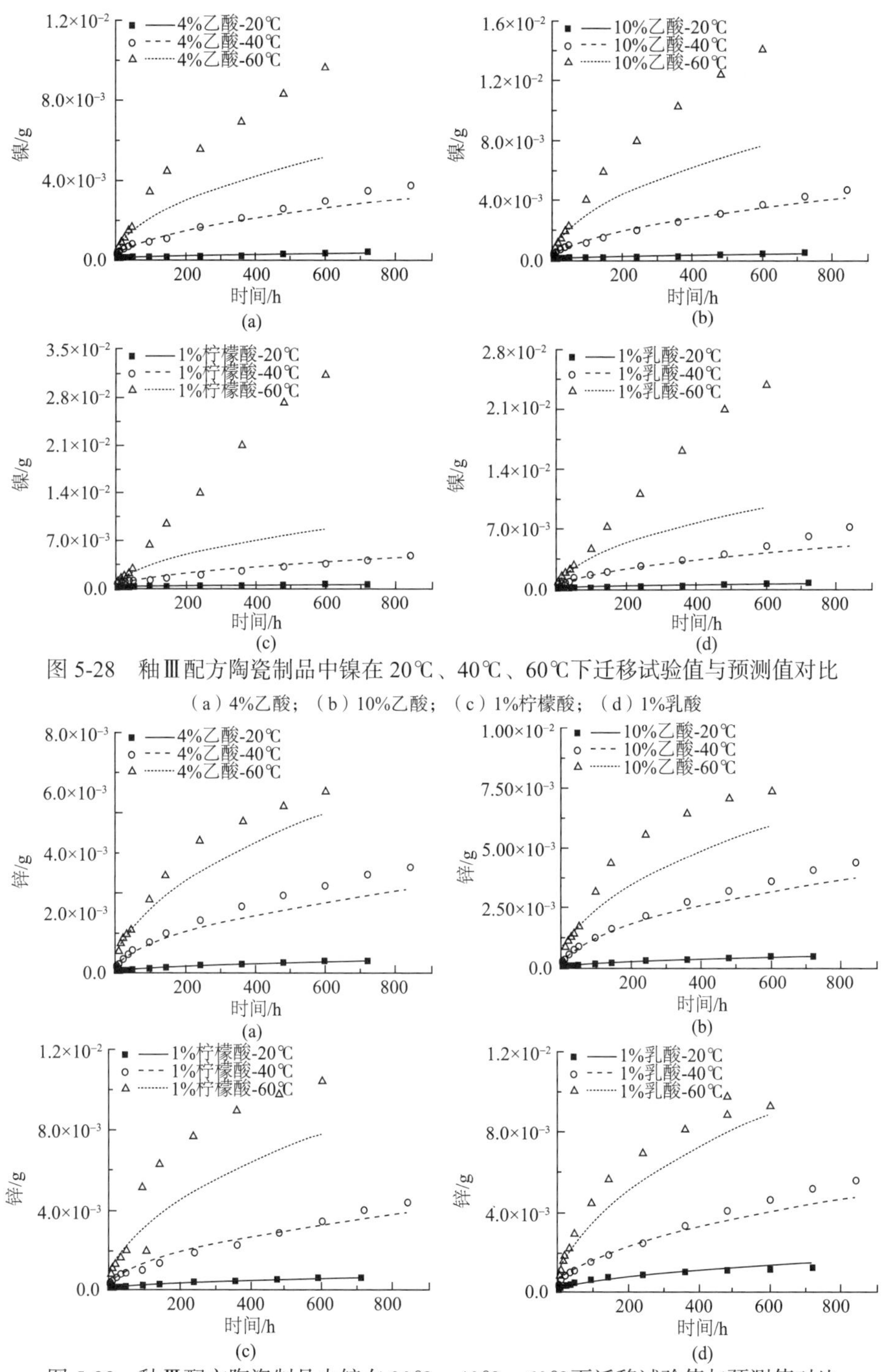

图 5-28　釉Ⅲ配方陶瓷制品中镍在 20℃、40℃、60℃下迁移试验值与预测值对比

（a）4%乙酸；（b）10%乙酸；（c）1%柠檬酸；（d）1%乳酸

图 5-29　釉Ⅲ配方陶瓷制品中锌在 20℃、40℃、60℃下迁移试验值与预测值对比

（a）4%乙酸；（b）10%乙酸；（c）1%柠檬酸；（d）1%乳酸

模型对铅在 20℃和 40℃下向 4 种食品模拟液的迁移结果的估计都有些过高。但在 60℃时，铅向 4 种模拟液的迁移试验值都高于模型预测值，所示不能很好地被模型预测。

针对钴，20℃下，模型预测值与迁移试验值的拟合较好，迁移预测模型能很好地拟合钴向 4 种食品模拟液的迁移情况。在 40℃条件下，钴的模型预测值与迁移试验值也吻合良好，只是对试验后期（600h 之后）钴向 4%乙酸的迁移有些低估。同样，在 60℃下，模型对钴向 4 种食品模拟液的迁移都不能很好地预测。

针对镍，20℃下镍向 4 种食品模拟液的模型预测值与迁移试验值吻合较好。在 40℃条件下，镍向 1%柠檬酸的迁移模型预测值与迁移试验值吻合良好，对试验后期（600h 之后）镍向其他三种食品模拟液的迁移有些低估。同样，在 60℃下，镍向 4 种食品模拟液迁移的模型预测值与迁移试验值吻合较差。

针对锌，模型对 20℃下锌向 4 种食品模拟液的迁移都能很好地预测。40℃初期模型预测值与试验值吻合良好，试验后期模型对锌的迁移有些低估（不同模拟液转换时间不同）。60℃下模型不能很好地预测锌向 4 种食品模拟液的迁移行为。

b. 长期迁移预测

图 5-30～图 5-33 为釉III配方陶瓷制品中铅、钴、镍和锌向 4%乙酸和 10%乙酸长期迁移试验与预测对比结果。

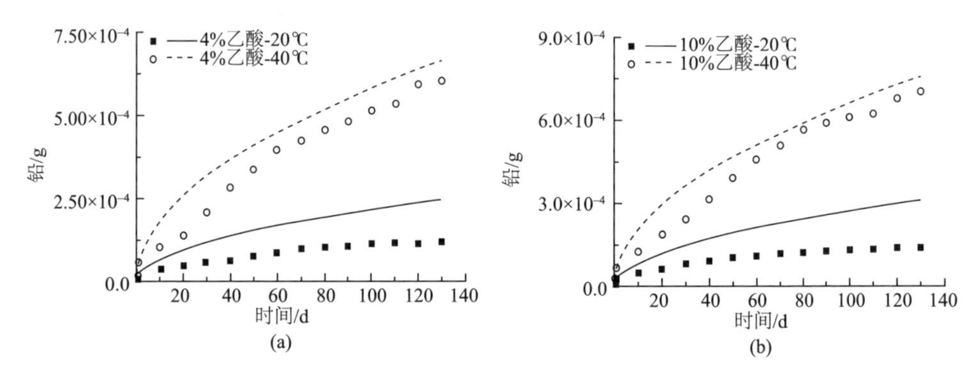

图 5-30　釉Ⅲ配方陶瓷制品中铅向 20℃、40℃下 4%乙酸和 10%乙酸迁移的试验值与预测值对比

（a）4%乙酸；（b）10%乙酸

研究表明，模型对 20℃和 40℃下铅向 2 种食品模拟液的迁移行为都过高估计；对于钴、镍、锌在 40℃下向 4%乙酸的迁移，模型预测值与其在向食品模拟液的迁移试验值都吻合良好。

通过对釉III配方的陶瓷制品中重金属元素铅、钴、镍、锌在 3 个不同温度下向 4 种食品模拟液中的中期和长期迁移试验结果与迁移模型的预测结果进行对比，可以发现以下几种结果。

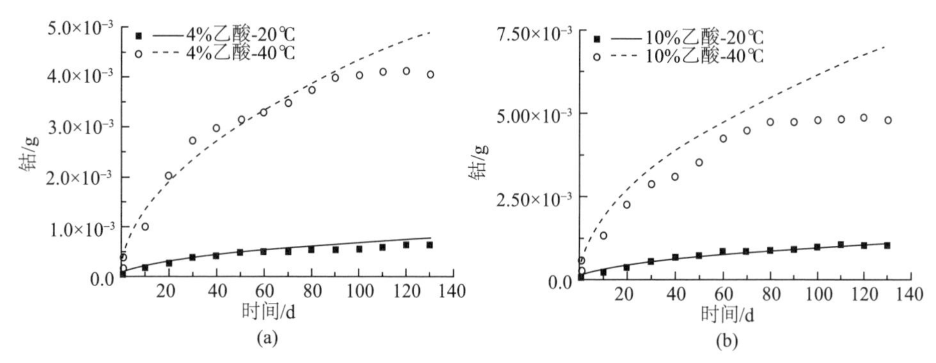

图 5-31 釉Ⅲ配方陶瓷制品中钴向 20℃、40℃下 4%乙酸和 10%乙酸迁移的试验值与预测值对比

（a）4%乙酸；（b）10%乙酸

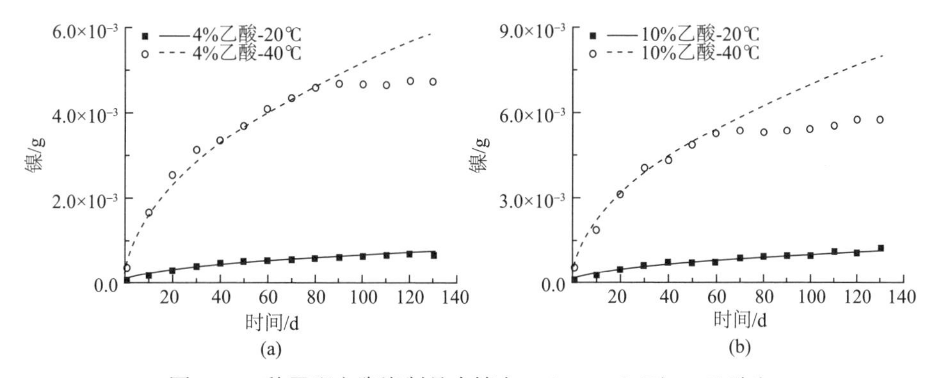

图 5-32 釉Ⅲ配方陶瓷制品中镍向 20℃、40℃下 4%乙酸和 10%乙酸迁移的试验值与预测值对比

（a）4%乙酸；（b）10%乙酸

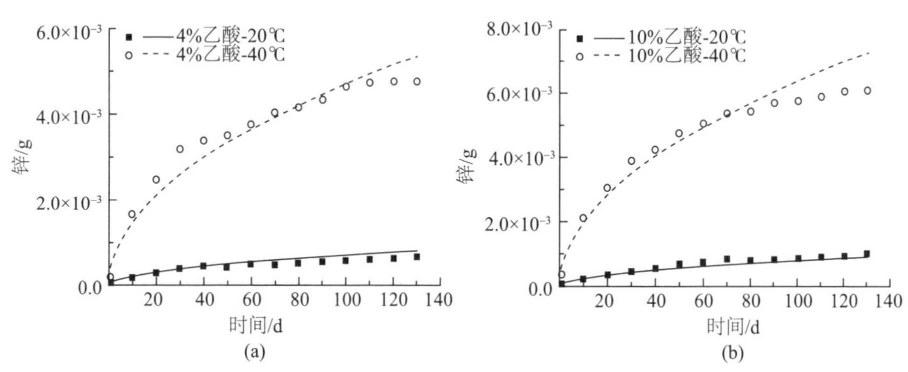

图 5-33 釉Ⅲ配方陶瓷制品中锌向 20℃、40℃下 4%乙酸和 10%乙酸迁移的试验值与预测值对比

（a）4%乙酸；（b）10%乙酸

高温（60℃）情况下，模型预测值基本上都低于迁移试验值，二者吻合程度不高。这主要可能是由于陶瓷制品在长时间高温条件下被酸性溶液侵蚀，重金属及其他金属离子迁移后所形成的空穴造成了大量的表面侵蚀缺陷，然后贫碱富硅层发生了水解，基体结构遭到破坏，从而导致更多的重金属离子迁移进入溶液。重金属迁移的机理由离子交换扩散控制过程转变为离子交换和基体溶解同时存在的扩散与化学反应共同控制的过程。

而在低温（20℃）下，迁移预测模型能够很好地模拟重金属的迁移行为；中温（40℃）下，除个别数据吻合程度较低外，模型预测结果也基本能体现出重金属向食品模拟液的迁移趋势。因此，建立的迁移预测模型能够用于常温下重金属的迁移预测。

2）典型真实食品

目前，各国法规中对陶瓷制品中重金属铅和镉的测定都是将陶瓷产品与 4%乙酸溶液在（22±2）℃条件下接触 24h。将 20℃和 40℃条件下重金属向 4%乙酸短期（24h）迁移的值与模型拟合得到的扩散系数代入迁移预测模型，计算得到模拟值，通过与重金属向真实食品的迁移值进行对比，来验证迁移模型能否对重金属向真实食品的迁移进行合理的预测。其中，重金属向真实食品迁移的试验温度条件为 20℃和 40℃，试验时间为 97d。真实食品为白酒、黄酒、醋和酸豆角汁。

图 5-34 和图 5-35 为釉Ⅱ配方的陶瓷制品中的铅和镉在 20℃和 40℃下向 4%乙酸中模型预测值与铅和镉向真实食品的迁移试验值的对比结果。

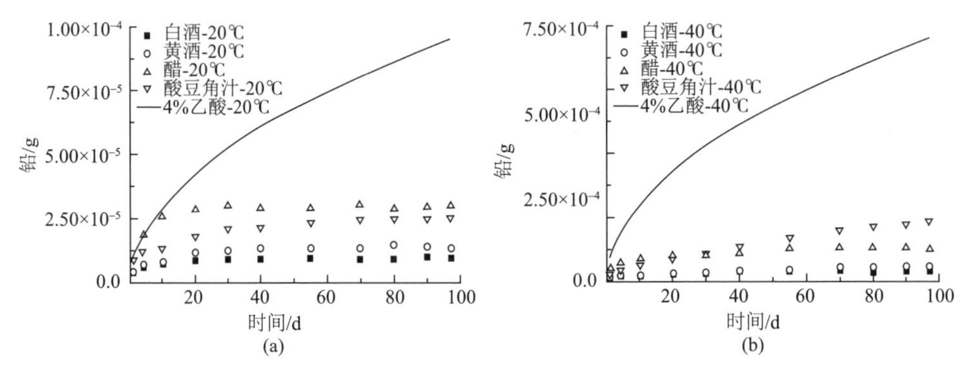

图 5-34　釉Ⅱ配方陶瓷制品中铅向 20℃、40℃下白酒、黄酒、醋、酸豆角汁迁移的试验值与预测值对比

（a）20℃；（b）40℃

通过将重金属迁移模型预测值与重金属向典型真实食品的迁移试验值进行对比，发现模型估算曲线远在迁移试验值之上，模型对重金属向真实食品的迁移行为高估明显。因此可以得出模型采用重金属 4%乙酸溶液迁移的扩散系数值来对陶瓷中的重金属向真实食品迁移进行预测，能很好地保证陶瓷食品包装的安全性，

进而可以更好地保护消费者的健康。

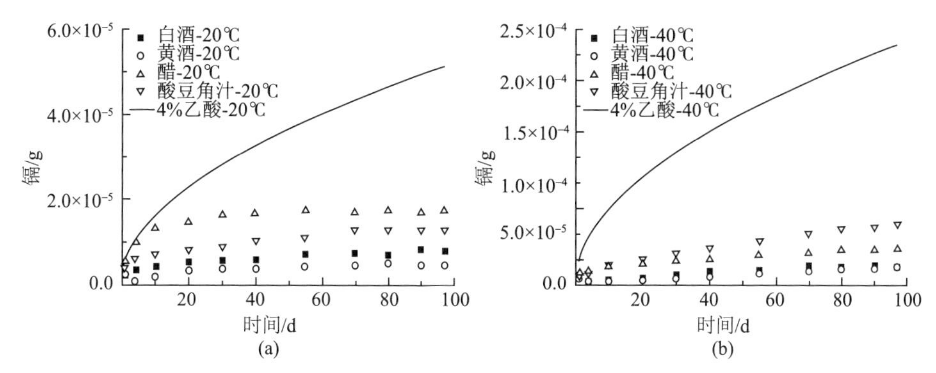

图 5-35 釉Ⅱ配方陶瓷制品中镉向 20℃、40℃下白酒、黄酒、醋、酸豆角汁迁移的试验值与预测值对比

（a）20℃；（b）40℃

参 考 文 献

[1] Hoppe U, Kranold R, Ghosh A, et al. Environments of lead cations in oxide glasses probed by X-ray diffraction[J]. Journal of Non-Crystalline Solids, 2003, 328(1): 146-156.

[2] Sadrnezhaad S K, Rahimi R A, Raisali G, et al. Mechanism of deleading of silicate glass by 0.5N HNO_3[J]. Journal of Non-Crystalline Solids, 2009, 355(48-49): 2400-2404.

[3] Leventha M, Bray P J. Nuclear magnetic resonance investigations of compounds and glasses in systems PbO-B_2O_3 and SiO_2[J]. Physics and Chemistry of Glasses, 1965, 6(4): 113-125.

[4] Wood S, Blachere J R. Corrosion of lead glasses in acid media: Ⅱ, concentration profile measurements[J]. Journal of the American Ceramic Society, 1978, 61(7-8): 292-294.

[5] Mizuno M, Takahashi M, Takaishi T, et al. Leaching of lead and connectivity of plumbate networks in lead silicate glasses[J]. Journal of the American Ceramic Society, 2005, 88(10): 2908-2912.

[6] Antropova T V. Kinetics of corrosion of the alkali borosilicate glasses in acid solutions[J]. Journal of Non-Crystalline Solids, 2004, 345: 270-275.

[7] McVay G L, Pederson L R. Effect of gamma radiation on glass leaching[J]. Journal of the American Ceramic Society, 1981, 64(3): 154-158.

[8] 董占华. 陶瓷食品包装材料中重金属有害物的迁移试验与理论研究[D]. 无锡: 江南大学, 2015.

[9] Andersson O H, Kangasniemi I. Calcium phosphate formation at the surface of bioactive glass *in vitro*[J]. Journal of Biomedical Materials Research, 1991, 25(8): 1019-1030.

[10] Melcher M, Schreiner M. Leaching studies on naturally weathered potash-lime-silica glasses[J]. Journal of Non-Crystalline Solids, 2006, 352(5): 368-379.

[11] Dong Z H, Lu L X, Liu Z G, et al. Migration of toxic metals from ceramic food packaging

materials into acid food simulants[J]. Mathematical Problems in Engineering, 2014, (10): 1-7.
[12] Dong Z H, Lu L X, Liu Z G. Migration model of toxic metals from ceramic food contact materials into acid food[J]. Packaging Technology and Science, 2015, 28(6): 545-556.
[13] 董占华, 卢立新, 刘志刚. 陶瓷食品包装材料中铅、钴、镍、锌向酸性食品模拟物的迁移[J]. 食品科学, 2013, 34(15): 39.
[14] 董占华, 卢立新, 刘志刚. 陶瓷食品包装材料中铅、镉向真实食品的迁移研究[J]. 食品工业科技, 2013, 34(9): 258-262.
[15] Radulescu M C, Chira A, Radulescu M, et al. Determination of silver(Ⅰ) by differential pulse voltammetry using a glassy carbon electrode modified with synthesized *N*-(2-aminoethyl)-4, 4′-bipyridine[J]. Sensors (Basel), 2010, 10(12): 11340-11351.
[16] 广西三环企业集团股份有限公司, 中国轻工业陶瓷研究所. GB/T 3534—2002 日用陶瓷器铅、镉溶出量的测定方法[S]. 北京: 中国标准出版社, 2002.
[17] British Standards Institution. BS EN 1388-1: 1996 Materials and articles in contact with foodstuffs—Silicate surfaces-Part 1: Determination of the release of lead and cadmium from ceramic ware[S]. 1996.
[18] American Society For Testing Materials. C 738-94 Standard test method for lead and cadmium extracted from glazed ceramic surfaces[S]. 2016.
[19] Helebrant A, Pekarkova I. Kinetics of glass corrosion in acid solutions[J]. Berichte der Bunsengesellschaft für Physikalische Chemie, 1996, 100(9): 1519-1522.

第6章

包装膜对食品特征风味物质的吸附

食品的质量与安全一直是人们比较关注的热点，包装材料的合理使用对食品的风味和安全起着十分重要的作用。食品的风味是食品的重要质量特征，食品包装中，除了温度、蒸汽压的影响，风味物质与包装物之间的相互作用也会使其发生变化，从而影响食品的品质。

由于风味物质从食品向包装材料中吸附，其量的变化将导致食品风味与质量发生变化，甚至影响食品安全；风味物质的吸附也可能致使包装材料性能变化，从而进一步影响食品包装性能。食品风味物质的吸附过程主要受食品、包装材料和环境等三类因素的影响。首先，风味物质的浓度、化学成分、分子结构、特性、食品基材的成分及风味物质与食品其他成分的关系等，在很大程度上决定了吸附行为的特性；其次，风味物质的吸附还取决于包装材料的密度、渗透性、化合物的组成、分子链的刚性、聚合物的形态、极性和结晶度等因素；最后，存储温度、时间、相对湿度及其他物质成分的存在等外部因素也可能影响着被包装食品风味物质的溶解性[1]。对食品包装的吸附分析，关系到如何选择和使用食品的塑料包装材料，从而更有效地保护食品的品质和安全[2]。

6.1 包装膜对食品风味物质的吸附机理及研究现状

6.1.1 塑料包装膜对食品风味物质的吸附机理

致密塑料包装膜中的传质符合溶液扩散机理，分为以下三个步骤（图 6-1）。

（1）膜表面化合物（吸附剂）的吸附。

（2）膜中吸附化合物的扩散。

（3）化合物从膜的另一侧解吸附蒸发。

吸附-扩散过程包括吸附、聚集、被微孔捕获、扩散，用以描述膜中分子的传质过程。当吸附化合物在气孔和空洞网络系统的内外表面黏附时，称为物理吸附，作用力包括范德瓦耳斯力或静电作用。当包装表面和吸附化合物之间建立起化学键时，吸附又是化学过程。吸附物溶解于膜中，这意味着膜处在一个橡胶态。当膜处在玻璃态时，吸附行为被限制在特定的吸附位置。膜中吸附化合物的扩散，可用扩散系数或扩散率等动力学参数来定量。

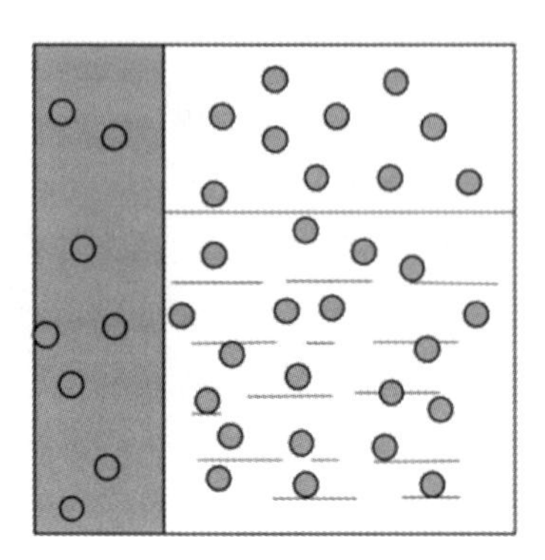

图 6-1 包装-食品系统中风味物质吸附扩散机理示意图

大多数用于食品包装的塑料包装膜为半结晶聚合物（如 PE、PP、PET），包含非晶相和结晶相两相。结晶区是没有分子吸附和扩散的部分。在非晶区，使用温度下，薄膜无论处于橡胶态还是玻璃态，其扩散机理都不相同。

（1）橡胶态的膜处于平衡状态，随着外部变化的响应，结构快速地重新排列。橡胶态膜的扩散通常符合 Fick 扩散，其扩散率远小于聚合物基材的松弛模式下的扩散率。橡胶态膜的扩散机制包括基于化学势能的分子模型和基于自由体积理论的重新分配模型。①在分子模型中，当系统有足够的活化能时，扩散分子便从一个位置跳跃到另一个位置，该系统由扩散分子和聚合物链组成。扩散分子和高分子链之间会出现协同重排。②在自由体积理论中，当局部自由体积超过相邻体积的临界值时，扩散分子会从一个位置跃迁到另一个位置。自由体积可分为两类，一是空隙自由体积，其均匀分布在聚合物中，对分子扩散没有作用；二是孔洞自由体积，由于经常随机的热振动，在聚合物中自由体积连续不断地重新分配，分子得以传输。

（2）玻璃态的膜通常不很均衡，因为玻璃态聚合物松弛（即外部变化导致的结构重新排列）的时间长。目前玻璃态下的传质机理还不被人们所理解，已有研究提出的模型大多是基于经验的模型。例如，双模吸附模型（Henry 和 Langmuir 吸附模式的组合）通常用来描述玻璃态聚合物的吸附和扩散。

6.1.2 塑料包装膜对食品风味物质吸附研究

国内外有关食品包装材料的安全性分析及材料中分子迁移的研究较多，针对包装材料对食品风味物质的吸附影响研究，可借鉴食品包装材料安全的分析方法和扩散数学模型的构建。我国更多学者关注于食品包装材料的安全性问题，有关塑料包装材料对食品风味物质的影响的研究较少。近年来，国内外越来越多关注于包装材料对食品风味物质的吸附问题，除了不同食品风味物质对常见的 LLDPE、CPP 等包装薄膜的吸附分析外，还关注于新研发的食品用可降解材料对风味物质的吸附能力。同时针对不同食品的包装工艺，进一步分析不同条件下包装材料对风味物质的吸附特性及规律。

Fabio 等采用多次顶空固相微萃取（MHS-SPME）吸附测定法，对红酒中风味物质辛酸乙酯和芳樟醇被 LLDPE 和 CPP 包装薄膜吸附情况进行试验分析，发现吸附数据符合 Fick 第二定律，同时由于分子的极性差异，相对于 LLDPE，辛酸乙酯更容易被 CPP 吸附，且被吸附量远远高于芳樟醇[3]。Mauricio-Iglesias 等分析了在 2 种不同的高压热冲击条件下，2-己酮、丁酸乙酯、己酸乙酯、*D*-柠檬烯 4 种香气物质被 LDPE 和 PLA 膜吸附的情况，从而模拟巴氏杀菌和高温灭菌的工艺过程。试验发现，香气化合物在巴氏杀菌过程中较为稳定，但是高温灭菌后会有一定的损失，特别是试验温度超过材料的玻璃化转变温度后[4]。Balaguer 等分析了己酸乙酯、正己醇、2-壬酮、*α*-蒎烯在醇溶蛋白壳聚糖薄膜中吸附和传质特性，表明生物降解材料醇溶蛋白壳聚糖薄膜对这四种风味物质具有较低的吸附能力[5]。Remco 和 Willige 采用包装膜浸泡模拟溶液试验分析温度对吸附的影响，在较低温度下吸附速度较慢；橡胶态聚合物（OPP）存放在 40°C 时，OPP 风味物质的总吸附量略有下降，这主要是因为癸醛和月桂烯的减少[6]。

截至目前，国内外系统分析多因素对吸附扩散影响的研究较少，大多关注于试验分析风味物质种类、包装材料、储存温度、加工工艺等单因素对风味物质在包装材料吸附扩散中的影响。有关更高层次的食品风味控制管理方面的研究进展不多，一些工作主要集中在塑料薄膜对橙汁[7]、乳制品[8]等风味较为显著的特定产品风味影响的，研究薄膜结晶度[9]、自由体积含量[10,11]、风味物质特性[12]及外界储存条件造成薄膜风味吸附从而造成食品风味缺失的情况，对特定产品的研究并不具普遍性。在建立食品风味吸附模型方面的研究也很少，主要从风味物质分子微观角度出发，探讨物质与薄膜结合力大小造成塑料薄膜吸附结果的差异[13-15]，且停留在定性比较的范围内，没有合适的模型能结合已知影响因素对薄膜的吸附结果进行定量预测，不能很好地解释材料对风味物质的吸附过程，也无法为选择保持特定食品感官品质的包装材料提供充分的理论依据。

6.2　包装膜吸附食品特征风味物质的影响因素

食品中的风味物质一般是由许多小分子量的挥发性化合物组成的复杂混合物，而这些物质很容易从被包装食品中吸附到聚合物包装材料中。这种吸附现象取决于风味分子的特性、食品环境特性、包装材料的特性、存储温度等因素，从而使得风味变化或聚合物材料性能有所改变。

6.2.1 包装材料相关因素对吸附的影响

吸附现象取决于吸附分子和聚合物之间的相对关系。包装材料的性能是影响其对食品中风味吸附量的重要参数，包括聚合物的化学性质与形态、加工过程、储存和使用的条件等。

1. 聚合物结晶度

影响聚合物传质的形态特征包括塑料的结构规整性、官能团的链对称性，其本质都是由结晶的立体结构所产生的。聚合物的分子结构越有序，食品香气成分的吸附率越低。风味物质吸附时，结晶材料溶胀现象较少，结晶会限制聚合物链的移动。

以 4 种不同结晶度的 LDPE 薄膜为例[16]。图 6-2 为 4 种不同结晶度（22.18%、26.58%、28.68%、33.92%）的 LDPE 在 23℃下分别对食品模拟液中的己醛、乙酸丁酯、戊酮、辛醇的吸附的变化情况，从图中发现薄膜的结晶度对风味物质的吸附过程存在着显著影响。

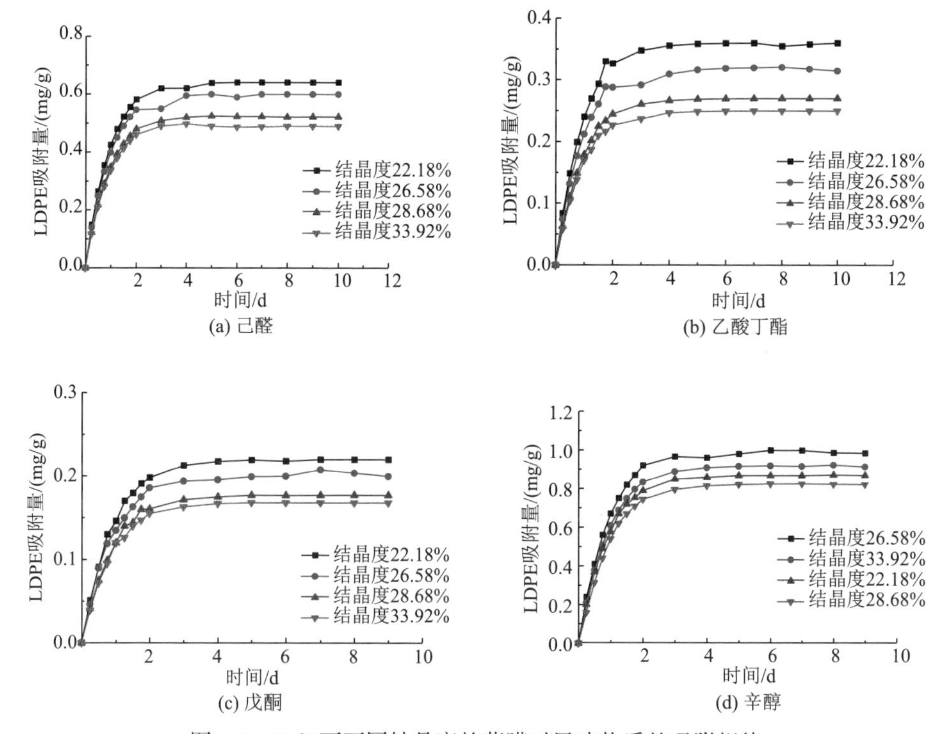

图 6-2 23℃下不同结晶度的薄膜对风味物质的吸附规律

随着结晶度的增长，LDPE 对己醛、乙酸丁酯和戊酮的吸附量都逐渐减少。但结晶度对吸附平衡所需时间的影响较吸附量来说并不显著。随着结晶度的增长，各风味物质达到吸附平衡的时间有所缩短；但对辛醇的吸附量影响规律不显著，这与之前得到的薄膜中风味物质的吸附量会随着结晶度的升高而减少的结论相悖。这样的结果与薄膜微观结构中的结晶区有一定的关系。在一般情况下，小分子风味物质被 LDPE 吸附，即意味着这些小分子物质被“镶嵌”在薄膜无定形区的孔洞中达到稳定。但实际情况中，风味的传质过程除了吸附外，还有渗透现象的存在，即风味物质可能透过薄膜中的空隙进入另一侧区域。吸附平衡过程其实也是渗透稳定共同作用的结果。在半晶态聚合物，如 PE 中，结晶区中的结晶部分较无定形区具有更大的约束力，可以将风味物质阻滞在结晶区，不易扩散和渗透，从而使得在总体吸附量上出现结晶度增大、吸附量也增大的现象[17]。

图 6-3 为 23℃下 LDPE 薄膜在风味物质浓度为 500mg/L 的辛醇模拟液中结晶度随时间的变化。LDPE 薄膜在经过吸附作用后，其结晶度会逐渐变小，这可能是由于风味物质会与薄膜发生反应，起到类似塑化剂的作用。大量的风味化合物分子插入薄膜聚合物分子链之间，削弱了聚合物分子链间的应力，结果增加了聚合物分子链的移动性，使得薄膜微观结构中的自由体积数量增加，聚合物分子链的结晶度降低，因此吸附过程也变得更为容易。

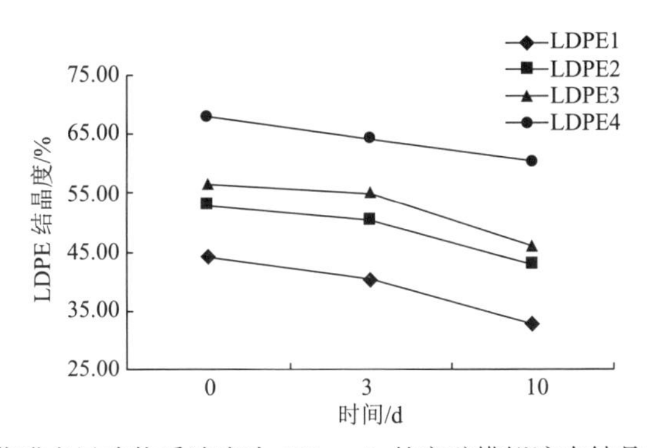

图 6-3　LDPE 薄膜在风味物质浓度为 500mg/L 的辛醇模拟液中结晶度随时间的变化

2. 包装膜厚度

以 3 种不同厚度（40μm、50μm、80μm）LDPE 薄膜为例[18]，研究厚度对吸附平衡量的影响。表 6-1 为 *D*-柠檬烯、月桂烯、己酸乙酯、2-壬酮、芳樟醇 5 种风味物质在不同厚度薄膜中的吸附平衡量（食品模拟液为 10%乙醇溶液）。可以看出，薄膜厚度越大，薄膜对食品风味物质的吸附量越大，风味物质在薄膜中的分配越多。

表 6-1 风味物质在不同厚度包装薄膜中的吸附平衡量

LDPE 薄膜厚度/μm	薄膜吸附平衡量 $M_{i,e}$ /（mg/g）				
	D-柠檬烯	月桂烯	己酸乙酯	2-壬酮	芳樟醇
40	14.73	6.01	3.99	5.88	2.65
50	18.42	7.50	4.91	7.37	3.23
80	36.84	15.02	9.93	14.70	6.56

3. 包装膜极性

不同的软塑材料具有不同的极性，它们对风味化合物具有不同的亲和性。风味物质更容易被极性相似的聚合物吸附。聚烯烃具有较高的亲脂性，不适合用于包装非极性产品（如脂肪、油脂、油和某些芳香化合物）。而聚酯比聚烯烃具有更好的极性，因此与非极性化合物的亲和性较差。

4. 聚合物玻璃化转变温度

吸附率受聚合物的玻璃化转变温度影响。玻璃态下，风味分子在聚合物基材中的扩散空隙有限。橡胶态下，聚合物分子变得灵活，分子链为吸附提供了更多的机会。因此风味物质在橡胶态聚合物中的扩散系数较高。刚性链聚合物具有较高的玻璃化转变温度，一般渗透率较低，除非它们也有很高的自由体积。

5. 聚合物密度

密度表征着聚合物结构中分子的自由体积，也影响着吸附现象。因此，密度越高，渗透性越低。据验证，随着聚合物密度的增大，风味化合物在聚合物中的吸附减少。当聚合物基材吸附化合物时，分子被吸附或吸收在聚合物无定形态的自由体积里。这种吸附会填补这些自由体积，有时会使聚合物松弛，减少其内应力，从而促使聚合物溶胀。

6.2.2 风味物质相关因素的影响

风味物质的物理状态（液态或者气态）及其物理化学性质，如分子量、分子结构、疏水性和极性，还有与聚合物材料的相似性，都会影响风味物质的吸附。

1. 官能团结构（风味物质种类）

基于相似相容原理，官能团对风味物质在液体中的分配比的影响更大。例如，线性分子更容易被聚合物基体吸收。此外，脂肪族化合物比具有相等分子量的芳香族或环状化合物更容易被吸附。研究表明，线性组分与分子量相当的线性化合物，它们的吸附动力学是基本相同的，但吸附平衡时间存在差异。

以 LDPE 在 8 种物质的食品模拟液中的吸附过程为例[19]。图 6-4 为 LDPE 在 4℃和 23℃的储存条件下对不同醛类、酯类、酮类和醇类物质的吸附情况。

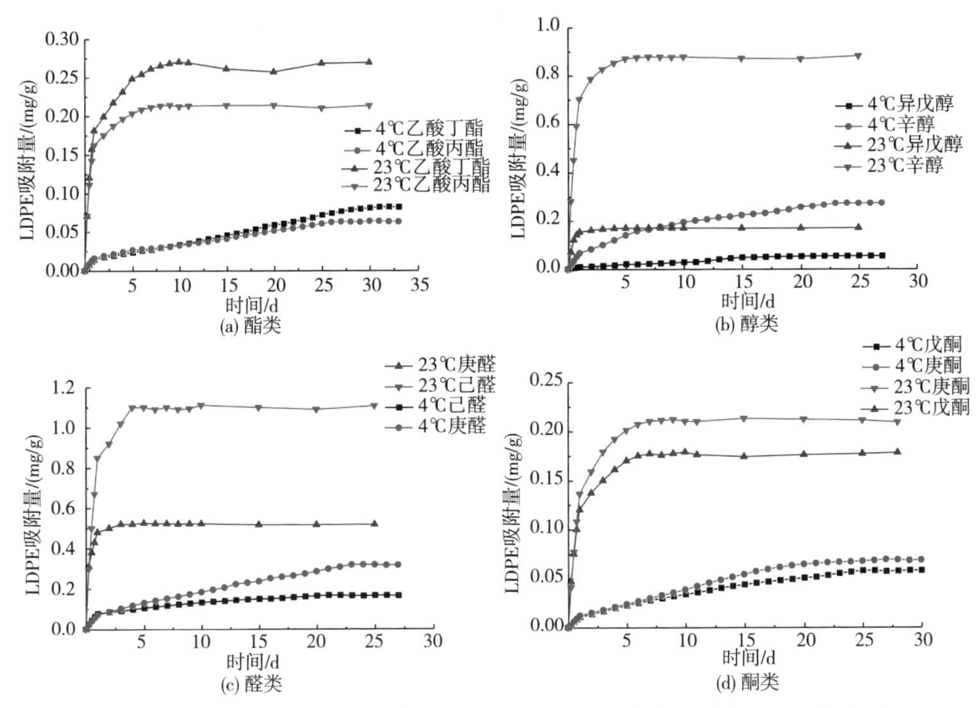

图 6-4　4℃、23℃下 LDPE 对酯类、醇类、醛类和酮类的吸附量-时间的关系

风味物质种类的不同，即具有不同的官能团，LDPE 对其吸附平衡的时间也不同。醛类在 23℃时达到吸附平衡的时间最快，醇类次之，酮类比醇类的平衡时间稍长，但区别不大，酯类达到平衡的时间较其他三者要长很多。由此可推出，在碳原子个数相同的情况下，具有不同官能团的风味物质被薄膜吸附达到平衡时间长短的规律为：酯类>酮类>醇类>醛类。

在 23℃环境中，薄膜对风味物质的吸附速率随着物质种类的不同而有所区别。在吸附前期，LDPE 对醇类的吸附速率最快，这可能是由于 LDPE 性质为非极性薄膜，而醇类较其他种类物质极性最小，因此更易与 LDPE 结合。其他风味物质吸附速率的由快到慢依次为酯类、酮类和醛类。同时在具有同一种官能团的物质中，具有较小分子量的物质在吸附初始阶段的速率要比大分子物质快，这是由于分子较小的化合物扩散能力较强，同样的规律在 4℃环境中也成立。

LDPE 在不同温度下达到吸附平衡后，对 8 种物质的吸附量见图 6-5。在 4℃试验条件下，庚醛的吸附总量最大，其次为辛醇，己醛的量也较大。8 种物质中同样条件下吸附量最小的物质为异戊醇。在 23℃的条件下，结果类似。吸附量最大的仍为庚醛；吸附量最小的物质则为异戊醇。在两个温度条件下吸附量从大到小排列依次均为：庚醛>辛醇>己醛>乙酸丁酯>乙酸丙酯>庚酮>戊酮>异戊醇。官能团是影响吸附反应的因素，由上述试验可知，两种温度下具有相同碳原子个数的不同种类的化学物质的被吸附量从大到小排列依次均为：醛类>酯类>酮类>醇类。同时在一定范围内，一系列具有相同官能团的风味物质，其分子链中碳原子的数量越多，被吸附的量也就越大。

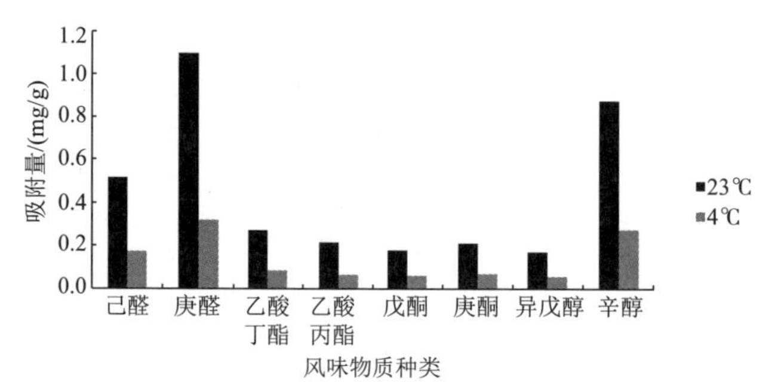

图 6-5　4℃、23℃下达到吸附平衡时 LDPE 对酯类、醇类、醛类和酮类的吸附总量

2. 分子量和碳链长度

分子的大小直接影响着吸附量的大小。较大的分子被吸收的程度也较大；较小分子量的化学物比大分子有较高的扩散能力；非常大的分子会对聚合物起到增塑作用，从而增加了新的吸附空间位置。

碳链长度也是一个影响吸附的因素，碳链长的物质往往具有较高的沸点。研究发现吸附物的溶解度与该物质的沸点间存在一定的联系，风味物质的溶解度会随着沸点的升高而增大。因此碳链的长度会影响风味物质在薄膜中的溶解度，从而造成吸附过程的差异。风味物质的溶解度随着分子碳链的增长而增加，长碳链的化合物更易被薄膜吸附。在气-固接触方式中，风味物质沸点和分子量的增加都会造成其饱和蒸汽压上升，可使物质与薄膜表面更容易结合[20]。但并不是一味地增加碳链的长度就可使薄膜对物质的吸附量增加。相关研究发现，含有 C_4～C_{12} 的酯类和醛类中，碳原子个数和吸附量并不呈单调上升的趋势。在 10 个碳原子之内，各物质在薄膜中的吸附量呈上升的趋势。但在 C_{11} 和 C_{12} 的物质中，因溶解度已随碳原子个数的增加而增长到了恒定值，吸附量也不再增多。

导致薄膜吸附风味物质吸附情况差异的另一个原因是风味物质碳原子的数量，碳原子个数多少往往意味着该物质非极性的强弱[21]。在吸附过程中，风味物质往往更容易与具有相似极性的薄膜相结合，而且吸附速率较之极性差异大的物质来说也更快。而往往具有较多碳原子个数的物质，其极性较弱，相对的非极性较强。因此在 LDPE 这种非极性薄膜中，风味化合物的碳原子越多就意味着非极性越强，相应的吸附平衡时的总量也就越大。

3. 极性

芳香化合物在聚合物中的吸附行为在很大程度上取决于芳香化合物的极性和疏水性。芳香化合物更容易吸附于极性和电介常数相近的聚合物材料。不同的包装塑料材料具有不同极性的官能团，这也影响了它们对风味化合物的亲和力。例如，*D*-柠檬烯由于其极性相对较低，所以它在聚烯烃中的吸附速率比在重复链节单元中有极性羰基官能团的聚合物中如聚酯或尼龙中要快。当聚合物和芳香化合物的电介常数比较相近时，聚合物吸附香味化合物的量也增加。

4. 风味物质浓度

所吸附化合物的浓度越高，越容易在聚合物表面富集，其在聚合物材料中的传质速度也越快。以己醛、乙酸丁酯、戊酮、辛醇4种食品中常见的风味物质作为研究对象，配制成的不同浓度的食品模拟液为例[22]。其中，食品模拟液浓度为10mg/kg、100mg/kg、200mg/kg、500mg/kg、1000mg/kg。图6-6为在23℃储存温度下，不同风味物质的浓度对LDPE吸附过程的影响。

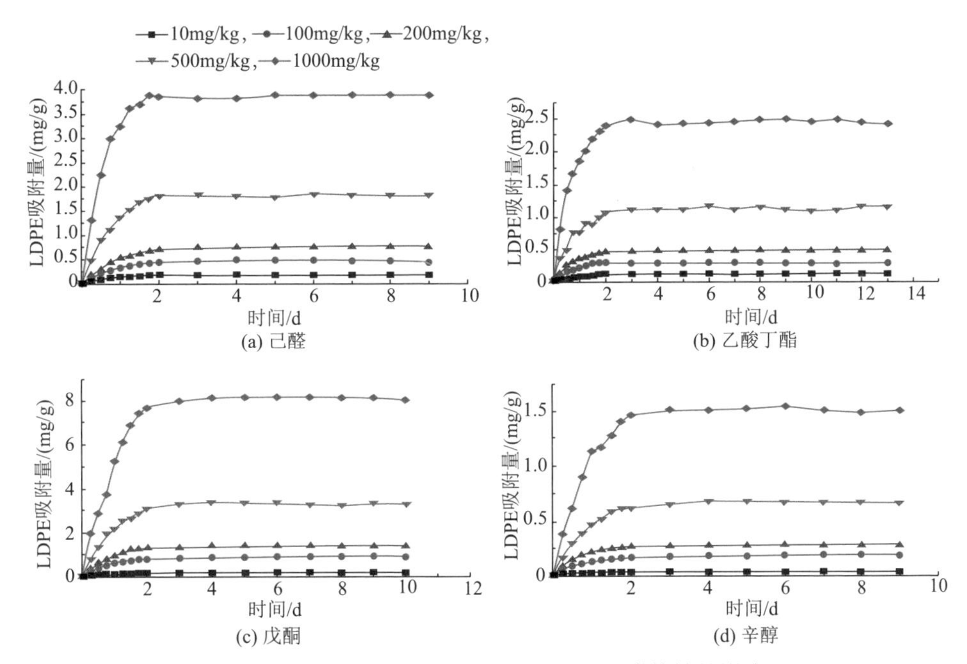

图6-6 23℃时风味物质浓度对LDPE吸附特性的影响

己醛最小浓度10mg/kg的食品模拟液被LDPE吸附的风味物质总量要远远小于其他4种浓度情况下的吸附量，吸附平衡时间则需要7d左右。当溶液初始浓度为100mg/kg时，平衡时间缩短至5d，吸附总量增加。之后200mg/kg、500mg/kg和1000mg/kg浓度的溶液中，随着浓度的升高，薄膜的吸附平衡时的总量呈增长的趋势，而达到平衡的时间逐渐缩短。可见，LDPE 薄膜吸附平衡所需时间的长短和吸附总量的多少与食品中风味物质的初始浓度有着密切的关系。随着液体食品中风味物质的浓度不断升高，吸附过程达到稳定的时间越短，吸附总量也越大，吸附速率也就越快。乙酸丁酯、戊酮、辛醇的情况也呈相似的规律，即随着风味物质初始质量分数的增大。

吸附过程的平衡时间和总量不仅仅与食品模拟液中的风味物质浓度有关，还与物质本身的种类和化学结构特性有关。同一浓度的已醛和乙酸丁酯，LDPE 对已醛的吸附量和吸附速率都要大于乙酸丁酯。不仅在液-固接触中，液体中风味物质的初始浓度会影响到薄膜最终的吸附结果，同样的现象也存在于气-固接触中，分压不同造成包装内风味物质浓度的差异也会对 LDPE 最终吸附量造成影响。

含有高浓度风味化合物的食品模拟物之所以会使得 LDPE 中吸附物含量较大，是因为较高浓度的风味物质会与薄膜发生反应，起到类似于塑化剂的作用[23]。大量的风味化合物分子插入到薄膜聚合物分子链之间，削弱了聚合物分子链间的应力，结果提高了聚合物分子链的移动性，使得薄膜微观结构中的自由体积数量增加，聚合物分子链的结晶度降低，因此吸附过程也变得更为容易。而且 LDPE 长时间浸泡在高浓度的模拟液中也会发生溶胀现象[24]。

表 6-2 为经过不同储存周期后，具有不同结晶度的 LDPE 薄膜在风味物质浓度为 500mg/L 的辛醇模拟液中的溶胀情况，结果显示，LDPE 薄膜在食品模拟液的浸泡过程中会发生溶胀情况，且随着时间的推移，溶胀度越来越明显。同时，对于结晶度较小的薄膜，如 LDPE1 和 LDPE2，溶胀情况较容易发生，且溶胀比 S 也较大；而对于大结晶度物质，溶胀情况在最初阶段不大明显，但之后溶胀度逐渐加大。有研究指出，LDPE 长时间浸泡在较高浓度的模拟液中所发生的溶胀现象，会使得薄膜的交链结构变得更为松散舒展，可用于吸附的“孔隙”增多，促进了薄膜的吸附作用。

表 6-2　不同结晶度 LDPE 薄膜在风味物质浓度为 500mg/L 的辛醇模拟液中的溶胀情况

薄膜类型	溶胀比 S/%		
	3d	7d	10d
LDPE1	0.68	1.97	2.24
LDPE2	0.72	1.77	1.92
LDPE3	0.64	1.65	1.82
LDPE4	0.19	1.04	1.39

但在风味物质混合溶液中，浓度的变化对吸附过程的影响就不那么显著。

在含有5种以上风味物质的食品模拟液中，当初始浓度上升时，相比于只含有单一风味物质的食品模拟液，混合模拟液中吸附于薄膜的风味物质部分种类的量却减少了。这可能是由于聚合物中自由体积的数量有限，用于吸附的“孔隙”结构一定。同时各风味物质与薄膜的结合能力也不同。当溶液中风味化合物浓度升高时，部分与薄膜结合效果较好的物质会将那些结合力较差的物质替换出来，占据它们本来所在的吸附位置，而那些结合力较弱的风味物质则重新回到食品中。这就是当混合食品模拟液浓度升高时，一部分风味化合物吸附量升高，另一部分却较之前降低的原因。

表6-3为储存温度23℃液-固接触方式下，LDPE对不同质量分数风味物质的平衡吸附量及在纯物质中的饱和吸附值[22]。在10～1000mg/g，LDPE对乙酸丁酯和己醛的吸附量会随着这两种物质在食品模拟液中的浓度的升高而增加。在23℃时乙酸丁酯的吸附饱和值与1000mg/g时LDPE对其的吸附值还有很大的差距；而1000mg/g浓度的己醛溶液中被吸附的物质的量约为其饱和值的49%。因此，在具有单一风味物质的食品模拟液中，LDPE会因为风味浓度值的不断上升而吸附更多的物质，直至达到饱和值而不再增加。能够让LDPE吸附至饱和值的风味物质的浓度要远大于1000mg/g，而实际食品中真实浓度仅为几至数百mg/g间，从而可认为在真实食品中，LDPE作为直接接触食品的热封内层会因为食品中风味物质浓度的上升而吸附更多量的物质。

表6-3 LDPE对不同风味物质的平衡吸附量和饱和吸附量（23℃）

风味物质浓度/（mg/g）	LDPE吸附平衡量/（mg/g）			
	己醛	乙酸丁酯	戊酮	辛醇
10	0.1781	0.1248	0.0354	0.1840
100	0.4838	0.2835	0.1778	0.8764
200	0.7547	0.4687	0.2752	1.3578
500	1.8287	1.1507	0.6674	3.3288
1000	3.8212	2.4850	1.5045	7.8840
饱和吸附量/（mg/g）	7.8364	9.5253	5.7396	21.7538

6.2.3 储存温度的影响

温度是影响传质过程的最重要的环境因素之一。在吸附芳香化合物方面，玻璃态聚合物（如PC、PET和PEN）比橡胶态聚合物（如LLDPE和OPP）更为重要。

以储存温度4℃、23℃、33℃和40℃为例[22]。图6-7分别为在4℃、23℃、

33℃和 40℃下各风味物质的吸附情况。食品模拟液为己醛、乙酸丁酯、戊酮、辛醇，初始浓度为 100mg/g。

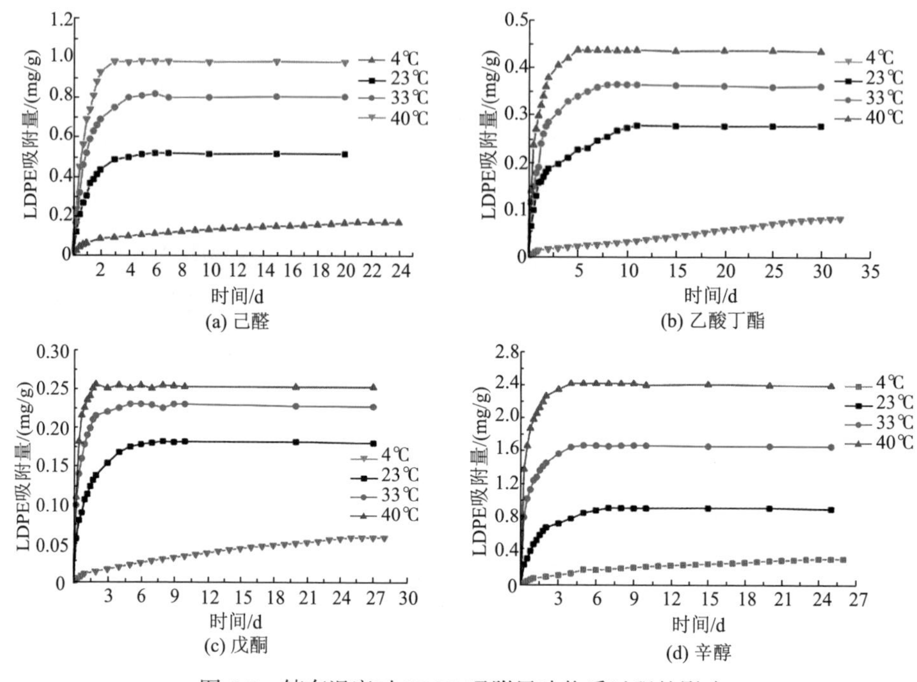

图 6-7 储存温度对 LDPE 吸附风味物质过程的影响

各温度下薄膜吸附的规律基本相似，吸附开始时吸附速率较快，然后逐渐变慢，最后直至平衡。但对同一种物质而言，温度的改变对其吸附速率和吸附平衡量有着明显的影响。首先随着温度的上升，风味的吸附平衡时间缩短。同时 LDPE 对各物质吸附达到平衡时的吸附总量也会因温度的不同而有较大的差别，随着温度的升高而有所增加，吸附量最大的是辛醇，其次是己醛，而戊酮吸附量受温度变化影响最小。

样品储存温度的升高，会导致 LDPE 对风味物质的吸附过程的速率变快，平衡时的总量增加，最主要的原因是高温使得聚合物微观结构发生变化。另外温度越高，储存时间越长，薄膜越容易产生溶胀现象，造成薄膜中分子链与链之间的结合更为松散，生成更多可用于容纳风味化合物分子的“孔洞”，也有助于吸附过程。由 Arrhenius 公式可知，随着温度的升高，分子运动会加剧，其与薄膜接触的概率增加，因此越容易被薄膜吸附。有研究发现[25]，溶解度系数是物质与薄膜表面结合能力强弱的体现，溶解度系数越高，意味着该物质越容易进入薄膜与之结合。因此温度上升导致溶解度系数的增大，为 LDPE 对风味物质吸附过程中吸附速率的加快和吸附平衡量的增多起了积极作用。

6.2.4　食品 pH 对 LDPE 膜吸附过程的影响

在真实食品中，产品本身的 pH 从酸性到碱性，范围较广。以 pH 为 2、5、7 和 8 的食品模拟液为例[16]。图 6-8 为不同 pH 下 LDPE 对风味物质的吸附情况（食品模拟液由己醛、乙酸丁酯、戊酮、辛醇 4 种物质配置而成，初始浓度为 100mg/g）。

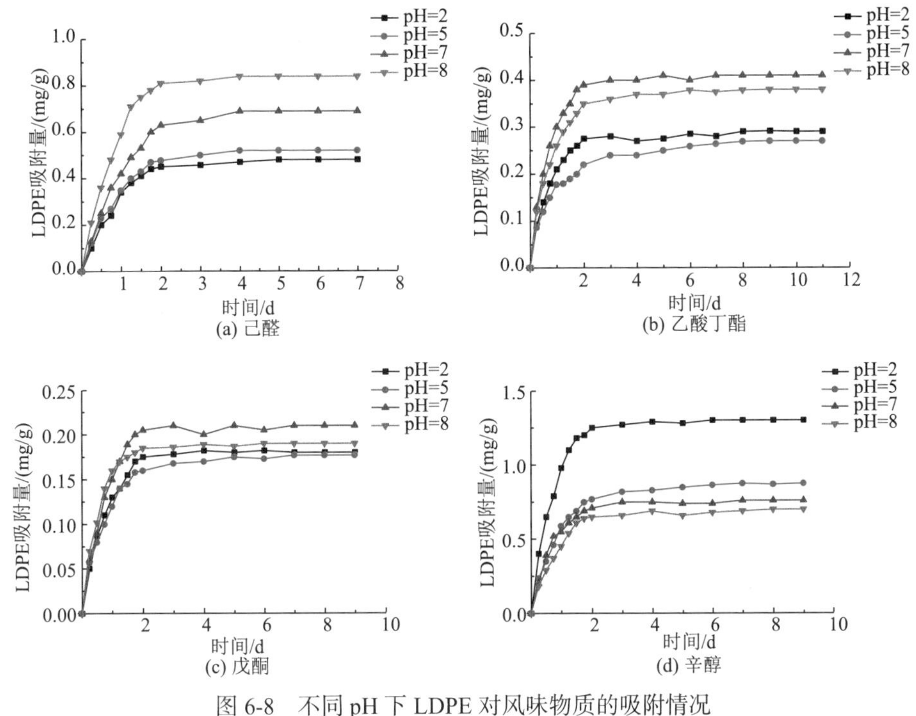

图 6-8　不同 pH 下 LDPE 对风味物质的吸附情况

随着食品模拟液 pH 的降低，LDPE 对己醛的吸附总量逐渐减少。同时在吸附初期，pH 的大小对 LDPE 吸附速率也有较为明显的影响，pH 越高，己醛的被吸附速率就越快。

pH 的变化对戊酮和乙酸丁酯的吸附过程没有直接的影响。不同 pH 的食品模拟液中风味物质的吸附情况依旧符合一般物质的吸附曲线，但改变溶液的 pH 则对吸附作用没有太大的影响。吸附量的多少和吸附速率的快慢与酸碱度大小之间没有必然规律。

食品模拟液酸碱度的不同对辛醇被吸附过程的影响与己醛恰恰相反。LDPE 在酸性情况下对辛醇的吸附量较多，随着 pH 的升高，吸附过程受到抑制。有研究证明，溶液 pH 对辛醇在 PE 中的溶解度系数有着直接的影响，在酸性情况下辛醇具有较大的溶解度系数，更容易与 LDPE 结合形成吸附。

6.2.5 吸附对包装材料性能的影响

以 50μm LDPE 薄膜、20μm BOPP 薄膜、50μm CPP 薄膜和 100μm PE 黑白膜 4 种薄膜材料为例。其中，温度为 23℃，食品模拟物为月桂烯、已酸乙酯、*D*-柠檬烯、2-壬酮、芳樟醇 5 种风味物质浓度为 500mg/L 的乙醇溶液，利用单面吸附单元装置，双面吸附平衡时间为 8～10d，单面吸附时间为 15d[18]。

1. 吸附前后面的结构表征

图 6-9 为 50μm LDPE 薄膜吸附前后断面和表面的扫描电镜图。聚合物包装材料的表面扫描电镜图可以呈现材料的表面形貌，若风味物质进入聚合物材料中的量极少，则对薄膜表面影响不大，其呈现平整光滑，否则薄膜表面会出现明显的球状颗粒等现象；聚合物包装材料的断面扫描电镜图能够呈现材料内部物质的分散情况。由图 6-9 可以看出，由于吸附量较小，薄膜在吸附前后形貌没有发生变化，表面平整光滑，未呈现球状颗粒等。

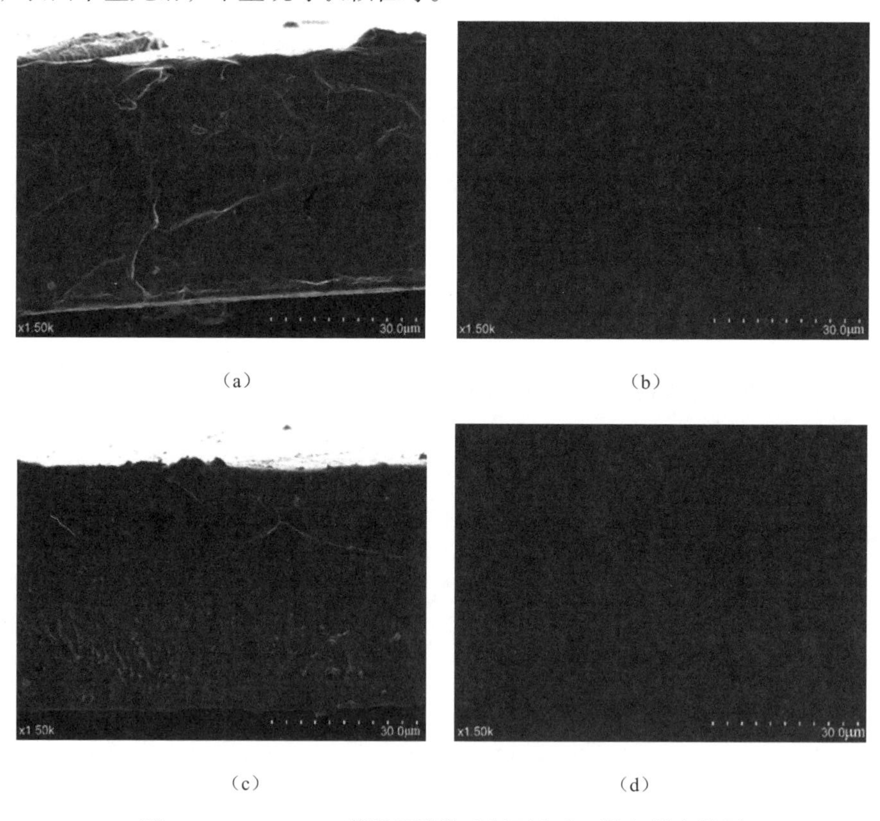

图 6-9 50μm LDPE 薄膜吸附前后断面和表面的扫描电镜图

(a) 吸附前扫描电镜断面图；(b) 吸附前扫描电镜表面图；(c) 吸附后扫描电镜断面图；(d) 吸附后扫描电镜表面图

2. 吸附对薄膜抗拉强度与断裂伸长率影响

图 6-10 为 4 种薄膜吸附前后抗拉强度与断裂伸长率的变化情况。在 23℃下，利用单面吸附单元装置，50μm LDPE 薄膜、20μm BOPP 薄膜、50μm CPP 薄膜和 100μm PE 黑白膜进行 15d 吸附试验后，薄膜的抗拉强度与断裂伸长率都有所降低，但是变化不大。50μm CPP 薄膜的抗拉强度与断裂伸长率变化最大；100μm PE 黑白膜的抗拉强度与断裂伸长率变化最小。

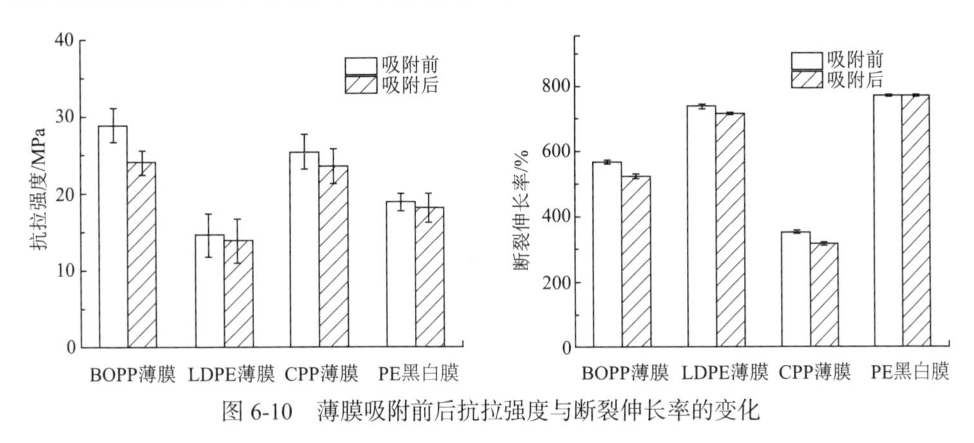

图 6-10　薄膜吸附前后抗拉强度与断裂伸长率的变化

6.3　包装膜对食品特征风味物质的吸附特性表征

用于预测分子被膜吸附的建模方法主要是理论的、经验的或基于理论和经验结合的模型。经验模型建立在基于实验数据的基础上，而理论模型是用以提供分析膜结构及成分、渗透物与膜之间的物理化学作用对传质影响的方法。越来越多的理论模型被用来明确界定传质过程，如Fick扩散定律下的渗透物在膜中的传质、自由体积空穴模型、晶格模型等。

吸附预测模型用以描述分子从食品到膜中的分配、渗透和扩散的过程，当膜处于橡胶态时，吸附物溶解于膜中，吸附物扩散一般为 Fick 扩散；当膜处在玻璃态时，吸附行为更为复杂，若扩散速度远小于系统松弛速度时，也是 Fick 扩散。吸附预测模型描述膜和吸附物之间的相互作用，吸附可以用吸附系数或溶解度量化，这是一个热力学参数，表明在热力学平衡下膜中分子吸附量的多少，即吸附分子与膜之间的亲和力。

6.3.1　基于 Fick 扩散定律的吸附预测模型

为描述风味物质从食品/食品模拟液中进入包装材料的吸附扩散过程，作以下假设。

（1）开始时，风味物质在液体食品/食品模拟液中分布均匀，包装膜中无风味物质。

（2）液体食品/食品模拟液中的风味物质从一侧进入包装膜。

（3）液体食品混合搅拌，风味物质在食品中没有浓度梯度。

（4）膜表面传质系数远大于扩散系数，即风味物质在包装薄膜中符合 Fick 扩散。

（5）在吸附扩散过程中，分配系数 $K_{P,F}$ 和扩散系数 D 是常数。

（6）在液体食品/食品模拟液和包装膜的界面上，任何时刻吸附都是平衡的。

（7）忽略膜边界效应，以及食品风味物质与包装膜间的相互作用。

设包装膜的厚度为 L_P，风味物质在液体食品中的起始浓度为 $C_{F,0}$，食品与包装膜的接触面积为 A，其从搅拌均匀、无限体积的食品向有限体积的包装膜中扩散；食品与包装膜界面上的风味物质浓度为 $C_{P,0}$，等于 $C_{F,0}\times K_{P,F}$。吸附过程一直进行到包装膜中的风味物质浓度由初始值 0 升至界面值 $C_{P,L}$。吸附扩散模型图见图 6-11。

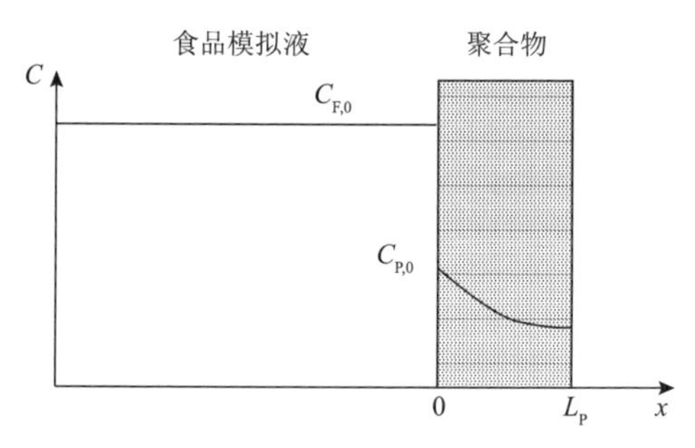

图 6-11　包装膜吸附扩散模型图

在吸附达到平衡时，风味物质进入包装材料的吸附量 $M_{i,e}$ 为

$$M_{i,e} = AL_P(C_{P,L}) = V_P C_{F,0} \times K_{P,F} \tag{6-1}$$

基于 Fick 第二定律，结合假设的边界条件和初始条件，以及平衡吸附量[式（6-1）]，经过数值计算可得

$$\frac{M_{i,t}}{M_{i,e}} = 2\left(\frac{Dt}{L_P^2}\right)^{0.5}\left\{\frac{1}{\pi^{0.5}} + 2\sum_{n=1}^{\infty}(-1)\text{ierfc}\left[\frac{nL_P}{(Dt)^{0.5}}\right]\right\} \tag{6-2}$$

适用于长吸附时间的式（6-2）等价形式为

$$\frac{M_{i,t}}{M_{i,\mathrm{e}}}=1-\sum_{n=0}^{\infty}\frac{8}{(2n+1)^2\pi^2}\exp\left[\frac{-D(2n+1)^2\pi^2 t}{4L_{\mathrm{P}}^2}\right] \tag{6-3}$$

在完全吸附（$\alpha \to 0$）或是包装体积无限（$L_{\mathrm{P}} \to 0$）时，即包装的体积无限大、模拟液的体积也无限大的情况下，式（6-3）可简化为

$$\frac{M_{i,t}}{M_{i,\mathrm{e}}}=\frac{2}{L_{\mathrm{P}}}\sqrt{\frac{Dt}{\pi}} \tag{6-4}$$

式中，$M_{i,t}$——t 时刻（s）薄膜吸附风味物质的吸附量；

$M_{i,\mathrm{e}}$——平衡时刻薄膜吸附风味物质的吸附量；

L_{P}——薄膜厚度。

6.3.2　吸附扩散模型的验证及参数表征

1. 吸附扩散模型的验证及扩散系数

1）风味物质种类对薄膜吸附扩散的影响

对比 *D*-柠檬烯、月桂烯、己酸乙酯、2-壬酮、芳樟醇 5 种风味物质的特性对吸附扩散的影响[26]。配制 5 种风味物质浓度为 500mg/L 的 10 %乙醇溶液，对 LDPE 包装膜（厚 50μm）进行吸附试验。吸附单元放置在 23℃下储存 55d。图 6-12 为该储存条件下，对不同的萜烯类、酮类、酯类和醇类物质的吸附量。同时，对 5 种风味物质在 LDPE 薄膜中的扩散系数进行拟合，结果见表 6-4。

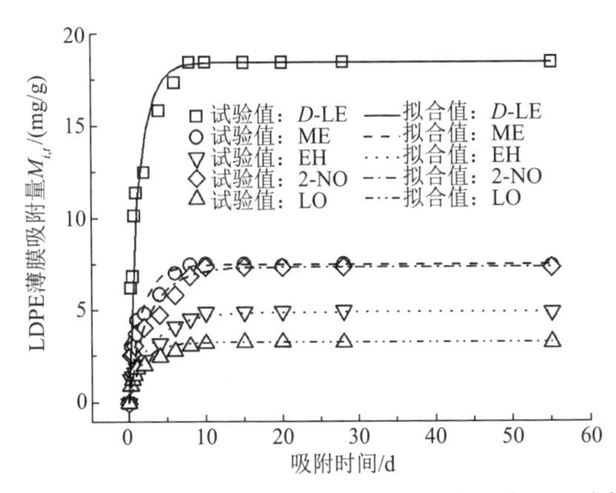

图 6-12　23℃下 5 种风味物质在 50μm LDPE 中的吸附扩散的试验与模型拟合结果

D-LE：*D*-柠檬烯；ME：月桂烯；EH：乙酸乙酯；2-NO：2-壬酮；LO：芳樟醇

表 6-4　风味物质在 LDPE 中试验值拟合扩散系数（D_{exp}）

风味物质	M_r	D_{exp}/（cm^2/s）	R^2
D-柠檬烯	136.24	6.69×10^{-11}	0.98
月桂烯	136.23	5.72×10^{-11}	0.96
己酸乙酯	144.21	3.08×10^{-11}	0.99
2-壬酮	142.24	3.50×10^{-11}	0.95
芳樟醇	154.25	5.41×10^{-11}	0.97

5 种风味物质的吸附平衡量大小排序为：*D*-柠檬烯>月桂烯>2-壬酮>己酸乙酯>芳樟醇，进一步说明吸附量受官能团的影响较大。5 种风味物质在 LDPE 中的扩散系数大小排序为：*D*-柠檬烯>月桂烯>芳樟醇>2-壬酮>己酸乙酯。烯烃类风味分子因为分子量较小，与 PE 链结合力较小，故而扩散速率较大；醇类、酮类、酯类分子因为分子量较大，其扩散速率较小。

2）风味物质不同初始浓度对薄膜的吸附扩散的影响

基于不同浓度的 *D*-柠檬烯、月桂烯、己酸乙酯、2-壬酮、芳樟醇 5 种风味物质的吸附试验（食品模拟液为10%乙醇；包装材料为50μm LDPE 薄膜；储存温度为23℃；采用平衡时间 55d）[18]。其吸附扩散的试验与模型拟合结果如图 6-13 所示。

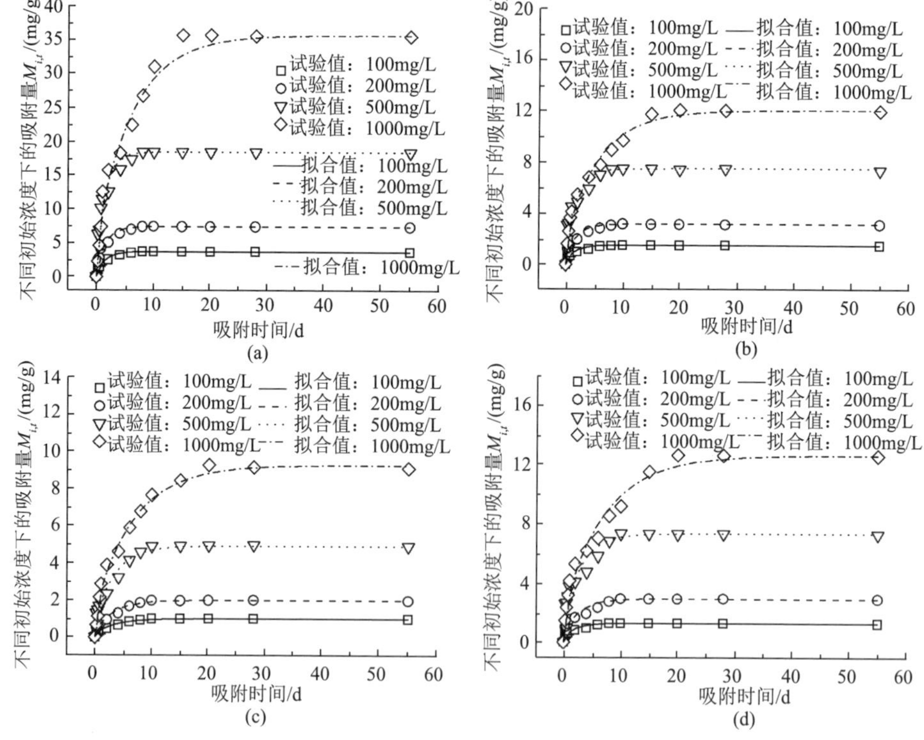

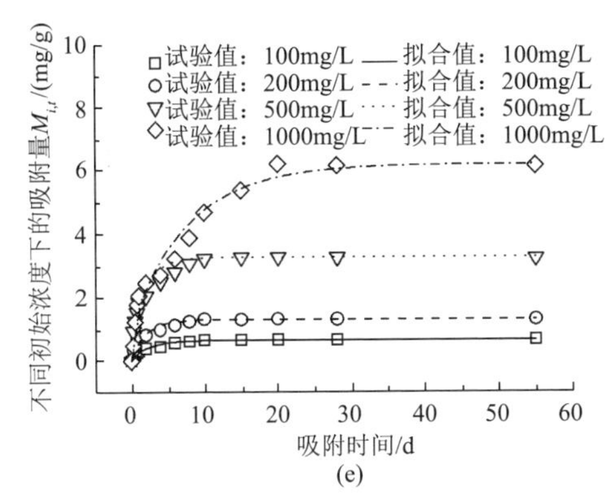

图 6-13　不同初始浓度风味物质下 LDPE 薄膜吸附扩散的试验与模型拟合结果

（a）*D*-柠檬烯；（b）月桂烯；（c）己酸乙酯；（d）2-壬酮；（e）芳樟醇

风味物质在食品模拟液中同一起始浓度时，吸附平衡量的大小可表达风味有机物质在食品模拟液和包装薄膜材料中的分配程度。吸附平衡量越大，说明风味物质更容易被包装薄膜吸附。风味物质不同初始浓度对吸附平衡量的影响见表 6-5。

表 6-5　不同初始浓度的风味物质在薄膜中的吸附平衡量

风味物质初始浓度/（mg/L）	LDPE 薄膜吸附平衡量 $M_{i,e}$/（mg/g）				
	D-柠檬烯	月桂烯	己酸乙酯	2-壬酮	芳樟醇
100	3.68	1.50	0.99	1.28	0.66
200	7.37	3.15	1.98	2.95	1.31
500	18.42	7.50	4.91	7.37	3.23
1000	35.68	12.06	9.28	12.69	6.21

对 5 种风味物质在 LDPE 薄膜中的吸附量进行拟合从而获得扩散系数值(表 6-6)，拟合 R^2 值均≥0.95，说明不同初始浓度下的风味物质在 LDPE 薄膜中的扩散符合 Fick 第二定律扩散。

表 6-6　不同初始浓度下风味物质在 LDPE 薄膜材料中的扩散系数

风味物质	100 mg/L		200 mg/L		500 mg/L		1000 mg/L	
	D/（cm²/s）	R^2	*D*/（cm²/s）	R^2	*D*/（cm²/s）	R^2	*D*/（cm²/s）	R^2
D-柠檬烯	6.47×10^{-11}	0.98	6.47×10^{-11}	0.98	6.69×10^{-11}	0.98	1.63×10^{-10}	0.98
月桂烯	5.87×10^{-11}	0.96	5.57×10^{-11}	0.96	5.72×10^{-11}	0.96	1.75×10^{-10}	0.99
己酸乙酯	3.04×10^{-11}	0.99	3.04×10^{-11}	0.99	3.08×10^{-11}	0.99	1.51×10^{-10}	0.99
2-壬酮	5.56×10^{-11}	0.95	3.68×10^{-11}	0.96	3.50×10^{-11}	0.95	1.41×10^{-10}	0.98
芳樟醇	3.95×10^{-11}	0.98	4.64×10^{-11}	0.97	5.41×10^{-11}	0.97	1.34×10^{-10}	0.97

结果表明，在一定初始浓度下，塑料薄膜吸附平衡总量随着食品中风味物质的初试浓度的增大而增大，但扩散速率变化不显著。较高初始浓度风味物质的食品模拟物会使得其在 LDPE 材料中的扩散系数变大，这是因为较高浓度的风味物质更容易进入薄膜材料中，占据聚合物的自由空间，起到类似塑化剂的作用。但初始浓度较高时，大量的风味化合物进入聚合物分子链间，削弱了高分子链间的内应力，使得聚合物分子链更容易移动，聚合物微观结构中的自由体积增加、结晶度降低，因此风味分子的吸附扩散过程变得更为容易。而且 LDPE 长时间浸泡在高浓度的模拟液中也会发生溶胀现象，使得薄膜的交联结构变得更为松散舒展，可用于吸附的“孔隙”增多，风味物质分子也越容易阻滞其中，从而得到吸附量增大的结果。

3）储存温度对薄膜吸附扩散的影响

基于不同温度储存，开展 5 种风味物质被 LDPE 薄膜吸附扩散试验（*D*-柠檬烯、月桂烯、己酸乙酯、2-壬酮、芳樟醇风味物质浓度均为 500mg/L 的 10%（*V*/*V*）乙醇溶液，包装材料为 50μm 厚的 LDPE 薄膜）[27]。其吸附扩散的试验与模型拟合结果如图 6-14 所示，5 种风味物质在不同包装薄膜中的吸附平衡量见表 6-7。

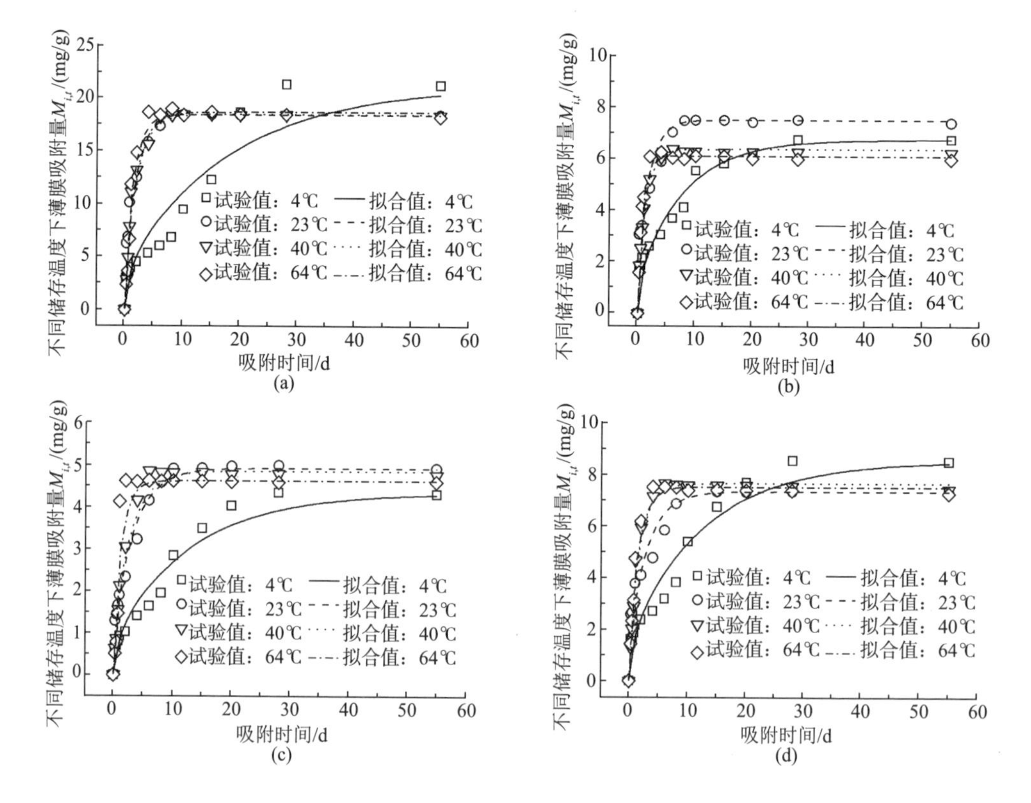

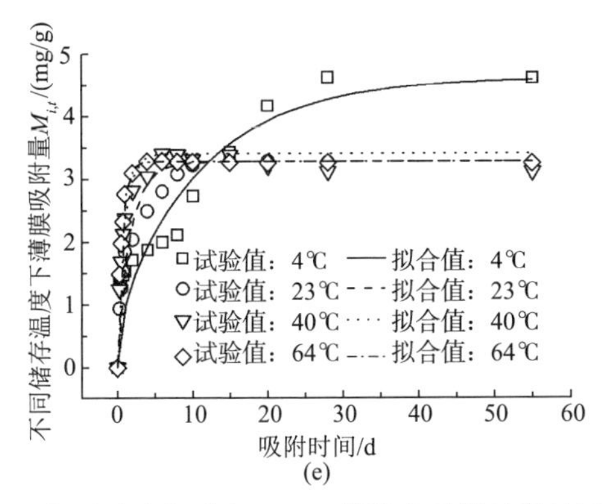

图 6-14 不同储存温度下风味物质在 LDPE 薄膜中吸附扩散的试验与模型拟合结果
（a）*D*-柠檬烯；（b）月桂烯；（c）己酸乙酯；（d）2-壬酮；（e）芳樟醇

表 6-7 不同储存温度下风味物质在 LDPE 薄膜中的吸附平衡量

存储温度/℃	LDPE 薄膜吸附平衡量 $M_{i,e}$/（mg/g）				
	D-柠檬烯	月桂烯	己酸乙酯	2-壬酮	芳樟醇
4	21.28	6.76	4.34	8.56	4.62
23	18.42	7.50	4.91	7.37	3.23
40	18.44	6.38	4.86	7.67	3.41
64	18.65	6.11	4.62	7.54	3.29

不同储存温度下 5 种风味物质在 LDPE 薄膜中的扩散系数见表 6-8。除 *D*-柠檬烯外，储存温度越高，风味物质在 LDPE 薄膜中的扩散系数越大。高温促进了风味物质在包装材料的扩散，使其更快到达吸附平衡。*D*-柠檬烯在高温下，扩散系数有所降低，这可能是因为吸附量较大的 *D*-柠檬烯进入 LDPE 后，占用了更多的薄膜自由空间，从而影响其扩散速率。

表 6-8 不同储存温度下 5 种风味物质在 LDPE 薄膜中的扩散系数

风味物质	4℃		23℃		40℃		64℃	
	D/（cm^2/s）	R^2	D/（cm^2/s）	R^2	D/（cm^2/s）	R^2	D/（cm^2/s）	R^2
D-柠檬烯	5.64×10^{-12}	0.92	6.69×10^{-11}	0.98	4.95×10^{-11}	0.98	5.13×10^{-11}	0.97
月桂烯	1.32×10^{-11}	0.95	5.72×10^{-11}	0.96	7.61×10^{-11}	0.99	1.16×10^{-10}	0.98
己酸乙酯	8.07×10^{-12}	0.96	3.08×10^{-11}	0.98	3.58×10^{-11}	0.98	7.54×10^{-11}	0.87
2-壬酮	8.22×10^{-12}	0.95	3.50×10^{-11}	0.98	5.67×10^{-11}	0.98	6.51×10^{-11}	0.98
芳樟醇	9.07×10^{-12}	0.90	5.41×10^{-11}	0.97	1.02×10^{-10}	0.97	1.58×10^{-10}	0.99

温度是影响风味分子传质过程的重要环境变量。通常，聚合物中的风味物质传质随着温度的升高而更为强烈，这是因为在较高温度下风味分子扩散更为活跃；自由体积增大，风味化合物更易吸附，高分子链更加松弛，聚合物链中官能团的流动性增加；聚合物溶胀增强，结晶度下降等。

2. 吸附扩散中的分配系数分析

分配系数是吸附扩散预测模型中的另一重要参数。风味物质在食品/食品模拟液与聚合物包装材料间的分配系数是一个热力学参数，它主要依赖于风味物质食品/食品模拟液、聚合物包装材料相互间的关系。根据相似相溶原理，在聚烯烃等非极性聚合物中，水性食品体系的极性风味物质倾向于分配在食品相，而非极性风味物质会倾向于分配在非极性聚合物包装材料相中。对于聚酯等极性聚合物材料而言，聚合物材料与食品风味物质的相对极性确定了风味物质的分配情况。

分配系数 $K_{P,F}$ 是平衡时吸附物质在薄膜包装材料中的浓度 $C_{P,e}$ 与在食品/食品模拟液中的浓度 $C_{F,e}$ 之比，即

$$K_{P,F} = \frac{C_{P,e}}{C_{F,e}} \tag{6-5}$$

基于吸附扩散试验和质量守恒定律，在食品模拟液-薄膜包装体系中，初始时刻薄膜包装内吸附物质的浓度为 0，公式（6-5）可以表达为

$$K_{P,F} = \frac{m_{i,e} / V_P}{(C_{F,0} \times V_F - m_{i,e}) / V_F} \tag{6-6}$$

式中，$C_{F,0}$——初始时刻食品模拟液中吸附物 i 的浓度（mg/cm^3）；

$m_{i,e}$——平衡时薄膜包装中吸附物 i 的质量（mg）；

V_F——吸附单元中食品模拟液的体积（cm^3）；

V_P——吸附单元中薄膜包装的体积（cm^3）。

基于吸附平衡试验结果可计算获得 *D*-柠檬烯、月桂烯、己酸乙酯、2-壬酮、芳樟醇从 10%（*V*/*V*）乙醇溶液食品模拟液被 LDPE 薄膜吸附的分配系数（表 6-9）。

表 6-9　不同温度下 5 种风味物质在 LDPE 薄膜/10%乙醇溶液中的分配系数

储存温度/℃	风味物质在 LDPE 薄膜/食品模拟液中的分配系数				
	D-柠檬烯	月桂烯	己酸乙酯	2-壬酮	芳樟醇
4	0.0510	0.0143	0.0090	0.0184	0.0096

续表

储存温度/℃	风味物质在 LDPE 薄膜/食品模拟液中的分配系数				
	D-柠檬烯	月桂烯	己酸乙酯	2-壬酮	芳樟醇
23	0.0430	0.0160	0.0102	0.0156	0.0066
40	0.0431	0.0135	0.0101	0.0163	0.0070
64	0.0436	0.0129	0.0096	0.0160	0.0067

不同温度下 *D*-柠檬烯的分配系数均最大，月桂烯、己酸乙酯、2-壬酮居中，芳樟醇除储存 4℃外最小。风味物质在包装薄膜/食品模拟液中的分配关系与风味物质、包装薄膜和食品模拟液的极性有关。LDPE 薄膜为非极性聚合物材料，乙醇水溶液为极性食品模拟液。风味物质中，*D*-柠檬烯为弱极性，月桂烯、己酸乙酯、2-壬酮为中极性，芳樟醇为极性物质。基于相似相溶原理，*D*-柠檬烯更容易被 LDPE 吸附，而芳樟醇更容易在乙醇水溶液中存在[27]。

目前分配系数的预测估算主要有 Flory-Huggins 模型、双模吸附模型、活度系数通用准化功能团贡献法（UNIFAC 法）、正规溶液理论法等，通过溶解度系数来描述膜和吸附物之间的相互作用。

基于正规溶液理论预测计算分配系数[28]。正规溶液理论中引入了溶解度系数 S 的概念，通过计算包装薄膜/风味物质和食品/风味物质的溶解度系数差，计算出风味物质在包装薄膜和食品间的分配系数 $K_{P,F}$。

$$K_{P,F}=\frac{\left[(S_i-S_P)^2\right]^{1/2}}{\left[(S_i-S_F)^2\right]^{1/2}} \tag{6-7}$$

式中，S_i——风味物质 i 的溶解度系数（$J^{1/2}/cm^{3/2}$）；

S_P——聚合物基材的溶解度系数（$J^{1/2}/cm^{3/2}$）；

S_F——食品或食品模拟液的溶解度系数（$J^{1/2}/cm^{3/2}$）。

依据式（6-7），可计算获得 *D*-柠檬烯、月桂烯、己酸乙酯、2-壬酮、芳樟醇在 LDPE 聚合物和 10%乙醇溶液间的分配系数分别为 0.972、0.676、0.319、0.519、0.230。结果表明，由正规溶液理论得出的数据只能用于定性分析，需要引入试验测定校正因子才可能进行定量分析。对比正规溶液理论计算的数据与试验结果，理论预测计算值显著大于试验值。

参 考 文 献

[1] Caner C. Sorption phenomena in packaged foods: factors affecting sorption processes in

package-product systems[J]. Packaging Technology and Science, 2011, 24: 259-270.
[2] 刘志刚, 卢立新, 王志伟. 塑料包装材料内的小分子物质扩散系数模型[J]. 高分子材料科学与工程, 2009, 24(12): 25-28.
[3] Fabio L, Matteo A D N, Giovanni S, et al. Scalping of ethyloctanoate and linalool from a model wine into plastic films[J]. Food Science and Technology, 2009, 42: 1065-1069.
[4] Mauricio-Iglesias M, Peyron S, Chalier P, et al. Scalping of four aroma compounds by one common (LDPE) and one biosourced (PLA) packaging materials during high pressure treatments[J]. Journal of Food Engineering, 2011, 102: 9-15.
[5] Balaguer M P, Gavara R, Hernández-Muñoz P. Food aroma mass transport properties in renewable hydrophilic polymers[J]. Food Chemistry, 2012, 130: 814-820.
[6] van Willige R W G. Effects of flavour absorption on foods and their packaging materials[D]. Wageningen: Van Wageningen Universiteit, 2002.
[7] Berlinet C, Ducruet V, Brillouet J M, et al. Evolution of aroma compounds from orange juice stored in polyethylene terephthalate (PET)[J]. Food Additives & Contaminants, 2005, 22(2): 185-195.
[8] Ansson S E A, Gallet G, Hefti T, et al. Packaging materials for fermented milk, Part 2: solute-induced changes and effects of material polarity and thickness on food quality[J]. Packaging Technology and Science, 2002, 15: 287-300.
[9] Lutzow N, Tihminlioglu A, Danner R P, et al. Diffusion of toluene and *n*-heptane in polyethylenes of different crystallinity[J]. Polymer, 1999, 40(10): 2797-2803.
[10] Hu C C, Chang C S, Ruaan R C, et al. Effect of free volume and sorption on membrane gas transport[J]. Journal of Membrane Science, 2003, 226(1-2): 51-61.
[11] Makoto M, Masayuki O, Kuboyama K, et al. Oxygen permeability and free volume hole size in ethylene-vinyl alcohol copolymer film: temperature and humidity dependence[J]. Radiation Physics and Chemistry, 2003, 68(3-4): 561.
[12] Taub Z, Paul Singh R. Food Storage Stability[M]. Boca Raton: CRC press, 1997.
[13] Hirata Y, Ducruetv. Effect of temperature on the solubility of aroma compounds in polyethylene film[J]. Polymer Testing, 2006, 25(5): 690-696.
[14] Hambleton A, Voilley A, Debeaufort F. Transport parameters for aroma compounds through *i*-carrageenan and sodium alginate-based edible films[J]. Food Hydrocolloids, 2011, 25(5): 1128-1133.
[15] Hernandez Munoz P, Gavara R, Hernandez R J. Evaluation of solubility and diffusion coefficients in polymer film-vapor systems by sorption experiments[J]. Journal of Membrane Science, 1999, 54(2): 195-204.
[16] 孙一超. 塑料包装膜对食品特征风味化合物的吸附研究[D]. 无锡: 江南大学, 2013.
[17] Letinski J, Halek G W. Interactions of citrus flavor compounds with polypropylene films of varying crystallinities[J]. Journal of Food Science , 1992, 57: 481-483.
[18] 孙彬青. 软塑膜包装液体食品特征风味物质吸附规律的研究[D]. 无锡: 江南大学, 2019.
[19] 孙一超, 卢立新. 食品中不同种类风味物质对 LDPE 吸附现象的影响研究[J]. 包装工程, 2013, 34(1): 34-37.

[20] Shimoda M, Matsui T, OsajimaY. Effects of the number of carbon atoms of flavor compounds on diffusion, permeation and sorption with polyethylene films[J]. Nippon Shokuhin Kogyo Gakkaishi, 1987, 34(8): 535-539.

[21] Charara Z N, Williams J W, Schmid R H. Orange flavor absorption into various polymeric packaging materials[J]. Journal of Food Science, 1992, 57(4): 963-968.

[22] 卢立新, 孙一超, 唐亚丽, 等. 风味物质初始质量分数与储存温度对 LDPE 吸附性能的影响[J]. 食品与生物技术学报, 2016, 35(6): 635-639.

[23] Brody A L. Flavorscalping: quality loss due to packaging[J]. Food Technology, 2002, 56(6): 124-125.

[24] Charara Z N, Williams J W, Schmidt R H, et al. Orange flavor absorption into various polymeric packaging materials[J]. Journal of Food Science, 1992, 57: 963-968.

[25] Hirata Y, Ducruetv. Effect of temperature on the solubility of aroma compounds in polyethylene film[J]. Polymer Testing, 2006, 25(5): 690-696.

[26] 孙彬青, 卢立新. 不同包装薄膜中食品风味物质吸附扩散的研究[J]. 塑料工业, 2019, 47(11): 98-101, 133.

[27] 孙彬青, 卢立新. 风味物质在聚乙烯薄膜中吸附扩散的重要参数[J]. 食品与发酵工业, 2019, 45(22): 27-31, 46.

[28] 皮林格 O G, 巴纳 A L. 食品用塑料包装材料——阻隔功能、传质、品质保证和立法[M]. 北京: 化学工业出版社, 2004: 396-397.

第7章

潜热型控温包装理论与设计方法

在众多产品中，温度敏感产品的理化性质极易受到环境温度的影响，需要严格控制储运过程的温度条件。药品和生物制品属于典型的温度敏感产品，其对储存温度的要求通常较为苛刻。大部分生鲜食品也需要控制合适的储存温度，以获得更长的保质期。因此，温度敏感产品需通过全程冷链来实现物流过程中（包括生产、储存、运输、销售，最后到达消费者手中）的温度控制。为了这类产品安全、完好地运送至消费者手中，其整个物流过程，包括生产、储存、运输、销售等都须严格控制产品所处环境的温度，否则将直接影响产品品质，造成不必要的损失，甚至危害使用者的人身安全。为此，温度敏感产品的物流运输需要全程冷链。

冷链运输的冷源主要分为两类，即有源冷链和无源冷链。有源冷链是指采用有源制冷设备的冷藏车、冷库，主要适用于产品销售前的大批量储存、运输过程。而从市场到消费者手中的“最后一千米”往往无法使用有源制冷设备，导致产品脱离冷链保护，从而造成产品品质降低甚至失效。此外，随着电子商务的发展，小批量零散货物的运输越来越频繁，这也对传统的有源冷链提出了新的挑战。

近年来，以潜热型控温包装为基础的无源冷链物流运输技术，因其小巧灵活、稳定可靠的特点，而得到广泛的应用。控温包装通过保温容器减少产品与外界环境的热交换，并利用蓄冷剂吸收通过保温容器传导至包装内部的多余热量，使产品处于稳定的温度环境内，从而达到控温的目的。控温包装在使用过程中无需能源，经过合理的设计可实现连续控温，能够灵活应用于温度敏感产品“最后一千米”运输及零散电商产品的全程冷链物流。

本章着重介绍潜热型控温包装中涉及的传热基本理论、相变传热模型、控温包装控温时间预测模型、控温包装设计方法及控温包装传热过程模拟。

7.1　控温包装研究现状

典型的潜热型控温包装由保温容器、蓄冷剂、产品及其他附件组成（图 7-1）。

它主要是通过保温容器减少外界环境与包装件之间的热交换，并且由蓄冷剂吸收传递到包装内部的热量，从而实现控温的目的。其中保温容器和蓄冷剂的结构与性能是保障控温的关键。

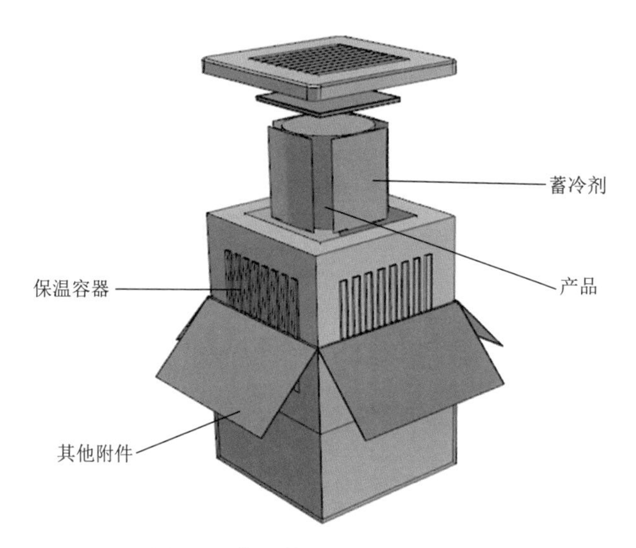

图 7-1　典型潜热型控温包装结构

7.1.1　保温容器及其性能参数

1. 保温材料

保温容器的材料主要可分为纤维板、发泡材料、松散填充物、反光材料及复合保温材料。

1）纤维板

纤维板主要依靠板材中的空气间隙实现隔热的目的。同时纤维通过黏合剂的胶合后具有极高的力学强度。纤维板的主要材料有植物纤维、有机纤维或无机纤维（玻璃纤维、岩纤维和陶瓷纤维等）。这类材料具有良好的保温性能和力学强度，在建筑、纺织及大型保温容器中得到广泛应用。

2）发泡材料

发泡材料主要可分为闭孔和开孔两类。闭孔发泡材料依靠填充气体实现减少热传导的目的。常见的闭孔发泡材料有发泡聚苯乙烯（EPS）、发泡聚丙烯（EPP）等。开孔发泡材料则是通过增加热传通道的复杂程度来降低热传系数。常见的开孔发泡材料有发泡聚乙烯（EPE）、聚氨酯（PU）等。由于泡沫单体结构的性质不利于传热，故发泡材料导热率普遍小于纤维材料。

3）松散填充物

松散填充物则是将分散的颗粒、粉末（如硅、珍珠岩、硅藻土、气凝胶等）充填到容器中，利用充填物间的空隙来降低导热率。这类保温材料不具备固定的形状，能够自由贴合产品的外形，起到很好的包裹作用。但由于其属于分散的散体，故需要配合瓦楞纸箱、木箱等容器使用。

4）反光材料

上述几种材料均是通过减小热传导从而实现保温功能的。而铝箔等反光类材料则主要通过降低热辐射来达到隔热的目的。通常反光类材料应与纤维、泡沫等低导热率材料组合使用。

5）复合保温材料

复合保温材料能够结合多种保温材料的优点，进一步提高材料保温性能。真空纤维板[1]是将多层纤维板黏合在一起，对其进行真空处理，显著降低材料的导热系数，并在其表面贴附铝箔用于反射热辐射。其最大的优点是质量轻、导热系数极低，并且具有普通泡沫材料无法比拟的强度，可多次重复使用。镀层气垫膜[2]采用由塑料膜构成的蜂窝状气柱减小材料内的热传导和热对流，而膜上涂覆有防辐射金属镀层，能有效隔绝热辐射。将聚丙烯纤维与发泡材料复合得到的纤维发泡材料能在保持原有隔热效果的基础上有效提高发泡材料的机械强度[3]。二氧化硅气凝胶具有极低的导热系数，但其松散的结构不方便单独使用。二氧化硅气凝胶纤维复合板是将二氧化硅气凝胶与纤维板复合，使其具有固定的形态和较高的强度。

2. 保温容器主要性能参数

1）密度

密度是描述保温材料最基本的参数。保温材料的密度与保温材料其他性能参数密切相关。一般来说，密度较大的保温材料保温性能较好。

2）导热系数

导热系数是保温材料最重要的性能参数。导热系数决定了热量在保温材料中的传递速度。导热系数越低，热量传递速度越慢。常见保温材料的导热系数见表 7-1。

表 7-1　常见保温容器材料的导热系数

材料名称	导热系数/[W/（m·K）]
空气	0.026
瓦楞纸板	0.061
EPS	0.038
PU	0.031
EPE	0.076

3）比热容

比热容反映了保温材料吸收热量的能力。越多的热量被保温材料吸收意味着越少的热量被传递到包装内部。

4）热扩散系数

热扩散系数定义为材料导热系数与单位体积材料吸收热量的比值，即

$$a = \frac{k}{\rho c} \tag{7-1}$$

式中，a——热扩散系数（m^2/s）；

k——导热系数[W/（m·K）]；

ρ——密度（kg/m^3）;

c——比热容[J/（K·kg）]。

热扩散系数的分子越小表示在相同温度梯度下可以向内传播更少的热量；而分母越大表示材料吸收的热量越多，意味着能够向内传播的剩余热量越少。因此热扩散系数能够反映温度在材料中的传播速度。

5）系统热阻

系统热阻是表征保温容器综合保温性能的重要指标。“融冰法”[4]是一种通过试验间接测量保温容器系统热阻的方法。该方法是将已知量的冰块放入处于恒温环境中的保温包装内，通过比较前后冰块的质量确定冰块融化的量，计算传递到包装内部的热量，从而确定系统的热阻值。

$$R = \frac{A \times \psi}{Q} \tag{7-2}$$

式中，R——系统热阻（W/K）;

A——换热面积（m^2）;

ψ——过余温度（K）;

Q——总热量（J）。

融冰法能简便地测定保温容器的系统热阻，但该方法测定系统热阻耗时较长，且保温容器与产品之间存在空气间隙，进而显著提高系统热阻。故 Stavish[5]将保温材料和空气层分别作为热阻记入总热阻，并通过回归分析预测保温容器的系统热阻。

$$R = R_s + R_w + R_a \tag{7-3}$$

式中，R_s——表面热阻（W/K）;

R_w——隔热壁热阻（W/K）;

R_a——空气层热阻（W/K）。

产品在保温容器的位置会引起空气间隙在控温包装内分布的变化，从而导致系统热阻的变化。Choi 根据产品是否与保温容器接触构建了如图 7-2 所示的两种情况下控温包装系统总热阻的计算方法[6]。

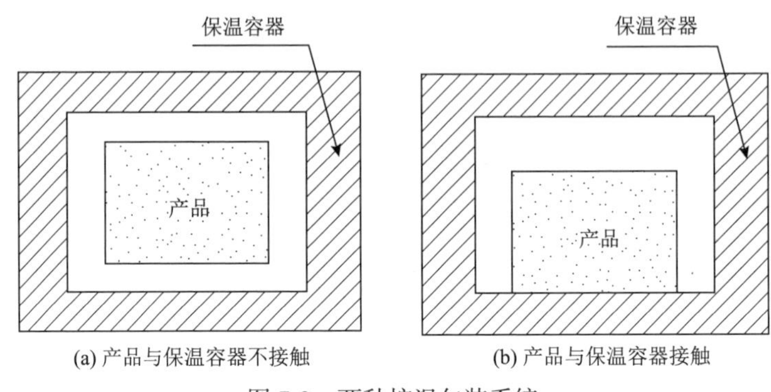

(a) 产品与保温容器不接触　　(b) 产品与保温容器接触

图 7-2　两种控温包装系统

除热传导和热对流外，热辐射也是热传递的一种方式。Choi[6]考虑了传热的三种方式，提出了一种预测系统热阻的模型。

$$R = 0.27b + 0.26n_p + 0.56n_f \tag{7-4}$$

式中，b——保温容器壁厚（m）；

n_p——换热平面数；

n_f——铝箔层数。

Qian[2]提出了一种将长方体保温容器简化成球壳模型用于计算设计的方法。将长方体保温容器和球壳模型的内外表面积、内外体积及壁厚两两组合等效，比较不同等效方法的计算结果与试验结果的误差，发现当长方体保温容器与球壳模型的外表面积和壁厚相等时，模型值与试验值的误差最小。然而后续试验表明，球壳模型仅能用于最长边与最短边之比小于 2 的情况，大于 2 时模型值与试验值偏差较大。

7.1.2　蓄冷剂及其性能参数

蓄冷剂的本质是一种储能材料，它能够吸收外界传递到保温容器内的多余热量，达到控温目的。

1. 蓄冷剂类型

蓄冷剂按照其吸热原理及成分可分为不同类型，如图 7-3 所示[7]。

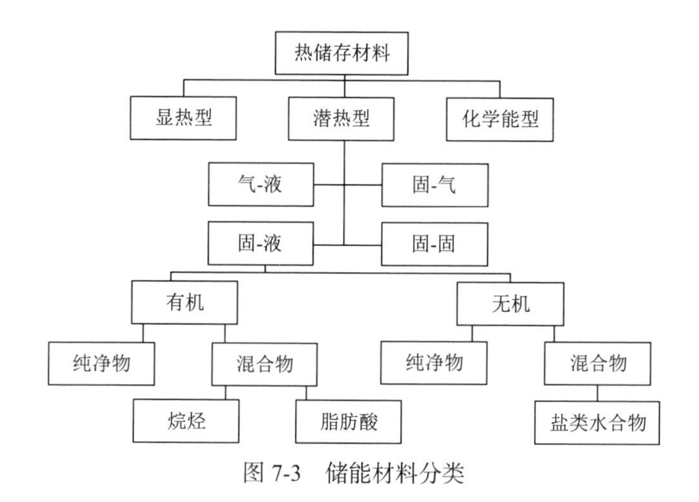

图 7-3　储能材料分类

显热型储能材料的储能能力主要依赖材料的比热容。比热容越大，则吸收的能量越多，在储能过程中材料性质不发生显著变化。显热型储能材料几乎能适用于任何温度条件的控温包装，且成本低廉。然而，相比潜热型储能材料和化学能型储能材料，其储能密度很低，只适用于短时间储存。

潜热型储能材料是利用相变材料（phase change material，PCM）在相变过程中吸收或释放的热量来进行潜热储能。衡量潜热型储能材料储能能力的指标是相变潜热。PCM 相变过程是一个等温或近似等温过程，期间伴随着能量的大量吸收或释放。此外 PCM 的相变过程完全可逆，因此 PCM 能循环重复使用。与显热储能材料相比，潜热储能材料具有储能密度高、体积小、温度控制更为精确等特点。此外，PCM 在储能过程中近似恒温，非常适用于控温系统。

化学能型储能材料是利用化学反应的化学能来实现对热量的吸收或释放。化学能型储能材料储能密度非常高，但化学反向的速率往往不可控，这种不稳定性将会导致安全问题。同时，多数化学反应是不可逆的，材料不能重复使用。因此，化学能型的储能材料的使用范围十分有限。

因此，目前几乎所有蓄冷剂均采用潜热型储能材料（即相变材料），通过相变来实现热量吸收和释放。

2. 蓄冷剂性能参数

蓄冷剂的主要性能参数有相变温度、潜热、导热系数、稳定性等。表 7-2 和表 7-3 分别比较了常用有机 PCM 和无机 PCM 的部分性能参数的平均值及两者的优缺点。

表 7-2 有机 PCM 与无机 PCM 平均性能参数[8]

种类	ρ/（kg/m^3）	C/（kJ/kg）	L/（kJ/kg）	k/[W/（m·K）]
有机	800	2.0	190	0.27
无机	1600	2.0	230	0.58

表 7-3 有机 PCM 与无机 PCM 优缺点比较[9]

种类	优点	缺点
有机	相变温度范围宽，无毒，无腐蚀，无过冷，无分层，重复性好	潜热较小，价格较贵，导热性差，易燃
无机	潜热大，导热系数高，相变体积变化小，价格低	重复性差，有过冷问题，易分层，腐蚀性强

1）相变温度

PCM 在相变温度附近具有最佳的吸热性能，因此应选用相变温度与产品的储存温度相符的 PCM。多种 PCM 共混可有效调节相变温度，尤其是有机 PCM，其种类繁多，只要调节不同成分的比例，几乎可以调节出一定温度范围内具任意相变温度的 PCM。

2）相变潜热

相变潜热反映了 PCM 在相变过程中吸收热量的能力，即相变潜热越大，其吸收热量的能力越强。

3）导热系数

蓄冷剂导热系数越大，蓄冷剂吸热速度越快，包装内温度分布越均匀。此外，导热系数越大的蓄冷剂在使用前预冷凝固的速度越快，工程使用方便。提高 PCM 传热系数的方法主要有加大传热面积，在其中加入金属结构或混入高导热系数的颗粒，如铁粉、纳米铝颗粒等；微胶囊化 PCM 也能显著提高其导热系数[10]。

4）稳定性

PCM 的稳定性主要包含重复性和腐蚀性。PCM 的重复性是指多次循环使用后其各项性能保持稳定的能力。研究表明，有机 PCM 重复性极好，尤其是石蜡，能重复使用数百次而性能几乎不变。而无机 PCM 随着重复次数的增加会出现过冷、分层、相分离等不良现象。对于腐蚀性而言，大多数有机 PCM 腐蚀性非常小；无机 PCM 尤其是结晶水和盐类的腐蚀性较大。

3. 蓄冷剂封装方式

根据相变类型 PCM 可分为固-固、固-液、固-气、液-气型 PCM。固-气和液-

气型 PCM 相变前后体积变化较大，固-固型 PCM 相变温度大多数较高且相变潜热小，因此常用的 PCM 均为固-液相变型 PCM。此外有效的封装可使 PCM 模块化，便于工程运用。

目前运用最为广泛的封装方式是软塑袋装，具有工艺简便、价格低廉的优点。但熔化后的 PCM 会因为重力作用而流动，使相变界面倾斜，袋内不同位置相变程度不均匀。另外，软塑袋在运输过程中易破裂，导致 PCM 外流而影响保温效果，甚至危及产品安全。因此 PCM 的固化是未来的重要研究方向。

PCM 固化主要是通过 PCM 与特殊载体结合后形成固体材料，使其在工作过程中外形不发生变化。目前 PCM 固化方法主要包括以下几种。

1）熔融共混法

高密度聚乙烯（HDPE）、聚丙烯（PP）、聚苯烯（PS）、丙烯腈-丁二烯-苯乙烯（ABS）等高分子材料具有的三维网状结构，使其与 PCM 熔融共混包裹 PCM，从而得到聚合物型的 PCM。

2）物理吸附法

物理吸附法采用多孔介质作为基体吸附液态工作物质所得定形相变材料形状稳定性好，在工作过程中表现为微观液相、宏观固相。石膏、水泥、膨胀黏土、纳米硅酸钙、纳米多孔石墨等多孔材料均为良好的物理吸附介质。物理吸附法工艺简单，易于制造，但相变材料与基体材料的相容性问题难以有效解决，使用中可能出现 PCM 的渗出、表面结霜等现象。

3）微胶囊化

微胶囊化是通过特定壁材，用原位聚合、界面聚合、复凝聚、喷雾干燥等技术将 PCM 材料包裹，形成微胶囊化相变材料。微胶囊化后的相变材料其形态转变为直径在 0.1μm～1mm 微小固体粉末。PCM 被壁材包裹，工作过程中始终保持这种粉末状态。通常，壁材的选择要考虑内核材料性质，油溶性内核选用水溶性壁材，水溶性内核则用油溶性壁材。外壳和内核须有良好的兼容性，彼此无腐蚀、无渗透、无化学反应。微胶囊化能有效增加 PCM 的表面积，且胶囊体积很小。研究表明，微胶囊 PCM 颗粒的毕奥数（B_i）小于 0.1，可近似为零维传热，即热量在 PCM 内部传导是瞬间完成的，因此微胶囊技术使 PCM 的传热性得到极大增强，能有效提高 PCM 性能。

7.1.3　控温包装结构设计

温度敏感产品种类繁多，各种产品都有其特殊的性质、外观及防护要求，不同的产品需要不同形式的控温包装。表 7-4 列出了针对不同产品类型的三种典型控温包装结构。

表 7-4 三种典型控温包装结构[11]

产品种类	小件类	集装类	桶类
包装结构	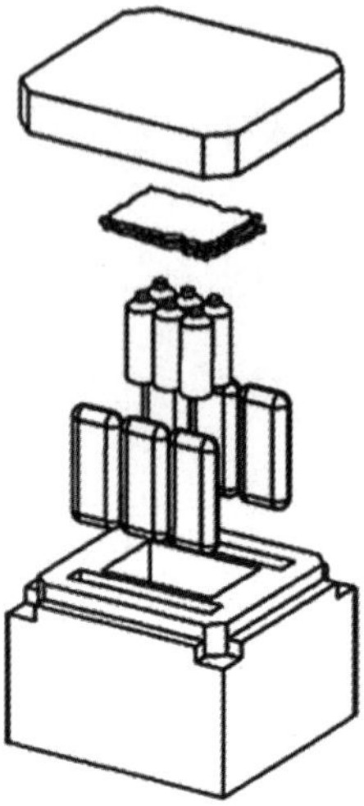	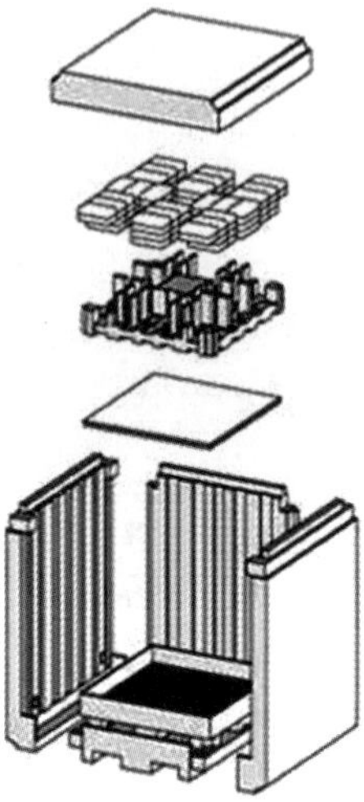	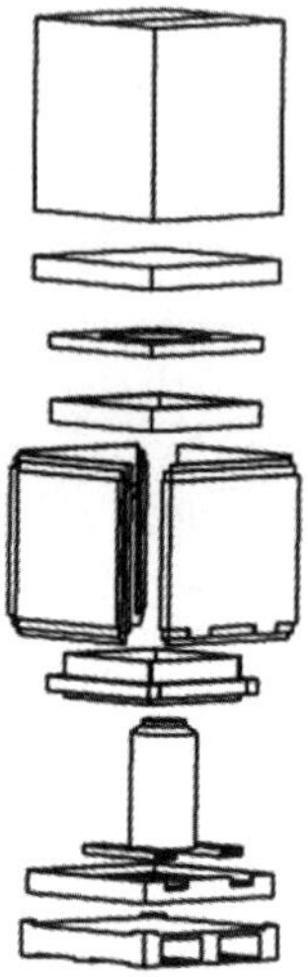

7.2 控温包装传热模型

为更好地设计和应用控温包装，了解控温包装热量传递的模式和规律，必须获得控温包装内部温度场分布。Fourier 导热定律和能量守恒是构建控温包装中导热微分方程进而求解温度场分布的主要方法。导热微分方程是适用于所有导热物体的通用方程，但其数学描述和定解条件则需要根据具体问题进行定义。

7.2.1 导热问题的数学描述

1. 导热微分方程

对于传热机理及基础理论的研究目前已非常成熟。基于 Fourier 导热定律，结合能量守恒定律，在不同坐标系下的传热过程可由如下控制方程描述。

笛卡儿坐标系：

$$\rho c\frac{\partial T}{\partial t}=\frac{\partial}{\partial x}\left(k\frac{\partial T}{\partial x}\right)+\frac{\partial}{\partial y}\left(k\frac{\partial T}{\partial y}\right)+\frac{\partial}{\partial z}\left(k\frac{\partial T}{\partial z}\right)+\dot{q} \tag{7-5}$$

式中，T——温度（K）；

t——时间（s）；

$\dot{q}$——单位体积热源（W/m^3）。

圆柱坐标系：

$$\rho c\frac{\partial T}{\partial t}=\frac{1}{r}\frac{\partial}{\partial r}\left(kr\frac{\partial T}{\partial r}\right)+\frac{1}{r^2}\frac{\partial}{\partial \varphi}\left(k\frac{\partial T}{\partial \varphi}\right)+\frac{\partial}{\partial z}\left(k\frac{\partial T}{\partial z}\right)+\dot{q} \tag{7-6}$$

球坐标系：

$$\rho c\frac{\partial T}{\partial t}=\frac{1}{r^2}\frac{\partial}{\partial r}\left(kr^2\frac{\partial T}{\partial r}\right)+\frac{1}{r^2\sin^2\theta}\frac{\partial}{\partial \varphi}\left(k\frac{\partial T}{\partial \varphi}\right)+\frac{1}{r^2\sin\theta}\frac{\partial}{\partial \theta}\left(k\sin\theta\frac{\partial T}{\partial \theta}\right)+\dot{q} \tag{7-7}$$

2. 定解条件

传热过程中的换热边界条件主要有三类。第一类边界指温度直接作用于换热表面，换热表面温度等于加热介质温度；第二类边界指换热表面被一固定热流密度的加热介质加热；第三类边界指换热通过流体加热的情况。三种不同边界条件的数学表达式见表 7-5。不同的边界条件下相变传热模型的表达各不相同。

表 7-5 三种换热边界条件

模型	换热面边界条件
第一类	$T=A$
第二类	$\frac{\partial T}{\partial x}=A$
第三类	$\frac{\partial T}{\partial x}=h\left(T_0-T\right)$

注：h：对流换热系数；T_0：环境温度。

3. 相变传热问题的数学描述

区别于一般介质中的热传递，控温包装中的热量传递除了存在热对流、热传导和热辐射外，在蓄冷剂中存在固-液相变的过程，称其为相变传热。在相变传热过程中相变材料中存在一个随时间移动的固-液界面，在该界面上大量的热量通过相变过程吸收或释放。与此同时，由于固-液界面会随时间推移而移动，因此该界面又被称为移动边界。

1）纯物质相变传热问题的一般数学描述

当相变材料熔化或凝固过程中物质存在液相和固相两种状态时，两相之间被一个明显的界面分离。因此纯物质相变传热的数学描述分为三个部分：固相区域、液相区域和界面。

对于固相区域而言，热量主要以热传导的方式进行传递，依据 Fourier 导热定

律和能量守恒定律，其传热方程为

$$\rho_s C_s \frac{\partial T_s}{\partial t} = \nabla g\left(k_s \nabla T_s\right) + \dot{q}_s \tag{7-8}$$

式中，下标 s——固相。

对于液相区域而言，热量除了以热传导的方式进行传递外，还可能发生热对流。因此液相区域的传热方程包含对流项，即

$$\rho_1 C_1 \left(\frac{\partial T_1}{\partial t} + v g \nabla T_1\right) = \nabla g\left(k_1 \nabla T_1\right) + \dot{q}_1 \tag{7-9}$$

式中，下标 l——液相；

v——运动黏度（m^2/s）。

在多数情况下液相中温差不大或液相黏度过大时，液相区域中的对流可以忽略，则式（7-9）变为

$$\rho_1 C_1 \frac{\partial T_1}{\partial t} = \nabla g\left(k_1 \nabla T_1\right) + \dot{q}_1 \tag{7-10}$$

除了固相区域和液相区域外，固-液界面上的热量传递也必须满足一定条件。首先，在相变传热区域内温度应该是连续的，因此界面处的温度应该等于相变温度，即

$$T_s\left(sf, t\right) = T_1\left(sf, t\right) = T_{sf} = T_m \tag{7-11}$$

式中，sf——固-液界面位置（m）；

T_m——相变温度（K）。

在固-液界面处也满足能量平衡方程：

$$k_s \frac{\partial T_s}{\partial n} - k_1 \frac{\partial T_1}{\partial n} = \rho L \frac{\partial F}{\partial t} \tag{7-12}$$

式中，F—固-液界面位置；

n—沿固-液界面法线方向的热流密度（W/m^2）。

2）两种特殊情况下的相变传热问题

（1）单区域相变传热问题。单区域相变传热问题是指在半无限大区域内的固体或液体的初始温度等于相变温度，传热开始后换热边界处突然高于或低于相变

温度（图 7-4）。这种情况下远离换热面的一相中的温度始终等于相变温度，只需求解相变区域的能量控制方程，故称为单区域问题。

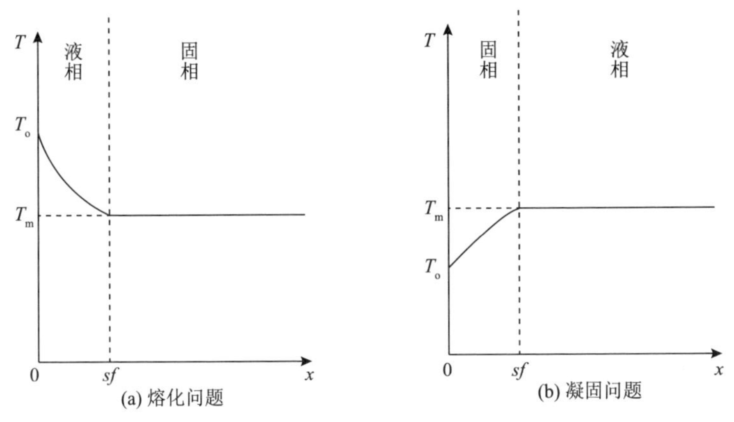

(a) 熔化问题　(b) 凝固问题

图 7-4　半无限大单区域相变传热问题

单区域熔化问题的数学描述可简化如下。

控制方程：

$$\rho_1 C_1 \frac{\partial T_1}{\partial t} = k_1 \frac{\partial^2 T_1}{\partial x^2}, 0 < x < sf, t > 0 \tag{7-13}$$

边界条件：

$$\begin{cases} T_1(0,\ t) = T_o \\ T_1(sf, t) = T_m \qquad , t > 0 \\ k_1 \left.\dfrac{\partial T_1}{\partial x}\right|_{x=sf} = \rho_1 L \dfrac{\mathrm{d}sf}{\mathrm{d}t} \end{cases} \tag{7-14}$$

初始条件：

$$T_1 = T_m, t = 0 \tag{7-15}$$

（2）双区域相变传热问题。双区域相变传热问题也是一种发生在半无限大空间里的相变传热问题。与单区域相变传热问题的区别在于其传热开始时固相区域温度低于相变温度或液相区域温度高于相变温度（图 7-5）。由于固、液两相中均存在热量传递，因此需要对固、液两相区域同时求解能量方程，故称为双区域问题。

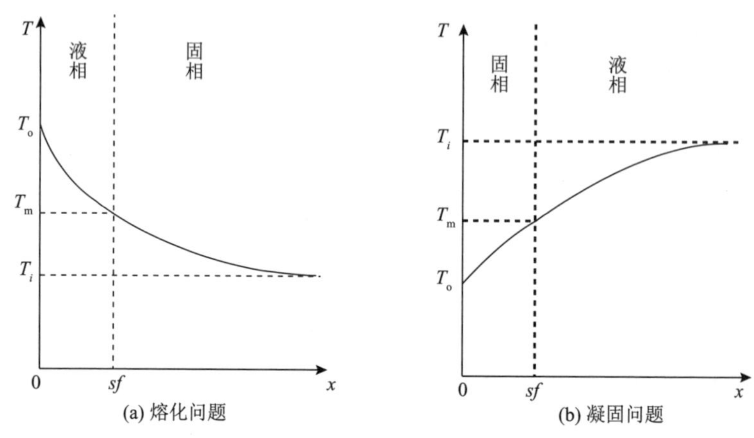

图 7-5　半无限大双区域相变传热问题

双区域熔化问题的数学描述如下。

控制方程：

$$\begin{cases} \rho_l C_l \dfrac{\partial T_l}{\partial t} = k_l \dfrac{\partial^2 T_l}{\partial x^2} \\ \rho_s C_s \dfrac{\partial T_s}{\partial t} = k_s \dfrac{\partial^2 T_s}{\partial x^2} \end{cases}, 0 < x < sf, t > 0 \tag{7-16}$$

边界条件：

$$\begin{cases} T_l(0,\ t) = T_o \\ T_s(\infty,\ t) \to T_i \\ T_l(sf,t) = T_s(sf,t) = T_m \\ k_s \dfrac{\partial T_s}{\partial x}\bigg|_{x=sf} - k_l \dfrac{\partial T_l}{\partial x}\bigg|_{x=sf} = \rho L \dfrac{\mathrm{d}sf}{\mathrm{d}t} \end{cases}, t > 0 \tag{7-17}$$

初始条件：

$$T_s = T_i, t = 0 \tag{7-18}$$

7.2.2　Neumann 模型

相变传热问题的解析解由 Neumann 首先获得[12]。Neumann 模型描述的是双区域凝固问题[图 7-5（b）]，其结果可由误差函数表示。

$$\begin{cases} \dfrac{T_s(x,t)-T_o}{T_m-T_o}=\dfrac{\operatorname{erf}\left[\dfrac{x}{2(a_s t)^{1/2}}\right]}{\operatorname{erf}(\lambda)} \\ \dfrac{T_l(x,t)-T_o}{T_m-T_o}=\dfrac{\operatorname{erf}\left[\dfrac{x}{2(a_l t)^{1/2}}\right]}{\operatorname{erf}(\lambda)} \end{cases} \tag{7-19}$$

其中，特征值 λ 可由下列超越方程求得：

$$\frac{e^{-\lambda^2}}{\operatorname{erf}(\lambda)}+\frac{k_l}{k_s}\sqrt{\frac{a_s}{a_l}}\frac{T_m-T_i}{T_m-T_o}\frac{e^{-\lambda^2(a_s/a_l)}}{\operatorname{erfc}\left(\lambda\sqrt{a_s/a_l}\right)}=\frac{\lambda L\sqrt{\pi}}{C_s(T_m-T_o)} \tag{7-20}$$

7.2.3　Mehling 模型

Neumann 模型是描述相变传热过程的经典解析模型，但其描述的工况与控温包装中的相变传热工况有显著差异。控温包装相变传热过程属于第三类边界条件，并具有其显著特点（图 7-6）。主要表现为：①加热流体属于自然对流；②热对流不直接作用于 PCM，而是作用于 PCM 外的隔热壁表面。为解决控温包装中相变传热问题，Mehling 和 Cabeza[13]基于求解区域温度为线性分布的假设，由固-液界面位置求解区域内的温度场分布，而模型中固-液界面位置由式（7-21）求得。

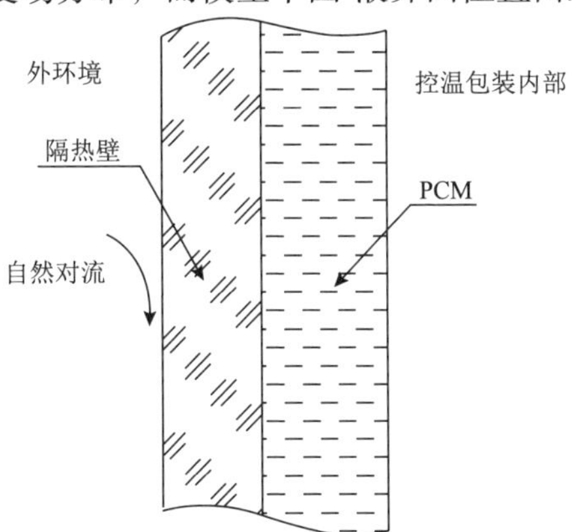

图 7-6　控温包装隔热壁结构

$$\begin{cases} sf(t)=\dfrac{1}{2\rho_l L k'}\left\{-2\rho_l L k_l+2\sqrt{\rho_l L k_l\left[\rho_l L k_l+2k'^2 t(T_o-T_m)\right]}\right\} \\ \dfrac{1}{k'}=\dfrac{b}{k_w}+\dfrac{1}{h} \end{cases} \tag{7-21}$$

式中，下标 w——隔热壁。

7.2.4 控温包装一维相变传热模型

Mehling 模型建立在表面传热系数已知条件下，而大多数情况下表面传热系数是未知参数，且难以通过试验测量。另外，表面传热系数通常用 Nusselt 数描述。Nusselt 数的计算须确定换热面表面温度，而该温度也是未知参数。为此，需构建未知表面传热系数条件下的控温包装相变传热模型。

1. 一维相变传热模型构建

为了简化计算过程，将如图 7-6 所示的控温包装隔热壁结构作如下假设。

（1）传热过程为一维传热，热流仅存在于 x 轴方向。

（2）由于在 PCM 完全熔化之前，未熔化区域温度为定值，故可认为 PCM 区域为半无限大区域。

（3）隔热壁和 PCM 各向同性。

（4）忽略相变过程中 PCM 的体积变化、热对流和热辐射（现有研究表明，在温度低于 300℃时，热辐射的作用可忽略[14]）。

（5）隔热壁和 PCM 的物理特性不随温度变化而变化。

由上述假设可得自然对流边界下的一维相变传热模型（图 7-7）。该模型包含了隔热壁及半无限大的 PCM。在隔热壁表面有自然对流，PCM 内部分为固相和液相两个区域，固-液界面 $sf(t)$ 随时间推移向 x 轴正向移动。初始时刻，隔热壁和 PCM 内部温度均为 T_m。

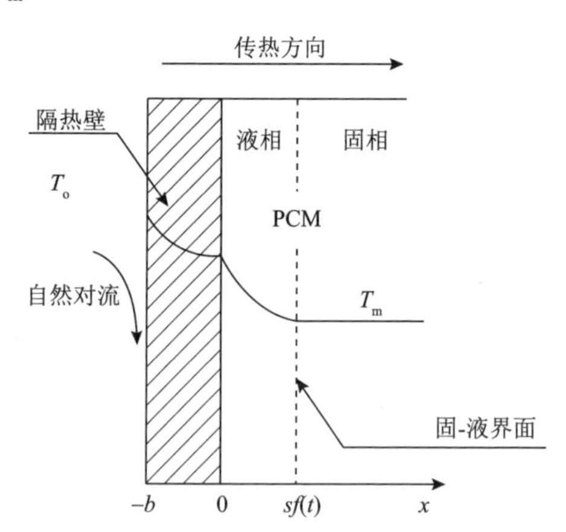

图 7-7 自然对流边界下的一维相变传热模型

基于上述物理模型和假设，结合 Fourier 导热定律，自然对流边界下的一维相变传热过程的控制方程可表述为

$$\begin{cases} T_s = T_m, sf < x < \infty \\ a_l \dfrac{\partial^2 T_l}{\partial x^2} = \dfrac{\partial T_l}{\partial t}, 0 < x < sf \quad , t > 0 \\ a_w \dfrac{\partial^2 T_w}{\partial x^2} = \dfrac{\partial T_w}{\partial t}, -b < x < 0 \end{cases} \tag{7-22}$$

边界条件为

$$\begin{cases} T_l(sf, t) = T_m \\ -k_l \left.\dfrac{\partial T_l}{\partial x}\right|_{x=sf} = \rho_l L \dfrac{dsf}{dt} \\ T_l(0,t) = T_w(0,t) \qquad , t > 0 \\ k_l \left.\dfrac{\partial T_l}{\partial x}\right|_{x=0} = k_w \left.\dfrac{\partial T_w}{\partial x}\right|_{x=0} \\ -k_w \left.\dfrac{\partial T_w}{\partial x}\right|_{x=-b} = h\left[T_o - T_w(-b,t)\right] \end{cases} \tag{7-23}$$

初始条件为

$$\begin{cases} T_w = T_m, -b < x < 0 \\ T_s = T_m, 0 < x < \infty \quad , t = 0 \\ sf = 0 \end{cases} \tag{7-24}$$

式中，下标 o——外界环境。

2. 表面传热系数的计算

表面传热系数通常用 Nusselt 数描述，即

$$h = Nuk_a / l \tag{7-25}$$

式中，下标 a——空气；

Nu 为 Nusselt 数，可由如下表达式确定：

$$\begin{cases} Nu = C(GrPr)^n \\ Gr = \dfrac{g\alpha_a\left[T_o - T_w(-b,t)\right]l^3}{\upsilon_a^2} \\ Pr = \upsilon_a / \alpha_a \end{cases} \tag{7-26}$$

式中，l——特征长度（m）；

α_a、υ_a和k_a——定性温度T_c下空气的物理参数，$T_c=\dfrac{T_o+T_w(-b,t)}{2}$；

C和n——试验确定的参数，见表 7-6。

表 7-6　不同条件下的 C 和 n 取值[15-17]

换热面位置	Gr 数适用范围	C	n
垂直	1.43×10^4~3×10^9	0.59	1/4
	3×10^9~2×10^{10}	0.0292	0.39
	$>2\times10^{10}$	0.11	1/3
换热面位置	Ra 数适用范围（$Ra=GrPr$）	C	n
热面向上或冷面向下	10^5~10^7	0.54	1/4
	10^7~10^{11}	0.15	1/3
热面向下或冷面向上	10^5~10^{11}	0.27	1/4

3. PCM 液相区自然对流评估

PCM 液相区由于存在温度差，必然会导致自然对流。不同于控温包装表面的对流传热，由于 PCM 液相区的对流发生在有限的空间中（即隔热壁到固-液界面之间的空间），流体运动会受到腔体的限制。

有限空间内的自然对流可通过以冷热面间的距离 $sf(t)$ 为特征尺寸的 Gr 数来评估。

$$Gr=\frac{g\alpha_1\left[T_w(0,t)-T_m\right]sf^3(t)}{\upsilon_1^2} \tag{7-27}$$

式中，α_1、υ_1——定性温度下 PCM 液相的物理参数。

研究表明，对于垂直夹层 $Gr\leqslant2860$、水平夹层 $Gr\leqslant2430$ 时，自然对流难以形成，夹层内的热量传递为热传导；当 Gr 大于上述数值时，夹层内开始形成自然对流，并随着 Gr 增加，对流越剧烈；当 Gr 达到一定数值后，对流将从层流转变为湍流，进入对流工况占优阶段，并形成 Benard 涡（图 7-8）。

因此，上述一维相变传热过程在 $Gr\leqslant2860$ 时符合模型假设，此后随着自然对流的加强将逐渐偏离模型假设。

图 7-8　自然对流形成的 Benard 涡

4. 模型求解

为进行 Laplace 变换，做如下参数量变换。

$$\theta_j = \frac{T_j - T_{\mathrm{m}}}{T_{\mathrm{o}} - T_{\mathrm{m}}},\ j = \mathrm{w,l,s,o} \tag{7-28}$$

则式（7-22）~式（7-24）可表示为

$$\begin{cases} \theta_{\mathrm{s}} = 0, sf < x < \infty \\ a_{\mathrm{l}} \dfrac{\partial^2 \theta_{\mathrm{l}}}{\partial x^2} = \dfrac{\partial \theta_{\mathrm{l}}}{\partial t}, 0 < x < sf \quad , t > 0 \\ a_{\mathrm{w}} \dfrac{\partial^2 \theta_{\mathrm{w}}}{\partial x^2} = \dfrac{\partial \theta_{\mathrm{w}}}{\partial t}, -b < x < 0 \end{cases} \tag{7-29}$$

$$\begin{cases} \theta_{\mathrm{l}}(sf, t) = 0 \\ -k_{\mathrm{l}} \dfrac{\partial \theta_{\mathrm{l}}}{\partial x}\bigg|_{x=sf} = \dfrac{\rho_{\mathrm{l}} L}{T_{\mathrm{o}} - T_{\mathrm{m}}} \dfrac{\mathrm{d}sf}{\mathrm{d}t} \\ \theta_{\mathrm{l}}(0, t) = \theta_{\mathrm{w}}(0, t) \\ k_{\mathrm{l}} \dfrac{\partial \theta_{\mathrm{l}}}{\partial x}\bigg|_{x=0} = k_{\mathrm{w}} \dfrac{\partial \theta_{\mathrm{w}}}{\partial x}\bigg|_{x=0} \\ -k_{\mathrm{w}} \dfrac{\partial \theta_{\mathrm{w}}}{\partial x}\bigg|_{x=-b} = h\left[1 - \theta_{\mathrm{w}}(-b, t)\right] \end{cases} , t > 0 \tag{7-30}$$

$$
\begin{cases}
\theta_{\mathrm{w}} = 0, -b < x < 0 \\
\theta_{\mathrm{s}} = 0, 0 < x < \infty \ , t = 0 \\
sf = 0
\end{cases}
\tag{7-31}
$$

在式（7-29）和式（7-30）中 $sf(t)$ 为随时间变化的移动边界。当热传递的速度远大于移动界面 $sf(t)$ 的移动速度时，可将移动界面在极短的时间内假设为固定不动，则 $sf(t)$ 在 Laplace 变化中可作为常数处理。

$$
L\left[sf(t)\right] = SF(s) = \frac{sf}{s}
\tag{7-32}
$$

式中，s——复频域内的时间算子。

对式（7-29）进行 Laplace 变换，可得到常微分方程组。

$$
\begin{cases}
a_{\mathrm{w}} \dfrac{\partial^2 \Theta_{\mathrm{w}}}{\partial x^2} - s\Theta_{\mathrm{w}}(x,s) = 0, -b < x < 0 \\
a_1 \dfrac{\partial^2 \Theta_1}{\partial x^2} - s\Theta_1(x,s) = 0, 0 < x < sf
\end{cases}
\tag{7-33}
$$

式中，Θ——复频域内的温度。

边界条件经 Laplace 变换后可得

$$
\begin{cases}
\Theta_1(sf,s) = 0 \\
-k_1 \dfrac{\partial \Theta_1}{\partial x}\bigg|_{x=sf} = \dfrac{\rho_1 L}{T_{\mathrm{o}} - T_{\mathrm{m}}} sf \\
\Theta_1(0,s) = \Theta_{\mathrm{w}}(0,s) \\
k_1 \dfrac{\partial \Theta_1}{\partial x}\bigg|_{x=0} = k_{\mathrm{w}} \dfrac{\partial \Theta_{\mathrm{w}}}{\partial x}\bigg|_{x=0} \\
-k_{\mathrm{w}} \dfrac{\partial \Theta_{\mathrm{w}}}{\partial x}\bigg|_{x=-b} = h\left[\dfrac{1}{s} - \Theta_{\mathrm{w}}(-b,s)\right]
\end{cases}
\tag{7-34}
$$

式（7-33）为常微分方程组，其通解为

$$
\begin{cases}
\Theta_{\mathrm{w}}(x,s) = A(s)\cosh\left(x\sqrt{s/a_{\mathrm{w}}}\right) + B(s)\sinh\left(x\sqrt{s/a_{\mathrm{w}}}\right) \\
\Theta_1(x,s) = C(s)\cosh\left(x\sqrt{s/a_1}\right) + D(s)\sinh\left(x\sqrt{s/a_1}\right)
\end{cases}
\tag{7-35}
$$

将式（7-35）代入式（7-34）可得

$$\begin{cases} -k_{\mathrm{w}}\sqrt{s/a_{\mathrm{w}}}\left[A(s)\sinh\left(-b\sqrt{s/a_{\mathrm{w}}}\right)+B(s)\cosh\left(-b\sqrt{s/a_{\mathrm{w}}}\right)\right] \\ =h\left[\frac{1}{s}-A(s)\cosh\left(-b\sqrt{s/a_{\mathrm{w}}}\right)-B(s)\sinh\left(-s\sqrt{s/a_{\mathrm{w}}}\right)\right] \\ A(s)=C(s) \\ k_{\mathrm{w}}\sqrt{s/a_{\mathrm{w}}}B(s)=k_1\sqrt{s/a_1}D(s) \\ C(s)\cosh\left(sf\sqrt{s/a_1}\right)+D(s)\sinh\left(sf\sqrt{s/a_1}\right)=0 \end{cases} \tag{7-36}$$

由式（7-36）可计算得到式（7-35）中的系数 $A(s)$、$B(s)$、$C(s)$、$D(s)$，由此可获得式（7-33）的解为

$$\begin{cases} \Theta_{\mathrm{w}}(x,s)=\frac{h}{s}\frac{\sinh\left(sf\sqrt{s/a_1}\right)\cosh\left(x\sqrt{s/a_{\mathrm{w}}}\right)-\frac{k_1}{k_{\mathrm{w}}}\sqrt{a_{\mathrm{w}}/a_1}\cosh\left(sf\sqrt{s/a_1}\right)\sinh\left(x\sqrt{s/a_{\mathrm{w}}}\right)}{\sinh\left(sf\sqrt{s/a_1}\right)\left[k_{\mathrm{w}}\sqrt{s/a_{\mathrm{w}}}\sinh\left(b\sqrt{s/a_{\mathrm{w}}}\right)+h\cosh\left(b\sqrt{s/a_{\mathrm{w}}}\right)\right]+\cosh\left(sf\sqrt{s/a_1}\right)\left[k_1\sqrt{s/a_1}\cosh\left(b\sqrt{s/a_{\mathrm{w}}}\right)+h\frac{k_1}{k_{\mathrm{w}}}\sqrt{a_{\mathrm{w}}/a_1}\sinh\left(b\sqrt{s/a_{\mathrm{w}}}\right)\right]} \\ \Theta_1(x,s)=\frac{h}{s}\frac{\sinh\left(sf\sqrt{s/a_1}\right)\cosh\left(x\sqrt{s/a_1}\right)-\cosh\left(sf\sqrt{s/a_1}\right)\sinh\left(x\sqrt{s/a_1}\right)}{\sinh\left(sf\sqrt{s/a_1}\right)\left[k_{\mathrm{w}}\sqrt{s/a_{\mathrm{w}}}\sinh\left(b\sqrt{s/a_{\mathrm{w}}}\right)+h\cosh\left(b\sqrt{s/a_{\mathrm{w}}}\right)\right]+\cosh\left(sf\sqrt{s/a_1}\right)\left[k_1\sqrt{s/a_1}\cosh\left(b\sqrt{s/a_{\mathrm{w}}}\right)+h\frac{k_1}{k_{\mathrm{w}}}\sqrt{a_{\mathrm{w}}/a_1}\sinh\left(b\sqrt{s/a_{\mathrm{w}}}\right)\right]} \end{cases} \tag{7-37}$$

其中，sf 可由下式确定：

$$\frac{h}{s}\frac{k_1\sqrt{s/a_1}}{\sinh\left(sf\sqrt{s/a_1}\right)\left[k_{\mathrm{w}}\sqrt{s/a_{\mathrm{w}}}\sinh\left(b\sqrt{s/a_{\mathrm{w}}}\right)+h\cosh\left(b\sqrt{s/a_{\mathrm{w}}}\right)\right]+\cosh\left(sf\sqrt{s/a_1}\right)\left[k_1\sqrt{s/a_1}\cosh\left(b\sqrt{s/a_{\mathrm{w}}}\right)+h\frac{k_1}{k_{\mathrm{w}}}\sqrt{a_{\mathrm{w}}/a_1}\sinh\left(b\sqrt{s/a_{\mathrm{w}}}\right)\right]}=\frac{\rho_1 L}{T_{\mathrm{o}}-T_{\mathrm{m}}}sf \tag{7-38}$$

式（7-37）为控制方程式（7-29）Laplace 变换域内的解，须将式（7-37）进行 Laplace 逆变换以得到具有工程意义的解。然而式（7-37）的 Laplace 逆变换是

非常困难的。因此，采用 Crump 提出的一种通过数值积分[18]进行 Laplace 逆变换的方法。已有研究表明，该方法具有良好的精度和广泛的适用性[19,20]。该数值积分的表达式为

$$f(t)=\frac{\mathrm{e}^{st}}{2t}\left\{\frac{1}{2}F(s)+\sum_{n=1}^{N}(-1)^{n}\,Re\left[F\left(s+\frac{n\pi}{t}i\right)\right]+\sum_{n=1}^{N}(-1)^{n}\,\mathrm{Im}\left[F\left(s+\frac{(2n-1)\pi}{2t}i\right)\right]\right\} \tag{7-39}$$

该积分的误差为

$$E\approx \mathrm{e}^{-4st}f(5t) \tag{7-40}$$

式（7-37）中包含一未知参数，即表面传热系数，且这个参数通常难以测量。因此，需要结合式（7-37）所示方程组和迭代算法对模型进行求解。该方法的流程如图 7-9 所示。该方法能够在识别表面传热系数的同时计算得到求解区域内的温度场分布（图 7-10）。

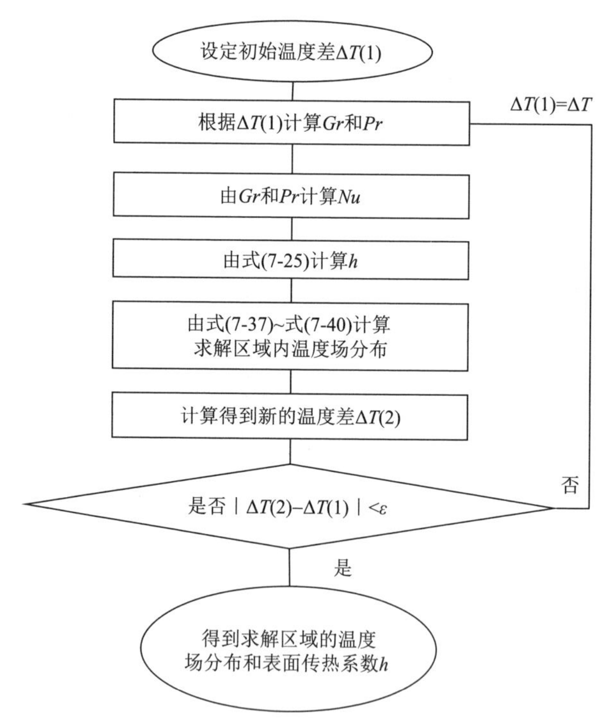

图 7-9　一维相变传热模型求解流程[21]

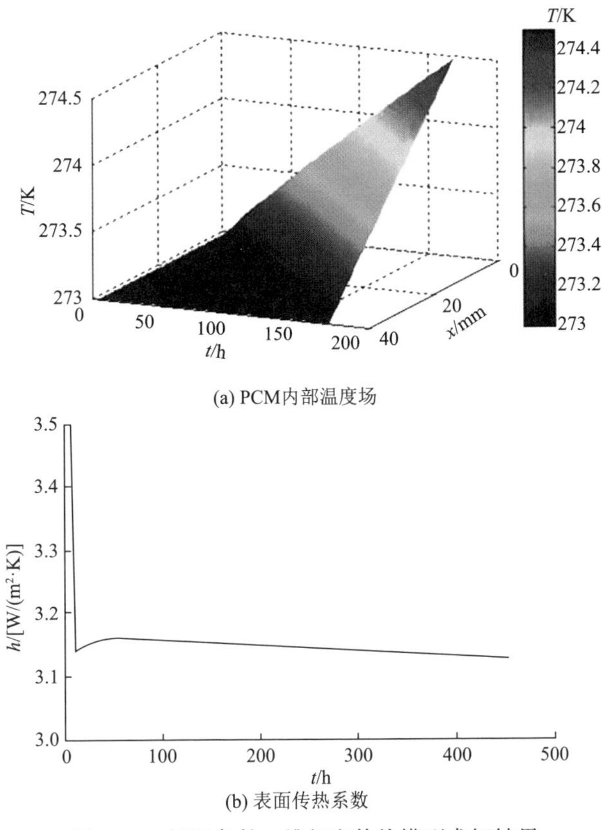

(a) PCM内部温度场

(b) 表面传热系数

图 7-10　恒温条件一维相变传热模型求解结果

5. 控温包装一维相变传热模型与经典模型的比较

控温包装一维相变传热模型经过部分简化和近似即可转化并用于描述 Neumann 模型和 Mehling 模型所述工况。

1）控温包装一维相变传热模型与 Neumann 模型的比较

将控温包装一维相变传热模型进行退化变换可得到 Neumann 模型条件下的温度场分布。令 b=0、$h \to \infty$，可得 PCM 内部温度分布为

$$\begin{cases} \Theta_1(x,s)=\dfrac{1}{s}\left[\cosh\left(x\sqrt{s/a_1}\right)-\dfrac{\sinh\left(x\sqrt{s/a_1}\right)}{\tanh\left(sf\sqrt{s/a_1}\right)}\right] \\ -\dfrac{k_1\sqrt{s/a_1}}{s\sinh\left(sf\sqrt{s/a_1}\right)}=\dfrac{\rho L}{T_o-T_m}sf \end{cases} \tag{7-41}$$

如图 7-11 所示，控温包装一维相变传热模型退化解计算得到的界面移动、PCM

内部温度分布情况与 Neumann 解析解一致。这表明，无隔热壁第一类边界条件下的一维相变传热模型属于控温包装一维相变传热模型 b=0、$h \to \infty$ 时的特殊情况。

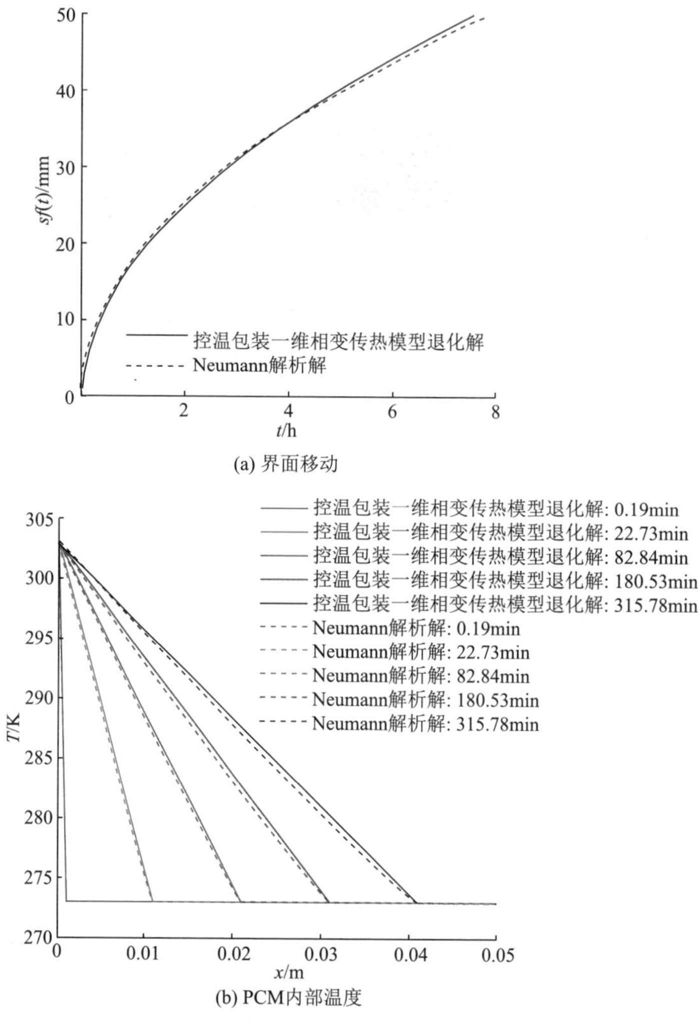

图 7-11　控温包装一维相变传热模型与 Neumann 解析解的比较

2）控温包装一维相变传热模型与 Mehling 模型的比较

Mehling 模型与控温包装一维相变传热模型描述的工况一致，但 Mehling 模型中 h 须为已知参数，因此将控温包装一维相变传热模型计算得到的 h 代入 Mehling 模型并求解温度场分布。

通过图 7-12 可发现，控温包装一维相变传热模型的界面移动与 Mehling 模型的界面移动结果十分接近；控温包装一维相变传热模型得到的 PCM 内部温度分布与 Mehling 模型得到的 PCM 内部温度分布也几乎相同，两组模型具有很高的一致性。

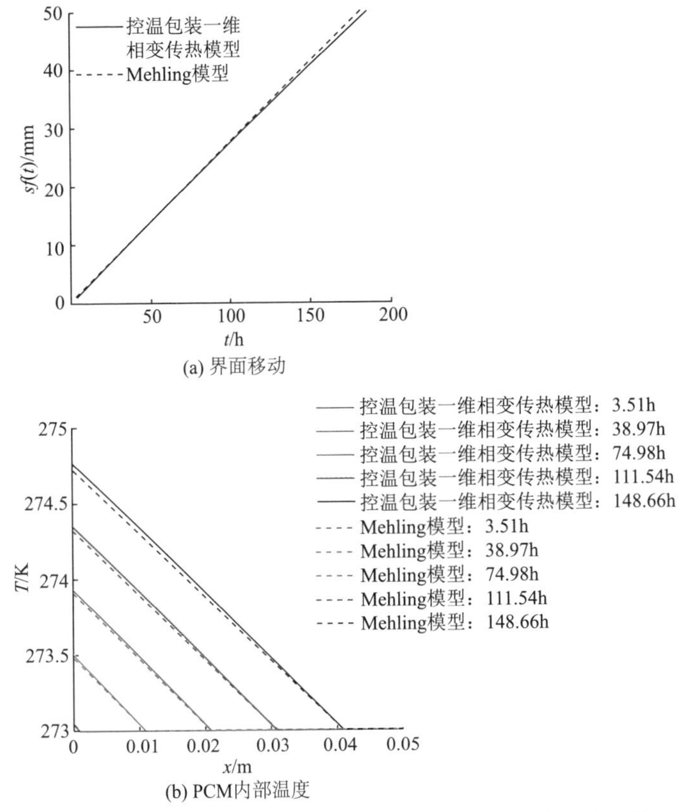

图 7-12　控温包装一维相变传热模型与 Mehling 模型的比较

6. 模型参数讨论

根据图 7-9 所示的流程计算结果，进一步讨论隔热壁导热系数 k_w 、PCM 导热系数 k_l 、过余温度 ψ （ $\psi=T_o-T_m$ ）、隔热壁厚度 b 及 PCM 相变潜热 L 对相变传热过程（主要讨论表面传热系数和固-液界面移动速度）的影响。模型参数取值见表 7-7。当讨论某一参数时，仅改变该参数，其余参数均为参数水平 1。

表 7-7　恒温条件一维相变传热模型参数取值

参数水平	k_w /[W/(m·K)]	k_l /[W/(m·K)]	ψ /K	b /m	L /（$\times10^5$J/kg）	ρ_w /（kg/m^3）	ρ_l /（kg/m^3）	C_w /[J/(kg·K)]	C_l /[J/(kg·K)]	T_m /K
1	0.05	0.5	10	0.10	3					
2	0.50	5.0	30	0.06	2	20	1000	8000	4000	273
3	5.00	50.0	50	0.02	1					

1）隔热壁导热系数 k_w 对相变传热过程的影响

如图 7-13 所示，随隔热壁导热系数 k_w 的增大，表面传热系数增大；同时，固-液界面的移动也加快。然而，k_w 越大，表面传热系数和固-液界面移动速度的增加量越小，即 k_w 对表面传热系数和固-液界面移动速度的影响越小。

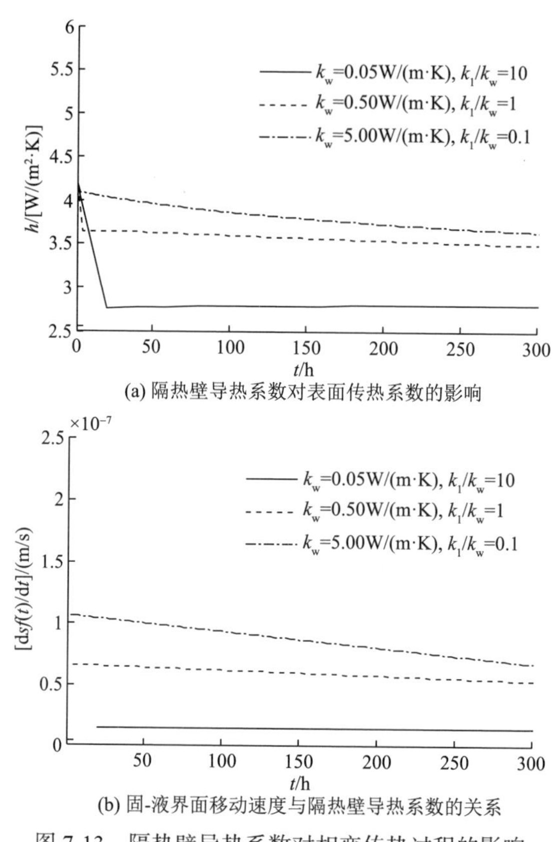

图 7-13　隔热壁导热系数对相变传热过程的影响

2）隔热壁导热系数 k_1 对相变传热过程的影响

如图 7-14 所示，随着 PCM 导热系数 k_1 增大，表面传热系数和固-液界面移动速度均有所增加，但影响非常小。由于蓄冷剂预冷过程是直接放置于冰柜中凝固的，增加蓄冷剂导热系数能有效缩短蓄冷剂冻结所需的时间；但使用过程中，由于隔热壁的存在，增加蓄冷剂导热系数并不会明显加速蓄冷剂的融化。

结合图 7-13 和图 7-14 可发现，当 PCM 导热系数远大于隔热壁导热系数时（$k_1/k_w>10$），待传热稳定后，表面传热系数和固-液界面移动速度的变化极小；当 PCM 导热系数小于隔热壁导热系数，或与隔热壁导热系数相当时，表面传热系数和固-液界面移动速度随时间推移而降低。

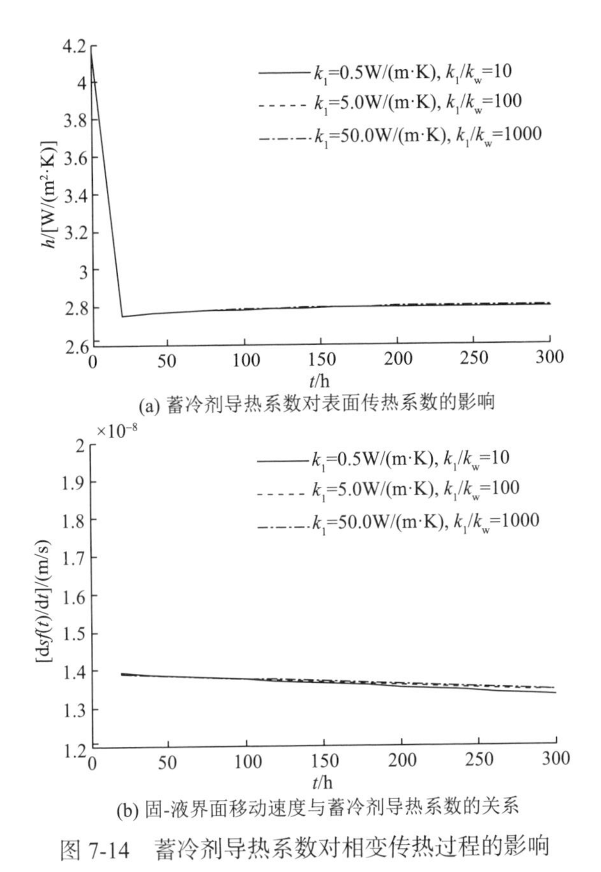

(a) 蓄冷剂导热系数对表面传热系数的影响

(b) 固-液界面移动速度与蓄冷剂导热系数的关系

图 7-14　蓄冷剂导热系数对相变传热过程的影响

图 7-13 和图 7-14 综合反映了控温包装系统中各组成材料导热系数对相变传热的协同影响。出现这些规律可通过宏观热阻 R 进行分析。R 随时间变化越大，传热系数和固-液界面移动速度变化越显著。由图 7-7 所示的一维相变传热模型，宏观热阻可表示为隐函数：

$$R=\left[\frac{1}{h(R)}+\frac{b}{k_{\mathrm{w}}}+\frac{sf(t)}{k_{1}}\right]A \tag{7-42}$$

式（7-42）中，$sf(t)$ 为唯一随时间变化的量。随着时间的推移，式（7-42）中 $sf(t)$ 不断变大，当 PCM 导热系数远大于隔热壁导热系数时，$sf(t)/k_1$ 的变化量远小于 b/k_{w}，致使 R 变化很小，因此传热系数和固-液界面移动速度变化不显著；当 PCM 导热系数小于隔热壁导热系数时，$sf(t)/k_1$ 随着 $sf(t)$ 增大而增加，R 也随之增大，因此传热系数和固-液界面移动速度随时间推移而降低。

3）过余温度 ψ 对相变传热过程的影响

过余温度越大，表面传热系数越大，固-液界面移动速度也越快（图 7-15）。

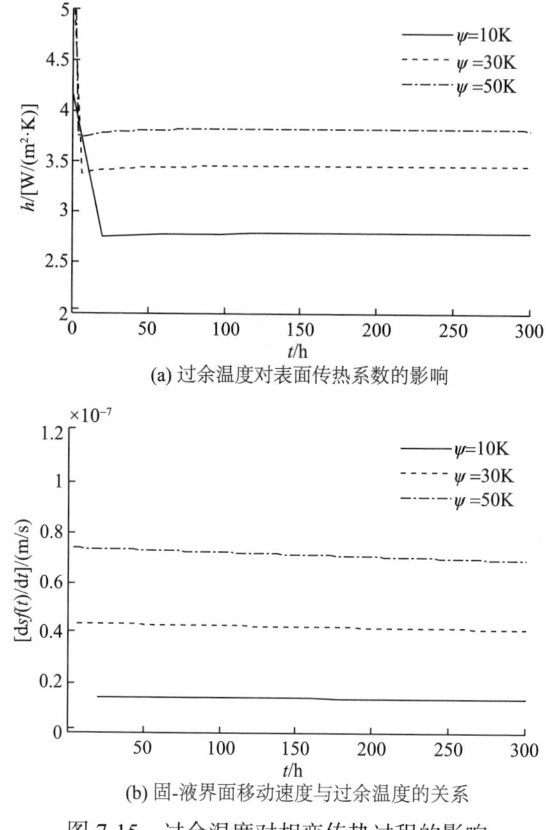

(a) 过余温度对表面传热系数的影响

(b) 固-液界面移动速度与过余温度的关系

图 7-15 过余温度对相变传热过程的影响

4）隔热壁厚度 b 对相变传热过程的影响

如图 7-16 所示，表面传热系数随壁厚的增加而降低，固-液界面移动速度也随之下降。但壁厚越大，其对固-液界面移动速度的影响越小（图 7-16），故不断增加隔热壁厚并不能有效减缓 PCM 的融化速度。

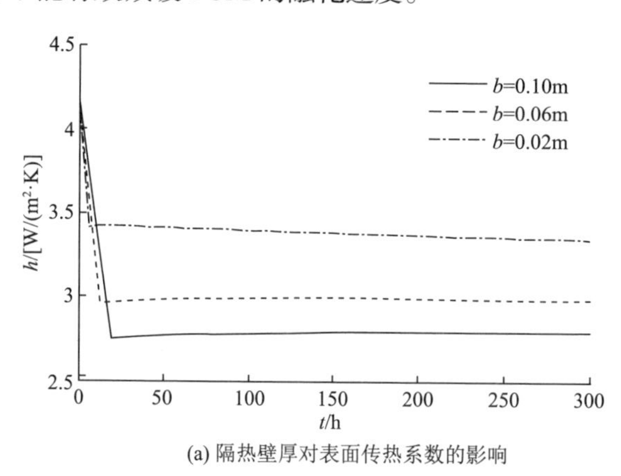

(a) 隔热壁厚对表面传热系数的影响

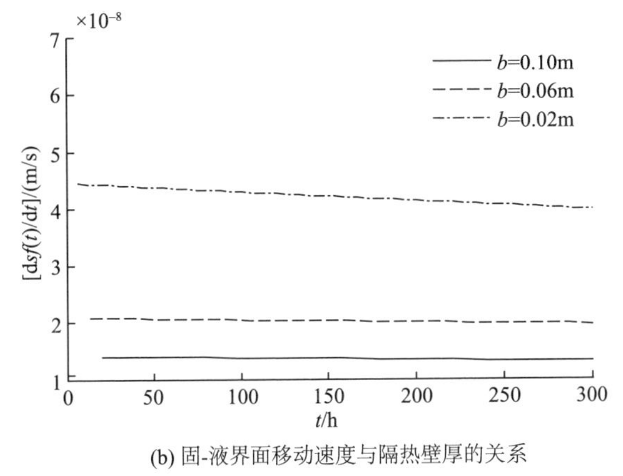

(b) 固-液界面移动速度与隔热壁厚的关系

图 7-16　隔热壁厚对相变传热过程的影响

5）PCM 相变潜热 L 对相变传热过程的影响

PCM 相变潜热 L 对表面传热系数影响很小，如图 7-17（a）所示。但对固-液界面移动速度的影响显著[图 7-17（b）]，相变潜热越小，固-液界面移动速度越快。

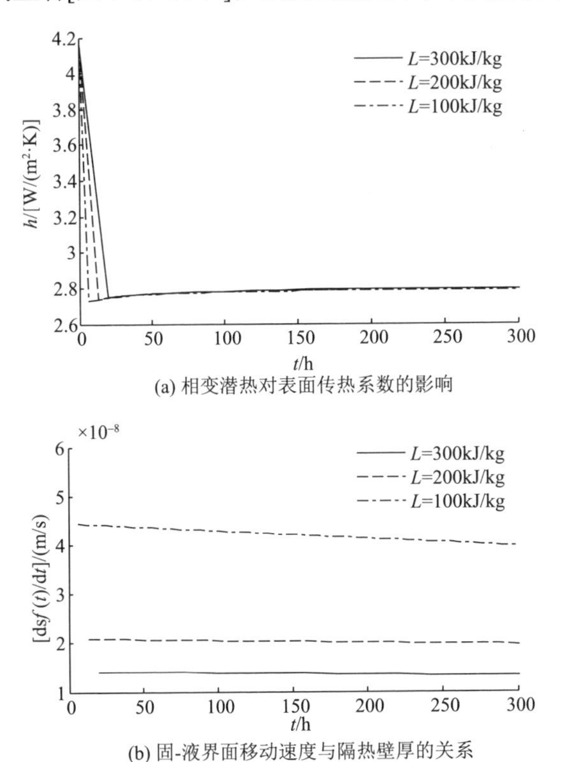

(a) 相变潜热对表面传热系数的影响

(b) 固-液界面移动速度与隔热壁厚的关系

图 7-17　相变潜热对相变传热过程的影响

7.3 控温包装控温时间预测

控温包装的控温时间是控温包装实际工程应用中的核心指标，也是温度敏感产品安全储存的重要参考依据。要准确预测控温包装的控温时间必须对控温包装储存过程中的表面传热系数及系统热阻进行准确评估。

7.3.1 控温包装表面传热系数估算

控温包装一维相变传热模型可以通过迭代计算表面传热系数，但计算过程复杂且需要较多参数，在实际工程运用中存在诸多问题。通过对模型参数的分析可对表面传热系数的计算进行简化。研究表明，处于自然对流条件时，控温包装底面的表面传热系数最大，侧面比底面稍小，顶面最小，且控温包装六个面中有四个面为侧面。此外，由于隔热壁的导热系数远大于蓄冷剂的导热系数，且热传递的速度远大于固-液界面移动的速度，控温包装在使用过程中保温容器内部的温度变化非常小，控温包装隔热壁内的传热可近似成稳态传热，故绝大部分时间内表面传热系数几乎为常数。为简化预测模型，取侧面的表面传热系数为控温包装的平均表面传热系数。

根据一维相变传热模型的参数分析可发现，隔热壁导热系数 k_w、隔热壁厚度 b 及过余温度 ψ 对表面传热系数具有显著影响。由此可得到平均表面传热系数估算模型。

$$\begin{cases} h_v = \left(e^{-0.7014b/k_w} + 2.334\right)\left(0.1015\sqrt{\psi} - 0.0037\psi\right) \\ h_b = \left(e^{-0.7808b/k_w} + 2.116\right)\left(0.1405\sqrt{\psi} - 0.0052\psi\right) \\ h_t = \left(e^{-0.5898b/k_w} + 2.813\right)\left(0.0574\sqrt{\psi} - 0.0021\psi\right) \end{cases} \tag{7-43}$$

式中，下标 v、b、t 分别表示垂直、底部、顶部。

图 7-18 为根据式（7-43）得到的平均表面传热系数随 k_w、b、ψ 变化的规律。通过式（7-43）可快速估算控温包装在储运过程中的表面传热系数。

7.3.2 控温包装系统热阻估算

系统热阻是估算控温包装控温时间的重要参数。对于一维平板热传递过程，可通过牛顿冷却公式和 Fourier 导热定律计算其热阻。

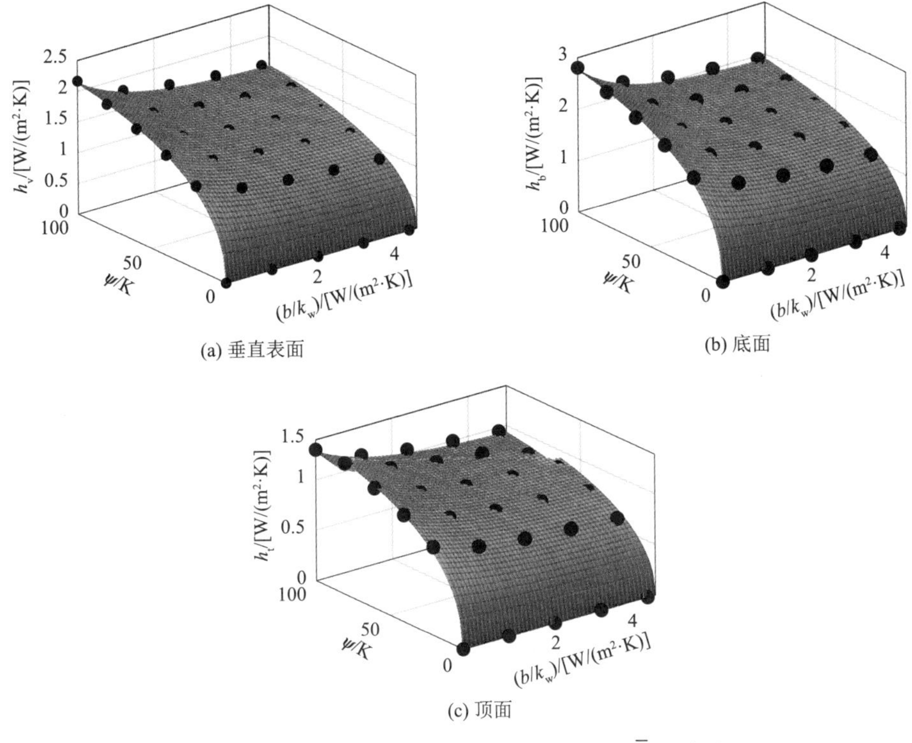

(a) 垂直表面　(b) 底面　(c) 顶面

图 7-18　k_{w}、b 及 ψ 与平均表面传热系数 $\overline{h}$ 的关系

$$R=\frac{1}{hA}+\frac{b}{k_{\mathrm{w}}A} \tag{7-44}$$

保温容器作为一个三维立体空腔结构，其内外表面积不同，需要计算等效面积将保温容器近似转化为一维平板，进而运用一维传热模型计算热传递热阻。等效面积一般取保温容器内、外表面积的几何平均值，即 $\overline{A}=\sqrt{A_{\mathrm{o}}A_{\mathrm{i}}}$ 。

将保温容器等效面积作为热传导面积，则可得保温容器系统热阻为

$$R=\frac{1}{\sum_{n=1}^{6}A_{\mathrm{o},n}h_n}+\frac{b}{\overline{A}k_{\mathrm{w}}} \tag{7-45}$$

7.3.3　控温包装控温时间预测[22]

在蓄冷剂完全融化前，控温包装内部温度都能维持在相对稳定的范围内，因此控温包装内蓄冷剂完全融化的时间被定义为控温包装的控温时间。

由于控温包装在使用过程中内部温度变化很小，可近似认为热量在隔热壁中

的传递过程为稳态传热过程。依据 Fourier 导热定律，隔热壁在一定时间内通过的热量为

$$Q=\frac{t\psi}{R} \tag{7-46}$$

在储存过程中通过隔热壁的热量均需要通过蓄冷剂来吸收。因此，储存过程中蓄冷剂相变过程所吸收的热量为

$$Q'=m_{\mathrm{PCM}}L=Q \tag{7-47}$$

式中，m_{PCM}——蓄冷剂质量（kg）。

可得控温包装控温时间为

$$t=\frac{m_{\mathrm{PCM}}LR}{\psi} \tag{7-48}$$

7.4 控温包装设计方法

控温包装控温时间的预测主要用于在控温包装方案已确定的基础上评估其控温效果。但在控温包装设计过程中，保温容器壁厚、蓄冷剂用量等都是未知量，因此控温包装控温时间预测不能用于控温包装设计。控温包装设计是指对指定温度敏感产品设计合理的保温容器结构尺寸和蓄冷剂用量，使其满足特定物流环境温度和物流时间下的控温要求。

7.4.1 控温包装可靠边界[23]

控温包装的设计包含保温容器和蓄冷剂两方面的设计，而这两方面互相影响、互相制约。当采用保温性能较好的保温容器时，便可减少蓄冷剂用量，若保温容器保温性能不佳，则所需的蓄冷剂用量也要随之增加。为直观地反映保温容器和蓄冷剂之间的相互关系，提出了控温包装可靠边界的概念。

式（7-48）提出的控温包装控温时间预测模型能准确地预测控温包装控温时间，变换可得

$$t\psi=m_{\mathrm{PCM}}LR \tag{7-49}$$

式（7-49）包含了环境参数（t 和 ψ）、控温包装设计参数（m_{PCM}、L 和 R）。为使其能用于控温包装设计，将上述 5 个参数进行重组，得到以下 3 组重组参数。

（1）热载荷。热载荷定义为过余温度与储存时间的乘积，即

$$F_T = \frac{\psi \cdot t}{3600} \tag{7-50}$$

（2）蓄冷剂吸热量。蓄冷剂吸热量由蓄冷剂质量与蓄冷剂潜热的乘积确定，即

$$Q = m_{\mathrm{PCM}} \cdot L \tag{7-51}$$

（3）控温包装系统热阻。由式（7-45）确定。

将式（7-50）和式（7-51）代入式（7-49）可得

$$Q = \frac{3600 F_T}{R} \tag{7-52}$$

由式（7-52）可发现，当热载荷确定后，蓄冷剂吸热量和控温包装系统热阻具有一一映射关系。因此，可将热载荷确定为控温包装设计决定参数。根据式（7-52）可建立不同热载荷下的控温包装可靠边界（图 7-19）。

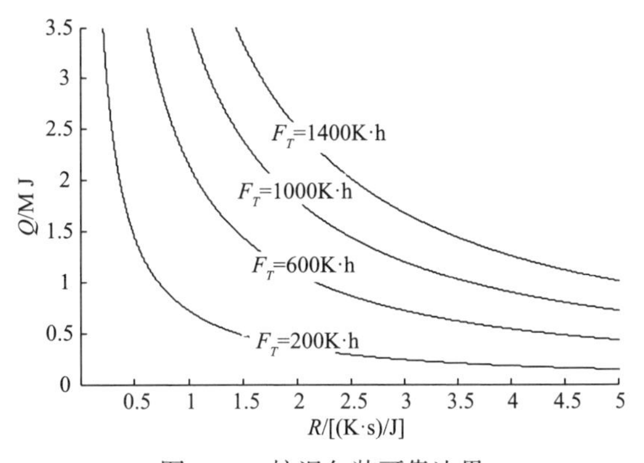

图 7-19　控温包装可靠边界

控温包装可靠边界是一组方案集合。在确定热载荷后，每一条曲线上方区域均为安全区域，所对应的控温包装能够满足保温需求。进而在多个约束条件的限制下缩小方案区间，便可在方案边界上确定最佳方案（图 7-20）。

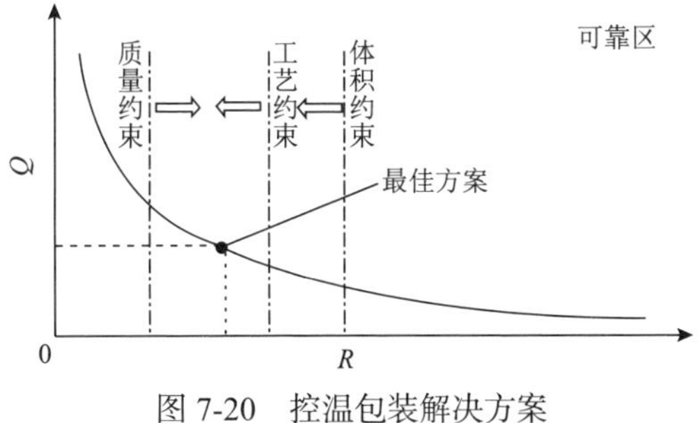

图 7-20　控温包装解决方案

7.4.2 控温包装结构设计

系统热阻 R 与控温包装结构尺寸关系密切,需要建立系统热阻 R 与控温包装结构尺寸间的关系。以小件类产品为例（图 7-21），假设蓄冷剂均匀分布于产品各表面（即厚度相同），长宽与产品对应的面相等，保温容器与蓄冷剂之间无间隙，由产品和控温包装间的几何关系可得到产品-控温包装结构尺寸-系统热阻间的关系。

$$\begin{cases} R = \dfrac{1}{\sum\limits_{n=1}^{6} A_{\mathrm{o},n} h_n} + \dfrac{b}{\overline{A} k_{\mathrm{w}}} \\ \overline{A} = \sqrt{A_{\mathrm{i}} A_{\mathrm{o}}} \\ A_{\mathrm{i}} = 2\left[\left(x_{\mathrm{p}} + 2\Delta x\right)\left(y_{\mathrm{p}} + 2\Delta x\right) + \left(x_{\mathrm{p}} + 2\Delta x\right)\left(z_{\mathrm{p}} + 2\Delta x\right) + \left(y_{\mathrm{p}} + 2\Delta x\right)\left(z_{\mathrm{p}} + 2\Delta x\right)\right] \\ A_{\mathrm{o}} = 2\left[x_{\mathrm{b}} y_{\mathrm{b}} + x_{\mathrm{b}} z_{\mathrm{b}} + y_{\mathrm{b}} z_{\mathrm{b}}\right] \end{cases} \tag{7-53}$$

其中，$x_{\mathrm{b}} = x_{\mathrm{p}} + 2\left(\Delta x + b\right)$；

$y_{\mathrm{b}} = y_{\mathrm{p}} + 2\left(\Delta x + b\right)$；

$z_{\mathrm{b}} = z_{\mathrm{p}} + 2\left(\Delta x + b\right)$；

$\Delta x = \dfrac{m_{\mathrm{PCM}}}{2\rho_{\mathrm{PCM}}\left(x_{\mathrm{p}} y_{\mathrm{p}} + x_{\mathrm{p}} z_{\mathrm{p}} + y_{\mathrm{p}} z_{\mathrm{p}}\right)}$。

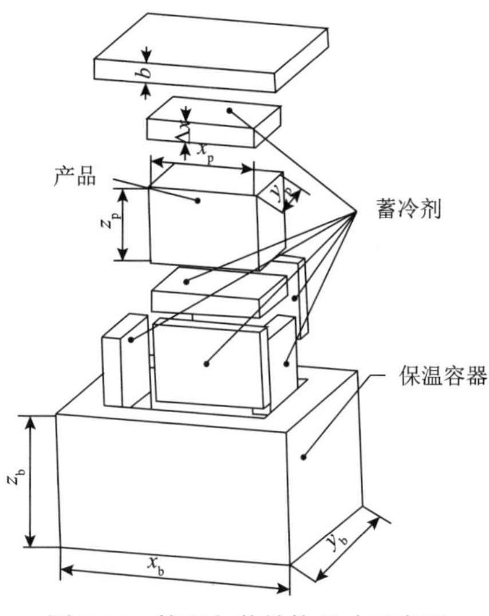

图 7-21 控温包装结构尺寸示意图

根据式（7-53）得到的产品-控温包装结构尺寸-系统热阻间的关系，结合控温包装可靠边界，便可在确定物流条件的情况下完整设计控温包装。

7.4.3　控温包装五步设计法[24]

1. 五步设计法

根据上述控温包装设计模型，提出控温包装五步设计法。

1）确定物流条件及产品特性

物流条件包括物流环境温度及物流时间；产品特性包括最适储存温度、外形尺寸及其价值等。

2）根据产品类型选择合适的包装结构，确定制约因素

参考国内外主流温度敏感产品，将其分为小件类、集装类和大型桶类，并参考三类产品典型控温包装结构[11]（图 7-22）设计控温包装。制约因素包括成本、总体积、总质量等。

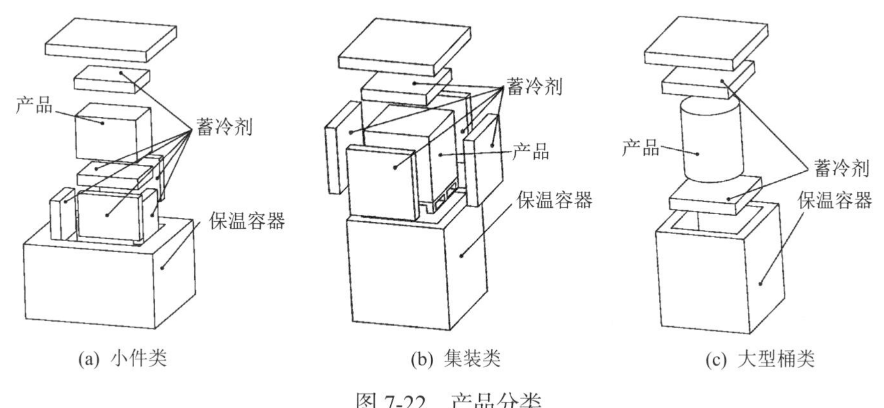

图 7-22　产品分类

3）选择合适的保温材料及蓄冷剂，并确定保温材料、蓄冷剂各项物理参数

根据产品价值及客户需求，选择合适的保温材料；根据产品最适储存温度选择合适的蓄冷剂。通过相关资料、数据库或试验确定包装材料各项物理参数。保温材料相关参数主要包括导热系数、密度、比热容；蓄冷剂相关参数主要包括导热系数、潜热、相变起始温度、相变结束温度。

4）设计控温包装

由物流条件确定热载荷，建立控温包装可靠边界，以成本、工艺条件和其他客观制约因素为约束条件，根据可靠边界设计控温包装。

5）试验验证

将设计制作的控温包装件进行试验验证。

2. 设计实例

根据上述控温包装设计流程设计控温包装。

1）确定物流条件及产品特性

生鲜产品（内包装属于小件类，以浓度为35%的乙醇溶液作为生鲜食品模拟物），长0.35m、宽0.17m、高0.17m，最佳储存温度为270~275K，物流条件见表7-8。

表7-8 设计实例物流条件

编号	1	2	3	4	5	6	7	8	9	10
t/h	4	8	4	4	4	4	4	8	4	4
T_0/K	288	301	298	291	285	291	298	301	298	291

2）根据产品类型选择合适的包装结构，确定制约因素

产品属于小件类，选取图7-22（a）所示包装结构。

3）选择保温材料和蓄冷剂

选用EPS为保温材料，密度为12.77kg/m^3，导热系数为0.031W/（m·K），根据产品最适储存温度选择相变温度为273K的蓄冷剂，密度为930 kg/m^3，相变潜热为319kJ/kg。

4）设计控温包装

由于变温环境下的相变传热过程可近似为多个恒温过程的线性叠加，根据表7-8所示物流条件，由式（7-50）可得该条件下的热载荷为

$$F_T = \sum_{i=1}^{n} \psi_i \cdot t_i = 1012\text{K} \cdot \text{h} \tag{7-54}$$

则符合该热载荷条件的控温包装可靠边界可由式（7-52）得到图7-23。

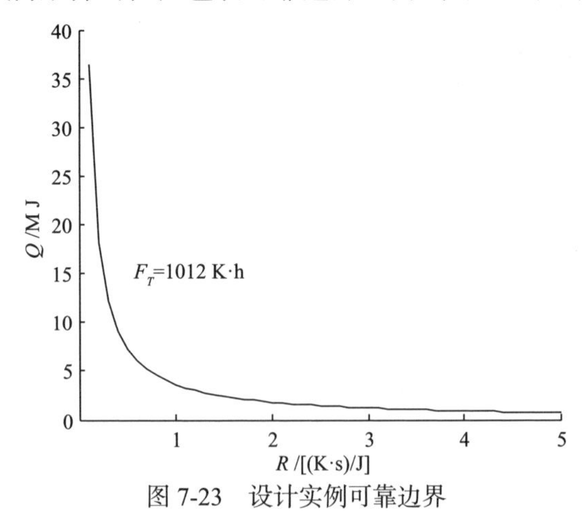

图7-23 设计实例可靠边界

以成本最低为约束条件，优化控温包装。

单件包装成本由包装成本和运输成本构成，即

$$\text{Cost}_{\text{total}} = \text{Cost}_1 + \text{Cost}_2 \tag{7-55}$$

包装成本

$$\text{Cost}_1 = m_{\text{PCM}}\text{Cost}_{\text{PCM}} + m_{\text{EPS}}\text{Cost}_{\text{EPS}} \tag{7-56}$$

运输成本

$$\text{Cost}_2 = \frac{\text{Cost}_T}{\text{INT}\left[V_{\text{co}} / \left(x_b y_b z_b\right)\right]} \tag{7-57}$$

式中，Cost——包装成本；

V_{co}——货箱体积。

通常 EPS 价格远低于蓄冷剂价格，但并不是蓄冷剂用量越少越好。一方面，由于 EPS 成型工艺的限制，保温容器壁厚一般不大于 10cm；另一方面，过厚的保温容器会导致包装体积过大，致使单车装载量减少，反而增加了单件包装的运输成本，从而增加控温包装总成本。

图 7-24 为蓄冷剂用量、保温容器壁厚和生产成本之间的关系，取曲线最低点为最佳方案，其工艺参数见表 7-9。

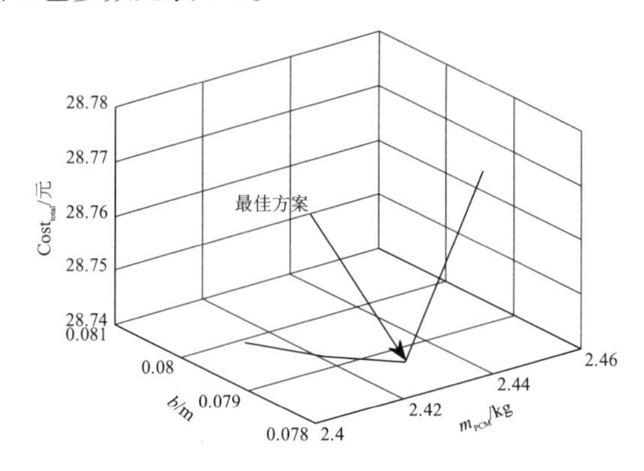

图 7-24　蓄冷剂用量、保温容器壁厚与生产成本之间关系曲线

表 7-9　控温包装最优方案

蓄冷剂用量/kg	保温材料壁厚/m	保温容器外形尺寸/m			预计成本/（元/箱）
		长	宽	高	
2.43	0.079	0.52	0.34	0.34	28.74

5）试验验证

将产品、蓄冷剂和保温容器按图 7-22（a）所示的结构组成控温包装。将控温包装放置在 253K 的环境中预冷 48h，再放置在 270K 的温度环境中稳定 72h；将分布式光纤测温系统测温探头固定在产品一顶角处（图 7-25），样品放置在如表 7-8 所示环境中进行储存试验；记录储存过程中产品的温度变化。

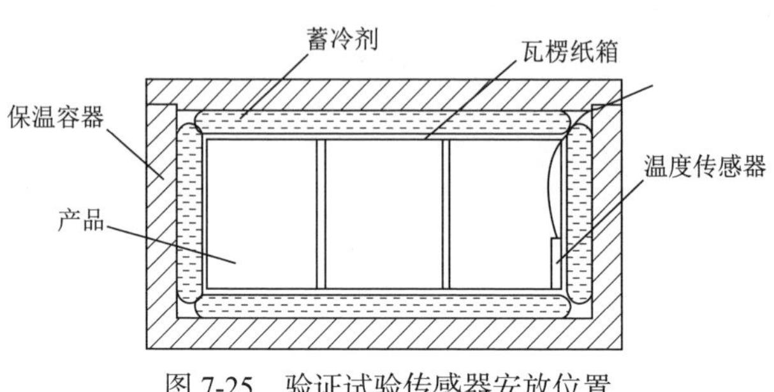

图 7-25　验证试验传感器安放位置

试验过程中产品温度变化如图 7-26 所示。结果表明，在储存过程中包装内部温度均处于产品最佳储存温度范围内（即 270~275K），故依照上述方法设计的控温包装能够满足产品在物流过程中的防护要求。

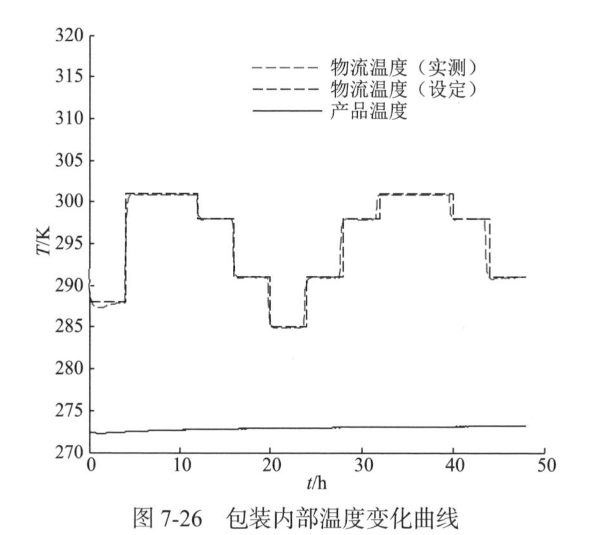

图 7-26　包装内部温度变化曲线

参 考 文 献

[1] Boafo F E, Chen Z, Li C, et al. Structure of vacuum insulation panel in building system[J]. Energy and Buildings, 2014, 85: 644-653.

[2] Qian J. Mathematical models for insulating packages and insulating packaging solutions[D]. Memphis, USA: The University of Memphis, 2009.
[3] 李小龙, 李国忠. 纤维增强发泡保温复合材料的制备与性能[J]. 复合材料学报, 2014, 31(3): 541-549.
[4] Burgess G. Practical thermal resistance and ice requirement calculations for insulating packages[J]. Packaging Technology and Science, 1999, 12(2): 75-80.
[5] Stavish L J. Designing insulated packaging for perishable *in vivo* diagnostics[J]. Medical Device and Diagnostic Industry, 1984, 6(18): 105-108.
[6] Choi S. Mathematical models of predict the performance of insulating packages and their practical uses[D]. East Lansing, USA: Michigan State University, 2004.
[7] Abhat A. Low temperature latent heat thermal energy storage: heat storage materials[J]. Solar Energy, 1983, 30 : 313-332.
[8] Hasnain S M. Review on sustainable thermal energy storage technologies, Part I: heat storage materials and techniques[J]. Energy Convers Manage, 1998, 39: 1127-38.
[9] Zalba B, Marin M J, Cabeza L F, et al. Review on thermal energy storage with phase change: materials, heat transfer analysis and applications[J]. Applied Thermal Engineering, 2003, 23: 251-283.
[10] Xuan Y, Huang Y, Li Q. Experimental investigation on thermal conductivity and specific heat capacity of magnetic microencapsulated phase change material suspension[J]. Chemical Physics Letters, 2009, 479: 264-269.
[11] Envirocooler-evg. Product portfolio[EB/OL]. http://www.envirocooler.com/products.html.
[12] 张仁元. 相变材料与相变储能技术[M]. 北京: 科学出版社, 2009.
[13] Mehling H, Cabeza L. Heat and Cold Storage with PCM[M]. Hannover, Germany: Springer-Verlag Berlin Heidelberg, 2008.
[14] Aduda B O. Effective thermal conductivity of loose particulate systems[J]. Journal of Materials Science, 1996, 31: 6441-6448.
[15] Yang S M, Zhang Z Z. An experimental study of natural convection heat transfer from a horizontal cylinder in high Rayleigh number laminar and turbulent region[C]. Proceedings of the 10th International Heat Transfer Conference, Brighton. 1994, 7: 185-189.
[16] Incropera F P, de Witt D P. Fundamentals of Heat and Mass Transfer[M]. 5th ed. John Wiley & Sons, 2002.
[17] Holman J P. Heat Transfer[M]. 9th ed. McGraw-Hill, 2002.
[18] Crump K C. Numerical inversion of Laplace transformsusing Fourier series approximation[J]. Journal of the ACM, 1976, 23: 89-96.
[19] Narayanan G V. Numerical operational methods for time dependentlinear problems[J]. International Journal of Numerical Methods in Engineering, 1982, 18(12): 1829-1854.
[20] Peng F, Chen Y, Liu Y, et al. Numerical inversion of Laplace transforms in viscoelastic problems by Fourier series expansion[J]. Chinese Journal of Theoretical and Applied Mechanics, 2008, 40(2): 215-221.
[21] 潘嘹. 潜热型控温包装系统传热模型与试验研究[D]. 无锡: 江南大学, 2016.

[22] 潘嘹, 卢立新, 王军. 控温包装控温时间预测模型研究[J]. 包装工程, 2014, 35(5): 27-30, 136.

[23] Pan L, Wang J, Lu L X. Evaluation boundary and design method for insulating packages[J]. Journal of Applied Packaging Research, 2017, 9(2): 61-72.

[24] 潘嘹, 卢立新, 王军. 生鲜食品冷链控温包装设计方法研究[J]. 食品与生物技术学报, 2017, 36 (6): 507-511.

第8章

包装果品差压预冷建模与热分析

预冷作为现代果品产销冷链的首要环节，对提高果品质量具有关键性意义。温度是整个预冷控制过程的核心，果品的保鲜质量直接取决于空气流场和温度场的分布。预冷不均匀将导致包装箱内果品舒适度降低，产生疲劳而易在后续储运中发生相互传热，形成二次污染而腐烂。

冷链的核心是对果品实施连续、稳定的低温管理，其中源头预冷环节的温度控制极为关键，快速均匀的降温能有效提高果品的流通质量和效率。工程实践中包装果品的预冷受送风、包装制品开孔及操作等影响，理论分析复杂，同时试验测试技术本身会对流场产生干扰并影响测试结果；数值模拟建立在微观传热机理之上，无需测试工具直接监测目标点的温度变化，试验周期短，精度高，是一种高效经济的研究方法。本章主要论述包装果品差压预冷建模、箱内温度场的模拟分析，探讨包装箱开孔结构要素在差压预冷效率提高方面的效用。

8.1 包装果蔬预冷过程数值分析研究现状

8.1.1 果蔬预冷数值模型的研究

在差压预冷过程中，预冷系统中的气流组织较为复杂，目前还没有高效的测试技术能够精准地测定流场的速度，因而包装内部温度的分析与实际情况存在一定的偏差。随着计算机技术的发展，很多学者应用数值模拟方法研究果蔬的预冷过程。目前国内外关于果蔬预冷的数值模型研究主要包括多孔介质模型、直接数值模型[1]。

1. 多孔介质模型

多孔介质模型不考虑流体区域中的局部细节，是预冷研究中最常用的建模方法。van der Sman[2]采用多孔介质模型联合 Darcy-Forchheimer-Brinkman 等式建立模型，预测包装箱内的气流分布。Ferrua 和 Singh[3]基于质量、动量和能量守恒原理建立草莓强制空冷下的较理想的数学模型，考虑对流传热、接触传热及水分蒸发带走的热量，应用 CFD 软件采用 SIMPLER 算法进行求解。Zou 等[4]将层装和散装的果品包装系统分为空气流区、固体区和水果-空气接触区等三个预冷区域，运用多孔介质方法建立多种预冷包装结构分析的 CFD 模型，考虑水果接触传热和呼吸热，针对开一个中心孔的包装箱进行箱内气流分布和热传递过程模拟分析。

2. 直接数值模型

直接数值模型不采用湍流模型直接数值求解完整的三维瞬态 Navier-Stokes 方程组，计算复杂，占用内存大。Ferrua 和 Singh[5]基于粒子图像测速（particle image velocimetry，PIV）技术用直接数值模型研究盒装草莓的局部预冷流场，但未考虑不同开孔设计对气流及温度场的影响。Dehghannya 等[6]利用直接数值模型建立了球形果品通气包装中的预冷模型，充分考虑了产品和空气的对流换热、二者的接触传热、呼吸及蒸腾作用的潜热，并利用 COMSOL Multiphysics 进行二维数值求解。王强等[7]、孟志峰等[8]分别建立了预冷果品的 κ-ε 湍流模型，未考虑果品的内热源，基于有限体积、有限元法模拟包装箱内不同位置果品的温度变化。

多孔介质模型可用于单、双相流体，但针对果品内部的梯度差异，运用平均化理论不能反映流动的局部细节，同时，湍流方程中的很多经验参数都是不确定的，且当包装与水果的当量直径比值低于 10 时则不再适用，目前市场众多销售包装水果显然超出这个范围，故多孔介质模型用于预冷的研究还处于尝试阶段。直接数值模型能较全面地考虑预冷中的传热传质源，反映局部范围的气流温度分布，使用范围较广，包括层流、湍流及几何形状复杂的情况，同时能用于精确计算某些不能直接检测的物理量，但网格划分的精度要求较高，故目前用于低、中雷诺数的流体介质分析较多。

8.1.2 送风工艺参数的优化研究

包装箱中的温度分布与内部空气流动状态密切相关，通过气流的压力和速度分布可预见果品包装系统的温度响应。送风速度、温度、相对湿度及送风形式均会影响果品预冷时的传热传质效率。

送风速度是影响预冷的主要因素之一，它直接决定送风量及其在包装箱内的纵向渗透。刘凤珍[9]通过不同风速工况下草莓的预冷试验发现，在低风速范围内，增加风速能有效缩短冷却时间；当果品及其在包装箱内排列方式一定时，随着预冷温度的降低，最佳预冷风速增大；但提高风速将导致温度的变化率减小、压降的变化率增大，同时能耗上升，因此需综合多方面因素。一般风速越大，预冷时间越短，但在实际工况中，增大风速，通过包装内果品的压降增加，要求风机的功率也增大，投资成本必然提高；而较低速度的送风虽然耗能少，均一性好，但会大大延长预冷时间，因而送风速度的选择要综合权衡预冷效率和经济因素。

送风温度对预冷时间的影响较大，因为果品散失的热量与送风初始温度和预冷环境的温差成正比，送风温度的降低将有利于减少预冷时间。但为了避免发生冷害，送风温度不宜低于待预冷果蔬的冷藏温度。同时，研究发现湿冷气流温度较低时降温速度快，因此在实际预冷生产中，需要根据果品的冷藏条件，兼顾经济性确定最佳的送风温度。

送风湿度主要通过果品的蒸腾作用影响预冷速率。水蒸气在空气中的分压随相对湿度增加而增大，则果品表面的水分向外扩散的蒸汽差压驱动力减小，随之带走的热量减少，最终导致冷却速率降低。因此为了提高预冷生产率，通常在果品预冷前作充分加湿处理而采用较低的湿气流进行预冷。但在差压预冷过程中，快速的强制气流易使新鲜果品失水变质，因此在实际预冷中送风要保持一定的相对湿度。

针对送风形式，研究发现水平送风时，由于产品的自重及搬运操作等，产品与包装箱、包装箱之间会产生间隙而形成失效的气流通道，而垂直送风沿送风方向的流动阻力相对较小，气流充分，预冷更快更均匀。

8.1.3　包装结构对预冷的影响研究

包装箱作为果品保鲜的有机组成部分，一方面本身能缓解蒸腾作用，减少水分散失，另一方面包装箱上的开孔为预冷提供气流通道，其结构直接影响预冷的速率和均匀性，二者对于保证果品品质及货架期都是至关重要的，预冷不均匀会造成产品回温的二次污染。大量研究证明包装箱开孔的形状、面积、数目、位置及与包装物形成的孔隙率、包装箱的三维尺寸、堆码方式等都会影响果蔬预冷的效果。

麦吉尔大学用模拟器代替球形果品自行研制一种通气包装强制通风预冷试验平台[9-10]，研究发现开孔面积和位置及组合方式对预冷效率和气流分布的影响较大，低速下开孔面积对预冷时间的影响较显著，孔沿高度方向的位置影响较小；14%的开孔可作为最大的开孔面积设计参照，而 8%~16%的开孔可用于能量优化设计；面积相同时，开孔从角落到中心再到上下分布时预冷的均匀性加强，内部的平均气流速度和压降几乎不变，因此角落开孔不但对包装制品的强度削弱大，而且不利于预冷；但是如果孔的数目增加或者孔的分布和数目固定而增大孔径都有利于均匀而快速地降温而能耗减少。Dehghannya 等[12]在此研究基础上，采用直接数值模型模拟球形果品不同通气包装中的温度分布，发现温度分布均一性随开孔数目的增加而增强；合理地布置一定数目的通气孔可提高预冷速率，减少预冷时间，同时使温度分布更均匀。但该研究模型为二维模型，开孔大小固定，开孔的位置局限在一个垂直的面内，不足以全面反映开孔要素对温度场的影响规律。

上述对包装果品的研究大多集中于散装情况，针对层装果品预冷时的流场分析研究甚少。Opara 和 Zou[13]通过对预冷的层装苹果进行热敏性分析，寻找影响包装箱内气流分布和层间传热的相关因素，但只局限于开孔大小和位置及箱内衬垫和包装箱壁之间间隙的定性分析，包装系统的孔大小、位置、数目、形状等设计对预冷过程及温度场的定量影响有待进一步研究。

包装内的温度分布受到内外气流的共同影响。因此开孔的设计应与包装箱内果品的排列方式相匹配，致力于果品与冷空气的充分接触，提高预冷的速率和均匀性。

8.2 果品差压预冷过程的传热理论

果品的强制空冷属于非稳态传热过程，往往是导热、对流和辐射多种热传递方式同时存在，且果品自身仍然进行着生命代谢活动，呼吸作用产生热量，蒸腾作用带走热量；而包装箱上的开孔结构、内部衬垫及果品的排列方式变化又会形成不同的气流通路，使得预冷果品的温度响应更加复杂多变。另外产品的预冷效果还受传热载体的物性参数影响，因此有必要研究果品在预冷过程中的传热机理，包括呼吸和蒸腾作用的热源，确定相关的物性参数，以建立有效的数值预测模型。

8.2.1 预冷包装果品物理模型的建立[14]

包装箱作为内装物的体积边界，一方面要保证本身的强度，缓解蒸腾作用；另一方面要有利于热量交换，促进预冷。其结构设计一般要求如下。

（1）开孔面积不超过整个包装箱表面积的3%~5%，大于侧面总面积的10%。

（2）开孔大小与内装物相匹配；有研究表明开孔的长短轴比在2.5~3.5，有利于包装箱强度的维持。

（3）手提孔的设计符合人机工程学，且位于侧面中心靠上的位置对强度影响小。

（4）包装箱长宽比约为1.5：1时，其稳定性好，托盘适应性强，有利于提高流通效率。

针对球形类果品的两层散装和三层层装包装预冷进行研究，预冷箱采用0201型瓦楞纸箱。考虑到果品与箱壁及相互之间接触会造成计算域不连通，无法划分网格，因此物理模型简化时将其均布在包装箱内，与箱壁留一定间隙，衬垫视为间隔凹凸的均厚板，果品以间隔、平方间隔和错位间隔三种方式排列，如图 8-1 所示。

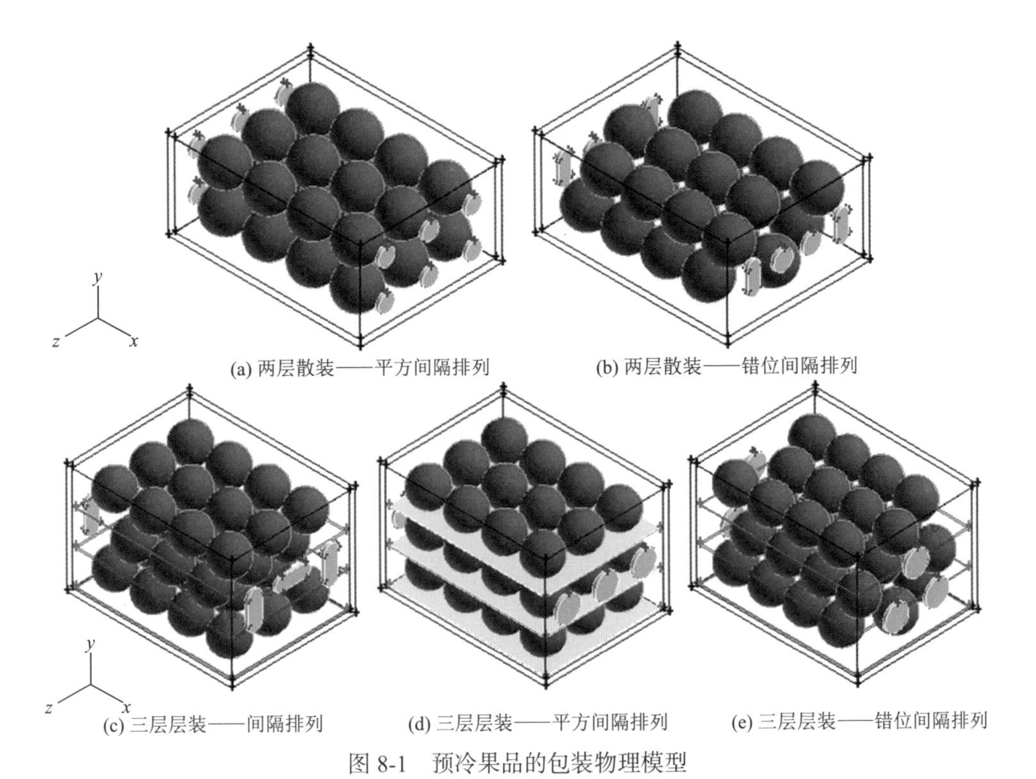

(a) 两层散装——平方间隔排列　(b) 两层散装——错位间隔排列

(c) 三层层装——间隔排列　(d) 三层层装——平方间隔排列　(e) 三层层装——错位间隔排列

图 8-1　预冷果品的包装物理模型

8.2.2　包装果品差压预冷的数学模型[15]

包装果品差压预冷是一个复杂的非稳态降温过程，既有果品、包装与冷气流之间以对流主导的显热交换，也有果品内部的导热、蒸腾及呼吸热等及果品与果品、包装之间的辐射和接触导热等多种形式的潜热传递，根据热传递的类型可将流场计算归为冷空气流体域、果品固体域和耦合界面区三个部分，分别建立流场的传热模型。考虑到通常预冷时间较短且环境温度低，辐射热可忽略不计。建立数学模型时，对求解问题作如下假设。

（1）果品为大小相同、各项同性的均组分刚性球体，不考虑预冷过程中本身体积变化的影响。

（2）包装材料、果品及冷空气的热物性参数均为常量，不随环境状态改变。

（3）流体为瞬态不可压缩的冷空气，且进口的送风温度、速度恒定不变。

1. 冷空气流体域的控制方程

流体的流动遵循质量守恒、动量守恒和能量守恒定律，即构成流体动力学的基本控制方程包括连续方程、动量方程和能量方程。

1）连续方程

$$\frac{\partial \rho_{\mathrm{a}}}{\partial t}+\operatorname{div}\left(\rho_{\mathrm{a}} U\right)=0 \tag{8-1}$$

式中，ρ_{a}——冷空气的密度（$\mathrm{kg/m^3}$）；

U——速度矢量（m/s）。

考虑到预冷过程中送风为不可压缩的冷空气，故密度为常量，则连续方程简化为

$$\operatorname{div}(U)=\partial u / \partial x+\partial v / \partial y+\partial w / \partial z=0 \tag{8-2}$$

2）动量方程（N-S 方程）

$$\begin{cases}\rho_{\mathrm{a}} \dfrac{\partial u}{\partial t}+\rho_{\mathrm{a}} \operatorname{div}(u U)=\operatorname{div}\left(\mu_{\mathrm{a}} \operatorname{grad} u\right)-\dfrac{\partial p}{\partial x}+S_{u} \\ \rho_{\mathrm{a}} \dfrac{\partial v}{\partial t}+\rho_{\mathrm{a}} \operatorname{div}(v U)=\operatorname{div}\left(\mu_{\mathrm{a}} \operatorname{grad} v\right)-\dfrac{\partial p}{\partial y}+S_{v} \\ \rho_{\mathrm{a}} \dfrac{\partial w}{\partial t}+\rho_{\mathrm{a}} \operatorname{div}(w U)=\operatorname{div}\left(\mu_{\mathrm{a}} \operatorname{grad} w\right)-\dfrac{\partial p}{\partial z}+S_{w}\end{cases} \tag{8-3}$$

其中，

$$\begin{cases}S_{u}=F_{x}+s_{x} \\ S_{v}=F_{y}+s_{y} \\ S_{w}=F_{z}+s_{z}\end{cases}$$

式中，p——微元体上的压力（$\mathrm{N/m^2}$）；

μ_{a}——空气的动力黏度（Pa·s）；

S_u、S_v、S_w——动量守恒方程的广义源项；

F_x、F_y、F_z——x、y、z 方向上的微元体力（N）；

s_x、s_y、s_z——小量。

对于不可压缩流体，$s_x=s_y=s_z=0$，预冷流体的体积力只有重力，即

$$\begin{cases}S_{u}=F_{x}=0 \\ S_{v}=F_{y}=0 \\ S_{w}=F_{z}=-\rho_{\mathrm{a}} g\end{cases}$$

3）能量方程

$$\rho_{\mathrm{a}}\frac{\partial\left(T_{\mathrm{a}}\right)}{\partial t}+\rho_{\mathrm{a}}\mathrm{div}\left(UT_{\mathrm{a}}\right)=\mathrm{div}\left(\frac{\lambda_{\mathrm{a}}}{c_{\mathrm{a}}}\mathrm{grad}\,T_{\mathrm{a}}\right) \tag{8-4}$$

式中，T_{a}——冷空气的温度（℃）;

λ_{a}——冷空气的导热系数[W/（m·K）];

c_{a}——冷空气的比热容[J/（kg·K）]。

差压预冷过程中冷风在包装箱内的水果和衬垫之间快速收缩和扩张，雷诺数远大于 2500，产生湍流，因此流体动量方程还须满足附加的湍流输运方程，以湍动能 κ 和湍动耗散率 ε 作为基本的未知量建立求解方程。对于不可压缩流体而言，标准的 κ-ε 方程为

$$\begin{cases}\dfrac{\partial\left(\rho_{\mathrm{a}}\kappa\right)}{\partial t}+\dfrac{\partial\left(\rho_{\mathrm{a}}\kappa u_{i}\right)}{\partial x_{i}}=\dfrac{\partial}{\partial x_{j}}\left[\left(\mu_{\mathrm{a}}+\dfrac{\mu_{t}}{\sigma_{\kappa}}\right)\dfrac{\partial\kappa}{\partial x_{j}}\right]+G_{\kappa}-\rho_{\mathrm{a}}\varepsilon\\ \dfrac{\partial\left(\rho_{\mathrm{a}}\varepsilon\right)}{\partial t}+\dfrac{\partial\left(\rho_{\mathrm{a}}\varepsilon u_{i}\right)}{\partial x_{i}}=\dfrac{\partial}{\partial x_{j}}\left[\left(\mu_{\mathrm{a}}+\dfrac{\mu_{t}}{\sigma_{\varepsilon}}\right)\dfrac{\partial\varepsilon}{\partial x_{j}}\right]+\dfrac{C_{1\varepsilon}}{\kappa}G_{\kappa}-C_{2\varepsilon}\rho_{\mathrm{a}}\dfrac{\varepsilon^{2}}{\kappa}\end{cases} \tag{8-5a}$$

$$\begin{cases}G_{\kappa}=\mu_{t}\left(\dfrac{\partial u_{i}}{\partial x_{j}}+\dfrac{\partial u_{j}}{\partial x_{i}}\right)\dfrac{\partial u_{i}}{\partial x_{j}}\\ \mu_{t}=\rho_{\mathrm{a}}C_{\mu}\dfrac{\kappa^{2}}{\varepsilon}\end{cases} \tag{8-5b}$$

式中，κ——湍动能（$\mathrm{m^2/s^2}$）;

ε——湍动耗散率（$\mathrm{m^2/s^3}$）;

u_i——湍流的时均速度（m/s）;

μ_t——湍动黏度（Pa·s）;

G_κ——由平均速度引起的湍动能 κ 的产生项（$\mathrm{m^2/s^2}$）。

2. 球形果品固体域的传热模型

产生的潜热水果内部主要以温度梯度驱动的导热方式进行热量传递，对流项为零，将呼吸和蒸腾作用添加到能量方程的广义热源项 $Q_{T_{\mathrm{p}}}$ 中，则控制方程为

$$\rho_{\mathrm{p}}c_{\mathrm{p}}\frac{\partial T_{\mathrm{p}}}{\partial t}=\mathrm{div}\left(\lambda_{\mathrm{p}}\mathrm{grad}T_{\mathrm{p}}\right)+Q_{T_{\mathrm{p}}} \tag{8-6}$$

对于球形果品，预冷时有迎风面和背风面之分，果品内部的温度沿径向 θ 方

向发生变化，而沿ϕ方向近似相等，则果品的预冷过程可转化为二维的非稳态传热问题（图 8-2）。

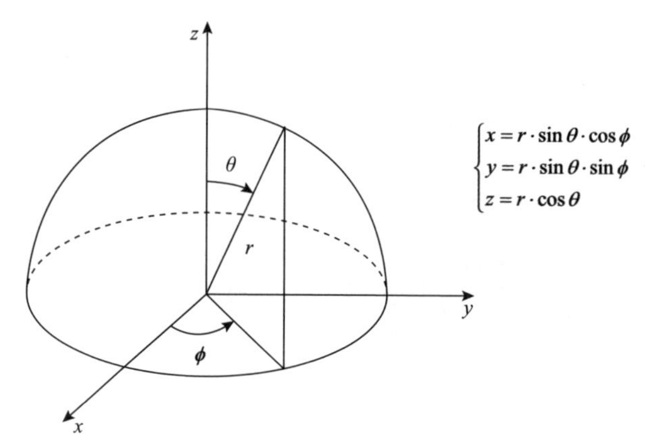

图 8-2　球坐标系

由式（8-6）进行球坐标变换后得到果品内部的导热微分方程为

$$\rho_p c_p \frac{\partial T_p}{\partial t} = \frac{\lambda p}{r^2}\left[\frac{\partial}{\partial r}\left(r^2 \frac{\partial T_p}{\partial r}\right) + \frac{1}{\sin\theta}\frac{\partial}{\partial \theta}\left(\sin\theta \frac{\partial T_p}{\partial \theta}\right)\right] + Q_{T_p} \tag{8-7}$$

式中，r——球形果品的半径（m）；

T_p——果品温度（℃）；

ρ_p——果品密度（kg/m^3）；

c_p——果品比热容[J/（kg·K）]；

λ_p——果品导热系数[W/（m·K）]；

Q_{T_p}——果品内热源项（W/m^3）。

果品的内热源主要考虑呼吸热 Q_{resp} 和蒸腾热 Q_{evap}。采摘后的果品仍然进行生命活动，呼吸作用产生热量，增加制冷负荷；而蒸腾作用将体内的水分蒸发到空气中，同时带走大量的热量，降低自身及周围环境的温度以促进降温，因此果品的能量热源项可表示为

$$Q_{T_p} = Q_{resp} - Q_{evap} \tag{8-8}$$

呼吸作用与果品的种类、温度等有关，在 0 ~27℃内，果品的呼吸热可表示为

$$Q_{resp} = \rho_p m_1 \left(T_p + 17.8\right)^{m_2} \tag{8-9}$$

式中，m_1、m_2——水果类型特定参数。

果品蒸腾作用带走的热量为

$$Q_{\text{evap}} = f_v h_v \tag{8-10}$$

式中，h_v——果品的蒸腾潜热（J/kg）；

f_v——单位体积的水蒸气发生率[kg/（$m^3 \cdot s$）]，取决于预冷果品表面的蒸汽压差，即

$$f_v = k_m \left(p_{\text{s}} - p_{\text{a}} \right) \tag{8-11}$$

式中，k_m——蒸腾系数[kg/（$m^3 \cdot s \cdot Pa$）]；

p_{s}、p_{a}——果品表面、空气中水蒸气的分压（Pa）。

而果品表面水蒸气分压为

$$p_{\text{s}} = \text{VPL} \cdot p_{\text{w}} \tag{8-12}$$

式中，VPL——果品蒸汽压降系数；

p_{w}——一定温度下的饱和水蒸气压力（Pa）。

果品的蒸腾潜热与温度的关系为

$$h_v = C_1 \left(T_{\text{p}} - 273.15 \right)^2 + C_2 \left(T_{\text{p}} - 273.15 \right) + C_3 \tag{8-13}$$

3. 空气与果品的耦合传热方程

根据能量守恒得到果品-空气热平衡方程为

$$\rho_{\text{a}} c_{\text{a}} \left(u\text{d}y\text{d}z \frac{\partial T_{\text{a}}}{\partial x} + v\text{d}x\text{d}z \frac{\partial T_{\text{a}}}{\partial y} + w\text{d}x\text{d}y \frac{\partial T_{\text{a}}}{\partial z} \right) \text{d}V_{\text{a}} \text{d}t = \left(-\rho_{\text{p}} c_{\text{p}} \frac{\partial T_{\text{a}}}{\partial t} - \text{Q}_{T_{\text{p}}} \right) \text{d}V_{\text{p}} \text{d}t \tag{8-14a}$$

$$\begin{cases} \text{d}V_{\text{a}} = \psi \, \text{d}V \\ \text{d}V_{\text{p}} = (1 - \psi) \text{d}V \end{cases} \tag{8-14b}$$

式中，V_{a}、V_{p}——包装箱内冷空气、果品所占体积（m^3）。

其中，果品的孔隙率$\psi = \dfrac{V - V_{\text{p}}}{V}$，则水果与送风气流的耦合传热方程可化简为

$$\psi \rho_{\text{a}} c_{\text{a}} \left(u\text{d}y\text{d}z \frac{\partial T_{\text{a}}}{\partial x} + v\text{d}x\text{d}z \frac{\partial T_{\text{a}}}{\partial y} + w\text{d}x\text{d}y \frac{\partial T_{\text{a}}}{\partial z} \right) = (\psi - 1) \left(\rho_{\text{p}} c_{\text{p}} \frac{\partial T_{\text{p}}}{\partial t} - Q_{T_{\text{p}}} \right) \tag{8-15}$$

同时，果品与空气、包装材料与空气之间的热对流符合第三类边界条件。

$$\lambda \frac{\partial T_a}{\partial l}\bigg|_s = -h\left(T_s - T_a\right) \tag{8-16}$$

式中，$\partial T_a / \partial l$——固体表面上不同方向的温度梯度（℃）；

λ——对应物质的导热系数[W/(m·K)]；

T_s——固体表面的温度（℃）；

h——表面综合对流换热系数[W/(m^2·K)]。

4. 层装果品的传热模型

包装箱内散装果品之间是相互接触的，在运输、销售及消费的过程中容易因振动冲击而受损，引发相互传热，造成二次污染。衬垫能够定位果品，避免相互碰撞，同时将各层果品之间隔开，本身能起到缓冲保护的作用，减少果品的损伤。与散装果品相比，层装果品的预冷还存在衬垫与水果、空气及包装箱壁之间的传热。

在数值模拟计算时，将瓦楞纸箱和衬垫视为无热源的固体区域，它们内部的导热微分方程为

$$\rho_{pac} c_{pac} \frac{\partial T_{pac}}{\partial t} = \mathrm{div}\left(\lambda_{pac} \mathrm{grad} T_{pac}\right) \tag{8-17}$$

式中，λ_{pac}——包装材料的热物性参数；

T_{pac}——对应的温度。

5. 初始与边界条件

果品采摘后带有田间热，温度较高，为了提高试验精度，增强对比的可靠性，通常先进行恒定条件下的预处理，以减小预冷的初始差异。为此可根据流场计算的基本原理设定初始条件、边界类型和参数。

（1）初始条件。当 t=0 时，设定果品的初始温度 T_{p0}。

（2）进口边界条件。设定送风速度和温度。

（3）出口边界条件。由于预冷过程中出口的流动状态无法预知，因此将送风出口设定为 Outflow（出流边界类型），且 $\frac{\partial u}{\partial x} = 0, \frac{\partial T}{\partial x} = 0$，以保证送风气流速度和温度变化的连续性。

8.3 差压预冷下果品包装箱内温度场模拟分析

近年来，随着冷冻、冷藏食品的市场迅速拓展，计算流体动力学（computational fluid dynamics，CFD）在果蔬冷链的冷冻加工、贮藏、运输及销售各个环节的制

冷技术研究中得到广泛的应用。应用 CFD 软件对前述建立的预冷数值模型进行求解，模拟差压预冷下不同包装箱内果品的温度场，为预冷流场监测提供指导。

8.3.1　求解方法

1. 网格划分

利用 CFD 软件前处理器 Gambit 建立预冷箱装果品的三维物理模型并生成网格，如图 8-3 所示。

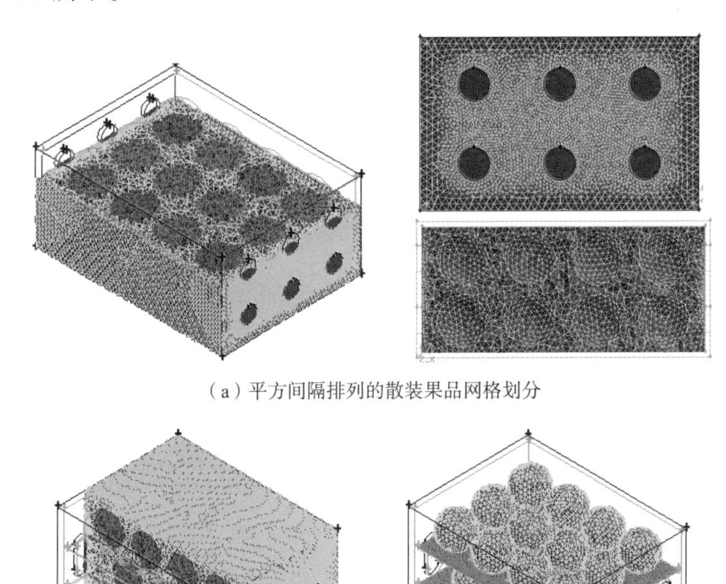

（a）平方间隔排列的散装果品网格划分

（b）间隔排列的层装果品网格划分

图 8-3　包装果品模型生成网格

包装箱侧面上的开孔采用结构化网格划分并加密处理，其余区域包括果品、衬垫、冷风流体域、包装箱体依次采用不同大小的非结构网格划分，见表 8-1。

表 8-1　预冷果品的网格划分单元大小　　（单位：mm）

模型	开孔	果品	衬垫	冷风流体	包装箱体
两层散装果品	5	10	—	8	8
三层层装果品	5	10	6	6	6

2. 预冷评价指标

预冷速率和均匀性是衡量果品预冷效果的重要指标，通过比较冷却到给定温度所需要的时间或者在给定的时间内可达到的温度及差异，可得到不同因素对预冷过程的影响。其中，7/8 预冷时间可从本质上反映果品的冷却效果，表示为 7/8th，即预冷产品与送风温度的差值达到产品初始温度与送风温度差值的 1/8 时所对应的冷却时间，即

$$\frac{T_{\mathrm{p}}-T_{\mathrm{a}}}{T_{\mathrm{p0}}-T_{\mathrm{a}}}=\frac{1}{8} \tag{8-18}$$

预冷均匀性体现的是果品温度变化差异，由包装箱内不同位置果品的温度波动大小来表示。

$$\sigma=\frac{1}{T_{\mathrm{p}}}\sqrt{\frac{1}{n-1}\sum_{i-1}^{n}\left(T_{\mathrm{p}i}-\overline{T_{\mathrm{p}}}\right)} \tag{8-19}$$

式中，σ——均匀度，其值越小，包装箱内果品的温度离散程度越小，温度场越均匀。

为了方便对不同位置果品的温度变化进行对比分析，根据对称性将包装箱内半数果品进行编号，从下至上分别为第一层、第二层、第三层。第一层第 1 个水果记作 1-1#，第二层第 1 个记作 2-1#，依次循环，而三层层装果品的第三层编号与第一层相同，此处不再列出。其中不同排列的两层散装果品各层编号见图 8-4。

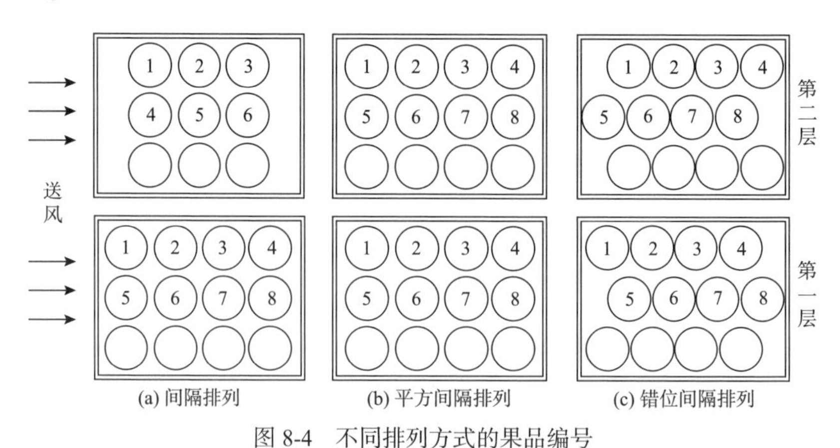

图 8-4　不同排列方式的果品编号

8.3.2　包装箱内散装果品的温度场模拟

1. 模拟条件

预冷箱尺寸：400mm×300mm×180mm，厚度为 7mm。球形果品分两层装在预冷箱内，由于间隔排列时两层散装果品为 21 个，对包装空间的利用率相对较低，平方间隔和错位间隔排列均是 24 个，因此本部分的研究只考虑后两种排列情况。比较开孔大小、开孔形状、开孔数目、开孔位置及组合对两层散装果品预冷的影响。送风速度为 1.5m/s，温度为 2℃，预冷果品的初始温度为 26℃，预冷时间为 210min。

果品选用红富士苹果（产于山东栖霞）。苹果色泽质地均匀，形状规则，无损伤，直径为 80 mm 左右。果品和包装材料的物性参数见表 8-2。

表 8-2　果品和包装材料的物性参数

材料类型	密度/ (kg / m^3)	导热系数/[W/(m·K)]	比热容/[J/(kg·K)]
苹果	837.22	0.4508	3822
包装箱/衬垫	220/260	0.048	1700

2. 热源及重力对果品预冷过程的影响

果品采后的呼吸作用会产生热量，而蒸腾作用会带走热量，预冷时重力作用会使冷风更易进入包装箱靠底部的开孔，这些因素都可能对果品的预冷效果产生影响。本部分通过正交数值试验，研究呼吸、蒸腾和重力三种作用对果品预冷降温过程的影响程度，见表 8-3。从表中的正交极差分析可知热源对果品的预冷过程会产生一定的影响：呼吸作用的影响最大，蒸腾作用的影响小得多，重力作用的影响可忽略不计。它们对平均温度和最高温度的影响较大，而对于均匀性作用并不明显；无热源时内部传热阻力小，温度较低，梯度比较明显。

表 8-3　呼吸、蒸腾和重力三种作用的正交数值模拟分析

试验编号		呼吸作用	蒸腾作用	重力作用	均匀度	平均温度/℃	最低温度/℃	最高温度/℃
1		1	1	1	0.2471	6.11288	3.5166	7.4258
2		1	2	2	0.2469	6.12238	3.5239	7.4362
3		2	1	2	0.2466	6.05606	3.4889	7.3541
4		2	2	1	0.2464	6.06558	3.4961	7.3646
均匀度	Ⅰ	0.49397	0.49366	0.49348				
	Ⅱ	0.49300	0.49331	0.49349				
	极差 R	0.00097	0.00035	0.00001				

续表

试验编号		呼吸作用	蒸腾作用	重力作用	均匀度	平均温度/℃	最低温度/℃	最高温度/℃
平均温度	Ⅰ	12.23526	12.16894	12.17846				
	Ⅱ	12.12164	12.18796	12.17844				
	极差 R	0.11362	0.01902	0.00002				
最低温度	Ⅰ	7.04053	7.00549	7.01275				
	Ⅱ	6.98498	7.02002	7.01276				
	极差 R	0.05555	0.01453	0.00001				
最高温度	Ⅰ	14.86203	14.77988	14.79040				
	Ⅱ	14.71872	14.80087	14.79035				
	极差 R	0.14331	0.02099	0.00005				

3. 开孔设计对散装果品预冷的影响

1）开孔大小

开孔大小直接影响送风量和气流的横向扩散能力，一般开孔越大，冷却越快越均匀。对于两层散装果品而言，开孔大小的优化选择两侧分别开 6 个相同圆形孔的预冷箱。根据开孔设计原则，当量开孔直径 $\phi \in (31.75, 36.58)$ mm，孔径分别为 30mm、32mm、34mm 和 36mm 时平方间隔和错位间隔排列果品的总体预冷效果如图 8-5 所示。随着孔径的增大，果品的平均温度降低，均匀度先增后减；平方间隔排列时的均匀性优于错位间隔排列。当 ϕ 由 34 mm 增大到 36 mm 时，平方间隔排列的果品平均温度基本不变，σ 值降低，均匀性有所改善，但错位间隔排列时均匀性反而变差，果品平均温度上升。

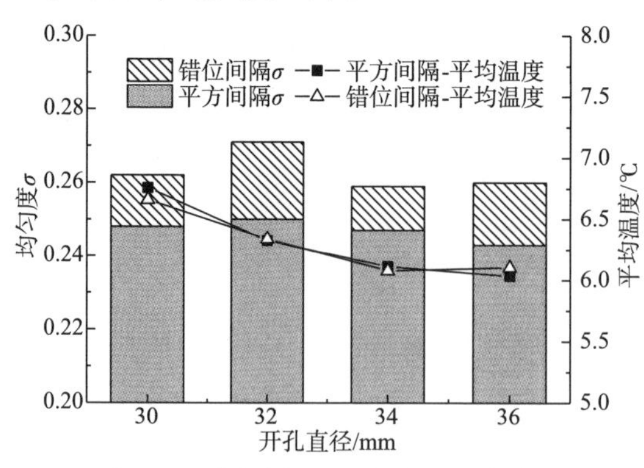

图 8-5　不同孔径工况的果品预冷效果

包装箱内沿送风方向中间位置果品的预冷较具代表性，每层采集一个点进行比较，结果如图 8-6 所示。通过图中 1-3#和 2-6#果品的中心温度变化曲线分析发现：ϕ>34mm 后果品的冷却速率并没有增大，34mm 和 36mm 的温度基本一致，而开孔增大，包装箱强度必然降低，因此兼顾包装箱强度，孔径选择 34mm 较宜。

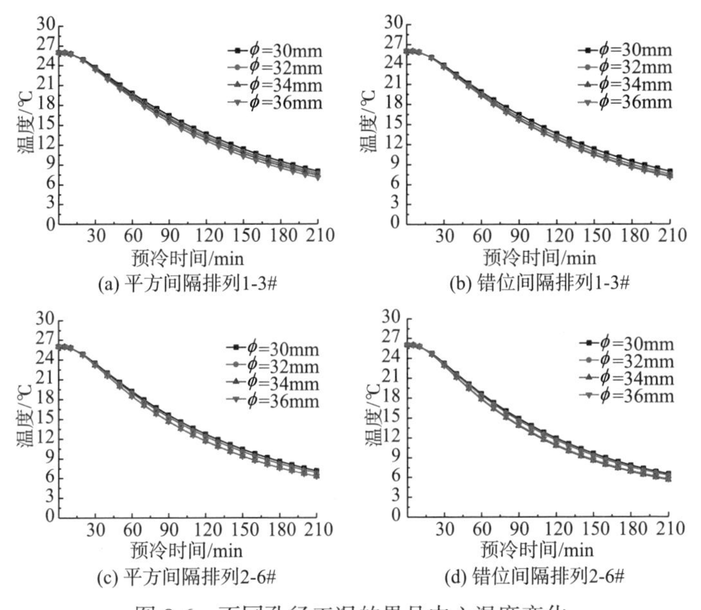

(a) 平方间隔排列1-3#　(b) 错位间隔排列1-3#

(c) 平方间隔排列2-6#　(d) 错位间隔排列2-6#

图 8-6　不同孔径工况的果品中心温度变化

2）开孔形状

开孔面积相同时，比较包装箱侧面上圆形、椭圆形、键槽形、矩形四种不同形状的开孔对果品预冷的影响，开孔率为 11.5%，当量开孔直径为 34mm，见图 8-7。

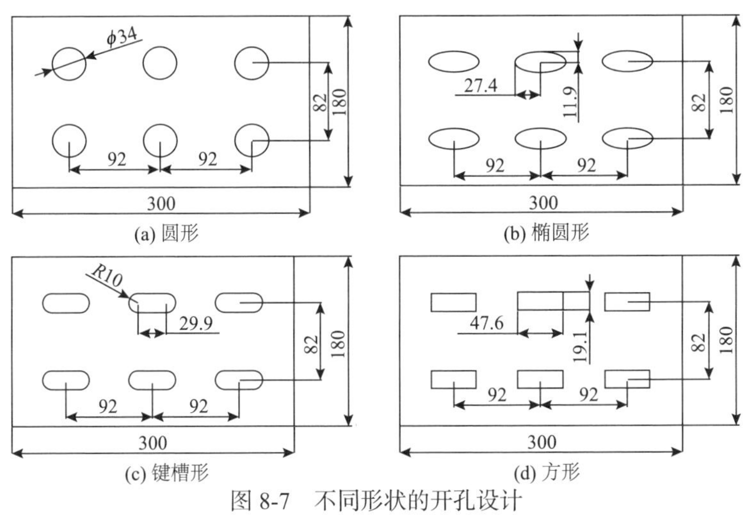

(a) 圆形　(b) 椭圆形

(c) 键槽形　(d) 方形

图 8-7　不同形状的开孔设计

单位：mm

四种不同形状开孔不同排列工况的预冷效果见图 8-8。错位间隔排列对开孔形状的预冷响应比较敏感，平方间隔排列的温度变化比较平缓。总体上平方间隔排列时近圆形开孔的均匀性较好，圆形开孔较键槽形开孔均匀性高 3%；而错位间隔排列时采用长宽比较大的开孔利于冷风的横向扩散而调节内部湍流，均匀性得到改善，方形孔的 σ 值为 0.251，圆形孔为 0.26，前者较后者均匀性提高了 3.6%，并且最高果温只有 7.5℃，比圆形孔工况低 0.5℃。

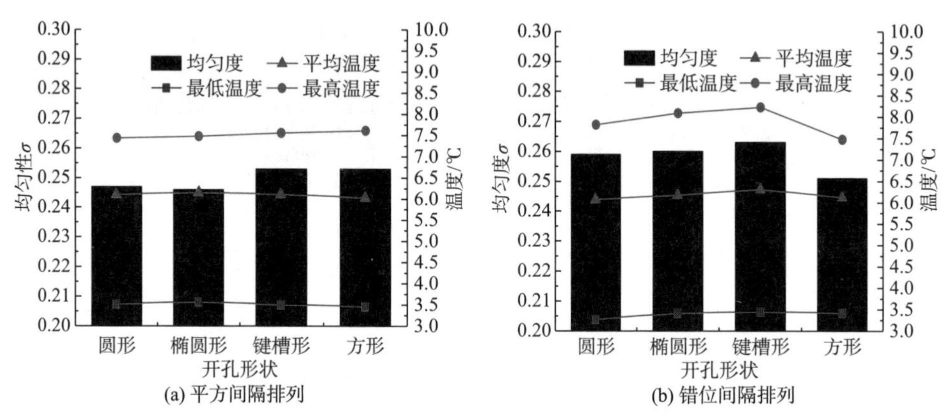

图 8-8　不同形状开孔工况的果品预冷效果

四种孔形工况的各层截面温度分布图见图 8-9。从各层截面温度分布图也可得到一致的结论，平方间隔排列时果品预冷均匀性比错位间隔排列好。对于后者，孔隙较大的地方果品预冷的温度梯度比较大，第一层靠近出口和箱壁的果品温度最高，这些高温点的存在可能造成总体的均匀性下降。

3）开孔数目

开孔面积相同时，合理布置一定数目的开孔可提高预冷的质量。果品在预冷箱内作平方间隔排列。不同数目的开孔设计见表 8-4。

表 8-4　不同数目的开孔设计（开孔率为 11.5%）

编号	键槽形开孔数目	编号	圆形开孔数目
N1	2	N4	4
N10	2	N40	4
N2	3	N5	5
N3	4	N50	5
N30	4	N6	6

针对相同数目的开孔工况，先进行开孔的分布及尺寸比例优化，选出预冷效

果较好的开孔方式，在此基础上纵向比较不同数目的开孔对果品预冷过程的影响，模拟结果如图 8-10 所示。

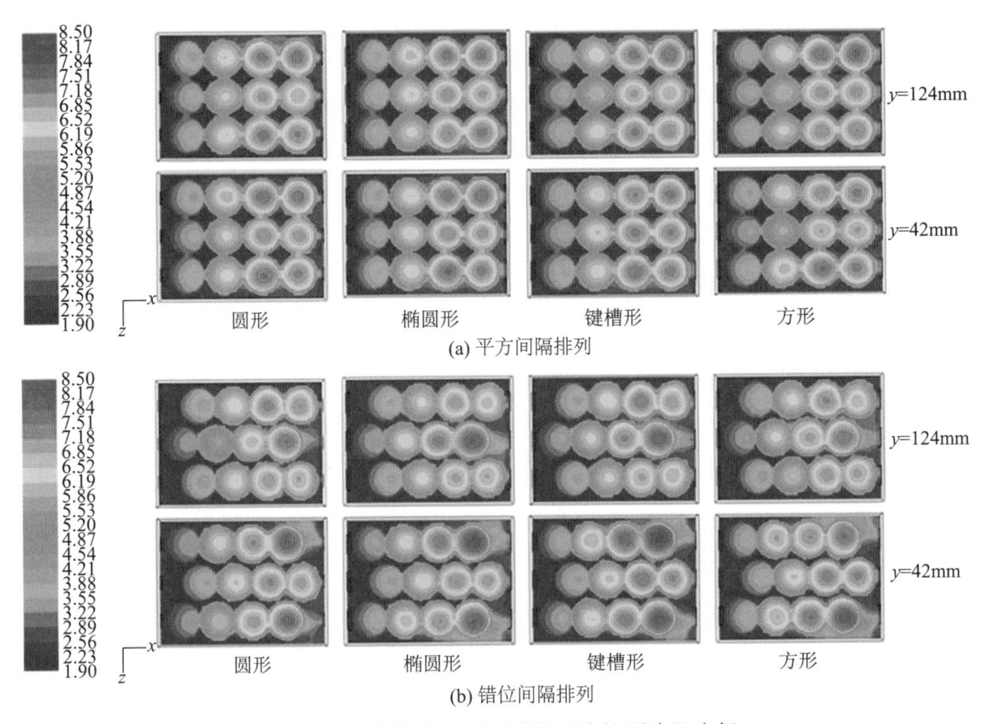

图 8-9　两种排列下不同形状开孔的预冷温度场

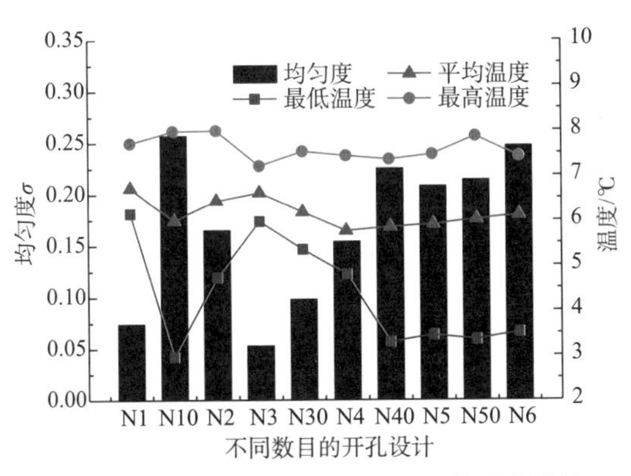

图 8-10　不同数目开孔工况的总体预冷效果

通过图中果品温度变化及均匀性的比较可看出：①对于键槽形开孔，横向分布的 N10 明显比纵向分布的 N1 冷却快，最低温度相差 3.2℃，但均匀性差得多，其 σ 值为 N1 的 3.5 倍；N2 的 3 个竖直键槽形开孔集中在侧面中间位置，中间层送风充分，果品很快冷却，最低温度较 N1 低，均匀性只有 N1 的 45%；N3 和 N30 均为 4 个相同的上下分布键槽形脊孔，其中 N30 的开孔呈细长形，长宽比较大，送风的纵向渗透力强，总体预冷快，最低温度比 N3 稍低，但横向扩散受限，最大温差较 N3 高 1℃左右，σ 值由 0.053 增加到 0.098，均匀性降低了 46%。②对于圆形开孔，对齐分布的开孔更有利于果品的预冷，N40 的开孔设计能够快速冷却靠近进口的果品，最低温度较 N4 低 1.5℃，但整体均匀性差；N50 上小下大的开孔设计虽然最低温度有所降低，但最高温度上升，总体平均温度仍然高于 N5，均匀性降低 3%，非均匀孔并没有起到改善预冷效果的作用；N6 的温度差异最大，最大温差比 N4 高 1.3℃，均匀性降低 38%。

不同数目开孔的预冷箱内果品的整体温度场如图 8-11 所示。

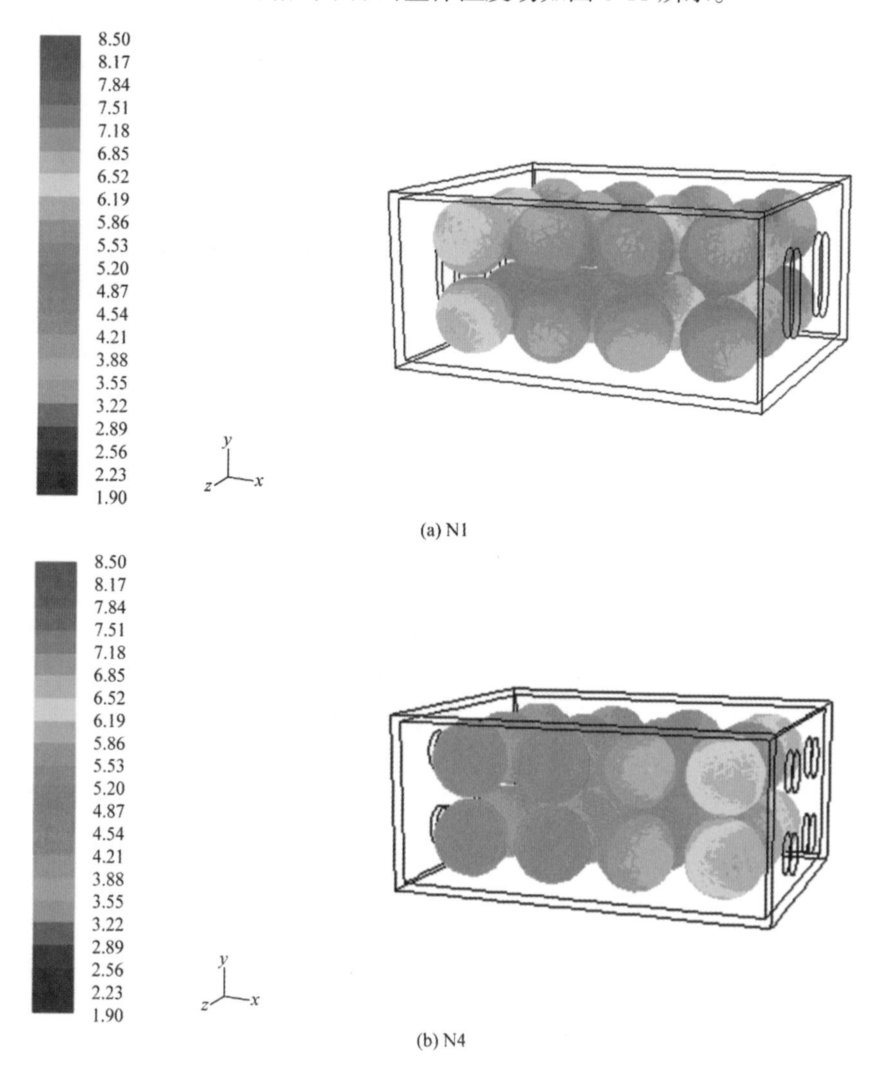

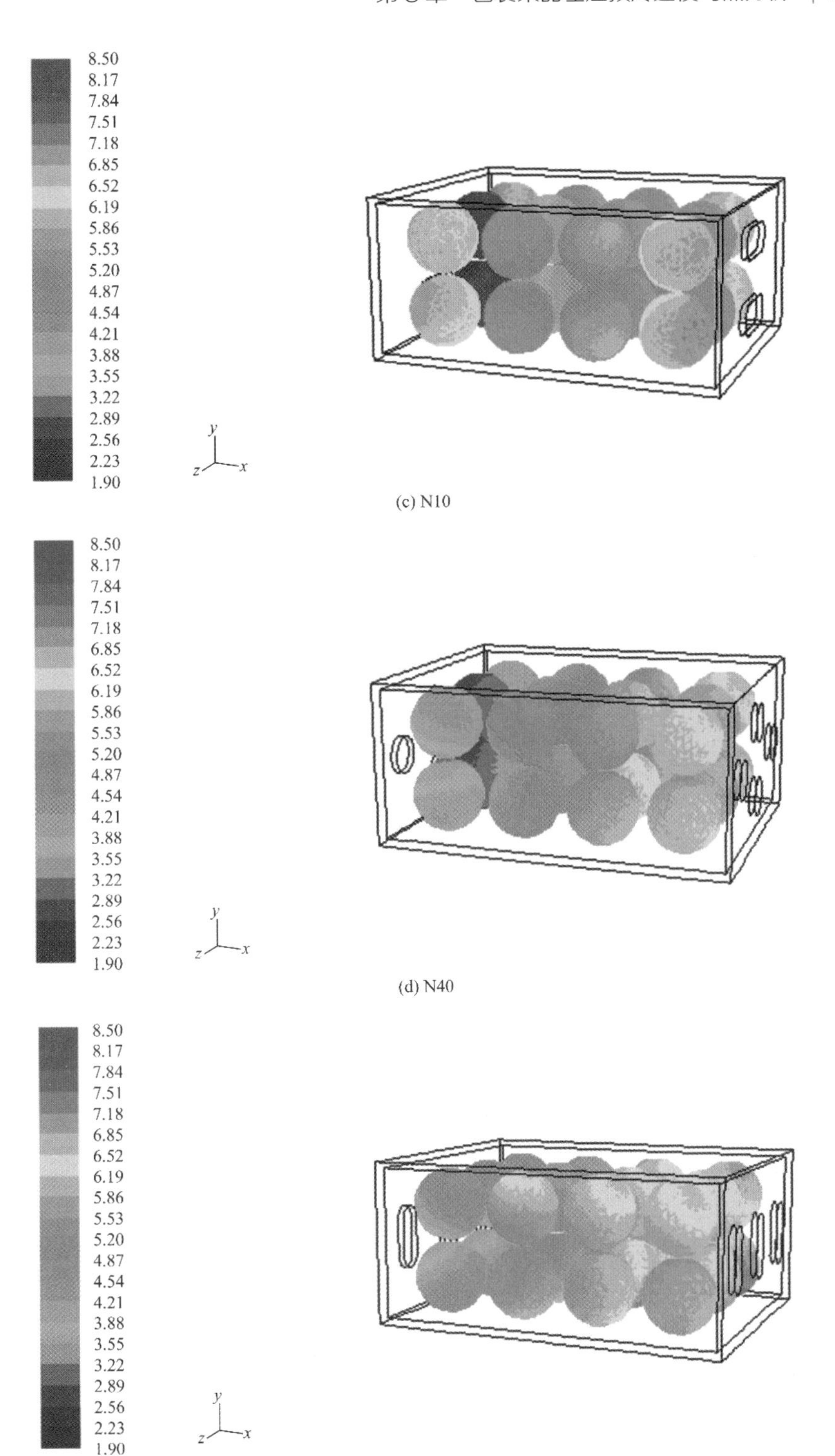

(c) N10

(d) N40

(e) N2

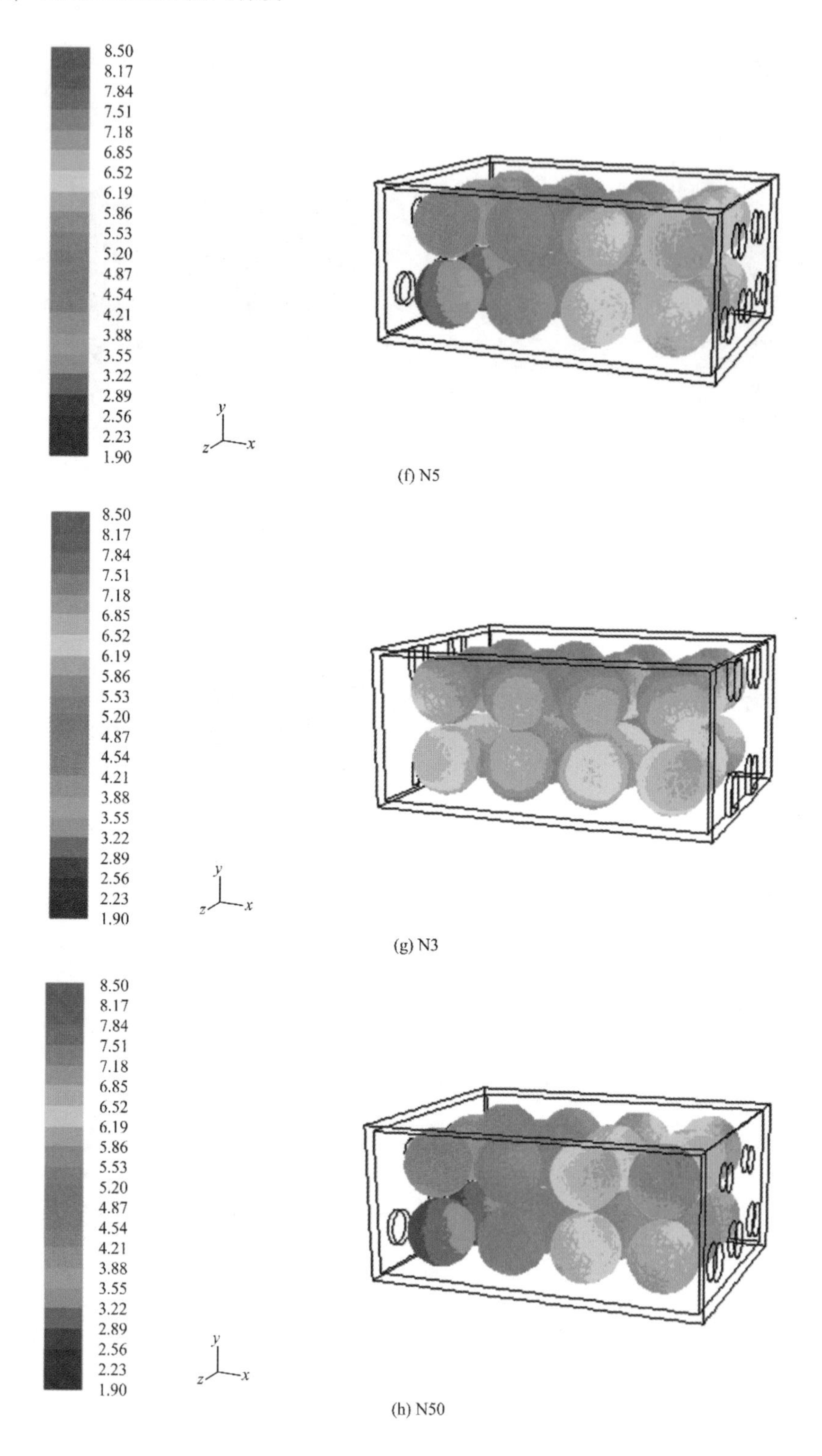
8.50
8.17
7.84
7.51
7.18
6.85
6.52
6.19
5.86
5.53
5.20
4.87
4.54
4.21
3.88
3.55
3.22
2.89
2.56
2.23
1.90
y
z
x

(f) N5

(g) N3

(h) N50

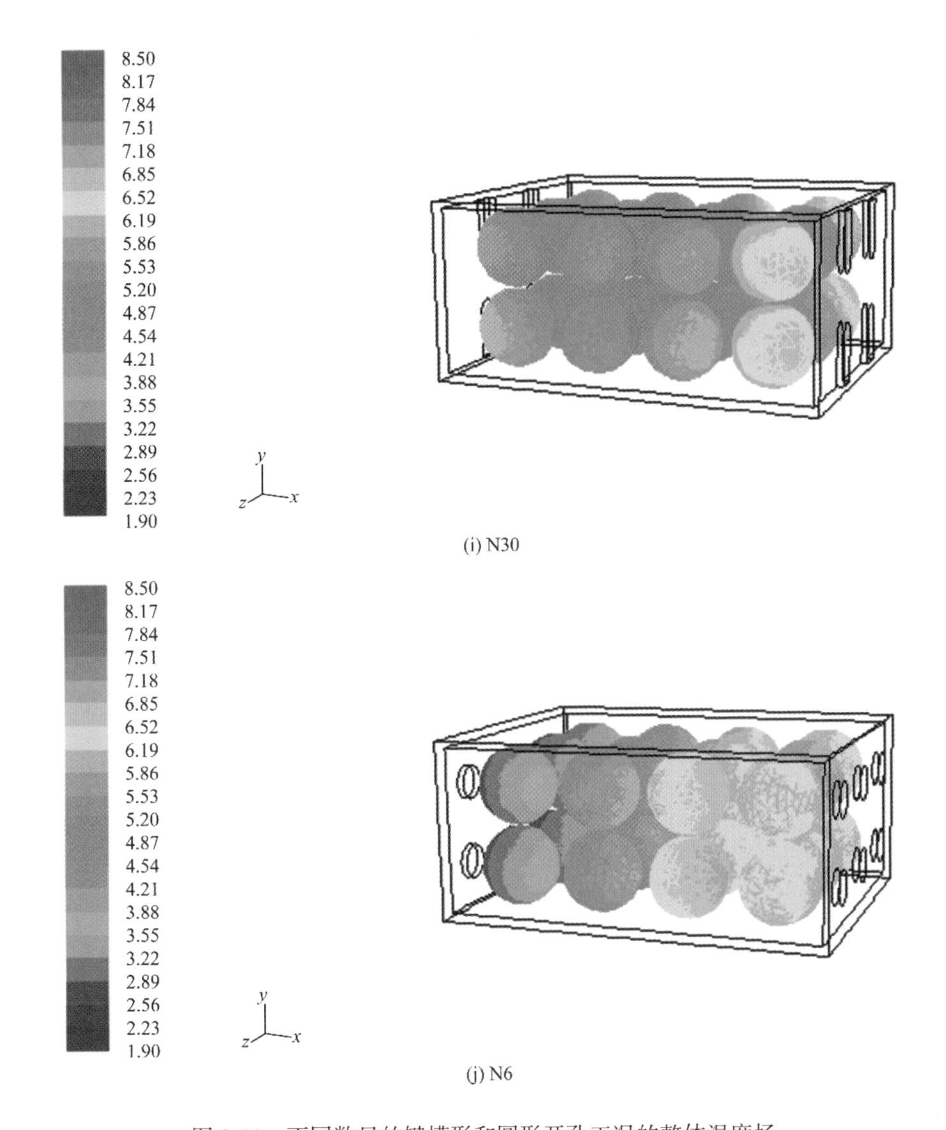

(i) N30

(j) N6

图 8-11 不同数目的键槽形和圆形开孔工况的整体温度场

由 N1 与 N2、N4 与 N5 和 N6 的比较可知，随着开孔数目的增多，果品的预冷温度差异增大，均匀性降低；少数目较大的开孔比多数目的小孔更有利于果品的预冷。而 N3 是将 N1 中的 2 个键槽形开孔等分为上下两部分，冷空气气流分散，高温区域减小，均匀性有所改善，所以无论是圆形还是键槽形，4 个开孔工况均能得到较好的预冷效果。

4）开孔位置

为了方便流通，果品包装箱上除了通气孔外，通常还带有手提孔，其设计须符合人机工程学要求。有研究表明，键槽形手提孔在中心靠上位置时对强度的削弱较小，而在比较接近顶部时削弱最大。手提孔设计如图 8-12 所示。

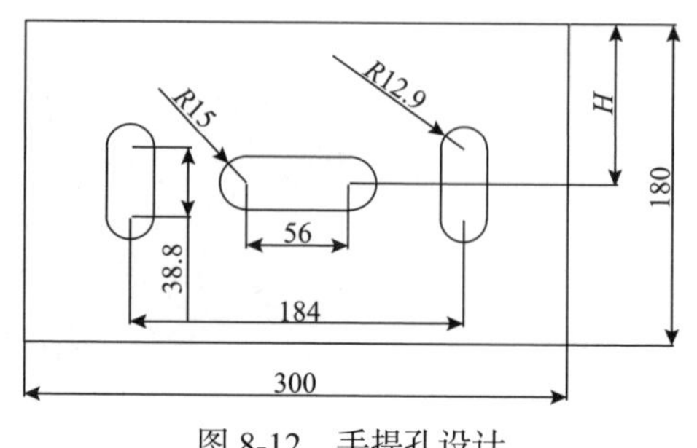

图 8-12　手提孔设计

单位：mm

手提孔不同位置工况的预冷效果如图 8-13 所示。开孔越靠近中心，均匀性越好。但当 H>70mm 时，平均温度反而升高，70mm 和 80mm 工况的温度相当，后者均匀性较前者提高 4.7%，90mm 时手提孔位于中心，均匀性最好，但平均温度比 80mm 工况高。

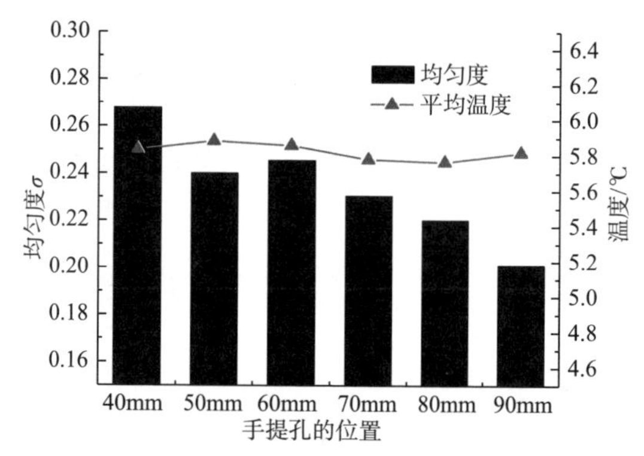

图 8-13　手提孔不同位置工况的预冷效果

五种不同高度时预冷箱内 1-3#和 2-6#果品的中心温度变化如图 8-14 所示。60mm 时的降温最快，温度也较低；90mm 时虽然上述分析均匀性好，但冷却最慢，温度高；80mm 时的冷却速率仅次于 60mm，两测点的中心温度分别比 90mm 工况低 0.7℃和 0.5℃左右。

手提孔不同位置工况下各层果品的温度云图如图 8-15 所示。从图中可以看出，随着 H 的增大，第二层果品的温度有所升高，两层果品的冷却差异缩小，H=80mm 时冷却比较均匀，而且整体温度较低。因此，综合果品的预冷效果，手提孔距离顶部 80mm 较宜。

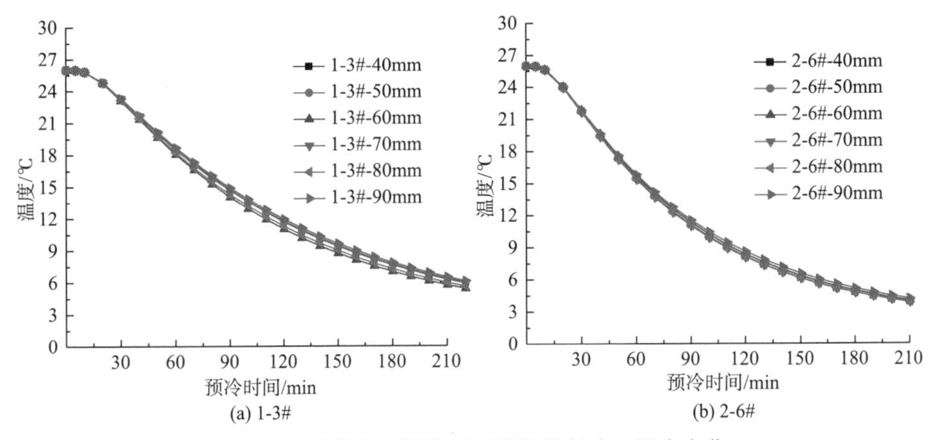

图 8-14　手提孔不同位置工况的果品中心温度变化

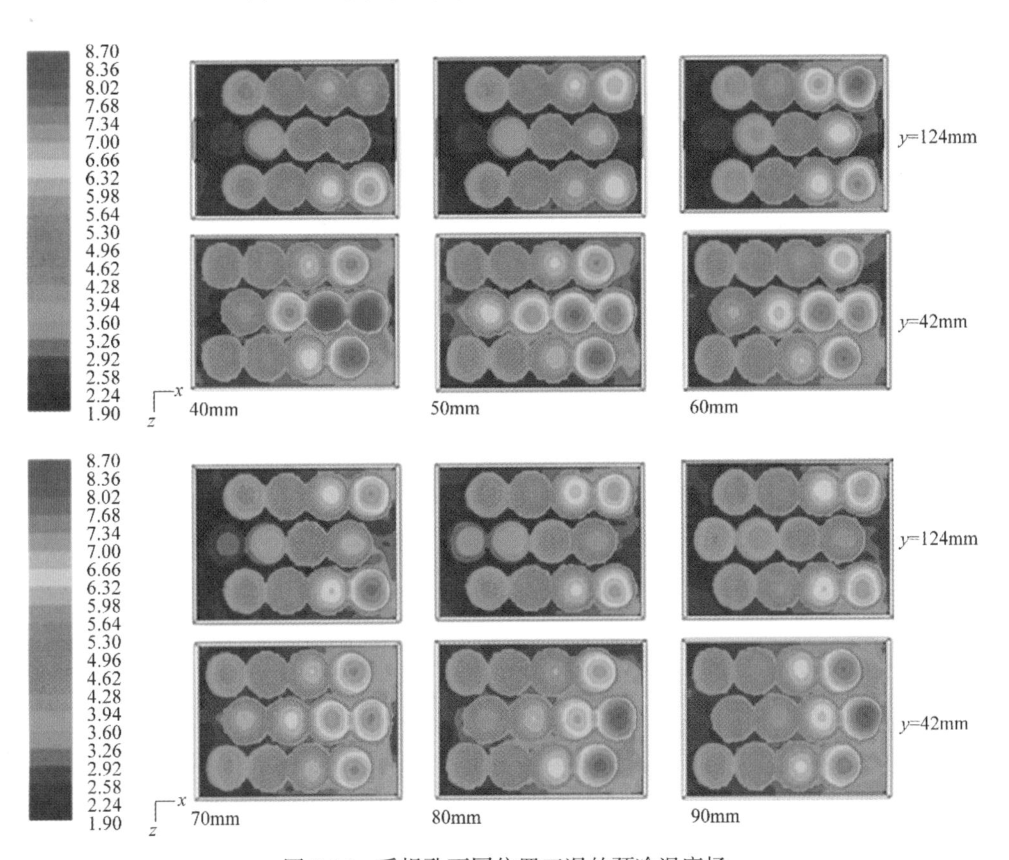

图 8-15　手提孔不同位置工况的预冷温度场

5）开孔组合

当面积相同时，不同形状和数目的开孔组合能够对气流产生互补的调节作用，改善预冷效果。不同组合的开孔设计见表 8-5。

表 8-5　不同组合的开孔设计（开孔率为 11.5%）

编号	数目	开孔组合	编号	数目	开孔组合
P1	3	2J，1HJ（距顶部 80 mm）	P40	3	1HJ（距顶部 49 mm），2C（下）
P10	3	2J，1HJ（相同，距顶部 80 mm）	P5	3	1HJ（距顶部 80 mm），2C（上）
P2	3	2J，1C（中心）	P50	3	1HJ（距顶部 49 mm），2C（上）
P3	4	2J，2C（相距 60 mm）	P6	3	1HJ（距顶部 80 mm），2EC（下）
P30	4	2J，2C（相距 64 mm）	P60	3	1HJ（距顶部 49 mm），2EC（下）
P31	4	2J，2C（中心竖直排列）	P7	3	1EJ，2C（上）
P4	3	1HJ（距顶部 80 mm），2C（下）	P8	4	2EJ，2C（中心）

注：J 表示竖直键槽形孔；HJ 和 EJ 分别表示键槽形手提孔和脊孔；C 和 EC 分别表示圆形孔和脊孔。

各工况的总体预冷效果如图 8-16 所示。由不同组合开孔工况的预冷温度和均匀性变化可看出，开孔组合会对果品的预冷过程产生明显的影响，合理的开孔结构设计能够在很大程度上提高果品冷却速率及均匀性。

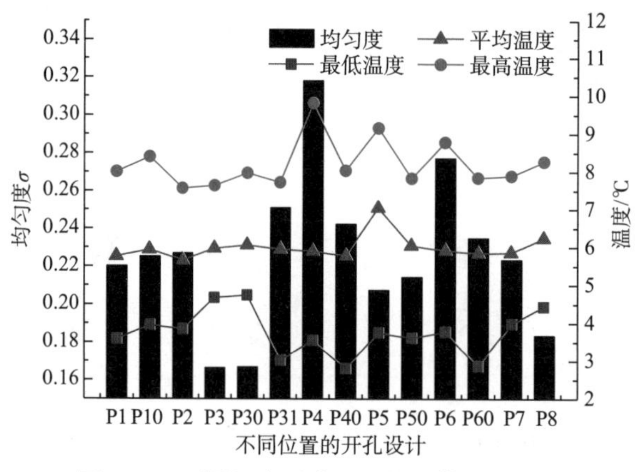

图 8-16　不同组合开孔工况的总体预冷效果

（1）由 P1 和 P10 对比说明开孔分布相同时，中心较大的手提孔有利于果品的预冷，P1 的最高温度较 P10 低 0.4℃，均匀性高 2.3%。靠近进口的果品温度最低，P10 的低温区域较大，温度差异大，导致总体的均匀性较低。它们的整体预冷温度场如图 8-17 所示。

（2）P1 与 P2 中，圆形开孔送风阻力小，比手提孔工况冷却快，P2 的整体平均温度和最高温度稍低，但均匀性降低 3.1%。P1 的手提孔在侧面中上部，高温果在第一层；而 P2 的圆形孔在中心，出口处第二层的果品空隙小，且离冷风入口较远，冷却慢，温度最高。它们的总体预冷温度场如图 8-18 所示。

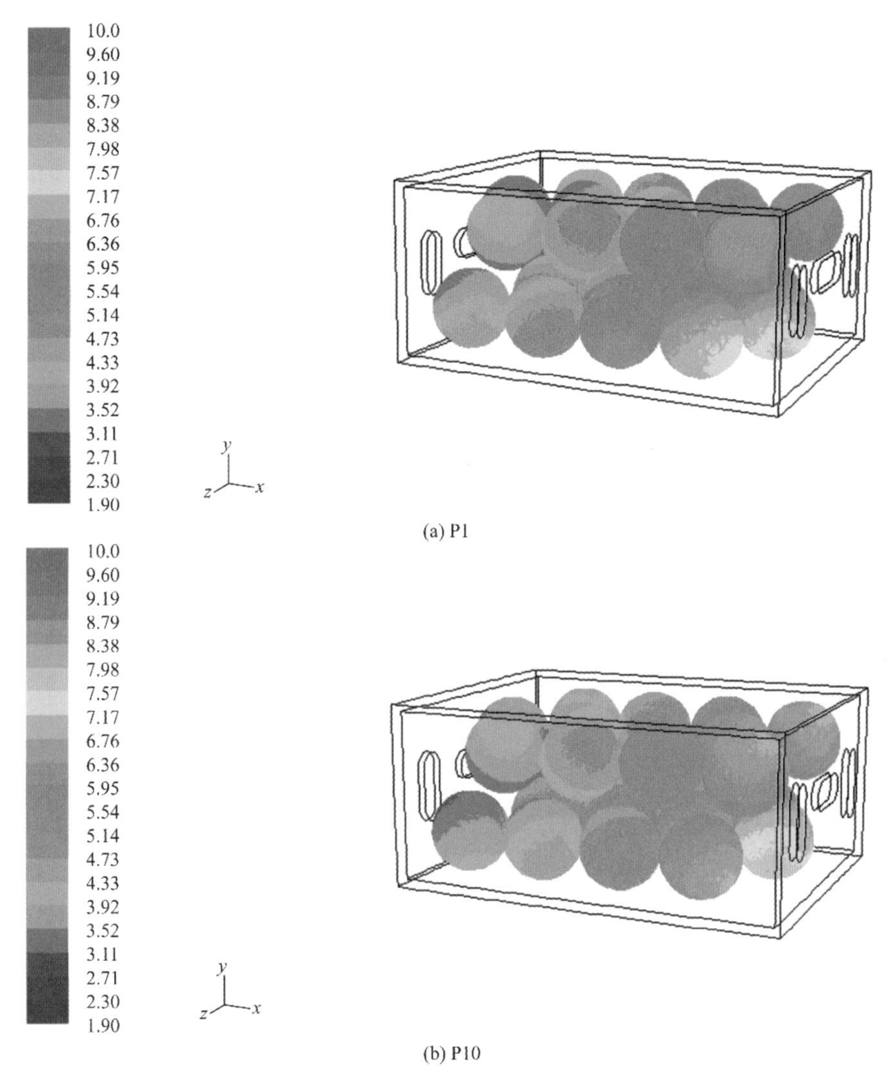

(a) P1

(b) P10

图 8-17　P1 和 P10 开孔组合的整体温度场

（3）由 P3、P30、P31 的总体预冷效果比较得到：开孔数目及形状相同时，中心竖直分布的两个圆形开孔加大了果品预冷的温度差异，因为进口处上下层的送风均很充分，果品很快被冷却至较低的温度，导致 P31 的冷却均匀性远不及横向分布的情况，P30 均匀度 σ 达 0.251，P31 仅为 0.166，均匀性提高 51.2%，总体平均温度相差不大；且两圆形开孔横向相距 60mm 为宜，64mm 时的 P30 最高温度较高。从图中也可看出，P3 明显优于 P2，两个圆形孔更能促进气流的横向扩散，整体温度场更均匀，而且低温果温度较高，不易发生冷害，如图 8-19 所示。

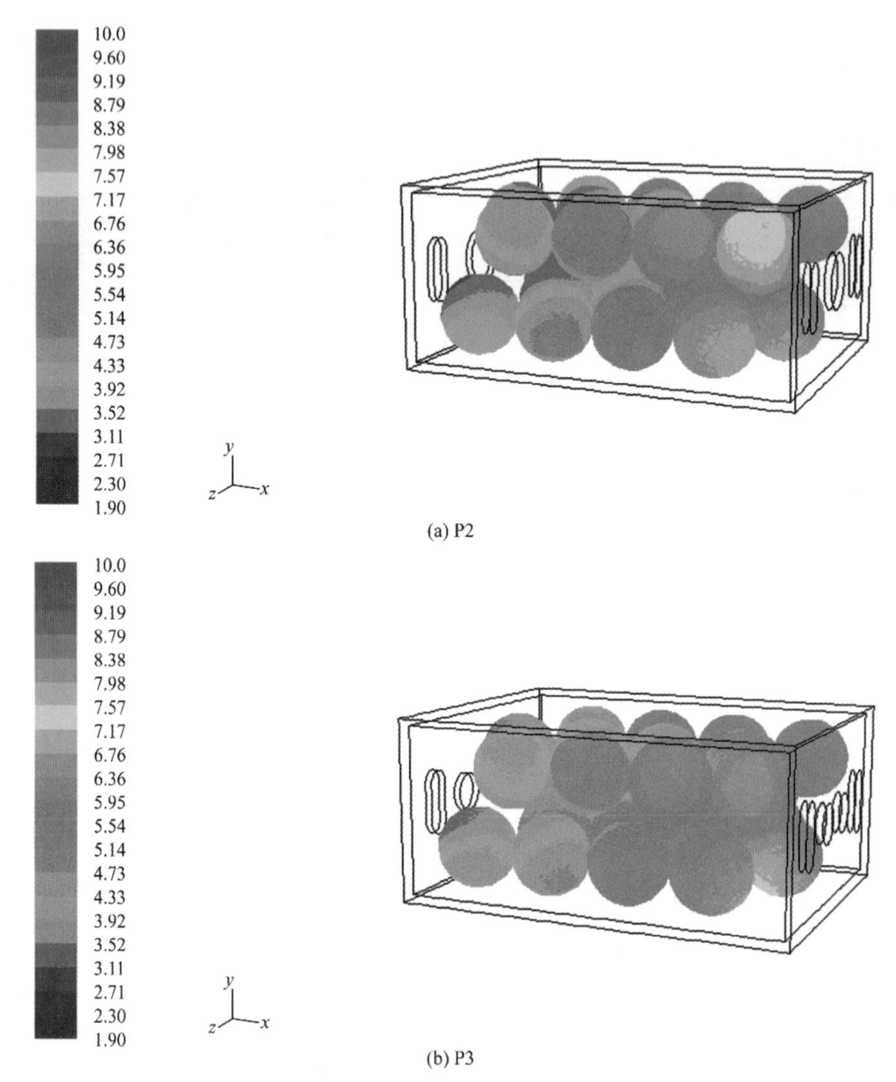

图 8-18　P2 和 P3 开孔组合的整体温度场

（4）由 P4 与 P40、P5 与 P50 及 P6 与 P60 的总体预冷效果及图 8-20 中预冷果品的整体温度场对比分析可得：分散的均布孔更有利于果品的预冷过程，即上部开孔距离包装箱顶部 49mm 时优于 80 mm。后者开孔比较集中，容易使第二层果品产生较大的高温区域，且最高温度波动明显，P4 较 P40 高 1.8℃，P5 较 P50 高 1.4℃，P6 较 P60 高 1℃左右；均匀性方面，P5 与 P50 相差较小，而 P4、P6 的均匀性分别降低 23.8%、15.3%，如图 8-20 所示。

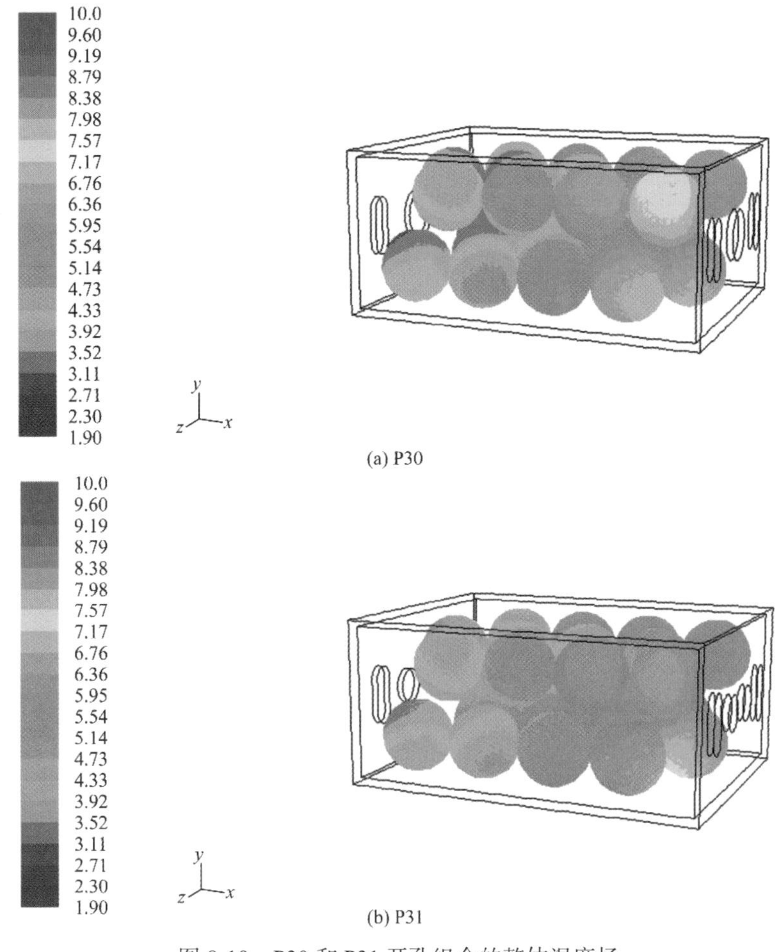

(a) P30

(b) P31

图 8-19　P30 和 P31 开孔组合的整体温度场

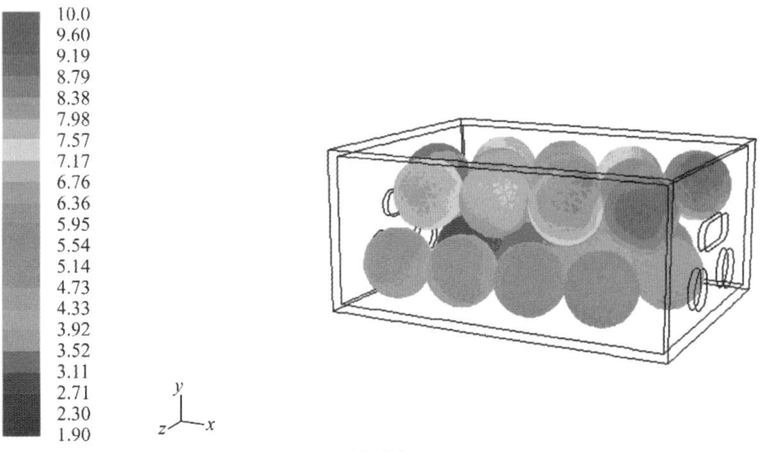

(a) P4

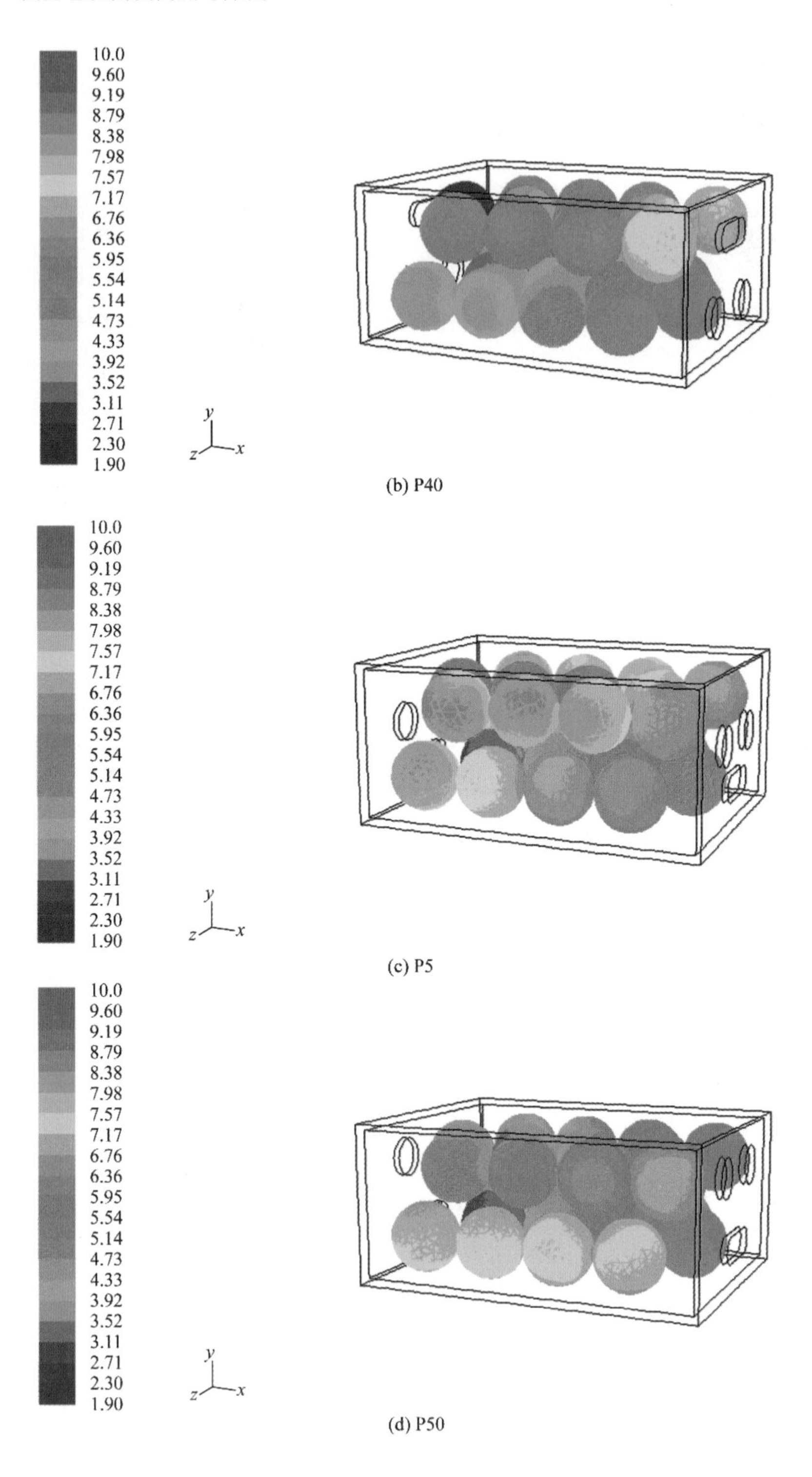

(b) P40

(c) P5

(d) P50

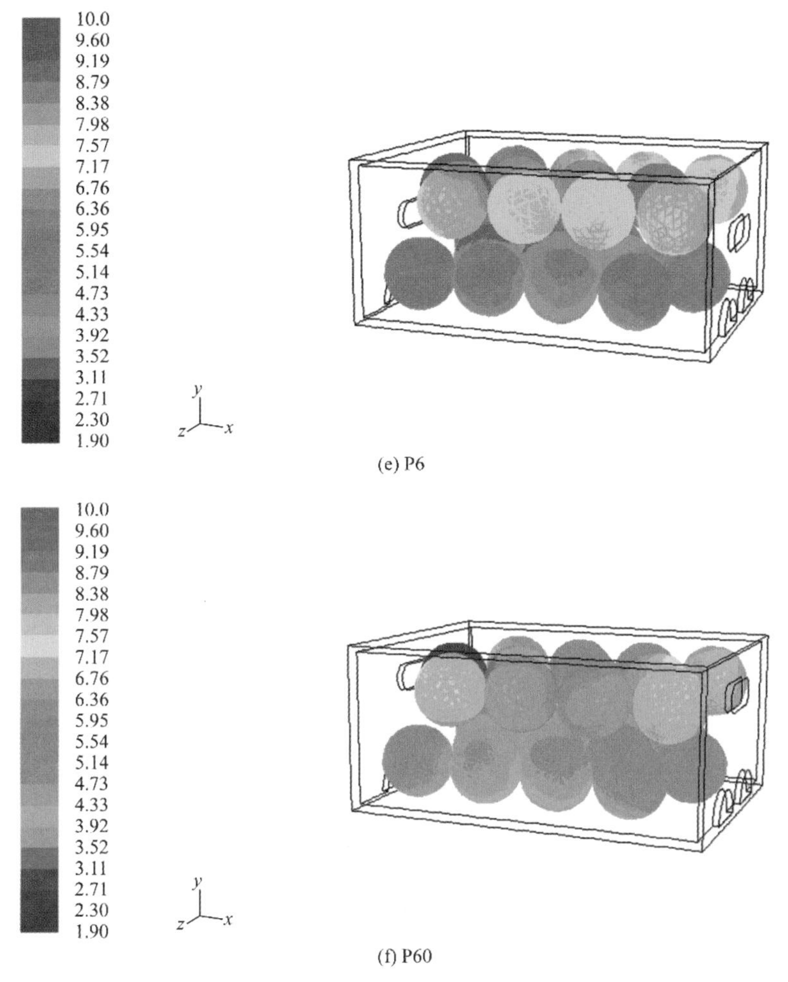

(e) P6

(f) P60

图 8-20 相同组合不同位置开孔的整体温度场

（5）P40 与 P50 的温度响应说明上部设计较多的开孔可有效调节进气量，减小冷却差异，而下部较多的开孔虽然有利于提高冷风的利用率，快速降温，但均匀性较差；P50 最低温度较高，但总体温差小，均匀性比 P40 高 13.1%。开孔面积相当的脊孔能够促进冷风的横向扩散，低温区域变小；P60 较 P40 均匀性提高 3.2%，而 P7 由于第一层靠近箱壁的高温果较多，整体的均匀性略低于 P50；P8 中将 P50 开孔组合中的手提孔剖为两半形成键槽形脊孔，P8 的 σ 值仅为 0.183，均匀性提高 17%，从图 8-21 中可看出，高温区域和低温区域都大大缩减，均匀性因此得到改善。

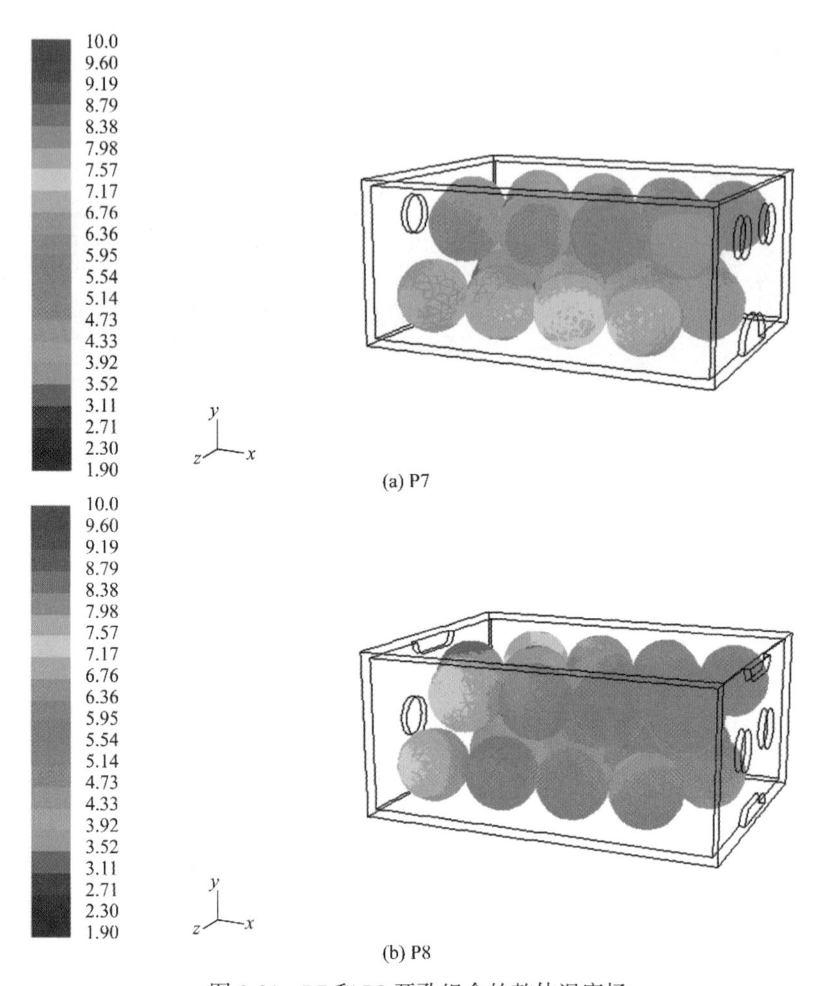

(a) P7

(b) P8

图 8-21　P7 和 P8 开孔组合的整体温度场

综上所述，开孔组合对预冷的影响主要体现在均匀性方面，总体的平均温度相差不大，又由于冷却最慢的果品在一定程度上决定了整箱的预冷时间，因此 P3、P1、P50 开孔设计可作为较优的开孔方式；而 P3 的最高温度 7.6℃，最低温度 4.6℃，温差小，均匀性较 P1 和 P50 开孔分别高 32.4%和 29%，与开孔数目的分析结论相吻合，即 4 个开孔更有利于果品综合预冷效果的提高，另外可采用脊孔来增强冷风的纵向和横向扩散性，调节内部流场，缓和区域温度梯度从而改善预冷均匀性。

8.3.3　包装箱内层装果品的温度场模拟

1. 模拟条件

预冷箱尺寸：400mm×300mm×260mm，厚度为 7mm，两侧各开 3 个孔，衬垫为 376mm×276mm×3mm。球形果品分 3 层在包装箱内作间隔、平方间隔和错位间隔三种方式排列，比较开孔大小、开孔形状和开孔位置对层装果品预冷的影响。送风速度为 1.5m/s，温度为 2℃，果品的初始温度为 26℃，预冷时间为 270min。

2. 开孔设计对层装果品预冷的影响

1）开孔大小

根据开孔的结构设计原则和预冷基本要求得到 3 层果品包装箱的当量开孔直径 $\phi\in(54.62,62.13)$ mm，选择 ϕ=55mm、58mm 和 62mm 的圆形孔探究开孔大小对 3 层层装果品预冷效果的影响，水果在包装箱内作平方间隔排列。预冷结果如图 8-22 所示。

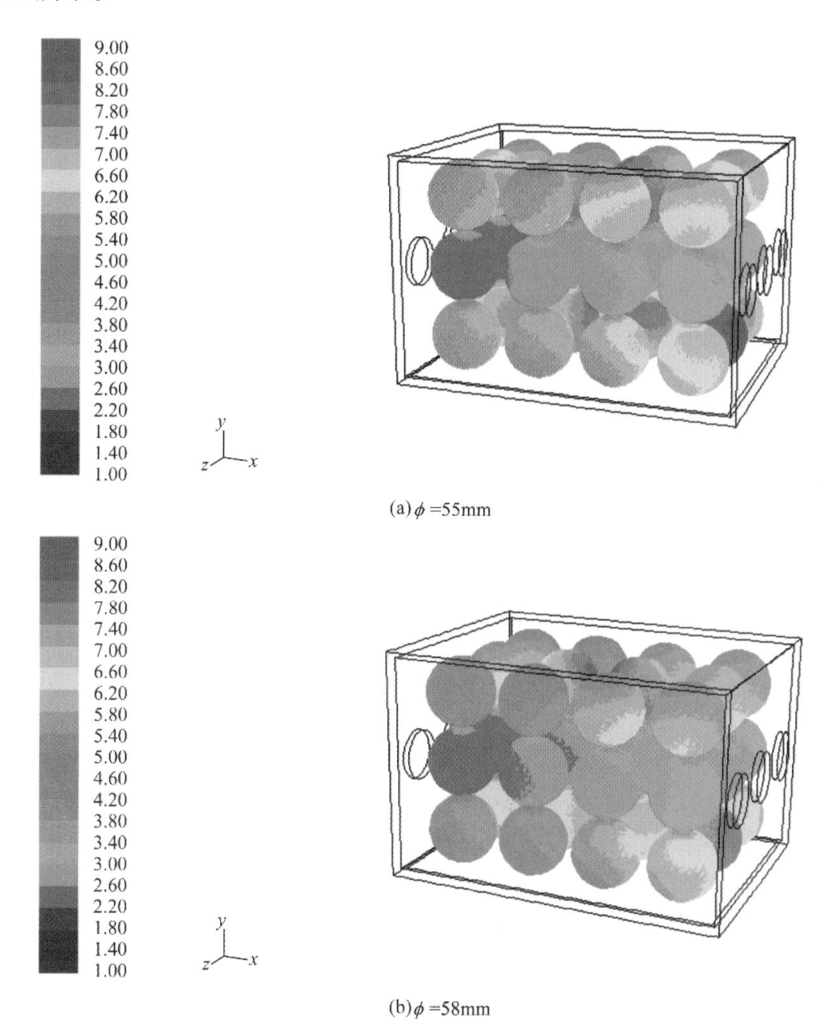

(a) ϕ =55mm

(b) ϕ =58mm

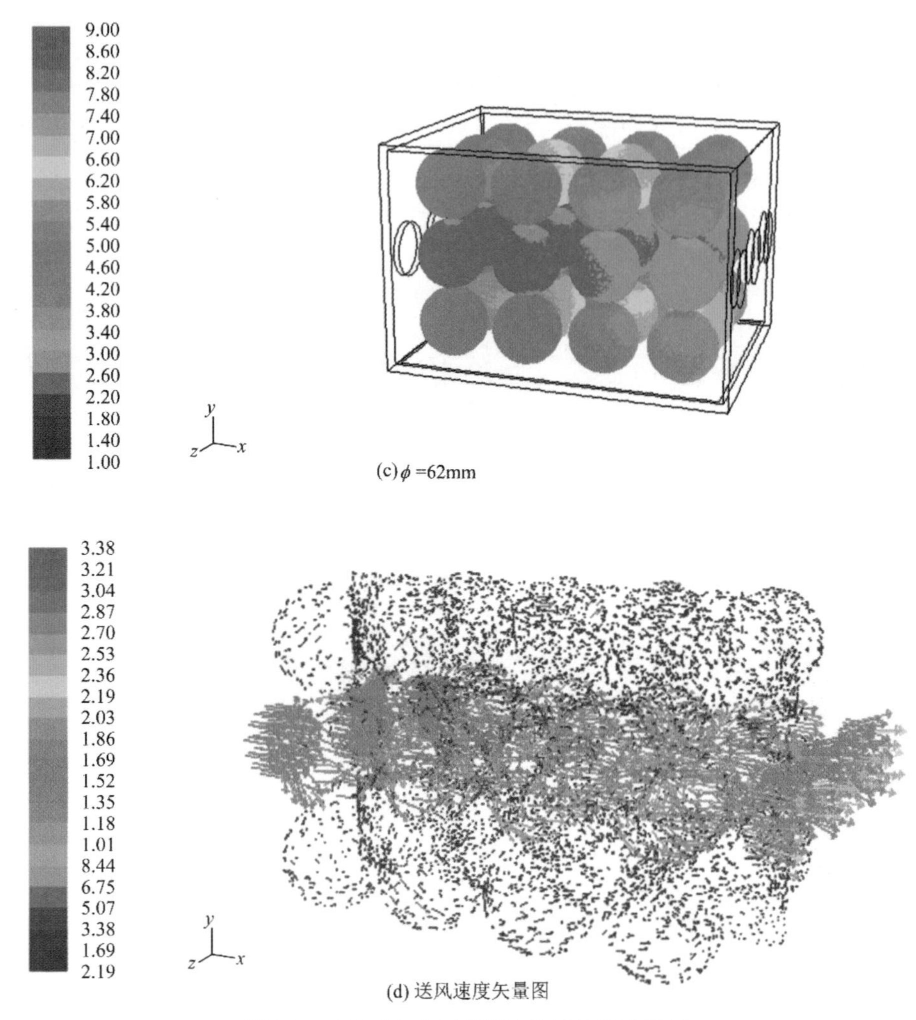

(c) ϕ =62mm

(d) 送风速度矢量图

图 8-22　不同孔径工况的层装果品预冷结果

从层装果品的整体预冷温度场可看出，随着孔径的增大，果品的降温加快；由于开孔集中在侧面中心，中间层的送风因而比较充分，风速大[见图 8-22 中（d）示例 58mm 孔径工况的流场速度矢量图]，冷却显著加快；而上下层的冷风通过衬垫与包装箱之间的间隙流入，有效送风量不及中间层，因而送风速度小，预冷温度高。通过果品的总体预冷效果分析发现：三种孔径工况的预冷均匀性相差不大，最高温度和中心平均温度随孔径的增大而逐渐降低。但预冷效率并非与开孔大小呈正相关关系，当孔径 ϕ 增到 58mm 直至 62mm 时果品的降温响应并没有显著变化，整箱果品的平均温度变化基本重合。因此后续研究开孔形状和位置的影响时选择 ϕ=58mm 作为当量优化孔径。果品总体预冷效果和不同孔径工况整箱平均温度如图 8-23 和图 8-24 所示。

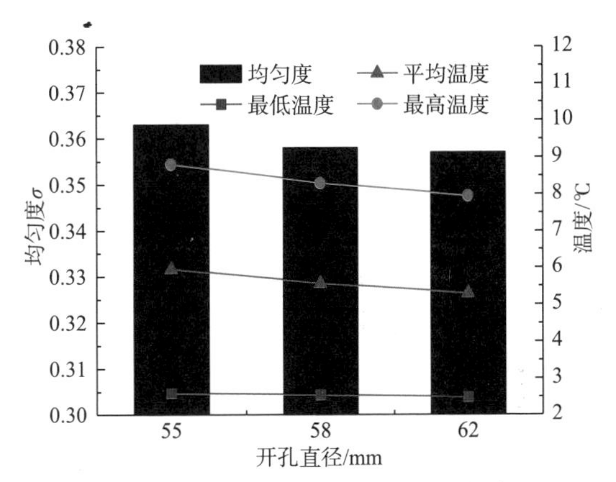

图 8-23　不同孔径的层装果品预冷效果

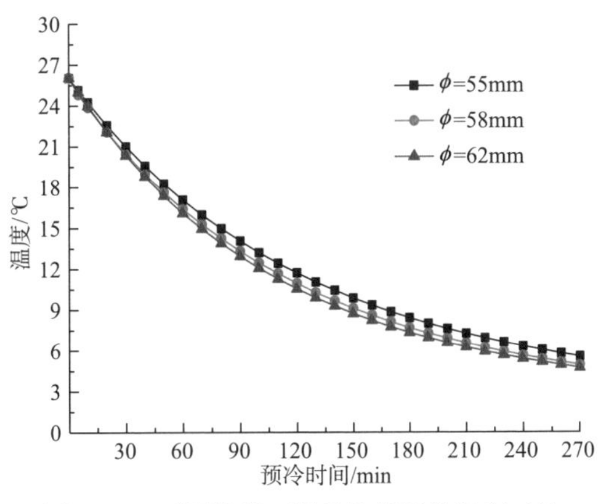

图 8-24　不同孔径工况的整箱平均温度对比

2）开孔形状

当量开孔直径为 58mm，开孔率为 11.2%时，对比分析预冷箱侧面中心横向分布的 3 个相同圆形和键槽形开孔对不同排列层装果品预冷过程的影响，结果如图 8-25 和图 8-26 所示。

从图中可以看出：①间隔排列的层装果品冷却最慢，其中高温果的降温比较突出，圆形孔时间隔排列的最高温度比平方间隔排列的高 1.2℃，比错位间隔的高 0.3℃；而键槽形开孔工况温度响应更大，分别达 1.6℃和 0.7℃。②平方间隔排列的均匀性最好，圆形孔时较间隔排列提高 4.5%，错位间隔提高 14%；键槽形开孔时分别为 6.5%、16.3%。③开孔形状对平方间隔排列层装果品的预冷影响较大，可能是由于纵向分布的键槽形开孔，气流相对扩散，降温快，差异小，平均温度较圆形孔的低 0.5℃，均匀性提高 2%；错位间隔排列时两种孔形的均匀性基本不变，但键槽形开孔的温度较低。因此为了减小果品的层间冷却差异，提高预冷速率，可采用竖直的键槽形开孔增大送风的纵向扩散面来提供更均匀的气流。

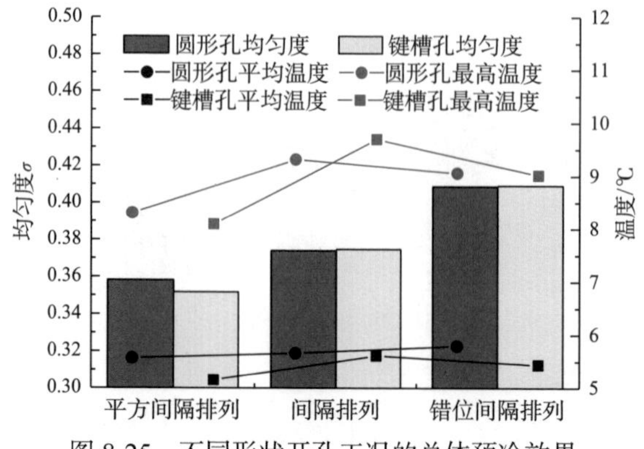

图 8-25 不同形状开孔工况的总体预冷效果

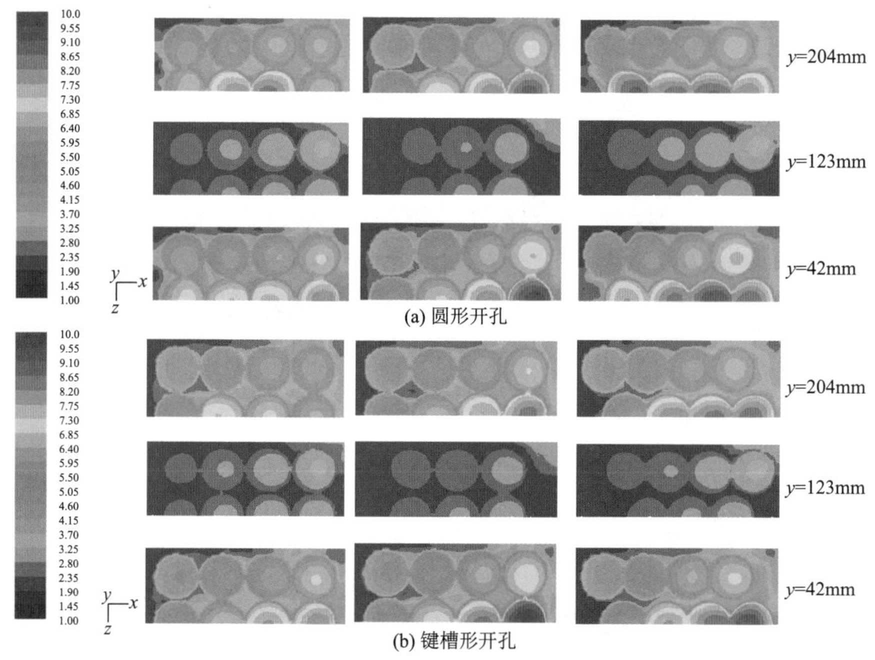

图 8-26 不同形状开孔工况的预冷温度场

3）开孔位置

同两层散装果品的研究一样，三层层装果品也应先对预冷箱侧面上的键槽形手提孔位置 H 进行优化，再分别比较不同分布的圆形和键槽形开孔对层装果品预冷的影响，开孔率均为 11.2%，具体的开孔结构设计见图 8-27。

手提孔的高度 H 分别为 50mm、70mm、90mm、110mm、130mm 时包装箱内错位间隔排列层装果品的总体预冷效果对比表明：在比较接近顶部时果品预冷温度最高，中心最高温度较其余工况高出至少 4℃，平均温度约 1℃，均匀性较差；110mm 时温度差异小，均匀性最好，与 70mm 相比均匀性提高 54.5%，较 90mm

高 7.8%，较 130mm 高 4.2%。因此 H=110mm 最有利于果品的预冷，可作为手提孔的优化开孔位置。不同手提孔位置工况和不同位置圆形、键槽形开孔的预冷效果如图 8-28 和图 8-29 所示。

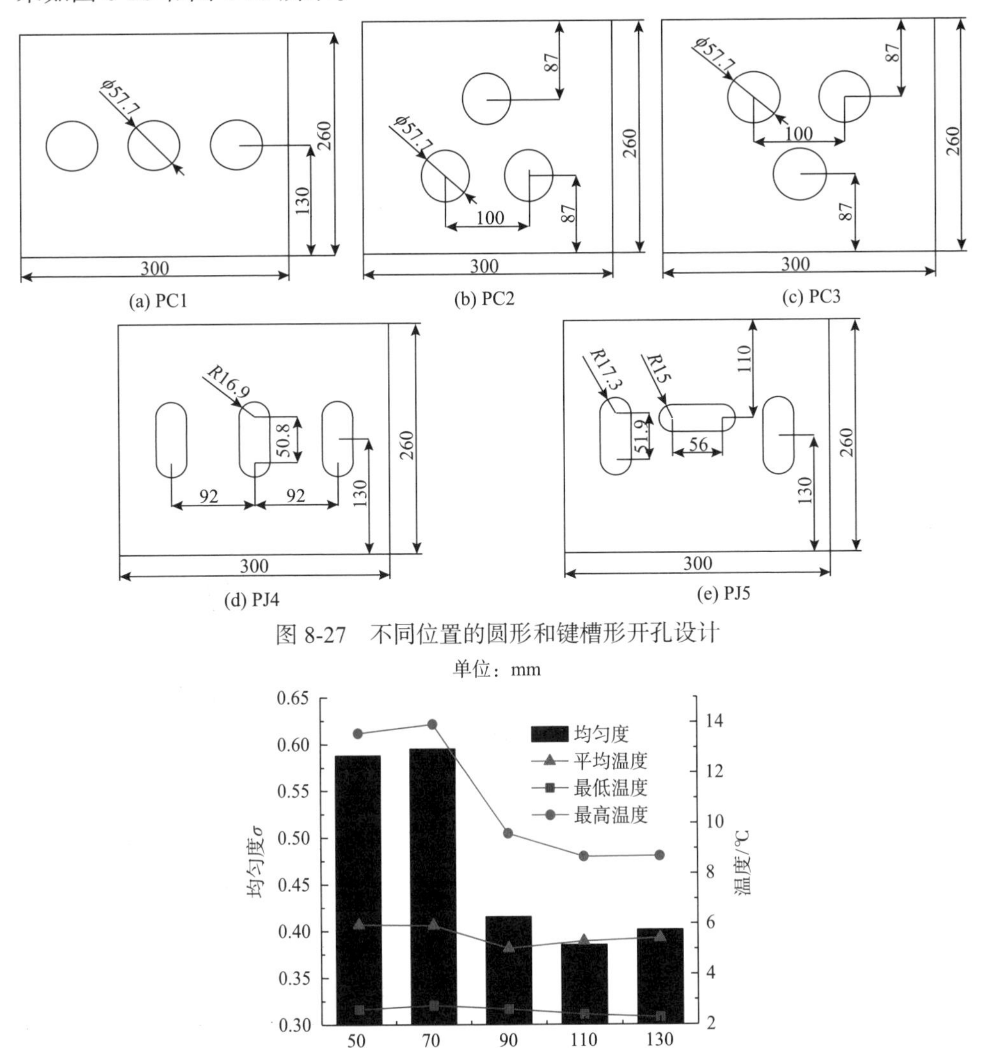

图 8-27　不同位置的圆形和键槽形开孔设计

单位：mm

图 8-28　手提孔不同位置工况的预冷效果

从图中可以看出：①对于圆形开孔，分散布置的 PC2 和 PC3 能大大改善平方间隔排列果品的预冷效果，冷却既快又均匀，PC2 的 σ 只有 0.215，而 PC1 高达 0.358，前者的均匀性较后者提高 66.5%，总体平均温度降低 1.3℃；PC3 存在较高的温度点，导致均匀性比 PC2 低 10%左右。②对于键槽形开孔，PJ4 和 PJ5 工况错位间隔排列果品的总体温度变化基本一致，中心的手提孔增大了开孔的横向扩散面，在一定程度上改善了内部流场，第二、三层果品的温度差异减小，均匀性较 PJ4 提高 6.5%，它们的整体温度场如图 8-30 所示。

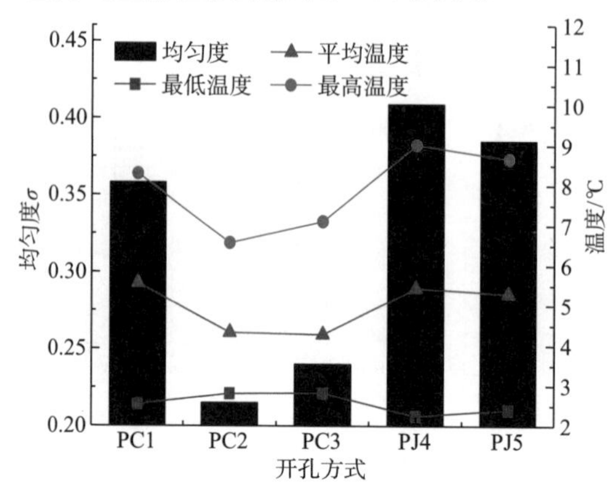

图 8-29　不同位置圆形和键槽形开孔的预冷效果

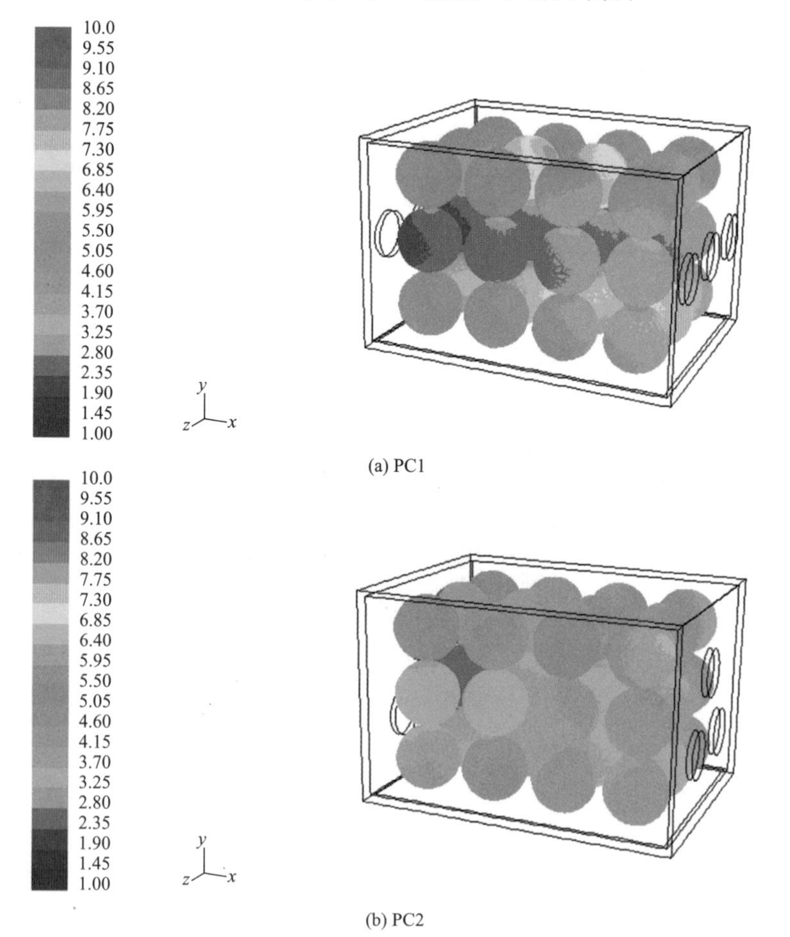

(a) PC1

(b) PC2

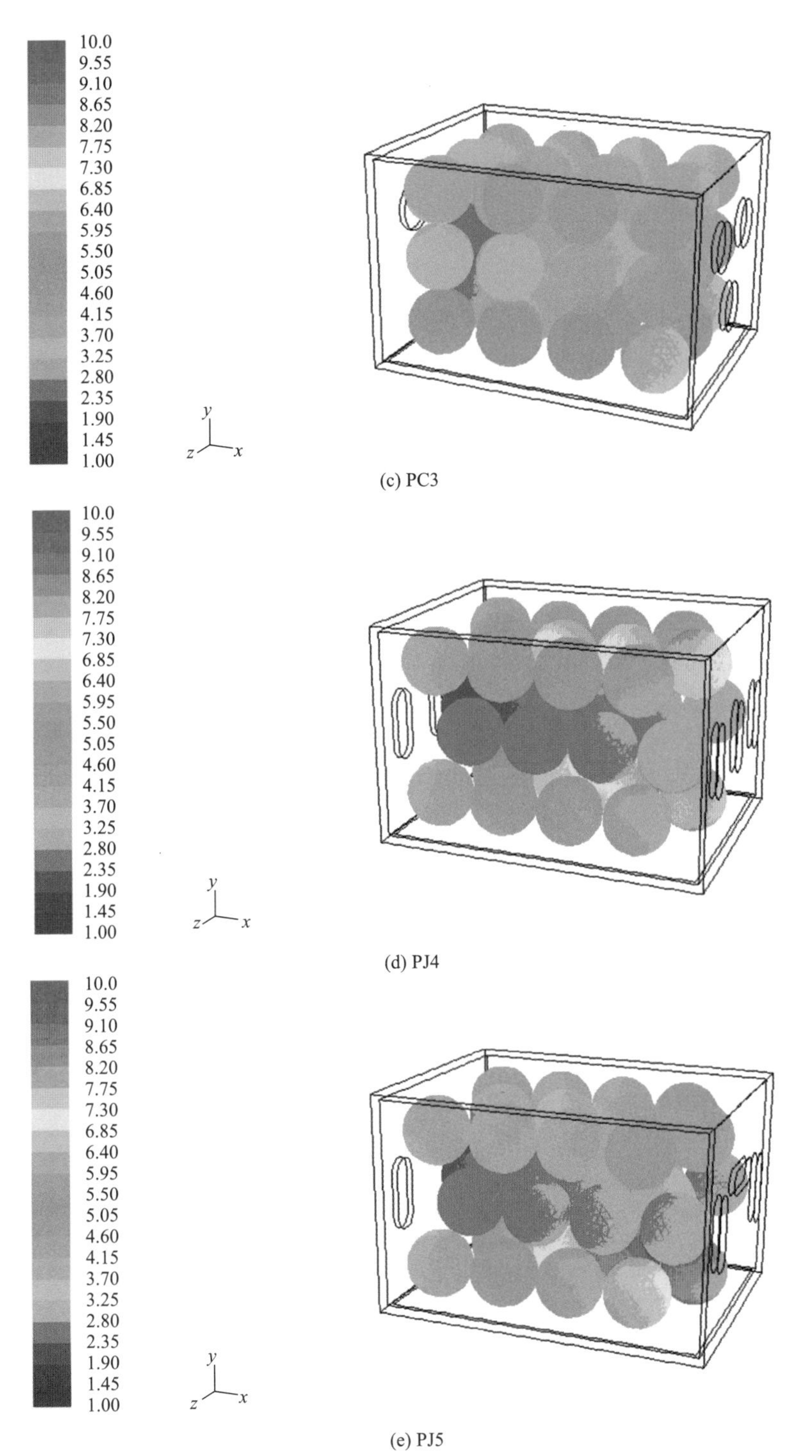

图 8-30　不同位置开孔工况的整体预冷温度场

综合以上分析，开孔设计会对层装果品的预冷过程产生重要影响，存在较优孔径和开孔方式。当开孔面积相同时，通过开孔优化设计实现相对较大的冷风纵向和横向扩散面将在很大程度上提高层装果品的预冷效果，PC2 和 PJ5 开孔工况冷却不但快，而且均匀得多。

8.3.4 预冷果品的降温过程分析

1. 果品预冷过程的降温曲线

在非稳态传热过程中，果品内部的温度会随其位置和时间发生变化，由果品的内部传导热阻与外部对流换热热阻相比得到 B_i（毕奥数），即

$$B_{\mathrm{i}} = \frac{hD_{\mathrm{p}}}{2\lambda_{\mathrm{p}}} \tag{8-20}$$

当 B_i<0.1 时，果品的内部热阻可忽略不计，用牛顿冷却定律求解得到温度变化只与时间有关

$$\frac{T_{\mathrm{c}} - T_{\mathrm{a}}}{T_{\mathrm{p0}} - T_{\mathrm{a}}} = \mathrm{e}^{-kt} \tag{8-21}$$

果品的中心温度与预冷时间呈指数衰减关系，其中 6 个 ϕ=34mm 圆形开孔平方间隔排列工况下部分果品的降温拟合参数见表 8-6。

表 8-6 果品中心的冷却曲线拟合结果（6 个 ϕ=34mm 圆形开孔平方间隔排列工况）

拟合果品		k	j	调整拟合优度（Adj. R^2）
1-2#	拟合值	0.00831	1.14449	0.99929
	标准误差	5.78413×10^{-5}	0.00539	
1-7#	拟合值	0.00781	1.13639	0.99927
	标准误差	5.43496×10^{-5}	0.00518	
2-3#	拟合值	0.00766	1.13467	0.99925
	标准误差	5.36113×10^{-5}	0.00514	
2-6#	拟合值	0.00877	1.14962	0.99939
	标准误差	5.71939×10^{-5}	0.00521	

2. 单体果品的平均温度

预冷过程中果品的表面和中心冷却效果不同，采用平均温度可从整体上把握单

体果品的冷却情况，其值为果品各点温度达到一致时的温度，通过体积平均计算为

$$\overline{T}_{\mathrm{p1}}=\frac{1}{V_{\mathrm{p1}}}\int T_{\mathrm{p}}\mathrm{d}V_{\mathrm{p1}} \tag{8-22}$$

不同特征食品的平均冻结温度可由其表面和中心温度的加权算术平均值表示：

$$\overline{T}_{\mathrm{p1}}=\frac{k_1T_{\mathrm{s}}+k_2T_{\mathrm{c}}}{k_1+k_2} \tag{8-23}$$

式中，k_1、k_2为加权系数。本节考虑果品的潜热热源，基于前述6个ϕ=34mm圆形开孔平方间隔排列工况的温度模拟结果，拟合得到部分果品的加权系数，见表8-7。

表8-7　果品单体的平均温度与中心和表面温度关系拟合结果

拟合果品	k_1	k_2	调整拟合优度（Adj. R^2）
1-3#	2.79312	2.13747	0.99997
1-6#	2.89217	2.07176	0.99996
2-2#	2.9613	2.02577	0.99994
2-7#	2.84785	2.10120	0.99996
半数果品	2.89911	2.06715	0.99995

8.4　差压预冷下果品包装箱内温度场模拟的试验验证

8.4.1　试验方案

采用的差压预冷试验台由三部分组成：制冷系统、控制系统及测试系统，其中主要部件如图8-31所示。

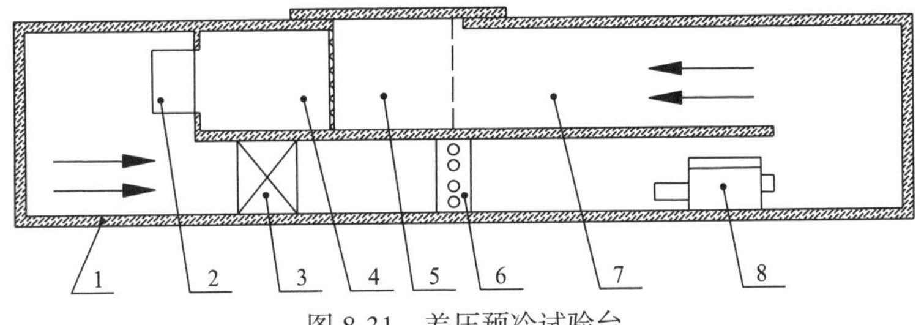

图8-31　差压预冷试验台

1. 保温层 2. 差压风机 3. 蒸发器 4. 静压箱 5. 预冷箱 6. 加热器 7. 稳流通道 8. 加湿器

苹果的预冷试验均采用1.5m/s、2℃的送风。为了减小试验样品的初始差异，预冷前将苹果及包装材料放入焓差试验室（温度26℃、90%RH）中处理24h。

（1）两层散装苹果的预冷：采用 400mm×300mm×180mm 的双层加固型瓦楞纸箱，厚 7mm。24 个苹果分上下两层均布在预冷箱内，预冷 210min。开孔大小的影响以平方间隔排列，直径为 34mm 和 36mm 的 6 个均布圆形孔验证；开孔形状的影响以错位间隔排列，开孔率为 11.5%的 6 个均布圆形、椭圆形、键槽形和方形四种孔形工况做比较；开孔数目的影响以平方间隔排列，开孔率同为 11.5%不同数目的圆形和键槽形开孔分别做比较；开孔组合及位置的验证选择模拟对应的 P1、P3、P40 和 P50 开孔工况，苹果在包装箱内错位间隔排列。

（2）三层层装苹果的预冷：采用 400mm×300mm×260mm 的包装箱，376mm×276mm 的单瓦楞纸板衬垫，厚 3mm。苹果在预冷箱内分三层以衬垫隔开按一定的方式排列，开孔率为 11.2%，预冷 270min。此部分增加 3 个键槽形开孔时果品在包装箱内做间隔、平方间隔和错位间隔三种排列工况的对比分析；开孔形状选择错位间隔排列，3 个相同的中心分布圆形和键槽形开孔做比较；开孔位置的影响以模拟对应的 PC1 与 PC2（平方间隔排列，3 个圆形孔）、PJ4 与 PJ5（错位间隔排列，3 个键槽形孔）工况分别做验证。

（3）测点布置。为了调控送风参数，试验时将风速探头固定在风道内靠近冷风进口处，同时布置两根热电偶测定进口的风温。测量苹果的中心温度和表面温度，三层层装苹果的间隔排列工况增加整箱中心位置 2-5#苹果的迎风 $r/2$、背风 $r/2$ 及表面的温度测量。

8.4.2 散装苹果试验结果分析

1. 开孔大小的影响

当包装箱侧面上均布 6 个相同的圆形孔时，比较 34mm 和 36mm 两种孔径工况下平方间隔排列苹果的降温过程，如图 8-32 所示。

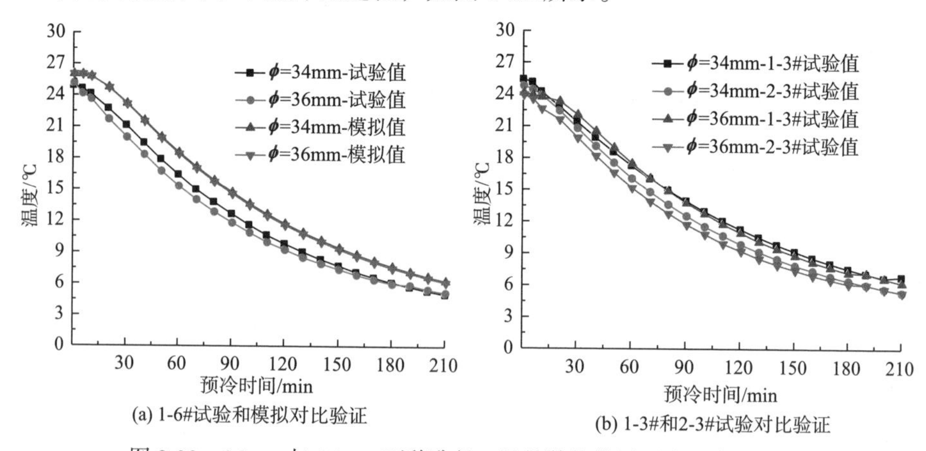

(a) 1-6#试验和模拟对比验证

(b) 1-3#和2-3#试验对比验证

图 8-32　34mm 与 36mm 两种孔径工况的散装苹果预冷的降温过程

从图 8-32（a）中两种孔径工况下 1-6#中心降温对比可看出，试验得到的苹果中心降温趋势与模拟值基本一致，最大相差 3.2℃，且试验值偏小，这可能是由送风的波动及果品的初始温度较低引起的。图 8-32（b）中 1-3#和 2-3#的试验结果对比说明，苹果的预冷存在层间差异，不同层相同位置苹果的温度响应不同；34mm 和 36mm 孔径的 1-3#、2-3#和 1-6#中心温度很接近，考虑包装箱强度，选择 34mm 为优化孔径，即开孔率为 11.5%。

2. 开孔形状的影响

开孔率为 11.5%，包装箱侧面上均布 6 个完全相同的孔。比较圆形、椭圆形、键槽形和方形四种不同形状开孔的预冷箱内错位间隔排列散装苹果的降温过程，其中 1-3#、2-6#苹果的温度变化如图 8-33 所示。

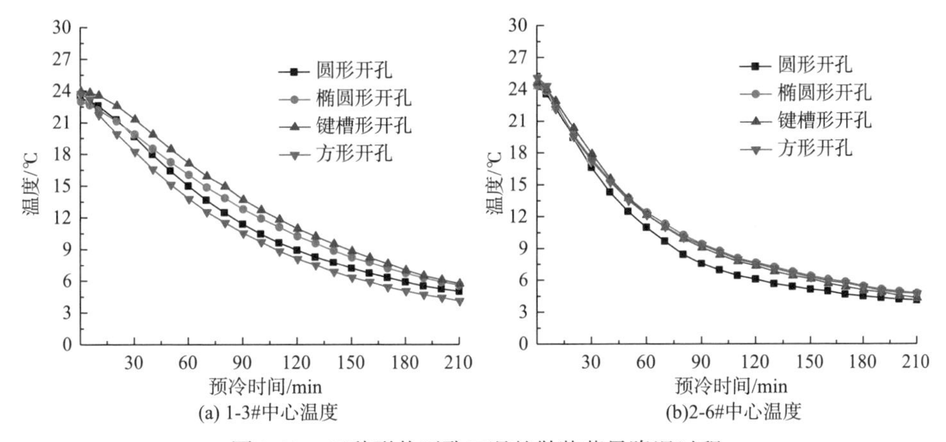

图 8-33　四种形状开孔工况的散装苹果降温过程

开孔形状对苹果的预冷有一定影响。1-3#苹果的降温差异较明显，方形孔工况温度最低，圆形孔次之，键槽形开孔最慢；对于 2-6#苹果而言，圆形开孔工况降温较快，温度最低。由于开孔直接影响冷风的扩散，错位间隔排列时，内部气流紊乱，方形孔横向扩散力强，调节了气流组织，而圆形开孔本身的阻力小，所以降温快。

3. 开孔数目的影响

不同数目的圆形孔试验验证结果如图 8-34 所示。1-6#苹果的中心降温趋势与模拟结果一致，其中 N5 和 N6 开孔工况的冷却曲线较接近，而 N4 开孔工况的温度变化较快。试验数据更明显地体现了这一点，预冷 210min 后 N4 开孔工况的 1-6#苹果的中心温度为 3.1℃，比另外两种开孔工况低 2℃左右。因此 4 个均匀分布的圆形开孔可作为较优的开孔设计参照。

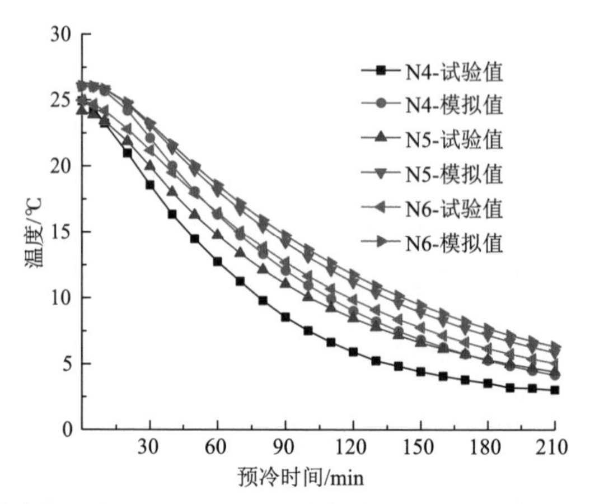

图 8-34 圆形孔数目为 4、5、6 工况下散装苹果 1-6#中心降温的试验对比验证

8.4.3 层装苹果的试验结果分析

1. 果品排列方式的影响

果品以不同的方式在预冷箱内排列会形成不同的孔隙空间，送风气流的通道也就不一样，进而对内部果品的预冷过程产生影响。开孔方式相同时（均为模拟中 PC1 开孔工况，见图 3-30），平方间隔、间隔、错位间隔三种排列工况下层装苹果的降温过程对比如图 8-35 所示。从图中可看出，平方间隔和间隔排列时上下两层果品的位置分布相同，但由于间隔排列中间层只有 9 个苹果，本身热负荷小，且空隙率大，送风较充分，该工况下苹果的中心温度略低；错位间隔排列时孔隙分布不均匀，气流紊乱，送风阻力大，导致预冷温度较高；试验与模拟得到的冷却曲线基本接近，吻合较好。

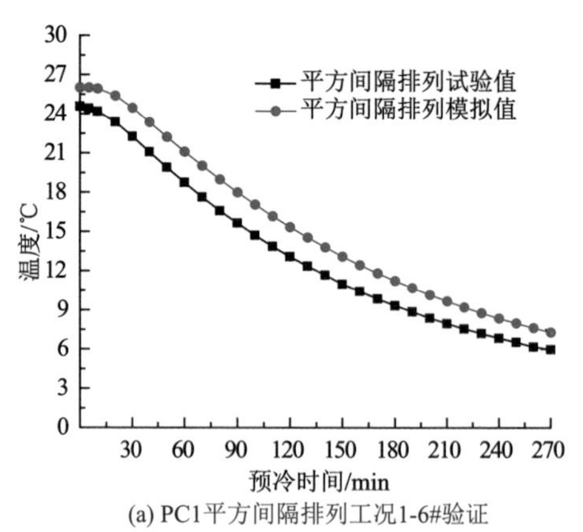

(a) PC1平方间隔排列工况1-6#验证

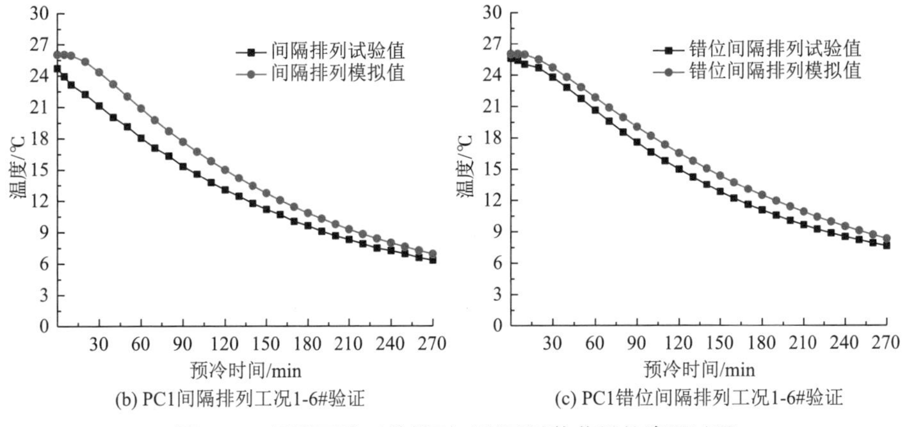

(b) PC1间隔排列工况1-6#验证　(c) PC1错位间隔排列工况1-6#验证

图 8-35　圆形开孔三种排列工况下层装苹果的降温过程

2. 开孔形状的影响

开孔率为 11.2%，包装箱侧面上中心横向分布 3 个完全相同的开孔，比较圆形和竖直键槽形开孔（与 PC1、PJ4 模拟工况对应）对错位间隔排列的层装苹果预冷过程的影响，其中 1-6#、2-3#、3-6#苹果的中心温度变化如图 8-36 所示。错位间隔排列时第一层和第三层果品的位置分布相同，降温差异小。图中 1-6#、3-6#苹果的冷却曲线很接近，而 2-3#虽然离送风进口较远，但中间层的开孔覆盖面相对较大，果品周围的有效冷风充分，降温快很多，预冷结束时 2-3#苹果的中心温度比 1-6#低 6.5℃左右。由于竖直的键槽形开孔纵向兼顾更多水果，第一层和第三层的送风量增大，预冷加快，PJ4 开孔工况的 1-6#和 3-6#苹果的中心温度因而有所降低，试验测试与数值计算结果基本吻合。

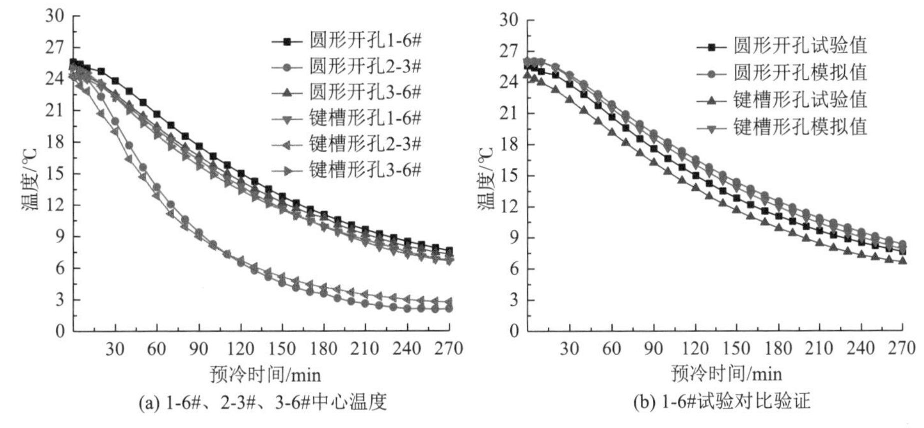

(a) 1-6#、2-3#、3-6#中心温度　(b) 1-6#试验对比验证

图 8-36　圆形和键槽形开孔工况下（PC1、PJ4）层装苹果的降温过程

3. 开孔位置的影响

开孔位置的影响选择圆形（PC1 与 PC2）和键槽形开孔（PJ4 与 PJ5）做对比验证，开孔数目均为 3，开孔率同为 11.2%，苹果在预冷箱内分别作平方间隔排列和错位间隔排列，试验结果如图 8-37 所示。苹果的中心降温曲线与模拟结果趋于一致，由于试验时环境气温较低，预冷开始时样品温度即低于处理温度，导致较大的试验误差，但随后误差逐渐减小。

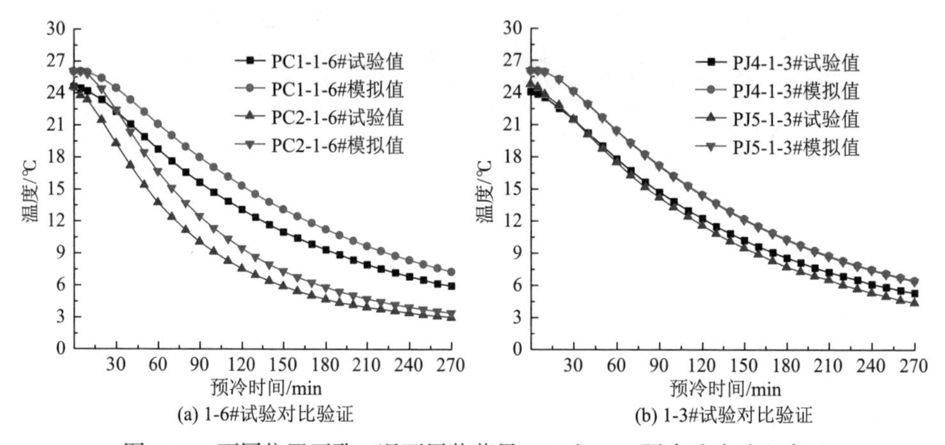

图 8-37 不同位置开孔工况下层装苹果 1-6#和 1-3#预冷试验对比验证

参考文献

[1] 陈秀勤, 卢立新. 集合包装水果的差压预冷研究进展[J]. 包装工程, 2014, 35(1): 141-147.

[2] van der Sman R G M. Prediction of airflow through a vented box by the Darcy-Forchheimer-Brinkman equation[J]. Journal of Food Engineering, 2002, 55(1): 49-57.

[3] Ferrua M J, Singh R P. Modeling the forced-air cooling process of fresh strawberry packages. Part Ⅰ: Numerical model [J]. International Journal of Refrigeration, 2009, 32(2): 335-348.

[4] Zou Q, Opara L U, McKibbin R. A CFD modeling system for airflow and heat transfer in ventilated packaging for fresh foods: Ⅰ. initial analysis and development of mathematical models[J]. Journal of Food Engineering, 2006, 77(4): 1037-1047.

[5] Ferrua M J, Singh R P. A nonintrusive flow measurement technique to validate the simulated laminar fluid flow in a packed container with vented walls[J]. International Journal of Refrigeration, 2008, 31(2): 242-255.

[6] Dehghannya J, Ngadi M, Vigneault C. Mathematical modeling procedures for airflow, heat and mass transfer during forced convection cooling of produce: a review[J]. Food Engineering Reviews, 2010, 2(4): 227-243.

[7] 王强, 陈焕新, 董德发, 等. 黄金梨差压通风预冷数值分析与实验验证[J]. 农业工程学报, 2008, 24(8): 262-266.

[8] 孟志锋, 沈五雄, 向红, 等. 小型包装箱内龙眼果实预冷过程数值模拟研究[J]. 食品科学, 2010, 31(12): 288-292.

[9] 刘凤珍. 草莓差压通风预冷过程中影响参数的研究[J]. 制冷学报, 2001, (4): 49-53.

[10] de Castro L R, Vigneault C, Cortez L A B. Effect of container openings and airflow on energy required for forced air cooling of horticultural produce[J]. Canadian Biosystems Engineering, 2005, 47: 31-39.

[11] de Castro L R, Vigneault C, Cortez L A B. Cooling performance of horticultural produce in containers with peripheral openings[J]. Postharvest Biology and Technology, 2005, 38(3): 254-261.

[12] Dehghannya J, Ngadi M, Vigneaultc. Transport phenomena modelling during produce cooling for optimal package design: thermal sensitivity analysis[J]. Biosystems Engineering, 2012, 111(3): 315-324.

[13] Opara L U, Zou Q. Sensitivity analysis of a CFD modeling system for airflow and heat transfer of fresh food packaging: inlet air flow velocity and inside-package configurations[J]. International Journal of Food Engineering, 2007, 3(5): 2031-2045.

[14] 陈秀勤. 强制空冷下果品包装箱内温度场模拟分析及结构优化[D]. 无锡: 江南大学, 2014.

[15] Lu L X, Chen X Q, Wang J. Modelling and thermal analysis of tray-layered fruits inside ventilated packages during forced-air precooling[J]. Packaging Technology and Science, 2016, 29(2): 105-119.

第 9 章

食品包装货架期预测基础

包装以最经济环保的方式向市场运送安全、符合卫生标准、吸引消费者的食品。由于监管要求和消费者的需求，销售包装食品须清楚地标明货架期，同时食品包装货架期为食品售卖和物流周转提供依据。

目前世界范围内关于食品货架期的定义还未有统一的表述。食品科学与技术协会（Institute of Food Science and Technology，IFST）认为食品货架期应包括三个方面：①安全；②保持较好的感官特性与物理、化学、微生物及功能特性；③在推荐的贮存条件下食品营养指标与包装标签指示一致。我国《食品安全国家标准预包装食品标签通则》（GB 7718—2011）中定义的食品货架期是指在标签指明的贮存条件下，保持食品质量（品质）的期限，在此期限内，食品完全适于销售，并保持标签中不必说明或已经说明的特有品质。

对于一个包装食品来说，包装的形式、材料、工艺等因素对食品品质变化有着显著的影响，包装在延长食品的货架期方面起到了重要作用，不同的包装对食品货架期的影响不尽相同，食品包装货架期将包装因子对货架期的影响考虑在内，为食品包装设计提供理论依据。

本章对食品包装货架期预测技术基础进行总结，从包装因子对货架期产生的影响、货架期的评估过程、货架期模型建立及加速试验等进行阐述。

9.1 包装对食品货架期的作用与影响

9.1.1 包装对食品货架期的影响

总体上，包装保质的主要作用是调节、限制储运环境对所包装食品作用的影响。被包装物、包装和储运环境构成体系及相互作用已在图 1-1 中说明。

在储运环境可控情况下，食品货架期在很大程度上由包装性能决定，几乎无一例外，食品货架期的最大化依赖于包装的成功。如图 9-1 所示，未包装处理的食品随着储运时间的延长，从初始品质 I_0 迅速降低到安全品质阈值 $I_{\lim}$，到达货

架期终点 t_{sl}^{f}；而进行包装处理的食品，由于包装对食品的保护作用，食品品质降低速度变缓，到达货架期终点的时间延长至 t_{sl}。

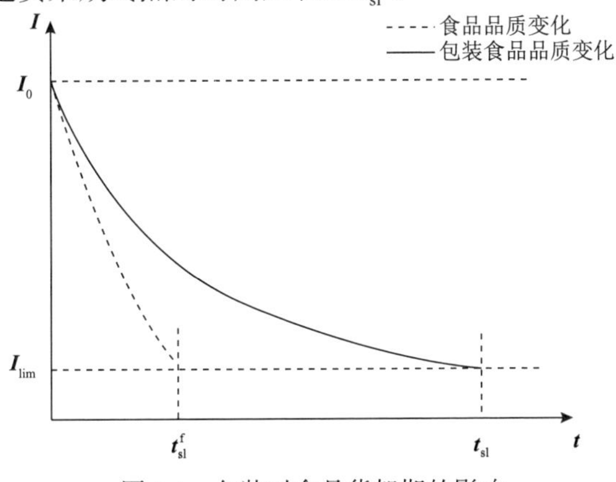

图 9-1　包装对食品货架期的影响

9.1.2　影响食品包装货架期的主要因素

影响食品包装货架期的因素有很多，总体上可分为内在因素和外在因素。内在因素是产品本身的属性；外在因素包括包装工艺及性能、储运环境，以及内外因素之间的相互作用。产品的敏感性和包装材料的保护功能之间的配合，直接影响着包装货架期。

1. 食品属性

食品是一个多元、活跃的复杂体系，食品属性是决定其货架期的内在因素，主要受原材料类型和质量、产品的组分和结构的影响。内在因素主要包括以下几种。

（1）成分浓度。
（2）水分活性。
（3）pH 和酸度、酸的类型。
（4）营养素。
（5）溶解氧含量。
（6）氧化还原电位。
（7）天然微生物群及存活的微生物数量。
（8）产品的生物化学物质（酶、化学反应物）。
（9）使用的防腐剂、抗氧化剂等。

2. 包装性能

影响食品包装货架期的包装因素主要包括以下几种。

（1）包装材料渗透性（气体及光照等）。
（2）包装材料/制品的热阻。
（3）包装制品密封性。
（4）包装工艺选择。
（5）包装内顶空（初始气氛）。
（6）包装材料中物质迁移。
（7）包装内吸附/释放系统等。

3. 储运环境条件

储运环境因素主要包括以下几种。
（1）温度。
（2）相对湿度。
（3）气压及气体成分。
（4）光照、辐照。
（5）振动冲击、堆码。
（6）特殊工况（盐雾等）。

4. 储运环境-包装-食品传质传热

环境、包装和食品之间的传质传热过程是一个动态过程，在这个过程中，重点关注环境因素对包装材料、食品性能及其三者之间传质传热过程的影响。主要包括以下几种。
（1）包装内外的气体、热量的传递。
（2）环境因素对包装材料渗透、制品密封等性能的影响。
（3）环境因素对包装材料迁移、吸附的影响。
（4）包装材料与食品的相互作用。
（5）包装顶空与食品的相互作用等。

9.2 食品包装货架期评估过程

食品在包装内受到物理、化学和微生物等因素的共同作用，品质逐渐发生变化，产生腐败、变质以及不良气味等现象，直至货架期终点。不同的包装对食品货架期的影响不尽相同，通过检测食品初始品质指标，将包装因素对货架期的影响考虑在内，集成所监测的环境历程，可实现食品包装货架期的预测。

食品包装货架期的整体评估流程如图 9-2 所示。一般而言，货架期研究可分为三步。第一步是对食品品质关键指标、影响食品品质变化的包装工艺关键指标进行评估，找出影响食品品质和包装性能的关键因素。第二步是在评估产品监控、储运流通销售条件的基础上对样品进行集中试验，按照变质周期可分为实际条件试验和加速试验，按试验目的分为动力学检测和生存分析检测。若包装食品变质周期可在短期内或允许的周期内测得，则可选择实际试验条件进行测试以保证精准度；若包装食品变质周期不可在短期内测得，则选择通过改变温度、相对湿度、光照等环境加速因子对包装食品进行加速试验。第三步是根据试验数据建立动力学或概率模型，最后估计或预测食品包装货架期。

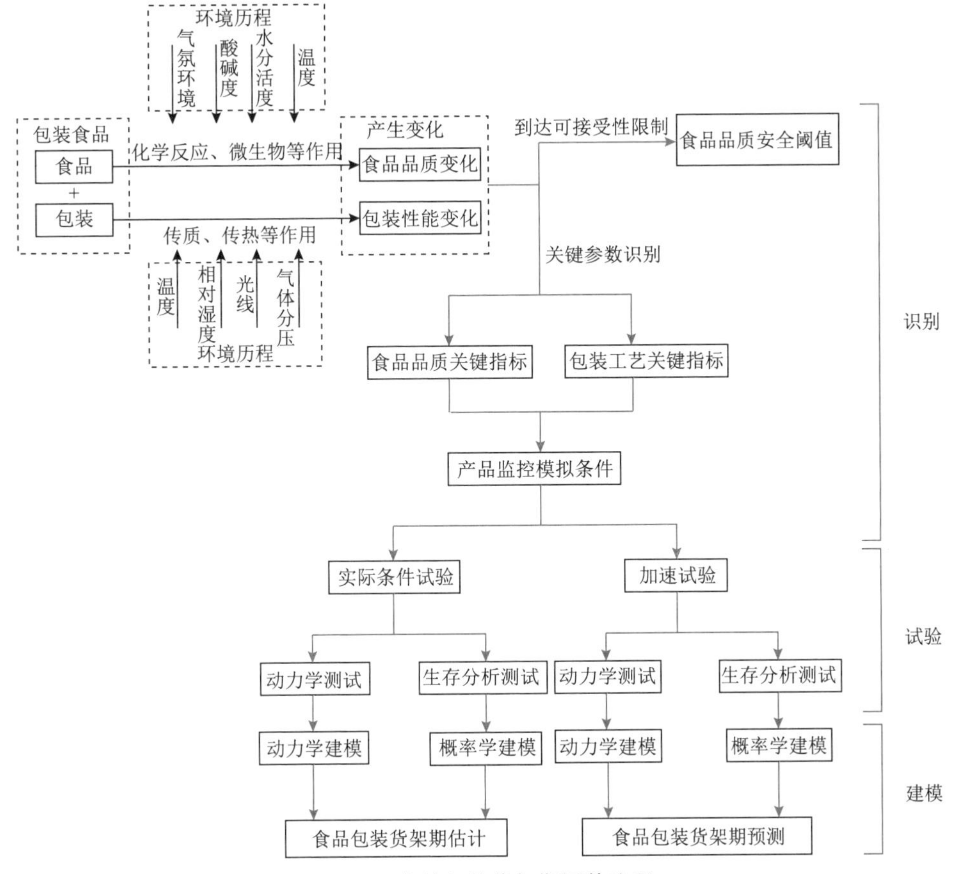

图 9-2　食品包装货架期评估流程

需要特别指出的是，包装材料与制品相关性能和储运环境条件密切相关，故需要特别关注试验因素对包装材料与制品相关性能的影响，特别是在加速试验条件下，否则可能导致食品相关指标试验数据的偏差，影响货架期估算预测准确性。

9.2.1 识别评估指标

货架期评估过程的第一步是识别代表食品品质的指标和品质指标的影响因素。食品生产后随着时间的推移，其品质不断下降。食品品质（或关键品质）指标的变化可用关于储存时间 t 的函数来描述，例如，通过监测食品中营养物质的损失或通过测定颜色、氧化状态和微生物变化等来表征食品品质。食品的品质指标 I 与储存时间 t 的数学描述可表示为

$$I = F\left(t,\alpha\right) \tag{9-1}$$

式中，F——食品品质指标与储存时间的函数关系；

α——函数 F 特征参数。

此时，若已知品质指标 I 的安全阈值 I_{lim}，则可利用该公式反求出对应该品质指标的货架期。

$$t_{\text{sl}} = F^{-1}\left(I_{\text{lim}},\alpha\right) \tag{9-2}$$

式中，t_{sl}——食品包装货架期；

I_{lim}——食品品质指标阈值。

货架期是食品自身属性、加工、包装和储存条件综合影响的结果。包装食品进入储运销售环节后，由于产品特性、包装性能和环境条件间相互作用，产品品质特性发生改变。总体上，其动力学方程可表示为

$$\alpha = G\left(C_i,P_i,E_i\right) \tag{9-3}$$

式中，C_i——加工食品固有特性，包括生物、化学、物理性质等内在变量；

P_i——影响食品货架期的包装因子；

E_i——储运环境变量，即储运销售过程中影响食品品质的变量。

综合式（9-2）和式（9-3），可获得食品包装货架期的综合模型。

$$t_{\text{sl}} = F^{-1}\left[I_{\text{lim}},G\left(C_i,P_i,E_i\right)\right] \tag{9-4}$$

由此可见，对一个货架期寿命的准确评估，需要考虑特征因素（C_i，P_i，E_i）及其交互作用，如果仅仅考虑某些因素而忽视其他因素与其交互的作用，往往不能准确评估货架期。

食品关键品质指标主要包括两种，第一种是不考虑食品品质变化过程中所发生的具体物理化学变化，将食品品质变化过程作为“黑匣”，仅通过数据相关性分析食品所经历的环境历程与食品整体品质变化之间的关系，此类方法的优点在于

直接建模，系统误差较少，但所构建模型的通用性差，适用范围通常有限。第二种是基于物理、化学、微生物学或消费者感官评价的相关原理研究其变化规律，选择有代表性的、关键的食品品质指标，进而代表食品品质的整体变化规律，实现货架期预测。这种指标一般又可以分为两类：一是基于消费者感官评分判断食品品质的指标，如颜色、气味、味道、口感等指标[1]；二是具有相关品质、安全规定的理化指标，如含水率、酸价、过氧化值、特定腐败菌或菌落总数等。

然而关于食品关键品质指标的确定，鉴于食品品种、加工工艺不同，无法用一个通用的指标涵盖所有食品的品质，相关产品标准规定了一些可以通用的品质指标阈值，而更多的阈值规定来自企业，企业根据已方公司对该产品品质的标准来确定阈值。

9.2.2　选择试验种类

试验是处理产品实际发生和试验数据收集的步骤，即存储条件、食品配方和包装已经被选定的前提下，检测不同时间点的食品关键指标值，在进行试验前，需要根据货架期预计时间等参考数据详细设计试验步骤和精度。通常情况下，试验可以分为在实际或加速条件下进行。

实际条件试验是指模拟包装食品在实际储运销售过程的相关环境条件，进行的食品品质变化试验，只适用于品质指标在短期内衰减的食品，保持试验的温度、相对湿度和光照等环境条件与实际值一致，对品质指标进行一系列检测。

当在实际的存储条件下食品品质衰减比较缓慢时，或预估的包装货架期周期较长时，则进行货架期加速试验（accelerated shelf-life test，ASLT）。通过改变环境条件（加速因子），使食品的品质发生迅速衰减，计算评估基于加速因子试验环境下的食品货架期。实施 ASLT 的基本前提如下。

（1）食品配方和包装材料已确定。

（2）环境变量（加速因子）为加速食品质量显著下降的主要因素。

（3）环境变量与品质特征参数存在显著相关性。在加速试验中，环境变量是唯一自动加速造成食品的品质衰减的变量。

在确定使用哪种试验后，根据试验的目的进行动力学检测和生存分析检测。两种检测在概念上类似，但试验设计不同，收集的试验数据也不同。动力学检测的目的是利用数学变量来监测食品品质指标随时间的变化并寻求其函数关系，其检测对象可以是单一的，并不需要大量的试验样品。

而实际情况下，即使是同类食品之间也有差异，不可能在相同的时间点到达货架期终点，每个样品进行动力学检测的品质动力学函数也不会完全一样，为此需要设计针对普遍样品的生存分析检测。生存分析检测的目的是检测大规模试验样品在一段时间内的合格率，由于需要大批量的试验样品，其试验计划往往比动力学检测更周全，存活率随时间的变化函数并不连续，其数据应足够符合概率分布的设计数量，以便之后进行数学建模。

9.2.3　数据建模

动力学建模是基于当食品从制造商向消费者移动过程中食品质量不断下降的假设。基本前提是需要确定一个或多个关键指标来指示食品品质随存储时间的推移而衰变，一般采用经典动力学或经验方程建模。建模的详细过程在 9.3 节详细介绍。

基于生存分析的建模过程通常分为两个步骤。第一步，根据判断标准（感官、物理、化学、微生物）来区分可接受的食品品质和不可接受的食品品质界限。第二步，通过数据分析找到随时间的推移食品存活的概率函数。在生存分析检测中收集的试验数据由于存在不连续的性质，可利用 Kaplan-Meierck-M 法或指数、Weibull 分布、对数正态等概率分布模型对数据进行建模。

在实际存储条件下进行测试时，货架期建模的类型（动力学或生存分析）取决于所选择的食品品质指标是否具有连续性。如果关键指标是可测得连续性品质指标，则建议采用动力学建模。而在生存分析的情况下，关键指标是食品的变质概率，是非连续的指标，则考虑用概率模型的方式建模。

9.3　食品包装货架期预测模型

关于食品货架期预测的相关研究发展迅速，畜产品、水产品、果蔬等食品类别均有涉及，研究方法相对多样，环境因素正逐步由单一因素发展到多因素综合分析。

判定包装货架期终点的关键指标目前主要包括以下几种。

（1）食品的相关物理、化学变化的指标，如含水率、维生素含量、过氧化值等。

（2）特征微生物数量、菌落总数的变化。

（3）感官指标，借助检测设备、感官评定人员或消费者给出的评价数据。

关键指标值可能参考国家标准或行业标准、相关文献，也可能是制造商或相关评定人员给出的评价数据。关键指标存在不确定性和人为因素，因此关键指标不同，预测的货架期可能存在差异，对应的数学模型也不同。本节阐述适用于食品单品质指标和多品质指标的包装货架期预测模型。

9.3.1 单品质（变质）指标的包装货架期预测模型建立

在货架期研究中，获得食品多指标下的货架期预测模型往往是非常困难的，为此，基于单品质（变质）指标的包装货架期预测通常会被开发者首先考虑与采用。该方法采用一个指标来反映食品品质，该指标变量受时间、环境、包装等因素的影响发生变化并逐渐达到阈值。根据不同变质原理，基本可利用物理吸附、化学、微生物生长等动力学描述。一些模型对应的适用指标见表 9-1。

表 9-1　单品质指标对应的货架期模型实例

原理	模型	适用指标	特点
化学动力学	一级、二级	理化指标	形式简单，适用性比较强，温度的影响通常与 Arrhenius 方程结合使用
微生物生长动力学	一级、二级、三级	菌落总数、特定腐败菌	更接近食品品质变化的本质，除温度外，还考虑水分活度、pH 等因素

1. 基于化学动力学的货架期预测模型

基于化学动力学预测方法为出发点的食品品质指标的变化大多数是由化学反应引起的，其变化速率会受到环境因素的影响，如温度、相对湿度和气体环境等。该建模方法最早可溯源到 Labuza 等[2]所提出的“食品品质变化规律通常符合零级或一级反应”。基于该理论，品质指标的变化可描述为

$$\frac{\mathrm{d}I}{\mathrm{d}t} = -kI^n \tag{9-5}$$

式中，I——t 时刻品质指标值；

k——动力学反应常数；

n——反应级数。

当 $n=0$ 或 1 时，分别为零级、一级反应动力学模型。其中

零级反应：

$$I = I_0 - kt \tag{9-6}$$

一级反应：

$$I = I_0 \mathrm{e}^{-kt} \tag{9-7}$$

式中，I_0——品质指标初始值。

化学动力学的品质指标变化速率常数普遍受温度的影响，一般可应用

Arrhenius 方程来描述。

$$k = A\mathrm{e}^{\frac{-E_a}{RT}} \tag{9-8}$$

式中，A——指前因子或称为阿伦尼乌斯常数；

E_a——反应活化能（kJ/mol）；

R——摩尔气体常量[kJ/(mol·K)]；

T——热力学温度（K）。

结合式（9-5）和式（9-8）可获得基于温度影响的食品品质指标变化动力学模型。

$$F(I) = \int_{I_0}^{I} -I^{-n}\mathrm{d}I = \int_0^t A\mathrm{e}^{-\frac{E_a}{RT(t)}}\mathrm{d}t \tag{9-9}$$

$F(I)$为品质指标 I 的函数，依据所选指标阈值，可进行食品包装货架期预测。不同反应级数下的货架期模型见表 9-2。

表 9-2　不同反应级数的货架期模型

反应级数	动力学模型	货架期模型
0	$I = I_0 - kt$	$t_{sl} = \frac{I_0 - I_{sl}}{k}$
1	$\ln I = \ln I_0 - kt$	$t_{sl} = \frac{\ln I_0 - \ln I_{sl}}{k}$
2	$\frac{1}{I} = \frac{1}{I_0} - kt$	$t_{sl} = \frac{\frac{1}{I_0} - \frac{1}{I_{sl}}}{k}$
>2	$\frac{1}{I^{n-1}} = \frac{1}{I_0^{\ n-1}} - kt$	$t_{sl} = \frac{\frac{1}{I_0^{\ n-1}} - \frac{1}{I_{sl}^{\ n-1}}}{k}$

2. 基于微生物生长动力学的货架期预测模型

对于易腐败食品，微生物生命活动是食品变质的主要原因。因此，可通过食品经历不同环境后微生物的生长状况，构建合适的模型来描述微生物生长规律，实现货架期的预测。

Whiting 和 Buchanan[3]将微生物生长动力学模型分为一级模型、二级模型和三级模型。其中，一级模型通常用于描述一定生长条件下微生物数量变化与时间的关系；二级模型描述环境因子（温度、pH、水分活度等）的变化对一级模型中参数的影响；三级模型主要指建立在一级和二级模型基础上的应用程序软件。表 9-3 列出了目前主要应用的微生物生长的动力学模型。

表 9-3　微生物生长的预测模型

一级模型	二级模型	三级模型
Gomperta 函数	Belehradek 模型	
修正的 Gomperta 函数	Ratkowsk 模型	Combase 模型
Whiting 和 Cygnrowicz 生长模型	Arrhenius 模型	MRV（microbial response viewer）模型
Baranyi 模型	修正的 Arrhenius 模型概率模型	Sym Previus 模型
改进的 Monod 模型	多项式或响应模型	Growth predictor 模型
Logistic 模型	Williams-Landel Ferry	PMP（Pathogen modelling program）模型
三阶段线性模型	表面模型	

3. 基于统计学的货架期预测模型

在实际情况中，一些食品并不能仅通过确定的物理、化学或微生物指标变化来建立货架期预测模型，而是需通过对消费者的问卷调查或评价打分，按一定评价规则来确定该食品货架期。此时，需以消费者的接受程度为判定标准，划分食品在不同时刻的合格占比，以食品的失效占比等为关键指标，应用统计学的相关模型推测其货架期。

1）概率密度函数 $f(t)$

在食品包装研究中，通过消费者调查可获得食品不同储存时间的人群认可度，拒绝表示该消费者认为该食品过期、无法使用或不能购买。

概率密度函数表示的是不同时刻与食品被消费者拒绝事件发生概率的关系函数，而货架期的概率密度函数通常是指概率密度离散点的集合，这些离散点代表某时刻下拒绝人数占调查总人数的百分比，当离散点足够多时，可以找到相应的函数模型描述其离散点，即概率密度函数。

2）分布函数 $W(t)$

若货架期的概率密度函数 $f(t)$ 为连续函数，分布函数则可用于描述概率密度函数 $f(t)$ 的累积值随时间变化的关系。

$$W(t)=\int_0^t f(t)\mathrm{d}t \tag{9-10}$$

分布函数往往是研究食品包装货架期更为关注的，根据消费者对食品的接受率，可以通过分布函数确定产品货架期。

3）生存函数 $S(t)$

生存函数（survival function），也称为残存函数或可靠性函数，是一种表示一系列事件的随机变量函数，通常用于表示一些基于时间的系统失败或死亡概率。其追踪了系统基于特定时间（时刻）意义的生存分析概率问题，表达式为

$$S(t_{sl}) = P(t > t_{sl}) = 1 - P(t \leqslant t_{sl}) \tag{9-11}$$

式中，$P(t > t_{sl})$——大于货架期 t_{sl} 时刻仍然生存的概率。

4）危险率函数 $h(t)$

对于食品而言，危险率函数表示某种产品的货架期在大于某日或某月后发生突然截止的可能性。危险率函数 $h(t)$、概率密度函数 $f(t)$ 和生存函数 $S(t)$ 关系为

$$h(t) = \frac{f(t)}{1 - W(t)} = \frac{f(t)}{S(t)} \tag{9-12}$$

5）累积危险率函数 $H(t)$

累积危险率函数也称为累积损坏函数、累积失效率函数，是对危险率函数 $h(t)$ 的积分，与分布函数的关系为

$$H(t) = \int_0^t h(t)\mathrm{d}t = -\ln\left[1 - W(t)\right] \tag{9-13}$$

6）常见分布函数及货架期模型

不同的食品失效率随时间变化的规律不同，实际建模时，首先根据试验数据找到合适的失效率分布模型，即概率分布函数 $W(t)$，之后根据消费者的可接受程度占比，规定产品失效率 p 后，利用分布函数反推出相应的货架期。常见的分布函数及货架期模型如下。

（1）指数分布（$\theta>0$）：

$$\begin{cases} F(t;\theta,\gamma) = 1 - \exp\left(-\dfrac{t-\gamma}{\theta}\right)(t > \gamma) \\ t_{sl} = \gamma - \theta\ln(1-p) \end{cases} \tag{9-14}$$

（2）正态分布（μ，$\sigma^2 > 0$）：

$$\begin{cases} F(t;\mu,\sigma) = \varphi\left(-\dfrac{t-\mu}{\sigma}\right)(t > 0) \\ t_{sl} = \mu + \sigma\varphi^{-1}(p) \end{cases} \tag{9-15}$$

（3）极小值分布：

$$\begin{cases} F(t;\mu,\sigma)=\varphi_{\text{sev}}\left(-\dfrac{t-\mu}{\sigma}\right) \\ t_{\text{sl}}=\mu+\sigma\varphi_{\text{sev}}^{-1}(p) \end{cases} \tag{9-16}$$

式中，$\varphi_{\text{sev}}^{-1}(p)=\ln[-\ln(1-p)]$。

（4）威布尔分布（尺寸参数$\alpha>0$，形状参数$\beta>0$）。

威布尔（Weibull）分布是工程可靠性方面应用最广的一种分布，可模拟多种数据和寿命特征。Gacula 等[4]将 Weibull 分布应用于货架期的研究，发现试验数据与其模型有很好的拟合度。通常，Weibull 分布是由两个参数（形状和规模）决定的。图 9-3 描述了基于三种不同形状参数下的三种 Weibull 分布的生存函数曲线。

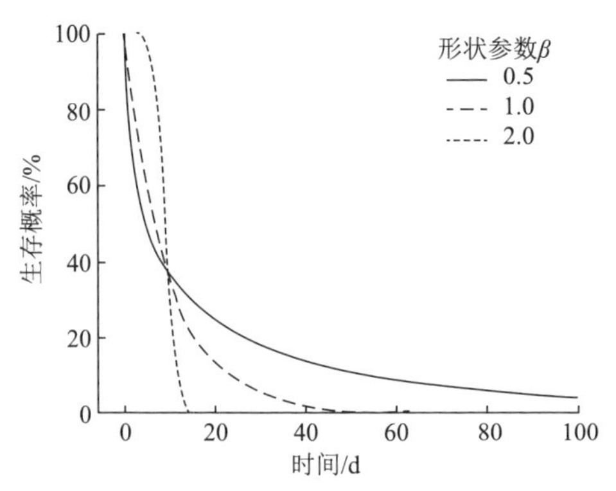

图 9-3　基于三种不同形状参数的 Weibull 分布的生存曲线

Weibull 分布是一种连续性概率分布，作为预测模型其形状是变化的，概率密度函数为

$$f(t;\alpha,\beta)=\frac{\beta}{\alpha^{\beta}}t^{\beta-1}\cdot \mathrm{e}^{-\left(\frac{t}{\alpha}\right)^{\beta}},t\geqslant 0 \tag{9-17}$$

Weibull 累积分布函数$F(t)$和货架期t_{sl}为

$$\begin{cases} F(t;\alpha,\beta)=1-\exp\left[-\left(\dfrac{t}{\alpha}\right)^{\beta}\right],t\geqslant 0 \\ t_{\text{sl}}=\alpha[-\ln(1-p)]^{1/\beta} \end{cases} \tag{9-18}$$

通过恒温存储试验获得的数据拟合可得到尺度参数α_1、形状参数β，从而获得相应温度下的食品货架期。

基于 Weibull 模型的食品包装研究通常以感官评价为基础，评价人员的主观性在一定程度上限制了其应用。

9.3.2 多品质（变质）指标的包装货架期预测模型建立

通常多品质指标的包装货架期预测模型更符合实际情况。实际中多数食品的货架期不能由单品质指标决定，而须同时满足多个指标，这些指标中，有的属于理化指标或微生物指标，存在相关阈值的规定，有的属于模糊的感官指标，需要依据大量的消费者评价来得到其阈值，如何统一和协调多个品质指标，建立能够代表多个指标的综合货架期预测模型，目前主要有以下方法。

1. 基于主成分分析构建综合评价指标的食品包装货架期预测模型

为了尽可能地全面反映被评价食品的品质情况，人们总是希望选取的评价指标越多越好，但是，过多的评价指标不仅会增加评价工作量，还会因评价指标间的相关联系造成评价信息的相互重叠、相互干扰，从而难以客观地反映被评价食品的品质，因此，多品质指标货架期的预测采用少数几个彼此不相关的新指标代替原来为数较多的彼此有一定相关性的指标，同时又能尽可能地反映原来指标的信息量，目前许多学者利用主成分分析法对货架期的多个评价指标进行综合构建，得到的综合指标能够有代表性地评价食品品质。

假设多种单品质指标为 x_1、x_2、x_3、x_4、x_5、x_6，利用主成分分析，将不同时间的 6 个指标数值重新处理，生成的 6 个主成分综合指标 Y_1、Y_2、Y_3、Y_4、Y_5、Y_6，这 6 个综合指标均是 6 个单品质指标的线性组合，即

$$\begin{cases} Y_1 = A_1x_1 + B_1x_2 + C_1x_3 + D_1x_4 + E_1x_5 + F_1x_6（\text{贡献率}R_1\%） \\ Y_2 = A_2x_1 + B_2x_2 + C_2x_3 + D_2x_4 + E_2x_5 + F_2x_6（\text{贡献率}R_2\%） \\ Y_3 = A_3x_1 + B_3x_2 + C_3x_3 + D_3x_4 + E_3x_5 + F_3x_6（\text{贡献率}R_3\%） \\ \qquad\qquad\qquad\qquad \vdots \end{cases} \tag{9-19}$$

分析 6 个主成分综合指标的特征根贡献率，取贡献率最大的一项 Y_1 或两项 Y_1、Y_2，再利用零级或多级动力学模型对贡献率最大的主成分与对应时间进行回归拟合，得到综合品质指标与时间的关系模型。

$$Y_1 = F(t) \tag{9-20}$$

推算货架期时，根据消费者对该食品可接受程度找到该食品单一指标的阈值，结合式（9-19）得到消费者可接受的综合指标阈值，继而根据式（9-20）反推出货架期。

一些研究利用主成分分析法对低脂牛奶[5]、番茄[6]和鲜切生菜[7]等食品进行了多品质货架期预测。

2. 基于 BP 神经网络的食品包装货架期预测模型

BP 神经网络近年来在食品包装预测领域应用日益增多[8]。研究表明，基于 BP 神经网络的食品包装预测具有一定优势，主要表现为：①不需要事先确定品质指标变化规律，可以减少系统误差；②BP 神经网络的自学习功能可在应用中不断提高预测模型的准确性，可对非线性指标参数进行收敛，根据实时更新的数据，调整隐含层的权值系数分配，动态修正货架期；③BP 神经网络模型能更准确地预测温度波动条件下的货架期。

但 BP 神经网络的应用也有一定的局限性：一方面，BP 神经网络的应用通常需对评价数据进行训练，训练时间可能比较长；另一方面，关于隐含层的层数和节点数当前并没有可靠的理论指导，一般基于经验和试验数据分析来确定。

参考文献

[1] Dermesonlouoglou E D, Giannakourou M C, Taoukis P S. Shelf-life prediction and management of frozen strawberries with time temperature integrators (TTI)[J]. Royal Society of Chemistry, 2005, 21: 459-472.

[2] Labuza T P, Shapero M, Kamman J. Prediction of nutrient losses[J]. Journal of Food Processing & Preservation, 1978, 2(2): 91-99.

[3] Whiting R C, Buchanan R L. Development of a quantitative risk assessment model for *Salmonella enteritidis* in pasteurized liquid egg[J]. International Journal of Food Microbiology, 1997, 36(2): 111-125.

[4] Gacula M C, Singh J. Statistical Methods in Food and Consumer Research[M]. Salt Lake: Academic press, 1984.

[5] Richards M, de Kock H L, Buys E M. Multivariate accelerated shelf-life test of low fat UHT milk[J]. International Dairy Journal, 2014, 36(1): 38-45.

[6] André M K P, Márcia M C F. Multivariate accelerated shelf-life testing: a novel approach for determining the shelf-life of foods[J]. Journal of Chemometrics, 2006, 20(1-2): 76-83.

[7] Derossi A, Mastrandrea L, Amodio M L, et al. Application of multivariate accelerated test for the shelf life estimation of fresh-cut lettuce[J]. Journal of Food Engineering, 2016, 169: 122-130.

[8] 潘治利, 黄忠民, 王娜, 等. BP 神经网络结合有效积温预测速冻水饺变温冷藏货架期[J]. 农业工程学报, 2012, 28(22): 276-281.

第 10 章

基于水分活度控制的食品包装货架期

影响消费者对干性食品、湿度敏感产品的可接受性的关键因素之一就是它们的水分含量（水分活度），同时水分含量（水分活度）增加将加速食品氧化、微生物生长等，为此采用包装以抑制包装食品水分含量的变化成为必然。

食品防潮包装是指按照货架期的要求，采用具有一定水蒸气隔绝能力的材料对食品进行包装，减缓外界相对湿度变化对产品质量的影响，同时使包装内的相对湿度满足食品的要求，使食品的质量在货架期内保持理想状态。防潮包装的原理是根据流通环境的条件和食品特性，选择合适的防潮包装材料及其结构，防止或者限制包装内外水蒸气交换，以达到食品防潮的目的。

目前市场上谷物类、烘焙类等食品种类日益繁多，食品开发者不断推出新型的食品来满足人们日益增长的需求，如夹心类食品、蛋黄派、半加工比萨及中式点心等。干性食品对水蒸气比较敏感，对防潮包装提出较高的要求。而新型的多组分食品则更加复杂,组成多组分食品的各种组分具有不同的含水率或水分活度，经常会发生组分间的水分迁移,造成一种组分或多种组分的质地和口感发生变化，影响整个多组分食品品质及货架期。

多年来单组分食品防潮包装货架期预测是研究的重点，多组分食品防潮包装货架期的预测目前研究报道比较有限。相比于单组分食品仅考虑外界水分透过包装对产品的影响，多组分食品的水分扩散需要考虑更多的因素，不仅外界环境的水分会透过包装进入内部，食品多组分之间也会因为存在水分活度梯度而发生水分扩散。此外，食品组分、结构及环境温度都会对水分扩散产生显著的影响，而这些因素都是多组分食品防潮包装货架期预测需要考虑的重要因素。多组分食品的不断推出使得多组分食品防潮包装货架期预测越来越重要。

本章论述了食品水分吸附相关特性的研究现状，建立了不同组分和结构的食品水分扩散模型，对单组分食品渗透包装、双组分食品渗透包装、双组分食品非渗透包装的不同接触形式及多组分食品（“2+1”结构、“3+2”结构）渗透包装和非渗透包装分别进行了防潮包装的货架期预测，并结合有限元技术求解结果进行相关验证。

10.1　食品水分吸附特性

许多食品的品质（化学、生物和物理）退化都与食品中的水分含量、水分扩散及其扩散速度有关。因此研究水分在食品中的扩散和吸附理论，建立相应的模型，对食品防潮包装货架期研究具有十分重要的意义。

10.1.1　食品水分吸附等温线研究

1. 食品水分吸附等温线及分类

食品的水分吸附等温线（moisture sorption isotherm）描述的是在恒定温度和压力条件下，食品的水分活度（water activity，a_w）和平衡含水率之间的热力学关系，可预测食品的化学和物理稳定性，分析不同食品中非水分组分与水结合能力的强弱，为预测产品质量和货架期、选择合理包装及计算食品储存中的水分变化等提供依据。由于各种食品的成分、结构、组成、形态等差异，每种食品都具有自身的吸附等温线。测试和研究食品的水分吸附等温线是众多学者研究食品的重要手段。

食品水分吸附过程通常是水分子逐步和食品通过化学吸附、物理吸附和多分子层凝结等发生相互作用的过程。为了解释食品的水分吸附过程，一般把水分吸附等温线分成三个区间，如图 10-1 所示。

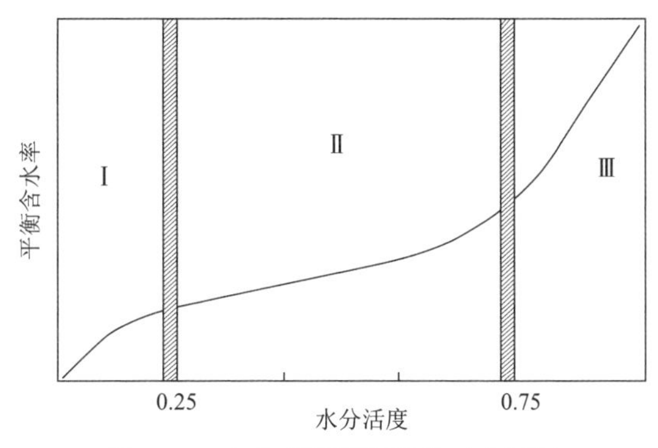

图 10-1　水分吸附等温线的三个区间

Ⅰ区（a_w<0.25）代表单分子层水，这部分水和食品的结合非常紧密，不会冷冻，并且干燥过程中不会轻易挥发。Ⅰ区的最大值对应“BET 单分子层含水率”，也就是组成单分子层水所需要的量。单分子层水对食品不产生塑化效应，不会参与食品的变质过程。典型代表是和强极性基团如蛋白质和多糖结合的水。大多数

干性食品在含水率和单分子层含水率相当时处于最稳定的状态。

Ⅱ区（$0.25<a_w<0.75$）代表多分子层吸附水，比自由水的流动性稍差。这部分水会塑化食品，降低食品玻璃化转变温度，引起食品结构膨胀等。

Ⅲ区（$a_w>0.75$）代表自由水，是食品中结合最不稳定和最容易流动的水，这部分水在冷冻、干燥时能轻易地挥发，同时能被微生物所利用，提高酶的活性。

Brunauer 根据范德瓦耳斯气体吸附把吸附等温线分为 5 类。后来，国际纯粹与应用化学联合会（International Union of Pure and Applied Chemistry，IUPAC）把吸附等温线分为较为实用的 6 类，如图 10-2 所示。其中第Ⅰ类、第Ⅱ类和第Ⅲ类是食品领域最常用的水分吸附等温线。影响食品水分吸附等温线的因素较多，包括食品组成、食品状态（结晶状态和无定形态）、温度和压力等[1]。

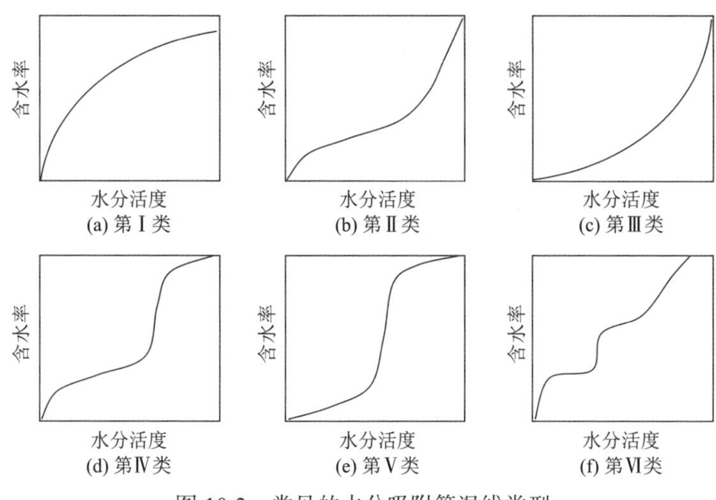

图 10-2　常见的水分吸附等温线类型

第Ⅰ类水分吸附等温线是 Langmuir 等温线，典型的代表产品是抗凝剂，它们依靠内部的吸附点，能够在低水分活度区域吸附大量的水，但一旦内部吸附点被占据，在高水分活度区域，含水率的上升则较为有限。

第Ⅱ类水分吸附等温线是 S 形曲线，是大多数加工食品典型的水分吸附等温线。这类等温线有明显的两个拐点，一个出现在水分活度 0.2～0.4，另一个出现在水分活度 0.6～0.7。低水分活度区域的拐点是因为多分子层水的聚集及小孔的填充，而高水分活度的区域是由于膨胀、大孔的填充。

第Ⅲ类水分吸附等温线代表了典型的结晶性食品的水分吸附特性，如盐和糖。随着水分活度的增加，其含水率一直比较低，直至晶体开始发生溶解，其含水率才开始快速上升。

第Ⅳ类水分吸附等温线与第Ⅱ类等温线类似，其对应的是多孔吸附剂出现毛细凝聚的体系。

第Ⅴ类水分吸附等温线来源于微孔和介孔固体上的弱气-固相互作用，微孔材料的水蒸气吸附常见此类线型。

第Ⅵ类水分吸附等温线以其吸附过程的台阶状特性而著称，是一种特殊类型的等温线，这些台阶来源于无孔均匀固体表面的依次多层吸附。实际固体表面大多是不均匀的，因此工程中很难遇到这种情况。

2. 食品水分吸附等温线的测试方法

测试食品水分吸附等温线的方法分为以下两种。

（1）饱和盐溶液静态称重法。该方法为传统的测试方法，且有相应的标准测试程序。首先配置不同相对湿度的饱和盐溶液，放置于密封容器内，然后把密封容器放在恒温箱里，使样品在特定相对湿度里逐渐吸湿，直到样品达到恒重。样品在特定相对湿度下平衡所需的时间取决于食品结构、样品质量和体积、温度、密封内部空间大小及样品初始含水率。该方法的主要问题是样品达到水分吸附平衡所需的时间较长，在高水分活度区域较容易产生食品发霉现象。

（2）动态水分吸附法。动态水分吸附系统采用水蒸气和干燥氮气组成的混合气体来形成特定的相对湿度，其混合比例可根据相对湿度需要进行精确控制。该方法除了可得到水分吸附数据之外，还可同时测试样品含水率随时间的变化过程，即水分吸附动力学数据[2]。由于动态水分吸附仪内部空间较小，样品周围一直有湿气流在流动，可确保样品很快能达到吸湿平衡，有效缩短了水分吸附等温线的测试时间[3]。

两种测试方法各有优缺点。有研究采用代表水分吸附等温线类型Ⅰ、Ⅱ和Ⅲ的三种样品，分别采用动态水分吸附法与饱和盐溶液法测试各种食品的水分吸附等温线。对于类型Ⅰ和Ⅲ的样品，采用动态水分吸附法得到的吸湿曲线和传统方法基本相同，而对于类型Ⅱ的吸湿曲线，动态水分吸附法得到的平衡水分含量在中低水分活度区域比传统饱和盐溶液法得到的平衡水分含量低[4]。另外，如果有效水分扩散系数大于 $10^{-9}m^2/s$，那么采用两种方法得到的等温吸附曲线就比较一致，如果有效水分扩散系数较低，则样品在静态环境里难以达到热动力学平衡，此时采用动态水分吸附法是更好的选择，而如果不考虑时间因素，饱和盐溶液法测试时有足够的时间确保样品达到吸湿平衡，则样品的有效扩散系数不会产生影响[5]。

3. 等温吸湿模型

在恒定温度下，食品含水率对其水分活度形成的曲线称为等温吸湿曲线（MSI）。在研究食品的水分扩散过程中，需要了解食品各个组分的吸湿特性，其中平衡含水率是扩散模型中的一个重要参数。

目前，国内外已建立多个表征食品平衡含水率与水分活度关系的数学模型，即等温吸湿模型，一般等温吸湿模型可分为三种类型：动力学模型[Brunauer-Emmett-Teller（BET）模型、guggenheim anderson de boer（GAB）模型等]、半经验模型（Ferro-Fontan 模型、Halsey 模型等）和经验模型等。这些模型只有在一定的含水率和温度范围内才能够成立，还没有一种模型能成功地用来表征所有食品的吸湿特性。这主要是由于水分活度依赖于食品的构成组分，而食品种类极其多样化导致很难找到一种合适的模型能够表征不同类型食品的吸湿特性。

10.1.2　食品水分扩散特性

水分在食品中的吸附和扩散主要取决于食品的成分特性和外界的温湿度条件。水分在食品内部的扩散系数是很难通过试验方法得到的[6]。扩散系数表示水分通过固体食品组织的扩散能力。水分在食品中的扩散主要是受浓度梯度或水分活度梯度的推动，扩散的最终结果是食品组分间或者食品和环境间达到动力学平衡。水分在食品内部扩散的具体机理主要包括毛细管凝结、Knudsen 扩散及由于压力差带来的气体扩散和液态扩散[7]。

1. 食品水分扩散系数

食品内部水分扩散机理主要包括毛细管凝结、Knudsen 扩散及由于压力差导致的气体扩散和液态扩散，每种水分传输机制对总的水分扩散系数的贡献非常难以界定。扩散系数通常看作是有效水分扩散系数（effective moisture diffusion coefficient），包含所有扩散机理在内的水分在食品中总的扩散系数。

2. 食品水分扩散系数测试方法

目前没有有效水分扩散系数的标准测试方法。大多数估算有效水分扩散系数的方法都是基于相应的限定条件的。

水分扩散系数测试方法主要包括吸附动力学法、干燥法、渗透法。吸附动力学法适合于食品储存过程中的水分吸附，干燥法用于食品烘干过程。还有一些学者提出采用核磁共振成像（nuclear magnetic resonance imaging，NMRI）测试水分扩散系数，但在食品行业中的应用还是较有限的。

吸附动力学法是目前食品行业应用最广的测试有效水分扩散系数的方法。首先，将平板样品放置在恒温恒湿的环境里，通过不断测试样品的质量变化得到吸附动力学数据；其次根据特定的边界条件和初始条件，假定其水分扩散系数为定值，按照 Fick 第二定律方程获得特定状态水分扩散的解析解，以此获得有效水分扩散系数。虽然目前已有不少关于食品中水分扩散系数的数据，但数据之间还存在一定的误差。

3. 影响食品水分扩散系数的主要因素

食品的水分吸附特性受多方因素的影响，主要包括环境温湿度及产品本身特性。水分扩散的过程比较复杂，各种食品的成分和结构差异很大，造成水分扩散系数有较大差异。对有效水分扩散系数的研究表明，影响水分扩散系数较为明显的因素是食品结构、成分、相对湿度、温度和含水率等因素，其中温度对扩散系数的影响大多认为符合 Arrhenius 定律。

1）食品孔隙率

从食品本身来讲，食品内部结构会对水分吸附特性产生重要影响这一观点已得到众多研究者的认同。如烘焙食品，其内部为多孔组织结构，基本上是连续的固相组织内分布形状和大小各异的孔隙。水分在食品内部的传输主要有两种机制，即沿固相的液态扩散和沿气相的气态扩散，通常情况下气态扩散速度比液态扩散速度高 10^4 量级，因此孔隙率的大小在很大程度上决定了水分扩散速度的量级。

2）食品脂肪含量

食品的水分吸附特性和食品的组成成分密切相关，是食品所有成分吸附能力的综合表现。大多数食品中的脂肪被认为是影响食品水分吸附特性比较明显的因素。脂肪通常会阻止或延缓水分传输，增加食品内部水分传输路径的曲折程度从而导致有效水分扩散系数降低；另外，脂肪和水的结合能力较弱，相比淀粉和碳水化合物来讲，其能够吸附的水是比较有限的，所以若食品中脂肪含量较高，将显著影响食品在特定相对湿度下的平衡含水率。食品的平衡含水率随着脂肪含量的增加而下降，同时脂肪含量增加会导致孔隙率减小，进而导致食品有效水分扩散系数降低[8]。

3）温湿度和含水率

环境温湿度条件也是影响食品水分扩散系数的重要原因之一。环境温度较高，则会提高空间分子的动能，使分子活动区域增加，水分子更容易进入食品。但温度过高会使水分子动能继续增加，继而发生解吸或是蒸发现象。而在高湿度的条件下，内外水蒸气的压力差变大，食品将很快吸附空气中的水蒸气，直到达到吸附动态平衡。

4）食品含水率

食品在储存过程中，为了和周围食品或环境之间达到热力学平衡，总是持续不断地和周围食品或环境产生水分交换。采用水分吸附动力学法研究饼干的有效水分扩散系数与含水率的关系，结果发现有效水分扩散系数随含水率的增加先增加，而当达到 10g/100g 含水率后有效水分扩散系数出现下降[9]。

10.1.3 相关技术在食品水分研究中的应用

1. 核磁共振技术在食品水分研究中的应用

1）核磁共振技术测试食品含水率

传统方法主要是通过烘干法或卡尔·费歇尔法来测试食品中的含水率，对食品是破坏性测试，且测试周期较长，同时无法对水分在食品中的分布状态进行检测。核磁共振技术是一种无损检测技术，通过测试食品中水分的质子密度就可通过标定法测试食品的含水率。这种方法对食品没有破坏，并且相关研究认为，其测试结果和传统方法是完全一致的。

2）核磁共振技术研究水分的分布和水分的流动性

食品中水分含量的高低及结合状态对于食品的品质、加工特性、稳定性等有着重要的影响。有些食品虽然含水率相同，但是它们的稳定性显著不同。出现这种情况的部分原因是水与食品中的非水成分结合强度的差异，这种差异采用传统方法是无法测试的。核磁共振弛豫技术针对聚合物包括食品中的水分活度有很强的诠释，通过核磁共振可监测水分的分布和变化过程。该技术通过测试氢核的纵向弛豫时间和横向弛豫时间来反映水分子的流动性，研究食品在加工及冻藏过程中水分含量、结构和性质的变化，从而判断食品的新鲜度等品质信息。

2. 有限元在食品水分研究中的应用

采用有限元方法可模拟不同食品混合后在储存过程中的水分迁移情况，也可模拟水分向食品内部的迁移过程，通过有限元方法得到的水分扩散系数和解析解的结果基本是一致的。另外，有限元方法可求解出不同材料特性、不规则形状的食品水分扩散过程，解决二维水分扩散的微分方程[10]。采用有限元法对不同相对湿度和不同温度下的水分吸附过程进行二维建模，预测和试验结果吻合度高，体现出有限元对不规则食品有较好的模拟能力。已有研究证明了有限元在解决此类问题上的优势，为更复杂的食品水分扩散建模奠定了基础。

目前对多组分食品货架期预测和水分扩散规律的研究比较有限，且已有的研究均没有考虑多组分食品的包装条件，大部分数学建模考虑的是密封条件下的货架期。但实际的食品货架期预测需考虑包装因素。

10.2 食品水分扩散过程与扩散系数

与水分吸附等温线不同的是，水分在食品内部的扩散系数是很难通过试验方法得到的。水分吸附动力学是食品研究者比较常用的确定水分扩散系数的方法。

对食品的有效水分扩散系数的建模研究有助于理解水分吸附的动力学过程，从而能更准确地预测食品的质量变化及货架期。有限元方法已经成为代替传统方法用来分析水分吸附过程的重要手段。

本章节的主要研究内容分为两部分：第一，以水分吸附动力学方法研究不同配方的饼干、果丹皮和凝胶在不同温度下的有效水分扩散系数，确定有效水分扩散系数和含水率及温度的关系；第二，采用有限元法模拟不同成分的饼干在不同温度下的水分吸附过程。

10.2.1　食品有效水分扩散系数模型

需要指出的是，大多数得到食品有效水分扩散系数的方法都是基于严格定义条件的。有效水分扩散系数是指整体扩散系数，包含多个传输机制的扩散系数。水分扩散的驱动力是整体的浓度梯度，这是对实际水分传输机制的一个简化，但也是为了能够得到如此复杂的水分扩散量化的数值。虽然采用吸附动力学试验和建模方法存在模型简化的问题，但它仍是目前最实用的得到食品有效水分扩散系数的方法。吸附动力学方法记录在恒定温度和相对湿度条件下食品水分吸附或脱附时质量随时间的变化直至达到吸湿平衡。动态水分吸附仪可以用于测试水分吸附动力学数据[11]。这种方法可以连续记录样品在水分吸附过程中的质量变化，每个相对湿度条件下样品的瞬时质量都能得到，以此通过 Fick 第二定律的解析解得到食品的有效水分扩散系数。

通过水分吸附动力学法和 Fick 第二定律解析解来计算食品有效水分扩散系数的水分吸附模型如图 10-3 所示。样品放在特制的金属容器里，样品只有上表面是和外界环境直接接触的。样品的直径大小与其一半厚度的比例大于 10，所以可以认为其水分扩散是沿样品表面垂直方向的一维传输。为了能够得到 Fick 第二定律水分扩散方程的解析解，采用水分吸附动力学试验测定扩散系数时，需要基于以下的假设。

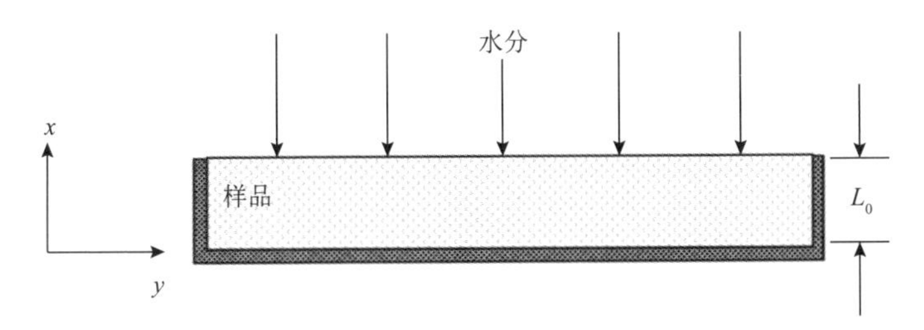

图 10-3　水分吸附动力学法吸附模型

（1）扩散过程中样品的体积不变，即忽略水分扩散中的体积变化。

（2）样品与空气接触的表面始终保持平衡状态。

（3）在每一个相对湿度阶段的扩散过程中，扩散系数可视为常数。

根据假设条件，Fick 第二定律可表示为

$$\frac{\partial C(x,t)}{\partial t}=D_{\mathrm{e}}\frac{\partial^2 C(x,t)}{\partial x^2} \tag{10-1}$$

初始条件　　$t=0$，$C=C_0$，$0<x<L_0$

边界条件　　$t>0$，$x=L_1$ 时，$C=C_{\mathrm{s}}$

$x=0$时，$\partial C/\partial x=0$

式中，t——时间（s）；

L_0——样品厚度（m）；

C_0——样品初始水分浓度（g/m^3）；

C_{s}——样品表面水分浓度（g/m^3）；

D_{e}——样品有效水分扩散系数。

针对无限大平板类样品，考虑一维方向的扩散，Crank 对式（10-1）求解得到

$$\frac{C-C_0}{C_{\mathrm{s}}-C_0}=1-\frac{4}{\pi}\sum_{n=0}^{\infty}\frac{(-1)^n}{2n+1}\cos\left[\frac{(2n+1)\pi}{L_0}x\right]\exp\left[-\frac{(2n+1)^2\pi^2 D_{\mathrm{e}}}{L_0^{\ 2}}t\right] \tag{10-2}$$

样品在一定时间内吸附水分总量 M 表示为

$$M=A\int_0^{L_0}C(x,t)\mathrm{d}x \tag{10-3}$$

式中，A——样品和外界环境的接触面积。

试样在 t 时间内水分的吸附量 M_t 可表示为

$$\frac{M_t}{M_\infty}=1-\sum_{n=0}^{\infty}\frac{8}{(2n+1)^2\pi^2}\exp\left[-\frac{D_{\mathrm{e}}(2n+1)^2\pi^2 t}{4L_0^{\ 2}}\right] \tag{10-4}$$

针对特定几何形状的样品，在一定的初始条件和边界条件下，扩散方程可求得其解析解。以样品的含水率来表示，式（10-4）可转换为

$$\frac{X_t-X_0}{X_{\mathrm{eq}}-X_0}=1-\sum_{n=0}^{\infty}\frac{8}{(2n+1)^2\pi^2}\exp\left[-\frac{D_{\mathrm{e}}(2n+1)^2\pi^2 t}{4L_0^{\ 2}}\right] \tag{10-5}$$

初始条件　　$\frac{\partial X(L_0,t)}{\partial t}=0$；$X(0,t)=X_{\mathrm{eq}}$；$X(x,0)=X_0$

式中，X_t——t 时刻样品含水率（g/100g 干基）；

X_{eq}——样品平衡含水率（g/100g 干基）；

X_0——样品初始含水率（g/100g 干基）。

根据样品在此吸附阶段某个时刻的水分增加量或含水率，以及在此相对湿度条件下的平衡含水率，即可求得样品在此水分吸附阶段的有效水分扩散系数。

10.2.2　食品有效水分扩散系数的表征[12]

1. 饼干的水分有效扩散系数表征

脂肪含量有明显区别的 3 种饼干（编号 Z10、Z20 和 Z30 饼干），按照图 10-3 设置试验，采用动态水分吸附法记录饼干样品在不同的温度条件，即 15℃、25℃、35℃和 45℃，以及 0.2～0.9 水分活度下进行的水分吸附试验。其中 25℃条件下 Z10、Z20 和 Z30 饼干的水分吸附动力学曲线如图 10-4～图 10-6 所示。

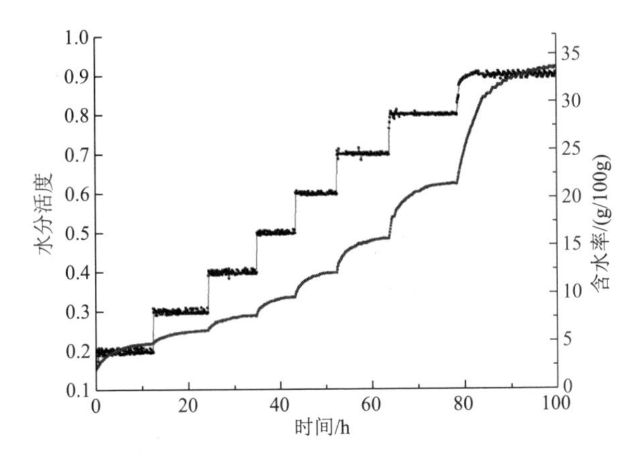

图 10-4　25℃时 Z10 饼干水分吸附动力学曲线

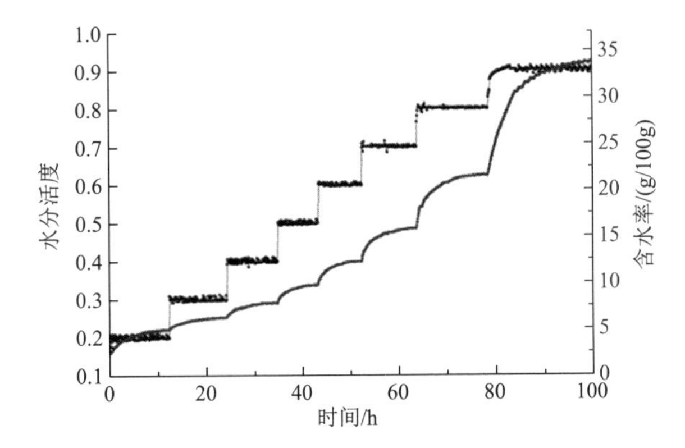

图 10-5　25℃时 Z20 饼干水分吸附动力学曲线

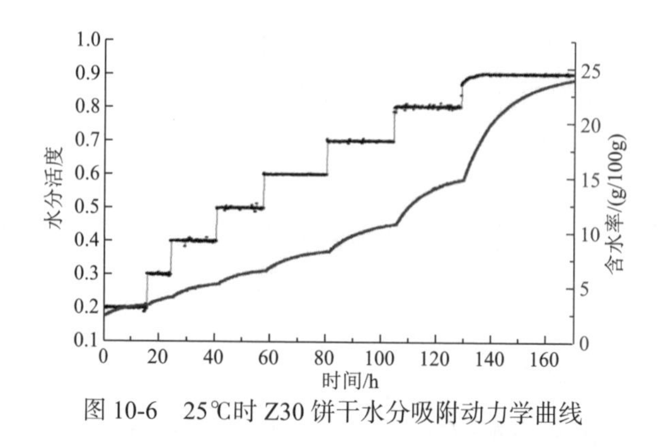

图 10-6　25℃时 Z30 饼干水分吸附动力学曲线

得到 3 种脂肪含量不同的饼干有效水分扩散系数随含水率和温度的变化趋势，其中 Z10 饼干变化见图 10-7。3 种饼干有效水分扩散系数随含水率的增加而增加，在含水率达到 10g/100g 左右时，有效水分扩散系数达到最大值，而后随着含水率的上升而下降。温度显著影响饼干的有效水分扩散系数，温度升高会引起水分子的活跃和快速扩散。纵向对比 3 种饼干的有效水分扩散系数发现，脂肪含量增加会降低饼干的有效水分扩散系数。增加脂肪含量会导致饼干内部质地更紧密，内部孔隙所占比例会更少，这会直接影响水分在饼干内的扩散过程。

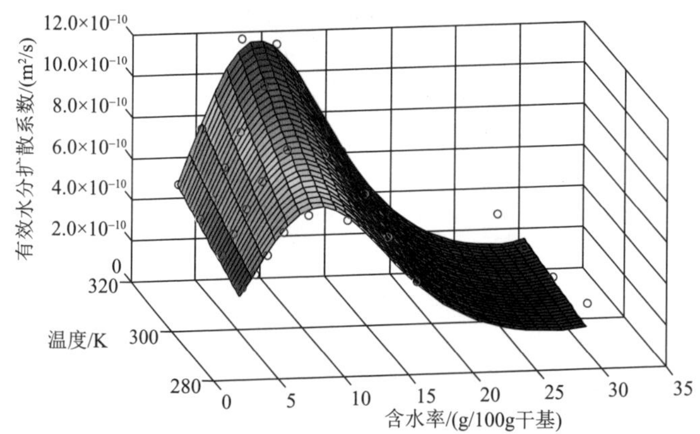

图 10-7　Z10 饼干有效水分扩散系数随含水率和温度的变化趋势

进一步拟合表征饼干的有效水分扩散系数模型，其表达式见表 10-1。

表 10-1　3 种饼干有效水分扩散系数模型

饼干	模型表达式	R^2
Z10	$D_{\text{e-Z10}}(X,T)=1.2978\times10^{-8}\exp(53.66X-381.8X^2+688X^3-1473/T)$	0.9756
Z20	$D_{\text{e-Z20}}(X,T)=2.0406\times10^{-9}\exp(55.25X-402.8X^2+770.6X^3-1205/T)$	0.9874
Z30	$D_{\text{e-Z30}}(X,T)=1.9606\times10^{-9}\exp(54.39X-430.3X^2+863.4X^3-1235/T)$	0.9883

2. 果丹皮和琼脂凝胶的有效水分扩散系数表征

果丹皮和琼脂凝胶的有效水分扩散系数采用动态水分吸附仪的脱附试验得到。脱附试验分别在 15℃、25℃、35℃和 45℃进行，果丹皮脱附试验是水分活度从 0.8 降低到 0.3，琼脂凝胶脱附试验是水分活度从 0.9 降到 0.4。25℃条件下，果丹皮和琼脂凝胶的水分脱附动力学曲线分别如图 10-8 和图 10-9 所示。

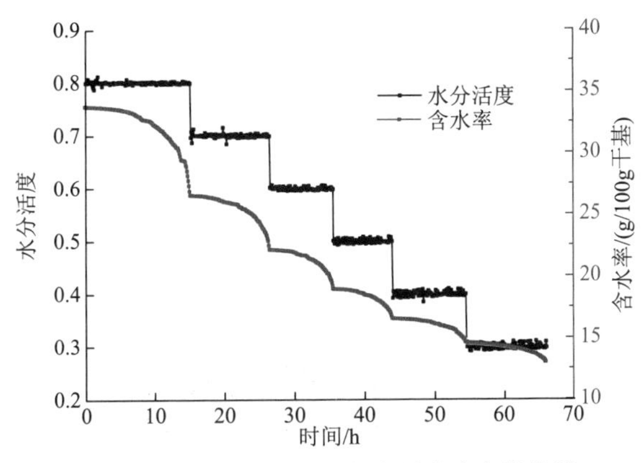

图 10-8　25℃时果丹皮水分脱附动力学曲线

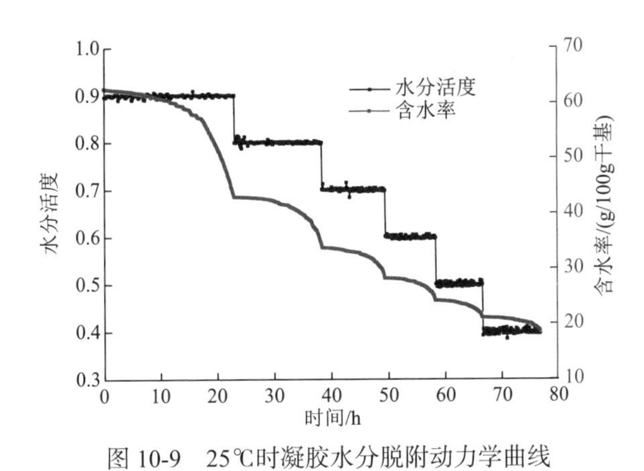

图 10-9　25℃时凝胶水分脱附动力学曲线

果丹皮和琼脂凝胶 25℃时的有效水分扩散系数试验数据如图 10-10 和图 10-11 所示。由图可知，琼脂凝胶有效扩散系数的值在 6.0×10^{-11}～8.6×10^{-11} m^2/s，而果丹皮的水分扩散系数与琼脂凝胶的变化趋势类似。

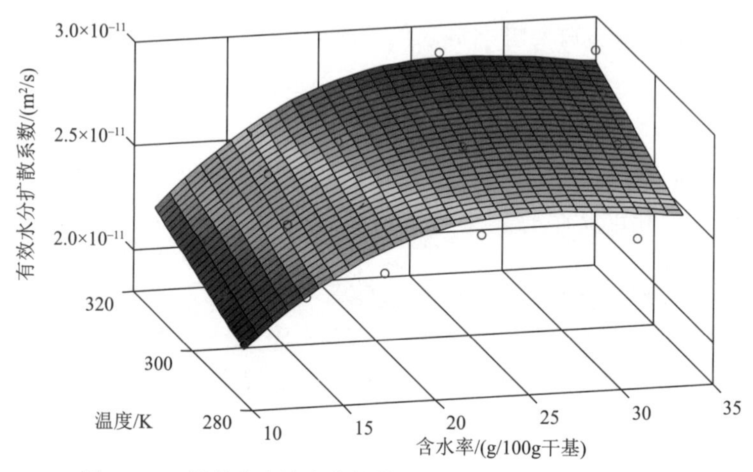

图 10-10　果丹皮有效水分扩散系数与含水率和温度的关系

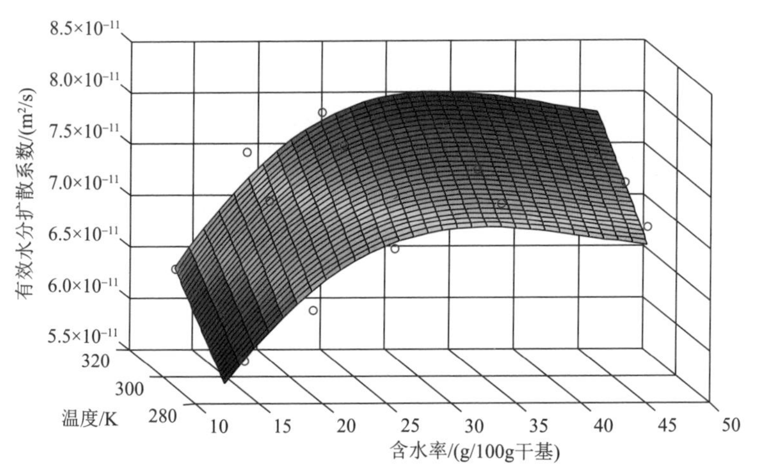

图 10-11　琼脂凝胶有效水分扩散系数与含水率和温度的关系

通过对比不同温度的试验数据发现，温度对这类高水分含量食品的水分扩散系数的影响并不显著。

果丹皮和凝胶的有效水分扩散系数表征模型见表 10-2。

表 10-2　果丹皮和凝胶的有效水分扩散系数模型

试样	模型表达式	R^2
果丹皮	$D_e(X,T)=3.63\times10^{-11}\exp(8.668X-26.6X^2+26.06X^3-365/T)$	0.9556
凝胶	$D_e(X,T)=1.11\times10^{-10}\exp(6.453X-15.97X^2+12.66X^3-371.9/T)$	0.9623

10.2.3　饼干水分吸附过程的模拟与试验验证

采用 COMSOL 有限元对饼干水分吸附过程进行模拟，图 10-12 是 Z20 饼干在 25℃、90%RH 环境下不同时刻的水分吸附状态曲线图。随着时间的增加，水分在饼干厚度范围内不断渗透深入，在 48h 左右时，饼干内部基本达到比较均一的水分分布。

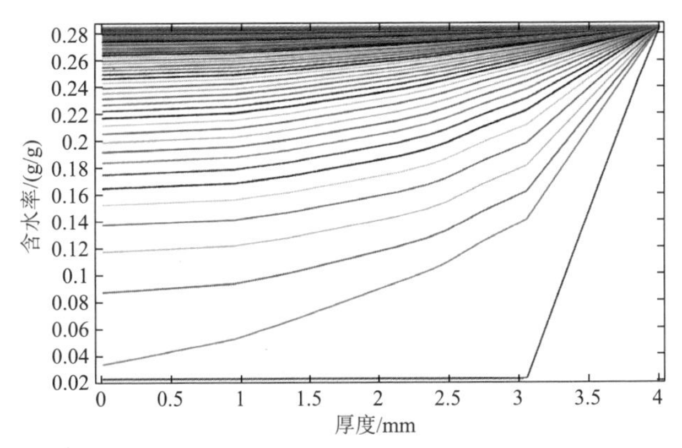

图 10-12　Z20 饼干在厚度范围不同时刻的水分分布云图

图 10-13～图 10-15 分别是 Z10、Z20 和 Z30 三种饼干在不同温度、50%RH 条件下的水分吸附过程的理论与试验结果对比。试验数据与预测曲线拟合相关系数 R^2>0.95，表明有限元模拟具有很好的可靠性。由于饼干的有效水分扩散系数不同，3 种饼干达到水分吸附平衡的时间也不相同。

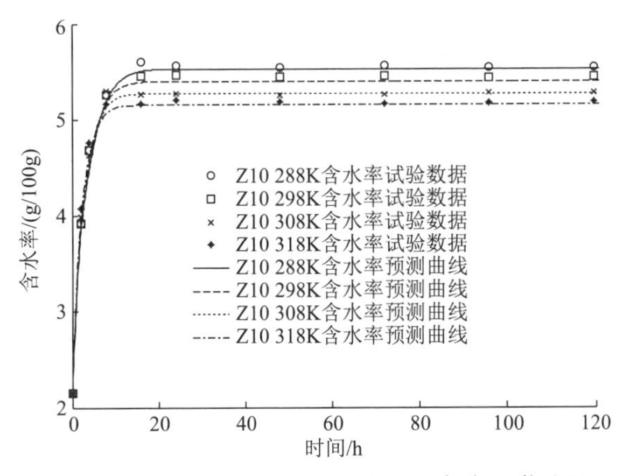

图 10-13　Z10 饼干在不同温度下的水分吸附过程

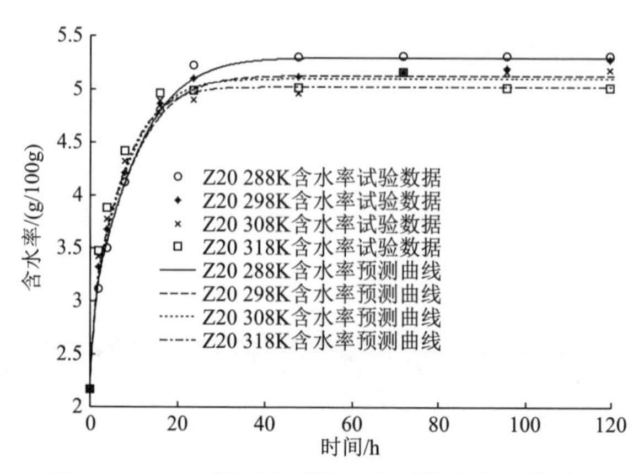

图 10-14 Z20 饼干在不同温度下的水分吸附过程

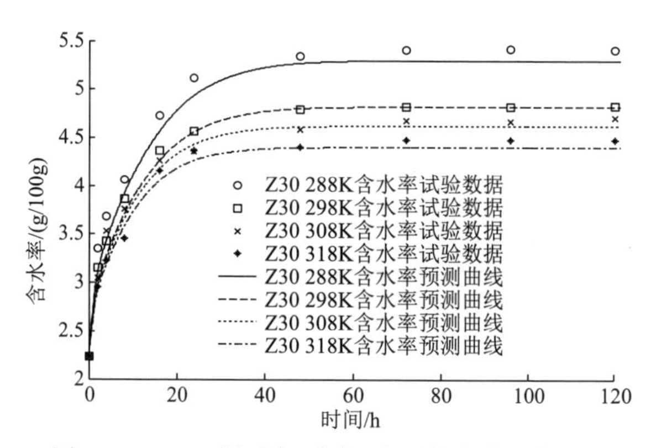

图 10-15 Z30 饼干在不同温度下的水分吸附过程

进一步进行饼干成分对水分扩散影响的试验验证。图 10-16 为 Z10、Z20 和 Z30 3 种不同组成成分的饼干在温度 25℃、50% RH 条件下的水分吸附过程对比。

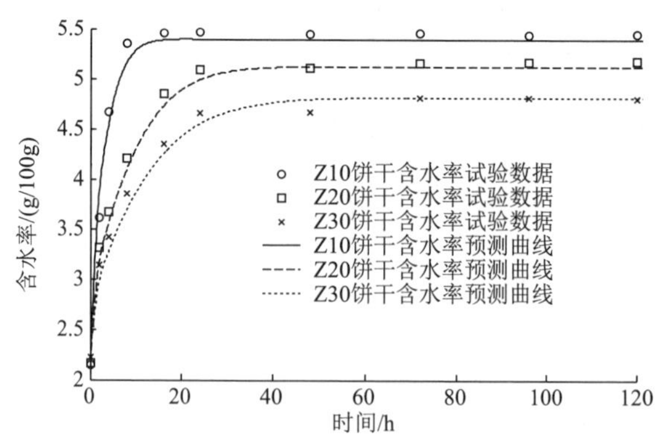

图 10-16 温度 298K 下饼干成分对水分吸附过程的影响对比

不同脂肪含量的饼干其水分吸附速度、达到水分吸附平衡的时间存在显著差异。试验数据与预测曲线拟合相关系数 R^2>0.95，表明有限元模拟预测和试验数据具有很好的吻合性。

10.2.4　核磁共振研究饼干成分对水分吸附特性的影响[13]

以不同脂肪含量的发酵饼干为研究对象，采用核磁共振的横向弛豫时间 T_2 反演谱研究脂肪含量对饼干水分吸附时内部水分的状态及分布变化的影响。

样品在某个水分活度下达到吸湿平衡时首先进行核磁共振分析试验，利用 CPMG（carr-purcell-meiboom-gill）脉冲序列测定样品的横向弛豫时间 T_2。将样品置于射频线圈的中心进行横向弛豫时间 T_2 的采集。使用迭代寻优的方法将采集到的 T_2 衰减曲线代入弛豫模型中拟合并反演可以得到样品的 T_2 弛豫信息。CPMG 序列采集所用的参数为：90°脉冲时间 P90=4.1μs，180°脉冲时间 P180=8.8μs，采样带宽 SW=200kHz，采样重复等待时间 TW=2500ms，模拟增益 RG1=20，数字增益 RG2=3，重复累加采样次数 NS=32，回波时间 EchoTime=0.2ms，回波数 EchoCount=6000。

1. 反演谱信号幅值与饼干内部水分状态的分析

由核磁共振原理可知，横向弛豫时间 T_2 与氢质子的自由度有关，反映了样品内部氢质子所处的化学环境。弛豫时间 T_2 越短，表示氢质子受束缚越大或自由度越小；如果弛豫时间 T_2 长，则表示氢质子的自由度比较大。随着样品内部水分不断的吸附，T_2 的大小和分布也会发生变化，这就能够反映水分子的流动性。

T_2 反演谱上的波峰代表着样品中水分所存在的不同状态。因此，通过分析 T_2 反演谱可间接反映出样品中水分的多少、状态分布和迁移变化。弛豫时间 T_2 通常根据其大小可分为 T_{21}、T_{22} 和 T_{23} 三种状态，代表不同自由度的水。其中驰豫时间最短的 T_{21} 部分定义为“结合水”，是指食品中极性基团通过氢键结合的水，氢键键能大，结合牢固，结合水包括水分吸附中产生的单分子层结合水和多分子层结合水。弛豫时间 T_{22} 部分定义为“不易流动水”，“不易流动水”是较细的毛细管中通过毛细管力束缚的水。弛豫时间最长的 T_{23} 代表的是存在于食品内部组织间隙可以自由流动的水，这部分水被定义为“自由水”或“体相水”。所以弛豫时间可以间接地表示水分的自由度。

2. 不同水分活度时饼干水分状态分析

图 10-17 为 3 种饼干在不同水分活度时的横向弛豫时间 T_2 反演谱曲线。每条曲线都有 2～3 个波峰，并且随着水分吸附的不断增加，波峰出现明显的变化。

水分活度增加时总信号幅值快速增加，说明饼干的总含水量在快速增加。干性食品在吸附水分的过程中，水分首先和食品中蛋白质、糖类等含有的强极性基团结合，形成单分子层结合水，随着吸附水分的逐渐增加，水分与食品成分中的酰胺基和羟基等极性较弱的基团结合，形成多分子层结合水。根据食品等温吸湿曲线的对应关系，饼干在水分活度 0.6 内单分子层结合水已经达到饱和，多分子层结合水逐渐增多，所以弛豫时间 T_{21} 不断增加，说明饼干内部水分的自由度逐渐增加。饼干中不易流动水的总体变化趋势是逐渐减少的，也就是说随着饼干吸湿，组织结构膨胀而受到破坏，毛细管对内部水分的束缚力下降，水分逐渐向组织间隙移动，在水分活度达到 0.9 时，Z20 和 Z30 饼干中首先出现自由水。

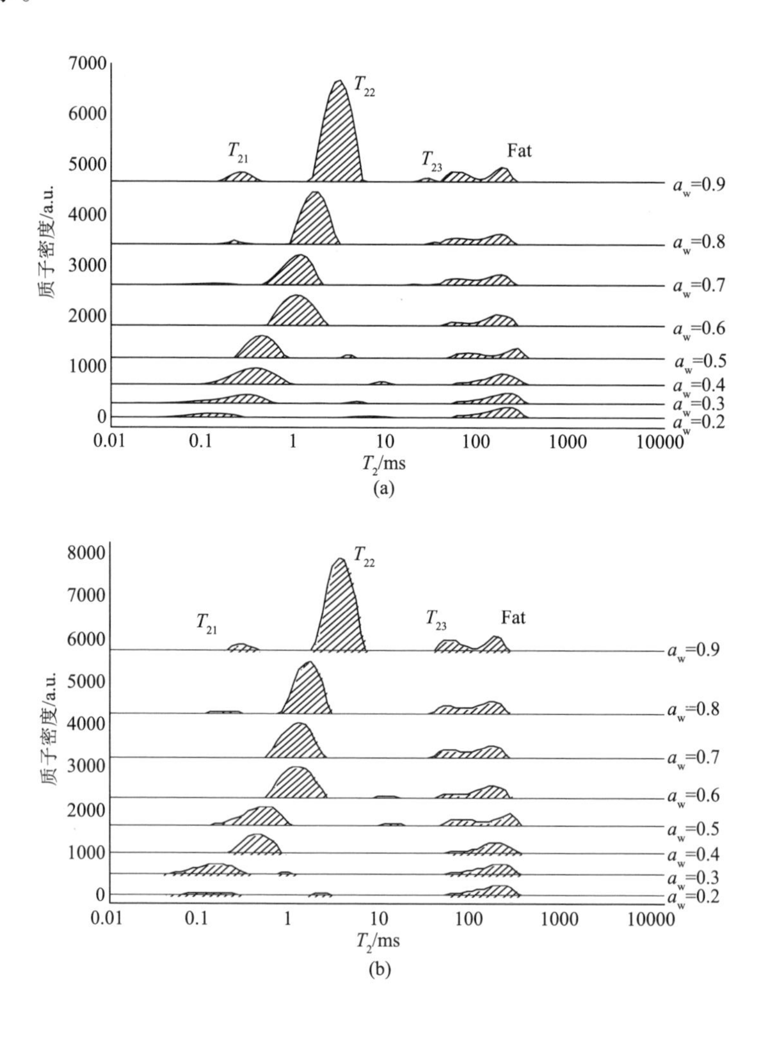

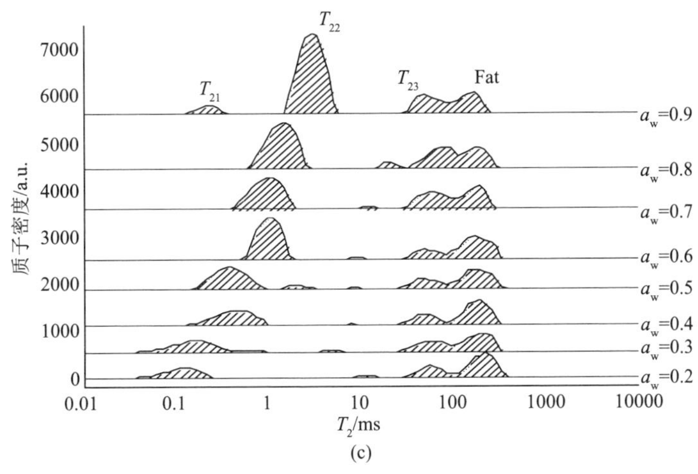

图 10-17　采用 CPMG 序列得到的不同水分活度时 T_2 信号

（a）Z10 饼干；（b）Z20 饼干；（c）Z30 饼干

10.3　双组分食品防潮包装货架期预测

双组分食品一般由高水分活度组分与低水分活度组分组成。包装可以分为渗透包装和非渗透包装，非渗透包装情形较为理想化，实际应用中，包装大多具有渗透作用。渗透包装和非渗透包装的不同之处就在于渗透包装中包装材料及外界环境均会对系统内的水分扩散产生影响，在食品各组分水分传输的同时，还有包装内外水分的交换。

双组分食品包装内外的水分扩散分析可采用两种方法，一是建立基于双组分混合食品等温吸湿模型，继而按照等效单组分食品进行分析；二是直接按照两个组分食品建立各自等温吸湿模型，建立相应水分扩散模型并进行分析。

10.3.1　基于混合食品等温吸湿模型的食品防潮包装货架期

1. 双组分混合食品等温吸湿模型

在单组分食品防潮包装设计中，包装内部的湿度环境用食品表面的水分活度表征（基于食品表面水分活度与包装内空气湿度瞬间平衡的假设），再通过等温吸湿方程和 Fick 第二扩散定律建立食品含水率与储存时间的关系。当包装物为多组分食品时，包装内的湿度环境由各个组分的吸湿特性共同决定，因此需研究多组分食品系统混合物的吸湿特性方程。

Labuza 和 Hyman[14]提出多组分食品的等温吸湿模型可由各个组分的等温吸湿方程和其在混合物中占的质量比决定。以双组分食品为例，把两种不同水分活度组分的食品放在一起进行等温吸湿试验，当二者达到吸湿平衡时，它们的水分活度也相等，因此各组分中的含水率可用平衡时的水分活度分别代入各自的等温吸湿模型得到。

混合食品的等温吸湿方程可表示为

$$X = f(\mathrm{A})X_{\mathrm{A}} + f(\mathrm{B})X_{\mathrm{B}} \tag{10-6}$$

式中，X_{A}、X_{B}、X——A、B 两种组分及混合食品在水分活度为 a_{w} 时的含水率；

$f(\mathrm{A})$、$f(\mathrm{B})$——混合食品中 A、B 组分干物质质量在总质量中占的比例。

双组分食品的等温吸湿曲线示意图如图 10-18 所示，曲线 A 为高水分活度组分，曲线 B 为低水分活度组分，a_{eq} 为在两个组分达到吸湿平衡时的水分活度。

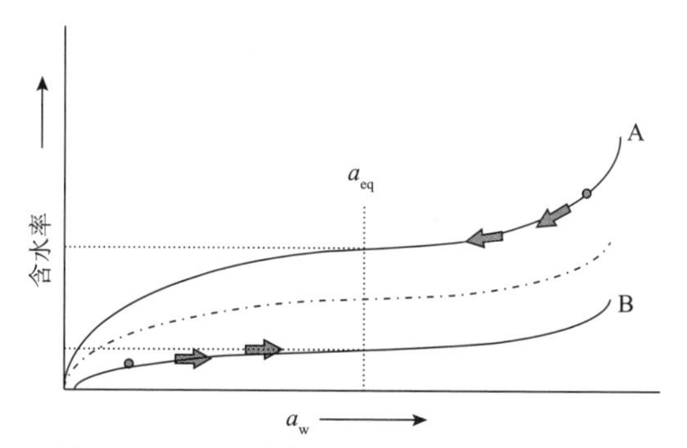

图 10-18　双组分食品的等温吸湿曲线示意图

以模拟食品韧性饼干/肉脯、韧性饼干/山楂片为双组分食品，饼干在两种系统中的质量百分比分别为 26%和 19%。其中韧性饼干初始含水率为 2.60%，初始水分活度为 0.14；肉脯的初始含水率为 19.5%，初始水分活度为 0.60；山楂片初始含水率为 15.2%，初始水分活度为 0.7。试验温度为 23℃、30℃、45℃，相对湿度为 15%、25%、35%、50%、60%、75%、90%。

经试验并应用相关模型进行拟合分析，确定适合韧性饼干、肉脯、山楂片试样的等温吸湿模型分别为 GAB 模型、GAB 模型、Ferro-Fontan 模型。

韧性饼干/肉脯双组分食品等温吸湿模型为

$$X_{\mathrm{AB}} = f(\mathrm{A})\frac{w_1 c_1 k_1 a_{\mathrm{w}}}{(1-k_1 a_{\mathrm{w}})(1-k_1 a_{\mathrm{w}} + c_1 k_1 a_{\mathrm{w}})} + f(\mathrm{B})\frac{w_2 c_2 k_2 a_{\mathrm{w}}}{(1-k_2 a_{\mathrm{w}})(1-k_2 a_{\mathrm{w}} + c_2 k_2 a_{\mathrm{w}})} \tag{10-7}$$

韧性饼干/山楂片双组分食品等温吸湿模型为

$$X_{\mathrm{AB}} = f(\mathrm{A})\frac{w_1 c_1 k_1 a_{\mathrm{w}}}{(1-k_1 a_{\mathrm{w}})(1-k_1 a_{\mathrm{w}} + c_1 k_1 a_{\mathrm{w}})} + f(\mathrm{B})\left[\frac{b}{\ln(a/a_{\mathrm{w}})}\right]^{1/d} \tag{10-8}$$

式中，w_1、c_1、k_1、w_2、c_2、k_2、a、b、d——模型常数。

由此可得到其中一温度下的多组分食品的等温吸湿曲线如图 10-19 和图 10-20 所示。

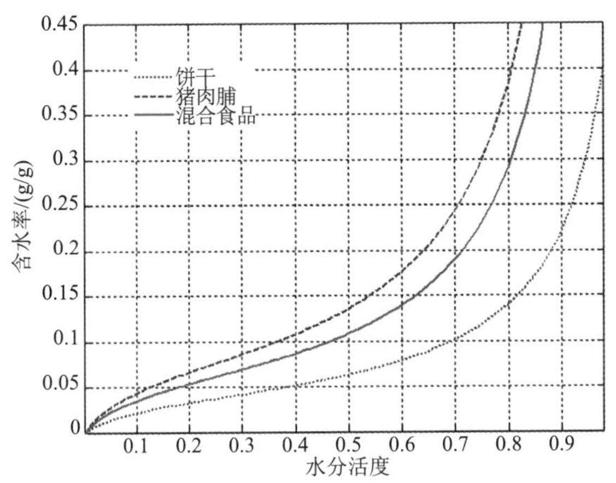

图 10-19　23℃下饼干/肉脯混合食品的等温吸湿曲线[16]

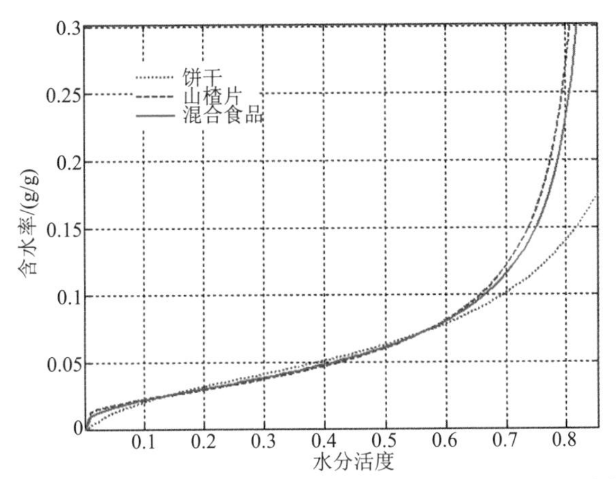

图 10-20　23℃下饼干/山楂片混合食品的等温吸湿曲线[16]

2. 双组分食品-包装水分扩散

在实际储存过程中，多组分食品内部组分之间的水分扩散较为复杂，影响因素很多，如温度、扩散方式、组分的体积和形状、包装渗透性等。为了便于进行理论分析和模型建立，对扩散过程作如下适当的假设。

（1）食品组分的体积形状可视为平板状，各组分结构均匀且各向同性。

（2）各组分之间的水分扩散为单向扩散；干组分与湿组分之间完美接触，不考虑空气阻力对扩散过程的影响。

（3）扩散过程中湿组分的水分活度变化很小，其与干组分相邻的表面水分活度始终保持平衡状态。

（4）从外界环境渗透进入包装剩余空间内的水蒸气由干组分食品所吸收。

当湿组分与干组分水分活度相差较大时，若扩散时间较短，湿组分的水分活度可视为不变。由于水分在空气中的扩散系数约为 $2.4\times10^{-5}m^2/s$，而在固体介质中的扩散系数数量级在 $1\times10^{-12}\sim1\times10^{-9}$ m^2/s，因此在扩散过程中可以忽略外界空气的阻力。

考虑到试验样品的结构尺寸，应用基于平板扩散条件的解析解即无限大平板模型[式（10-5）]进行扩散过程分析。

1）基于非渗透包装的水分扩散分析

将组合试样叠加置于扩散容器铝片盒中，用高阻隔铝塑复合薄膜封合进行温度为 23℃的试验，包装食品水分扩散试验剖面图见图 10-21（a）。饼干/肉脯与饼干/山楂片系统中饼干含水率的试验和模型预测比较如图 10-22 所示。结果表明，理论模型预测与试验结果总体吻合度较高。两个扩散系统中的饼干组分其含水率的变化分为两个阶段，第一个阶段中饼干含水率迅速增加，这主要是试验初期两种组分的水分活度相差较大，在水分浓度梯度的驱使下水分迅速地从高水分活度组分向低水分活度组分中扩散。随着时间的推移，饼干含水率的增加速度逐渐变缓。在第二阶段中，饼干的含水率基本保持不变，这时饼干的水分活度与肉脯和山楂片的水分活度达到平衡，其含水率分别为在该水分活度下的平衡含水率。

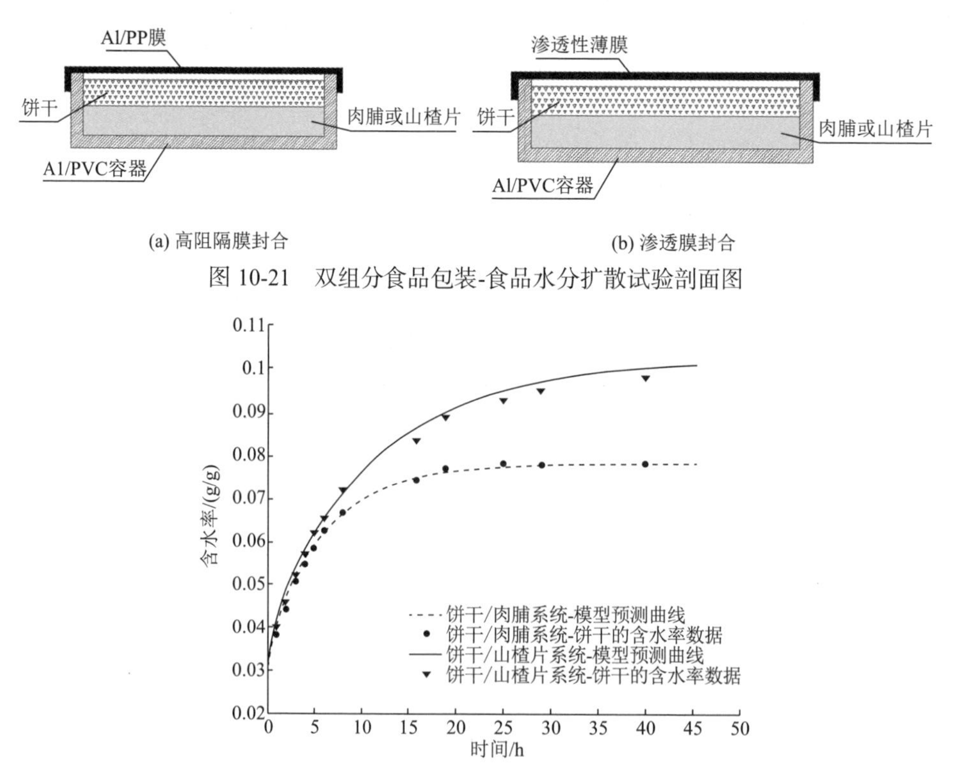

图 10-21　双组分食品包装-食品水分扩散试验剖面图

图 10-22　饼干/肉脯与饼干/山楂片系统中饼干含水率的试验和模型预测比较[15]

2）基于渗透包装的水分扩散分析

用低密度聚乙烯薄膜封合进行试验，包装食品水分扩散试验剖面图见图 10-21（b），扩散试验中基本参数设置见表 10-3。

表 10-3　渗透包装扩散试验中的参数设置

组分名称	饼干比重/%	包装膜面积/cm^2	膜透湿率/[g·cm/（cm^2·s·Pa）]	材料厚度/μm	温度/℃	RH/%
饼干/肉脯	26	162	2.1×10^{-14}	35	23	90
饼干/山楂片	19	162	2.1×10^{-14}	35	23	90

理论分析得到在该条件下两种双组分食品中饼干的含水率与时间的关系曲线如图 10-23 和图 10-24 所示。饼干的水分增长主要来自高水分活度组分和包装外界环境，两个图中的虚线和点线分别是饼干从高水分活度组分和包装外界环境中吸收的水分变化与时间的关系。这两者对饼干含水率的贡献大小主要取决于干湿组分之间的水分活度差和包装材料的阻隔性及外界环境的相对湿度。同时，高水分活度组分贡献的含水率比外界环境贡献的含水率高，这说明试验的两个双组分系统中组分之间内部的水分扩散是影响饼干含水率的主要因素。在开始阶段，两个系统中的饼干含水率增长都很快，随着时间的推移，含水率的增加越来越慢。这是因为开始时饼干同时从高水分活度组分和包装外界吸收水分，含水率的增加是这两个过程的叠加，随着饼干水分活度的提高，随后饼干与高水分活度组分的水分活度值相等，干湿组分之间水分活度保持平衡，由于饼干只从包装外界吸收水分，从而含水率的增加缓慢许多，随着饼干含水率的继续增加，最终包装内组分的湿度与外界环境的湿度会达到平衡。

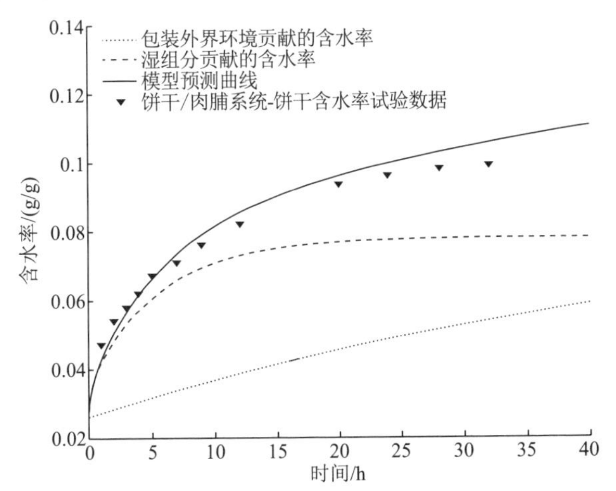

图 10-23　饼干/肉脯系统中饼干的含水率试验数据和模型预测比较

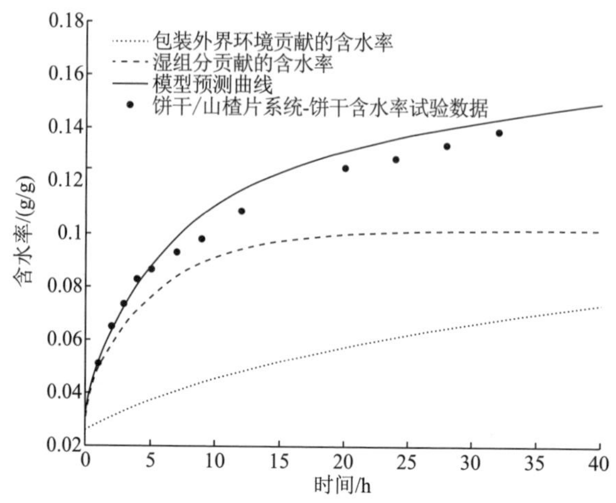

图 10-24　饼干/山楂片系统中饼干的含水率试验数据和模型预测比较[16]

此外，两个系统在扩散后期试验数值都比预测数值偏低。这可能是由于饼干试样两个面在同时吸收水分，一面是湿组分的水分扩散，另一面是外界水蒸气进入包装在饼干内扩散，水分在饼干内的分布呈双曲线型，即离扩散源的表面越近则含水率越高，在扩散源的另一侧含水率最低。

10.3.2　双组分食品-非渗透包装的水分扩散模型

对于非渗透包装系统下的双组分食品，排除包装的渗透作用，两食品组分之间的接触状态、组分的厚度等会对双组分食品的水分扩散产生影响，为此开展组分之间不同接触状态下的双组分食品的水分扩散理论研究。

1. 完全接触的双组分食品水分扩散模型[16]

1）扩散模型的建立

一般认为，双组分食品最基础的接触情况是完全接触，即两组分之间不存在空气间隙，为无缝接触，此时不考虑空气阻力的情况。在非渗透包装情况下，完全接触的双组分食品的物理模型与数学模型如图 10-25 所示，数学模型中横坐标为厚度方向。

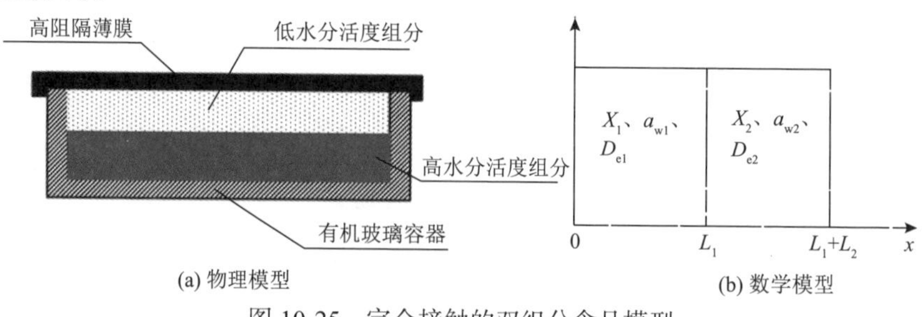

图 10-25　完全接触的双组分食品模型

基于 Fick 第二定律可得到

$$\begin{cases} \dfrac{\partial X_1}{\partial t} = \dfrac{\partial}{\partial x_1}\left(D_{e1}\dfrac{\partial X_1}{\partial x_1}\right) & \forall t \quad 0 < x < L_1 \\ \dfrac{\partial X_2}{\partial t} = \dfrac{\partial}{\partial x_2}\left(D_{e2}\dfrac{\partial X_2}{\partial x_2}\right) & \forall t \quad L_1 < x < L_1 + L_2 \end{cases} \tag{10-9}$$

式中，X_1、X_2——高、低水分活度组分的含水率；

D_{e1}、D_{e2}——高、低水分活度组分的有效水分扩散系数；

L_1、L_2——高、低水分活度组分的厚度。

鉴于实际包装工程中高水分活度组分的含水率变化一般较小，因此可认为湿组分的水分扩散系数是恒定的。采用线上法（method of line）对该模型求解，利用三点中央差分对原偏微分方程处理，式（10-9）可进一步表示为

$$\begin{cases} \dfrac{dX_1}{dt_x} = \dfrac{D_{e1}}{\Delta x_1^2}\left(X_{1x-\Delta x_1} - 2X_{1x} + X_{1x+\Delta x_1}\right) & \forall t \quad 0 < x < L_1 \\ \dfrac{dX_2}{dt_x} = \dfrac{D_{e2(i)}}{\Delta x_2^2}X_{2x-\Delta x_2} - \dfrac{D_{e2(i)} + D_{e2(i+1)}}{\Delta x_2^2}X_{2x} + \dfrac{D_{e2(i+1)}}{\Delta x_2^2}X_{2x+\Delta x_2} & \forall t \quad L_1 < x < L_1 + L \end{cases} \tag{10-10}$$

初始条件

$$\begin{cases} X_1(x,0) = X_{10} \\ X_2(x,0) = X_{20} \end{cases}$$

式中，X_{10}、X_{20}——高、低水分活度组分的初始含水率。

考虑到该模型为非渗透包装且沿厚度方向为单向扩散，外边界条件为

$$\begin{cases} -D_{e1}\dfrac{\partial X_1}{\partial x_1} = 0, \ x = 0 \\ -D_{e2}\dfrac{\partial X_2}{\partial x_2} = 0, \ x = L_1 + L_2 \end{cases}$$

假设在水分扩散过程中两组分接触面上的水分活度瞬时达到平衡。双组分接触面的边界条件可根据两个组分的等温吸湿模型及水分迁移原理（a_w 最终相等）得到。以两个组分均采用 Ferro-Fontan 等温吸湿模型为例，其模型可表征为

$$X = \left(\frac{-b}{\ln(a \cdot a_w)}\right)^d \tag{10-11}$$

则接触面的边界条件为

$$\begin{cases} X_1 = \left(\dfrac{1}{a_1} \ln\left(\dfrac{b_1}{b_2} \right) + \dfrac{a_2}{a_1} X_2^{-\frac{1}{d_2}} \right)^{-d_1} \\ X_2 = \left(\dfrac{1}{a_2} \ln\left(\dfrac{b_2}{b_1} \right) + \dfrac{a_1}{a_2} X_1^{-\frac{1}{d_1}} \right)^{-d_2} \end{cases}$$

式中，a_1、b_1、d_1——高水分活度组分的模型参数；

a_2、b_2、d_2——低水分活度组分的模型参数。

2）扩散模型的验证

以煎饼饼干（初始含水率 0.16，厚度 2mm）和琼脂组成的双组分试样为例。其中琼脂凝胶为表面大小一定（50mm×40mm），厚度为 2mm、3mm 和 4mm 的长方体。将琼脂凝胶与厚度相同的饼干进行无缝接触；密闭环境为定制的带盖有机玻璃容器，顶部采用高阻隔性铝箔复合膜[透湿系数小于 10^{-18}g·cm/（cm^2·s·Pa）]封合，试验温度为 20℃。

以琼脂厚度为 4mm 的双组分食品为例，由数值解得到不同时间不同厚度样品的含水率三维图如图 10-26 所示。在双组分的接触面上水分变化最为迅速，在远离接触面的另一界面上水分变化最为迟缓，最终达到平衡，并且这时组分内部含水率达到均匀状态，即同一组分内部所有处的含水率均相同，两个组分的水分活度一致，但由于两个组分的吸湿特性不同，含水率并不同。理论数值解需要与试验数据进行对比，在同一时间点处取所有厚度的含水率平均值得到该时间下的平均含水率，最终得到组分的平均含水率随时间的变化曲线。

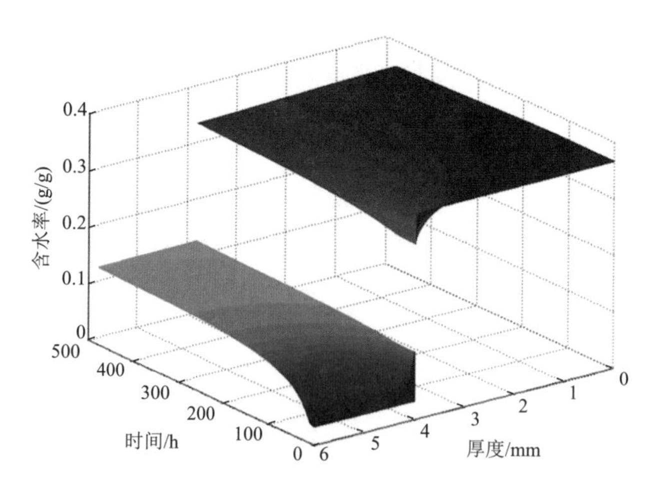

图 10-26　完全接触时双组分食品的数值解模型三维图

对于琼脂厚度为 4mm 的双组分食品，试验测得琼脂与饼干的试验数据和理论数值解比较如图 10-27 所示。试验数据与预测曲线吻合精度很高。由试验及预测模型可以看出，由于前 24h 两个组分的水分活度差较大，为水分快速变化阶段，在第 10 天基本达到平衡，由于最终平衡为水分活度的平衡，而两个组分的吸湿模型不同，因此最终含水率并不一致。整体来说，由于两个组分的比重及吸湿特性的不同，饼干含水率变化较大，琼脂凝胶的含水率变化较小。

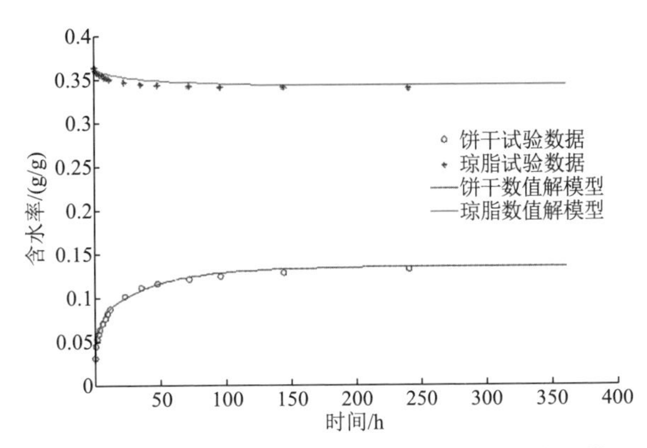

图 10-27　完全接触时双组分食品的试验数据与数值解模型比较

完全接触的双组分食品所对应的饼干的含水率变化如图 10-28 所示。理论模型对多种琼脂厚度下的水分扩散预测与试验得到的数据基本一致，琼脂厚度越大，所对应的饼干的平衡含水率越高，水分扩散越迅速。

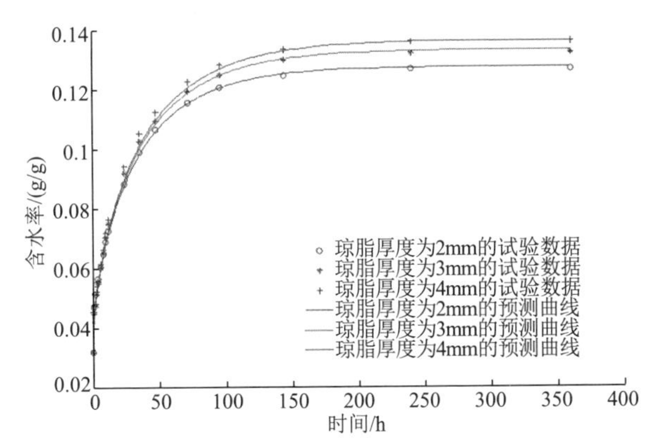

图 10-28　完全接触时不同琼脂厚度对应的饼干试验数据与数值解模型比较

2. 非完全接触的双组分食品水分扩散模型[17]

1）扩散模型的建立

事实上，食物成分的接触条件通常是两个组分的表面之间通过不同的点和区域存在连接，气隙通常随机分布。假设分布在界面之间的气隙是结合在一起并且具有均匀厚度的。部分接触双组分食品的物理模型和数学模型如图 10-29（a）和图 10-29（b）所示。

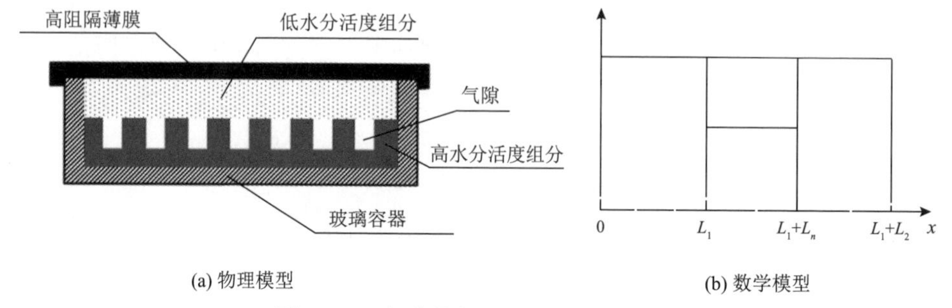

(a) 物理模型　　(b) 数学模型

图 10-29　部分接触的双组分食品示意图

为便于分析，以两个组分的总表面积相同的情况为例，不同接触面积模型如图 10-30 所示。

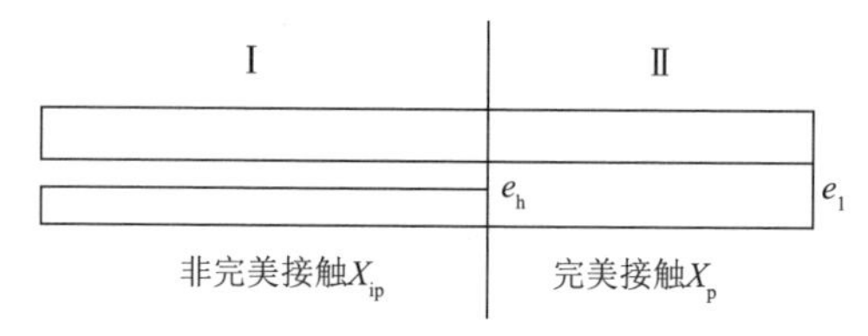

图 10-30　双组分食品间不同接触面积模型示意图

部分接触情况下的水分扩散接触模型为

$$\begin{aligned} X_2 &= \frac{X_{ip} \cdot M_{ip} + X_p \cdot M_p}{M_{ip} + M_p} \\ &= \frac{X_{ip} \cdot L_2 \cdot (1 - a_c) \cdot \rho_2 \cdot A_c + X_p \cdot L_2 \cdot a_c \cdot \rho_2 \cdot A_c}{L_2 \cdot \rho_2 \cdot A_c} \\ &= X_{ip} \cdot (1 - a_c) + X_p \cdot a_c \end{aligned} \tag{10-12}$$

式中，X_p、X_{ip}——完全接触、无接触条件下低水分活度组分的水分含量；

M_p、M_{ip}——完全接触、无接触部分干组分的干重；

e_h——两组分平均气隙厚度；

a_c——接触面积比例；

A_c——低水分活度组分底面积；

ρ_2——低水分活度组分密度。

2）扩散模型的验证

以琼脂凝胶和饼干组成的双组分食品为例，其中琼脂凝胶分别为水分活度为 0.55、0.65、0.75，表面为大小一定、厚度一定的长方体。将三种琼脂凝胶与厚度相同的饼干进行部分接触，每种水分活度下的接触率分别为 0.2、0.5、0.8。饼干在部分接触条件下的含水量变化如图 10-31 所示。接触面积的减小会导致琼脂凝胶的质量比例减小，最终导致饼干的含水率降低。饼干的平衡含水率随着琼脂凝胶水分活度的增加而显著增加。一般来说，湿组分的水分活度越高，扩散速率和干组分的平衡含水率也会更高，试验结果与预测结果基本一致。

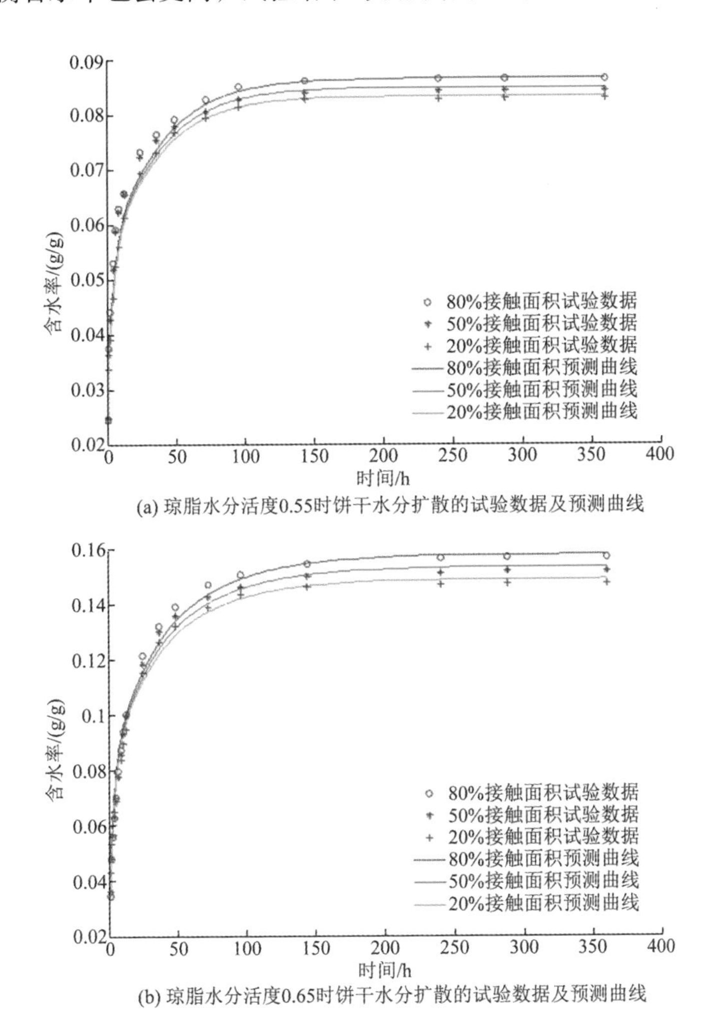

(a) 琼脂水分活度0.55时饼干水分扩散的试验数据及预测曲线

(b) 琼脂水分活度0.65时饼干水分扩散的试验数据及预测曲线

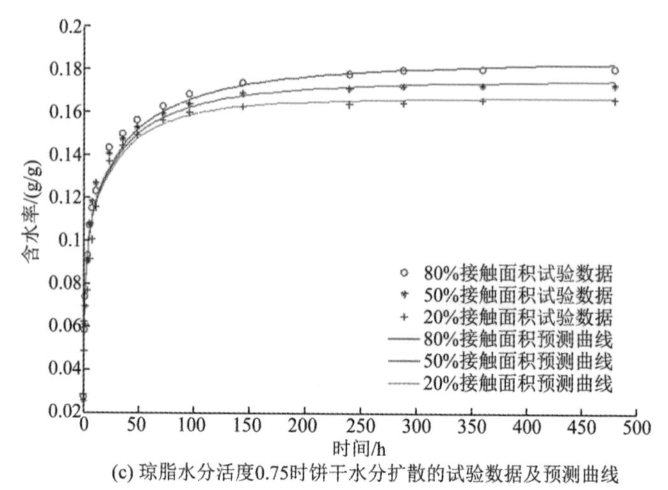

(c) 琼脂水分活度0.75时饼干水分扩散的试验数据及预测曲线

图 10-31 不同水分活度的琼脂凝胶不同接触面积下饼干的试验数据及预测结果比较

10.3.3 双组分食品-渗透包装的水分扩散模型

采用渗透包装时，食品中的水分变化取决于各食品组分之间的水分传递及包装内外部环境之间的水分传递。这两个过程由热力学因素引起，并直接受水分浓度梯度力的驱动。它们同时进行，并且相互影响，致使包装内食品水分变化复杂。为了使货架期的预测更容易，这两个过程通常被分开考虑，并且忽略这两个过程的相互影响[18]。

1. 双组分食品水分扩散模型的建立

双组分食品单向渗透包装的物理模型与数学模型如图 10-32 所示。

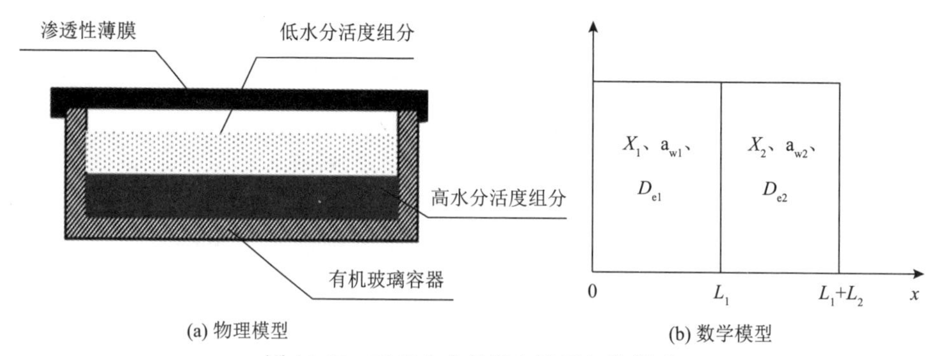

(a) 物理模型　(b) 数学模型

图 10-32 双组分食品单向渗透包装模型

假设条件同非渗透包装情况相同，可建立如同式（10-9）分析模型。

与非渗透包装下双组分模型不同的是在与包装膜临近的干组分接触面上，即

$x=L_1+L_2$ 处，通量不为 0。忽略包装内部微小的包装顶空，内部湿度即临近包装的干组分接触面的水分活度。若两个组分等温吸湿模型均采用 Ferro-Fontan 模型，其边界条件为

$$D_{e2}\rho_2 \frac{X\left(\Delta x + x_{L_1+L_2}\right) - X\left(x_{L_1+L_2}\right)}{\Delta x} A_2 = \frac{P_{wv} p_{sat} A_1}{L}\left(\mathrm{RH_e} - \frac{\mathrm{e}^{\frac{-b_2}{X(x_{L_1+L_2})^{1/d_2}}}}{a_2}\right) \tag{10-13}$$

式中，P_{wv}——包装材料的水蒸气透过系数；

p_{sat}——所处温度下的饱和蒸汽的压强值；

A_1——薄膜包装总面积；

A_2——干组分吸附水分的表面积；

L——包装材料的厚度；

$\mathrm{RH_e}$——包装外部相对温度。

采用中央差分将边界上的扩散方程分解，并将式（10-13）代入可得

$$\frac{\mathrm{d}X\left(x_{L_1+L_2}\right)}{\mathrm{d}t} = \frac{D_{e2(i+1)}}{\Delta x^2}\left\{-\frac{P_{wv} p_{sat} A_1 \Delta x}{A_2 D_{e2(i)} \rho}\left[\mathrm{RH_e} - \frac{\mathrm{e}^{\frac{-b_2}{X(x_{L_1+L_2})^{1/d_2}}}}{a_2}\right]\right\} + \frac{D_{e2(i)}}{\Delta x^2}\left[X\left(x_{L_1+L_2} - \Delta x\right) - X\left(x_{L_1+L_2}\right)\right] \tag{10-14}$$

由于包装膜的渗透作用，水蒸气将透过包装薄膜渗透到包装内，若考虑包装顶空影响，则包装内顶空中的水分为

$$m_p = \Delta m_h + \Delta m_f \tag{10-15}$$

式中，m_p——透过包装薄膜的水分量；

Δm_h——包装顶空中水分的变化量；

Δm_f——食品吸收包装顶空中水分的变化量。

则包装顶空的水分变化可表达为

$$\Delta m_h(t) = \frac{V_h M_H p_{sat}}{RT} \cdot \frac{\mathrm{dRH}_i(t)}{\mathrm{d}t} = \frac{V_h M_H p_{sat}}{RT} \cdot \frac{\mathrm{d}a_{wr}}{\mathrm{d}t} \tag{10-16}$$

式中，V_h——包装顶空体积；

M_H——水的摩尔质量；

a_{wr}——上部干组分边界的水分活度。

对于多组分食品来说，考虑到与包装顶空接触的组分一般为干组分，因此包

装顶空的影响可换算为对干组分含水率的影响。包装顶空导致干组分含水率的变化可表示为

$$\Delta X_2(t) = -\frac{V_h M_H p_{sat}}{RT\rho_2 L_2 A_2} \cdot \frac{dRH_i}{dt} \tag{10-17}$$

假设包装顶空的相对湿度值与上部干组分边界的水分活度一致，则单位时间内包装顶空的含水率变化为

$$\Delta X(t) = -\frac{V_h M_H p_{sat}}{RT\rho_2 L_2 A_2} \cdot \frac{dRH_i}{dt} = -\frac{V_h M_H p_{sat}}{RT\rho_2 L_2 A_2} \cdot \frac{d\left(\dfrac{e^{\frac{-b_2}{X(x_{L_1+L_2})^{1/d_2}}}}{a_2}\right)}{dt} \tag{10-18}$$

在 $x=L_1+L_2$ 处边界条件为

$$\begin{aligned}\frac{dX(x_{L_1+L_2})}{dt} = &\frac{D_{e2(i+1)}}{\Delta x^2}\left\{-\frac{P_{wv}p_{sat}A_1\Delta x}{A_2 D_{e2(i)}\rho}\left[RH_e - \frac{e^{\frac{-b_2}{X(x_{L_1+L_2})^{1/d_2}}}}{a_2}\right]\right\} \\ &+\frac{D_{e2(i)}}{\Delta x^2}\left[X(x_{L_1+L_2}-\Delta x) - X(x_{L_1+L_2})\right] \\ &-\frac{V_h M_H p_{sat}}{RT\rho_2 L_2 A_2}\cdot\left(\frac{e^{\frac{-b_2}{X(x_{L_1+L_2})^{1/d_2}}}}{a_2} - RH_0\right)\end{aligned}$$

2. 双组分食品水分扩散模型验证

以琼脂凝胶和饼干组成的双组分食品为例，其中琼脂凝胶试样 Agar-1 厚度 4mm、水分活度 0.7，琼脂凝胶试样 Agar-2 厚度 3mm、水分活度 0.6。采用两种双组分食品；双组分食品试样 Ⅰ [Agar-1 与饼干无缝隙接触，渗透性薄膜 P1 封合，透湿系数 4.26×10^{-15} g·cm/(cm^2·s·Pa)]，双组分食品试样 Ⅱ [Agar-2 与饼干无缝隙接触，渗透性薄膜 P2 封合，透湿系数 6.47×10^{-15}g·cm/(cm^2·s·Pa)]，置于 20℃、90%RH 的条件中进行储存试验。

渗透包装下双组分食品 Ⅰ 的双组分试验数据与预测对比如图 10-33 所示，渗透与非渗透包装下双组分食品 Ⅰ 对比如图 10-34 所示。结果表明，与非渗透包装相比，包装膜渗透作用的影响显著，尤其是后期在非渗透包装系统的食品接近平衡时渗透作用更为显著。

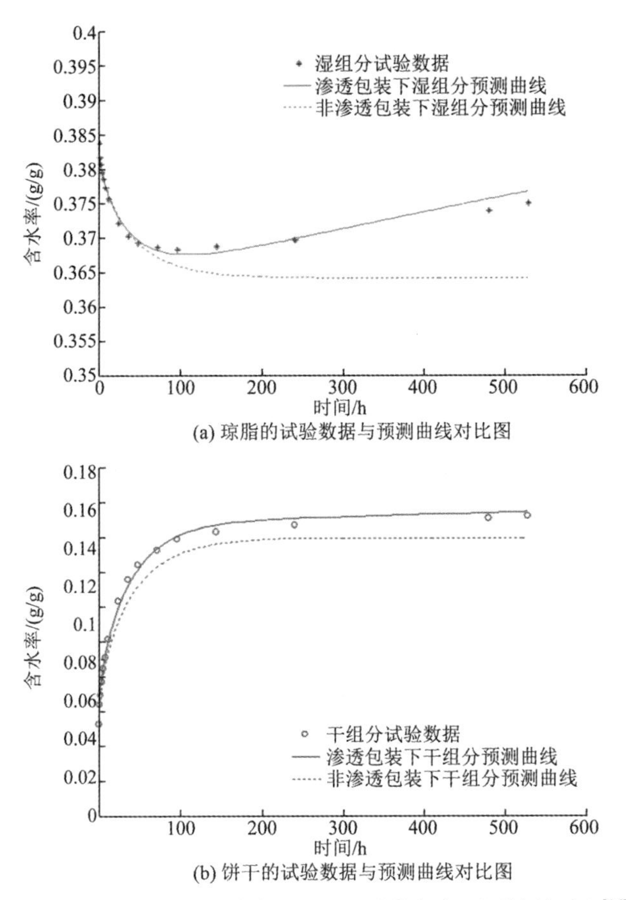

图 10-33　渗透包装下双组分食品 I 的试验数据与预测结果对比[16]

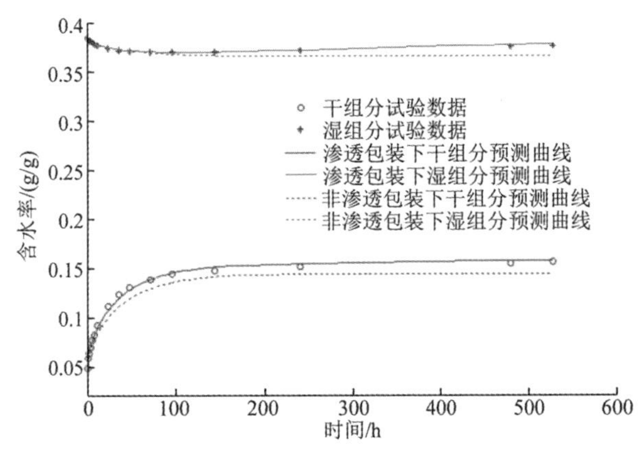

图 10-34　渗透与非渗透包装下双组分食品 I 水分扩散比较[16]

初期，饼干从琼脂和包装外部吸收水分，渗透包装下的饼干含水率迅速增加，相比于同条件的非渗透包装下增加更快，琼脂含水率迅速下降；中期，由于吸湿，饼干的水分活度与琼脂的水分活度和外界环境湿度差值越来越小，吸湿变缓；直至两个组分的水分活度达到一致，琼脂含水率出现拐点，这时饼干依然从外界吸湿，含水率持续增加，而琼脂开始从饼干吸湿，含水率增加，由于琼脂与饼干的吸湿特性不同及琼脂与饼干的比重较大，因此在这个阶段饼干的含水率增加，但是小于琼脂含水率的增加速率，这时两组分共同增加的水分质量为包装的水分渗透量，直至包装内湿度与外界环境的湿度达到一致。

渗透包装下双组分食品Ⅱ的双组分食品试验数据与预测曲线对比如图 10-35 所示，渗透与非渗透包装系统下双组分食品Ⅱ对比如图 10-36 所示。

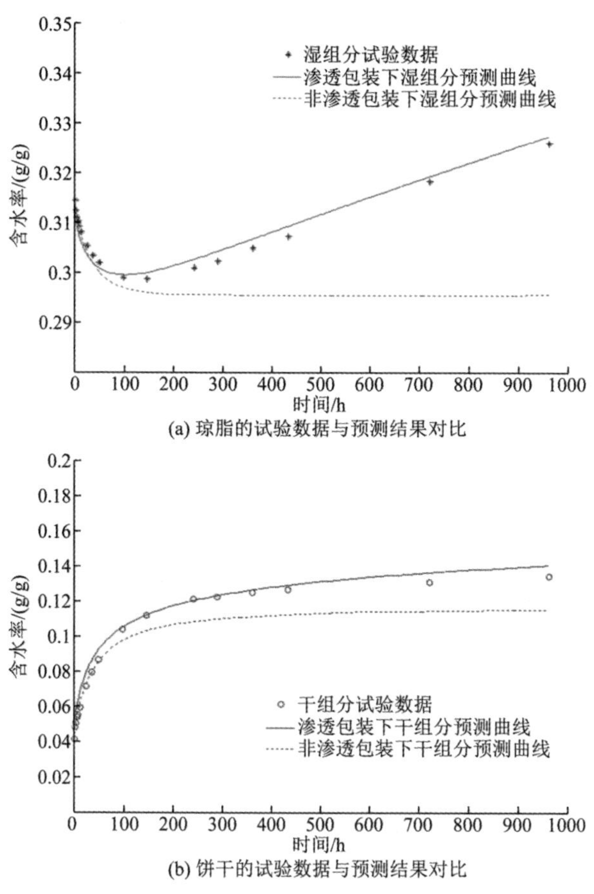

图 10-35　渗透包装下完全接触双组分食品Ⅱ的试验数据与预测结果对比[16]

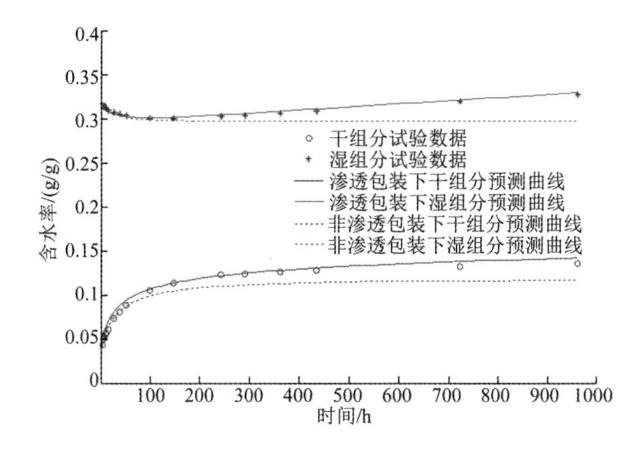

图 10-36　渗透与非渗透包装下双组分食品Ⅱ水分扩散比较[16]

相比于厚度 4mm、水分活度较高的琼脂对应的双组分食品，厚度较薄及水分活度较低的琼脂所对应的食品的渗透作用更加显著。由于在琼脂的水分活度较低的情况下，两个组分之间的水分活度差较小，相对应的水分传输速率也比较慢，并且与外界的相对湿度差则更明显，所对应的渗透作用的影响更加显著。相对于单组分食品而言，双组分食品中的湿组分可为干组分食品分担部分外界环境通过包装渗透进系统内的水分，在一定情况下，反而提高了双组分食品的货架寿命。

10.4　多组分食品防潮包装货架期预测

当多种不同水分活度的食品组分组合在一起时，组分间的水分迁移是储存过程中经常发生的问题，水分将会从高水分活度的组分逐渐向低水分活度的组分扩散，直至达到平衡。这种多组分食品间水分扩散对某种组分或整个食品都会产生很大影响。

现有研究中，Roca 等[19]采用三种不同配方的饼干和湿组分组成多组分食品来研究水分扩散规律，发现降低两种组分的水分活度梯度、降低有效水分扩散系数或增加可食性膜是三种比较有效的延长多组分食品货架期的方法。

根据目前市场上多组分食品的主要形式，选择两种典型结构予以研究：第一种，“2+1”多组分食品结构，采用饼干-琼脂凝胶模拟组合食品，研究三种不同配方的饼干在不同温度下的水分扩散特性，并采用有限元方法对多组分食品内部的水分扩散过程进行模拟；第二种，“3+2”多组分食品结构，采用饼干-果丹皮-琼脂凝胶模拟组合食品，研究复杂结构的多组分食品的水分扩散过程，通过有限元模拟和试验验证来分析多组分食品间水分扩散的规律及对货架期的影响。

10.4.1 多组分食品水分扩散机理及研究

多组分食品组分间水分扩散速度主要取决于组分间的水分活度梯度，高水分活度的组分不断地向低水分活度的组分进行水分扩散，直至二者达到平衡，多组分食品研究和开发中最重要的是控制组分间的水分活度梯度。

控制食品的初始含水率，在两种组分间增加可食性薄膜来阻止水分的扩散，或者通过改变食品结构和配方来降低有效水分扩散系数等手段可以减缓组分间的水分扩散，提高多组分食品的品质和货架期。有研究发现把湿组分的水分活度从0.99 降低到 0.64 时，多组分食品的货架期延长了 6d；改变产品配方，把产品内部的有效水分扩散系数从 $1.56\times10^{-11}\text{m}^2/\text{s}$ 降低到 $0.99\times10^{-11}\text{m}^2/\text{s}$ 时，多组分食品的货架期延长了 2d；在两种组分间增加可食性膜，多组分食品货架期延长了 8d[19]。对麦片-琼脂凝胶系统采用减少组分之间水分活度的梯度和在组分之间加非亲水性阻隔膜两种方法进行扩散试验，两种方法均能够有效抑制水分的扩散速度，使达到平衡的时间从几分钟延长到几个小时甚至十几天。

10.4.2 “2+1”结构多组分食品非渗透包装货架期的预测[20]

1. “2+1”结构多组分食品水分扩散模型的建立

非渗透包装条件下“2+1”多组分食品水分迁移数学模型的示意图如图 10-37 所示。考虑一维传质，两个低水分活度的干组分食品位于外侧，中间是高水分活度的湿组分，该结构和目前常见的多组分食品结构类似。研究多组分食品之间的水分迁移问题，假设食品由高水分活度的湿组分和低水分活度的干组分组成，两个组分紧密地贴合在一起。非渗透包装条件下，干组分和湿组分之间存在的水分活度梯度会发生水分扩散，为了简化问题，作如下假设。

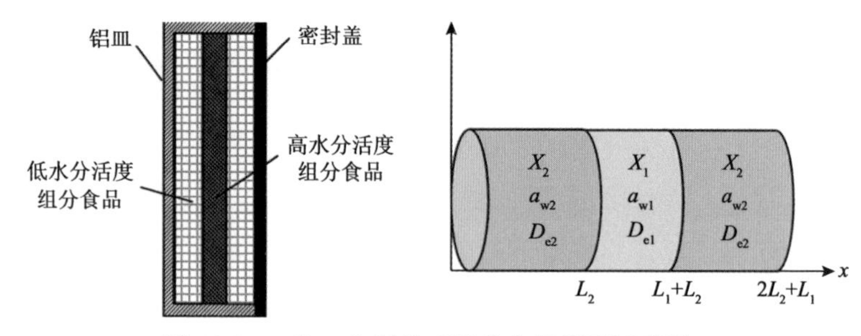

图 10-37 “2+1”结构多组分食品模型示意图

（1）初始状态，两种食品组分中水分均匀分布。

（2）水分扩散认为是沿接触面的一维扩散。

（3）两种组分接触完全，之间不存在空气间隙，也不考虑空气阻力的情况。

（4）在完全密封的条件下，湿组分扩散出的水分完全被干组分吸收。

湿组分和干组分的有效水分扩散系数都是随含水率的变化而变化的。由于两种组分的上下表面积相对边缘面积来讲相差很大，也就是说，相对于沿两种组分厚度方向的水分扩散来讲，其沿径向的水平扩散基本是可以忽略的。两种组分间的水分扩散被认为是一维扩散。根据 Fick 第二定律，湿组分和干组分的一维非稳态扩散方程可表示为

$$\begin{cases} \dfrac{\partial X_1}{\partial t} = \dfrac{\partial}{\partial x}\left(D_{e1}\dfrac{\partial X_1}{\partial x}\right) & L_2 < x < L_1 + L_2; \quad t > 0 \\ \dfrac{\partial X_2}{\partial t} = \dfrac{\partial}{\partial x}\left(D_{e2}\dfrac{\partial X_2}{\partial x}\right) & 0 < x < L_2;\ L_1 + L_2 < x < 2L_2 + L_1;\ t > 0 \end{cases} \tag{10-19}$$

对于高水分活度的湿组分来说，初始时其含水率 X_{10} 是均匀的，故初始条件为

$$X_1 = X_{10} \qquad t = 0; L_2 < x < L_1 + L_2$$

对于干组分来说，其初始含水率为 X_{20}，同时，干组分外侧两个边界不存在水分活度梯度，所以初始条件和边界条件为

$$\begin{cases} X_2 = X_{20} & 0 < x < L_2;\ L_1 + L_2 < x < 2L_2 + L_1;\ t = 0 \\ D_{e2}\dfrac{\partial X_2}{\partial x} = 0 & x = 0;\ x = 2L_2 + L_1;\ t > 0 \end{cases}$$

假设两个组分在接触面上的水分活度瞬时达到平衡。

$$a_{w1} = a_{w2} \qquad x = L_2;\ x = L_1 + L_2$$

在非渗透密封包装中，湿组分扩散出的水分全部被干组分所吸收，根据质量守恒可得到：

$$D_{e1}\rho_1\frac{\partial X_1}{\partial x} = D_{e2}\rho_2\frac{\partial X_2}{\partial x} \quad x = L_2; x = L_1 + L_2; t > 0 \tag{10-20}$$

2. “2+1”结构多组分食品货架期预测模型的有限元分析

结合等温吸湿模型、有效水分扩散系数模型与 Fick 第二定律推导的方程，利用有限元软件进行求解，可得到非渗透包装下“2+1”多组分食品间水分扩散数值解，即多组分食品中含水率沿组分厚度及随时间变化的情况。

由 COMSOL 有限元模拟得到凝胶和饼干的含水率 X 与时间 t、厚度 x 之间的数值解模型。以厚度为 3mm 的琼脂凝胶和厚度为 4mm 的 Z20 饼干组成的多组分食品为例，图 10-38 为不同时间、不同厚度上的凝胶-饼干含水率三维图。在两个

组分发生接触以后，干组分 Z20 饼干含水率迅速增加，凝胶湿组分的含水率下降，最终两种组分的含水率达到平衡。但由于两个组分的水分吸附特性不同，最后的平衡含水率并不相同。两种组分在 24h 左右达到水分扩散平衡，琼脂凝胶从 40.8g/100g 初始含水率降低到 33.35g/100g 的平衡含水率，Z20 饼干从 2.17g/100g 的初始含水率上升到 11.14g/100g 的平衡含水率。

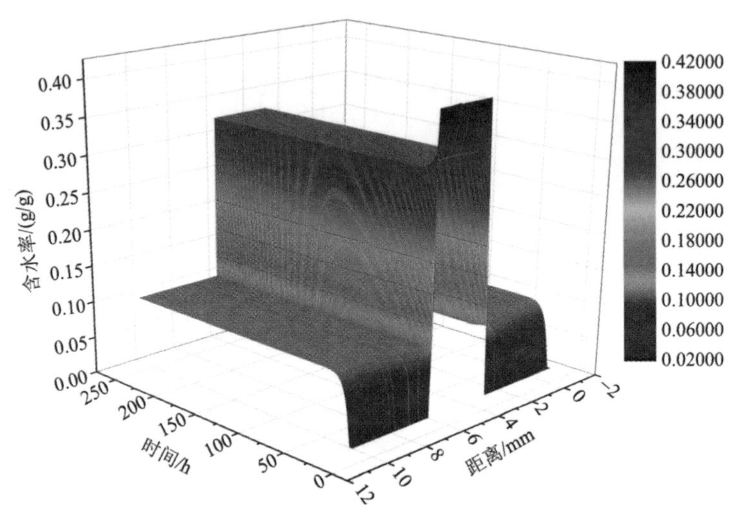

图 10-38 琼脂凝胶-Z20 饼干“2+1”多组分食品的含水率变化的数值解模型

图 10-39 为凝胶-饼干“2+1”多组分食品的水分活度变化的数值解模型。两种组分的水分活度在水分扩散平衡时是一致的，这也说明多组分间水分扩散的驱动力是水分活度梯度，二者平衡时的水分活度为 0.682。

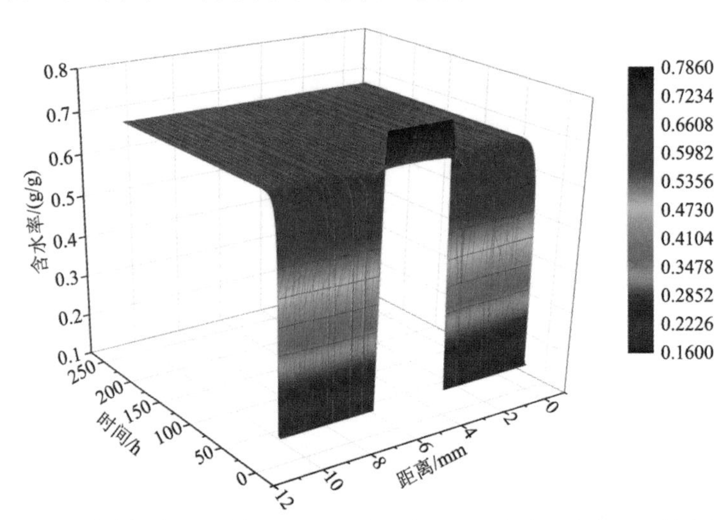

图 10-39 琼脂凝胶-Z20 饼干“2+1”多组分食品的水分活度变化的数值解模型

3. “2+1”结构多组分食品货架期预测模型的试验验证

以琼脂凝胶-果丹皮-饼干组成的“2+1”结构多组分食品为例，其中饼干 Z10 初始水分活度为 0.163，初始含水率为 2.15g/100g，饼干 Z20 初始水分活度为 0.161，初始含水率为 2.17g/100g，饼干 Z30 初始水分活度为 0.156，初始含水率为 2.23g/100g；琼脂凝胶初始水分活度为 0.786，初始含水率为 40.8g/100g；果丹皮初始水分活度为 0.643，初始含水率为 21.6g/100g。采用 3 种厚度相同饼干作为干组分；厚度相同的琼脂凝胶和果丹皮为湿组分，相互组合形成“2+1”结构的多组分食品。

图 10-40 是以 Z20 饼干和凝胶组成的多组分食品为例，对比不同温度条件下 Z20 饼干和琼脂凝胶湿组分之间的水分扩散过程。由于琼脂凝胶和 Z20 饼干水分活度存在较大的梯度，两者充分接触后，湿组分会快速向干组分进行水分扩散，干组分饼干的含水率快速增加。饼干在四个温度条件下基本都是在 24h 左右达到基本的水分扩散平衡。由于温度对水分扩散系数的影响，前几个小时高温条件下饼干含水率增加速度更快，而最后平衡时，288K 条件下的饼干具有更高的平衡含水率，这和等温吸湿曲线在不同温度下的表现是一致的。288K 时 Z20 饼干的平衡含水率为 11.14g/100g，而在 318K 下平衡含水率为 10.3g/100g。

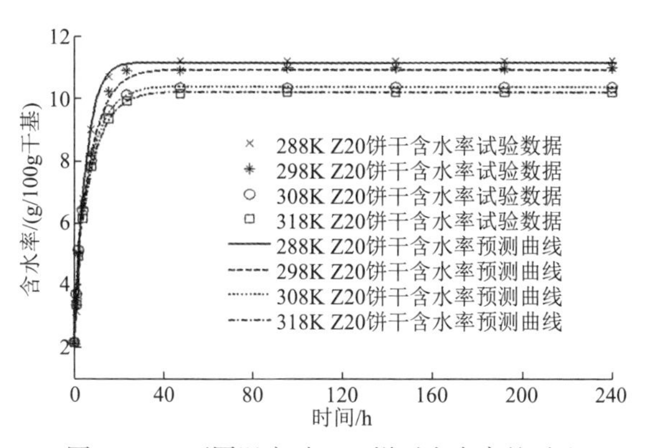

图 10-40　不同温度时 Z20 饼干含水率的对比

对非渗透包装内多组分食品之间水分扩散速度影响最大的是组分间的水分活度梯度。通过图 10-41 对比两组多组分食品，凝胶水分活度 0.786，与 Z20 饼干水分活度 0.161 之间存在较大的水分活度梯度差，两者之间的水分扩散比较迅速，在 24h 左右两者之间的水分扩散达到平衡。而从果丹皮和 Z20 饼干组成的多组分食品中，果丹皮水分活度为 0.643，其和饼干的水分活度梯度差不及凝胶和饼干大，所以其水分扩散速度相对较慢，二者之间的平衡时间相对较长，大概是 50h 左右。从两组多组分食品的对比可以看出，水分活度梯度会对其组分间的水分扩散速度产生直接影响，进而影响多组分食品的品质和货架期。

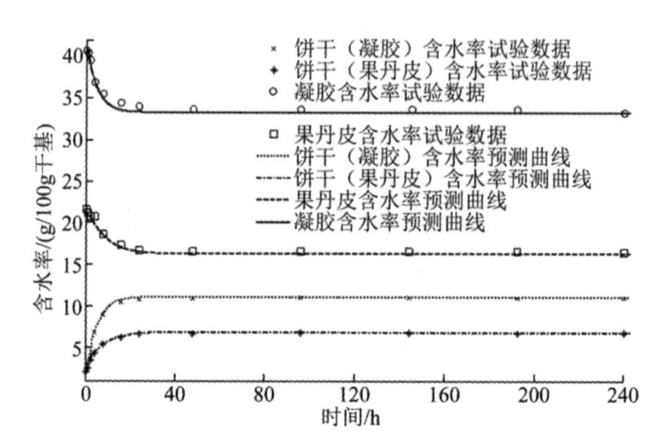

图 10-41　温度 298K 时不同湿组分对 Z20 饼干含水率影响的对比

食品成分对水分吸附特性和水分扩散特性的影响如图 10-42 所示。从 3 种饼干和琼脂凝胶湿组分组成的多组分食品来看，Z10 饼干含水率的增长最为迅速，并且其平衡含水率最高。这主要是由于 Z10 饼干脂肪含量低，同一温度下其有效水分扩散系数最大，具有更大的水分吸附能力，即具有更高的平衡含水率。

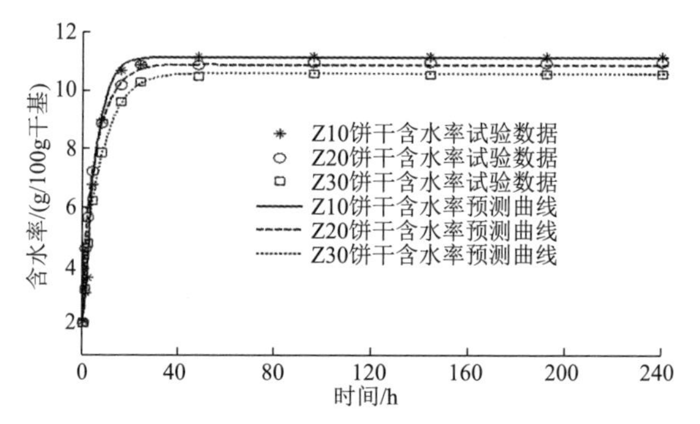

图 10-42　饼干成分对多组分食品饼干含水率变化的影响（温度 298K）

10.4.3　“3+2”结构多组分食品非渗透包装货架期的预测[20]

为满足消费者的需求，市场上食品的口味和结构形式越来越多。较常见的有“2+1”结构和“3+2”结构的多组分食品，两者之间主要的差异是“3+2”最中间的干组分会同时受到两侧湿组分的影响。所以，对于“3+2”结构的多组分食品来说，其水分扩散过程及整个食品货架期的判断都会有所不同。

1. “3+2”结构多组分食品水分扩散模型的建立

多组分食品由高水分活度的湿组分和低水分活度的干组分组成，两种组分紧密地贴合在一起，三个干组分和两个湿组分交替排列，如图 10-43 所示。模型的基本假设条件和“2+1”结构多组分食品是一致的。

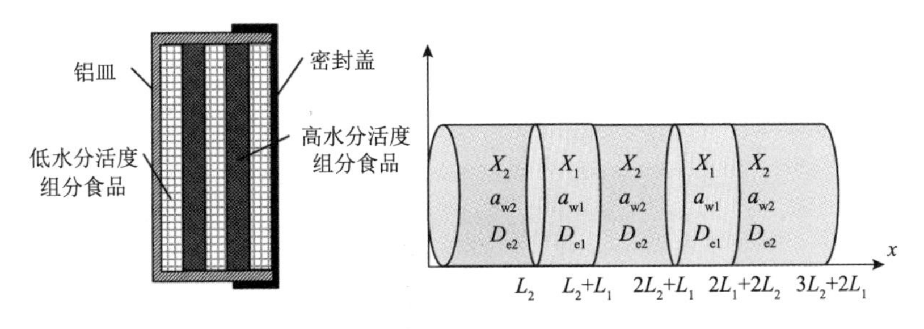

图 10-43　“3+2”结构多组分食品模型示意图

湿组分和干组分的有效水分扩散系数都是含水率和温度的函数。根据 Fick 第二定律，湿组分和干组分的一维非稳态扩散方程可表示为

$$\begin{cases}\dfrac{\partial X_1}{\partial t}=\dfrac{\partial}{\partial x}\left(D_{e1}\dfrac{\partial X_1}{\partial x}\right) & L_2<x<L_1+L_2;\ 2L_2+L_1<x<2L_1+2L_2;\ t>0\\ \dfrac{\partial X_2}{\partial t}=\dfrac{\partial}{\partial x}\left(D_{e2}\dfrac{\partial X_2}{\partial x}\right) & 0<x<L_2;\ L_1+L_2<x<2L_2+L_1;\ 2L_1+2L_2<x<3L_2+2L_1;\ t>0\end{cases} \tag{10-21}$$

对于干组分，初始时其水分含量 X_{20} 是均匀的，且干组分左右边界不存在水分活度梯度，故初始条件和边界条件为

$$\begin{cases}X_2=X_{20} & t=0\text{ 且 }0<x<L_2,\ L_1+L_2<x<2L_2+L_1,\ 2L_1+2L_2<x<3L_2+2L_1\\ D_{e2}\dfrac{\partial X_2}{\partial x}=0 & t=0\text{ 且 }x=0,\ x=3L_2+2L_1\end{cases}$$

对于湿组分来说，其初始水分含量为 X_{10}，初始条件为

$$X_1=X_{10}\quad t=0\text{且}\ L_2<x<L_1+L_2,\ 2L_2+L_1<x<2L_1+2L_2$$

假设在两种组分接触面上的水分活度瞬时达到平衡，即

$$a_{w1}=a_{w2}\quad x=L_2,\ x=L_1+L_2,\ x=2L_2+L_1,\ x=2L_1+2L_2$$

在非渗透密封包装里，湿组分扩散出的水分全部被干组分所吸收，即

$$D_{e1}\rho_1\frac{\partial X_1}{\partial x}=D_{e2}\rho_2\frac{\partial X_2}{\partial x}\quad t>0\text{且}\ x=L_2,\ x=L_1+L_2,\ x=2L_2+L_1,\ x=2L_1+2L_2 \tag{10-22}$$

2. “3+2”结构多组分食品的水分扩散过程模拟

图 10-44 为 25℃时 Z20 饼干和凝胶组成的“3+2”结构多组分食品在各个时刻的水分扩散云图分布，从图中可以直观地看出组分间的水分扩散过程。

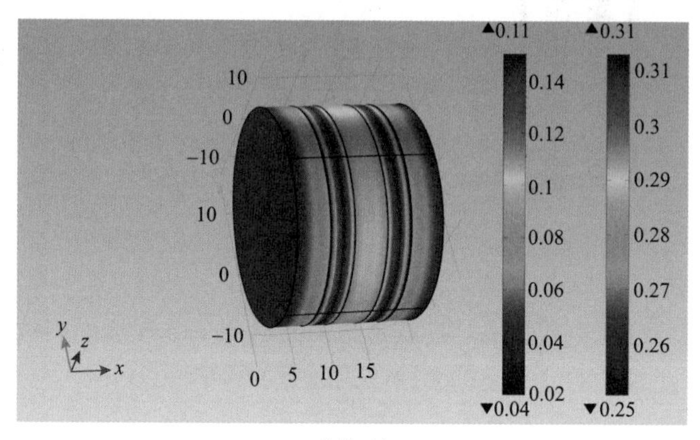

(a) 扩散时间4h

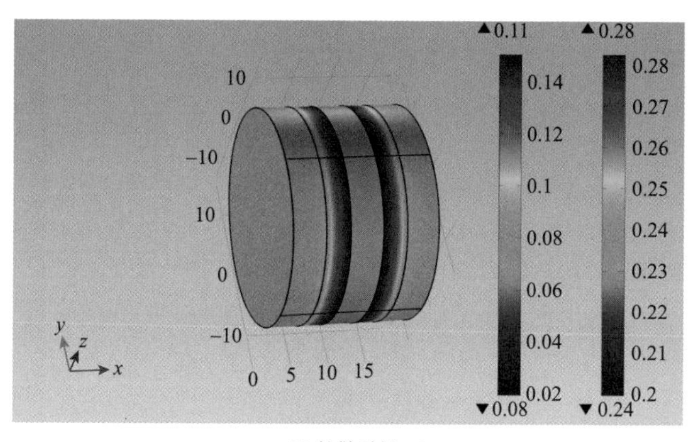

(b) 扩散时间10h

图 10-44　Z20 饼干和凝胶“3+2”结构多组分食品水分扩散过程

图 10-45 是 25℃时凝胶和 Z20 饼干“3+2”多组分食品的水分扩散模拟，在两个组分发生接触以后，干组分 Z20 饼干含水率迅速增加，凝胶湿组分的含水率迅速下降，最终两种组分的含水率达到平衡。“3+2”结构的多组分食品与“2+1”结构的多组分食品相比，中间干组分由于同时受到两侧湿组分的水分扩散，含水率的上升明显快于两侧饼干，但整个系统最终还是趋于平衡。两种组分在 50h 左右达到水分扩散平衡，凝胶的平衡含水率为 34.83g/100g，饼干的平衡含水率为 11.79g/100g。

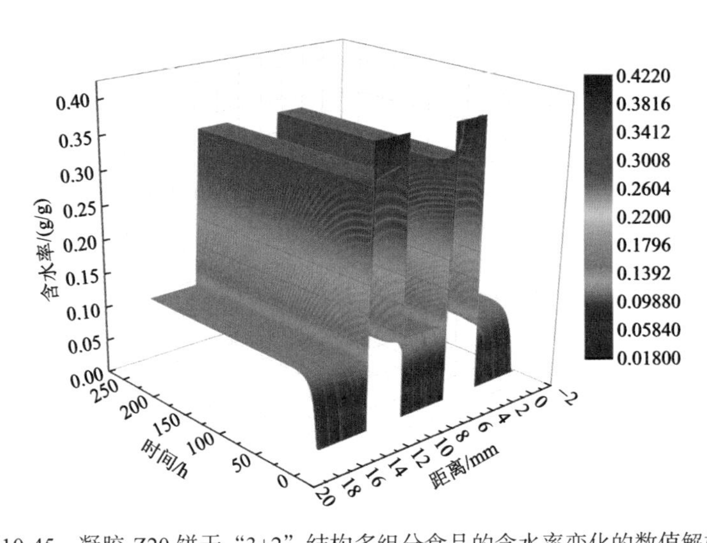

图 10-45　凝胶-Z20 饼干“3+2”结构多组分食品的含水率变化的数值解模型

3. “3+2”结构多组分食品货架期模型的试验验证

以琼脂凝胶-果丹皮-饼干组成的“3+2”结构多组分食品为例。凝胶-Z20 饼干“3+2”多组分食品在非渗透包装、25℃时的含水率变化如图 10-46 所示。前 24h 由于两个组分水分活度差较大，饼干含水率快速上升，凝胶含水率出现快速下降，随着水分扩散的进行，两种组分的水分活度趋于平衡，含水率变化逐渐稳定。“3+2”结构的中间饼干由于两侧的湿组分同时扩散，其含水率上升速度明显快于外侧饼干，但最终其含水率是趋于一致的。

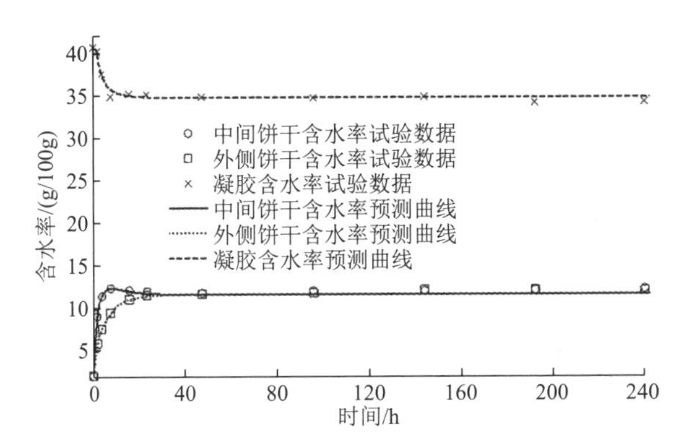

图 10-46　凝胶-Z20 饼干“3+2”多组分食品含水率变化

果丹皮-Z20 饼干“3+2”多组分食品在非渗透包装、25℃时的含水率变化如图 10-47 所示。前 24h 由于两个组分的水分活度差较大，饼干含水率会快速上升，果丹皮含水率出现快速下降，随着水分扩散的进行，两种组分的水分活度趋于平衡，含水率变化逐渐稳定。“3+2”结构的中间饼干由于两侧的湿组分同时扩散，其含水率上升速度明显快于外侧饼干，但最终其含水率是趋于一致的。

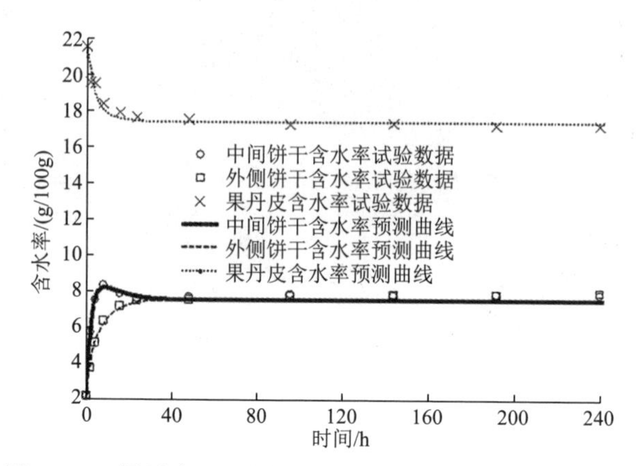

图 10-47　果丹皮-Z20 饼干“3+2”多组分食品含水率变化

10.4.4　“2+1”结构多组分食品渗透包装货架期的预测

1. “2+1”结构多组分食品水分扩散模型的建立

渗透包装模型需同时考虑湿组分向干组分的水分扩散及包装外向包装内的水分扩散。渗透包装条件下“2+1”多组分食品水分迁移数学模型的示意图如图 10-48 所示。两种低水分活度的干组分食品位于外侧，中间是高水分活度的湿组分，该结构和目前常见的多组分食品结构类似。假设食品的两个组分紧密地贴合在一起。渗透包装需考虑包装材料的水分渗透作用，在非渗透双组分食品理论的基础上结合边界条件求解偏微分方程。

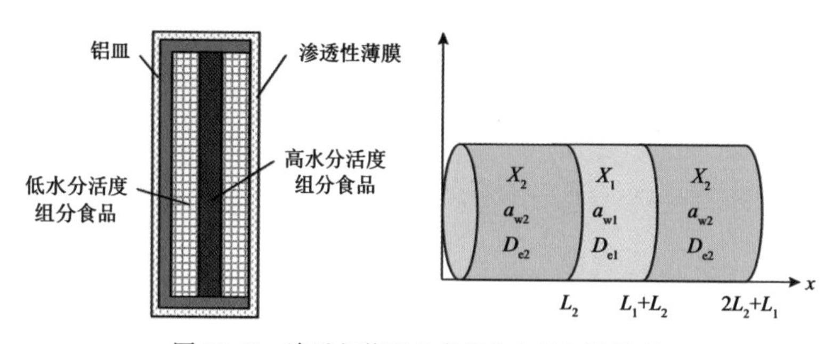

图 10-48　渗透包装下的多组分食品包装模型

假设条件同非渗透包装情况相同，基于 Fick 第二定律可得到

$$\begin{cases}\dfrac{\partial X_1}{\partial t}=\dfrac{\partial}{\partial x}\left(D_{e1}\dfrac{\partial X_1}{\partial x}\right) & L_1<x<L_1+L_2;\quad t>0\\ \dfrac{\partial X_2}{\partial t}=\dfrac{\partial}{\partial x}\left(D_{e2}\dfrac{\partial X_2}{\partial x}\right) & 0<x<L_1;\ L_1+L_2<x<2L_1+L_2;\ t>0\end{cases} \tag{10-23}$$

干组分的边界条件在 $x=0$ 时与非渗透包装一致；在干组分与包装的接触面上即 $x=2L_2+L_1$ 处的通量不为 0。这里忽略包装内部微小的顶空所含的水分。在 $x=2L_2+L_1$ 处边界条件为

$$D_{e2}\rho_2\left(\frac{\partial X_2}{\partial x}\right)A_2=\frac{P_{wv}p_{sat}A_1}{L}\left(\mathrm{RH}_e-\mathrm{RH}_i\right)\qquad t>0, x=2L_1+L_2 \tag{10-24}$$

假设包装内的相对湿度与干组分的水分活度一致，即 $a_{w2}=\mathrm{RH}_i$，根据 GAB 等温吸湿方程，推导出 a_{w2}，代入方程（10-24）得到

$$D_{e2}\rho_2\frac{\partial X_2}{\partial x}=\frac{P_{wv}p_{sat}A_1}{LA_2}\cdot\left(\mathrm{RH}_e-\frac{\left(w^2c^2+4m_0cX-2wc^2X+X^2c^2\right)^{1/2}+cX-2X-wc}{2X(c-1)k}\right) \tag{10-25}$$

对于湿组分，其初始条件与非渗透包装相同。

2. “2+1”结构多组分食品货架期预测模型的有限元求解

多组分食品防潮包装货架期预测模型的有限元求解过程和单组分食品货架期基本相似，所不同的是模型的边界条件设置。

以 Z20 饼干-果丹皮和 Z20 饼干-凝胶组成的多组分食品为例，采用有限元模拟 LDPE 薄膜包装在 35℃、相对湿度 90%条件下两种多组分食品在不同时刻的水分分布。

1）Z20 饼干-果丹皮“2+1”多组分食品在不同时刻的水分分布

图 10-49 为采用 LDPE 薄膜渗透包装，在 35℃、相对湿度 90%条件下 Z20 饼干-果丹皮多组分食品含水率随时间变化的水分分布云图。水分分布云图可以直观地反映出随着水分不断渗透进入包装薄膜并被饼干吸收，饼干内部的水分不断增加。

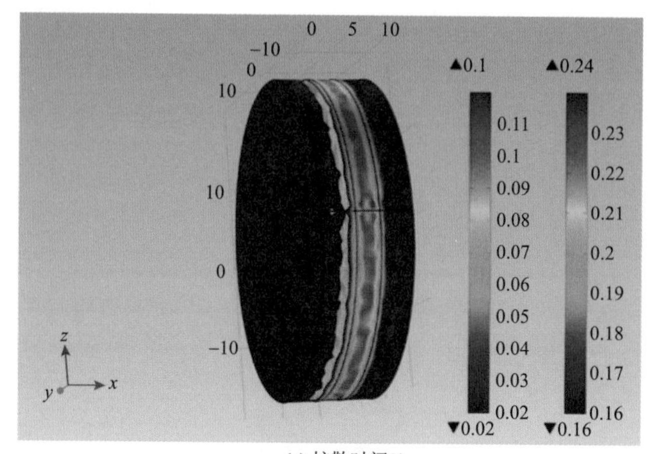

(a) 扩散时间0h

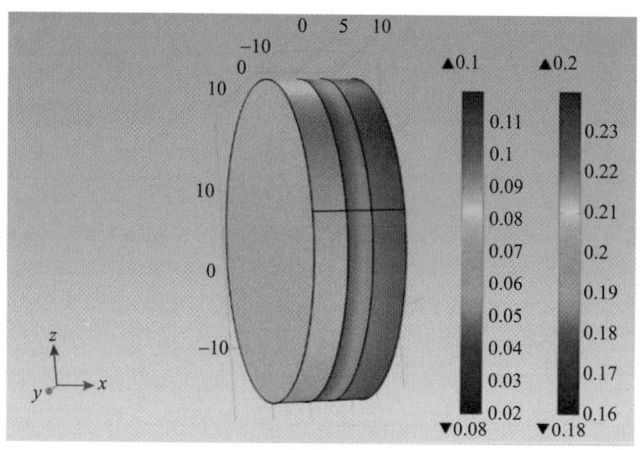

(b) 扩散时间120h

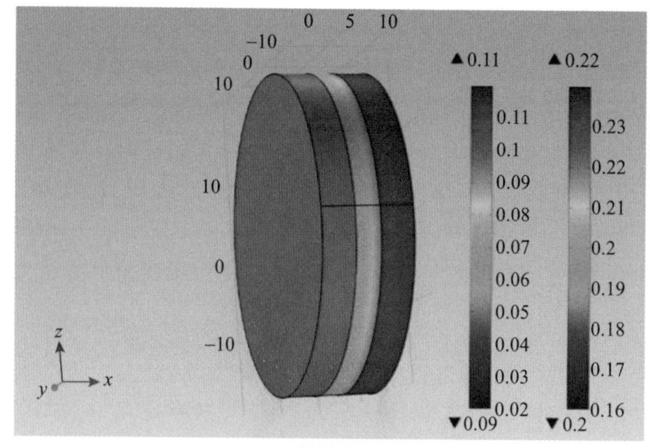

(c) 扩散时间240h

图 10-49　35℃、相对湿度 90%、LDPE 包装 Z20 饼干-果丹皮多组分食品水分扩散过程

2）果丹皮-Z20 饼干“2+1”结构多组分食品水分变化

Z20 饼干和果丹皮“2+1”结构双组分食品采用 LDPE 薄膜为包装袋，储存在 35℃和相对湿度 90%条件下，采用有限元模拟多组分食品储存过程中的含水率变化过程，如图 10-50 所示。干组分和湿组分之间的扩散在初始阶段占主导，随着二者之间水分扩散趋于平衡，湿组分对干组分水分变化的影响逐渐变小。同非渗透性包装不同的是，由于包装外部不断的水分渗透，饼干和果丹皮的含水率并不会趋于平衡，而是不断吸收包装外部渗透进入的水分，包装薄膜一侧的饼干含水率的增加速度更快。在储存时间为 240h 时，包装薄膜一侧的饼干平均含水率为 10.79%，而内侧饼干的平均含水率为 9.46%。

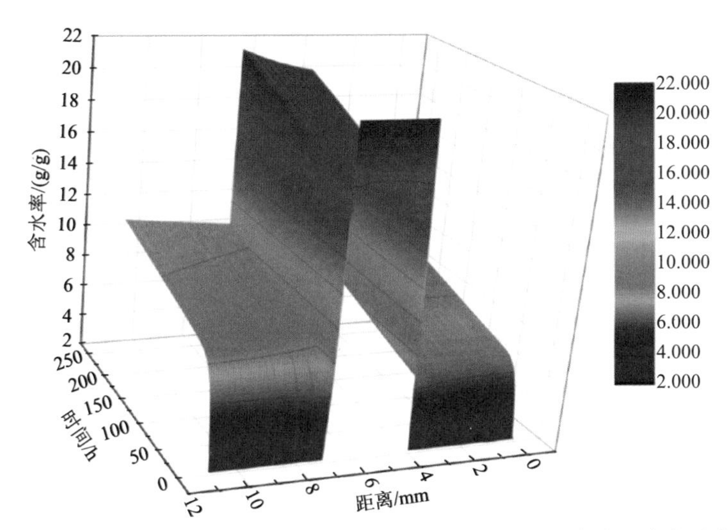

图 10-50　35℃、相对湿度 90%采用 LDPE 包装中 Z20 饼干-果丹皮多组分食品含水率变化

3. “2+1”结构多组分食品货架期预测模型的试验验证

以琼脂凝胶-果丹皮-饼干组成的“2+1”结构多组分食品为例，其中琼脂凝胶厚度为 3mm、水分活度为 0.786；果丹皮厚度为 3mm、水分活度为 0.643。采用琼脂凝胶和果丹皮作为湿组分，与厚度 4mm 饼干无缝隙接触，并用渗透性薄膜 LDPE 和 CPP 将其四边封边。储存在选定的四个环境条件（25℃，相对湿度 75%；25℃，相对湿度 90%；35℃，相对湿度 75%；35℃，相对湿度 90%）下。包装货架期的整个试验验证周期为 10d。

1）渗透包装和非渗透包装条件下多组分食品货架期的对比

由 Z20 饼干和果丹皮组成的多组分食品分别采用 LDPE 薄膜渗透包装和铝箔袋非渗透性包装，储存在 35℃、相对湿度 90%的条件下。试验数据和有限元数值解进行对比，结果如图 10-51 所示。

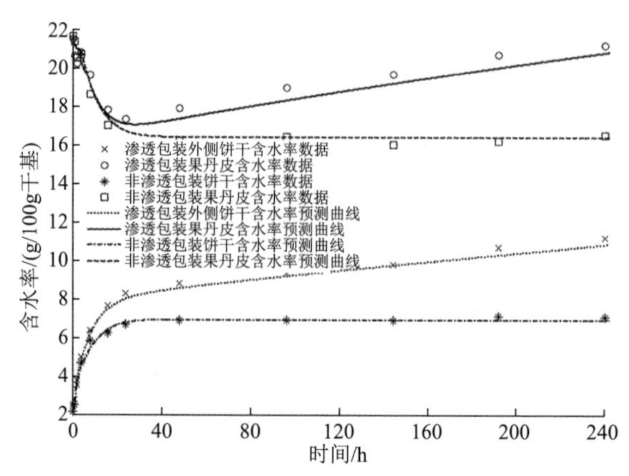

图 10-51 35℃、相对湿度 90%下果丹皮-Z20 饼干多组分食品渗透包装和非渗透包装对比

无论是渗透性包装还是非渗透性包装，在水分吸附初期阶段，饼干均会从果丹皮吸收水分，两种包装条件下饼干含水率均迅速上升。但随着果丹皮和饼干之间水分活度梯度的降低，水分扩散速度开始放缓，非渗透包装条件下，饼干含水率的上升和果丹皮含水率的降低均开始放缓,并在水分扩散 40h 左右时趋于平衡。渗透包装条件下，在水分扩散的初始 10h 左右时间里，饼干含水率上升迅速，主要水分扩散是由于和果丹皮存在较大的水分活度梯度,随着水分活度梯度的降低，饼干含水率上升趋势越来越缓。相比于同条件的非渗透包装，渗透包装条件下，外界环境的水分不断透过包装进入包装内部，整个多组分食品均会吸收进入包装内的水分。从饼干含水率上升曲线可以看出，外界环境对包装内食品的影响显著。在水分吸附 240h 时，渗透包装中饼干的平均含水率为 10.79%，而非渗透包装下饼干的平均含水率为 6.93%。

2）不同水分活度湿组分对渗透包装多组分食品货架期的影响

采用 Z20 饼干和凝胶与果丹皮分别组成多组分食品，采用 LDPE 薄膜渗透包装，储存在 35℃、相对湿度 90%的条件下。试验数据和有限元数值解进行对比，结果如图 10-52 所示。

无论是凝胶-饼干多组分食品还是果丹皮-饼干多组分食品，在水分吸附初期阶段，饼干均会从湿组分快速吸收水分，两种多组分食品的饼干含水率均迅速上升。由于琼脂凝胶和 Z20 饼干水分活度存在较大的梯度，饼干含水率上升的速度比果丹皮-饼干多组分食品快。随着湿组分和干组分间水分活度趋于平衡，水分扩散速度开始放缓，各组分含水率开始进入缓慢上升的阶段，这主要是由于外界环境中的水分不断通过包装渗透进来。在水分吸附 240h 时，果丹皮-Z20 饼干多组分食品中外侧饼干的平均含水率为 10.79%，而凝胶-Z20 饼干多组分食品中外侧饼干的平均含水率为 12.93%。对货架期影响显著的主要是湿组分。

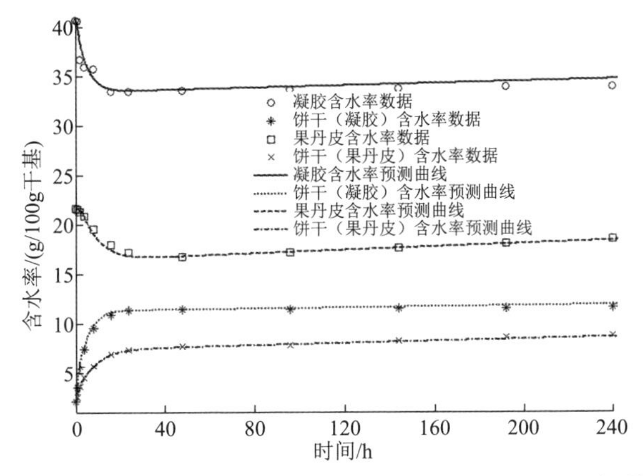

图 10-52　35℃、相对湿度 90%、LDPE 包装条件下凝胶-饼干和果丹皮-饼干含水率的对比

3）储存环境条件对渗透包装下多组分食品货架期的影响

果丹皮和 Z20 饼干组成的多组分食品采用 LDPE 薄膜渗透包装，分别储存在 25℃和 35℃、相对湿度 75%和 90%四种环境条件下。试验数据和有限元数值解进行对比，结果如图 10-53 所示。

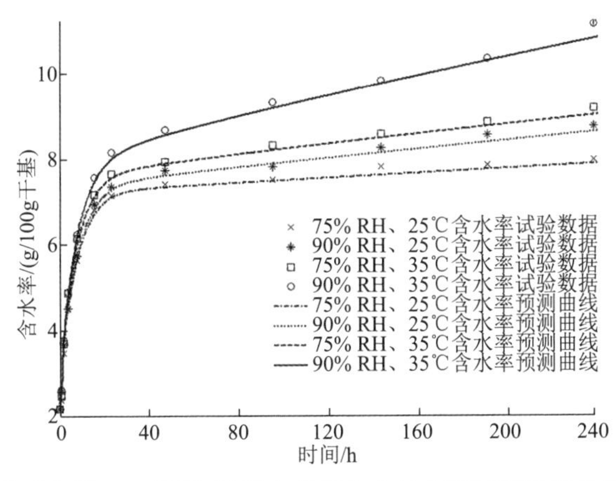

图 10-53　LDPE 渗透包装 Z20 饼干-果丹皮多组分食品在不同温湿度条件下饼干含水率对比

在水分吸附初期，饼干从湿组分吸收水分后含水率迅速增加。但在 24h 以后饼干含水率开始进入一个缓慢上升的阶段，这时含水率的上升主要是因为包装外部的水分会不断渗透进入包装内部。从饼干含水率增长趋势来看，环境温湿度对含水率的影响非常明显。尤其是温度的影响，温度不仅影响水分在饼干内部的扩散速度，同时也影响包装薄膜的透湿系数。因此 35℃条件下饼干含水率的上升速度比 25℃下的快。但相对湿度影响饼干最终的平衡含水率，从含水率的上升趋势来看，相对湿度 90%比相对湿度 75%具有更高的平衡含水率。

从多组分食品的货架期来看,不同储存环境下多组分食品的货架期相差不大,因为对货架期影响显著的主要是湿组分的贡献。25℃、相对湿度 75%条件下多组分食品的货架期和 35℃、相对湿度 90%条件下的货架期相差不大。从这也可以看出,对延长多组分食品货架期来讲,最有效的方法是降低不同组分间的水分活度梯度,其次才是优化储存条件和包装条件。

4)两种渗透性包装薄膜对多组分食品货架期的影响

果丹皮和 Z20 饼干组成的多组分食品分别采用 LDPE 薄膜和 CPP 薄膜渗透包装,储存在 25℃、相对湿度 90%的条件下。将试验数据和有限元数值解进行对比,结果如图 10-54 所示。

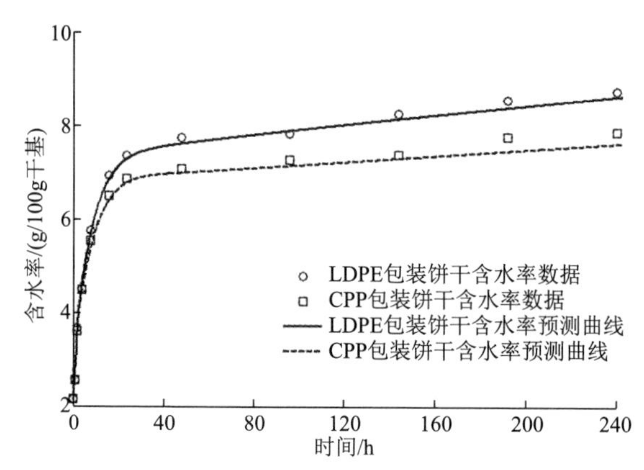

图 10-54　不同包装条件下 Z20 饼干-果丹皮多组分食品货架期的对比

由于干组分和湿组分之间存在较大的水分活度梯度,初始阶段饼干从果丹皮迅速吸收水分,饼干的含水率上升迅速。在 24h 以后饼干含水率开始进入一个缓慢上升的阶段,这时含水率的上升主要是因为包装外部的水分会不断渗透进入包装内部。对比两种薄膜对饼干含水率的影响可以发现,包装薄膜的阻隔性对饼干含水率有明显的影响,采用 CPP 薄膜包装的多组分食品货架期要长于采用 LDPE 薄膜包装的多组分食品货架期。同时,根据饼干的临界含水率,两种包装条件下多组分食品的货架期相差仅有几个小时,也就是说,在初始阶段饼干含水率迅速上升时,水分增加的主要贡献来自湿组分的水分扩散,由于两者紧密接触且水分活度梯度较大,对干组分含水率的影响最大。

10.4.5　"3+2"结构多组分食品渗透包装货架期的预测

1. "3+2"结构多组分食品渗透包装水分扩散模型的建立

渗透包装下"3+2"结构多组分食品的水分扩散物理模型与数学模型如图 10-55 所示。

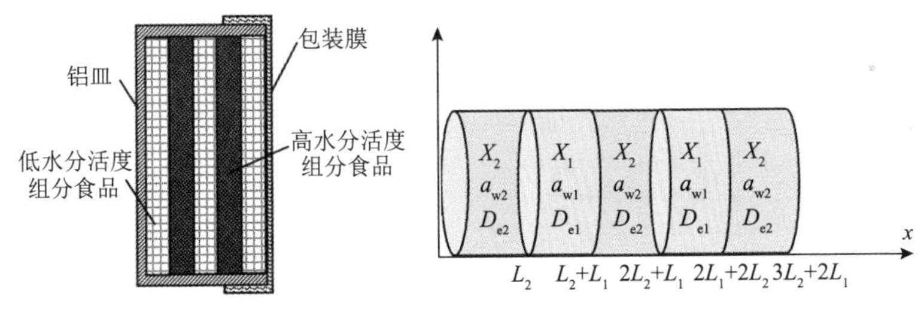

图 10-55　“3+2”结构组分食品模型示意图

渗透包装需要考虑包装材料的水分渗透作用，在非渗透包装多组分食品模型的基础上改变边界条件。根据 Fick 第二定律，食品中水分扩散偏微分方程可表示为

$$\begin{cases}\dfrac{\partial X_1}{\partial t}=\dfrac{\partial}{\partial x_1}\left(D_{\mathrm{e}1}\dfrac{\partial X_1}{\partial x_1}\right) & L_2<x_1<L_1+L_2;\ \ 2L_2+L_1<x_1<2L_1+2L_2;\ \ t>0\\ \dfrac{\partial X_2}{\partial t}=\dfrac{\partial}{\partial x_2}\left(D_{\mathrm{e}2}\dfrac{\partial X_2}{\partial x_2}\right) & 0<x_2<L_2;\ L_1+L_2<x_2<2L_2+L_1;\ 2L_1+2L_2<x_2<3L_2+2L_1;\ t>0\end{cases}\tag{10-26}$$

干组分的边界条件在 x=0 与非渗透包装一致；在干组分与包装的接触面上，即 $x=3L_2+2L_1$ 处的通量不为 0。忽略包装微小顶空内所含的水分，包装内部湿度即为饼干的水分活度。在 $x=3L_2+2L_1$ 处边界条件可变化为

$$D_{\mathrm{e}2}\rho_2\left(\frac{\partial X_2}{\partial x}\right)A_2=\frac{P_{\mathrm{wv}}p_{\mathrm{sat}}A_1}{L}\left(\mathrm{RH_e}-\mathrm{RH}_i\right)\quad t>0,\ x=3L_2+2L_1\tag{10-27}$$

假设包装顶空的相对湿度值与干组分表面的水分活度一致，即 $a_{\mathrm{w}2}=\mathrm{RH}_i$，由饼干的 GAB 等温吸湿模型可知其水分活度与含水率的关系：

$$a_{\mathrm{w}2}=\frac{\left(w^2c^2+4wcX-2wc^2X+X^2c^2\right)^{1/2}+cX-2X-wc}{2X\left(c-1\right)k}\tag{10-28}$$

把式（10-28）带入式（10-27），得到

$$D_{\mathrm{e}2}\rho_2\frac{\partial X_2}{\partial x}=\frac{P_{\mathrm{wv}}p_{\mathrm{sat}}A_1}{LA_2}\cdot\left(\mathrm{RH_e}-\frac{\left(w^2c^2+4wcX_2-2wc^2X+X^2c^2\right)^{1/2}+cX_2-2X_2-wc}{2X_2\left(c-1\right)k}\right)\tag{10-29}$$

对于低水分活度的干组分来说，初始时其水分含量 X_{20} 是均匀的，且干组分左右边界不存在水分活度梯度，初始条件和边界条件为

$$\begin{cases} X_2 = X_{20} & t=0 \text{ 且 } 0<x<L_2,\ L_1+L_2<x<2\mathrm{L}_2+L_1,\ 2L_1+2L_2<x<3L_2+2L_1 \\ D_{e2}\dfrac{\partial X_2}{\partial x}=0 & t=0 \text{ 且 } x=0, x=3L_2+2L_1 \end{cases}$$

对于湿组分来说，其初始水分含量为 X_{10}，所以初始条件为

$$X_1 = X_{10} \quad t=0 \text{且} L_2<x<L_1+L_2, 2L_2+L_1<x<2L_1+2L_2$$

假设在水分扩散过程中两组分接触面上的水分活度瞬时达到平衡，即

$$a_{w1}=a_{w2} \quad x=L_2,\ x=L_1+L_2, x=2L_2+L_1, x=2L_1+2L_2$$

2. “3+2”结构多组分食品货架期预测模型的试验验证

以琼脂凝胶-果丹皮-饼干组成的“3+2”结构多组分食品为例。采用琼脂凝胶和果丹皮作为湿组分，与厚度 4mm 干组分饼干无缝隙接触，并用渗透性薄膜 LDPE 和 CPP 将其四边封边，最后储存在选定的四种环境条件下。包装货架期的整个试验验证周期为 10d。在各储存条件下，样品含水率达到临界含水率的时间即为其在相应环境条件下的货架期。

1）果丹皮和 Z20 饼干组成的“3+2”结构多组分食品

果丹皮和 Z20 饼干组成的“3+2”结构多组分食品采用 LDPE 薄膜渗透包装，储存在 25℃、相对湿度 90%的条件下。如图 10-56 所示，比较“3+2”结构多组分食品中间饼干与外侧饼干含水率的变化趋势，并由此确定多组分食品的货架期。从“3+2”多组分食品中的中间饼干和外侧饼干的含水率变化的趋势来看，由于

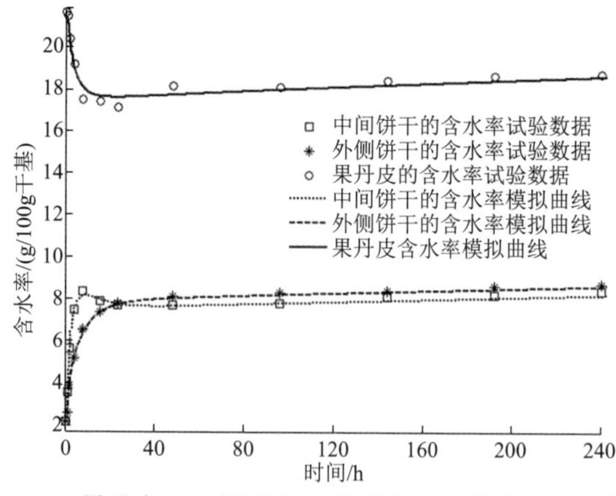

图 10-56　果丹皮-Z20 饼干“3+2”结构多组分食品含水率变化

外界相对湿度及湿组分的贡献，饼干含水率增加速度较快。“3+2”结构中间饼干由于同时受到两侧湿组分的水分扩散，含水率增加速度明显快于仅有一侧湿组分水分扩散的外侧饼干。中间饼干达到临界含水率的时间大概分别是 8h 和 14h。而当组分之间的水分扩散达到平衡时，中间饼干和外侧饼干的含水率是相同的，而后受到外界环境相对湿度的影响，水蒸气不断渗透进入包装，饼干含水率逐渐上升。

2）凝胶和 Z20 饼干组成的“3+2”结构多组分食品

凝胶和 Z20 饼干组成的“3+2”结构多组分食品采用 LDPE 薄膜渗透包装，储存在 25℃、相对湿度 90%的条件下。比较“3+2”结构多组分食品中的中间饼干与外侧饼干含水率的变化趋势，并由此确定多组分食品的货架期。同时，试验数据和渗透包装下的模型数值解与非渗透包装下的模型数值解进行对比，如图 10-57 所示。

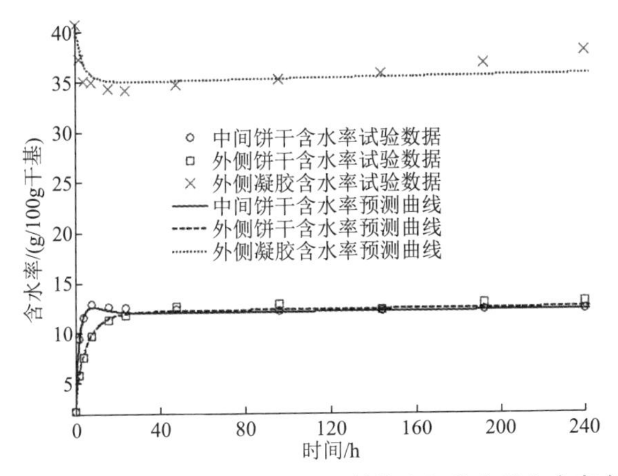

图 10-57　凝胶-Z20 饼干“3+2”结构多组分食品含水率变化

“3+2”多组分食品结构中由于湿组分的贡献，饼干含水率增加速度较快。“3+2”结构中间饼干由于同时受到两侧湿组分的水分扩散，含水率增加速度明显快于仅有一侧湿组分水分扩散的外侧饼干。中间饼干达到临界含水率的时间大概分别是 4h 和 6h。而当组分之间的水分扩散达到平衡时，中间饼干和外侧饼干的含水率是相同的，而后受到外界环境相对湿度的影响，水蒸气不断渗透进入包装，饼干含水率逐渐上升。

参考文献

[1] 郝发义, 卢立新. 食品水分吸附等温线实验方法研究进展[J]. 包装工程, 2013, 34(7): 118-122.

[2] Yu X, Kappes S M, Bello-Perez L A, et al. Investigating the moisture sorption behavior of amorphous sucrose using dynamic humidity generating instrument[J]. Journal of Food Science,

2008, 73(1): E25-E35.
[3] Teoh H M, Schmidt S J, Day G A, et al. Investigation of cornmeal components using dynamic vapor sorption and differential scanning calorimetry[J]. Journal of Food Science, 2001, 66(3): 434-440.
[4] Shands J, Labuza T P. Comparison of the dynamic dew point isotherm method to the static and dynamic gravimetric methods for the generation of moisture sorption isotherms[C]. IFT Annual Meeting Poster. Anaheim, CA, 2009.
[5] Arabosse P, Rodier E, Ferrasse J H, et al. Comparison between static and dynamic methods for sorption isotherm measurements[J]. Drying Technology, 2003, 21 (3): 479-497.
[6] Basu S, Shivhare U S, Mujumdar A S. Models for sorption isotherms for food: a review[J]. Drying Technology, 2006, (24): 917-930.
[7] Panagiotou N M, Krokida M K, Maroulis Z B, et al. Moisture diffusivity: literature data compilation for foodstuffs[J]. International Journal of Food Properties, 2004, 7(2): 273-299.
[8] Roca E, Guillard V, Guilbert S, et al. Effective moisture diffusivity modeling versus food structure and hygroscopicity[J]. Food Chemistry, 2008, (106): 1428-1437.
[9] Guillard V, Broyart B, Guilbert S, et al. Moisture diffusivity and transfer modeling in a dry biscuit[J]. Journal of Food Engineering, 2004, (64): 81-87.
[10] Waezi-Zadeh M, Ghazanfari A, Noorbakhsh S. Finite element analysis and modeling of water absorption by date pits during a soaking process[J]. Journal of Zhejiang University-Science B (Biomedicine & Biotechnology), 2010 11(7): 482-488.
[11] 郝发义, 卢立新. 动态水分吸附法研究发酵饼干水分吸附特性[J]. 食品工业科技, 2013, 34(21): 52-55.
[12] 郝发义. 多组分食品防潮包装货架期的研究[D]. 无锡: 江南大学, 2016.
[13] Hao F Y, Lu L X, Ge C F. Effect of fat content on water sorption properties of biscuits studied by nuclear magnetic resonance[J]. Journal of Food and Nutrition Research, 2014, 2(11): 814-818.
[14] Labuza T P, Hyman C R. Moisture migration and control in multi-domain foods[J]. Trends in Food Science & Technology, 1998(9): 47-55.
[15] 褚振辉. 多组分食品的防潮包装研究[D]. 无锡: 江南大学, 2011.
[16] 陈亚慧, 卢立新, 王军. 非渗透包装下双组分食品间水分扩散模型研究[J]. 食品科学, 2014, 35(17): 32-35.
[17] Yuan L, Lu L X, Chen Y H, et al. Moisture diffusion model of two-component food under different contact conditions in impermeable package[J]. Heat and Mass Transfer, 2019, 55: 1337-1345.
[18] Chu Z H, Lu L X, Wang J. Mathematical model for water transfer in multidomain food packed in permeable packaging[J]. Packaging Technology and Science, 2013, 26(S1): 11-22.
[19] Roca E, Broyart B, Guillard V, et al. Shelf life and moisture transfer predictions in a composite food product: impact of preservation techniques[J]. International Journal of Food Engineering, 2008, 4 (4): 74-83.
[20] Hao F Y, Lu L X, Wang J. Finite element analysis of moisture migration of multicomponent foods during storage[J]. Journal of Food Process Engineering, 2017, 40(1): e12319.

第 11 章

基于氧化控制的食品包装货架期

食品完成加工后其口感、气味等都会随着时间的延长而不断变化，当气味、口感及微生物等指标到达一定极限时，食品就失去了食用价值。食品中易受氧化变质的成分很多，如油脂、维生素等。其中，由油脂氧化引起的气味和口感的变化是最主要、最易被消费者察觉的原因之一。

影响食品氧化的因素众多，除了食品本身的特性外，流通储运条件、包装因子也起到了至关重要的作用。近年来，国内外学者在食品氧化机理、食品抗氧化技术及货架期预测方面进行了研究，建立了一系列食品氧化动力学模型，为食品保质及延长货架期提供技术依据。截至目前国内外基于包装因子影响的食品包装货架期研究不多，但包装作为加工后食品进入市场销售的最为关键的保质要素，其研究意义不言而喻。

本章主要针对典型含油食品的油脂氧化、果汁饮料中的维生素 C 氧化包装保质，论述相关因素对食品氧化过程的影响，分析建立相应的包装货架期预测模型。

在油脂氧化货架期研究中，根据相关氧化指标作为食品可接受限度品质水平，基于加速试验确定建立氧化动力学模型以表征存储过程中氧化指标的整个变化，研究中未考虑食品氧化诱导期对货架期的影响。食品氧化诱导期研究[1]可参考国内外相关文献。

11.1 脂质氧化反应基础

油脂是日常消费和食品加工中的重要原料，广泛用于各种食品加工中，以改善产品性质，赋予食品良好的风味和质地。但是由于油脂本身的物理化学特性，含油脂食品在储运加工中极易发生氧化，油脂氧化所产生的产物会对含油脂食品的风味、色泽及组织产生不良的影响，以至于缩短货架期，降低这类食品的营养品质。

油脂在储运过程中发生的化学反应和物理变化会导致食品的感官特征和质感发生明显变化，为了解油脂的这些变化，需要考虑油脂的组成和它的主要成分的结构。油脂主要分为饱和脂肪酸与不饱和脂肪酸，氧化过程主要有水解酸败和氧化酸败。多年来，人们已经对油脂在储存过程中出现的质量变化进行了详细研究，并且从各种来源获得丰富的信息数据。

11.1.1 油脂的特性

油脂的主要成分是各种脂肪酸和甘油酸，其中含有一些具有双键的不饱和脂肪酸性物质，因此在储运过程中，油脂不仅会因为温度的变化而导致重结晶现象，还会伴随水解和氧化酸败反应。氧化酸败是影响油脂货架寿命最重要的化学反应，这个反应过程涉及不饱和脂肪酸与饱和脂肪酸。

考虑油脂的组成和油脂主要成分——甘油三酯的分子结构构成是必要的，被提炼的和脱臭的油脂中大约98%为甘油三酯。当温度降低至甘油三酯的熔点以下时，油脂会发生结晶现象。储存或运输过程中的温度波动会导致脂肪晶体的部分熔融和重结晶。重结晶可能会损坏脂肪或食品原始的质感和外观，从而导致食品的质量缺陷。这种缺陷又会进一步促进油脂的水解和氧化酸败反应。在水分的存在下，甘油三酯分子会分解产生脂肪酸，继而产生哈喇味。

油脂的氧化酸败被认为是自然氧化，自然氧化既不能通过维持冷藏条件阻止，也不能通过排除光照预防；其氧化反应速率取决于不饱和脂肪酸碳链中的双键数量。研究表明，油脂氧化酸败是限制油脂货架期的最重要的化学反应。

11.1.2 油脂氧化机理

油脂氧化的途径主要有自动氧化、光氧化、酶氧化及金属氧化等。在食品包装中，对油脂食品氧化的影响主要源自流通与储存环境，所以油脂的自动氧化和光氧化是两个主要的变质途径。

1. 油脂的自动氧化

油脂的自动氧化是指不饱和油脂与空气中的氧在室温下未经任何直接光照及未加任何催化剂等条件下的完全自发的氧化反应。自动氧化作用一般以较大的速率作分级自动催化的链反应。过氧化物作为脂类自动氧化的主要初期产物是不稳定的，它经过许多复杂的分裂和相互作用，导致产生二级产物，最终形成小分子挥发性物质，如醛、酮、酸、醇、环氧化物或聚合成聚合物，产生强烈的刺激性气味，同时促进色素、香味物质和维生素等的氧化，导致油脂完全酸败。

油脂自动氧化过程具体可分为四个阶段：诱导⟶发展⟶终止⟶二次产物的产生。油脂的氧化反应一旦开始，就会一直进行到氧气耗尽或自由基与自由基结合产生稳定的化合物为止，添加抗氧化剂只能延缓反应的诱导期和降低反应速度。

2. 油脂的光氧化

油脂的光氧化是油脂氧化的另一个主要类型。在光照条件下，无论是紫外光还是可见光，油脂中的光敏物质吸收光能，进一步引发光氧化反应。理论上含油食品在其所含光敏剂的光吸收峰波段更易受光照氧化变质。含油食品中主要的光敏剂有核黄素、原卟啉、血卟啉、叶绿素 a、叶绿素 b 及 β-胡萝卜素等。光谱研究表明,理论上核黄素在 360～380nm、430～460nm 处,β-胡萝卜素在 440～480nm 处，原卟啉在 409nm、509nm、544nm、584nm 和 635nm 处有明显的吸收峰，即在其吸收峰波段处能吸收更多光能，更易激发生成单重态氧，加速产品的油脂氧化反应。

油脂的光氧化机制可分为Ⅰ型光敏氧化反应、Ⅱ型光敏氧化反应两种类型，它们是相互竞争的，光敏剂的结构和被氧化底物的结构、浓度等条件决定了何种类型的光敏氧化反应占主要地位。

不同于自动氧化，油脂光氧化反应快速且氧化速度只与不饱和脂肪酸的双键数成正比，而与双键的位置无关。此外光敏氧化生成的游离基可进一步诱发自动氧化反应。一般认为氢过氧化物一旦生成，游离基氧化即占主导地位，所以油脂光敏氧化的控制对防止油脂氧化意义重大。

3. 油脂的酶氧化

油脂的酶氧化是由脂氧酶参加的氧化反应。不少植物中含有脂氧酶，脂氧酶催化的过氧化反应主要发生在生物体内及未经加工的植物种子和果子中。脂氧酶中的活性中心含有一个铁原子，而脂肪酸又是它们主要的氧化反应物。这些酶能有选择性地催化多不饱和脂肪酸的氧化反应。

4. 油脂的金属氧化

食用油脂通常含有微量的金属离子。有研究表明，质量分数为 $2\times10^{-4}\%$的三价铁能大大地加速油脂氧化速度，使得醛类和酚类抗氧化剂的抗氧化能力极大地受到抑制。因为三价铁是非常强的自由基发生剂，能极有效地诱发自由基的连锁反应。各种金属的氧化催化能力的强弱与其本身的特性和所处的条件有关，有氧化催化能力的金属主要是一些变价金属，如铜、铁、镍等。其中催化能力最强的为铁，其次为镍、铜。另外，浓度、温度、水分、杂质（包括氧化剂的种类）及所加金属离子的价态也关系到氧化能力。

11.1.3　影响油脂氧化的主要因素

1. 油脂成分

油脂中的脂肪酸分为饱和脂肪酸、单不饱和脂肪酸及多不饱和脂肪酸。一般来说，饱和脂肪酸是最稳定的，油脂的氧化变质是从不饱和脂肪酸氧化开始的，油脂分子的不饱和程度越高，氧化作用发生越显著。除了脂肪酸，油脂还含有内源性抗氧化剂（如生育酚、磷脂等）。它们对油脂本身起到一定的抗氧化作用，从而影响油脂的氧化。

2. 储运环境

影响油脂氧化的环境因素较多，如温度、光照和水分活性（水分含量）。脂肪自动氧化的速度，随温度升高而加快。另外有研究表明，油脂食品中少量的水分（0.2%）被认为有益于油脂的稳定性。若水分含量过高，则油脂的自动氧化速度加快。在含油脂食品的储运销售过程中，使其氧化酸败的光源主要是太阳光、人造白炽灯光等。其中，短波长光线（紫外光），如橱窗和商店内部的荧光灯产生的紫外光，主要是波长 390nm 的紫外线和波长 390～490nm 的紫色和蓝色可见光，对油脂氧化的影响较大。

3. 食品包装

一旦食品完成包装进入储运销售环节,包装是影响油脂氧化的主要因素之一。油脂食品氧化是以氧的存在为前提条件的，氧浓度与包装食品油脂氧化有密切的关系。油脂的氧化速度在非常低的氧分压下随氧分压的增加而增加，当氧分压达到一定值后，氧化速度基本保持稳定，包装能有效降低包装内氧气浓度继而抑制油脂氧化速率。采用充氮或真空包装，能控制包装中氧气残存量在 1%～5%，但无法完全去除包装中的全部氧气；活性脱氧包装能自动在包装上部空间起作用或直接作用于包装制品，在很短的时间内与包装内的氧气（游离氧和溶存氧）发生化学反应，吸收包装内的氧气使其浓度能达到 0.1%以下。先前的脱氧包装大多采用含有吸氧剂等活性物质的包装小袋、片剂或涂覆片材等加入包装中，近年来活性脱氧包装材料开发甚为活跃，即直接将吸氧物质加入包装材料中。目前使用的脱氧剂有无机脱氧剂（包括铁粉系列、连二亚硫酸钠、亚硫酸盐等）和有机脱氧剂（包括抗坏血酸类、维生素 E 类、儿茶酚类和葡萄糖氧化酶等）。

通过包装阻隔抑制食品光氧化在工程中应用广泛，不同包装材料透光率、光照面积和光照深度条件，均会影响食品氧化速率[2-4]。这些年来，国内外学者在针对油脂光氧化方面做了大量研究，以寻求油脂光氧化的具体特性及科学有效的抗光照氧化包装方法。

11.2 储运环境条件对食品氧化及货架期的影响

影响食品抗氧化包装货架期的因素较多，通常认为温度、水分和光照是最主要的影响因素。本节主要通过对三种食品的分析，论述温度和光照对食品包装货架期的影响。

11.2.1　温度对食品氧化及其货架期的影响

通常温度上升 10℃反应速度会增加 1 倍，油脂也不例外。脂肪自动氧化的速度随温度的升高而加快。温度是影响油脂氧化的最重要的因素。

1. 货架期模型

已有研究表明，油脂氧化反应在动力学上属于零级或一级反应。若以一级反应为例，则反应方程可表达为

$$\ln\frac{y_0}{y}=kt \tag{11-1}$$

式中，y——食品油脂氧化指标；

y_0——食品油脂氧化指标初始值；

k——食品油脂氧化速率；

t——试样储存时间。

2. 温度对酥性饼干氧化及其货架期影响[5]

对于烘焙类产品，如饼干，这类食品的变质表现在饼干本身的感官表现和其中添加的起酥油的过氧化值的变化。以一种酥性饼干的研究为例[6]。酥性饼干的生产原料多采用植物起酥油，这是一种由植物油脂制成的食用氢化油、高级精制油或上述油脂的混合物，经过速冷捏和制造的固状油脂，或不经速冷捏和制造的固状、半固体状或流动状的具有良好起酥性能的油脂制品。一般来说，饼干类产品在常温下保质期多为 6～12 个月。

研究考察酥性饼干，采用 40℃、50℃加速试验（试验：无光照，50%RH，试样无包装），其过氧化值变化规律如图 11-1 所示。结果表明，酥性饼干氧化速率随温度的升高而加快。在 50℃、50%RH 加速试验中，过氧化值在 0～40d 中上升较快，40d 后开始呈现快速上升曲线。在 40℃、50%RH 的加速试验中，过氧化值缓慢上升至 50d 左右达到最高点，而后开始下降，这是因为在油脂反应初期，不饱和脂肪酸中的自由基不断生成氢过氧化物，同时过氧化值不断升高，随着氧化深入，生成的氢过氧化物继续氧化继而分解成醛、酮类小分子有毒物质，此时氢过氧化物的分解速度大于生成的速度，因而过氧化值开始呈现下降趋势。

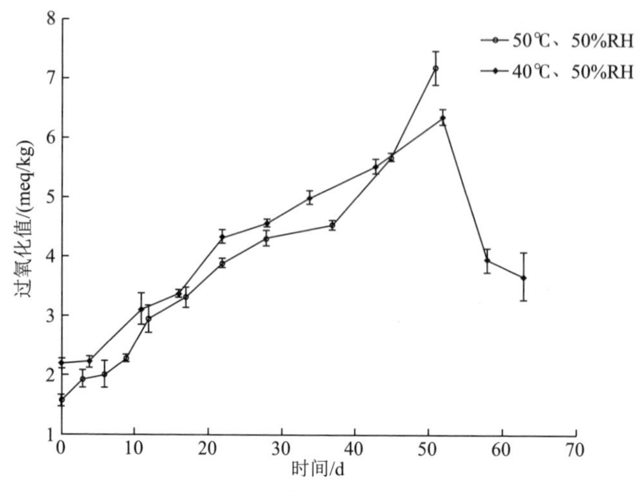

图 11-1　温度对酥性饼干过氧化值变化的影响

对试验结果进行进一步分析，基于温度影响的氧化反应遵循 Arrhenius 定律，其表达式为

$$k_T = k_0 \exp\left(\frac{E_a}{RT}\right) \tag{11-2}$$

式中，k_0——指前因子（又称频率因子）;

E_a——活化能（J /mol）;

T——试验温度（热力学温度）（K）;

R——摩尔气体常量[8.3144J/(mol·K)]。

为此以过氧化值为评价指标，得到产品货架期模型为

$$t_{sl} = \frac{\ln(\mathrm{POV_c}) - \ln(\mathrm{POV_0})}{\exp\left(6.678 - \frac{3269.1}{T}\right)} \tag{11-3}$$

式中，t_{sl}——酥性饼干在温度 T 下的货架寿命（d）;

$\mathrm{POV_c}$——酥性饼干允许的临界过氧化值（meq/kg）;

$\mathrm{POV_0}$——酥性饼干初始过氧化值（meq/kg）。

以此进行回归处理分析，其油脂氧化反应符合一级动力学（图 11-2）。根据相关食品安全国家标准中饼干允许最大过氧化值，获得加速试验中该产品货架期分别为 80d 和 110d（表 11-1）。

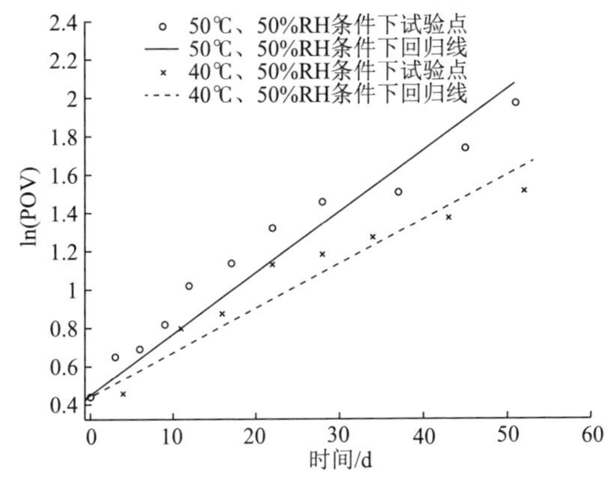

图 11-2　不同温度下酥性饼干油脂氧化速率

表 11-1　加速试验条件下酥性饼干的氧化速率方程及货架期（50%RH）

温度/℃	线性回归方程	SSE	R^2	货架期/d
50	ln（POV）=0.03196t+0.441	0.235	0.900	80
40	ln（POV）=0.02313t+0.441	0.081	0.931	110

3. 温度对奶粉氧化及其货架期的影响[6,7]

对于不同产品，表征其氧化的指标也是有所不同的。以某奶粉为例，奶粉类产品在常温下保质期一般为 12～18 个月，在一定的温度和相对湿度下，奶粉易发生变色即非酶褐变，同时，维生素 C 也极易发生降解。非酶褐变是一个热反应，温度越高，反应时间越长，反应进行的程度越大；通常反应温度相差 10℃，褐变速度相差 3～5 倍，一般在 30℃以上时，褐变速度较快，而在 20℃以下褐变则进行得较慢。而维生素 C 的稳定性随温度的升高而大大降低。因此，对于奶粉氧化货架期评价指标主要考虑褐变和维生素 C 指标的变化。

试验考察奶粉采用 30℃、40℃、50℃加速试验（试验：无光照，30%RH，试样未包装），测定分析温度对奶粉油脂氧化货架期的影响。

1）维生素 C

在不同温度试验条件下，试样中维生素 C 含量与储存时间的关系如图 11-3 所示。在相对湿度一致、无光照的条件下，暴露在空气中的奶粉中维生素 C 降解速率随温度的升高而加快。在 30℃、40℃、50℃温度下储存 35d 后，维生素 C 的保留率分别为 71.21%、65.51%和 35.44%；在 50℃的条件下储存时，维生素 C 含量降低更为迅速。

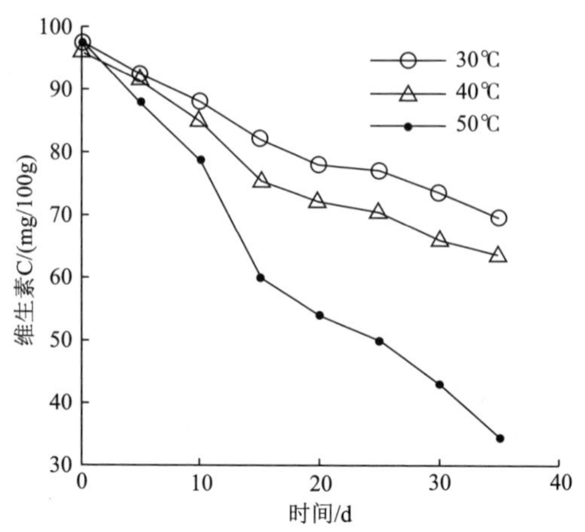

图 11-3　温度对奶粉中维生素 C 含量变化的影响

进一步分析并用一级反应模型进行拟合，得到不同温度下奶粉中维生素 C 降解速率的回归线（图 11-4）、维生素 C 降解动力学方程（表 11-2）。

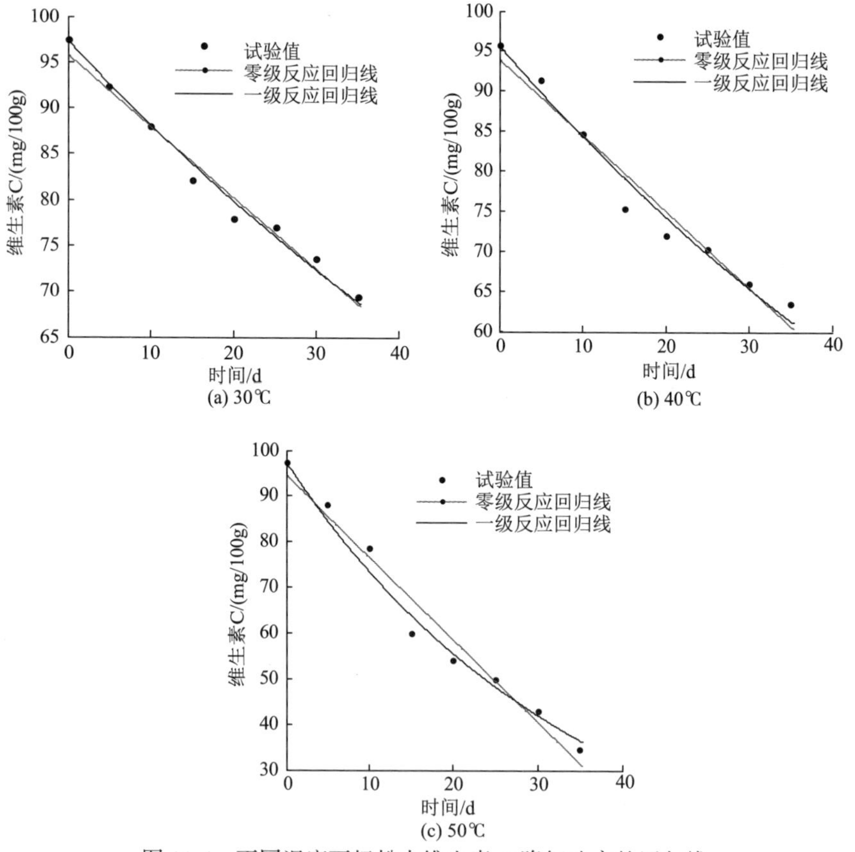

图 11-4　不同温度下奶粉中维生素 C 降解速率的回归线

表 11-2　不同温度下维生素 C 降解动力学方程

温度/℃	动力学方程	k_{VC}/d^{-1}	R^2
30	c_{VC}=97.403exp（−0.009913t）	0.009913	0.9839
40	c_{VC} =95.704exp（−0.01273t）	0.01273	0.9725
50	c_{VC} =97.403exp（−0.02801t）	0.02801	0.9822

建立该产品维生素 C 降解速率和温度的关系为

$$\frac{1}{k_{VC}} = -0.297(T-273)+61.3 \tag{11-4}$$

式中，k_{VC}——维生素降解速率。

维生素 C 降解符合一级反应模型，故可得到基于温度影响、维生素 C 降解控制的奶粉货架期为

$$t_{sl} = \frac{\ln(c_{VC,0}/c_{VC,c})}{-0.297(T-273)+61.3} \tag{11-5}$$

式中，$c_{VC,0}$——奶粉初始维生素 C 含量（mg/100g）；

$c_{VC,c}$——奶粉允许临界维生素 C 含量（mg/100g）。

2）非酶褐变

羟甲基糠醛（HMF）是美拉德反应的产物，已被广泛用于表征食品加工过程中热处理及储存过程中美拉德反应的程度。图 11-5 为不同温度条件下，奶粉中 HMF 含量随储存时间延长的变化趋势图。30℃时，HMF 含量、非酶褐变速度变化非常缓慢。在 40℃和 50℃下储存时，非酶褐变速度加快。在 50℃时，HMF 含量

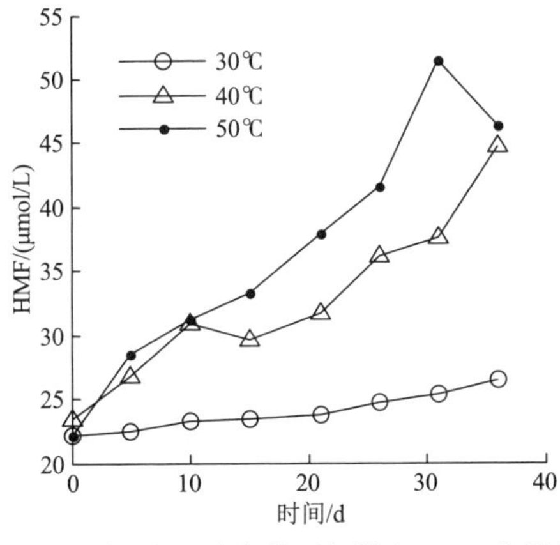

图 11-5　不同温度试验条件下奶粉中 HMF 含量的变化

在 0～30d 中上升较快，而在 30d 后含量有所减低。这是因为随着非酶褐变的不断进行，反应初期生成的羰基化合物，一方面进行裂解反应，产生挥发性化合物，另一方面又进行缩合、聚合反应，产生褐黑色的类黑精物质，这时羟甲基糠醛的分解速度大于其生成速度，故出现降低趋势。

对不同温度下 HMF 生成速率进行表征，拟合结果见表 11-3。

表 11-3 奶粉中 HMF 生成速率及其拟合方程

温度/℃	动力学方程	R^2
30	$c_{HMF}=22.138\exp(0.004390t)$	0.9534
40	$c_{HMF}=23.450\exp(0.01683t)$	0.9327
50	$c_{HMF}=22.138\exp(0.02637t)$	0.9565

以 HMF 作为控制指标来预测奶粉货架期的模型。在拟合 HMF 生成速率与温度的关系的基础上，得到基于温度影响、HMF 控制的奶粉货架期为

$$t_{sl}=\frac{\ln(c_{HMF,0}/c_{HMF,c})}{0.001099T-0.3281} \tag{11-6}$$

式中，$c_{HMF,0}$——奶粉的初始 HMF 含量（μmol/L）；

$c_{HMF,c}$——奶粉合格品允许临界 HMF 含量（μmol/L）。

4. 温度对果汁饮料氧化及其货架期的影响[8]

以某种果汁饮料为例，试验考察 4℃、15℃、25℃、40℃条件下试样中维生素 C 含量随时间的变化情况（图 11-6）。在第 10d，橙汁维生素 C 保存率按各温度从低到高分别为 91.4%、88.8%、80.5%、47.9%，40℃温度影响最为显著。

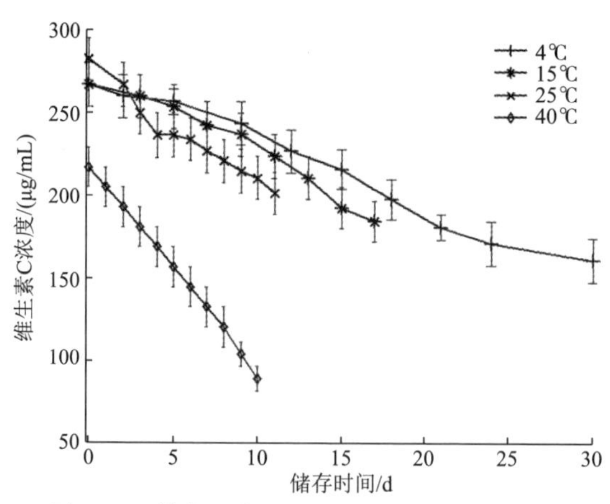

图 11-6 储存温度对试样维生素 C 浓度的影响

分别对 4℃、15℃、25℃、40℃条件下维生素 C 浓度变化曲线进行拟合（表 11-4）。结果表明，一级反应能有效表征温度对该产品维生素 C 降解的影响。

表 11-4　基于温度影响的橙汁中维生素 C 降解速率

温度/℃	k_{VC} /d^{-1}	ln k_{VC}	R^2
4	0.01800	–4.02	0.9782
15	0.02154	–3.84	0.9462
25	0.02915	–3.54	0.9662
40	0.07909	–3.19	0.9783

11.2.2　光照对食品氧化及其货架期的影响

油脂或含油脂食品中常含有叶绿素、脱镁叶绿素、核黄素、卟啉等光敏剂和促进氧化的铁、铜、镁等金属离子。在氧气和光照同时存在时，这些物质不仅引起光氧化反应，还诱发和促进油脂的自动氧化。

1. 光照对酥性饼干氧化及其货架期影响[5]

试验不同强度的紫外光照射对酥性饼干油脂氧化的影响，分别模拟超市货架内部（遮光）、超市货架间走道及超市卖场正中央光线最强处的紫外光照度，分析三种光照强度对饼干货架期的影响。

不同紫外光照度条件下处理的三组试样过氧化值变化如图 11-7 所示。在完全 0.3μW/cm² 的条件下，酥性饼干过氧化值在 0～50d 内呈现缓慢上升趋势，此后出现下降，此时过氧化值并未达到国标规定的允许最大值。其他两组光照条件下，产品过氧化值上升速度显著提高。在常见白炽灯光照度（1.9μW/cm²）下，饼干

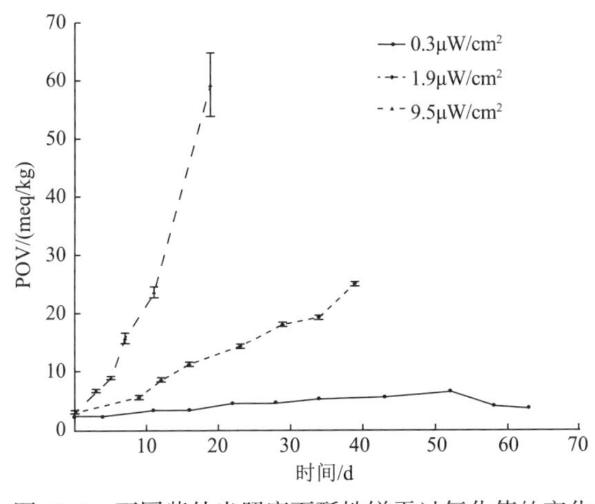

图 11-7　不同紫外光照度下酥性饼干过氧化值的变化

氧化的速度约为 0.3μW/cm^2 的两倍，加速试验条件下在约 28d 达到国标规定的临界值；而强光照射下（9.5μW/cm^2），过氧化值在约 10d 即超标，其氧化速度为无光照条件的 5～6 倍。

将 ln（POV）对时间作图得到不同紫外光照度下酥性饼干油脂氧化速率（图 11-8）。结果表明，光照下的酥性饼干油脂氧化过程符合一级动力学反应。不同光照强度下氧化动力学方程及货架期估算见表 11-5。因此，对于油脂含量较高的酥性饼干，光照对其货架期的影响是不可忽视的。

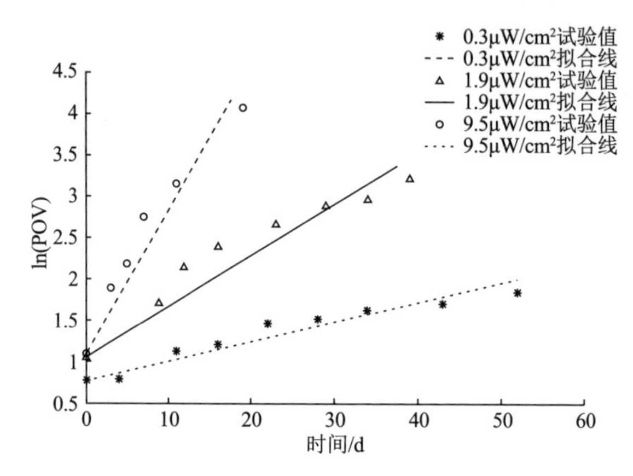

图 11-8　不同紫外光照度下酥性饼干油脂氧化速率

表 11-5　不同光照强度下酥性饼干油脂氧化动力学方程及货架期

光照强度/（μW/cm^2）	动力学方程	R^2	货架期/d
0.3	ln（POV）=0.02313t+0.777	0.9314	96
1.9	ln（POV）=0.06169t+1.051	0.8919	32
9.5	ln（POV）=0.1748t+1.096	0.9194	11

2. 光照对奶粉氧化及其货架期的影响[6]

光照会大大促进奶粉的脂肪氧化，诱发和促进乳脂肪的自动氧化，而奶粉脂肪氧化中产生的醛、酮等类化合物又会与奶粉中的蛋白质发生美拉德反应，影响奶粉的风味、色泽。

1）醛类物质

乳脂肪氧化生成的氢过氧化物在化学性质上是不稳定的。经过一定的积累后，氢过氧化物慢慢分解，生成各种分解或聚合产物。油脂酸败后产生的特殊气味就是因为氢过氧化物分解形成的挥发性物质而产生的。氢过氧化物的分解主要涉及烷氧游离基的生成及进一步分解，烷氧游离基的主要分解产物包括醛、酮、醇、酸等化合物，这些物质是油脂风味异常的主要原因。

考察光照对奶粉氧化的影响，无光照储存奶粉的丙醛、戊醛和己醛含量增长速度较慢，而在光照度 1.9μW/cm^2 光线下奶粉的丙醛、戊醛和己醛含量逐渐增多，经过 40d 的储存后，丙醛、戊醛和己醛含量分别由最初的 1.120mg/kg、1.069mg/kg、3.698mg/kg 增长到 3.752mg/kg、7.973mg/kg、34.552mg/kg，如图 11-9 所示。

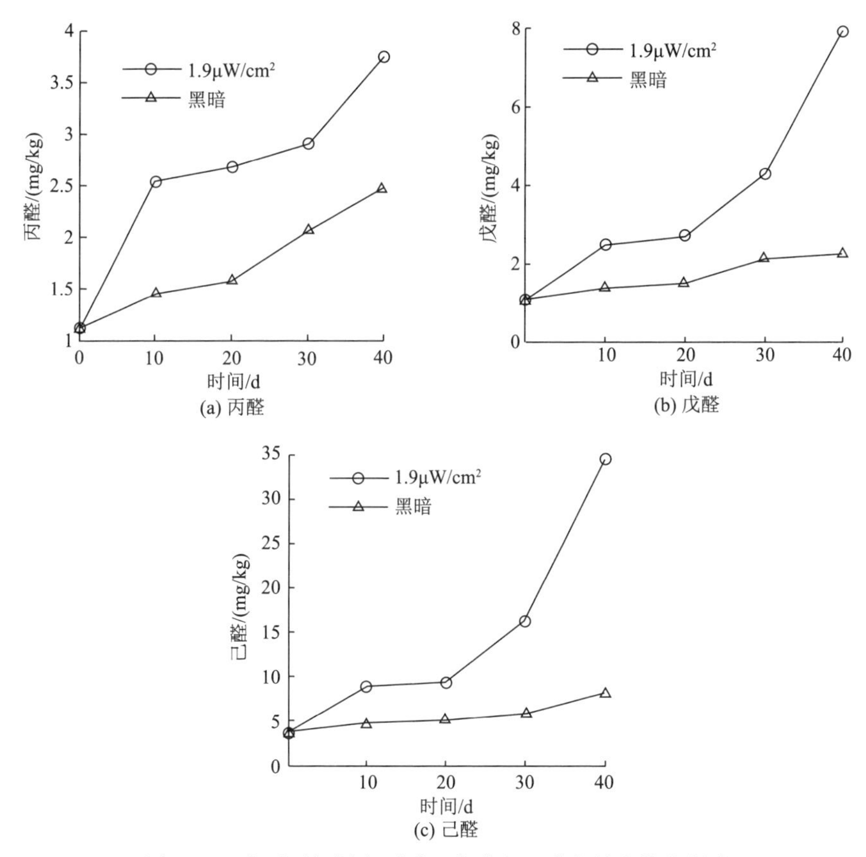

图 11-9　光照对奶粉中丙醛、戊醛和己醛含量变化的影响

奶粉在光照和避光储存的试验中，HMF 含量变化如图 11-10 所示。光线照射可促进奶粉的脂肪氧化，脂肪氧化产生醛、酮等羰基化合物与蛋白质反应，加快了美拉德反应进程；同时光线促进了维生素 C 的氧化降解，维生素 C 与碳水化合物中的还原糖一样，都能够与氨基酸或蛋白质作用发生美拉德反应。因此，光照有利于奶粉早期的美拉德反应。

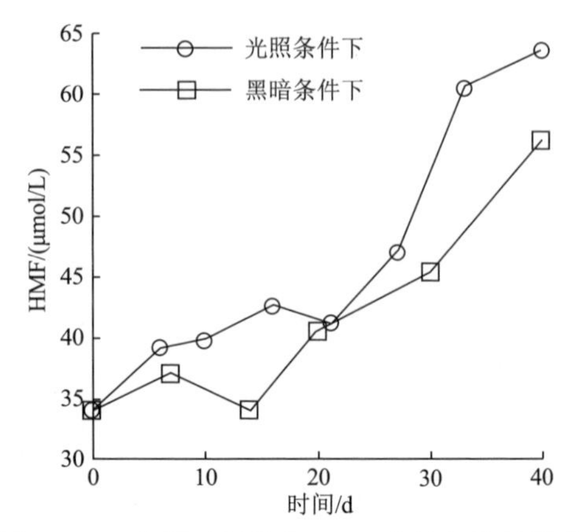

图 11-10　光照对奶粉中 HMF 含量变化的影响

同时发现，HMF 的生成速率符合一级反应特征，对数据进行回归分析（图 11-11），得到 HMF 生成速率（表 11-6）。

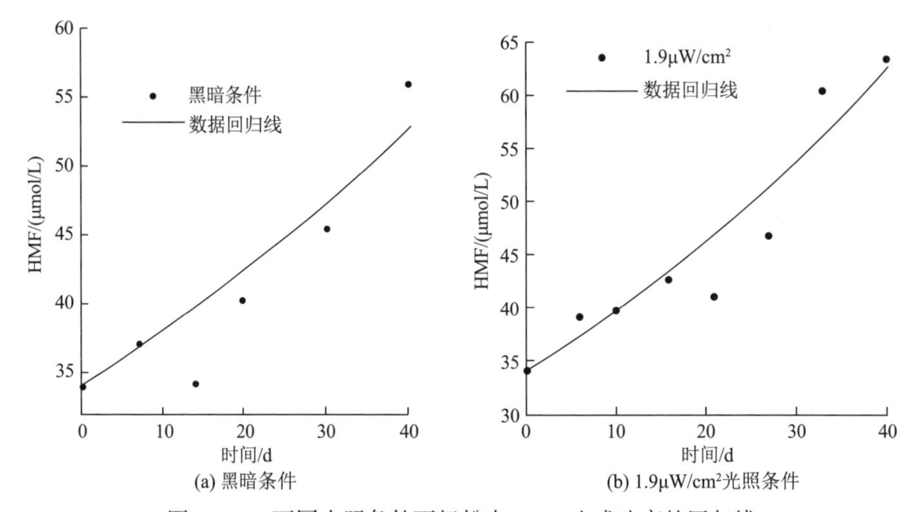

图 11-11　不同光照条件下奶粉中 HMF 生成速率的回归线

表 11-6　奶粉中 HMF 生成量拟合方程

组别	动力学方程	R^2
无光照	c_{HMF}=34.038exp（0.01097t）	0.8649
1.9μW/cm^2	c_{HMF} =34.038exp（0.01513t）	0.9045

2）维生素 C

维生素 C 的降解也是表征奶粉氧化的一个重要指标。同一包装的奶粉在光照和避光 45℃的加速储存试验过程中，维生素 C 含量变化情况如图 11-12 所示。高温放置下，维生素 C 不稳定，所以避光放置和在光线下放置的奶粉维生素 C 降解的速度均较快。同时，在光线照射下奶粉的维生素 C 降解速度更快，这是因为维生素 C 在光照照射下更不稳定，更容易降解、分解。

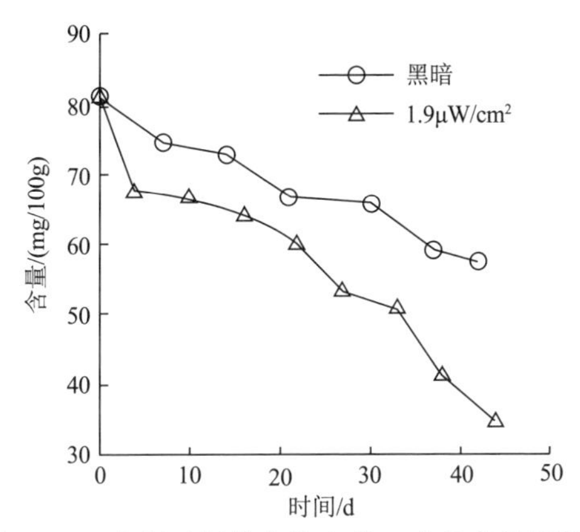

图 11-12 光照对奶粉中维生素 C 含量变化的影响

对维生素 C 的降解动力学进行研究，对其进行回归分析发现维生素 C 的降解符合一级动力学反应，呈指数衰减规律（表 11-7）。

表 11-7 基于光照影响的维生素 C 降解动力学方程

组别	降解动力学方程	R^2
1.9μW/cm^2	$c_{VC}=81.257\exp(-0.01668t)$	0.9209
无光照	$c_{VC}=81.257\exp(-0.008239t)$	0.9670

11.2.3 水分对食品氧化及其货架期的影响

除了温度和光照外，有研究表明，相对湿度也会影响食品的氧化速率，一项针对去皮椒盐油炸花生的研究表明，相对湿度在 0%～53%时，环境的相对湿度越小，花生氧化酸败反应速度越快；相对湿度在 53%～100%时，则是相对湿度越大，氧化酸败速度越快；RH 为 53%时，氧化酸败速度最小。目前国内外关于湿度和水分活度对食品氧化的影响的包装货架期模型研究尚不够全面和深入，有待更进一步的研究。

11.3 基于包装因子影响的食品抗氧化包装货架期

食品储存销售过程中须考虑如何阻止氧化，保证食品品质。在食品加工中最普遍使用的是添加各种抗氧化剂的方法，但大多数抗氧化剂耐热性较差，因此仅靠抗氧化剂的添加并不能完全保证食品品质。近几年来，国内外越来越重视对食品抗氧化包装的研究，重点集中于采取不同阻氧、脱氧、避光的包装形式，以隔绝外界的氧气、包装内氧气及光照对油脂氧化稳定性的影响。

影响因素主要包括：包装材料及制品的气体与光阻隔性、包装内初始气氛、包装结构、活性包装材料等。

11.3.1 材料阻隔性对包装食品氧化及其货架期的影响[9]

1. 包装材料氧气渗透性

包装材料及制品氧气渗透性是包装内氧气浓度变化的决定因素之一。研究考察酥性饼干包装，采用 4 种不同氧气透过率软塑膜（表 11-8）包装并经约 45d 加速试验（试验：无光照，包装内气体为空气），其平均过氧化值变化规律如图 11-13 所示。

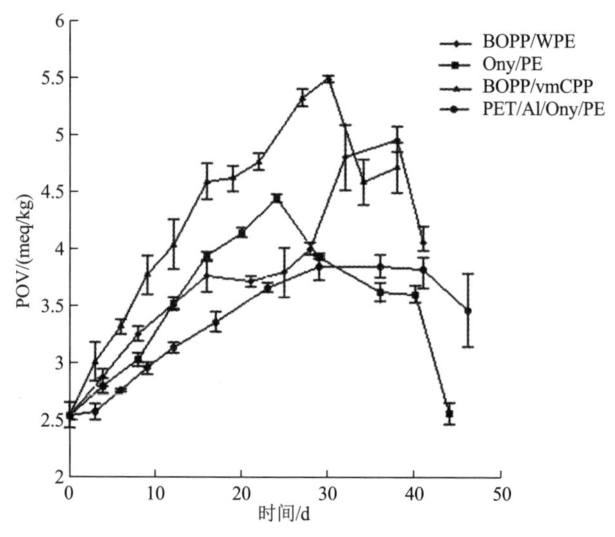

图 11-13 包装膜透氧率对包装酥性饼干过氧化值变化的影响

表 11-8 试验所用包装膜氧气渗透特性

材料	厚度/μm	氧气透过率/[cm^3/（m^2·24h·0.1MPa）]
BOPP/WPE	40	150
Ony/PE	105	21
BOPP/vmCPP	45	1.5
PET/Al/Ony/PE	115	0.112

将该加速试验中各组试样数据进行拟合，得到氧化速率拟合曲线如图 11-14 所示。将上述数据进行线性回归获得其氧化速率方程（表 11-9）。根据相关食品安全国家标准规定的饼干允许最大过氧化值，得到 4 种软塑膜包装酥性饼干经过加速试验货架期分别为 70d、83d、110d 和 134d。结果表明，包装材料的透氧率对所包装饼干油脂氧化程度产生一定的影响，阻氧率低的包装膜所包装的试样货架期几乎为高阻隔膜所包装试样的一半。

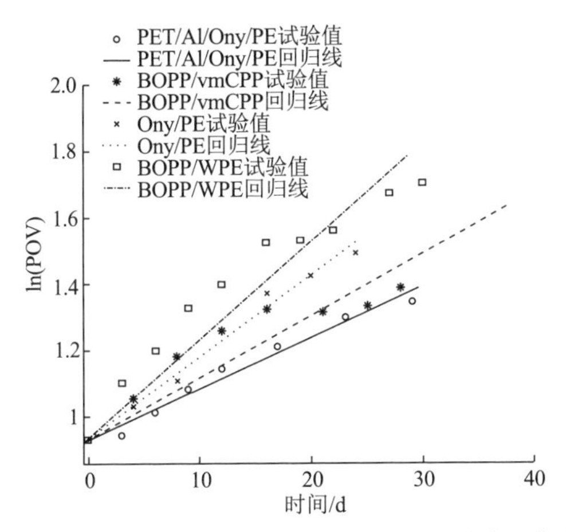

图 11-14　不同透氧率包装酥性饼干在加速试验中的氧化速率

表 11-9　不同透氧率包装酥性饼干氧化速率拟合方程及货架期

包装材料	氧化速率方程	R^2	货架期/d
BOPP/WPE	ln（POV）=0.02967t+0.931	0.8688	70
Ony/PE	ln（POV）=0.0247t+0.931	0.9840	83
BOPP/vmCPP	ln（POV）=0.01862t+0.931	0.8873	110
PET/Al/Ony/PE	ln（POV）=0.01534t+0.931	0.9789	134

2. 包装材料的光透过性

研究考察酥性饼干包装，采用 3 种不同紫外光透过率软塑膜（表 11-10）包装进行加速试验（试验：紫外光照度 1.9μW/cm^2，包装内气体为空气）[6]，其过氧化值变化规律如图 11-15 所示。

用高阻光膜 BOPP/vmCPP 包装，酥性饼干的过氧化值在 0～40d 内呈现缓慢上升的趋势，大约 45d 达到最高值，然后出现下降趋势，此时过氧化值仍未达到国标规定的允许最大值。其他透光材料包装的 2 组饼干其过氧化值上升速度较快，包装膜 PET/Ony/PE 对光线有一定的阻隔效果，约 40d 后过氧化值达到国标允许的最大值。同时，三组酥性饼干色泽也发生了不同程度的变化，强烈的紫外光强度导致饼干表面褪色严重。

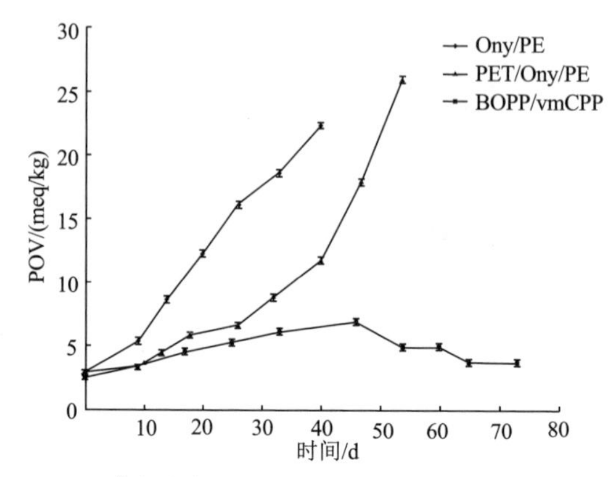

图 11-15　1.9μW/cm² 光照度下包装材料透光性对包装饼干过氧化值的影响

表 11-10　试验选用包装材料

材料	透光性能		
	紫外光照度/（μW/cm²）	材料透过紫外光照度/（μW/cm²）	透光率/%
Ony/PE	1.9	1.4	85.7
PET/Ony/PE	1.9	0.8	42.9
BOPP/vmCPP	1.9	0.3	7.14

进一步获得不同透光率包装材料包裹的酥性饼干油脂氧化速率拟合线，发现其油脂氧化过程符合一级动力学反应（图 11-16）。包装酥性饼干油脂氧化动力学方程及货架期估算见表 11-11。

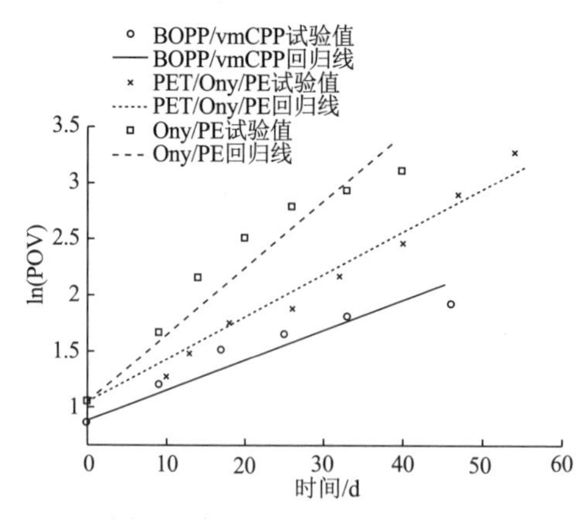

图 11-16　不同透光率包装材料的酥性饼干油脂氧化速率

表 11-11　不同透光率包装酥性饼干氧化速率拟合方程及货架期

包装材料	氧化动力学方程	R^2	货架期/d
BOPP/vmCPP	ln（POV）=0.02686t+0.872	0.8904	76
PET/Ony/PE	ln（POV）=0.0375t+1.051	0.9753	52
Ony/PE	ln（POV）=0.05902t+1.051	0.9112	33

研究表明，包装材料对光线，特别是紫外光强度的阻隔性对酥性饼干中油脂的氧化影响显著。在光照条件、温湿度条件相同的情况下，透明膜包装（Ony/PE）中的饼干氧化速度与不包装的饼干差异不显著，其货架寿命仅比不包装的饼干多1d，说明对于油脂含量较高的酥性饼干而言，与氧气含量、温湿度相比，光照对其氧化速率的影响更为显著。

11.3.2　包装内初始气氛对包装食品氧化及其货架期的影响[5]

无论是何种包装，理论上都无法做到绝对真空，也就是说，自产品生产完成后，包装内即存在一部分气体，工程中可通过气体调节等包装技术，改变包装内初始气体成分。

目前用于控制含油脂类食品的抗氧化包装方法主要有真空包装、充气包装、加抗氧化剂包装等。其中真空包装阻氧效果最佳，主要用于油脂含量较高的肉类食品。充气包装主要通过充入氮气等惰性气体将包装内的氧气赶出，减少氧气含量，从而起到抗氧化的作用，多用于膨化食品、蛋糕等焙烤食品，但无法将包装中的残余氧气完全排除，能在一定程度上缓解油脂的氧化速度。加抗氧化剂包装重点围绕两类方法，一是添加抗氧化剂活性包装膜，以阻止外界氧气渗入或吸收内部残余氧气；二是在包装内放入独立包装的吸氧剂，以吸收包装内的残余氧气。

1. 初始气氛对酥性饼干包装货架期的影响

饼干包装内的气体一般是空气，初始气氛中的氧气必然对食品的氧化产生影响。试验考察酥性饼干，采用 4 个氧气浓度水平（表 11-12）包装，在 50℃、50%RH 的温湿度条件下进行加速试验[无光照；包装膜 PET/Al/Ony/PE 厚度为 115μm，氧气透过率为 0.112mL/（m^2·24h·0.1MPa）][6]。储存过程中包装产品过氧化值变化见图 11-17。

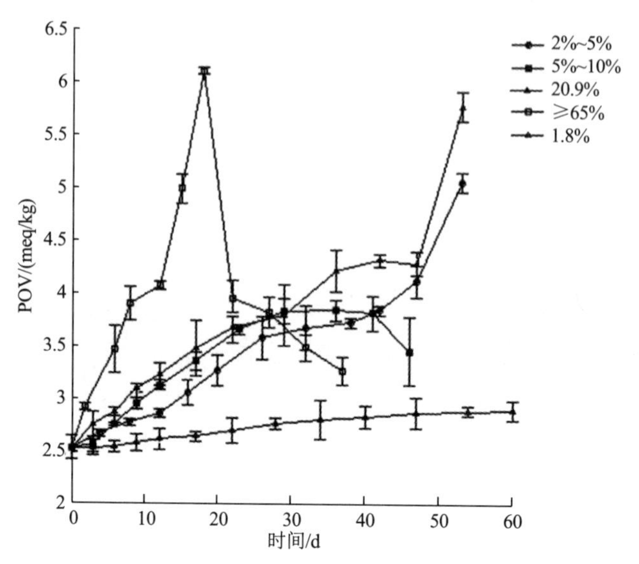

图 11-17 包装内初始氧气浓度对包装酥性饼干过氧化值变化的影响

表 11-12 包装内初始氧气浓度水平

初始气氛	氧气浓度 C_{in}
低氧环境	$2\% \leqslant C_{in} \leqslant 5\%$
中低氧环境	$5\% \leqslant C_{in} \leqslant 10\%$
大气组分	20.9%
高氧环境	≥65%
真空包装	1.8%

结果表明，真空包装试样油脂氧化速率显著低于其他各组，真空包装能非常有效地抑制油脂的氧化。低氧环境和中低氧环境中，包装容器中初始氧浓度较低，而高阻隔性的包装材料又阻断了空气中氧气的渗入，但这两种环境中油脂试样仍具较高的氧化速率。一般来说，当氧分压不低于 0.01～0.02atm（即初始氧浓度为 1%～2%，$1atm=1.01325\times10^5$ Pa）时，吸氧速度就无法降低太多，因此抑制氧化速率也不很显著。

不同包装初始氧气浓度下酥性饼干的氧化速率动力学方程及货架期见表 11-13。在加速试验中，高氧环境下酥性饼干货架期只有 44d，而普通氧浓度环境即初始氧浓度等于大气氧浓度的水平下，酥性饼干在加速试验中的货架期可达 4 个月左右，初始氧浓度越低，其保质期越短，但相差不到一个月时间。而真空包装的饼干组在加速试验中的货架寿命高达 401d。

表 11-13 不同包装初始氧气浓度下酥性饼干的氧化速率动力学方程及货架期

初始气氛	氧化动力学方程	R^2	货架期/d
低氧环境	ln（POV）=0.01082t+0.931	0.974	190
中低氧环境	ln（POV）=0.01238t+0.931	0.972	166
大气组分	ln（POV）=0.01534t+0.931	0.979	134
高氧环境	ln（POV）=0.04666t+0.931	0.970	44
真空包装	ln（POV）=0.00512t+0.931	0.964	401

2. 初始气氛对奶粉包装货架期的影响

目前充氮包装是国内外用于控制奶粉氧化的主要包装方法，包装中的含氧量能控制在 3%以内。有研究将充氮包装和空气包装全脂奶粉分别放置在 2℃和 23℃的环境下，发现储存温度和包装气体成分在抑制己醛的生成、延长奶粉保质期方面起到了非常重要的作用，而且，充氮包装对己醛生成的影响远远大于温度因素[10]。

试验考察一婴儿配方奶粉，采用以下 3 个氧气浓度水平。

水平 1：包装中的氧气浓度=20.9%（大气组分）。

水平 2：包装中的氧气浓度=3%左右（低氧包装）。

水平 3：包装中的氧气浓度<1%（脱氧包装）。

试验采用软塑袋包装[包装膜 PET/Al/Ony/PE，厚度 115μm，氧气透过率 0.112mL/（m^2·24h·0.1MPa）；包装内气体为空气]，在光照、45℃、50%RH 的温湿度条件下进行加速试验。测定其脂肪氧化、维生素 C 降解及非酶褐变情况（图 11-18）。

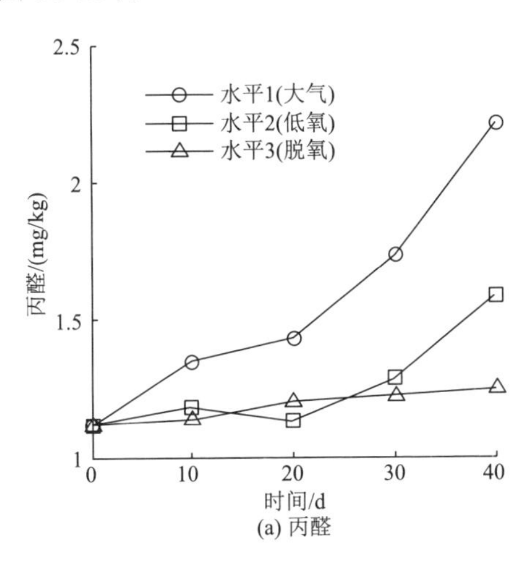

(a) 丙醛

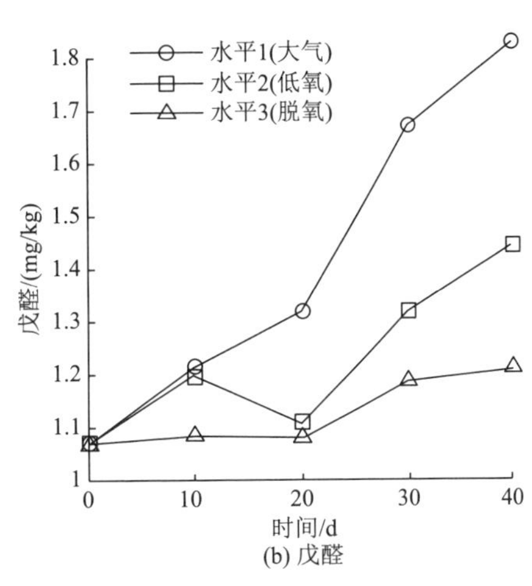

(b) 戊醛

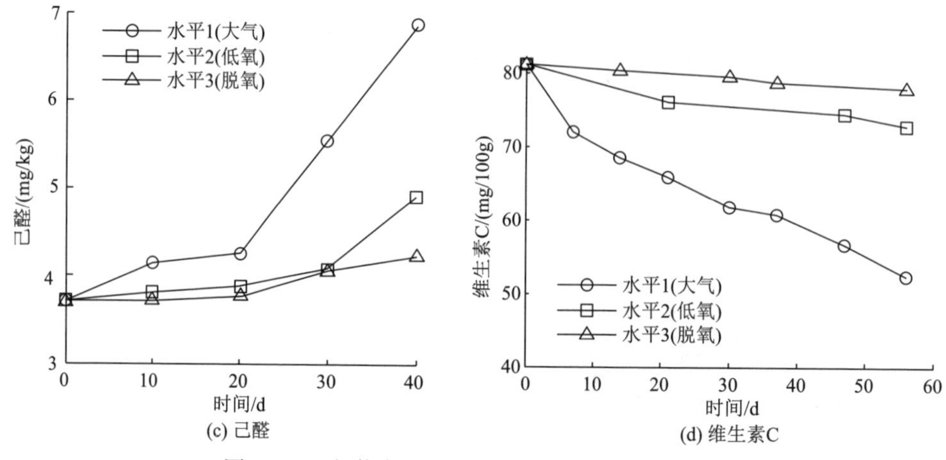

(c) 己醛

(d) 维生素C

图 11-18　包装内初始气氛对奶粉氧化过程的影响

3 组包装的奶粉中丙醛、戊醛和己醛含量均出现上升的趋势。大气环境包装奶粉中挥发性化合物含量增加、维生素 C 降解速度最快，丙醛、戊醛和己醛的含量从最初的 1.120mg/kg、1.069mg/kg、3.698 mg/kg，经过 40d 的加速试验后，分别增长至 2.211 mg/kg、1.831mg/kg、6.881mg/kg。低氧和脱氧环境中，包装内氧气浓度降低，丙醛、戊醛和己醛增长率较大气环境组低，维生素 C 保留率较高。

3. 溶解氧对果汁饮料包装货架期的影响

维生素 C 的降解条件可分为有氧和无氧两个条件。其主要产物如下所示。

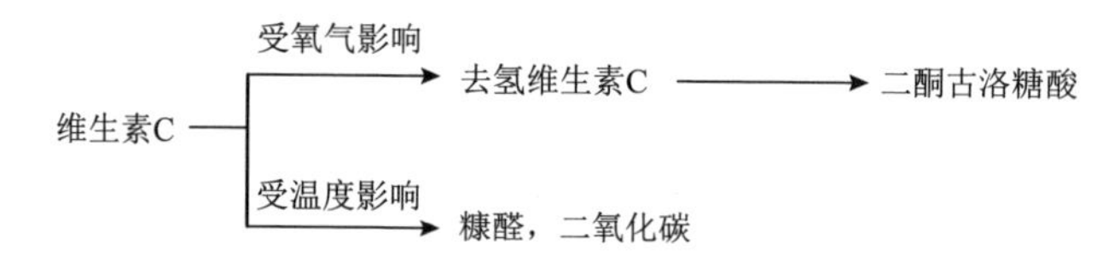

包装中除残留空气中的氧气外，液体食品中还存在一定的溶解氧，尤其是富含维生素 C 的饮料中。维生素 C 有较强的还原性，溶解氧是影响维生素 C 降解速率的重要因素。

试验考察一橙汁维 C 饮料，采用 4 个初始溶解氧浓度（5.2mg/L、8.1mg/L、8.9mg/L 和 14.0mg/L）包装，在 25℃、50%RH 的条件下进行试验（无光照；玻璃阻隔包装；包装内无空气）。试样中的维生素 C 含量随时间的变化如图 11-19 所示。初始溶解氧浓度越高，维生素 C 降解速率越快；当果汁溶液中存在溶解氧时，橙汁中维生素 C 浓度会在短时间内急剧下降。

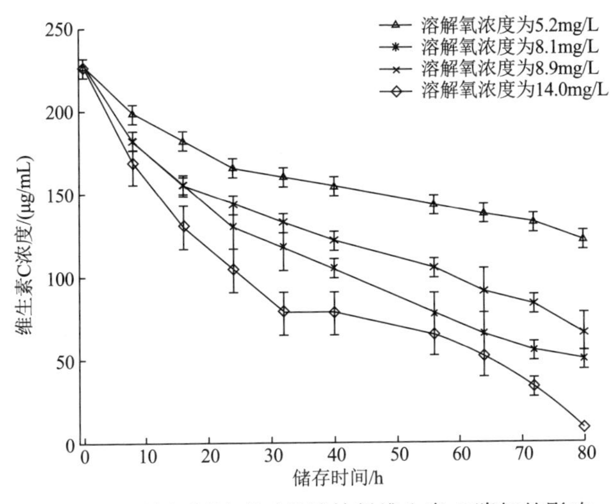

图 11-19　溶解氧浓度对果汁饮料维生素 C 降解的影响

11.3.3　包装结构对包装食品氧化及其货架期的影响

对于光敏食品，其表面接受到的光照强度、光照面积、食品本身接受的光照方向及深度等对其氧化的影响是不同的。由于食品表面接受到的光照强度最大，最容易发生氧化，而随着深度加深，接受到的光照强度也越来越低。

试验考察一初榨浓香菜籽油，采用不同初始光照强度、液面深度处包装，在 23℃、50%RH 的温湿度条件下进行试验（包装容器顶部 5000lx 光照；硬质容器，顶部 PET12/CPP20 透明薄膜封口；包装内气体为空气）[11]。

1. 不同液面深度对油脂光氧化的研究

不同初始光照强度下各液面深度处受到的光照强度如图 11-20 所示。油脂深度对己醛、叶绿素降解的影响如图 11-21 所示。随着油脂深度的加大，叶绿素、己醛等降解速率降低。

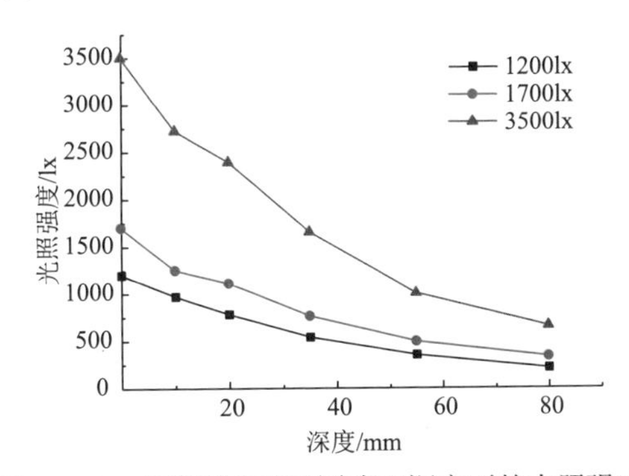

图 11-20　多光照水平不同液面深度下的光照强度

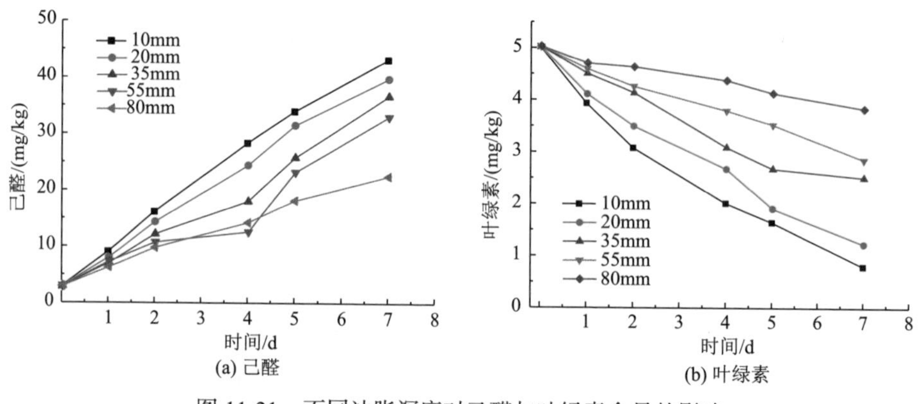

图 11-21 不同油脂深度对己醛与叶绿素含量的影响

2. 不同光照面积对包装油脂氧化的影响

油脂中己醛与叶绿素在受到不同光照面积的影响下，其变化趋势如图 11-22 所示。油脂暴露在光照下的面积越多，氧化越快，与在不同光照强度下的氧化情况极其相似。

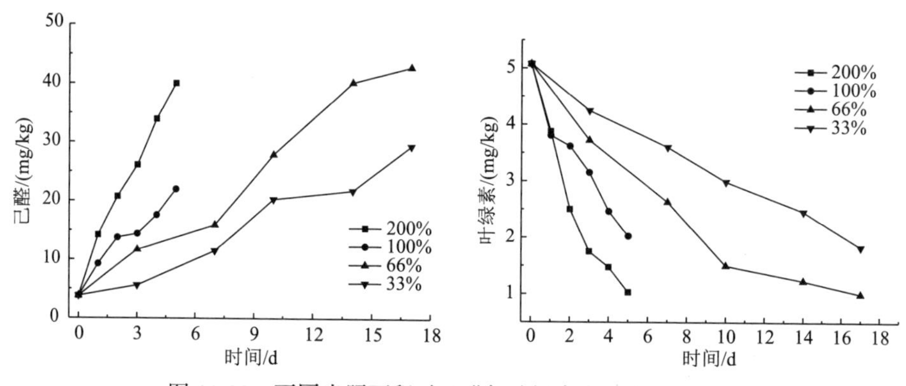

图 11-22 不同光照面积对己醛与叶绿素含量变化的影响

11.4 基于多因素综合影响的果汁饮料抗氧化包装货架期

维生素 C 是人体所必需的营养成分，也是果汁饮料中的主要成分之一。果汁饮料在流通、储存过程中受到温度、光照、溶解氧及其他因素的影响，引起维生素 C 的降解。果汁饮料的包装经历了玻璃瓶—易拉罐—纸包装—塑料瓶的发展过程。目前，市场上直接饮用型果蔬汁的包装基本是上述四种包装形式并存，近年来 PET 瓶包装应用更为广泛。包装形式和灌装方式的不同都会导致果汁饮料中维生素C降解及其速率的变化。

以橙汁饮料为对象，模拟维生素C的储存环境，研究储存温度、光照强度、光照条件下不同溶液深度及溶解氧浓度影响下的维生素C降解动力学方程，建立基于维生素C浓度为质量指标的货架期预测模型，为橙汁包装储存提供理论基础。

11.4.1　温度与光照强度对维生素C降解的影响

试验考察一橙汁维C饮料，采用3个温度水平（15℃、25℃、35℃）、5个光照水平（500lx、1000lx、2000lx、3500lx、4000lx）包装，在25℃、50%RH的温湿度条件下进行试验（包装内无空气）[6]。试样中维生素C含量随时间的变化如图11-23所示。随着试验温度、光照强度的提高，橙汁中维生素C浓度逐渐降低，降解速率加快。

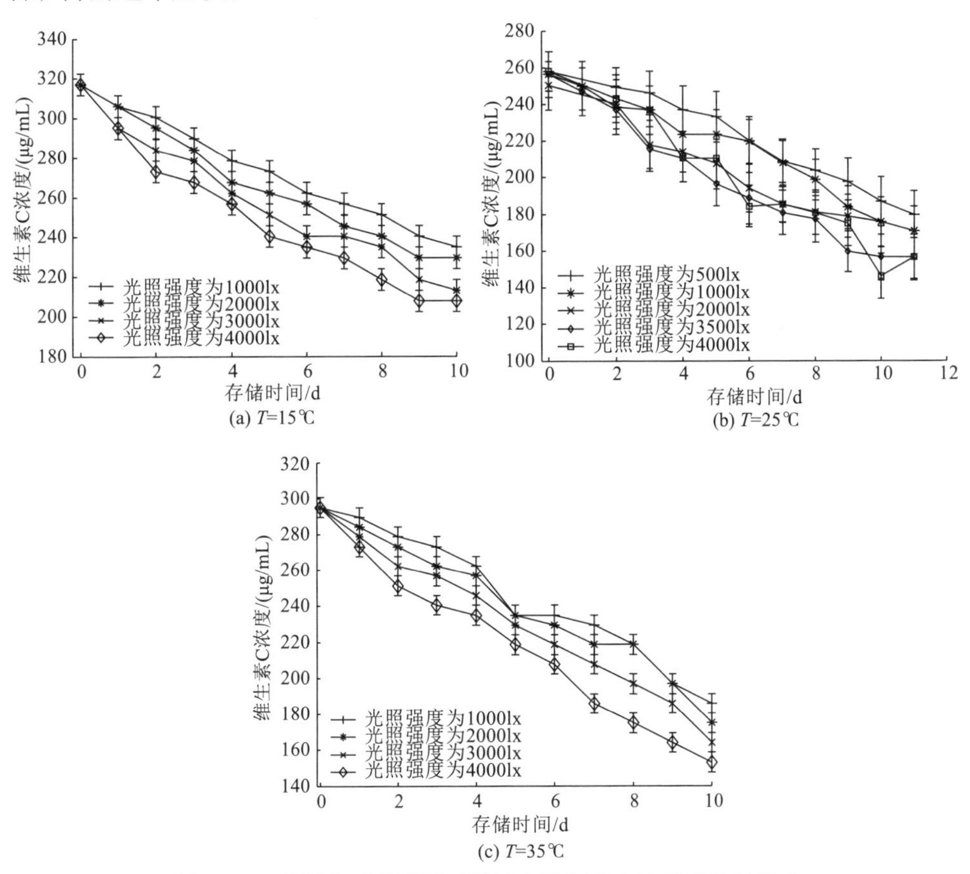

图11-23　温度与光照强度对橙汁中维生素C浓度变化的影响

若不考虑温度与光照影响的相关性，综合温度和光照对维生素C降解速率影响可表示为

$$k_{VC} = k_{VC,T} + k_{VC,L} \tag{11-7a}$$

$$k_{VC,T} = k_{VC,0}\exp\left(-\frac{E_a}{RT}\right) \tag{11-7b}$$

$$k_{VC,L} = G_L \cdot L \tag{11-7c}$$

式中，k_{VC}——基于温度与光照影响的维生素 C 分解总速率；

$k_{VC,T}$——基于温度影响的维生素 C 分解速率；

$k_{VC,L}$——基于光照影响的维生素 C 分解速率；

L——光照强度（lx）；

G_L——光强系数（$d^{-1}\cdot lx^{-1}$）。

试验发现温度 15℃、25℃和 35℃时，光强系数分别为 $5.511\times10^{-6}\ d^{-1}\cdot lx^{-1}$、$5.479\times10^{-6}\ d^{-1}\cdot lx^{-1}$、$5.989\times10^{-6}\ d^{-1}\cdot lx^{-1}$，温度对光强系数的影响不显著，光照强度对维生素 C 的影响与温度相关性不大（表 11-14）；同时，同一温度下光照强度对维生素 C 降解速率的影响呈线性关系（图 11-24）。

表 11-14　不同温度与光照强度下橙汁中维生素 C 的光分解速率

光照/lx	维生素 C 的光分解速率/d^{-1}		
	15℃	25℃	35℃
500	—	0.00460	—
1000	0.00448	0.00673	0.00767
2000	0.01271	0.00997	0.00925
3000	0.01662	—	0.01599
3500	—	0.01988	—
4000	0.02139	0.02120	0.02638

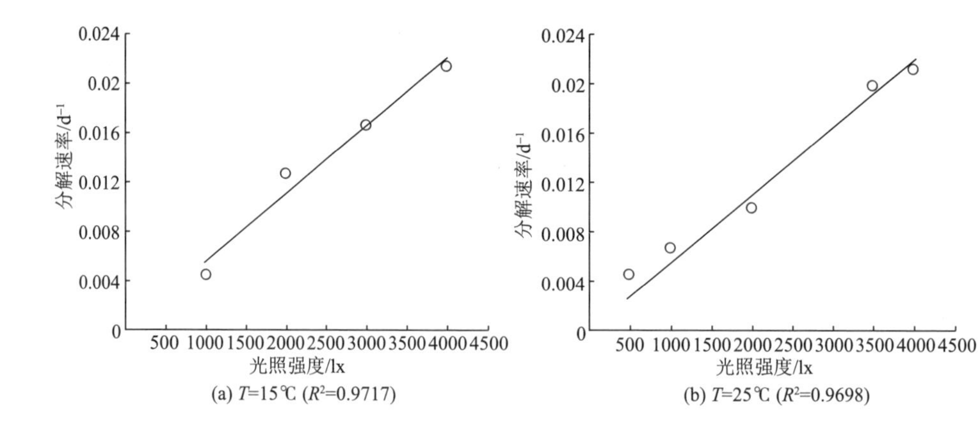

(a) T=15℃ (R^2=0.9717)　　(b) T=25℃ (R^2=0.9698)

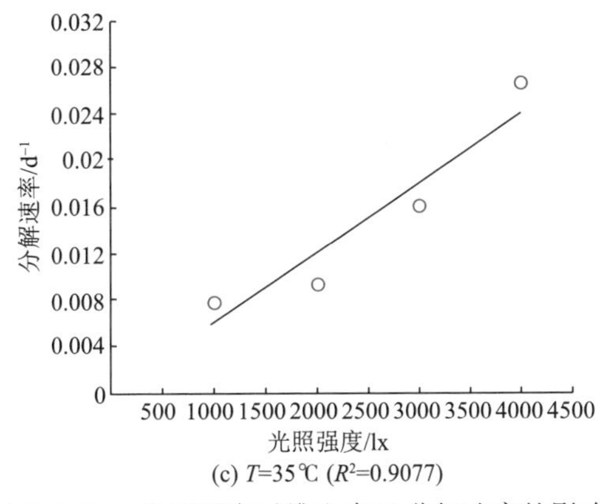

(c) T=35℃ (R^2=0.9077)

图 11-24　光照强度对维生素 C 分解速率的影响

11.4.2　溶液深度对维生素 C 光降解的影响

相关试验表明当溶液的深度小于 1cm 时，可忽略溶液深度对维生素 C 光降解的影响。试验研究溶液深度对维生素 C 降解有影响，以光照强度 2000lx 为例，其结果如图 11-25 所示。随着溶液深度的增加，维生素 C 浓度下降变慢，同时维生素 C 的降解符合一级反应模型规律。不同溶液深度下橙汁中维生素 C 分解速率常数见表 11-15。

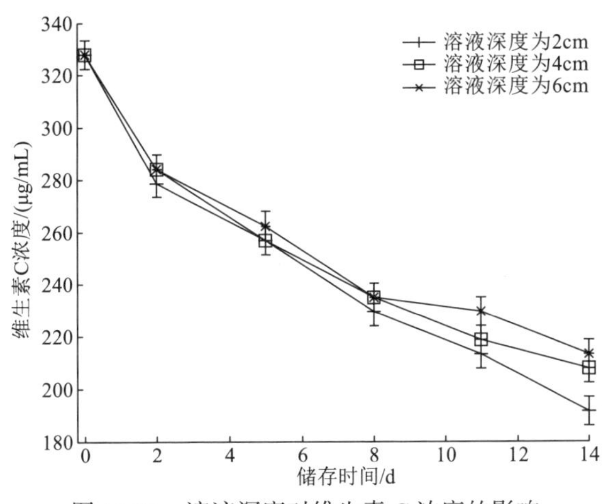

图 11-25　溶液深度对维生素 C 浓度的影响

表 11-15　不同溶液深度下橙汁中维生素 C 分解速率常数（L=2000lx）

溶液深度/cm	k_{VC} /d^{-1}	$k_{VC,L}$ /d^{-1}	R^2
2	0.03713	0.00798	0.9615
4	0.03297	0.00382	0.9830
6	0.03024	0.00109	0.9990

进一步考虑光照深度对维生素 C 降解的影响，可得

$$k_{\mathrm{VC},L} = G_L \cdot \mathrm{e}^{-\varepsilon x} L \tag{11-8}$$

式中，ε——光照溶液深度影响参数（cm^{-1}）；

x——光照溶液深度（cm）。

为此，可建立基于温度与光照深度影响的果汁维生素 C 分解方程。

$$k_{\mathrm{VC}} = k_{\mathrm{VC},0} \exp\left(-\frac{E_{\mathrm{a}}}{RT}\right) + G_L \cdot \mathrm{e}^{-\varepsilon x} L \tag{11-9}$$

此时，包装货架期预测模型为

$$t_{\mathrm{sl}} = \frac{\ln\left(c_{\mathrm{VC},0} - c_{\mathrm{VC,c}}\right)}{k_{\mathrm{VC},0} \exp\left(-\frac{E_{\mathrm{a}}}{RT}\right) + G_L \cdot \mathrm{e}^{-\varepsilon x} L} \tag{11-10}$$

11.4.3 基于维生素 C 浓度限量的包装货架期预测模型

1. 溶液中维生素 C 吸氧率的估算[12]

溶液中的维生素 C 会吸收溶解氧致使维生素 C 分解，同样溶解氧的浓度也会因此而降低，吸氧率从另一角度反映了维生素 C 的降解。图 11-26 为不同初始溶解氧浓度随储存时间变化的试验测定结果。溶液中溶解氧的变化显著并呈现指数下降规律。初始溶解氧浓度越高，其下降的速率越大，储存 40h 以后溶解氧的浓度变化不大，溶解氧的吸收速率随之下降。

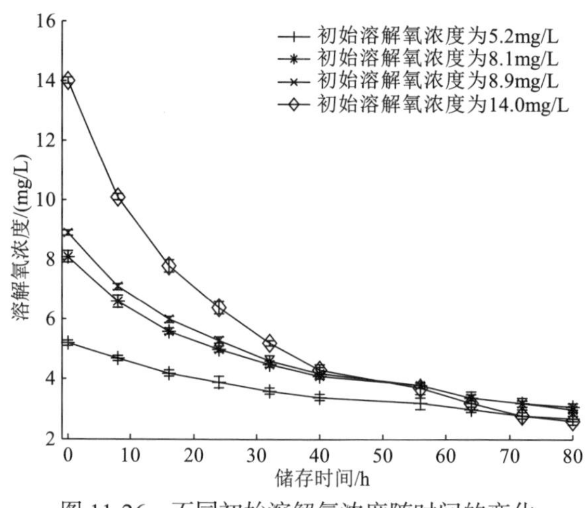

图 11-26 不同初始溶解氧浓度随时间的变化

进一步，初始溶解氧浓度对橙汁溶液吸氧率的影响如图 11-27 所示。表征其

吸氧率为

$$[DO]=[DO]_0 \exp(-r_O t) \tag{11-11}$$

式中，$[DO]$——t 时刻溶液中溶解氧浓度；

$[DO]_0$——初始溶解氧浓度；

r_O——吸氧速率。

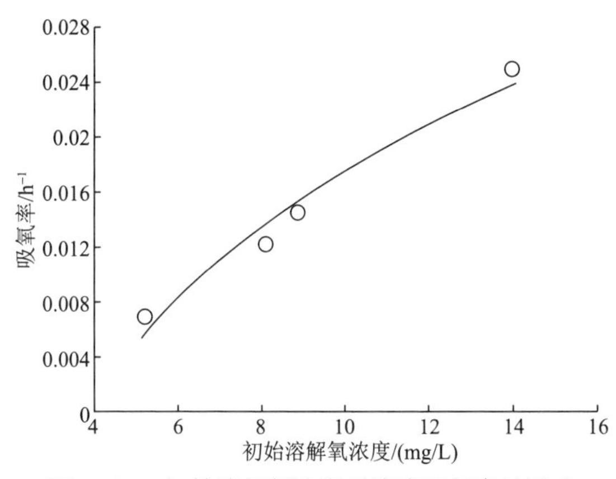

图 11-27　初始溶解氧浓度对溶液吸氧率的影响

2. 溶解氧浓度与包装顶空中氧气浓度的关系

食品包装顶空气氛是影响食品品质的因素之一，特别是对包装内氧气敏感的产品。为此需关注包装顶空氧气浓度与所包装食品溶解氧浓度的关系。

考察在 25℃环境下橙汁溶液包装顶空气体氧气浓度和溶液中溶解氧浓度随时间的变化，如图 11-28 和图 11-29 所示。顶空气体中氧气含量随储存时间延长

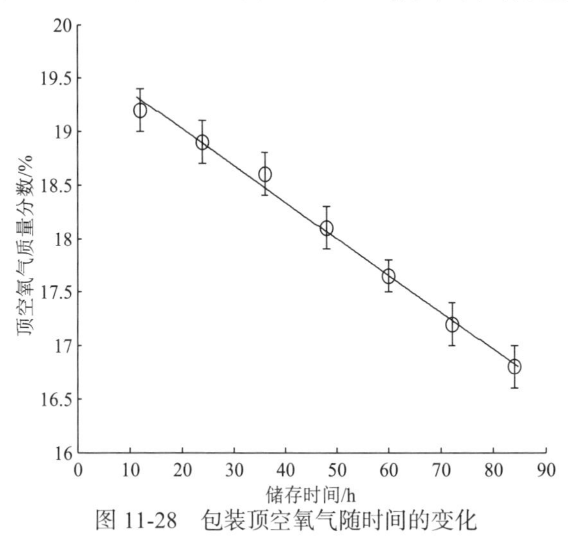

图 11-28　包装顶空氧气随时间的变化

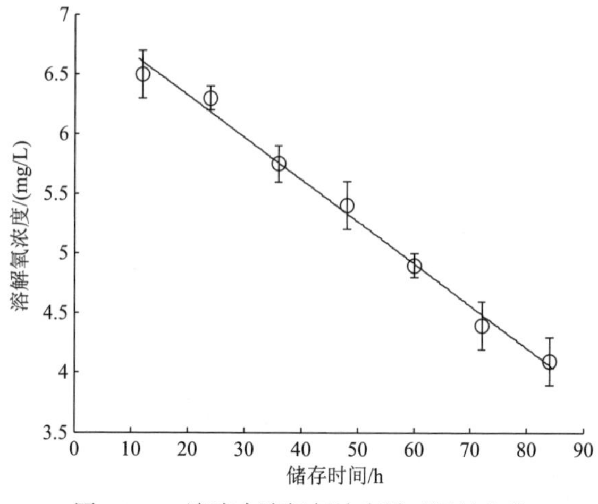

图 11-29　溶液中溶解氧浓度随时间的变化

呈现线性下降规律，溶液中维生素 C 吸溶解氧的同时顶空气体中的氧气也会逐渐溶解在溶液中，形成动态过程。同时可表征溶解氧浓度与初始气体之间的变化规律（图 11-30）。

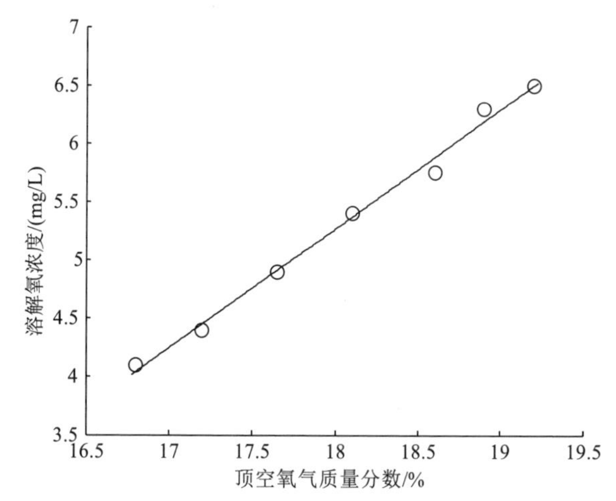

图 11-30　包装顶空气体氧气质量分数与溶解氧浓度关系

3. 考虑溶解氧影响的包装货架期模型建立[8,11]

考察初始溶解氧浓度对溶液中维生素 C 降解的影响，基于试验数据的拟合（图 11-31），同时获得不同初始溶解氧浓度下橙汁中维生素 C 的分解速率（表 11-16）。随着初始溶解氧浓度的提高，溶液中维生素 C 降解速率加快，溶解氧浓度对维生素 C 降解速率有影响。

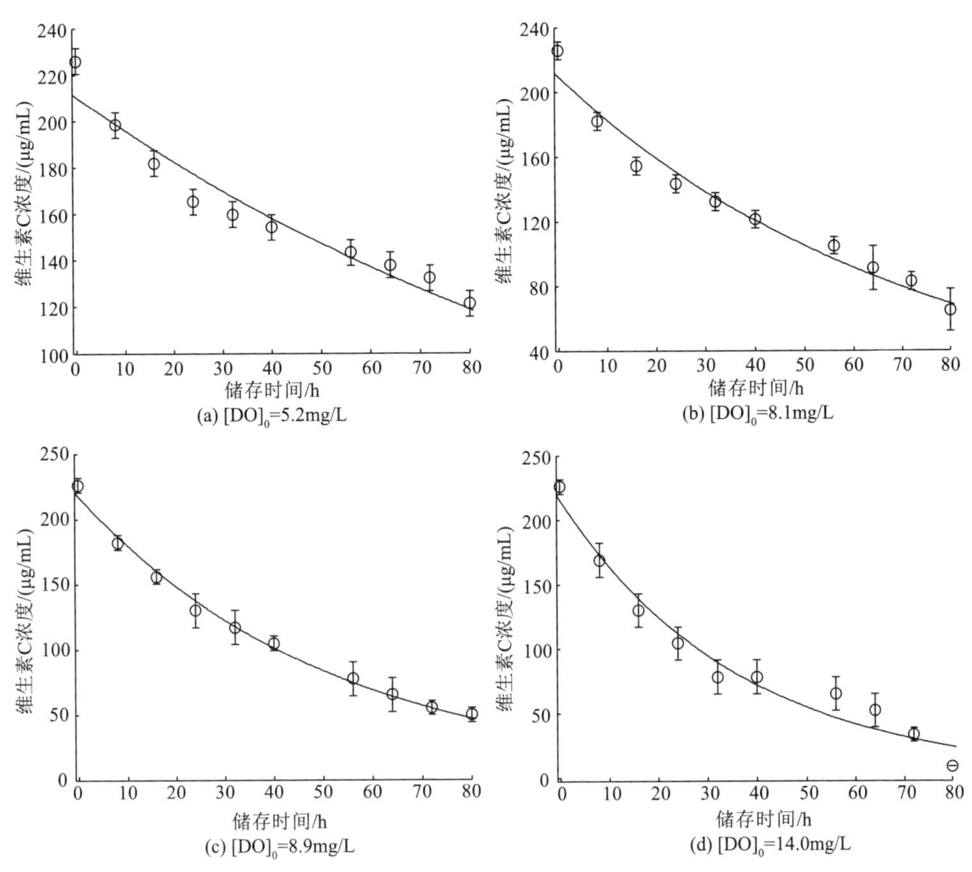

图 11-31　不同初始溶解氧浓度下的液体中维生素 C 浓度降解曲线拟合

表 11-16　不同初始溶解氧浓度下橙汁中维生素 C 分解速率（T=25℃）

初始溶解氧浓度/（mg/L）	k_{VC} / h^{-1}	R^2
5.2	0.00714	0.9400
8.1	0.01388	0.9684
8.9	0.01920	0.9936
14.0	0.02749	0.9674

进一步拟合分析溶解氧对维生素 C 分解速率的影响规律（图 11-32），发现溶液中维生素 C 降解符合一级反应规律，表明初始溶解氧浓度与溶液中维生素 C 的降解呈对数关系。

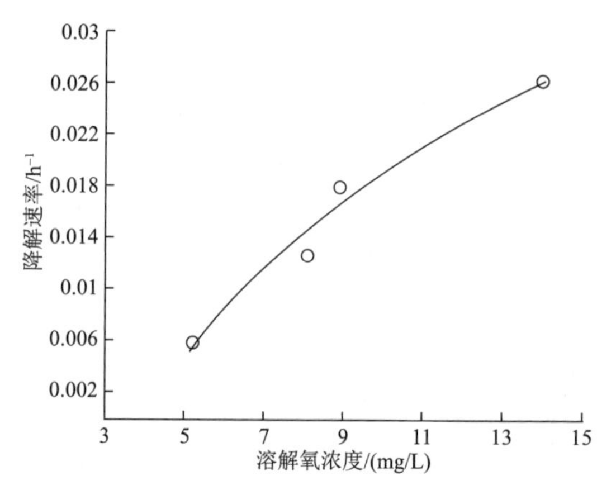

图 11-32　初始溶解氧对溶液中维生素 C 分解速率的影响（T=25℃）

即在一定温度下，可建立初始溶解氧与溶液中维生素 C 分解速率的关系：

$$k_{\mathrm{VC,[DO]}} = G_2 \ln\left(\left[\mathrm{DO}\right]\right) + P_{\mathrm{[DO]}} \tag{11-12}$$

式中，$P_{\mathrm{[DO]}}$——溶氧常数。

（1）当包装顶空不存在氧气时，若以橙汁中维生素 C 含量临界值为产品货架期指标，得到一定温度下初始溶解氧条件下的包装货架期预测模型为

$$t_{\mathrm{sl}} = \frac{\ln(C_{\mathrm{VC,0}} / C_{\mathrm{VC,c}})}{G_2 \lg\left(\left[\mathrm{DO}\right]\right) + P_{\mathrm{[DO]}}} \tag{11-13}$$

（2）当包装顶空存在氧气时，直接计算货架期较为困难，采用计算消耗的氧量来间接计算产品货架期。

基于温度、初始溶解氧联合影响的包装货架期预测模型为

$$t_{\mathrm{sl}} = \frac{\ln(C_{\mathrm{VC,0}} / C_{\mathrm{VC,c}})}{M_{\mathrm{VC}}\left(G_4 \dfrac{V_{\mathrm{h}}}{M_{\mathrm{O}}} + \dfrac{G_5 V_{\mathrm{L}}}{M_{\mathrm{O}}}\right)} \tag{11-14}$$

式中，M_{O}——包装顶空氧气的质量分数；

V_{h}——包装顶空空气体积；

G_4——顶空氧气消耗系数；

G_5——溶解氧消耗系数；

V_{L}——溶液食品的体积。

11.5　食品抗光照油脂氧化包装货架期预测

对于食用油来说，植物油中的主要色素是叶绿素及类胡萝卜素，它们在植物油中分别充当光敏剂和单线态氧猝灭剂。以菜籽油为研究对象，综合分析油脂食品储存下的光照环境，结合包装材料的透光率、包装结构及规格，建立其抗光照油脂氧化包装货架期预测模型。

11.5.1　包装货架期预测模型建立

菜籽油中叶绿素含量丰富，易在光照下降解，同时促进油脂的光氧化，产生挥发性醛类物质，其中以己醛变化最大、最明显。选取叶绿素和己醛为主要氧化指标进行油脂光照氧化的预测。

1. 油脂氧化变质的反应级数

油脂氧化变质的反应动力学关系可表示为

$$C_{\text{hex}} = C_{\text{hex},0} + k_{\text{hex}} t \tag{11-15a}$$

$$C_{\text{chl}} = C_{\text{chl},0} \exp(-k_{\text{chl}} t) \tag{11-15b}$$

式中，C_{hex}——油脂中己醛的浓度（mg/kg）;
C_{chl}——油脂中叶绿素的浓度（mg/kg）；
k_{hex}——己醛生成速率[mg/（kg·d）];
k_{chl}——叶绿素变化速率[mg/（kg·d）];
t——时间（d）。

2. 光照强度与温度对油脂氧化的影响

研究表明油脂中的叶绿素和己醛在避光环境下均无明显的变化，且反应速率与光照强度呈线性相关。温度对油脂的氧化影响在避光和光照下是不同的，避光环境下无论储存温度的高低，光敏剂和己醛几乎没有变化，而过氧化值则会发生显著变化趋势。在光照条件下，温度的升高对油脂氧化有一定程度的影响，协同光照但作用不明显。

联合光照强度与温度的影响，油脂氧化速率为

$$k_{\text{chl},L} = a_{\text{chl}\cdot L} L = k_{\text{chl},0} \exp\left(\frac{-E_{\text{a}}}{RT}\right) L \tag{11-16a}$$

$$k_{\text{hex}\cdot L}=a_{\text{hex}\cdot L}L=k_{\text{hex},0}\exp\left(\frac{-E_{\text{a}}}{RT}\right)L \tag{11-16b}$$

3. 油脂液面深度

在相同光照条件下，不同深度处的油脂受到的光照强度满足如下关系式。

$$L_x=\eta_{\text{p}}L\exp(\mu x) \tag{11-17}$$

式中，η_{p}——包装材料透光率。

则不同深度处油脂受到的光照强度与环境中接触油脂表面的光照强度之间的关系为

$$k_{\text{hex,l}}=\frac{a_{\text{hex}}\eta_{\text{p}}L}{\mu x}\left[\exp(\mu x)-1\right] \tag{11-18a}$$

$$k_{\text{chl,l}}=a_{\text{chl}}\eta_{\text{p}}L\exp(\mu x) \tag{11-18b}$$

在不同深度下，叶绿素与己醛的氧化速率比不是定值，所以不能用叶绿素来定量油脂氧化程度，但可作为参考指标来估计油脂的氧化程度。

4. 综合因素下的包装货架期预测

油脂的氧化与光照强度和光照面积线性相关，与液面深度存在一定的指数关系，综合这些因素，可以得到多因素预测模型。

由于光照面积率 S 与氧化速率的关系式基于同一光照强度，在不同光照强度下满足:

$$k_{SL}=aLS \tag{11-19}$$

针对不同深度的油脂，在不同光照强度与光照面积率的环境下，还满足:

$$k_{\text{hex}}=\frac{a_{\text{hex}}\eta_{\text{p}}LS}{\mu x}\left[\exp(\mu x)-1\right] \tag{11-20a}$$

$$k_{\text{chl}}=a_{\text{chl}}\eta_{\text{p}}LS\exp(\mu x) \tag{11-20b}$$

由于双面相同的光照对上述方程同样适用，因此综合考虑光照强度、光照面积率、油脂深度在多面光照下对油脂氧化的影响，可认为符合

$$\begin{aligned}k_{\text{hex}}&=b_{\text{h}1}S_1+b_{\text{h}2}S_2+\cdots\\&=\frac{a_{\text{hex}}\eta_{\text{p}}L_1S_1}{\mu x_1}\left[\exp(\mu x_1)-1\right]+\frac{a_{\text{hex}}\eta_{\text{p}}L_2S_2}{\mu x_2}\left[\exp(\mu x_2)-1\right]+\cdots\end{aligned} \tag{11-21a}$$

$$k_{\text{chl}}=b_{\text{c}1}S_1+b_{\text{c}2}S_2+\cdots=a_{\text{chl}}\eta_{\text{p}}L_1S_1\exp(\mu x_1)+a_{\text{chl}}\eta_{\text{p}}L_2S_2\exp(\mu x_2)+\cdots \tag{11-21b}$$

此处包装各面的光照强度是受光面法线方向的光照强度，必要时可以细分受光面，如圆柱状包装容器等。

若以可接受的己醛浓度为货架期限值，不同包装规格与光照影响的食品包装货架期预测模型为

$$t_{sl}=\frac{C_{hex,c}-C_{hex,0}}{k_{hex}}=\frac{C_{hex,c}-C_{hex,0}}{\frac{a_{hex}\eta_p L_1 S_1}{\mu x_1}\left[\exp(\mu x_1)-1\right]+\frac{a_{hex}\eta_p L_2 S_2}{\mu x_2}\left[\exp(\mu x_2)-1\right]+\cdots} \quad (11\text{-}22)$$

同样，以可接受的叶绿素含量为货架期限值，不同包装规格与光照影响的食品包装货架期预测模型为

$$t_{sl}=\frac{\ln C_{chl,0}-\ln C_{chl,c}}{k_{chl}}=\frac{\ln(C_{chl,0}/C_{chl,c})}{a_{chl}\eta_p L_1 S_1\exp(\mu x_1)+a_{chl}\eta_p L_2 S_2\exp(\mu x_2)+\cdots} \quad (11\text{-}23)$$

11.5.2　包装货架期预测模型的验证

选取初榨浓香菜籽油，采用两种包装结构实施多面不同光照强度的试验。

（1）透明包装膜 PET12/CPP20 装满菜籽油封合，包装透光率 87%，无顶空气体。

（2）500mL PET 透明塑料瓶装满菜籽油封合，包装透光率 80%，无顶空气体。

油脂中己醛和叶绿素在不同条件下变化的理论预测值与试验值的比较如图 11-33 所示。在给定的加速环境下，预测模型与试验值有较好的拟合度，尤其是预测油包在单面和两端面光照条件下的氧化变化时吻合度最高，但在油包两邻面受光照的氧化预测中，理论预测速率比实际速率偏小，这主要是因为用一组光源照射油包一个面时，侧面也会受到其一定程度的光照，所以仅以总体两面拟合将存在一定误差，上述试验因素也是导致油瓶中油脂氧化预测与试验值之间差距的主要原因。

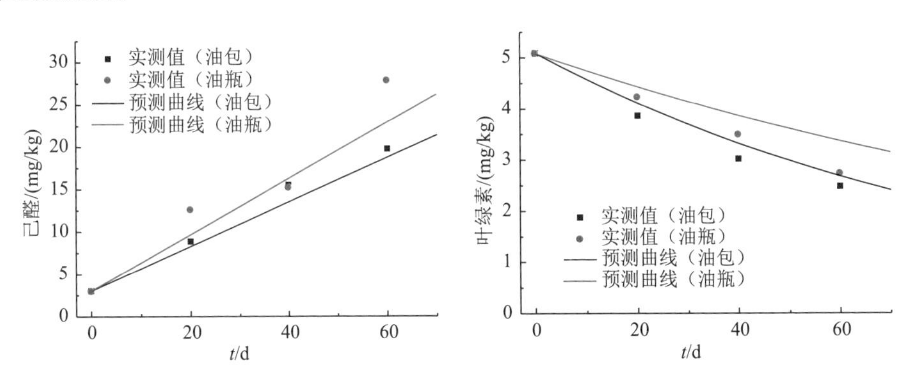

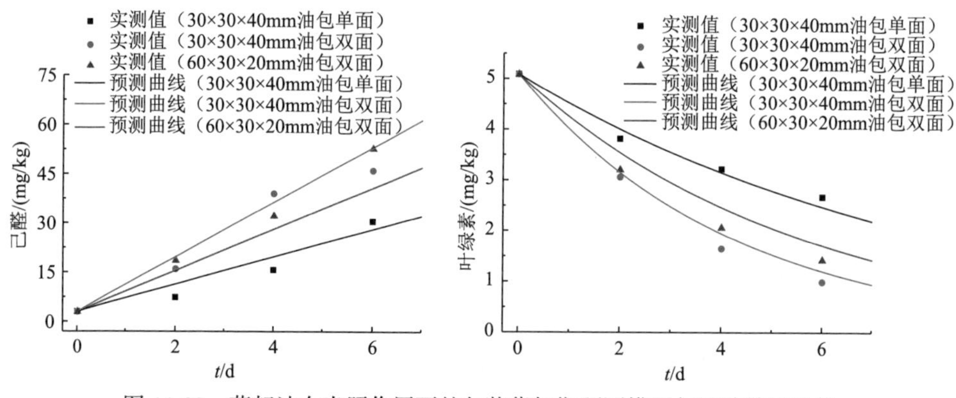

图 11-33　菜籽油在光照作用下的包装货架期预测模型与试验结果比较

11.6　基于综合因素影响的食品抗油脂氧化包装货架期预测

11.6.1　相对湿度对酥性饼干油脂氧化的影响

含脂食品的氧化速度在很大程度上取决于其水分活度。有研究表明，过高或过低的水分活度都会加速油脂的氧化过程。由于包装材料的透湿性，储存环境的改变会直接导致产品吸收（或放出）水分，从而使其自身的水分含量发生相应的变化，进而影响其油脂的氧化性。为抑制饼干中油脂因环境湿度而发生氧化反应，目前所采用的方法是用高阻湿性的包装材料，在满足防潮包装要求的同时保证产品油脂氧化速率缓慢且稳定，从而降低油脂氧化的速度，达到抗氧化的目的。

研究对象为酥性饼干，采用以下两种类型实施50℃高温、无光照加速试验。

（1）未包装产品，设置40%RH、50%RH、70%RH、90%RH。

（2）BOPP/vmCPP[透湿系数为 0.51×10^{-15}g·cm/（cm^2·s·Pa）]、Ony/PE[透湿系数为 5.03×10^{-15} g·cm/（cm^2·s·Pa）]软塑膜包装，试验环境50%RH。

环境相对湿度对未包装酥性饼干中油脂过氧化值变化的影响如图 11-34 所示。对于未包装试样，40%RH条件对POV值变化的影响不显著，50%RH、70%RH条件对 POV 值变化的影响程度有所提升，但两个条件的影响差异较小；90%RH条件对POV值变化的影响非常显著，且在约35d时POV测量值开始出现下降，这主要是由于油脂在氧化过程中生成的初级产物氢过氧化物分解为醛、酮类小分子物质，此时氢过氧化物的分解速度大于其生成的速度。

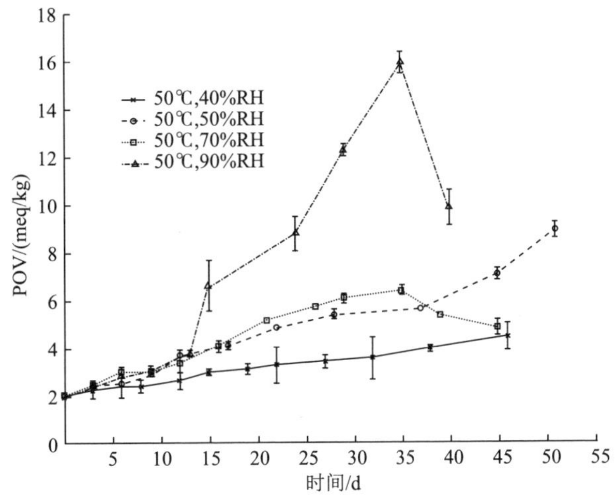

图 11-34　环境相对湿度对酥性饼干中油脂过氧化值变化的影响

包装膜透湿率对饼干过氧化值变化的影响如图 11-35 所示。试验前 15d 两种包装材料中试样的过氧化值均在缓慢升高且差异不显著，此后随着时间的延长，透湿系数较大的 Ony/PE 膜包装内相对湿度升高，其过氧化值仍维持较快的增长趋势，透湿系数很小的 BOPP/vmCPP 包装的试样其过氧化值上升变得缓慢。

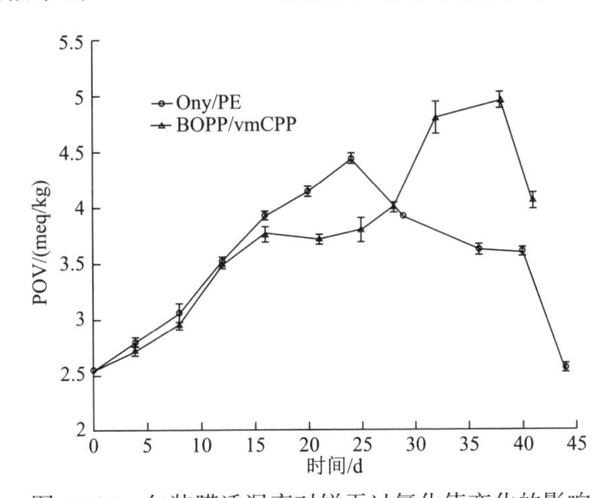

图 11-35　包装膜透湿率对饼干过氧化值变化的影响

11.6.2　酥性饼干抗油脂氧化包装货架期预测模型建立

1. 影响因素比较分析

针对饼干产品，研究储存温度、相对湿度、光照度和包装内氧气浓度等主要因素对酥性饼干油脂氧化速率的影响，对比油脂氧化速率及其包装货架期（表 11-17）。

表 11-17　酥性饼干油脂氧化速率及抗油脂氧化包装货架期估算

温度/℃	相对湿度/%	紫外光照度/（μW/cm²）	包装内氧气浓度/%	包装膜	油脂氧化速率/[meq/（kg·d）]	货架期/d
40	50	1.9	20.9	BOPP/vmCPP	0.02686	76
40	50	1.9	20.9	PET/Ony/PE	0.03750	52
40	50	1.9	20.9	Ony/PE	0.05902	33
50	50	0	1.8	PET/Al/Ony/PE	0.00512	401
50	50	0	2～5	PET/Al/Ony/PE	0.01082	190
50	50	0	5-10	PET/Al/Ony/PE	0.01238	166
50	50	0	20.9	PET/Al/Ony/PE	0.01534	134
50	50	0	>65	PET/Al/Ony/PE	0.04666	44
50	50	0	20.9	BOPP/vmCPP	0.01862	110
50	50	0	20.9	Ony/PE	0.02470	83
40	70	1.9	20.9	Ony/PE	0.09958	18
40	40	1.9	<5	Ony/PE	0.03345	52
40	70	1.9	<5	Ony/PE	0.09650	18
40	40	1.9	20.9	Ony/PE	0.05312	36

研究表明：①环境紫外光强度（紫外光照度）、相对湿度对产品油脂氧化速率的影响最大，而包装袋内的氧气浓度环境对其氧化速率的影响最小，但包装材料的阻氧性对油脂氧化速率有显著的影响。在非真空包装酥性饼干中，包装内氧气浓度对油脂氧化速率的影响较小，初始氧含量和包装材料透氧性对油脂氧化速率的影响仅在使用真空包装情况下讨论具有实际意义。②对比相对湿度和紫外光照度两个因素，包装内高相对湿度（产品高水分活度）对产品油脂氧化的影响更为显著。这主要是包装内相对湿度的增高导致产品快速吸收其水分，使自身的含水量迅速增加，对于富含油脂的饼干，若其自身的含水量高，则油脂的水解、氧化等反应也就会加快。

2. 非真空包装下综合因素影响的包装货架期预测模型

考虑到饼干等焙烤食品均有严格的产品含水量限量要求，故通常在保证其防潮包装的基础上，相对湿度对产品油脂氧化的影响较小。为此，重点考虑温度、光照、包装内氧气浓度等对酥性饼干油脂氧化速率的联合作用。

基于温度、光照、包装内氧气浓度单一因素影响的油脂氧化速率为

$$k_{S,\theta} = k_{S,0} \exp\left(-\frac{E_a}{RT}\right) \tag{11-24a}$$

$$k_{S,L}=k_{L,0}\exp\left(-\frac{E_{a,L}}{RT}\right)L \tag{11-24b}$$

$$k_{S,P}=k_{P,0}\exp\left(-\frac{E_{a,P}}{RT}\right)p_{in,O_2} \tag{11-24c}$$

式中，$k_{S,L}$——光照影响的氧化速率[meq/（kg·d）]；

$k_{S,\theta}$——温度影响的油脂光氧化速率[meq/（kg·d）]；

$k_{S,P}$——包装内氧分压影响的氧化速率[meq/（kg·d）]；

p_{in,O_2}——包装袋内初始氧分压。

不考虑上述因素相互影响，则基于油脂氧化指标 POV 为产品质量评价的包装货架期预测模型为

$$t_{sl}=\frac{\ln\left(\frac{POV_c}{POV_0}\right)}{k_{S,0}\exp\left(-\frac{E_a}{RT}\right)+k_{L,0}\exp\left(-\frac{E_{a,L}}{RT}\right)L+k_{P,0}\exp\left(-\frac{E_{a,P}}{RT}\right)p_{in,O_2}} \tag{11-25}$$

3. 基于包装内氧气浓度控制的包装货架期预测

研究表明低氧包装（氧气浓度小于 2%）对抑制饼干油脂氧化的作用显著。包装内初始低氧气氛可通过气调包装、活性包装等实现。在此包装形式下，储运过程中包装内氧气浓度控制成为关键包装因子，为此结合食品吸氧特性选择适当的阻氧材料对控制包装食品油脂氧化至关重要。

不考虑其他因素的影响，仅以包装内氧气浓度为影响因素进行分析。

1）油脂氧化速率与包装袋内氧气浓度关系

基于 50℃、50%RH、无光照、高阻隔膜 PET/Al/Ony/PE 包装酥性饼干的加速试验，获得不同氧气浓度下的油脂氧化速率对应关系（表 11-18）。

表 11-18　不同氧气浓度下酥性饼干油脂氧化速率

包装袋内初始氧气浓度/%	油脂氧化速率/[meq/（kg·d）]
1.8	0.00512
3.5	0.01082
7.5	0.01238
20.9	0.01534

当包装内氧气浓度大于 2%时，拟合获得油脂氧化速率与包装袋内氧气浓度

的关系式为

$$k_{[O_2]} = 2.5\times10^{-4}\left[O_2\right] + 0.01019 \quad \left(R^2 = 0.9842\right) \tag{11-26}$$

2）包装内氧气浓度变化估算

鉴于油脂氧化的吸氧量有限，故假设包装内混合气体体积变化忽略不计，食品油脂氧化的吸氧率为

$$v_{O_2} = \frac{[O_2]_0 - [O_2]_t}{W_B c_B t} V_{\text{total}} \tag{11-27}$$

式中，v_{O_2}——油脂氧化吸氧率；

W_B——饼干质量；

c_B——饼干含油量；

V_{total}——包装内混合气体总体积。

在任一时刻包装内的氧气浓度变化为

$$\frac{d[O_2]_{\text{in}}}{dt} = \left[\frac{P_{M,O_2} A_P \left(p_{\text{out},O_2} - p_{\text{in},O_2}\right)}{L} - v_{O_2} W_a c_B\right] \Big/ V_{\text{total}} \tag{11-28}$$

则储存一段时间 t 后，包装内氧气浓度为

$$[O_2]_{\text{in},t} = [O_2]_{\text{in},0} + \int_0^t \left[\frac{P_{M,O_2} A_p\, p_{\text{atm}} \left([O_2]_{\text{out}} - [O_2]_{\text{in}}\right)}{L} - v_{O_2} W_a c_B\right] \Big/ V_{\text{total}} \tag{11-29}$$

式中，$[O_2]_{\text{in},0}$——包装内氧气初始浓度；

A_p——包装透氧有效面积；

p_{atm}——标准大气压。

3）基于包装内氧气浓度控制的包装货架期预测

基于研究可建立包装内氧气浓度——油脂氧化动力学方程为

$$\text{POV} = \exp\left(k_{[O_2]} t + C_{\text{POV},0}\right) \tag{11-30}$$

式中，$C_{\text{POV},0}$—产品 POV 初始值的转化系数。

以油脂氧化 POV 临界值为依据，由式（11-30）可计算出达到标准临界值 POV 时的包装内氧气临界浓度$[O_2]_{\text{in},C}$，并获得相应的储存时间，即包装货架期。

$$[O_2]_{in,C} = [O_2]_{in,0} + \int_0^{t_{sl}} \left[\frac{P_{M,O_2} A_p\, p_{atm} \left([O_2]_{out} - [O_2]_{in} \right)}{L} - v_{O_2} W_a c_B \right] \Big/ V_{total} \qquad (11\text{-}31)$$

参考文献

[1] Shim S D. Shelf-life prediction of perilla oil by considering the induction period of lipid oxidation[J]. European Journal of Lipid Science & Technology, 2011, 113: 904-909.

[2] 徐芳, 卢立新. 油脂氧化机理及含油脂食品抗氧化包装研究进展[J]. 包装工程, 2008, 29(6): 23-26.

[3] Intawiwat N. Effect of light of different colors on photooxidation in cheese[J]. Scientific Research, 2010: 635-638.

[4] Mortensen G. Effect of light and oxygen transmission characteristics of packaging materials on photo-oxidative quality changes in semi-hard havarti cheeses[J]. Packaging Technology and Science, 2002, 15: 121-127.

[5] 原琳. 酥性饼干油脂氧化特性及其抗氧化包装研究[D]. 无锡: 江南大学, 2008.

[6] 赵春燕. 奶粉包装保质机理及保质期预测[D]. 无锡: 江南大学, 2011.

[7] 赵春燕 卢立新. 包装材料的光阻隔性对奶粉中维生素 C 降解影响的研究[J]. 包装工程, 2010, 31(23): 22-24.

[8] 尚远. 果汁饮料中维生素 C 抗氧化包装特性[D]. 无锡: 江南大学, 2008.

[9] Lu L X, Xu F. Effect of light-barrier property of packaging film on the photo-oxidation and shelf life cookies based on accelerated[J]. Packaging Technology and Science, 2009, 22: 107-113.

[10] Lloyd M A, Hess S J, Drake M A. Effect of nitrogen flushing and storage temperature on flavor and shelf-life of whole milk powder[J]. Journal of Dairy Science, 2009, 92(6): 2409-2422.

[11] 钱奕. 基于油脂光照氧化包装保质期预测的加速试验方法研究[D]. 无锡: 江南大学, 2012.

[12] 尚远, 卢立新, 林朝荣. 橙汁饮料中维生素 C 动态吸氧的研究[J]. 饮料工业, 2008, 11(5): 4-7.

第 12 章

基于微生物生长控制的食品包装货架期

食品在生产加工、包装储运及销售食用的过程中可能受到各方面因素的影响而导致食品品质降低，甚至产生有害物质。这些影响因素总体可分为非生物学因素和生物学因素两大类。微生物污染作为典型的生物学败坏因素，是导致食品腐败变质的最主要原因。细菌、霉菌和酵母菌感染食品，适宜的条件下在食品表面大量生长和繁殖，会引起食品的性状和品质变化，影响食品货架期。

对于普通消费者而言，食品包装货架期在其判断产品品质及购买的过程中扮演了极其重要的角色，甚至可以说是最基本的参考依据。因此，实现对包装食品货架期的有效预测，不仅仅是企业制定食品生产工艺参数、选择不同防腐手段的依据，也是保证食品安全性、保障消费者权益的重要手段。虽然食品行业的成熟发展已在食品微生物学货架期预测方面取得了较大的成果，但是由于缺乏对食品包装的充分和全面的考量，从而限制了已有成果的适用性。食品包装技术的不断发展，要求我们在充分把握食品本身的品质变化的前提下，明确包装中相关因素对食品流通过程中微生物生长的影响，进而针对食品的微生物生长腐败及包装货架期进行有效预测。

本章从食品预测微生物学基础出发，对食品预测微生物学中的常见模型进行介绍。在实际生产中，可通过一些食品包装技术以实现对微生物生长的控制，从而达到延长食品货架期的目的。结合现有的食品预测微生物学动力学模型，也可对某一食品的货架期进行预测。在本章中，以冷却猪肉为例，详细阐述了基于环境和包装因子的食品货架期模型的建立过程。

12.1　食品预测微生物学基础

食品预测微生物学是一门在微生物学、数学、统计学和应用计算机学基础上建立起来的新兴学科。它的主要研究内容是如何设计一系列能描述和预测微生物在特定条件下生长和存活的模型。食品预测微生物学通过收集各种食品微生物在不同加工、储存和流通条件下的特征数据，建立相关模型来判断食品内主要致病菌和腐败菌生长或残存的动态变化情况，从而对食品的质量和安全性做出快速评估和预测。预测微生物模型作为管理食品安全的重要工具，为定量微生物风险评估（QMRA）与危害分析和关键控制点（HACCP）提供了科学的依据。

12.1.1　食品中的特定微生物

一般来说，动植物性食品在自然状态下就已经或多或少地携带有腐败微生物。动植物性食品中富含的各种有机物，为微生物提供了极好的营养物质。食品上微生物的生长繁殖过程，就是它吸收和利用这些营养物质的过程。当微生物经过这些分解代谢和合成代谢的过程后，微生物死亡，细胞自溶，各类代谢产物就聚集在产品上，并对产品的性状及品质造成一定的影响。食品中微生物的生长繁殖，代谢产物的聚集，都会造成食品物化性质的根本变化，表现出返潮、软化、变色、异味、生霉和腐烂等各种症状，使其完全丧失原有的价值，一些致病微生物的生长繁殖甚至会产生有毒物质，危害消费者的健康。

尽管能造成食品污染的微生物的来源广泛且种类众多，但是并不是所有种类的微生物都会造成食品的腐败变质。一般而言，针对某一特定的包装或储存条件下的食品而言，其微生物体系中只有一种或几种特定的微生物能够快速繁殖成为优势菌种，并对食品的腐败做出主要或决定性的贡献，这种导致食品腐败变质的特定微生物也常被称作该包装或储存条件下的食品的特定腐败微生物。特定腐败微生物的生长繁殖速率决定了食品的腐败速率，通过对特定腐败菌生长的预测，可以较为准确地评估出相应包装食品的货架期，因此在微生物为主要因素的食品品质预测和控制中，确定引起食品腐败变质的特定腐败微生物尤为重要。引起食品变质腐败的特定腐败微生物的种类有很多，主要可分为细菌、酵母菌和霉菌三大类。由于不同食品的性质不同，因此引起不同食品腐败的特定微生物也不同。

12.1.2　影响微生物生长繁殖的因素

一般情况下，稳态条件下的任何同源微生物群体在富含营养的培养基或是真实食品系统上的生长规律都可用如图 12-1 所示的曲线表示。微生物生长大致可划

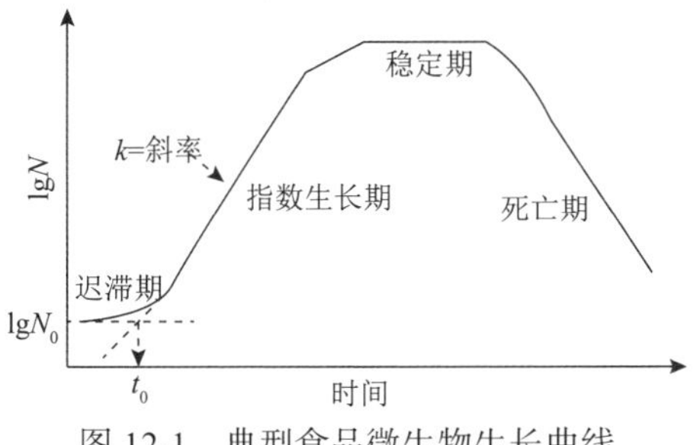

图 12-1　典型食品微生物生长曲线

分为迟滞期、指数生长期、稳定期和死亡期四个主要阶段。但当微生物生长进入稳定期和死亡期时，食品一般都已经出现了明显的腐败现象，此时探讨微生物的生长与食品货架期的关系意义不大。

在实际情况中，食品中微生物的生长有时并不会完全遵循稳态条件下的生长形式。这是因为微生物的生长除了受本身的遗传特性决定外，还受到外界许多因素的影响。但因为不同微生物的生物学特性不同，因此，对各种理化因子的敏感性不同；同一因素不同剂量对微生物的效应也不同，或者起灭菌作用，或者起防腐作用。在了解和利用任何一种理化因素对微生物的影响时，还应考虑多种因素的综合效应。其中影响微生物生长繁殖的环境因素可分为温度、氧气、pH、水分和其他因素。

1. 温度

温度是影响微生物生长繁殖和生存的最重要的因素之一。就具体的某种微生物来讲，它只能在一定的温度范围内生长。在适宜的温度范围内，每种微生物都有自己的生长温度三基点：最低生长温度、最适生长温度或最高生长温度。对于微生物来说，最适生长温度条件下可表现出最快的生长速度和最短的代时。超过最低生长温度或最高生长温度，都会导致微生物生长的停滞甚至死亡。

根据微生物生长的最适温度，可将微生物分为嗜冷、中温、嗜热三大类。嗜冷微生物最适生长温度大多数在−10～20℃，这种微生物常造成冷藏食品的腐败；中温菌的最适生长温度一般在 20～45℃，由于其生长繁殖迅速，常引起人和动物疾病的病原微生物、发酵工业应用的微生物菌种及导致食品原料和成品腐败变质的微生物都属于这一类群的微生物；嗜热微生物的最适生长温度在 45℃以上，在自然界中的分布仅局限于某些地区，如温泉、日照充足的土壤表层、堆肥、发酵饲料等腐烂有机物中。能在 55～70℃中生长的微生物有芽孢杆菌属、梭状芽孢杆菌、嗜热脂肪芽孢杆菌、高温放线菌属、甲烷杆菌属等；温泉中的细菌；还有链球菌属和乳杆菌属。

极端环境温度条件下仅有少数嗜冷或嗜热微生物能够生长，且环境温度明显对微生物的生长繁殖速度和新陈代谢速度造成影响，随温度升高，微生物生长繁殖速率和新陈代谢速率升高，因此高温条件下的食品更易腐败变质。一般地，嗜冷微生物对热最敏感，其次是中温微生物，而嗜热微生物的耐热性最强。然而同属嗜热微生物，其耐热性因种类不同而有明显差异。通常，产芽孢细菌比非芽孢细菌更耐热，而芽孢比其营养细胞更耐热。例如，芽孢杆菌属中的嗜热脂肪芽孢杆菌、凝结芽孢杆菌；梭状芽孢杆菌属中的肉毒梭菌、热解糖梭状芽孢杆菌、致黑梭状芽孢杆菌能在 55～70℃生长；乳杆菌属和链球菌属中的嗜热链球菌、嗜热乳杆菌等。霉菌中纯黄丝衣霉耐热能力也很强。酵母菌可以在低温和中温的范围内生长，但一般不能在高温范围内生长。

2. 氧气

氧气对微生物的生命活动有着重要的影响。按照微生物与氧气的关系，可把它们分成好氧菌和厌氧菌两大类。好氧菌又分为专性好氧、兼性厌氧和微好氧菌；厌氧菌分为专性厌氧菌、耐氧菌。

专性好氧菌要求必须在有分子氧的条件下才能生长，有完整的呼吸链，绝大多数真菌和许多细菌都是专性好氧菌，如米曲霉、醋酸杆菌、荧光假单胞菌、枯草芽孢杆菌等；兼性厌氧菌在有氧或无氧条件下都能生长，但有氧的情况下生长得更好，有氧时进行呼吸产能，无氧时进行发酵或无氧呼吸产能，许多酵母菌和许多细菌都是兼性厌氧菌，如酿酒酵母、大肠杆菌和普通变形杆菌等；微好氧菌只能在较低的氧分压（0.01～0.03Pa）下才能正常生长，也通过呼吸链以氧为最终氢受体产能，如霍乱弧菌、一些氢单胞菌、拟杆菌属和发酵单胞菌属；耐氧菌为在有分子氧存在时进行厌氧呼吸的厌氧菌，即它们的生长不需要氧，但分子氧存在对它也无毒害。它们不具有呼吸链，仅依靠专性发酵获得能量。一般乳酸菌多数是耐氧菌，如乳链球菌、乳酸乳杆菌、肠膜明串珠菌和粪链球菌等；厌氧菌的特点是分子氧的存在对它们有毒作用，即使是短期接触空气，也会抑制其生长甚至死亡，因此只能在深层无氧或低氧化还原势的环境下才能生长。其生命活动所需能量是通过发酵、无氧呼吸、循环光合磷酸化或甲烷发酵等提供的。常见的厌氧菌有罐头工业的腐败菌如肉毒梭状芽孢杆菌、嗜热梭状芽孢杆菌、拟杆菌属、双歧杆菌属及各种光合细菌和产甲烷菌等。

3. pH

微生物生长的 pH 一般为 2～8，只有少数几个种属微生物能在 pH 低于 2 或大于 10 的环境中生长。不同的微生物都有其最适生长 pH 和能够生长的 pH 范围，即具有最高、最适与最低三个数值。此处的最适生长 pH 为微生物生长的外部环境的 pH，而内环境 pH 通常接近中性，以防止酸碱对细胞内大分子的破坏。在最适 pH 范围内，微生物生长繁殖速度快，超出最适 pH 范围但仍处在最低至最高 pH 范围内时，微生物虽然能生存和生长，但生长非常缓慢而且容易死亡。一般霉菌能适应的 pH 范围最大，酵母菌适应的范围较小，细菌最小。霉菌和酵母菌生长最适 pH 都在 5～6，而细菌的生长最适 pH 在 7 左右。一些最适生长 pH 偏于碱性范围内的微生物，有的嗜碱性，称嗜碱性微生物，如硝化菌、尿素分解菌、根瘤菌和放线菌等；有的不一定要在碱性条件下生活，但能耐较碱的条件，称耐碱微生物，如若干链霉菌等。生长 pH 偏于酸性范围内的微生物也有两类，一类是嗜酸微生物，如硫杆菌属等，另一类是耐酸微生物，如乳酸杆菌、醋酸杆菌、许多肠杆菌和假单胞菌等。

4. 水分

水分是微生物进行生长的必要条件。但是微生物只能在水溶液中生长，而不能生活在纯水中。微生物和水分的关系可用水分活性值 a_w 来表示。

各种微生物在可能生长发育的水分活性范围内,均具有狭小的水分活性区域。例如,细菌的 a_w 值下限为 0.9,酵母的 a_w 值下限为 0.88,霉菌的 a_w 值下限为 0.80。a_w 值的大小可反映微生物对水的依赖程度。根据微生物生长的最适 a_w 值，可将微生物分为干生型、中生型和湿生型三个类型。湿生型的 a_w 值在 0.9 以上，因此绝大部分细菌是湿生型；a_w 值在 0.8～0.9 为中生型，酵母菌一般为中生型；a_w 值在 0.8 以下为干生型，霉菌中三种类型都有。

细菌的 a_w 值一般都超过 0.9，而最适的 a_w 值在 0.95 以上，几乎接近 1。如果 a_w 值降低，则细胞分裂速度变慢，延长延滞期。酵母菌需要的水分介于细菌和霉菌之间。除耐渗透压酵母外，酵母菌的 a_w 值在 0.94～0.88。干生性霉菌多数能在较低 a_w 值范围内生长。但 a_w 值低于 0.64，霉菌一般均不能生长。霉菌包含三种类型，不同类型的霉菌的 a_w 值差别较大。多数曲霉 a_w 值在 0.75 以下，毛霉、根霉等 a_w 值多数在 0.90 以上。

由于 a_w 值会受到空气湿度的影响，因此在相对湿度较大的环境条件下，食品中的微生物易大量繁殖而引起食品变质。

5. 其他因素

其他环境因素如渗透压、辐射、其他微生物等也会对微生物的生长繁殖产生影响。例如，高渗环境或电磁辐射包括可见光、红外线、紫外线、X 射线和 γ 射线等因素都可杀灭微生物。其中紫外光波长以 265～266nm 的杀菌力最强，但紫外辐射穿透物质的能力不强，因此对包装内部的食品的杀菌能力较弱。可见光辐射只能在有氧状态时对不含色素的微生物有杀伤作用。

12.2 食品预测微生物学的动力学模型

食品预测微生物学中的预测模型被用于描述微生物生长、存活过程，是预测微生物学的核心。预测模型的分类方法较多，依据描述对象可分为微生物生长模型和微生物失活模型；依据模型建立方式可分为概率模型和动力学模型。其中概率模型多用于定量评估一定时间内出现某些特定微生物事件的可能性。其适用于易出现严重危害的场合，如评估某给定时间内孢子萌发及产毒的概率，以便实现食品生产储存和流通消费过程中的安全性预测。但是由于概率模型不能明确模拟微生物的生长状况，限制了其在微生物预测领域的全面应用。因此，动力学模型逐渐成为预测微生物学的研究重点。

食品预测微生物生长动力学指的是研究微生物生长过程的速率及其影响速率的各种因素，从而获得相关信息。它可以反映微生物细胞适应环境的变化能力。动力学模型针对微生物的生长范围及速率进行建模。动力学建模方法假设许多易腐食品都代表着一个向微生物开放利用的“原始”环境，微生物在这个环境中的生长接近于一次“分批培养”。在产生腐败或超过传染发生水平前，基质中的营养物质将不会对微生物的生长造成限制。因此，可认为影响因素如温度、pH、水分活度、气氛组成和防腐剂等能够指代微生物生长繁殖的速度及范围。通过采集一些参数数据作为因变量，描述微生物生长。

目前较常用的模型分类方法由 Whiting 和 Buchanan[1]提出，此分类方法中，预测动力学模型首先被划分为生长模型和失活/存活模型，每种模型下再设立三种不同层次，即一级模型、二级模型及三级模型。Isabelle 和 Andre[2]改进了这种模型分类，并在各级的模型下进行了选择性的举例。

12.2.1　一级模型

一级模型用来表征在一定生长环境和条件下微生物数量与时间的关系，即微生物生长曲线。该类模型可以量化直接响应参数，如每毫升菌落形成数、毒素生成量、培养基水平及代谢产物等，同时还可以量化间接响应参数，如吸光度和电阻抗等。食品预测微生物学最常用的一级模型包括 Logistic 模型、修正 Gompertz 模型和“Baranyi & Roberts”模型等。

1. Logistic 模型

Logistic 模型使用简便，但对微生物生长预测的准确性较低，比较适合在生长环境和影响因素单一时使用。其模型表述为

$$y = A / \left\{ 1 + \exp\left[\frac{4\mu_{\mathrm{m}}(\lambda - t)}{A} + 2 \right] \right\} \tag{12-1}$$

式中，y——微生物在时间 t 时相对菌数的常用对数值，即 $\lg N_t/N_0$；

A——相对最大菌浓度（%）；

μ_{m}——微生物生长速率（%）；

λ——微生物的迟滞期时间（h）。

2. 修正 Gompertz 模型

Gompertz 模型能有效描述微生物的生长且使用方便，在食品微生物学与食品

剩余货架期的研究中被广泛使用。但是，Gompertz 模型认为微生物的对数生长期是一条严格的曲线，存在一个拐点导致模型系统性不足，以此计算的迟滞期常常会出现负数的情况。

修正 Gompertz 模型表述为

$$N_t = N_0 + \left(N_{\max} - N_0\right) \times \exp\left\{-\exp\left[\frac{2.718\mu_{\max}}{N_{\max} - N_0} \times \left(\lambda - t\right) + 1\right]\right\} \tag{12-2}$$

式中，N_t——t 时的微生物数量[lg(CFU / g)]；

N_0——初始时刻的初始微生物数量[lg(CFU / g)]；

$N_{\max}$——增加到稳定期时最大的微生物数量[lg(CFU / g)]；

$\mu_{\max}$——微生物生长的最大比生长速率（h^{-1}）；

λ——微生物生长的延滞时间（h）。

3. Baranyi & Roberts 模型

Baranyi & Roberts 模型具有极好的数据拟合能力，能很好地描述微生物生长从迟滞期到指数期再到稳定期的全过程，同时在动态环境条件下也适用，模型中的大部分参数均具有生物学意义。Baranyi & Roberts 模型为

$$\begin{cases} N_t = N_{\min} + \left(N_0 - N_{\min}\right) e^{-k_{\max}}\left(t - M_t\right) \\ M_t = \int_0^t (1 + s^n) \mathrm{d}s \end{cases} \tag{12-3}$$

式中，N_0——初始时刻微生物的数量（个数）；

$N_{\min}$——最小微生物数量（个数）；

$k_{\max}$——最大相对死亡率（%）；

s——参数。

12.2.2 二级模型

二级模型描述的是一级模型中各参数（最大增值速度、迟滞期、细菌最大浓度等）随环境条件（温度、pH 或水分活度等）变化而发生的响应。其中温度对微生物生长动力学参数和延滞期的影响多由 Belehradek 方程和 Arrhenius 方程描述。

1. Belehradek 方程

Belehradek 方程使用简单，参数比较单一，能够很好地预测单因素下微生物

的生长情况，但是对于多个影响因素共同作用的微生物生长预测则缺乏准确性。

$$\begin{cases} \sqrt{\mu} = b(T - T_{\min}) \\ \sqrt{1/\lambda} = b_2(T - T_{\min}) \end{cases} \tag{12-4}$$

McMeekin 等[3]提出了基于 T、pH 和 a_w 的平方根方程变形式。

$$\begin{cases} \sqrt{\mu} = c(T - T_{\min})\sqrt{(a_w - a_{w_{\min}})}\sqrt{(\mathrm{pH} - \mathrm{pH}_{\min})} \\ \sqrt{1/\lambda} = c_2(T - T_{\min})\sqrt{(a_w - a_{w_{\min}})}\sqrt{(\mathrm{pH} - \mathrm{pH}_{\min})} \end{cases} \tag{12-5}$$

式中，μ——非理想环境条件下微生物生长速率；

λ——微生物的生长延滞期；

b——与环境因子相关的系数；

T、$T_{\min}$——微生物生长温度、最低生长温度；

$a_{w_{\min}}$——微生物生长的最低水分活度；

$\mathrm{pH}_{\min}$——微生物生长的最低 pH；

c——系数。

对于微生物的生长，温度是一个很重要的影响因素。在微生物生长的部分温度区间，使用 Arrhenius 方程能比较准确地描述温度对微生物生长的影响。Davey 建立了食品温度与水分活度对微生物生长率影响的 Arrhenius 模型。

$$\ln k = f_0 + \frac{f_1}{T} + \frac{f_2}{T^2} + f_3 a_w + f_4 a_{w2} \tag{12-6}$$

式中，k——微生物生长率；

$f_0 \sim f_4$——模型参数。

2. 其他环境因子对货架期的影响

除温度外，食品中微生物的生长还受到 a_w 、pH 等因子的影响。在假设各因子单独作用的前提下，Zwietering 等[4]引入了生长因子 γ 的概念，以描述多种环境因素的影响。

$$\gamma = \gamma(T) \cdot \gamma(\mathrm{pH}) \cdot \gamma(a_w) \cdot \gamma(O_2) \tag{12-7}$$

式中，$\gamma(X)$，X={T，pH，a_w ，O_2}——温度、pH、水分活度、O_2浓度对微生物生长速率的影响。

测定各环境中微生物的生长速率，建立相应的数据库后，根据实际条件，单独计算出各种温度、pH、a_w、气体环境所对应的$\gamma(T)$、$\gamma(\text{pH})$、$\gamma(a_w)$、$\gamma(O_2)$等值，可根据式（12-7）计算出细菌的实际生长因子。

12.2.3 三级模型

三级模型是一种功能强大的微生物预测工具，也称专家系统，主要功能包括根据环境因子的改变预测微生物生长的变化；比较不同环境因子对微生物生长的影响程度；相同环境因子下，比较不同微生物之间生长的差别等。三级模型可计算条件变化与微生物反应的对应关系，比较不同条件的影响或对比一些微生物的行为[5]。常见的微生物生长三级模型有使用 Baranyi & Roberts 模型建立的 Growth Predictor、病原菌模型程序（Pathogen Modelling Program，PMP）、ComBase 模型等。

1. Growth Predictor 模型

Growth Predictor 根据 Food Micro Model 预测模型经过功能改进和数据扩增建立起来。Growth Predictor 的一级模型没有沿袭 Food Micro Model 曾经使用的 Gompertz 模型，而使用了 Baranyi & Roberts 模型。主要是由于 Food Micro Model 所使用的 Gompertz 模型过高估计了特定微生物的生长速率；此外，Growth Predictor 用初始生理状态参数 a_0 代替了延滞参数 λ。a_0 是一个 0～1 无量纲的数字；$a_0 = 0$ 时代表没有生长，但延滞时间为无穷；而 $a_0 = 1$ 时则代表没有延滞，微生物立刻生长。由于使用者很难提供初始生理状态参数值，因此一个初始生理状态参数的经验值被设定为默认值或保持不变。

需要指出的是，尽管测定出延滞时间有利于数据处理和验证预测模型，但是目前建立的定量数据却较少，这主要是由于微生物生长的延滞期不仅仅取决于当前的生长环境，还取决于微生物生长的整个过程，特别是初始生理状态。

2. PMP 模型

PMP 由美国农业微生物食品安全研究机构开发。软件能针对一些致病菌的生长或失活进行预测，包括一种或几种参数恒定的温度、pH 及水分活度。另外，还引入第四种参数如有机酸的种类和浓度、空气成分对微生物的影响。但是 PMP 缺乏波动温度下微生物的生长和失活模型。该模型包括的微生物种类和影响因素与 Growth Predictor 有重复，也有补充，两者可以配合使用。

3. ComBase 模型

ComBase 是目前在预测微生物学中最大的和最常用的数据库。ComBase 是由 IFR（Institute of Food Research）、FSA（Food Standards Agency）、USDA-ARS

（USDA Agricultural Research Service）、ERRC（Eastern Regional Research Center）和 AFSCE（Australian Food Safety Centre of Excellence）一起建立维护的。ComBase 软件可预测在同一环境条件下和不同环境条件下某种特定微生物的生长状况，并且可对某种特定微生物在不同环境情况下的生长状况进行分析和比较。ComBase 包含了 29 种微生物、5 种环境条件和 19 种食品模型，极大地方便了用户获得该类型的研究进展。

12.2.4　食品预测微生物模型的建立方法及检验

食品预测微生物模型的建立一般包含以下三个基本步骤。

第一步要明确定义所需要研究的问题。具体来说，一则是要确定食品腐败的主要原因，即确定引起食品腐败变质的特征腐败微生物（SSO）；二则是选取适当的响应或因变量，如特征腐败微生物的腐败水平、微生物的生长速率和腐败时间等；三则是应明确适当的自变量，如温度、pH 等。

第二步就需要针对选取的因变量对在不同的自变量水平下的数据进行收集。几乎所有的模型都是建立在试验数据的基础上的，准确而有效地收集建模所需的数据，对于建立模型的准确度具有重要的意义。

而同时还需要指出的是，目前大部分微生物的生长动力学模型都是在使用液体培养基作为生长基质所获得的试验数据的基础上建立的，使用液体培养基能较容易地控制不同的影响因子，简便、快速，能在较短时间内获得建模所需的大量试验数据，且测定数值准确[7]。

第三步为模型验证阶段。根据测得的相关数据建立模型后，需要对所建模型的表现进行评估，验证模型的可靠性。首先可以通过观察试验测得的数据及模型数据的拟合性，采用建模数据及非建模数据对模型的预测能力进行评估。偏差因子和精确因子是评估预测模型的表现的重要工具，也是评估参数对预测精确度影响的重要工具。

12.3　基于微生物生长控制的食品包装技术与货架期

12.3.1　食品防腐包装技术

环境条件显著影响食品微生物生长繁殖。特定的包装方式在一定程度上可改变食品微生物所处的环境条件，特定的杀菌技术对包装内初始微生物的生长有显著的抑制作用。当内部环境发生改变时，微生物的生长进程也会发生改变。合理有效的包装可防止或延缓食品的腐败过程，从而延长食品货架期。

1. 真空包装和气调包装

真空包装是将产品装入气密性包装容器，抽去容器内部的空气，使密闭后的容器内达到预定真空度，然后将包装密封的一种包装方法。气调包装是指将产品装入气密性包装容器，通过改变包装内的气氛，使之处在与空气组成不同的气氛环境中而延长储存期的一种包装技术。气调包装中常用于密封包装内以利于产品储存的气体有 CO_2、N_2、O_2、SO_2、CO 等。

对于处在 a_w 值较高环境条件下的食品而言，除氧可延长食品的保鲜期。当包装内 O_2 降至 0.5%以下时，可起到杀菌的作用。在新鲜肉气调包装中，高浓度 O_2 可破坏微生物蛋白结构基团，使其发生功能障碍而死亡；在新鲜水果蔬菜的气调包装中，包装内低浓度的 O_2（一般为 2%～8%），可降低果蔬呼吸强度而使其不致发生缺氧呼吸（发酵）。N_2 虽不能抑制食品微生物的生长繁殖，但可作为包装充填剂，相对减少包装内残余的氧量，并使包装饱满美观。CO_2 则对霉菌和酶有较强的抑制作用，对嗜氧菌有“毒害”作用。高浓度 CO_2（浓度>50%），对嗜氧菌和霉菌有明显的抑制和杀灭作用。但是 CO_2 不能抑制所有的微生物，如乳酸菌和酵母。

目前气调包装中常用的气体是 CO_2、N_2 和 O_2 三种气体。它们是单独使用，还是以最佳比例混合使用，要考虑产品生理特性、可能变质的原因和流通环境等因素，经过试验来确定。应当强调指出，气体的保护作用效果如何与包装的储存温度关系甚大。当温度上升 10℃，致腐微生物繁殖率可增长 4～6 倍，果蔬呼吸强度也可增加 3 倍，因此，储运温度是食品储存的关键因素。

2. 抗菌包装

活性抗菌包装可定义为一种与食品或周围空隙相互作用以杀灭可能出现在食品或食品包装中的微生物，或者减少、阻止或延缓它们生长的包装系统。

目前，食品抗菌包装的实现方式主要分为挥发型抗菌包装、直接添加抗菌剂包装材料、包覆或吸附型抗菌包装、化学键合型抗菌包装及本身具有抗菌作用的包装材料等。挥发型抗菌包装目前最为成功的商业化应用是在包装中添加含有挥发性抗菌物质的小袋，如香囊、衬垫等，常见的主要有干燥剂、氧气吸收剂和乙醇发生器等；直接添加抗菌剂包装材料是通过溶解或熔融的方法添加抗菌剂，从而抑制包装内微生物的生长繁殖；包覆或吸附型抗菌包装通常适用于添加制作耐高温性不强的抗菌剂；化学键合型抗菌包装在制作时需首先遴选出抗菌范围广谱、毒副作用且稳定性高的抗菌官能团，并将其以离子键或共价键的形式连接在包装材料上，因为抗菌官能团是通过化学键的形式与包装材料结合的，所以这种包装克服了普通有机抗菌剂与包装材料相容性差、耐热性差和易分解析出等缺点；本身具有抗菌作用的包装使用的抗菌材料多为一些可食用的天然抗菌材料，如壳聚糖、聚-*L*-赖氨酸和山梨酸等。

3. 无菌包装

无菌包装是在被包装物品、被包装容器（材料）和辅料、包装装备均无菌的情况下，在无菌的环境中进行充填和封合的一种包装技术。食品无菌包装处理技术的关键在于食品、包装材料和填充环境的杀菌及杀菌处理后各环节无菌状态的保持，其中食品杀菌最为复杂，且可能会对食品品质造成影响，因此需在杀菌强度和食品品质保存上进行取舍。而现代高速包装主要关注在线杀菌效率与可靠性。

目前国内外食品杀菌的技术可分为热杀菌和冷杀菌两种，其中热杀菌处理包括巴氏杀菌、超高温瞬时杀菌、高温高压杀菌、微波加热杀菌等。然而食品中部分营养成分和风味物质对温度十分敏感，易被杀菌处理时的高温所破坏，而且热杀菌能耗较高。因此，冷杀菌技术逐渐成为食品行业中重点关注的新型杀菌技术。冷杀菌一般采用物理方法，在常温或小幅度升温条件下进行杀菌处理，能在较大程度上避免高温带来的食品品质损失，有利于保存食品营养成分，主要包括高电压脉冲灭菌、超高压杀菌等。

12.3.2　食品抗菌包装货架期预测

通常情况下，当微生物数量达到一定程度时，其代谢产物和对食品感官特性及对营养物质的破坏达到显见的程度，食品将失去食用价值。实际上，这个过程与食品的化学反应过程密切关联。微生物数量一旦超过限定指标，食品质量的标示性指标（如风味、色泽、口感、营养成分等）也将达到或者超过限定指标，即食品货架期截止。因此，用微生物数量标示食品货架期既有食品安全含义又有食品质量含义。

不同的食品种类，由于食品组织形态、物化性质及加工方式的不同，特定腐败微生物种类可能不同。即使是同一种食品，不同的包装工艺也会影响或改变其特定腐败微生物的种类。无氧包装鳕片在储存过程中的特定腐败菌为乳酸菌，100% CO_2 包装中肠球菌也会快速增长成为鳕片的主要特定腐败微生物。可见，在包装食品微生物货架期研究中，应充分考虑包装工艺对其特定微生物的改变所造成的影响。综合国内外相关研究成果，部分特定腐败菌及其腐败特性见表 12-1。

表 12-1　部分特定腐败菌及其腐败特性

菌属	腐败特征	典型产品	代表菌株
环丝菌	分解葡萄糖产短链脂肪酸、羟基丁酮	鲜肉及水产	热杀索丝菌

续表

菌属	腐败特征	典型产品	代表菌株
假单胞菌属	分解蛋白质和脂肪产氨	肉及肉制品、鲜鱼贝类等冷冻食品	假单胞菌、产气假单胞菌
肠杆菌科	分解糖，使表面变红或发黏	水产品、肉及蛋	沙门氏菌、志贺氏菌、大肠杆菌
微球菌属	分解糖，产色素，使食品变色产黏	水产品、肉及蛋	金黄色葡萄球菌、马胃葡萄球菌
芽孢杆菌属	分解淀粉、产黏液	肉类、罐头食品	多黏芽孢杆菌、枯草、蜡样和地衣芽孢杆菌
乳酸菌	发黏、产酸、恶臭味	火腿、酱牛肉等熟肉制品和冷鲜肉	清酒乳杆菌、弯曲乳杆菌

在进行包装货架期预测时，由于食品包装过程中的杀菌等操作会对食品中初始微生物的含量造成影响，因此有时用 Z 值模型来评估杀菌等操作对微生物的改变，也就是用在储存过程中生成的微生物经过杀菌处理后所体现的效果与特征来反映货架时间。

结合食品微生物死亡一级反应动力学模型，定义特定环境的某一温度条件下杀死 90%微生物所需的时间模型为

$$D = t / \lg\left(N_0 / N_t\right) \tag{12-8}$$

式中，N_t——t 时的活菌数（个数）；

N_0——初始时刻的活菌数（个数）；

t——时间（s）。

D 值越大，该菌的耐热性越强。此方程代表了特定温度条件下的微生物反应速率。同时定义 Z 值为引起 D 值变化 10 倍所需改变的温度（℃）。

$$Z = \frac{T - T_{\text{ref}}}{\lg D_{\text{ref}} - \lg D} = \frac{T - T_{\text{ref}}}{\lg\left(D_{\text{ref}} / D\right)} \tag{12-9}$$

式中，T_{ref}——参考温度；

D_{ref}——参考温度（T_{ref}）条件下的 D 值。

对多数食品而言，基于微生物生长控制的货架期预测核心是确定 SSO 并建立相应的生长模型，在此基础上，通过预测 SSO 的生长趋势就可有效预测产品货架

期。当某特定腐败菌达到稳定期后，其最大菌数（N_{max}）和被感官拒绝时的最小腐败水平（N_s）基本固定在一个范围内。

在考虑包装对食品货架期影响的研究中，国内外针对特定包装下的食品进行了货架期模型的建立与预测。但考虑包装传质相关因子对包装食品微生物生长及货架期影响的研究比较欠缺。一些预测微生物学模型考虑了 CO_2 对细菌生长的影响，但是在食品储存过程中，通常将 CO_2 浓度视为恒定。Chaix 等[6]建立了包装中气体（O_2 和 CO_2）交换与微生物生长模型的耦合模型，形成了多个非线性常微分方程组耦合形成的数学系统。Dalgaard 等基于包装鳕鱼中明亮发光细菌的生长建立了预测保质期的微生物模型，较为成功地预测了包装鳕鱼的保质期[7]。

12.4　环境与包装因子对冷却猪肉特征微生物生长的影响

冷却猪肉为典型的易腐食品，其所富含的营养物质是微生物生长繁殖的优良培养基。肉品表面各种微生物利用和分解蛋白质、脂肪和碳水化合物等营养物质，产生的蛋白酶类物质可以进一步促使蛋白质分解得到胺、吲哚、硫化氢、粪臭素和硫醇等物质；微生物产生的脂肪酶则可以对脂肪产生分解效应，生成脂肪酸、醛、酮类化合物，从而引起脂肪的酸败；碳水化合物则会在微生物的作用下被分解为各种有机酸，或产生醇和 CO_2 等。与此同时，如色泽、黏性和气味等肉眼可见的感官变化等也会伴随发生。色泽由鲜红、暗红转变为暗褐甚至墨绿色，肉品失去表面光泽且显得污浊，表面有发黏现象产生，并伴有腐败臭气，甚至会长霉，出现或白色或粉色或灰色的斑点。

无论在有氧还是无氧条件下，腐败微生物均能在冷却肉上生长繁殖。现有研究认为，假单胞菌、乳酸菌、肠杆菌科微生物都是冷却肉中常见的具有强腐败能力的微生物群。菌落总数能够反映出肉品的内在质量指标，其测定可以判定食品的污染程度、新鲜度和卫生质量，菌落总数的变化在一定程度上反映了食品卫生质量的优劣。肠杆菌科微生物则能反映出肉品的污染指标。冷却猪肉常见的包装形式主要有托盘薄膜裹包、真空包装（VP）、真空贴体包装（VSP）、高氧气调包装（high O_2 MAP）、低氧气调包装（low O_2 MAP）、CO_2 气调包装、100% CO_2 包装（CAP）和气调组合包装（VSP+high O_2 MAP 或 low O_2 MAP+high O_2 MAP）等。

本节以包装冷却猪肉为例，进行微生物生长预测模型与包装货架期预测模型的建立。通过考察冷却猪肉储存和流通的环境因素与包装因素对其不同包装条件下的特征微生物假单胞菌属、肠杆菌科及乳酸菌的生长和菌落总数的变化的影响规律，试验探索建立各特征微生物的生长预测模型，为不同包装冷却猪肉的包装货架期预测提供依据和方法。

12.4.1 基于微生物腐败控制的包装冷却肉货架期研究概况

国内外关于冷却肉包装货架期的研究主要从物化性质和微生物学两个角度出发，而每个角度下又包含了量化及非量化两种类型。

一方面，虽然有基于产品物化性质的改变预测货架期的研究，但是在整体研究中并不占多数。如 Jakobsen 和 Bertelsen 建立了温度、存储时间和气调包装气氛组成对产品色泽稳定性和脂肪氧化的影响的响应面模型，为基于表面色泽和脂肪氧化的冷藏牛肉包装货架期的预测奠定了基础[8]。

另一方面，也是研究最多的一方面，就是基于微生物腐败进行包装货架期预测。一般认为，冷却肉中微生物的生长繁殖是导致产品腐败变质的主要模式，决定了产品的包装货架期。运用预测微生物学知识建立冷却肉特征腐败微生物在不同储存及包装条件下的生长预测模型，再结合冷却肉的其他品质指标确定储存终点的微生物限控量，就能对不同条件下冷却肉的包装货架期进行预测。李柏林等提出了一种气调包装生鲜冷却牛肉腐败菌生长预测的方法，该预测方法结合 BP 人工神经网络技术，理论上可实现对牛肉中的腐败菌（假单胞菌、乳酸菌、热杀索丝菌、大肠菌群）在不同保存参数下的菌量预测[9]。李苗云等基于冷却猪肉特征微生物菌落总数生长动力学定量评价温度对包装货架期的预测研究[10]。

但是，总结已有的冷却肉货架期研究可以发现，已有研究的微生物学预测主要研究对象以假单胞菌居多，而货架期预测则主要围绕产品的菌落总数展开。缺少对考虑包装因素后的特征腐败菌生长的建模。而在预测微生物学模型建立的过程中，几乎所有的研究都围绕着温度这一单一影响因素展开，而未将包装相关参数列入考虑及建模范围，这在一定程度上限制了所建立的货架期预测模型的使用范围和预测的准确性。

12.4.2 冷却猪肉的特征腐败微生物

本节以冷却猪肉为研究对象，采用普通、真空、低氧气调和高氧气调包装四种包装方式，重点探讨包装后的冷却猪肉在冷藏过程中四种特征腐败微生物的变化规律，并结合其他产品品质相关指标确定不同包装工艺下冷却猪肉特征腐败菌的最小腐败水平。

此处的腐败水平为综合考虑各试验组样品在储存过程中的感官评价、pH、挥发性盐基氮（TVBN）、汁液流失率和微生物数目的变化的条件下产品发生腐败变质直至达到感官拒绝时的微生物数量。通过对冷却猪肉进行 pH、TVBN、汁液流失率和感官变化的测定可确定普通空气包装冷却猪肉在储存过程中的优势特征腐败微生物为假单胞菌属，真空及气调包装冷却猪肉的优势特征腐败菌为乳酸菌。同时各组样品中菌落总数整体处于较高水平，亦可作为产品腐败的微生物指标。真空组样品中假单胞菌虽然最后数目并不是最高的，但其仍是样品菌相构成中的优势菌种，可作为产品腐败的参考微生物指标。

12.4.3　环境条件对特征微生物生长的影响[11]

选取菌落总数、假单胞菌属、肠杆菌科微生物和乳酸菌四种菌落，以液体培养基为生长基质，试验研究环境温度、pH 及光照强度单因素变化条件下典型微生物的生长变化规律，为后续基于特征微生物生长动力学的产品货架期预测研究筛选影响因子。

1. 温度单因素对特征微生物生长的影响

将猪肉样品分别置于 3℃、6℃、9℃、12℃和 15℃温度条件下储存。每间隔一定时间，采用选择性培养基对样品中菌落总数、假单胞菌属、肠杆菌科和乳酸菌进行平板计数。

测得的不同储存温度下微生物的生长曲线结果如图 12-2～图 12-5 所示。不同温度对样品中微生物的生长变化趋势产生了明显的影响。样品在不同温度下的储存过程中，微生物随着时间的推移均呈现先增加后平缓的 S 形生长变化趋势。同一测定时间，较低温度下样品中的微生物数明显低于较高温度下的样品，说明温度越低，样品中所测微生物的增长越缓慢，低温条件有效抑制了样品中大部分微生物的生长。

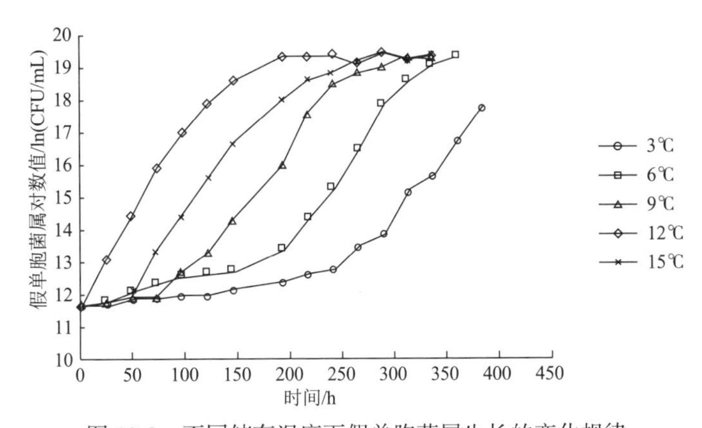

图 12-2　不同储存温度下假单胞菌属生长的变化规律

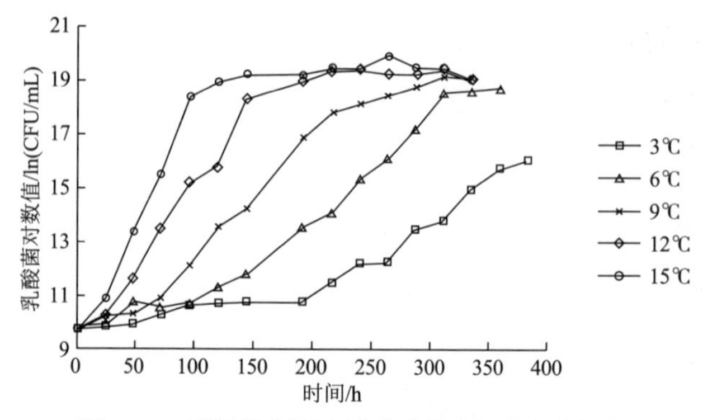

图 12-3　不同储存温度下乳酸菌生长的变化规律

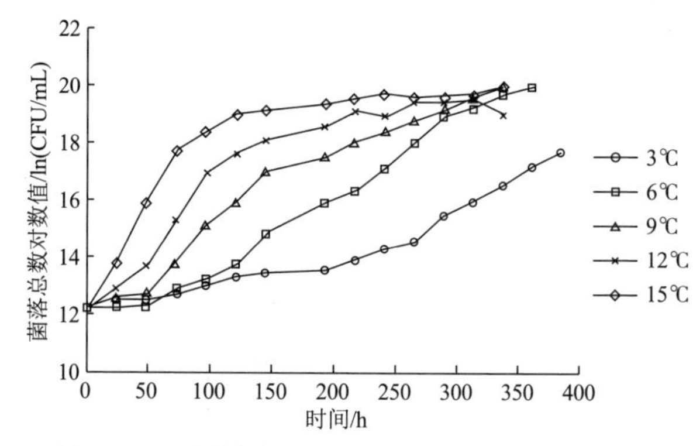

图 12-4　不同储存温度下菌落总数生长的变化规律

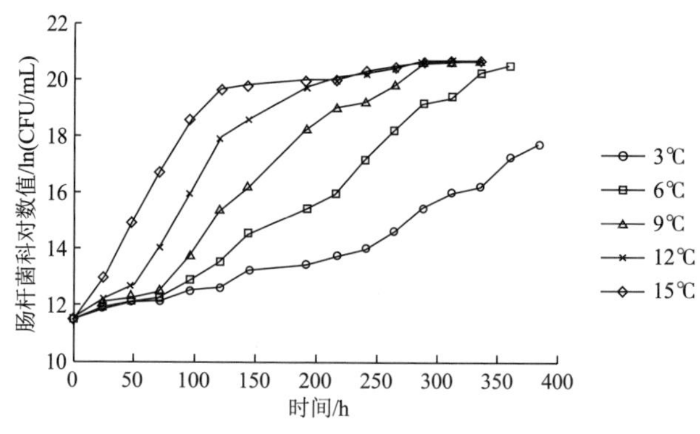

图 12-5　不同储存温度下肠杆菌科微生物生长的变化规律

对于恒温条件下微生物的生长，应用 Baranyi & Roberts 模型进行表征，拟合结果表明采用 Baranyi & Roberts 方程能很好地描述 4 种微生物生长的 S 形曲线。

应用常用的预测微生物学一级模型——Baranyi & Roberts 模型对所测得的不同储存温度下的样品中微生物数进行拟合，得到微生物生长的相关动力学参数。

Baranyi & Roberts 模型包括一系列的微分方程，可用来预测变温条件下的微生物的生长情况。但是对于恒温条件下生长的微生物而言，通过对模型微分方程进行分析求解得到一个四参数 Baranyi & Roberts 模型，该形式模型常用于描述恒温环境下的微生物生长[12]。

$$\begin{cases} N_t = N_0 + \mu_{\max} F(t) - \ln\left(1 + \dfrac{e^{\mu_{\max F(t)}} - 1}{e^{(N_{\max} - N_0)}}\right) \\ F(t) = t + \dfrac{1}{v}\ln\left(e^{-vt} + e^{-h_0} - e^{(-vt - h_0)}\right) \end{cases} \tag{12-10}$$

式中，$\mu_{\max}$——微生物生长的最大比生长速率（h^{-1}）；

v——限定基质的增长速率（h^{-1}）。

需要指出的是，相关研究认为[13,14]，式中 h_0 可认为是一个生理学常数，是用来数字化定义微生物生理学状态的一个虚拟参数，反映了接种前的准备工作及所处环境可能对一个新环境中微生物细胞的生理学状态及生长所产生的影响。而正因为 h_0 由微生物生长前的状态和经历所决定，所以它会对微生物的生长迟滞期产生影响，h_0 的取值应通过试验观测到的生长曲线来获取。对于接种后培养条件不同的微生物，只要在接种前细胞所处状态相同，各组 h_0 基本是相近的，Baranyi 和 Roberts 提出采用该模型描述这种微生物生长时，应先将 h_0 固定在所有培养条件下的平均水平上，然后根据这个固定的 h_0 来拟合得到模型所涉及的其他三个参数（$N_{\max}$、$\mu_{\max}$、N_0）[15,16]。

此处基于该 Baranyi & Roberts 模型拟合表征的特征微生物及菌落总数在不同温度储存条件下生长变化的动力学参数见表 12-2。拟合所得到的相关系数均在 0.92 以上，RMSE 除了在 12℃下的菌落总数拟合略大于 1 之外，其他组样品拟合 RMSE 值均小于 1，说明采用 Baranyi & Roberts 方程可以很好地描述四种微生物生长的 S 形曲线。由于是同一批次制备的样品，同一微生物的初始值基本维持在相同水平。对不同温度下得到的微生物生长的最大比生长速率 $\mu_{\max}$ 数据进行方差分析，发现在 3～15℃内，温度变化对菌落总数（P=0.0042<0.05）、假单胞菌属（P=0.0007<0.05）、肠杆菌科微生物（P=0.0024<0.05）及乳酸菌（P=0.0045<0.05）最大比生长速率影响显著。

表 12-2　特征微生物及菌落总数在不同温度储存条件下的生长变化动力学参数

微生物	温度/℃	N_0 /ln(CFU/mL)	$\mu_{\max}$ /h^{-1}	λ/h	$N_{\max}$ /ln(CFU/mL)	R^2	RMSE
菌落总数	3	12.84	0.02937	204.29	19.35	0.9720	0.6457
	6	12.78	0.04515	132.89	19.76	0.9746	0.6784

续表

微生物	温度/℃	N_0 /ln(CFU/mL)	μ_{max} /h^{-1}	λ/h	N_{max} /ln(CFU/mL)	R^2	RMSE
菌落总数	9	12.74	0.07723	77.69	18.78	0.9441	0.8329
	12	12.89	0.10740	55.87	18.98	0.9598	1.0297
	15	13.10	0.16550	36.25	19.41	0.9467	0.8040
假单胞菌属	3	11.62	0.02702	185.05	19.03	0.9643	0.3825
	6	11.95	0.03615	138.31	20.90	0.9840	0.4100
	9	11.81	0.05022	99.56	19.24	0.9969	0.1958
	12	11.91	0.07129	70.14	19.02	0.9815	0.4636
	15	12.82	0.10210	48.97	19.13	0.9519	0.6291
肠杆菌科	3	12.42	0.03354	208.71	20.33	0.9464	0.3064
	6	12.49	0.04972	140.79	20.31	0.9699	0.5047
	9	12.28	0.07607	92.02	20.00	0.9689	0.7078
	12	12.27	0.10700	65.42	20.22	0.9785	0.5683
	15	12.74	0.15180	46.11	20.19	0.9545	0.6134
乳酸菌	3	10.58	0.04866	246.61	19.13	0.9212	0.5150
	6	10.71	0.06979	171.94	18.45	0.9657	0.6114
	9	10.61	0.11460	104.71	18.37	0.9582	0.6856
	12	11.23	0.15180	79.05	19.17	0.9340	0.5581
	15	11.10	0.23190	51.75	19.30	0.9548	0.7137

对于温度对微生物生长产生的影响，应用平方根方程描述温度的变化与特征微生物最大比生长速率 μ_{max} 之间的关系如图 12-6～图 12-9 所示。其拟合结果见表 12-3。模型拟合结果表明在 3～15℃内，温度与各微生物的最大比生长速率 μ_{max} 之间呈现了良好的线性关系，同时模型拟合的相关系数都在 0.98 以上，因此平方根模型能有效表征温度对本研究中假单胞菌属、乳酸菌、菌落总数及肠杆菌科微生物生长动力学参数的影响。

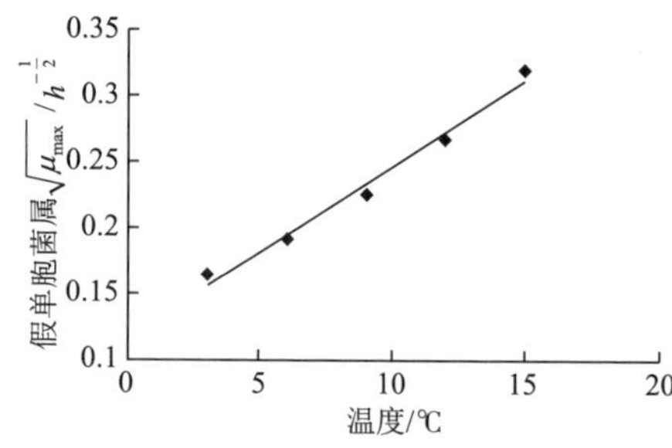

图 12-6　储存温度与假单胞菌属生长动力学参数 μ_{max} 的关系

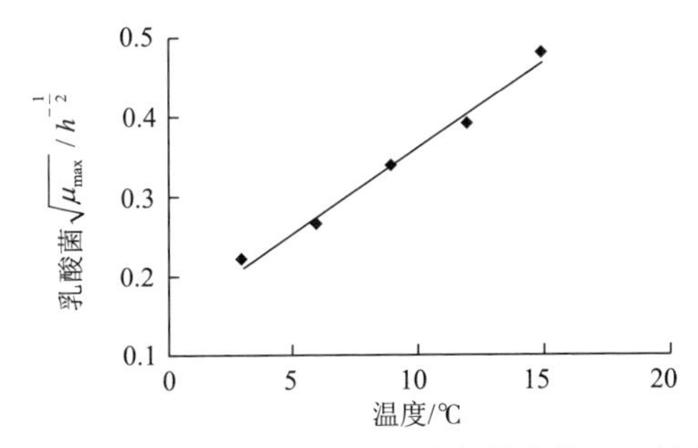

图 12-7　储存温度与乳酸菌生长动力学参数 μ_{max} 的关系

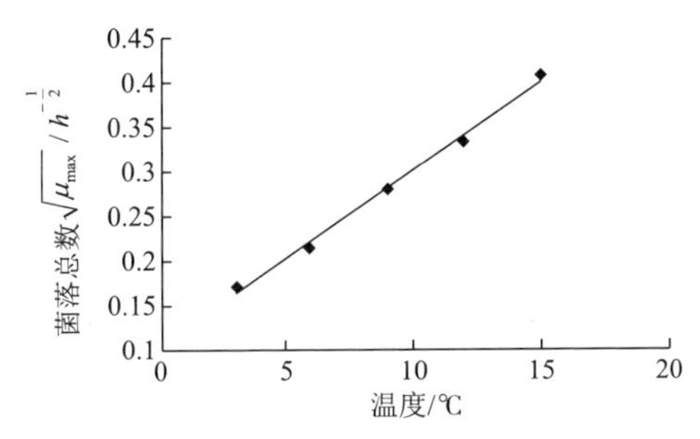

图 12-8　储存温度与菌落总数生长动力学参数 μ_{max} 的关系

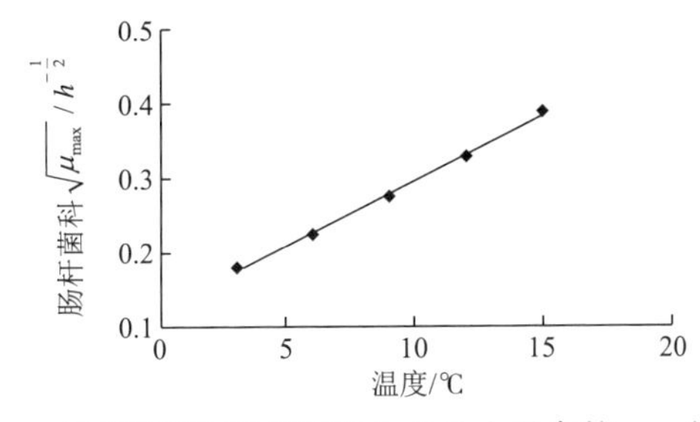

图 12-9　储存温度与肠杆菌科生长动力学参数 μ_{max} 的关系

表 12-3　温度平方根方程拟合及相关系数

微生物	温度平方根方程	R^2
菌落总数	$\sqrt{\mu_{max}}$ =0.0195（T + 5.303）	0.9895
假单胞菌属	$\sqrt{\mu_{max}}$ =0.0129（T + 9.062）	0.9817
肠杆菌科	$\sqrt{\mu_{max}}$ =0.0172（T + 7.244）	0.9945
乳酸菌	$\sqrt{\mu_{max}}$ =0.0216（T + 6.699）	0.9860

2. pH 单因素对特征微生物生长的影响

将试验样品匀液 pH 分别调节至 5.0、5.3、6.0、7.0 和 7.8，并置于 10℃恒温冷藏箱内储存。每间隔一定时间，对样品中菌落总数、假单胞菌属、肠杆菌科及乳酸菌通过不同的选择性培养基进行平板计数。

测得不同 pH 条件下微生物的生长曲线如图 12-10～图 12-13 所示，并采用 Baranyi & Roberts 模型对各微生物的生长数据进行一级拟合，拟合结果与生长曲线表明细菌总数、假单胞菌属、肠杆菌科及乳酸菌在 pH 5.0 的环境中的生长变化速率明显低于其他 pH 条件的生长速率。而 pH 5.3、pH 6.0、pH 7.0、pH 7.8 条件下的微生物生长速率差异不显著。

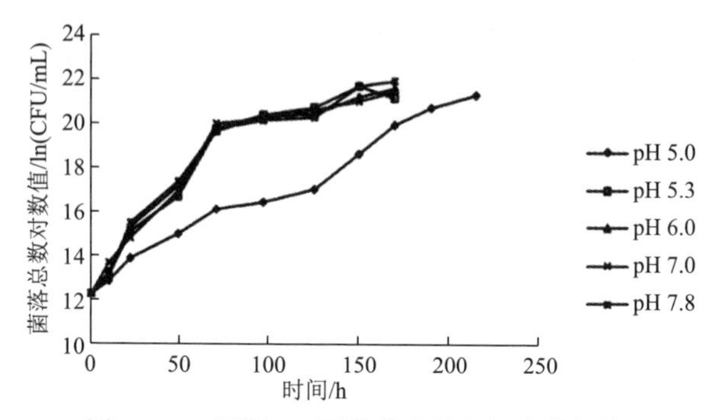

图 12-10　不同 pH 下菌落总数生长变化规律

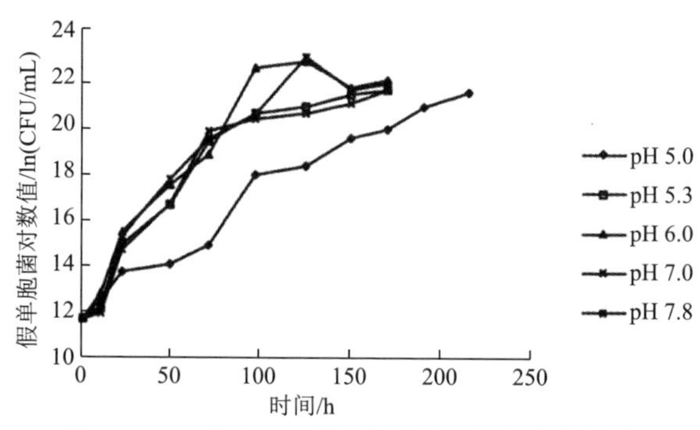

图 12-11　不同 pH 下假单胞菌属生长变化规律

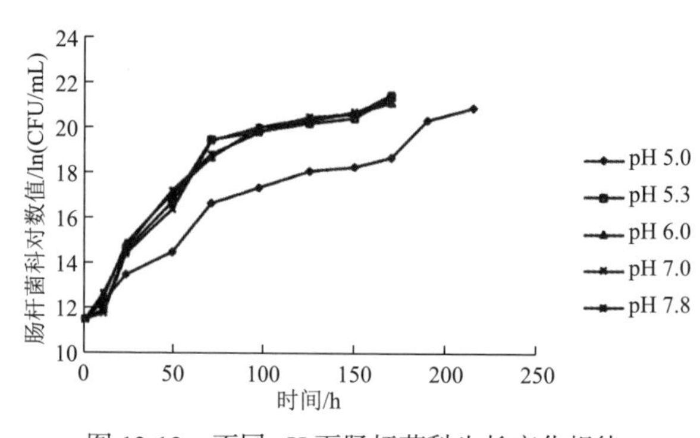

图 12-12　不同 pH 下肠杆菌科生长变化规律

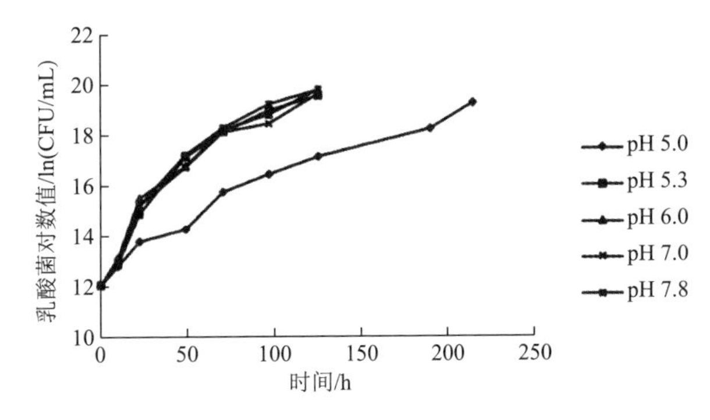

图 12-13　不同 pH 下乳酸菌生长变化规律

但由于研究的冷却肉作为产品的初始 pH 要求维持在 5.4～7.0，过高或过低都已对消费者的感官接受水平造成了挑战。因此可认为在试验研究的 pH 范围内，pH 对微生物生长速率未造成显著影响。因此 pH 不作为该研究中微生物生长的重要影响因子。

3. 光照强度单因素对微生物生长的影响

对样品进行处理后置于 10℃、不同的光照强度环境中，在储存过程中对样品中菌落总数、假单胞菌属、肠杆菌科及乳酸菌通过不同的选择性培养基进行平板计数。

测得不同光照强度环境下的微生物生长曲线如图 12-14～图 12-17 所示。结果表明，光照强度对本试验所涉及的假单胞菌属、乳酸菌、菌落总数和肠杆菌科的生长无显著影响，各微生物在不同光照强度条件下所对应的生长曲线基本一致，没有出现显著的差异。进一步研究应用 Baranyi & Roberts 模型对各微生物生长曲线进行描述得到相关生长动力学参数值及拟合，发现 Baranyi & Roberts 模型能很好地描述各微生物在不同光照强度环境下的生长变化动态。同种微生物在不同的光照强度下各生长动力学参数基本保持一致，并未因光照强度的变化而发生变化。虽然已有研究显示光照对部分霉菌的生长和繁殖存在显著的影响，但是对细菌的生长繁殖是否存在影响尚未见报道。通过本试验，可确定光照强度对本试验涉及的 4 种微生物指标——菌落总数（$P=0.7758>0.05$）、假单胞菌属（$P=0.6685>0.05$）、肠杆菌科（$P=0.2143>0.05$）和乳酸菌（$P=0.8567>0.05$）的生长繁殖没有影响或影响不显著。为此光照强度不作为该研究中微生物生长的重要影响因子。

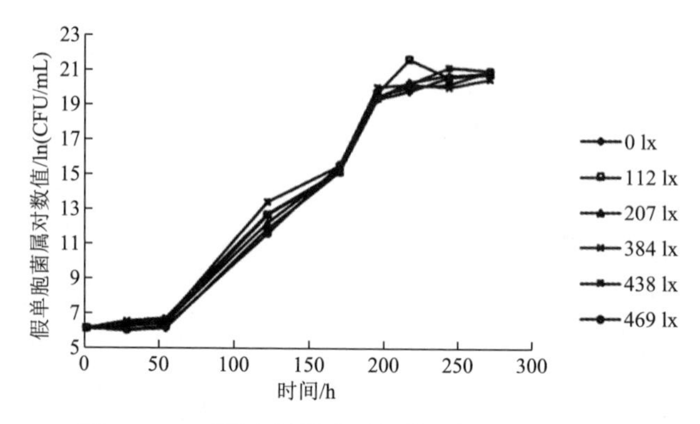

图 12-14　不同光照强度下假单胞菌属的生长动态

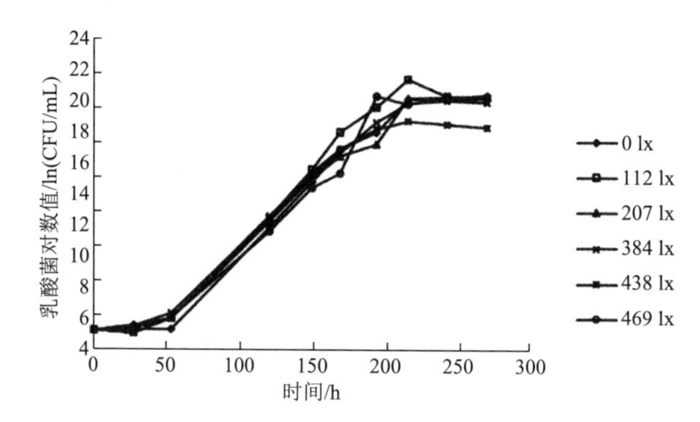

图 12-15　不同光照强度下乳酸菌的生长动态

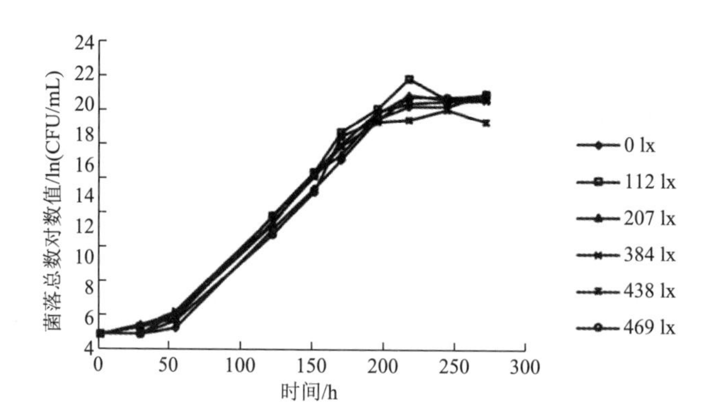

图 12-16　不同光照强度下菌落总数的生长动态

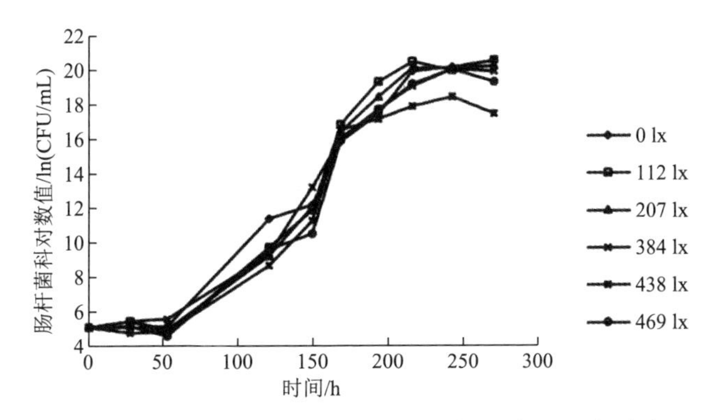

图 12-17　不同光照强度下肠杆菌科微生物的生长动态

12.4.4　包装因子对特征微生物生长的影响

在应用预测微生物学来预测食品货架期时，由于包装本身能改变食品所处气体氛围等环境因素，进而对嗜氧或厌氧微生物的生长产生影响，因此在进行食品包装货架期的预测时，需考虑包装因子对特征微生物生长的影响。

1. 初始氧气浓度对特征微生物生长的影响[17]

将处理后的样品按照如表 12-4 所示的气氛组成配比对其施以不同氧浓度的无菌包装。气样体积比为 4∶1，高阻隔性 PET/Al/Ony/PE 复合膜密封，包装样品储存于 3℃冷藏柜内。每隔一定时间，采用选择性培养基对其进行假单胞菌属、乳酸菌、肠杆菌科微生物及菌落总数平板计数。培养基及培养条件见表 12-5。

表 12-4　包装样品的不同气氛配比

组别	O_2/%	N_2/%	CO_2/%
无 CO_2 组	0.3	99.7	0
	1.4	98.6	0
	4.0	96.0	0
	11.0	89.0	0
	15.0	85.0	0
	26.0	74.0	0
	47.0	53.0	0
	65.0	35.0	0
	79.0	21.0	0
含 CO_2 组	1.5	77.5	21.0
	6.0	73.0	21.0
	10.0	69.0	21.0
	30.0	49.0	21.0
	47.0	32.0	21.0

表 12-5 特征微生物的选择性培养基及培养条件

种类	选择性培养基	培养条件
细菌总数	平板计数琼脂（PCA）	37℃/48h
假单胞菌属	CFC	25℃/48h
乳酸菌	MRS	37℃/48h，无氧
肠杆菌科	VRBGA	37℃/48h

1）不同包装初始氧浓度下特征微生物生长曲线（无 CO_2）

试验得到无 CO_2 组包装样品中，不同包装氧浓度储存条件下菌落总数、假单胞菌属、肠杆菌科微生物及乳酸菌生长的 t-ln$N$ 曲线见图 12-18～图 12-21。同样各微生物均呈 S 形生长。储存初期，假单胞菌、肠杆菌科微生物及乳酸菌的数量都出现了不同程度的降低，这可能是由于接种初期各菌种对液体培养基新环境的适应程度不同。同时，初始氧气浓度对于 4 种特征微生物的生长存在一定的影响，低氧浓度包装内的微生物生长与高氧浓度包装内的微生物生长情况存在明显的差异性；相较于低氧浓度的梯度变化对微生物生长造成的明显影响不同而言，氧浓度大于 11.0%的各梯度间的差异则不明显。

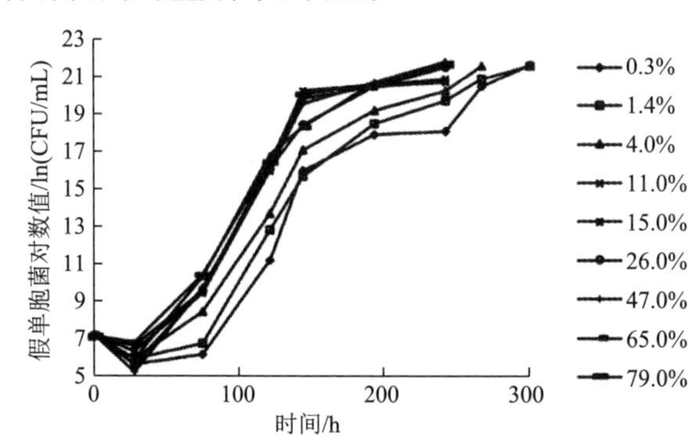

图 12-18 不同包装初始氧浓度下假单胞菌属生长曲线（无 CO_2）

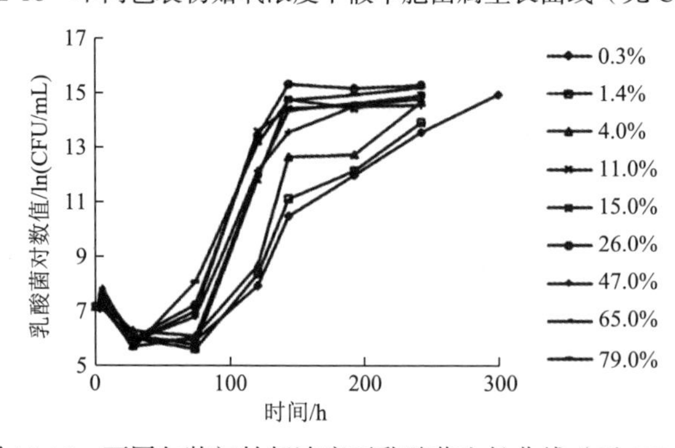

图 12-19 不同包装初始氧浓度下乳酸菌生长曲线（无 CO_2）

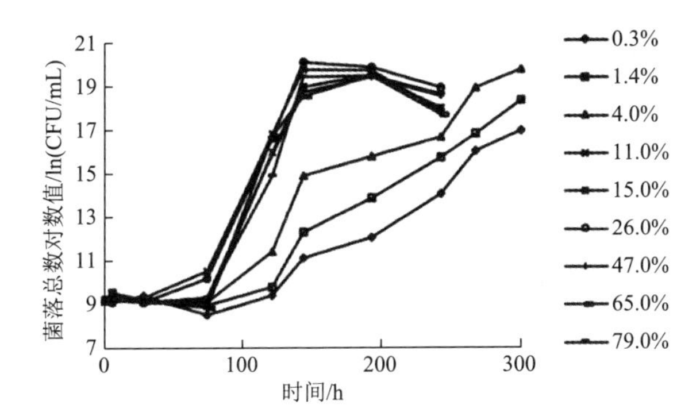

图 12-20　不同包装初始氧浓度下菌落总数生长曲线（无 CO_2）

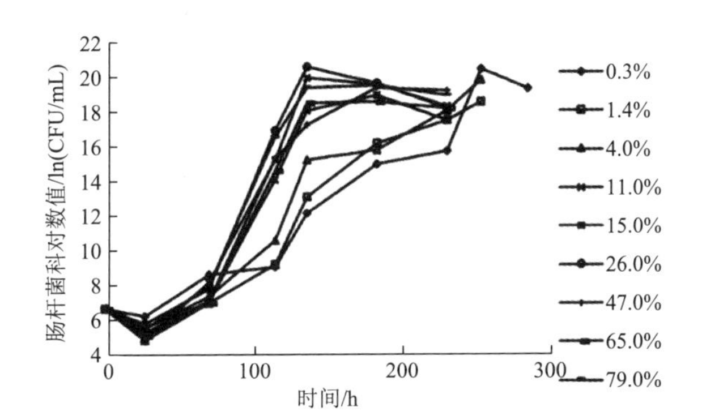

图 12-21　不同包装初始氧浓度下肠杆菌科生长曲线（无 CO_2）

应用 Baranyi & Roberts 模型对所测得的微生物生长数据进行拟合，得到各微生物生长动力学参数和模型表现评价指标，生长动力学参数见表 12-6～表 12-9。通过比较各微生物生长动力学参数，可更为直观地看到氧浓度对其生长的影响。不同初始氧浓度包装下，各微生物的初始菌浓度与最大菌浓度基本维持稳定，这是由统一的初始接种及相同的生长介质所导致。已有研究表明，冷却猪肉在储存时，比生长速率和迟滞期是特征腐败菌的主要特性，产品货架期与迟滞期呈正相关，与最大比生长速率呈负相关。

表 12-6　不同包装初始氧浓度下假单胞菌属生长动力学参数（无 CO_2）

氧气浓度/%	N_0/ln(CFU/mL)	μ_{max}/h^{-1}	λ/h	N_{max}/ln(CFU/mL)	R^2	RMSE
0.3	6.100	0.0978	61.37	20.15	0.9551	1.7051
1.4	6.388	0.1002	59.88	20.77	0.9816	1.0003
4.0	6.515	0.1118	53.67	20.60	0.9855	0.8968
11.0	6.671	0.1329	45.15	20.94	0.9917	0.7281

续表

氧气浓度/%	N_0 /ln(CFU/mL)	μ_{max}/h^{-1}	λ/h	N_{max} /ln(CFU/mL)	R^2	RMSE
15.0	6.570	0.1309	45.84	20.80	0.9926	0.6813
26.0	6.399	0.1279	46.91	21.13	0.9921	0.8293
47.0	6.146	0.1339	44.81	21.40	0.9895	0.8639
65.0	6.670	0.1292	46.44	21.31	0.9909	0.7654
79.0	6.947	0.1318	45.52	21.30	0.9956	0.5309

表 12-7　不同包装初始氧浓度下肠杆菌科的生长动力学参数（无 CO_2）

氧气浓度/%	N_0 /ln(CFU/mL)	μ_{max}/h^{-1}	λ/h	N_{max} /ln(CFU/mL)	R^2	RMSE
0.3	6.559	0.1170	111.11	13.57	0.9376	0.9792
1.4	6.575	0.1223	106.30	13.06	0.9388	0.8898
4.0	6.665	0.1293	100.54	13.77	0.9523	0.8760
11.0	6.692	0.1676	77.57	14.63	0.9908	0.4617
15.0	6.657	0.1516	85.75	14.83	0.9746	0.7689
26.0	6.920	0.1627	79.90	15.31	0.9886	0.5371
47.0	6.908	0.1501	86.61	14.36	0.9767	0.7528
65.0	6.499	0.1527	85.13	14.78	0.9836	0.6223
79.0	6.958	0.1612	80.65	15.02	0.9767	0.7382

表 12-8　不同包装初始氧浓度下乳酸菌的生长动力学参数（无 CO_2）

氧气浓度/%	N_0 /ln(CFU/mL)	μ_{max}/h^{-1}	λ/h	N_{max} /ln(CFU/mL)	R^2	RMSE
0.3	7.406	0.0929	107.67	18.85	0.9285	1.6418
1.4	6.140	0.1116	89.61	17.86	0.9756	0.9976
4.0	6.336	0.1257	79.55	18.00	0.9497	1.6468
11.0	5.767	0.1665	60.06	19.31	0.9826	1.2113
15.0	6.005	0.1525	65.57	18.35	0.9886	0.7744
26.0	6.015	0.1720	58.14	19.48	0.9801	1.1372
47.0	5.925	0.1547	64.64	19.25	0.9916	0.8147
65.0	5.731	0.1578	63.37	18.57	0.9898	0.8810
79.0	5.955	0.1695	59.00	19.38	0.9943	0.5965

表 12-9　不同包装初始氧浓度下菌落总数的生长动力学参数（无 CO_2）

氧气浓度 /%	N_0 /ln(CFU/mL)	μ_{max}/h^{-1}	λ/h	N_{max} /ln(CFU/mL)	R^2	RMSE
0.3	9.374	0.0583	171.59	18.84	0.9717	0.6976
1.4	9.754	0.0690	145.01	18.74	0.9519	0.9909
4.0	9.228	0.1027	97.37	18.03	0.9269	1.3295
11.0	9.193	0.1491	67.07	19.16	0.9810	0.9552
15.0	8.945	0.1414	70.72	18.98	0.9823	0.9283
26.0	9.090	0.1482	67.48	19.71	0.9903	0.7178
47.0	8.966	0.1405	71.17	19.13	0.9937	0.5527
65.0	8.923	0.1445	69.20	18.72	0.9756	1.0813
79.0	8.946	0.1383	72.31	19.30	0.9834	0.9153

研究发现在无 CO_2 条件下，当氧浓度在高于 11.0%的范围内波动时，对试验微生物的生长迟滞期和最大比生长速率均未造成明显的影响（$P>0.05$）；而当氧浓度低于 11.0%时，对各微生物的指标都产生了显著影响（$P<0.05$），随着氧浓度的降低，各微生物的最大比生长速率均逐渐降低，迟滞期逐渐升高。其中菌落总数受到的影响最为显著，随着氧浓度从 11.0%降至 0.3%，μ_{max} 由 0.1491h^{-1} 降到了 0.0583h^{-1}，λ 从 67.07h 升到了 171.59h。氧浓度的降低对假单胞菌属的影响最小，在氧浓度由 11.0%降到 0.3%的过程中，μ_{max} 仅由 0.13291h^{-1} 降到了 0.0978h^{-1}，λ 从 45.15h 升到了 61.37h。低氧浓度对各微生物的 μ_{max} 的影响如图 12-22 所示，低氧浓度对各微生物生长的抑制强弱顺序为：菌落总数>肠杆菌科>乳酸菌>假单胞菌属。这可能是由于较低的氧浓度抑制了菌群中大量好氧微生物的生长，从而导致菌落总数增长受到明显抑制；乳酸菌为兼性厌氧菌，低氧浓度虽然能抑制其生长，但其通过无氧呼吸补偿生长，故受到的影响较小。假单胞菌属虽为专性需氧，但是只要 1%的氧气就能繁殖[18]，低氧浓度对其生长的影响明显较弱。

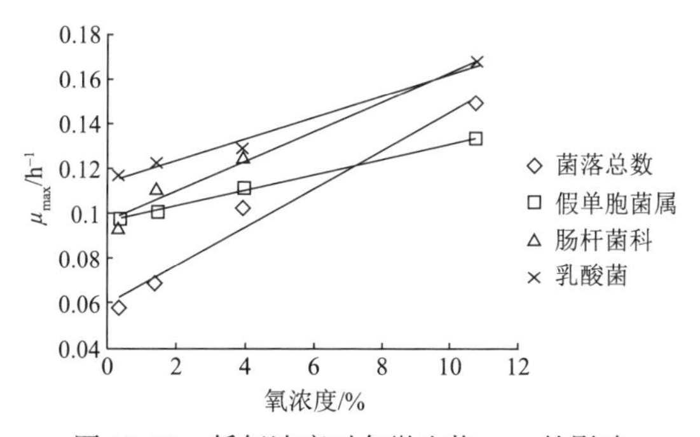

图 12-22　低氧浓度对各微生物 μ_{max} 的影响

试验测定储存过程中包装内氧气浓度变化如图 12-23 所示。在储存期内，包装内的分压在储存初期趋于平稳，后期有了较大的降低。结合菌群生长情况可发现，浓度平稳时期与菌群的迟滞期基本相当，说明在菌群生长的迟滞期内，对于氧气的消耗量较小，未造成包装内气氛的明显变化；而后期菌群生长进入指数期，包装内的氧浓度由于菌群的消耗有了明显降低，降低的幅度超过了 20%，初始氧浓度较低的在后期包装内的氧浓度已趋近于 0。

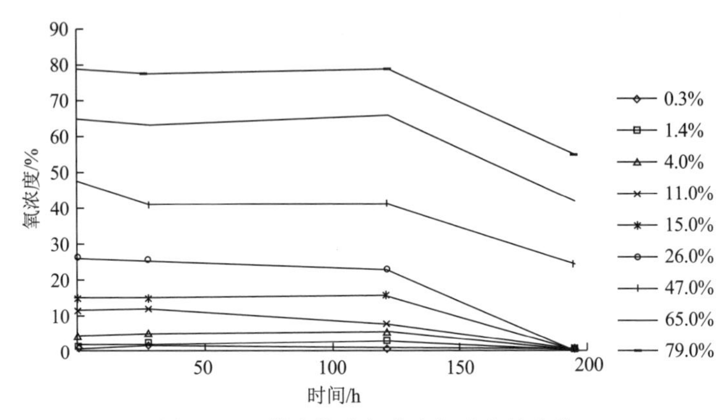

图 12-23　储存期内包装内氧浓度的变化

2）含 CO_2 气调包装中氧气浓度对特征微生物生长的影响

含 21% CO_2 的包装样品中，不同氧浓度储存条件下菌落总数、假单胞菌属、肠杆菌科微生物及乳酸菌生长的 *t*-ln*N* 曲线如图 12-24～图 12-27 所示。包装内高浓度 CO_2 的出现，整体上对各微生物的生长均产生了一定的抑制作用，各微生物指标生长的迟滞期均有所延长。当包装内初始氧气浓度为 1.5%和 6.0%时，菌落总数的变化曲线与其他三个氧气浓度下的菌落总数变化曲线存在非常明显的差异。储存期内的同一测量时间点，含高浓度氧气样品中的菌落总数值显著高于低

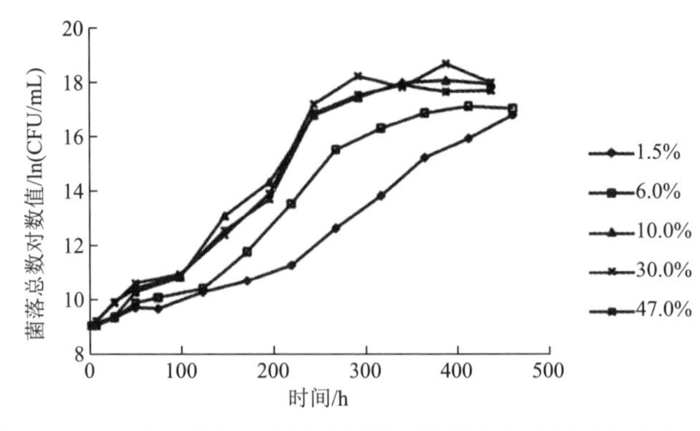

图 12-24　不同包装初始氧浓度下菌落总数生长曲线（21% CO_2）

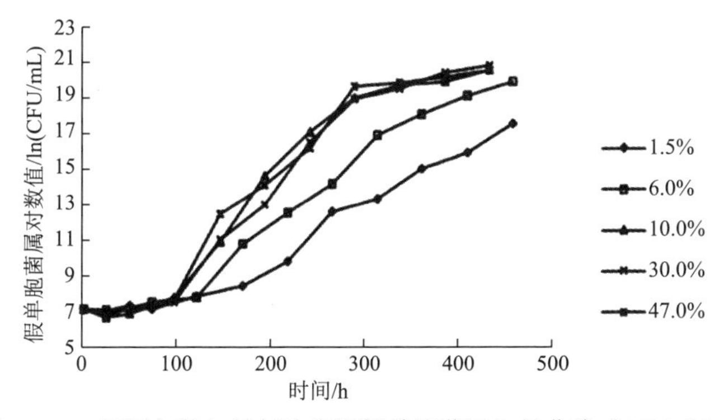

图 12-25　不同包装初始氧浓度下假单胞菌属生长曲线（21% CO_2）

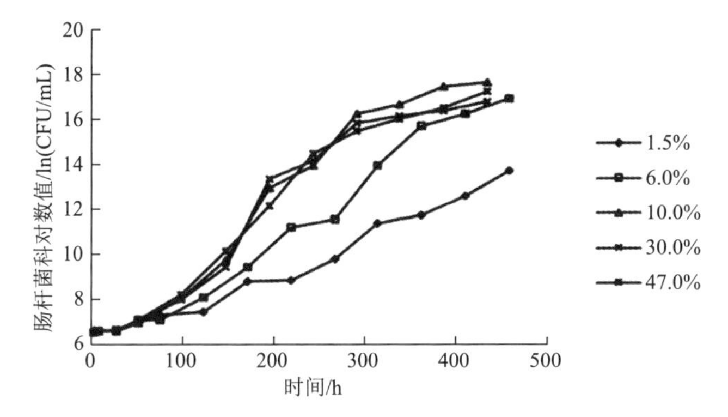

图 12-26　不同包装初始氧浓度下肠杆菌科微生物生长曲线（21% CO_2）

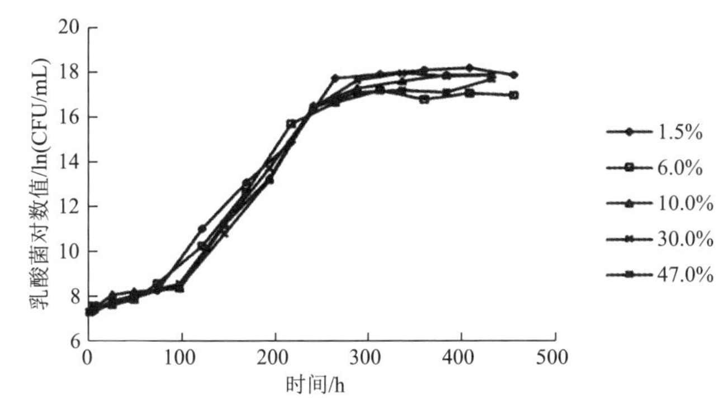

图 12-27　不同包装初始氧浓度下乳酸菌生长曲线（21% CO_2）

氧状态下的样品。氧气浓度为 10%、30%、47%的三组样品中的菌落总数变化趋势则基本保持相似。同时，各氧浓度下的假单胞菌和肠杆菌科微生物生长曲线虽然存在差异，但差异不很显著。初始氧气浓度对乳酸菌的数目及生长曲线趋势影响不显著。

2. 初始二氧化碳浓度对特征微生物生长的影响[18]

将处理后的样品按照表 12-10 对其施以不同初始二氧化碳浓度的无菌包装。气样体积比为 4：1，高阻隔性 PET/Al/Ony/PE 复合膜密封，5℃下储存。每隔一定时间，采用选择性培养基对其进行假单胞菌属、乳酸菌、肠杆菌科微生物及菌落总数平板计数。

表 12-10　包装样品的不同气氛比例

CO_2/%	N_2/%	O_2/%
0	80	20
20	60	20
47	33	20
64	16	20
80	0	20

1）不同二氧化碳浓度下菌落总数的变化规律

平板计数得到不同 CO_2 含量包装内菌落总数变化的 t-ln$N$ 曲线，如图 12-28 所示。不同 CO_2 浓度含氧气调包装下的样品菌落总数变化曲线呈 S 形生长，不同 CO_2 浓度下生长曲线差异较大。

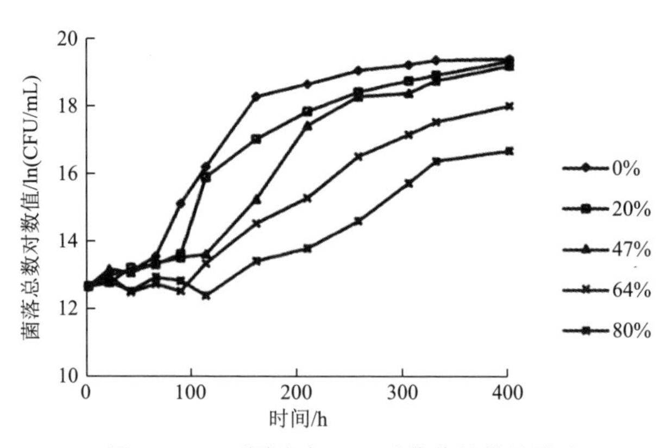

图 12-28　不同浓度 CO_2 对菌落总数的影响

表 12-11 给出了由 Baranyi & Roberts 模型拟合菌落总数数据得到的菌落总数变化的相关动力学参数，发现包装内初始 CO_2 浓度对菌落总数的最大比生长速率影响显著（P=0.0001<0.05）。最大比生长速率由无 CO_2 组的 0.09383h^{-1} 降低至 80% CO_2 组的 0.03157h^{-1}，迟滞期由无 CO_2 组的 74.60h 增加到 80% CO_2 组的 221.73h。

表 12-11　不同浓度 CO_2 下菌落总数生长参数

CO_2 浓度/%	N_0/ln(CFU/mL)	μ_{max}/h^{-1}	λ/h	N_{max}/ln(CFU/mL)	R^2	RMSE
0	13.03	0.09383	74.60	19.05	0.9852	0.3801
20	12.98	0.08119	86.22	18.55	0.9610	0.5887
47	13.14	0.05601	124.98	18.72	0.9904	0.2850
64	12.83	0.04650	150.54	17.54	0.9695	0.4166
80	12.86	0.03157	221.73	18.55	0.9161	0.4765

Dalgaard[19]提出 CO_2 对包装鱼肉中的磷发光杆菌最大比生长速率的影响可通过一个两参数平方根模型进行描述，即

$$\sqrt{\mu_{max}} = b_{CO_2}\left(\left[CO_{2,max}\right]-\left[CO_2\right]\right) \tag{12-11}$$

式中，b_{CO_2}——方程常数；

$\left[CO_{2,max}\right]$——μ_{max} 理论为零时的 CO_2 浓度（%）；

$\left[CO_2\right]$——CO_2 浓度（%）。

应用 Dalgaard 提出的两参数平方根模型表征 CO_2 浓度与菌落总数 μ_{max} 的关系，得到

$$\sqrt{\mu_{max}} = 0.0016\left(194.68-\left[CO_2\right]\right) \tag{12-12}$$

图 12-29 表明在 0%～80%CO_2 浓度范围内，CO_2 浓度与 $\sqrt{\mu_{max}}$ 有着良好的线性关系，因此说明平方根模型能很好地描述 CO_2 含量对冷却猪肉中菌落总数生长动力学参数的影响。

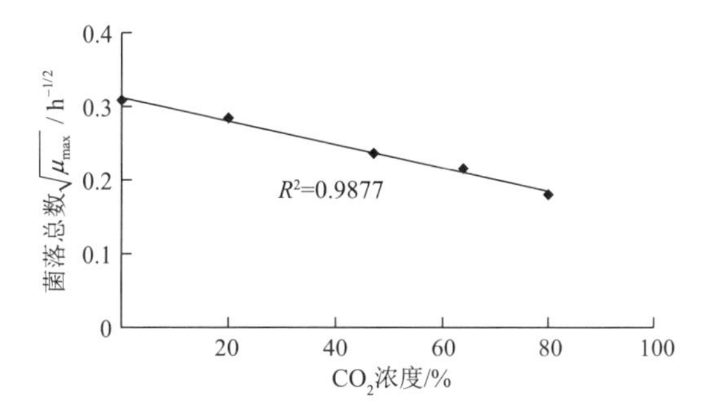

图 12-29　CO_2 浓度对菌落总数 μ_{max} 的影响

2）不同二氧化碳浓度下假单胞菌属的生长规律

不同 CO_2 含量包装内假单胞菌属变化的 t-ln$N$ 曲线如图 12-30 所示。假单胞菌属呈典型的 S 形趋势生长；低浓度 CO_2 对应样品中假单胞菌属先于高浓度 CO_2 组进入指数生长期，可见气调包装中 CO_2 浓度的增高可以抑制样品中假单胞菌属的生长。

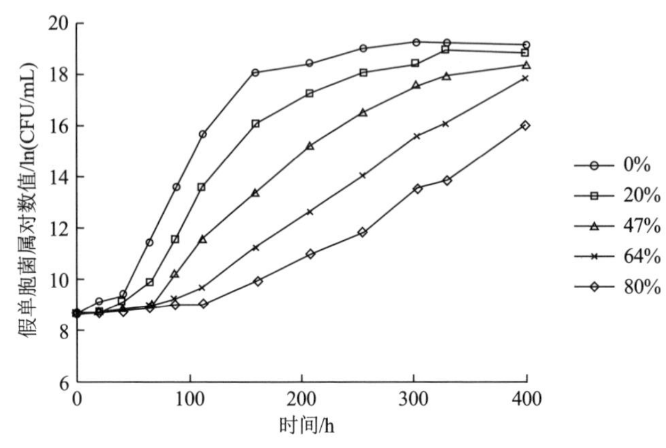

图 12-30　不同 CO_2 浓度下假单胞菌属的生长曲线

采用 Baranyi & Roberts 模型对微生物数据进行拟合，得到其生长动力学参数及模型拟合表现评价参数，见表 12-12。环境中高浓度 CO_2 对假单胞菌属的生长有显著的抑制作用（P=0.0007<0.05），包装内初始 CO_2 浓度的变化对假单胞菌属的最大比生长速率影响显著，Baranyi & Roberts 模型能较为精确地描述假单胞菌属的生长。

表 12-12　不同浓度 CO_2 下假单胞菌属生长动力学参数

CO_2 浓度/%	N_0 /ln(CFU/mL)	μ_{max}/h^{-1}	λ/h	N_{max}/ln(CFU/mL)	R^2	RMSE
0	8.966	0.10710	46.69	18.87	0.9941	0.3714
20	8.969	0.08102	61.71	18.32	0.9872	0.5345
47	9.023	0.05672	88.15	17.80	0.9827	0.5752
64	8.957	0.04042	123.70	16.91	0.9914	0.3306
80	8.895	0.03150	158.73	16.94	0.9936	0.2350

用平方根模型描述 CO_2 浓度与假单胞菌属 μ_{max} 的关系如图 12-31 所示，式（12-13）为回归所得到的平方根模型，模型的相关系数为 0.9975，说明平方根模型能极好地描述 0%～80%范围内二氧化碳浓度与 $\sqrt{\mu_{max}}$ 之间的良好线性关系。

$$\sqrt{\mu_{max}} = 0.0019(171.05 - [CO_2]) \tag{12-13}$$

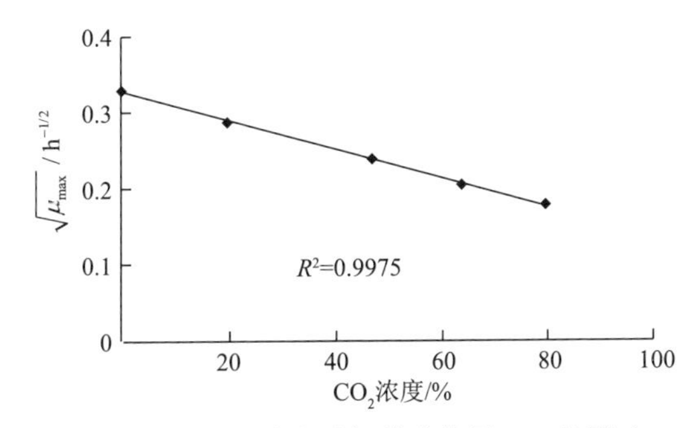

图 12-31　CO_2 浓度对假单胞菌属 μ_{max} 的影响

3）不同二氧化碳浓度下肠杆菌科微生物的生长规律

肠杆菌科微生物为典型的好氧型微生物，是食品安全的重要微生物指标。不同 CO_2 含量包装内肠杆菌变化的 t-ln$N$ 曲线见图 12-32。由图可见不同 CO_2 浓度下肠杆菌科微生物生长的 S 形曲线缓急不一，说明 CO_2 浓度的不同对肠杆菌科微生物的生长造成了一定的影响。

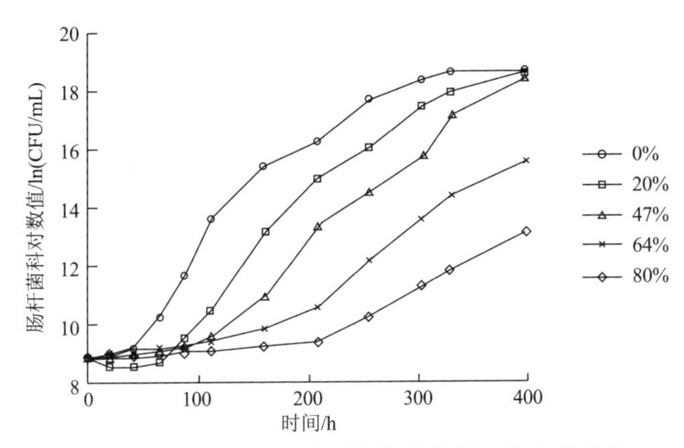

图 12-32　不同 CO_2 浓度下肠杆菌科微生物生长曲线

采用 Baranyi & Roberts 模型对微生物数据进行拟合，得到其生长动力学参数及模型拟合表现评价参数，见表 12-13。由表可见 Baranyi & Roberts 模型拟合的相关系数均在 0.95 以上，说明该模型能较好地描述本试验中肠杆菌科微生物的生长规律。包装内初始 CO_2 浓度对肠杆菌科微生物的比生长速率影响显著（P=0.0036<0.05）。5℃存储条件下样品中肠杆菌科微生物的最大比生长速率随着 CO_2 浓度的增高而降低，迟滞期随着 CO_2 浓度的增高而增加。包装内初始 CO_2 浓度为 0%时，肠杆菌科微生物的 μ_{max} 为 0.09411h^{-1}，迟滞期为 74.38h；初始 CO_2 浓度增加至 80%时，μ_{max} 降为 0.02904h^{-1}，迟滞期延长为 241.05h。

表 12-13　不同浓度 CO_2 下肠杆菌科微生物生长动力学参数

CO_2 浓度/%	N_0 /ln(CFU/mL)	μ_{max}/h^{-1}	λ/h	N_{max}/ln(CFU/mL)	R^2	RMSE
0	9.353	0.09411	74.38	17.81	0.9536	0.9579
20	8.941	0.06511	107.51	17.73	0.9752	0.7096
47	9.154	0.04872	143.68	18.01	0.9788	0.5788
64	9.288	0.03636	192.52	18.31	0.9679	0.4765
80	9.053	0.02904	241.05	17.43	0.9711	0.2560

用平方根模型描述 CO_2 浓度与肠杆菌科微生物 μ_{max} 的关系如图 12-33 所示，式（12-14）为回归所得到的平方根模型，模型的相关系数为 0.9833，说明平方根模型能有效描述 0%～80%内 CO_2 浓度与 $\sqrt{\mu_{max}}$ 之间的良好线性关系。

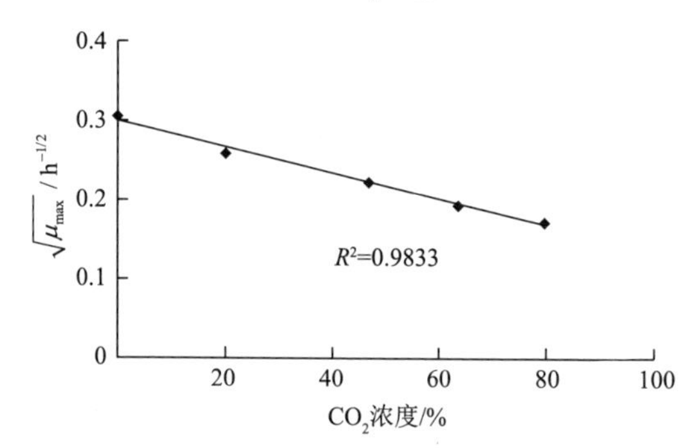

图 12-33　CO_2 浓度对肠杆菌科微生物 $\sqrt{\mu_{max}}$ 的影响

$$\sqrt{\mu_{max}} = 0.0017 \times \left(170.35 - [CO_2]\right) \qquad (12-14)$$

4）不同二氧化碳浓度下乳酸菌的生长规律

不同 CO_2 含量包装内肠杆菌变化的 t-ln$N$ 曲线如图 12-34 所示，从图中发现样品中乳酸菌的生长受包装内初始 CO_2 浓度的影响不显著。

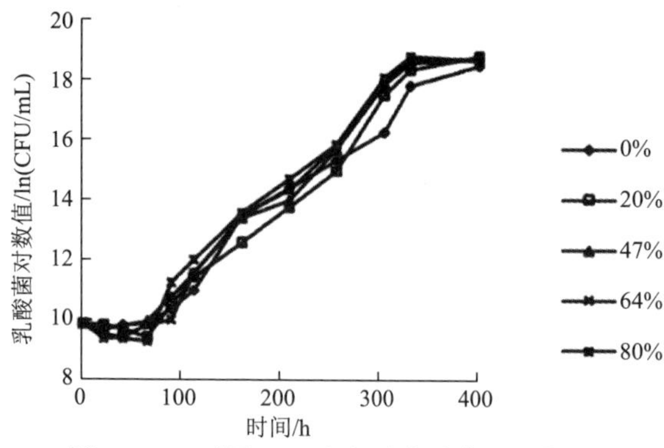

图 12-34　不同 CO_2 浓度下乳酸菌生长曲线

采用 Baranyi & Roberts 模型对微生物数据进行拟合，得到其生长动力学参数及模型拟合表现评价参数，见表 12-14。总体上，乳酸菌的最大比生长速率变化较小，CO_2 浓度的变化对乳酸菌生长的影响并不显著（$P>0.05$）。同时 CO_2 浓度的增长虽然会造成乳酸菌生长迟滞期出现先延长后缩短的现象，但通过方差分析可以发现 CO_2 浓度对乳酸菌生长迟滞期的影响并不显著（$P=0.0509>0.05$）。

表 12-14　不同浓度 CO_2 下乳酸菌生长动力学参数

CO_2 浓度/%	N_0/ln(CFU/mL)	μ_{max}/h^{-1}	λ/h	N_{max}/ln(CFU/mL)	R^2	RMSE
0	10.08	0.04328	115.53	17.92	0.9646	0.6948
20	10.03	0.04196	119.16	18.94	0.9820	0.5281
47	10.17	0.04389	113.92	18.81	0.9787	0.6141
64	9.90	0.04623	108.15	18.76	0.9790	0.6010
80	9.99	0.04739	105.51	18.66	0.9623	12.8058

乳酸菌为兼性厌氧型微生物，有关 CO_2 对其生长的影响研究结果并不一致。本研究表明，CO_2 对乳酸菌的生长影响不大（$P>0.05$），只有轻微的促进作用。分析其原因可能有两个方面，一方面是乳酸菌的代谢类型使得其能够在有氧和无氧的环境下生存且对 CO_2 相对不敏感；另一方面是样品菌系中大量需氧型微生物生长受到 CO_2 的抑制，使得乳酸菌受到的菌间竞争作用减弱，CO_2 浓度越大，对大多数微生物的抑制作用越强，因而从另一个侧面为乳酸菌提供了更好的生存条件，促进了其生长繁殖。

12.5　包装冷却肉特征微生物生长及包装货架期预测

包装冷却猪肉的储存环境温度对其中各特征微生物的生长或微生物指标的变化存在显著影响。包装内初始 O_2 和 CO_2 的含量变化对菌落总数、假单胞菌属和肠杆菌科微生物生长影响显著。尽管研究发现无 CO_2 包装内低浓度 O_2 对乳酸菌的生长也会产生一定的影响，但是含 CO_2 包装内乳酸菌对 O_2 含量并不敏感。结合实际应用，冷却猪肉几乎不会采用无 CO_2 纯氧包装，因而可不将 O_2 和 CO_2 浓度纳入乳酸菌生长二级模型中。

为了能够更为准确地对菌落总数、假单胞菌属和肠杆菌科三种特征微生物的生长进行预测，需综合考虑多种生长影响因子，建立多因素影响下的包装冷却肉特征微生物生长的动力学模型。

试验：将处理后的样品进行氧气（1.5%、6.0%、8.2%、10.0%、30.0%、47.0%）和二氧化碳（1.6%、21.0%、30.0%、42.0%）的析因试验。气样体积比为 4：1，高阻隔性 PET/Al/Ony/PE 复合膜密封。样品储存于 4℃冷藏柜内，每隔一定时间，采用选择性培养基对其进行假单胞菌属、肠杆菌科微生物及菌落总数平板计数。

12.5.1 微生物生长二级模型的建立

1. 菌落总数增长二级模型的建立

应用 Baranyi & Roberts 模型拟合析因试验各组样品中菌落总数增长数据得到模型拟合相关系数及相关微生物的生长动力学参数[11]，得到 O_2 浓度和 CO_2 浓度对菌落总数生长动力学参数 μ_{max} 变化的条件效应图如图 12-35 所示。考虑到试验误差在内，各折线之间基本相互平行，无论 O_2 浓度取值如何，CO_2 对 μ_{max} 的影响规律不受影响，说明 O_2 浓度和 CO_2 浓度在对菌落总数生长动力学参数 μ_{max} 的作用过程中没有交互作用[20]。且已有大量研究认为，在对微生物生长的作用上，温度与气氛浓度之间也不存在交互作用或交互作用极小，可以作假设忽略。

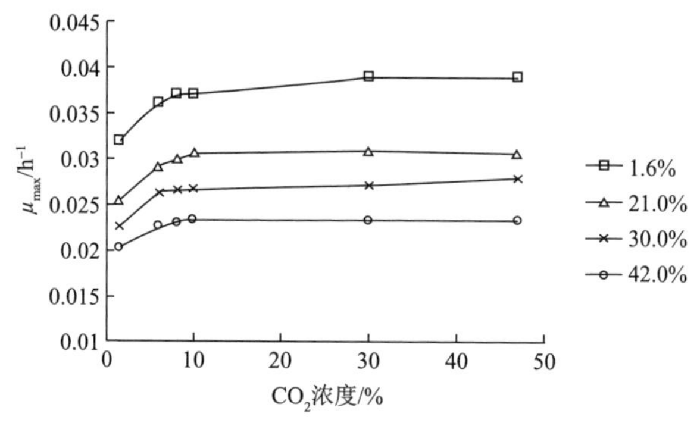

图 12-35 O_2 浓度取值不同时菌落总数 μ_{max} 与 CO_2 浓度的条件效应图

在 12.4 中研究结果表明，温度对微生物生长参数的影响可用温度平方根方程进行表征。当 O_2 浓度在大于 11.0%范围内变化时，对菌落总数的最大比生长速率和迟滞期均无显著影响；当 O_2 浓度在小于 11.0%范围内变化时，对菌落总数生长动力学参数存在一定的影响。而 CO_2 平方根模型可很好地描述包装内初始 CO_2 浓度对样品中菌落总数的最大比生长速率 μ_{max} 的影响。因此在建立菌落总数变化二级模型时，根据 O_2 的浓度进行分段考虑。

1）当 O_2 浓度小于 11.0%时

当 O_2 浓度小于 11.0%时，菌落总数 μ_{max} 与 CO_2 浓度之间的关系如图 12-36 所示。

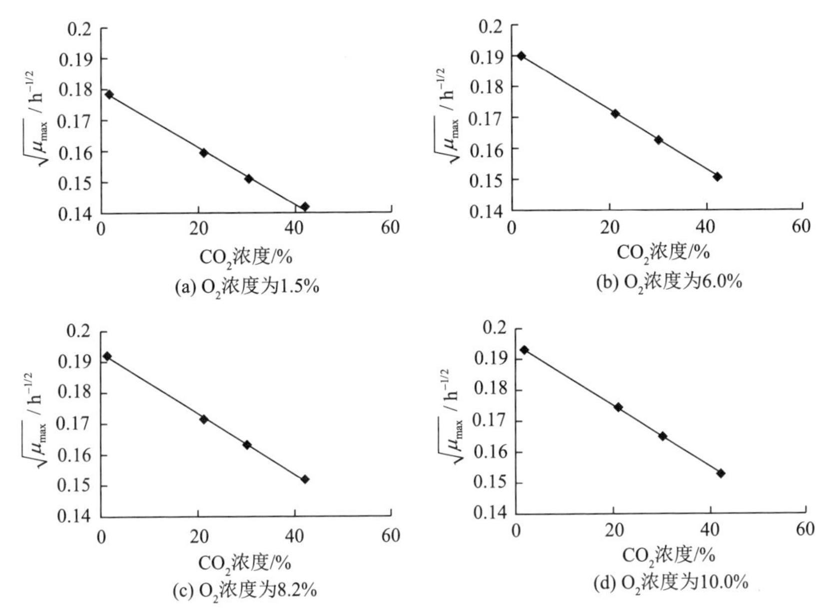

图 12-36 不同 O_2 浓度下菌落总数 μ_{max} 与 CO_2 浓度的关系

拟合得到的平方根模型回归方程及拟合相关系数见表 12-15。模型拟合系数均达到了 0.99 以上，说明 $\sqrt{\mu_{max}}$ 与 CO_2 浓度间呈高度典型的线性关系。

表 12-15 不同 O_2 浓度下 CO_2 与菌落总数 μ_{max} 间的关系模型

O_2浓度/ %	回归方程	R^2
1.5	$\sqrt{\mu_{max}}=0.00092\times(195.22-[CO_2])$	0.9939
6.0	$\sqrt{\mu_{max}}=0.0009835\times(195.12-[CO_2])$	0.9999
8.2	$\sqrt{\mu_{max}}=0.0009974\times(194.00-[CO_2])$	0.9981
10.0	$\sqrt{\mu_{max}}=0.0009984\times(195.11-[CO_2])$	0.9965

进一步分析 O_2 浓度与 CO_2 平方根模型参数 b_{CO_2} 之间的关系，如图 12-37 所示。

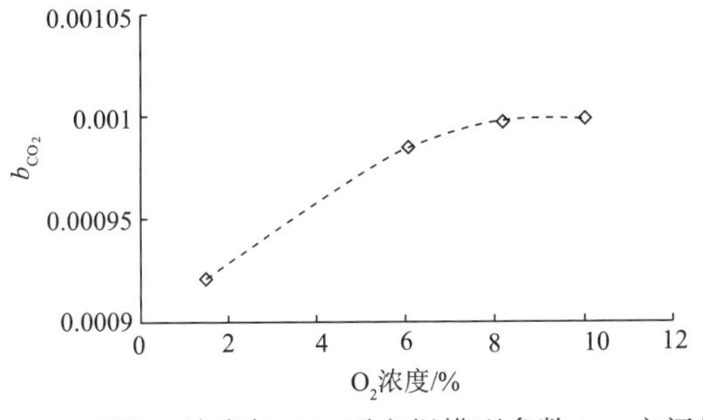

图 12-37 4℃下 O_2 浓度与 CO_2 平方根模型参数 b_{CO_2} 之间的关系

对 O_2 浓度与 b_{CO_2} 进行拟合，发现二者之间存在较典型的指数关系，拟合相关系数为 0.9945，得到 b_{CO_2} 与 O_2 浓度的关系式为

$$b_{CO_2} = -0.0001329e^{-0.2872\times[O_2]} + 0.001006 \tag{12-15}$$

为此，整合可得 O_2 和 CO_2 浓度对最大比生长速率 μ_{max} 的影响模型为

$$\sqrt{\mu_{max}} = \left(-0.0001329e^{-0.2872\times[O_2]} + 0.001006\right)\left(\left[CO_{2,max}\right]-\left[CO_2\right]\right) \tag{12-16}$$

综合冷却肉储存温度范围内温度与 μ_{max} 之间的关系，得到 O_2 浓度小于 11.0%时菌落总数生长二级模型为

$$\sqrt{\mu_{max}}=\left(-1.429\times10^{-5}e^{-0.2872\times[O_2]}+1.08\times10^{-4}\right)\left(\left[CO_{2,max}\right]-\left[CO_2\right]\right)\left(T-T_{min}\right) \tag{12-17}$$

2）当包装内 O_2 浓度高于 11.0%时

当包装内 O_2 浓度高于 11.0%时，O_2 浓度的变化对菌落总数的增长影响不显著，且其与本研究所涉及的其他两个因素间不存在交互作用或交互作用不显著，故在该范围内，菌落总数的生长二级模型可不包含 O_2 浓度参数。

即当包装内 O_2 浓度高于 11.0%时，菌落生长二级模型为

$$\sqrt{\mu_{max}} = 1.074\times10^{-4}\left(\left[CO_{2,max}\right]-\left[CO_2\right]\right)\left(T-T_{min}\right) \tag{12-18}$$

综合 12.4 研究中得到的相关数据，可得菌落总数增长二级模型方程为

$$\begin{cases}\sqrt{\mu_{max}}=\left(-1.429\times10^{-5}e^{-0.2872\times[O_2]}+1.08\times10^{-4}\right)\left(194.68-\left[CO_2\right]\right)\left(T+5.303\right) & [O_2]\leqslant 11\% \\ \sqrt{\mu_{max}}=1.074\times10^{-4}\left(194.68-\left[CO_2\right]\right)\left(T+5.303\right) & [O_2]\geqslant 11\%\end{cases} \tag{12-19}$$

3）所建模型验证

本试验中的建模数据和非建模数据共 12 组，根据残差分析图[21]及偏差度 B_f 和准确度 A_f 对所建模型进行验证，评价模型的可靠性。其中，偏差度可反映出模型的预测值上下波动的幅度，当预测值高于实测值时，B_f 小于 1，较为安全，当预测值小于实测值时，B_f 大于 1。而准确度则用以衡量实测值与所得模型预测值之间所存在的差异，若该值为 1，则说明预测值和实测值是完全吻合的。

偏差度 B_f 和准确度 A_f 为

$$B_{\mathrm{f}} = 10^{\frac{\sum\left(\mu_{\max\text{预测}} - \mu_{\max\text{实测}}\right)}{n}} \tag{12-20}$$

$$A_{\mathrm{f}} = 10^{\frac{\sum\left|\mu_{\max\text{预测}} - \mu_{\max\text{实测}}\right|}{n}} \tag{12-21}$$

相关数据如表 12-16 所示。从残差分析图（图 12-38）可看出，菌落总数最大比生长速率平方根残差值均落在±0.01 的范围内，且各散点大致分布在 0 残差值的中心横带中，表明所建立的二级模型可很好地描述不同对应条件对菌落总数增长的影响。模型拟合的偏差度为 0.999，准确度为 1.001，表明所得到菌落总数预测二级模型能很好而准确地预测菌落总数增长速率。

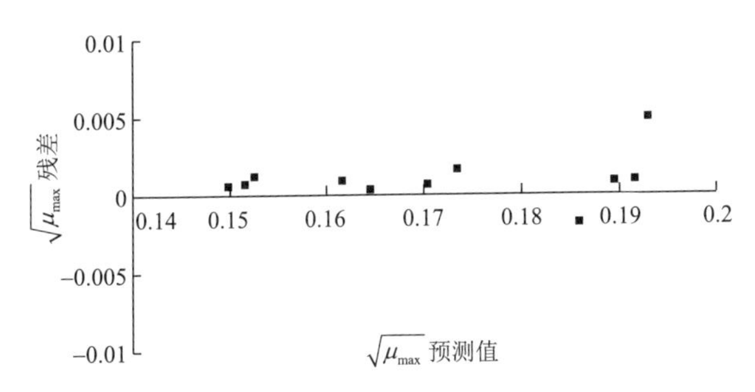

图 12-38　4℃下菌落总数最大比生长速率的残差分析图

表 12-16　菌落总数增长速率平方根预测模型验证数据（温度 4℃）

O_2 浓度/%	CO_2 浓度/%	$\sqrt{\mu_{\max}}$ 预测值/$h^{-1/2}$	$\sqrt{\mu_{\max}}$ 实测值/$h^{-1/2}$	A_{f}	B_{f}	残差值
4.0	1.6	0.1859	0.1842			−0.0017
	21.0	0.1672	0.1618			−0.0054
6.0	1.6	0.1894	0.1903			0.0009
	21.0	0.1704	0.1711			0.0007
	30.0	0.1616	0.1626			0.0010
	42.0	0.1498	0.1505	1.001	0.999	0.0007
8.2	1.6	0.1915	0.1925			0.0010
	42.0	0.1514	0.1522			0.0008
30.0	1.6	0.1929	0.1979			0.0050
	30.0	0.1645	0.1649			0.0004
47.0	21.0	0.1735	0.1752			0.0017
	42.0	0.1525	0.1538			0.0013

2. 假单胞菌属生长二级模型的建立

1）当 O_2 浓度小于 11.0%时

基于析因试验中测得的各组样品假单胞菌属的生长数据，应用 Baranyi & Roberts 模型拟合得到模型拟合相关系数及相关微生物的生长动力学参数。O_2 浓度和 CO_2 浓度对假单胞菌属生长动力学参数 μ_{max} 变化的条件效应图如图 12-39 所示。同样，无论 O_2 浓度取值如何，CO_2 对 μ_{max} 的影响规律不受影响，说明 O_2 浓度和 CO_2 浓度在对假单胞菌属生长动力学参数 μ_{max} 的作用过程中没有交互作用。

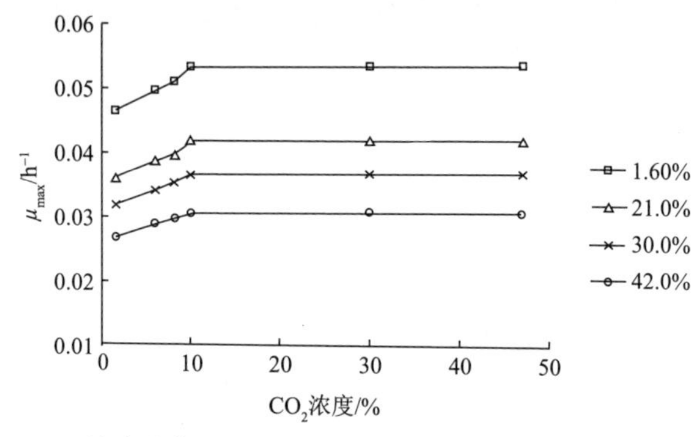

图 12-39 O_2 浓度取值不同时假单胞菌属 μ_{max} 与 CO_2 浓度的条件效应图

当 O_2 浓度小于 11.0%时，通过试验得到的不同氧气浓度下，假单胞菌属 μ_{max} 与 CO_2 浓度之间的关系如图 12-40 所示。

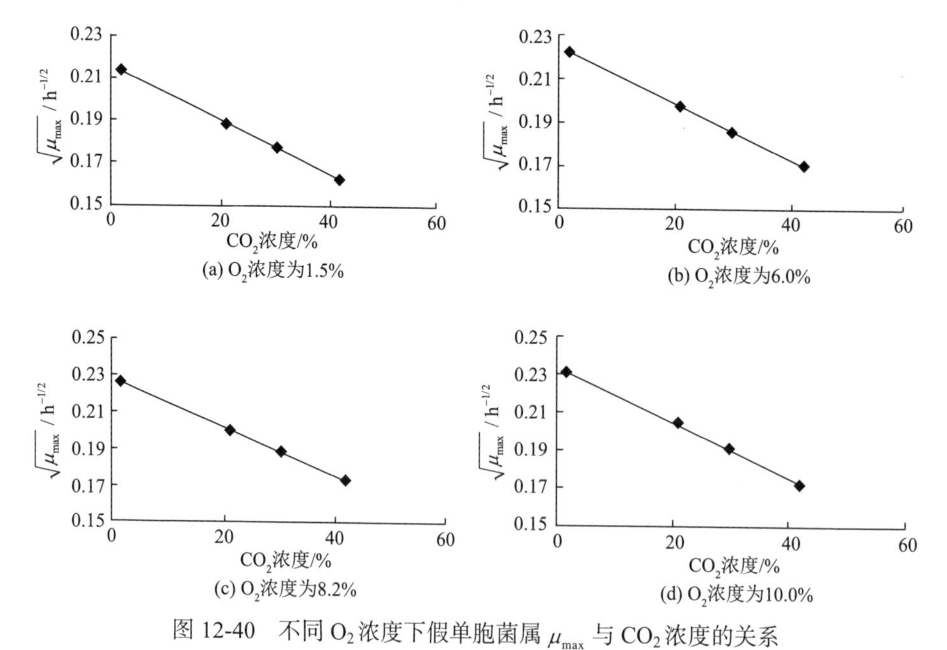

图 12-40 不同 O_2 浓度下假单胞菌属 μ_{max} 与 CO_2 浓度的关系

拟合得到的各平方根模型回归方程及拟合相关系数如表 12-17 所示。由表可知模型的拟合系数均达到了 0.99 以上，说明 μ_{max} 与 CO_2 浓度间呈高度典型的线性关系。

表 12-17　不同 O_2 浓度下 CO_2 与假单胞菌属 μ_{max} 间的关系模型

O_2 浓度/ %	回归方程	R^2
1.5	$\sqrt{\mu_{max}}=0.00128\times(169.53-[CO_2])$	1.0
6.0	$\sqrt{\mu_{max}}=0.001313\times(171.06-[CO_2])$	0.9993
8.2	$\sqrt{\mu_{max}}=0.001321\times(172.22-[CO_2])$	0.9993
10.0	$\sqrt{\mu_{max}}=0.001455\times(160.96-[CO_2])$	0.9982

进一步分析 O_2 浓度与 CO_2 平方根模型参数 b_{CO_2} 之间的关系，如图 12-41 所示。

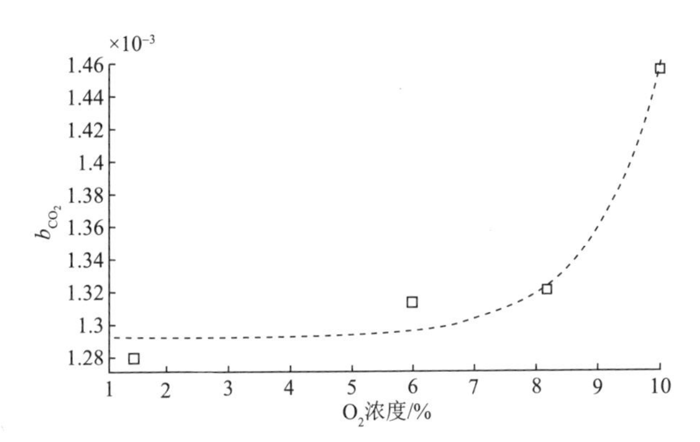

图 12-41　4℃下 O_2 浓度与 CO_2 平方根模型参数 b_{CO_2} 之间的关系

对 O_2 浓度与 b_{CO_2} 进行拟合，两者之间存在较典型的指数关系，拟合相关系数为 0.9945，得到 b_{CO_2} 与 O_2 浓度的关系式为

$$b_{CO_2}=1.759\times10^{-8}e^{0.9133\times[O_2]}+0.0012 \tag{12-22}$$

可得 O_2 浓度小于 11.0%时假单胞属生长二级模型为

$$\sqrt{\mu_{max}}=\left(1.347\times10^{-9}e^{0.9133\times[O_2]}+9.9\times10^{-5}\right)\left(171.05-[CO_2]\right)\left(T+9.062\right) \tag{12-23}$$

2）当 O_2 浓度高于 11.0%时

当包装内 O_2 浓度高于 11.0%时，O_2 浓度的变化对假单胞菌属生长参数的影响不显著，且其与本研究所涉及的其他两个因素间不存在交互作用或交互作用不显

著，故在该范围内，假单胞菌属生长二级模型可不包含 O_2 浓度参数。即可得此范围内假单胞菌属生长二级模型为

$$\sqrt{\mu_{\max}} = 1.301 \times 10^{-4}\left(171.05 - \left[CO_2\right]\right)\left(T + 9.062\right) \tag{12-24}$$

3）所建模型验证

同样根据残差分析图及偏差度和准确度对所建模型进行验证，评价模型的可靠性。残差分析图如图 12-42 所示。各残差散点均分布在±0.07 的范围内，偏差度 B_f 为 1.016，准确度 A_f 为 1.019，均接近于 1，说明所得模型能很好地预测假单胞菌属最大比生长速率的变换情况。

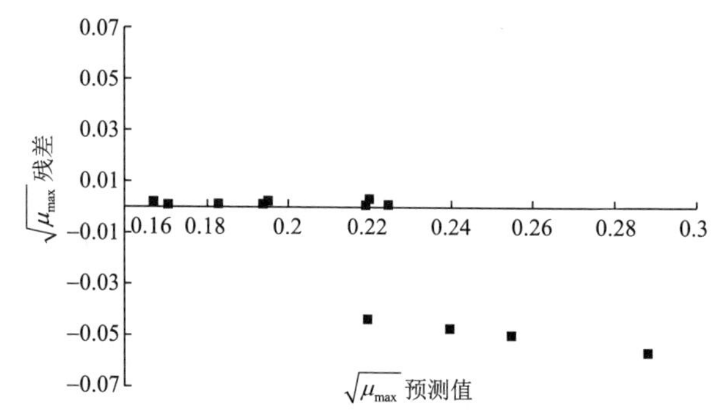

图 12-42　4℃下假单胞菌属最大比生长速率的残差分析图

3. 肠杆菌科微生物生长二级模型的建立

1）当 O_2 浓度小于 11.0%时

基于析因试验中测得的各组样品肠杆菌科的生长数据，应用 Baranyi & Roberts 模型拟合得到模型拟合相关系数及相关微生物的生长动力学参数[11]。O_2 浓度和 CO_2 浓度对假单胞菌属生长动力学参数 μ_{max} 变化的条件效应图如图 12-43

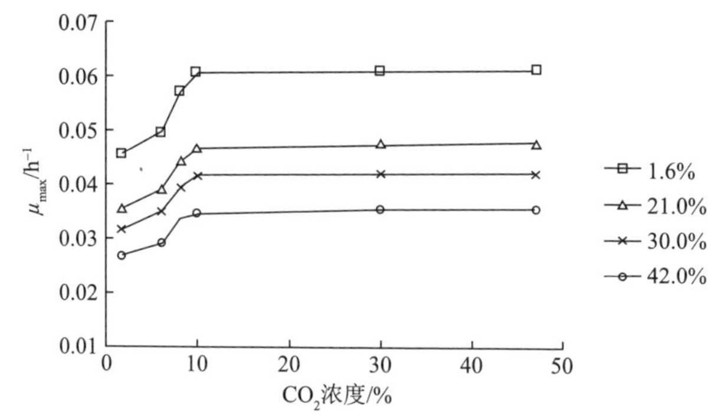

图 12-43　O_2 浓度取值不同时肠杆菌科微生物 μ_{max} 与 CO_2 浓度的条件效应图

所示。同样，无论 O_2 浓度取值如何，CO_2 对 μ_{max} 的影响规律不受影响，说明 O_2 浓度和 CO_2 浓度在对肠杆菌科生长动力学参数 μ_{max} 的作用过程中没有交互作用。

当 O_2 浓度小于 11.0%时，通过本章试验得到的不同 O_2 浓度下肠杆菌科微生物 μ_{max} 与 CO_2 浓度之间的关系如图 12-44 所示。

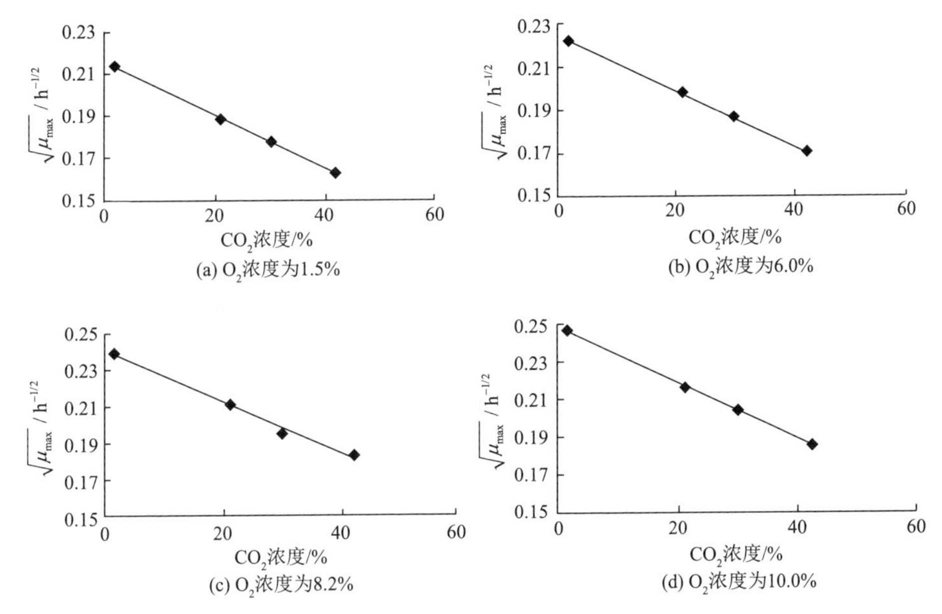

图 12-44 不同 O_2 浓度下肠杆菌科微生物 μ_{max} 与 CO_2 浓度的关系

拟合得到的各平方根模型回归方程及拟合相关系数如表 12-18 所示。模型的拟合系数均达到了 0.99 以上，说明 μ_{max} 与 CO_2 浓度间呈高度的线性关系。

表 12-18 不同 O_2 浓度下 CO_2 浓度与肠杆菌科微生物 μ_{max} 间的关系模型

O_2 浓度/ %	回归方程	R^2
1.5	$\sqrt{\mu_{max}} = 0.001269\times(169.58-[CO_2])$	0.9995
6.0	$\sqrt{\mu_{max}} = 0.001278\times(175.82-[CO_2])$	0.9995
8.2	$\sqrt{\mu_{max}} = 0.001416\times(169.92-[CO_2])$	0.9893
10.0	$\sqrt{\mu_{max}} = 0.001511\times(164.66-[CO_2])$	0.9997

进一步分析 O_2 浓度与 CO_2 平方根模型参数 b_{CO_2} 之间的关系，如图 12-45 所示。

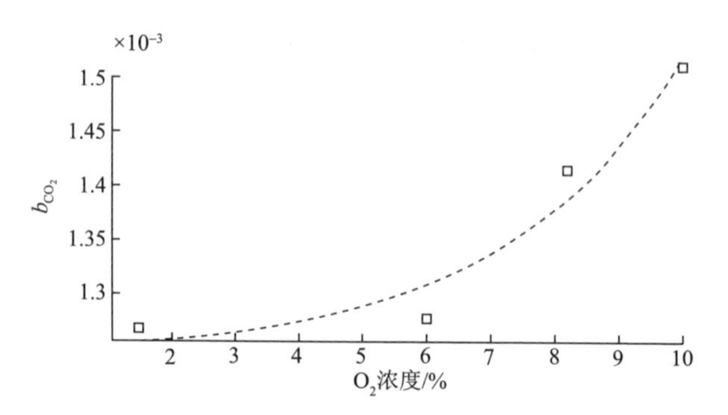

图 12-45 4℃下 O_2 浓度与 CO_2 平方根模型参数 b_{CO_2} 之间的关系

拟合得到 b_{CO_2} 与 O_2 浓度的关系式为

$$b_{CO_2} = 7.778\times10^{-6}\,e^{0.3566\times[O_2]} + 0.001244 \tag{12-25}$$

结合最大比生长速率的平方根方程可得肠杆菌科微生物 μ_{max} 与 O_2、CO_2 浓度之间的关系，可得 O_2 浓度小于 11.0%时肠杆菌科微生物模型为

$$\mu_{max} = 6.917\times10^{-7}\,e^{0.3566\times[O_2]} + 1.106\times10^{-4} \tag{12-26}$$

2）当 O_2 浓度高于 11.0%时

当包装内 O_2 浓度高于 11.0%时，O_2 浓度的变化对肠杆菌科微生物生长参数的影响不显著，且其与本研究所涉及的其他两个因素间不存在交互作用或交互作用不显著，故在该范围内，肠杆菌科微生物生长二级模型可不包含 O_2 浓度参数。即可得此范围内肠杆菌科微生物生长二级模型为

$$\sqrt{\mu_{max}} = 1.456\times10^{-4}\left(\left[CO_{2,max}\right]-\left[CO_2\right]\right)\left(T-T_{min}\right) \tag{12-27}$$

3）所建模型验证

同样根据残差分析图及偏差度和准确度对所建模型进行验证，评价模型的可靠性。残差分析图如图 12-46 所示。肠杆菌科微生物最大比生长速率平方根残差值基本分布在 ± 0.03 的范围内，并处于 0 残差值的中心横带中，因此可认为所得二级模型能够较好地描述相关温度、氧气和二氧化碳浓度对肠杆菌科微生物比生长速率的影响。模型预测的偏差度和准确度都接近于 1，说明所得模型能很好地预测肠杆菌科微生物最大比生长速率的变化情况。

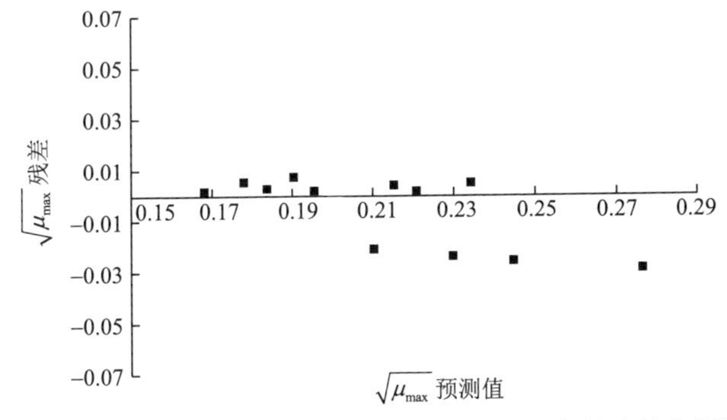

图 12-46　4℃下肠杆菌科微生物最大比生长速率的残差分析图

12.5.2　基于特征微生物生长控制的冷却猪肉包装货架期预测[11]

研究表明，普通包装冷却猪肉的主要特征腐败微生物为假单胞菌属，真空及气调包装的主要特征微生物为乳酸菌，通过对这两种微生物基于相关影响因子的生长预测，就能预测估算其包装货架期。

1. 基于假单胞菌属生长控制的包装货架期预测模型

基于试验研究得到普通包装冷却猪肉储存过程中的起绝对主导作用的特征腐败微生物为假单胞菌属。研究获得基于温度、O_2浓度和CO_2浓度影响的假单胞菌属比生长速率预测二级模型的一般形式为

$$\mu_{\max}=\begin{cases}\left(a\times e^{b\times[CO_2]}+c\right)\left(\left[CO_{2,\max}\right]-\left[CO_2\right]\right)\left(T-T_{\min}\right) & \left[O_2\right]<11\\ d\left(\left[CO_{2,\max}\right]-\left[CO_2\right]\right)\left(T-T_{\min}\right) & \left[O_2\right]\geqslant 11\end{cases}\tag{12-28}$$

故综合假单胞菌生长的一级模型和二级模型，得到基于假单胞菌属生长动力学的冷却猪肉包装货架期预测模型为

$$t_{sl,pse}=\begin{cases}\dfrac{\ln\left(\dfrac{e^{h_0}-1+e^{N_s-N_{\max}}-e^{h_0-N_0+N_s}}{e^{N_s-N_{\max}}-1}\right)}{(a\cdot e^{b\cdot[O_2]}+c)^2([CO_{2,\max}]-[CO_2])^2(T-T_{\min})^2} & \left[O_2\right]<11\\ \dfrac{\ln\left(\dfrac{e^{h_0}-1+e^{N_s-N_{\max}}-e^{h_0-N_0+N_s}}{e^{N_s-N_{\max}}-1}\right)}{d^2\left(\left[CO_{2,\max}\right]-\left[CO_2\right]\right)^2\left(T-T_{\min}\right)^2} & \left[O_2\right]\geqslant 11\end{cases}\tag{12-29}$$

式中，a、b、c、d——模型常数。

该模型的适用范围为：温度 3～15℃，包装内氧气浓度 0.3%～79%，二氧化

碳浓度 0%～80%。

普通包装冷却猪肉储存试验得到假单胞菌属的最小腐败水平 N_s=17.53 ln(CFU/g)，h_0 =5，N_{max}=19.03 ln(CFU/g)，[$CO_{2,max}$]=171.05%，T_{min}=−9.062℃，假单胞菌属 N_0=10.62 ln(CFU/g)，[CO_2]=0.03%，[O_2]=20.9%。基于式（12-29）估算包装货架期 $t_{sl,pse}$ =144.61h≈6.03d。

2. 基于乳酸菌生长控制的包装货架期预测模型

真空和气调包装冷却猪肉储存过程中起绝对主导作用的特征腐败微生物为乳酸菌。乳酸菌的生长受包装初始氧气浓度和二氧化碳浓度的影响不显著。

基于温度影响的生长二级模型为

$$\sqrt{\mu_{max}} = b \cdot (T - T_{min})$$

结合一级模型得到基于乳酸菌生长动力学的冷却猪肉包装货架期预测模型为

$$t_{sl,lac} = \frac{\ln\left(\dfrac{e^{h_0} - 1 + e^{N_s - N_{max}} - e^{h_0 - N_0 + N_s}}{e^{N_s - N_{max}} - 1}\right)}{b^2 \cdot (T - T_{min})^2} \tag{12-30}$$

基于真空和气调包装冷却猪肉试验可知，乳酸菌的最小腐败水平 N_s=17.28 ln(CFU/g)，乳酸菌的 T_{min}=−6.699℃，N_{max}=18.884 ln(CFU/g)，h_0=12，乳酸菌 N_0=7.60 ln(CFU/g)，基于式（12-30）估算包装货架期 $t_{sl,lac}$ =547.6h≈22.8d。可见真空和气调包装能有效延长冷却猪肉的包装货架期。

3. 基于菌落总数生长控制的包装货架期预测模型

可结合菌落总数最小腐败水平，进行包装货架期预测，即

$$t_{sl,total} = \ln\left(\frac{e^{h_0} - 1 + e^{N_s - N_{max}} - e^{h_0 - N_0 + N_s}}{\mu_{max}}\right) \tag{12-31}$$

式中，$t_{sl,total}$——基于菌落总数控制的包装货架期（h）；

N_s——菌落总数最小腐败水平。

参 考 文 献

[1] Whiting R C, Buchanan R L. A classification of models for predictive microbiology[J]. Food Microbiology, 1993, (10): 175-177.

[2] Isabelle L, Andre L. Quantitative prediction of microbial behaviour during food processing using an integrated modeling approach: a review[J]. International Journal of Refrigeration, 2006, (29): 968-984.

[3] Mcmeekin T A, Chandler R E, Doe P E, et al. Model for combined effect of temperature and salt concentration/water activity on the growth rate of *Staphylococcus xylosus*[J]. Journal of Applied Bacteriology, 1987, 62(6): 543-550.

[4] Zwietering M H, Wijtzes T, Rombouts F M, et al. A decision support system for prediction of microbial spoilage in foods[J]. Journal of Industrial Microbiology, 1993, 12(3-5): 324-329.

[5] 刘亚兵, 何腊平, 高泽鑫, 等. 食品微生物生长预测模型的研究[J]. 食品工业, 2016, (11): 159-164.

[6] Chaix E, Broyart B, Couvert O, et al. Mechanistic model coupling gas exchange dynamics and *Listeria monocytogenes* growth in modified atmosphere packaging of non respiring food[J]. Food Microbiology, 2015, 51: 192-205.

[7] Dalgaard P, Mejlholm M, Huss H H. Application of an iterative approach for development of a microbial model predicting the shelf-life of packed fish[J]. International Journal of Food Microbiology, 1997, 38: 169-179.

[8] Jakobsen M, Bertelsen G. Colour stability and lipid oxidation of fresh beef. Development of a response surface model for predicting the effects of temperature, storage time, and modified atmosphere composition[J]. Meat Science, 2000, 54(1): 49-57.

[9] 李柏林, 肖海涛, 欧杰. 一种气调包装生鲜冷却牛肉腐败菌生长预测方法[P]. 中国, 发明专利, 102676634. 2012-09-19.

[10] 李苗云, 孙灵霞, 周光宏, 等. 冷却猪肉不同贮藏温度的货架期预测模型[J]. 农业工程学报, 2008, 24(4): 235-240.

[11] 陈雯钰. 基于特征微生物生长动力学的食品包装保质期预测[D]. 无锡: 江南大学, 2013.

[12] Juneja V K, Marks H, Huang L, et al. Predictive model for growth of *Clostridium perfringens* during cooling of cooked uncured meat and poultry[J]. Food Microbiology, 2011, (28): 791-795.

[13] Fang T, Gurtler J B, Huang L. Growth kinetics and model comparison of cronobacter sakazakii in reconstituted powdered infant formula[J]. Journal of Food Science, 2012, 77(9): 247-255.

[14] Juneja V K, Marks H, Thippareddi H H. Predictive model for growth of *Clostridium perfringens* during cooling of cooked ground pork[J]. Innovative Food Science and Emerging Technologies, 2010, (11): 146-154.

[15] Singh A, Korasapati N R, Juneja V K, et al. Dynamic predictive model for the growth of *Salmonella* spp. in liquid whole egg[J]. Journal of Food Science, 2011, 76(3): 225-232.

[16] Baranyi J, Roberts T A. A dynamic approach to predicting bacterial growth in food[J]. International Journal of Food Microbiology, 1994, 23(3-4): 277-294.

[17] 陈雯钰, 卢立新, 唐亚丽, 等. 包装内 O_2 对冷却肉微生物生长的影响[J]. 食品与发酵工业, 2013, 39(5): 224-228.

[18] 陈雯钰, 卢立新. 包装内 CO_2 含量对冷却肉特征微生物生长的影响[J]. 包装工程, 2013, 34(5): 5-9.

[19] Dalgaard P. Modelling of microbial activity and prediction of shelf life for packed fresh fish[J]. International Journal of Food Microbiology, 1995, 26(3): 305-317.
[20] 李丽霞, 郜艳晖, 张敏, 等. 关于混杂效应、交互效应的探讨[J]. 数理医药学杂志, 2011, (5): 510-513.
[21] Baranyi J, Roberts T A. Mathematics of predictive food microbiology[J]. International Journal of Food Microbiology, 1995, (26): 199-218.

第13章

展　望

1. 食品包装系统的传质

扩散现象存在于包装材料-食品-环境间的一切传质行为中，包括气体或低分子量物质等透过包装材料的双向渗透、包装材料中添加剂等成分向食品中迁移、食品中的成分被包装材料吸附。多年来，人们围绕渗透、迁移、吸附三种典型传质行为开展深入的研究，在相关理论方法、机理、技术工艺、材料等研究及其包装系统应用等方面取得了系列成果，为推动对食品包装系统的认识、开展科学和精确的食品包装设计提供了重要基础。

与此同时，应该看到围绕食品包装系统的传质机理、理论方法等方面，仍存在一系列基础性的问题未解决，有待今后进一步探究。

（1）在包装渗透传质中，包装材料气体渗透机理研究有待深入。针对非渗透气体（如有机风味化合物、凝聚性气体）或者这类气体在特殊加工条件（如超高压等）下对包装材料特别是聚合物材料的渗透机理，包括传质过程中这些气体与聚合物发生相互作用的机理，以及气体的溶解性、扩散性、吸收特性关系等等尚不清楚。

（2）在包装迁移传质中，食品包装材料（制品）中有害物的迁移，目前主要针对静态、单元工况下的迁移试验与评价，加工、物流贮运等全流程对迁移特性、迁移总量等影响的研究刚刚起步；一些物理场加工如辐照、超高压、电磁波等对包装材料中化学物的传质、迁移行为影响的研究目前远不完善，特殊加工处理对迁移的影响机制及其模型表征等研究成果有限。同时，随着生物基材料、纳米包装材料应用的递增，其材料中化学物迁移机制研究已日益引起关注。

活性包装系统中活性化合物的迁移机理研究有待深入，而基于分子水平上开展活性物质迁移机理研究是有效途径。活性化合物的迁移安全性评估面临挑战性，一些活性化合物（如清除剂、释放剂）必须考虑其传质过程的所有分解产物及其毒性，由于现有传统包装方法可能无法适用于活性包装这一动态系统，为此可能需要开发新的专用迁移测试和传质建模工具。

（3）在包装吸附传质中，目前研究重点为试验分析风味物质种类、包装材料、储存温度、加工工艺等对风味物质在包装材料吸附扩散中的影响，应用分子动力学模拟方法对食品-包装材料体系中吸附扩散的分析研究成果甚少，吸附扩散的理论分析还很缺乏，还无法为选择保持食品风味的合适包装材料提供充分的理论依据。

2. 食品包装的保质与货架期

1）基于包装传质的工程应用研究

基于食品包装系统的传质研究，其主要目的之一是为工程应用提供支撑。为此围绕基于包装传质的工程技术应用，今后工程领域研究重点将围绕食品包装传质性能的调控、设计及其工程实现等。

（1）包装渗透性能的保障与调节。针对不同特性的食品、不同包装货架期要求，如何调控包装材料的渗透性能，长期以来是本领域的研究重点与难点。今后，功能性渗透（阻隔）材料研发将重点围绕气体高选择性渗透膜、高阻隔性软包装材料（包括采用纳米基、生物基等高阻隔材料）、适应外部/包装内环境条件变化的渗透性智能调控包装材料、功能性薄涂层和表面功能强化材料等。

（2）迁移扩散速率的调控与设计。利用包装材料中活性物质迁移而实施的活性包装将是今后食品包装的重点发展方向之一。将重点围绕活性物质释放调控机制与方法、释放速率与食品保质指标变化及其时效性的匹配、控释包装的技术设计与实现途径、控释智能调控与包装货架期、活性包装材料制备创新技术等。为此需要更多地采取跨学科手段来支持这一领域的研究与发展。同时，如何改进优化活性包装系统性能并实施相适应的食品包装，将是使活性包装的工程性、成本效益和安全性等实现最大化要解决的重要问题。

2）非热加工处理包装技术

高压/超高压加工、辐照、脉冲电场等已发展成为非热食品保存技术手段，该技术在低于巴氏杀菌温度下加工食品，使食品中的腐败微生物和致病性微生物失活，而不会使食品的风味、颜色、口感、营养物质以及功能性显著下降。包装在最大限度地保存非热加工食品内在质量方面发挥着重要作用，是非热加工食品实现工程化的关键因素之一；与此同时，非热加工对食品包装材料与结构提出了新的要求。为此，需进一步开展非热加工的杀菌机理/动力学、包装系统内传质以及加工工艺对包装材料与结构的机械物理、包装质量与安全等性能影响与变化规律的研究，通过集成加工技术及装备、包装系统并充分考虑消费者接受度等，为包装产品非热加工的工程化、商业化提供更大的市场。

3）包装货架期试验及预测理论方法

（1）加速试验理论方法。货架期加速试验方法（ASLT）在食品工业中得到应用，但仍存着多方面的问题。一方面，缺乏外部因素对食品恶化反应速率影响的基本数据。另一方面，ASLT 应用有相关要求与限制，例如，目前食品质量损耗率仅随所选加速因子变化，未充分考虑其他环境、包装相关和成分变量的变化等，加速试验理论与方法还需不断完善发展。

（2）货架期预测理论方法。目前经典的动力学方法已被广泛应用于食品货架期预测，但食品、包装、贮运环境等之间的相互作用复杂，受其综合影响作用的食品质量损耗的反应通常也是非常复杂的，一些关键指标随时间的变化往往是同时或连续发生的不同反应的结果。因此，反应级数可能无法反映所涉及的真实反应机理，应用经典动力学方法可能难以拟合表征关键指标的演变，需进一步研究拓展食品相关指标变化速率的动力学理论与方法。

食品包装货架期的预测建模更具挑战性，目前基于包装因子、包装因子与其他因子综合影响的食品货架期研究不足，与此同时，基于货架期的包装因子阈值设计也是工程领域亟待解决的关键之一。

索　引